TRAITÉ
DE LA
COUPE DES PIERRES

PAR
J. ADHÉMAR.

Cinquième Édition,
REVUE ET AUGMENTÉE.

PARIS.
VICTOR DALMONT, LIBRAIRE, QUAI DES AUGUSTINS, 49.
MALLET-BACHELIER, QUAI DES AUGUSTINS, 55.
HACHETTE, RUE PIERRE-SARRAZIN, 14.

1856

V 2048
I.l.d 1

R 238 923   18728

TRAITÉ

DE LA

COUPE DES PIERRES.

Paris. — Imprimé par E. Thunot et Cⁱᵉ, rue Racine, 26.

TRAITÉ

DE LA

COUPE DES PIERRES.

Par J. ADHÉMAR.

Cinquième Édition,

REVUE ET AUGMENTÉE.

PARIS.
VICTOR DALMONT, LIBRAIRE, QUAI DES AUGUSTINS, 49;
MALLET-BACHELIER, QUAI DES AUGUSTINS, 55;
MATHIAS, QUAI MALAQUAIS, 15;
HACHETTE, RUE PIERRE-SARRAZIN, 14.

1856
1855

PRÉFACE.

Le Traité dont je publie aujourd'hui la cinquième édition étant particulièrement destiné aux praticiens, je me suis appliqué surtout à disposer les planches de l'Atlas de la manière la plus convenable pour bien faire comprendre tous les détails des opérations.

L'étendue quelquefois considérable des épures nécessaires à l'exécution des grands travaux ne permet pas toujours d'indiquer suffisamment les relations qui existent entre les points ou les lignes obtenues; mais il n'en est pas de même pour les épures d'étude, et si les premières ne doivent contenir que ce qui est absolument indispensable pour tracer la pierre, les secondes doivent rappeler clairement les principes dont elles sont l'application.

J'ai supposé, dans les éditions précédentes, que le lecteur connaissait la géométrie descriptive. Ce travail préparatoire, loin d'augmenter le temps nécessaire pour bien savoir la coupe des pierres, en facilite au contraire l'étude, en permettant d'établir plus d'analogie dans les idées; et l'on peut affirmer qu'il faut moins de temps pour apprendre la géométrie descriptive et la coupe des pierres, que cette dernière partie toute seule.

Cependant, malgré tous les cours publics qui leur sont destinés, beaucoup d'ouvriers ignorent encore les premiers éléments de la géométrie descriptive, parce que très-peu d'entre eux peuvent assister à ces cours, qui se font souvent dans des locaux trop éloignés des chantiers de construction, et que beaucoup d'autres habitent la province, ou ne restent à Paris que pendant la saison des travaux. Ensuite, les ouvrages de théorie contenant les principes nécessaires à un grand nombre de professions diverses, renferment, par cette raison, beaucoup de choses inutiles à chacune d'elles; et la difficulté de reconnaître ce qui leur est plus particulièrement nécessaire détourne souvent les ouvriers d'une étude dont ils ne comprennent pas suffisamment le but.

Les réflexions qui précèdent expliquent pourquoi j'ai cru devoir placer au commencement du Traité actuel tout ce qui est indispensable pour bien étudier la coupe des pierres, en rappelant que cette introduction peut être passée par les personnes qui savent la géométrie descriptive.

Indépendamment de l'exécution des épures, le lecteur fera bien de s'exercer à tailler en plâtre les pierres qui lui paraîtraient plus difficiles à concevoir. Ce travail est surtout utile pour reconnaître l'ordre suivant lequel toutes les coupes doivent être tracées; car si l'une de ces coupes était faite avant son tour, la pierre serait perdue, et cette perte serait encore augmentée par celle du temps nécessaire pour recommencer tout le travail précédent.

Pour éviter le soupçon de plagiat, je crois devoir rappeler que *toutes les figures* qui, dans le *Traité de Stéréotomie* publié en 1844 par M. LEROY, sont exactement semblables aux figures correspondantes du Traité actuel, existaient *depuis longtemps* dans les éditions précédentes. Parmi ces épures, il y en a plusieurs qui se rapportent à des problèmes dont la solution m'appartient complétement.

Je regrette infiniment que M. Leroy, par un oubli sans doute involontaire, m'ait laissé l'initiative de cette réclamation.

Nota. Les nombres placés en tête et du côté opposé au numéro de chaque page, indiquent la planche. Les numéros des figures sont indiqués dans le texte. Enfin les nombres placés seuls entre parenthèses sont des renvois aux articles.

Le numéro de chaque article est au commencement de l'alinéa.

INTRODUCTION.

GÉOMÉTRIE DESCRIPTIVE.

CHAPITRE PREMIER.

Le Point, la Ligne droite et le Plan.

1. Projections. Dans la géométrie plane on exprime exactement par des figures les relations de grandeur et de forme qui existent entre les quantités qu'il s'agit de comparer. Ainsi, on peut faire un angle droit ou tracer une circonférence lorsque la solution du problème exige la construction d'une perpendiculaire ou d'un cercle.

Il n'en est plus de même dans la géométrie de l'espace. En effet, lorsque le plan qui contient une figure est placé obliquement par rapport au rayon visuel, toutes les parties de cette figure sont déformées ; les angles paraissent plus petits, ou plus grands, suivant leurs positions. Les lignes droites sont plus ou moins raccourcies, par suite de leur éloignement ou de leur direction dans l'espace.

La loi de toutes ces déformations doit être étudiée dans les traités de perspective. Mais dans un grand nombre de questions pratiques, il est nécessaire de conserver les rapports de forme et de position des objets que l'on dessine, et c'est pour atteindre ce but que l'on a imaginé la méthode des *projections*.

2. Projections du point. L'espace n'ayant pas de limites, on ne peut déterminer la position d'un point qu'en le rapportant à des limites de convention. Concevons donc (*fig. 1, pl. 1*) un plan quelconque X, que, pour mieux fixer les idées, nous supposerons horizontal. Si par le point M nous abaissons la droite M*m* perpendiculaire sur le plan X, le pied *m* de cette perpendiculaire sera la *projection horizontale* du point M, et si l'on conçoit la droite M*m*′ perpendiculaire sur le plan Y, que nous supposerons vertical, le point *m*′ sera la projection verticale de M.

3. Les deux plans X et Y se nomment *plans de projections*, la droite M*m* est la *verticale projetante* du point M, et la droite M*m*′ est *l'horizontale projetante* du même point. La droite AZ est *l'intersection des plans de projections*.

4. La position d'un point ne peut pas être déterminée par une seule de ses projections. En effet, si l'on ne donnait que la projection horizontale *m*, cela indiquerait que le point dont il s'agit appartient à la verticale *m*M. Mais on ne saurait pas s'il est situé au-dessus ou au-dessous du plan X, s'il est près ou loin de ce plan, tandis que si l'on connaît les deux projections *m* et *m*′, *la position du point sera déterminée*, puisqu'il devra se trouver à l'intersection des deux lignes *m*M et *m*′M menées par les points *m* et *m*′ perpendiculairement aux plans de projections.

5. Épure. Si nous concevons que l'on fasse tourner le plan horizontal X jusqu'à ce qu'il vienne s'appliquer sur le plan vertical Y, le point *m* se placera au-dessous de la ligne AZ, et dans le prolongement de la ligne *m*′o. La figure 3, que l'on obtiendra dans ce cas, sera ce que l'on appelle une *épure*.

Ainsi, une épure est une surface plane sur laquelle on trace toutes les lignes nécessaires à la solution des problèmes qui dépendent de la géométrie descriptive. La partie de l'épure qui est au-dessus de la ligne AZ, représente le plan vertical de projection, et tout ce qui est au-dessous de la ligne AZ, représente le plan horizontal, qui est censé avoir tourné jusqu'à ce qu'il soit venu s'appliquer sur Y', prolongement du plan Y. Les épures se font ordinairement sur une feuille de papier bien tendue ; quelquefois, cependant, on fait les épures sur des murs, sur des planches ou sur la terre. Mais dans tous les cas, *les projections tracées sur une épure doivent être dessinées avec le plus grand soin.*

6. Le plan qui contient les deux droites Mm, Mm', fig. 1, est perpendiculaire aux deux plans de projections et par conséquent à leur intersection AZ, de sorte que sur l'épure, fig. 3, la droite om doit former le prolongement de m'o ; d'où il résulte que *les deux projections d'un même point doivent toujours se trouver sur une même droite perpendiculaire à la ligne AZ*. De plus, *la distance* mo *de la projection horizontale du point* m *à la ligne* AZ *exprime la distance du point* M *au plan vertical de projection* Y, *et la perpendiculaire* m'o *exprime la hauteur du même point au-dessus du plan horizontal* X.

7. **Quadrant principal.** Les plans de projection étant *infinis*, partagent l'espace en quatre parties qui sont également *infinies* ; mais la plupart des objets que nous aurons à considérer dans les applications, étant limités dans tous les sens, il sera presque toujours possible de les supposer entièrement contenus dans l'un des quatre *angles dièdres* ou *quadrants*, formés par les plans de projection. Cependant il arrivera quelquefois que des lignes d'opérations employées pour la solution du problème, iront se rencontrer derrière le plan vertical ou dessous le plan horizontal de projection. Il est donc nécessaire que nous sachions déterminer la position d'un point situé dans l'un quelconque des angles dièdres formés par les plans X et Y.

Nous appellerons *quadrant principal* toute la partie de l'espace comprise dans l'angle dièdre Y—AZ—X, *fig.* 1 ; on doit toujours supposer, *fig.* 3, que la partie AZX du plan horizontal est venue se placer au-dessous de la ligne AZ. Par la même raison, le prolongement AZX' du plan horizontal doit venir se placer derrière la partie supérieure du plan vertical. D'où il résulte que dans une épure, *fig.* 3, tout l'espace qui est au-dessus de la ligne AZ, représente en même temps le plan vertical de projection et le prolongement du plan horizontal, tandis que la partie de l'épure qui est au-dessous de la ligne AZ représente le plan horizontal et le prolongement du plan vertical.

8. D'après cela, concevons, *fig.* 2, un point N qui serait situé au-dessus du plan X et derrière le plan Y, il est évident que sa projection verticale sera n'. Mais, par le rabattement du plan X, la projection horizontale n viendra se placer au-dessus de la ligne AZ, et les deux projections n, n' seront alors dans la partie supérieure de l'épure, *fig.* 3.

9. Si le point U donné *fig.* 4, est situé au-dessous du plan X et devant le plan Y, sa projection horizontale u doit venir se placer au-dessous de la ligne AZ, et les deux projections u, u' sont alors dans la partie inférieure de l'épure, *fig.* 3. Si le point S donné. *fig.* 5, est situé au-dessous du plan X, et derrière le plan Y, la projection horizontale s vient se placer au-dessus de la ligne AZ ; tandis que sa projection verticale s' est au-dessous de cette ligne, *fig.* 3. Enfin, il est évident que la ligne AZ contient les projections verticales de tous les points qui appartiennent au plan X, et les projections horizontales de tous ceux qui sont situés dans le plan Y.

10. **Projections de la ligne droite.** Si par une droite M, *fig.* 6, on conçoit un plan P perpendiculaire au plan horizontal de projection X, la droite m, suivant laquelle le plan P rencontre le plan X, sera *la projection horizontale* de la droite M. Le plan P se nomme *plan projetant vertical*. La projection verticale de la droite M sera m', et provient de l'intersection du plan vertical Y par le plan P' qui lui est perpendiculaire et qui contient la droite M. Le plan P' est *le plan projetant perpendiculaire au plan vertical de projection*.

11. Lorsque l'on donne les deux projections m et m' d'une droite, la position de cette ligne est déterminée ; car, puisqu'elle doit appartenir en même temps aux deux plans projetants P et P', elle ne peut être que leur intersection M. Sur l'épure *fig.* 8, les droites m et m' sont les deux projections d'une ligne inclinée par rapport aux deux plans X et Y.

12. Toutes les droites devant être considérées comme infinies, il s'ensuit qu'une ligne, inclinée par rapport aux deux plans de projection, aura quelques-uns de ces points au-dessous du plan horizontal et derrière le plan vertical. Mais, les conventions qui précèdent, suffisant pour faire reconnaître la position de chaque point de la ligne donnée, nous n'avons plus qu'à rechercher comment on peut exprimer la *direction* des lignes.

13. Si la droite donnée N, *fig.* 7, est perpendiculaire au plan horizontal de projection, les deux plans P et Y seront perpendiculaires sur le plan X, et la projection verticale n' de la droite donnée, sera perpendiculaire sur la ligne AZ (*Géom.*). Il est évident que les verticales projetantes abaissées des différents points de la droite N, se confondent toutes avec cette ligne, dont la projection horizontale se réduira au point n, *fig.* 8. Par la même raison, lorsqu'une droite est perpendiculaire au plan vertical de projection, sa projection verticale doit être un point, tandis que sa projection horizontale est une perpendiculaire à la ligne AZ.

14. Lorsque la droite U, donné *fig.* 9, est parallèle au plan horizontal de projection; le plan projetant P' est lui-même horizontal, et la projection verticale u', *fig.* 8, est parallèle à la ligne AZ (*Géom.*). Si la droite donné était parallèle au plan vertical de projection, sa projection horizontale serait parallèle à la ligne AZ. Enfin, si la droite S, donnée *fig.* 10, était parallèle aux deux plans de projection, ses deux plans projetants P et P' seraient eux-mêmes parallèles aux plans de projection et les deux projections s et s', *fig.* 8, seraient alors parallèles à la ligne AZ.

15. **Traces des plans.** On sait que la position d'un plan est déterminée :

1º *Lorsqu'on connaît trois points situés dans ce plan, pourvu que ces points ne soient pas en ligne droite.*

2º *Lorsqu'on connaît deux droites parallèles situées dans le plan dont il s'agit.*

3º *Lorsqu'on connaît deux droites quelconques de ce plan.*

On pourra donc déterminer la position d'un plan dans l'espace, en projetant trois quelconques de ses points, ou deux droites parallèles, ou enfin deux droites quelconques situées dans ce plan.

On détermine ordinairement la position d'un plan, en projetant deux droites de ce plan. Et pour plus de simplicité, on choisit de préférence les deux droites, suivant lesquelles ce plan coupe les deux plans de projection. Ces droites se nomment *les traces du plan*.

Ainsi les deux droites *ox* et *oy*, *fig.* 11, sont les traces du plan donné P. Les mêmes droites sont désignées par les mêmes lettres sur la *fig.* 13, qui représente l'épure.

Si le plan donné P′, *fig.* 12 et 13 était perpendiculaire au plan horizontal de projection, sa trace verticale $o'y'$ serait perpendiculaire à la ligne AZ. Tandis que si le plan donné était perpendiculaire au plan vertical de projection, sa trace horizontale serait perpendiculaire à la ligne AZ.

Quand le plan donné P″, *fig.* 14 et 13, sera parallèle au plan horizontal de projection, sa trace verticale $o''y''$ sera parallèle à la ligne AZ, et la trace horizontale n'existera pas, puisque le plan donné ne peut rencontrer nulle part le plan horizontal de projection. Enfin, si le plan donné P‴, *fig.* 15 et 13, était parallèle à la ligne AZ, ses deux traces $o'''y'''$ $o'''x'''$, seraient parallèles à cette droite.

16. **Théorème.** *Une droite inclinée dans l'espace est en général plus longue que sa projection.* En effet, *fig.* 1, *pl.* **2**, si nous représentons le plan de projection par X, il est facile de voir que la droite MN sera plus longue que sa projection *mn*; mais si par le point N, on mène la droite NO, parallèle au plan de projection, et par conséquent égale à la projection de la ligne donnée, on pourra reconnaître qu'en général *une ligne droite* MN, *située comme on voudra dans l'espace, est l'hypoténuse d'un triangle rectangle* MON, *dans lequel un des côtés* NO *de l'angle droit est égal à la projection de la droite, et l'autre côté* MO *est la différence entre les distances* Mm, Nn *des extrémités de cette droite, au plan sur lequel elle a été projetée.* On remarquera cependant que si la droite donnée MN, *fig.* 2, était parallèle au plan de projection X, elle serait alors égale à sa projection sur ce plan, puisque dans ce cas les deux droites MN, *mn*, seraient les côtés opposés d'un rectangle.

Ce que nous venons de dire pour une droite s'applique à une figure plane quelconque. Ainsi le polygone incliné, *fig.* 3, est plus grand que sa projection ; car, si l'on trace une droite quelconque AC dans le plan du polygone, cette ligne sera plus longue que sa projection. Les seules droites qui dans le polygone seraient égales à leur projection sont les sections que l'on obtiendrait en coupant le polygone par un plan parallèle au plan de projection X.

17. **Théorème.** *Lorsque deux droites sont parallèles, leurs projections sont parallèles.* En effet, *fig.* 4, le plan projetant d'une ligne droite doit contenir cette ligne et toutes les perpendiculaires abaissées de ses différents points sur le plan de projection. On peut donc dire qu'une de ces perpendiculaires, avec la ligne donnée, suffit pour déterminer la position du plan projetant. Donc, *si deux lignes* AB, CD, *sont parallèles dans l'espace, leurs plans projetants* P *et* P' *seront parallèles et les traces* ab, cd, *de ces plans, ou autrement les projections des lignes données seront parallèles.*

18. **Théorème.** *Lorsqu'une ligne droite est perpendiculaire à un plan, les projections de cette ligne sont perpendiculaires sur les traces du plan.* Soit, *fig.* 5, la ligne droite AB perpendiculaire sur le plan P ; représentons le plan de projection par X, et par P' le plan projetant de la droite AB, on aura *ac* pour la projection de cette droite, et *co* sera la trace du plan P. Or le plan P', comme plan projetant, est nécessairement perpendiculaire sur le plan de projection X ; de plus, il est perpendiculaire sur le plan P, puisqu'il contient la droite AB, qui, d'après la question, est perpendiculaire à ce plan. Il résulte de là, que le plan P' étant perpendiculaire en même temps sur le plan P et sur le plan de projection X, sera perpendiculaire à leur intersection *co*, qui n'est autre chose que la trace du plan P ; cette ligne *co* sera donc perpendiculaire au plan P', et par conséquent à toute ligne telle que *ac* qui passerait par son pied dans ce plan : ce qu'il fallait démontrer.

19. **Réciproquement** (*fig.* 10), *si les projections* (ab, a'b') *d'une droite sont perpendiculaires aux traces d'un plan* p, *cette droite sera perpendiculaire au plan* p ; car les deux plans projetants p' et p'' étant perpendiculaires sur les traces du plan p, seront tous deux perpendiculaires à ce plan (*Géom.*), et par

conséquent la ligne *ab, a'b'*, qui est leur intersection, sera aussi perpendiculaire au plan *p. Donc, pour exprimer qu'une droite est perpendiculaire à un plan ou réciproquement, il faut faire en sorte que les deux projections de la droite soient perpendiculaires sur les traces du plan.*

20. Remarque essentielle. Afin de ne pas trop multiplier le nombre des planches on a souvent employé la même figure pour la solution de plusieurs problèmes. Cela est sans aucun inconvénient, parce que le lecteur ne doit pas étudier sur les figures du livre; il doit commencer par construire les données sur une planche à dessin et chercher lui-même les points, les lignes ou les plans qui satisfont aux conditions du problème. Chaque épure doit être faite beaucoup plus grande que la figure correspondante du livre.

21. Notation. Pour rendre les épures plus faciles à comprendre, on est convenu de tracer en ligne pleine les portions de lignes droites situées au-dessus du plan horizontal, et en deçà du plan vertical, et de tracer en points les portions de ces lignes qui passent derrière ou dessous les plans de projection. On trace aussi en lignes pleines et en noir les données et les résultats de la question; et l'on emploie des points plus ou moins allongés ou de l'encre de couleur pour les lignes nécessaires à la construction de l'épure, en ayant soin surtout de ponctuer toujours de la même manière les deux projections d'une même droite, et de changer la ponctuation de cette ligne lorsqu'elle traverse les plans de projection.

Pour énoncer un point ou une droite, on écrira ses deux projections; ainsi (a,a') exprime le point dont les deux projections sont a et a'. Par la même raison (b,b') serait la droite qui aurait b et b' pour projections. Il est quelquefois utile de désigner la projection d'une droite par deux lettres; $(cd,c'd')$ serait la droite qui a pour ses projections les lignes cd et $c'd'$.

22. Problème. *Construire les projections d'une droite passant par un point donné.* Le plan projetant d'une droite contenant toutes les perpendiculaires abaissées des différents points de cette ligne sur le plan de projection, il est évident que la projection de la droite doit contenir la projection de chacun de ses points. Par conséquent, *pour exprimer qu'une droite située dans l'espace contient un certain point, il suffit de faire passer les projections de la droite par celles du point.* On conçoit que cette question est indéterminée, c'est-à-dire que l'on peut construire une infinité de droites qui passent par un point donné.

23. *Réciproquement*, si l'on voulait exprimer qu'un point est sur une droite, il faudrait placer les projections du point sur celles de la droite, et sur une même perpendiculaire à la ligne AZ. Si l'on voulait *faire passer une droite par deux points*, il est évident, d'après ce qui vient d'être dit, qu'il faudrait faire passer les projections de la droite par les projections des deux points.

24. Problème. *Exprimer que deux droites se coupent dans l'espace.* Il suffit pour cela de les faire passer par un même point ; dans ce cas, le point de rencontre des projections verticales et l'intersection des projections horizontales doivent être situés sur une même perpendiculaire à la ligne AZ. Dans le cas contraire les droites ne se coupent pas.

Ainsi, les deux droites (b,b') (c,c'), *fig.* 15, ne se rencontrent pas, tandis que les droites (c,c') (d,d') se coupent au point (n,n').

25. Problème. *Trouver les traces d'une droite.* On donne le nom de *traces* aux points suivant lesquels la ligne donnée perce les plans de projection. Soit donc la droite (a,a'), *fig.* 6. Il est évident que le point (v,v') appartient à la droite, puisque ses projections appartiennent à celles de la droite (22); de plus il appartient au plan vertical de projection, puisque sa projection horizontale v est sur la ligne AZ (9). Donc, il est l'intersection de la ligne donnée avec le plan vertical. De même, le point (u,u') étant en même temps dans le plan horizontal et sur la ligne donnée, représente l'intersection de cette ligne avec le plan horizontal.

Il résulte de ce que nous venons de dire, que *pour obtenir les traces d'une droite, il faut prolonger ses projections; puis au point où la projection horizontale rencontrera la ligne AZ, on élèvera sur cette dernière ligne une perpendiculaire qui, par son intersection avec la projection verticale de la droite proposée, donnera la trace verticale de cette droite. De même, par le point où la projection verticale rencontrera la ligne AZ, on mènera* une perpendiculaire dont l'intersection avec la projection horizontale de la ligne donnée sera la trace horizontale de cette ligne.

26. **Problème**. *Exprimer qu'un point est situé dans un plan.* Supposons, *fig.* 6, que l'on connaît la projection horizontale m d'un point situé dans le plan p, on veut déterminer la projection verticale m'. On concevra, par le point m, une droite parallèle à la trace horizontale du plan p, et par conséquent au plan horizontal de projection. Cette droite, dont la projection horizontale est mc, rencontrera le plan vertical de projection en un point c' situé sur la trace verticale du plan donné p. La projection verticale de la droite mc, sera donc $c'm'$ parallèle à la ligne AZ, et la rencontre de $c'm'$ avec la perpendiculaire élevée du point m, donnera m' pour la projection verticale de ce point.

Pour vérifier l'opération, on construira la droite $m'o'$ parallèle à la trace verticale du plan p. Cette droite rencontrera le plan horizontal de projection en un point o, par lequel on tracera la droite om parallèle à la ligne AZ. Et si l'on a bien opéré, la droite mo doit contenir le point m. En général, pour exprimer qu'un point est situé dans un plan, il faut exprimer que ce point appartient à une ligne *quelconque* du plan, et c'est pour plus de simplicité que nous avons employé de préférence une droite ($mc, m'c'$) parallèle à l'un des plans de projection.

27. **Problème**. *Étant données les traces d'un plan et l'une des projections d'une droite de ce plan, trouver l'autre projection de cette même droite.* Soient donnés (*fig.* 6) le plan p et la projection verticale a' d'une droite située dans ce plan. La droite donnée étant prolongée, s'il est nécessaire, coupera la trace verticale du plan donné en un point v', qui fera partie du plan vertical de projection, et aura, par conséquent, sa projection horizontale v sur la ligne AZ. Ensuite, le point, dont la projection verticale se trouve en u' sur la ligne AZ, est, par cette raison, nécessairement situé dans le plan horizontal de projection; et comme, de plus, il fait partie du plan donné, puisqu'il est situé sur une droite de ce plan, il sera sur l'intersection du plan horizontal avec le plan donné, c'est-à-dire sur la trace horizontale de ce plan. Donc,

Étant données, la projection verticale a' d'une ligne droite, et les traces du plan qui la contient, *on mènera par les points* v′ *et* u′ *deux perpendiculaires à la ligne* AZ ; *puis joignant le point* v, *où la ligne perpendiculaire menée par le point* v′ *rencontre la ligne* AZ, *avec le point* u, *suivant lequel la seconde perpendiculaire rencontre la trace horizontale du plan, on aura la projection horizontale vû de la droite.* On ferait une construction analogue, si l'on donnait la projection horizontale de la ligne, et que l'on voulût déterminer sa projection verticale. Enfin, on pourrait vérifier l'opération en construisant (26), par un point de la droite, des parallèles aux traces du plan *p*.

Il résulte de ce qui précède, et il est très-essentiel de remarquer que, *pour exprimer qu'une droite fait partie d'un plan, il faut faire en sorte que les traces* v′ *et* u *de la droite soient situées dans le plan,* ou plus généralement *il faut faire les constructions nécessaires pour que deux points quelconques de la droite soient situés dans le plan.*

28. **Problème.** *Étant donnés un plan et un point de ce plan, construire les projections d'une droite qui passe par ce point et qui soit située dans le plan.* On mènera par l'une des projections du point donné *m, m*′ (*fig.* 6), et arbitrairement, l'une des projections de la droite demandée ; puis l'on déterminera la seconde projection par le moyen que nous venons d'indiquer (27). Le problème admet une infinité de solutions.

29. **Problème** (*Fig.* 7). *Étant données les projections d'un point* (m, m′), *construire les traces d'un plan qui contienne ce point.* On construira d'abord une trace verticale *ps* à volonté, puis, par le point donné *m*′, on fera la droite *m'o'* parallèle à *ps* ; la projection horizontale de cette droite sera *mo*, parallèle à la ligne AZ ; la perpendiculaire *o'o* déterminera le point *o*, et la droite *so* sera la trace horizontale du plan demandé. Tout plan dont la trace horizontale passera par le point *o*, et dont la trace verticale sera parallèle à *m'o'*, contiendra le plan donné.

En construisant la trace verticale dans une autre direction, on obtiendra encore un nombre infini de plans. Enfin, on pourrait commencer par construire la trace horizontale.

Si l'on veut que le plan demandé soit parallèle à un plan doonné p^{iv}, on commencera par faire la droite *m'o'* parallèle à la trace verticale du plan p^{iv}. Enfin (*fig.* 11), si l'on veut que le plan demandé p soit perpendiculaire à une droite donnée (a, a'), on fera $m'o'$ perpendiculaire sur la projection verticale a' de la droite donnée, puis so perpendiculaire sur a, enfin sp parallèle à $m'o'$.

30. **Problème.** *Fig.7 Etant données les deux projections* $(vu, v'u')$ *d'une droite, faire passer un plan par cette droite.* On fera passer les traces du plan par les traces v' et u de la droite.

Ce dernier problème admet une infinité de solutions, parmi lesquelles on doit surtout remarquer les deux plans p'' et p'''. Le premier de ces plans est perpendiculaire au plan horizontal, et le second est perpendiculaire au plan vertical de projection. En général, *pour mener par une droite un plan perpendiculaire à l'un des plans de projection, il suffit de prendre pour trace, sur ce plan, la projection même de la droite, et pour l'autre trace, une perpendiculaire à la ligne* AZ. Il est évident (10) que le plan construit de cette manière, sera l'un des plans projetants de la ligne donnée ; ainsi, les deux plans p'' et p''' sont les plans projetants de la ligne $(vu, v'u')$.

La construction précédente peut encore servir pour construire des plans qui satisfont à des conditions données. Ainsi, pour résoudre le problème du numéro 29 on pourra (*fig.* 7) :

1° Tracer par le point donné (m, m') une droite quelconque $(vu, v'u')$;

2° Faire passer les traces du plan demandé par les traces v' et u de la droite $(vu, v'u')$.

Si l'on veut construire (*fig.* 12) un plan p parallèle à une droite donnée ($ab, a'b'$), il suffira de faire passer le plan demandé par une seconde droite ($sk, s'k'$) parallèle à la première (*Géom.*). La question est indéterminée. Si l'on veut que le plan cherché soit perpendiculaire à un autre plan donné, on commencera par construire une droite perpendiculaire au plan donné, et tous les plans qui contiendront cette droite seront perpendiculaires au plan donné (*Géom.*).

31. **Problème.** *Fig.* 8. *Faire passer un plan par deux droites qui se coupent.* On fera passer les traces du plan par les traces des deux lignes données.

32. *Faire passer un plan par trois points donnés.* On joindra ces points deux à deux par des droites, et la construction se fera comme dans le cas précédent.

33. *Faire passer un plan par deux lignes parallèles.* On cherchera encore les traces des deux lignes données, et les droites passant par ces traces seront les traces du plan cherché.

Intersections des plans.

34. Problème. (*Fig.* 7). *Deux plans* p *et* p′ *étant donnés par leurs traces, construire leur intersection.* L'intersection de deux plans étant une ligne droite, il suffit de trouver deux points de cette ligne pour qu'elle soit déterminée ; or, le point v', intersection des traces verticales, est un point commun aux deux plans donnés, donc il appartient à leur intersection ; mais, ce point faisant partie des traces verticales, est nécessairement situé dans le plan vertical de projection ; par conséquent sa projection horizontale v sera sur la ligne AZ. Par la même raison, le point u, intersection des traces horizontales, fait partie du plan horizontal de projection : c'est pourquoi sa projection verticale u' sera sur la ligne AZ. Il ne reste plus maintenant qu'à tracer (23) les projections de la droite qui contient les deux points (v, v') et (u, u').

On conclura de ce que nous venons de dire, qu'en général : *Pour obtenir l'intersection de deux plans dont on a les traces, il faut, par le point d'intersection des traces verticales, abaisser une perpendiculaire à la ligne* AZ ; *et joignant le pied de cette perpendiculaire avec le point de rencontre des traces horizontales, on aura la projection horizontale de la ligne demandée ; puis, du point où les traces horizontales se rencontrent, on abaissera une perpendiculaire sur la ligne* AZ ; *et joignant le pied de cette perpendiculaire avec le point de rencontre des traces verticales, on aura la projection verticale de cette même ligne.*

35. Problème. *Trouver l'intersection d'une ligne droite avec un plan, fig.* 8. Soient aa', la droite dont on demande l'intersection avec le plan p ; on fera passer par la droite un plan quelconque p', que pour plus de simplicité on prendra perpendiculaire à l'un des plans de projection. Ce plan contenant la droite donnée, contiendra le point cherché ; de plus, ce point, d'après la question, doit faire partie du plan donné p ; donc il sera sur l'intersection du plan p avec le plan p' ; on construira cette intersection vu' (34), et le point cherché devant être en même temps sur les deux droites (aa') et $(vu,v'u')$, sera au point (m,m') suivant lequel ces deux lignes se coupent. On s'assurera de l'exactitude des constructions, en faisant usage du plan p'' perpendiculaire au plan vertical de projection, ou bien en construisant par le point (m,m') des parallèles aux traces du plan p (26).

36. **Problème.** *Fig.* 15. *Par un point donné* mm' *construire une droite* (md,m'd') *qui rencontre deux autres droites données* (cc', bb'). On construira le plan qui contient le point mm' et la droite bb' ; puis on déterminera l'intersection nn' de ce plan avec cc'. La droite $(mn,m'n')$ sera la ligne demandée.

Le plan auxiliaire sera déterminé par la droite bb' et par une seconde droite $(mu,m'u')$ qui joindrait un point quelconque uu' de la droite bb' avec le point donné mm'. On s'assurera que la ligne $(md,m'd')$ rencontre la droite bb' (24).

Il n'est presque jamais facile de construire sur l'épure les traces du plan auxiliaire qui contient le point m et la droite bb'. Dans ce cas, on pourra opérer de la manière suivante. On prendra sur la ligne bb' deux points quelconques (uu') (vv'). On joindra ces points avec mm' par les deux droites $(mu,m'u')$ $(mv,m'v')$ qui détermineront le plan auxiliaire. Les deux droites $o'o$, $s's$, perpendiculaires à la ligne AZ, feront connaître les points o et s. Enfin, la droite os qui joint ces deux points sera l'intersection du plan projetant c' avec le plan des deux droites $(mu,m'u')$ $(mv,m'v')$. Cette dernière opération déterminera le point nn', suivant lequel la droite $(md,m'd')$ s'appuie sur la ligne cc' (35).

Le plan auxiliaire qui contient le point mm' et la droite bb', serait déterminé complétement par cette ligne et par l'une des droites $(mu,m'u')$ $(mv,m'v')$. Il semblerait donc que l'une de ces lignes est inutile ; mais alors, pour construire os, il faudrait prolonger la droite b' jusqu'à sa rencontre avec le plan projetant c', ce qui serait souvent impossible, et dans tous les cas, moins commode que la construction précédente, puisque l'on peut toujours choisir les deux points (u,u') et (v,v') de la manière qui convient le mieux à la disposition de l'épure.

Distances.

37. **Problème.** *Trouver la distance de deux points dont on connaît les projections* $(mn, m'n')$. *Fig.* 9. On pourra construire le triangle rectangle $m'on'''$, dans lequel un coté de l'angle droit est la différence $m'o$ des hauteurs des extrémités de la droite dont les projections sont données, de sorte que, pour achever le triangle, il n'y aura plus qu'à prendre avec le compas la grandeur de la projection horizontale mn; puis après l'avoir portée de o en n''', l'hypoténuse $m'n'''$ sera la longueur demandée (16).

38. On peut encore expliquer, d'une autre manière, la construction précédente. Supposons que la droite donnée tourne autour de la verticale projetante du point mm', en conservant toujours la même inclinaison par rapport à cette ligne. Le point n,n' décrira un arc de cercle horizontal. Cet arc étant parallèle au plan horizontal, aura pour sa projection sur ce plan l'arc nn'', et sa projection verticale $n'n'''$ sera parallèle à la ligne AZ. Or si nous arrêtons le mouvement de la droite $(mn, m'n')$ au moment où sa projection horizontale aura pris la position mn'', la projection verticale correspondante $m'n'''$ sera la longueur cherchée, car la droite étant alors parallèle au plan vertical de projection, il est facile de concevoir qu'elle sera projetée sur ce plan suivant sa grandeur (16).

On aurait pu faire tourner la droite donnée autour de l'horizontale projetante du point m,m', jusqu'à ce qu'elle soit parallèle au plan horizontal. Enfin, on peut aussi concevoir que le trapèze MNmn, *fig.* 1, tourne autour du côté horizontal mn, jusqu'à ce qu'il soit rabattu dans la position $mnm^{IV} n^{IV}$, *fig.* 4, alors $m^{IV}n^{IV}$ sera la ligne elle-même couchée sur le plan horizontal.

Ces opérations, auxquelles on donne le nom de *rabattements*, sont fréquemment employées; on en fait usage pour avoir la grandeur d'une figure plane. On conçoit, en effet, que pour cela il faut construire cette figure dans ses véritables dimensions ; ce qui peut se faire, soit en cherchant les grandeurs de toutes les parties qui la composent, soit en la faisant tourner tout entière, jusqu'à ce qu'elle soit parallèle à l'un des plans de projection ; car il est évident que si on la projette de nouveau dans cette position, elle sera égale à sa projection. Nous reviendrons plus tard sur ce sujet.

39. Problème. *Déterminer la distance d'un point à un plan.* Étant donnés, par exemple (*fig.* 5), le plan P et le point A.

1re *opération.* On tracera par le point A une droite AB perpendiculaire au plan P.

2e *opération.* On déterminera le point B suivant lequel la perpendiculaire AB perce le plan P.

3e *opération.* On cherchera la longueur de la *portion* AB de perpendiculaire comprise entre le point donné et le plan.

La question étant ainsi décomposée, on commencera l'épure en exécutant successivement chacune des *trois* opérations précédentes, dans l'ordre suivant lequel nous venons de les indiquer. Ainsi, *fig.* 10, étant donnés le plan p et le point a, a'.

1re *méthode.* 1° On tracera par les points a et a' les deux droites $ab, a'b'$ respectivement perpendiculaires sur les traces du plan p. Ces deux lignes seront les projections de la droite perpendiculaire sur le plan p. 2° On déterminera (35) le point b, b' suivant lequel la droite $ab, a'b'$ perce le plan p ; de sorte que $ab, a'b'$ seront les deux projections de la portion de perpendiculaire comprise entre le point (a, a') et le plan p. 3° On fera tourner la droite $ab, a'b'$ autour de la verticale projetante du point aa' (38) ; ce qui donnera $a'b''$ pour la distance du point aa' au plan p.

40. 2e *méthode.* On construira d'abord le plan vertical p' perpendiculaire sur la trace horizontale du plan p, et par conséquent perpendiculaire à ce plan (*Géom.*). Le plan p' contiendra la perpendiculaire abaissée du plan aa' sur le plan p. On fera tourner le plan p' autour de sa trace verticale, jusqu'à ce qu'il soit rabattu sur le plan vertical de projection. Dans ce mouvement, le point aa' viendra se placer en a''', et le point s en s''', après avoir décrit deux arcs horizontaux dont les centres ont le point o pour projection horizontale commune. On tracera la ligne $v's'''$, intersection du plan donné p par le plan auxiliaire p'; et la droite $a'''b'''$, perpendiculaire sur $v's'''$, sera la distance du point aa' au plan p. En effet, les deux plans p et p' étant perpendiculaires entre eux, la droite $a'''b'''$, située dans le plan p' et perpendiculaire à l'intersection $v's'''$ est aussi perpendiculaire au plan p, et mesure par conséquent la distance de ce plan au point donné aa'.

Si on voulait avoir la projection verticale de la perpendiculaire, on ramènerait cette ligne dans le plan p, ce qui donnerait $a'b'$ perpendiculaire sur la trace verticale du plan p. Il est évident qu'au lieu d'un plan vertical p', on aurait pu employer le plan p'' perpendiculaire à la trace verticale du plan donné. Dans ce cas on rabattrait ce plan sur le plan horizontal.

41. Problème. *Déterminer la distance de deux plans parallèles.* On choisira un point dans l'un des deux plans donnés, puis on cherchera la distance de ce point au second plan (39).

On peut encore opérer de la manière suivante. On construira une droite perpendiculaire aux deux plans donnés (19). On déterminera les points suivant lesquels cette droite perce les deux plans (35) et l'on cherchera ensuite la distance de ces deux points.

42. Problème. (*Fig.* 11.) *Mesurer la distance d'un point* (m,m') *à une droite donnée* (a,a') : 1° On mènera par le point m,m' un plan p perpendiculaire sur la droite a,a' (19); 2° on déterminera (35) l'intersection de la droite aa' avec le plan p, ce qui donnera en nn' le pied de la perpendiculaire abaissée du point mm' sur la droite aa'; 3° joignant ce point avec le point donné, on aura cette perpendiculaire $(mn,m'n')$; 4° il n'y aura plus qu'à en chercher la grandeur $n'm'''$ (38).

43. Problème. *Mesurer la distance de deux droites parallèles.* On choisira un point quelconque sur la première droite (23). Puis on cherchera la distance de ce point à la droite donnée (42).

2° *Méthode.* On peut encore opérer de la manière suivante :

1° On construira un plan perpendiculaire sur les droites données (19).

2° On déterminera les points suivant lesquels ce plan coupe

les deux droites (35), puis on cherchera la distance de ces deux points.

44. Problème. *Mesurer la distance de deux droites quelconques.* Pour plus de clarté, on fera bien, avant de faire l'épure, de représenter par un croquis en perspective toutes les opérations indiquées ci-dessous. Exprimons les droites données dans l'espace par AB et CD : 1° on prendra sur CD un point quelconque H ; 2° on mènera par le point H une ligne KS parallèle à la droite AB ; 3° par les deux lignes CD et KS on construira un plan P (31). Ce plan sera parallèle à la droite AB ; 4° on prendra ensuite sur la droite AB un point quelconque M ; 5° on abaissera de ce point une ligne MN perpendiculaire au plan P (19) ; 6° on déterminera en N le pied de cette perpendiculaire (35) ; 7° on fera mouvoir la droite MN parallèlement à elle-même jusqu'à ce que le point N soit arrivé en O sur CD, puis on tracera la droite OI parallèle à NM. La droite OI sera perpendiculaire sur les deux droites données. En effet, OI étant parallèle à MN, sera, comme cette dernière ligne, perpendiculaire au plan P, et par conséquent à la droite CD qui passe par son pied dans ce plan ; par la même raison, elle sera perpendiculaire à la droite NO et par conséquent à AB qui est parallèle à NO. 8° Quand on aura obtenu la ligne OI perpendiculaire sur les deux droites données, il ne restera plus qu'à en chercher la grandeur (37).

L'épure (*fig.* 12) représente les constructions que nous venons d'indiquer. Pour obtenir le résultat, il suffit d'exécuter ces constructions dans l'ordre suivant lequel on vient de les énoncer, en faisant pour cela usage des principes établis précédemment.

Rabattements.

45. Définition. Nous avons dit (au n° 38) que, pour avoir la grandeur véritable de la portion de ligne droite qui joint deux points, il fallait faire tourner cette ligne jusqu'à ce qu'elle soit parallèle à l'un des plans de projection. Cette opération, que l'on nomme *rabattement*, a servi dans la solution de plusieurs questions précédentes.

La droite immobile autour de laquelle on fait ainsi tourner le plan que l'on rabat se nomme *axe* ou *charnière* de rabattement. *Elle doit toujours être parallèle à l'un des plans de projection*; car si on faisait tourner une figure plane autour d'une droite qui ne satisferait pas à la condition que nous venons d'énoncer, la figure que l'on ferait tourner, ne pouvant *jamais* être parallèle au plan de projection, ne se projetterait jamais sur ce plan dans sa véritable grandeur.

Lorsque l'on fait un rabattement, chaque point décrit dans l'espace un cercle qui a son centre sur l'axe de rotation, et qui a pour rayon la distance de cet axe au point que l'on rabat. Les notions précédentes étant admises, nous allons compléter cette théorie par quelques exemples.

46. Supposons que l'on veuille rabattre le point m,m', *fig.* 13, sur le plan horizontal qui contient la droite $ab, a'b'$ et que l'on ait choisi cette droite pour l'axe du rabattement. Le point mm' ne quittera pas le plan vertical qui a pour trace horizontale la droite mm^{iv} perpendiculaire sur ab; et pour connaître la place que le point mm' doit venir occuper sur le plan horizontal qui contient la droite $ab, a'b'$, il suffit de chercher la véritable grandeur de la droite $mo, m'o'$, qui n'est autre chose que le rayon de l'arc de cercle parcouru par le point mm', dans son mouvement.

Pour obtenir la grandeur de la droite ($mo, m'o'$), il faudra opérer comme nous l'avons dit au n° 38; c'est-à-dire que l'on fera tourner cette ligne autour de l'horizontale projetante du point oo'. Le point mm' décrit alors un arc de cercle $m'm''$ parallèle au plan vertical de projection, et qui, par cette raison, doit avoir sa projection horizontale mm''' parallèle à la ligne AZ. Par suite de cette opération, on aura $m'''o$ pour la véritable grandeur de la droite ($mo, m'o'$), et par conséquent pour la distance du point mm' à la droite $ab, a'b'$; de sorte qu'en ramenant $m'''o$ dans la position $m^{\text{iv}}o$, le point m^{iv} sera la place occupée par le point mm' rabattu en tournant autour de ab, sur le plan horizontal qui contient cette droite.

Il est très-essentiel de remarquer que, dans l'opération précédente, il y a deux rabattements. L'un, qui se fait autour de *ab*, a pour but de rabattre le point *mm'* sur le plan horizontal *a'b'*. Le second, qui a lieu autour de l'horizontale projetante du point *o*, sert à déterminer la distance du point *mm'* à la droite *ab*, que l'on a prise pour axe du rabattement.

L'opération serait bien plus simple, si la droite que l'on prend pour axe du rabattement était perpendiculaire à l'un des plans de projection, comme on peut le voir par la solution du n° 38. Nous conclurons de ce qui précède :

1° Que les conditions essentielles pour qu'une droite puisse servir d'axe de rabattement, c'est qu'elle soit *parallèle à l'un des plans de projection*.

2° Que les constructions seront encore plus simples lorsque l'axe du rabattement sera *perpendiculaire au plan de projection*.

Or, dans un plan incliné quelconque, on pourra toujours obtenir un nombre infini de droites parallèles à tel plan de projection que l'on voudra; mais on ne pourra obtenir de perpendiculaires au plan de projection que dans les plans qui satisferaient eux-mêmes à cette condition.

47. Problème. *Déterminer la distance d'un point à une droite.* Cette question, que nous avons déjà vue au n° 42, peut être résolue par un rabattement. Voici l'ordre qu'il faudra suivre :

1re *opération. Fig.* 14. Par le point donné (a,a'), concevons le plan horizontal *p*. L'intersection de ce plan par la droite donnée *bb'* sera un point *nn'* que l'on projettera en *n* sur le plan horizontal.

2° *opération.* La ligne droite *an,a'n'* sera une horizontale située dans le plan qui contient le point et la droite donnée.

3° *opération.* Nous ferons tourner la droite *bn,b'n'* autour de l'horizontale *an,a'n'*, jusqu'à ce qu'elle soit ramenée dans le plan horizontal *p*. Dans ce mouvement, le point *nn'* ne changera pas de place, puisqu'il appartient à la droite *an,a'n'*, que nous prenons pour axe de rabattement. Mais si nous prenons, sur la droite donnée, un point quelconque *mm'*, il est évident que ce point, en tournant autour de *an*, ne quittera pas le plan vertical qui aurait pour tracé la droite *mm*^{iv} perpendiculaire sur *an*. De sorte qu'en cherchant, comme nous l'avons fait au n° 203, la distance om''' du point mm' à la droite $an, a'n'$, nous obtiendrons m^{iv} pour la place occupée par le point mm' rabattu sur le plan p. Il ne restera donc plus qu'à tracer la droite nm^{iv} et la perpendiculaire au'', qui sera la distance demandée.

Si l'on veut avoir les deux projections de la perpendiculaire au'', on supposera que la droite nm^{iv} revient à la place qu'elle occupait primitivement dans l'espace, et l'on obtiendra (u, u') pour les deux projections du point suivant lequel la droite donnée est rencontrée par la perpendiculaire abaissée du point mm'.

Angles des lignes.

48. Problème. *Étant données* (fig. 1, pl. 3) *les projections de deux droites* (a, a') (b, b'), *on demande de construire l'angle que ces deux droites font entre elles.* On cherchera d'abord les points (cc', dd') suivant lesquels les droites données vont percer un plan horizontal quelconque p; puis, prenant la droite cd pour axe, on fera tourner le plan des deux droites données autour de cette ligne, jusqu'à ce qu'il soit rabattu sur le plan p. Dans ce mouvement, le sommet de l'angle que les droites font entre elles décrira un cercle dont le centre sera placé en oo' sur l'axe du rabattement. Le plan de ce cercle étant vertical, il aura pour projection horizontale la droite oss''', et pour rayon la véritable grandeur de la droite $so, s'o'$. On cherchera (46) cette longueur représentée sur l'épure par la ligne os'', et on la portera de o en s'''; ce qui donnera la position que le sommet de l'angle viendra prendre sur le plan p. Enfin, si on joint le point s''' avec c et d, on aura l'angle demandé $cs'''d$ rabattu sur le plan horizontal p. La construction précédente nous a donné l'angle aigu que les deux droites font entre elles; si l'on voulait avoir l'angle obtus, il suffirait de prolonger un des côtés de l'angle obtenu. On pourrait, si cela était plus commode, prendre pour axe de rabattement une ligne parallèle au plan vertical de projection.

49. Sur la figure 2, l'un des côtés de l'angle cherché est ver-

tical. Prenant ce côté aa' pour axe, on a fait tourner le plan des deux droites jusqu'à ce qu'il soit arrivé dans la position au''. Alors il se trouve projeté en $a's'u'''$, selon sa véritable grandeur. Si l'on voulait que l'angle donné fût partagé en deux parties égales, on construirait la droite $s'v'''$ qui partage l'angle rabattu $a's'u'''$ en parties égales, et l'on ramènerait ensuite le tout à sa place, ce qui donnerait $s'v'$ pour la projection verticale de la droite demandée. Enfin, *fig*. 3. Si l'on veut partager en trois parties égales un angle dont les projections seraient $csd, c's'd'$, on commencera par le rabattre, ce qui donnera $cs'''d$, puis on partagera ce dernier angle par les droites $s''' - 1$, $s''' - 2$ que l'on ramènera ensuite à leur place.

Angles des lignes et des plans.

50. Problème. *Construire l'angle qu'une droite fait avec un plan.* On sait (*Géom.*) que l'angle d'une droite avec un plan se mesure par l'angle que cette droite fait avec sa projection sur ce plan. Mais pour éviter la construction de cette dernière ligne, on remarquera que l'angle demandé est le complément de l'angle que la ligne donnée ferait avec la perpendiculaire au plan donné, d'où résulte la construction qui suit : 1° on prendra (*fig.* 4) sur la droite donnée ($ac, a'c'$) un point quelconque (aa') ; 2° on abaissera de ce point, la ligne ($ab, a'b'$) perpendiculaire au plan donné p ; 3° on rabattra l'angle $c'a'''b'$ que ces droites font entre elles ; 4° on en prendra le complément $c'a'''u$.

51. Problème. (*Fig.* 5). *Construire les angles qu'une droite* ($ac, a'c'$) *fait avec les plans de projection.* Pour avoir l'angle avec le plan horizontal : 1° On prendra sur la droite donnée un point quelconque (aa') ; 2° on tracera la droite $a'b$ perpendiculaire au plan horizontal de projection ; 3° on rabattra l'angle $ba'c''$, formé par les deux droites ($ac, a'c'$) ($ab, a'b'$) ; 4° l'angle $a'c''b$, complément de $ba'c''$, mesurera l'inclinaison de la droite donnée ($ac, a'c'$) sur le plan horizontal de projection.

Si 'on veut avoir l'angle que la même droite fait avec le

plan vertical de projection on opérera de la manière suivante : 1° Par un point quelconque cc', appartenant à la droite donnée, on fera passer la droite (cd, $c'd'$) perpendiculaire au plan vertical de projection. 2° On rabattra l'angle dca'' formé par les deux droites ($ca,c'a'$) ($cd,c'd'$). 3° L'angle $ca''d$, complément de dca'', sera l'angle demandé.

52. **Problème.** *Construire l'angle que deux plans font entre eux.* On sait (*Géom.*) que pour avoir l'angle de deux plans il faut mesurer l'angle que font entre elles deux droites menées dans ces plans, perpendiculairement par un même point de leur intersection.

1re *Méthode.* Soient (*fig.* 6) les deux plans p et p'; on construira (34) la projection horizontale vu de l'intersection de ces deux plans, puis on mènera perpendiculairement à cette ligne, une droite p'' qui représentera la trace horizontale du plan dans lequel se trouve l'angle que l'on cherche. Si l'on fait tourner ce plan autour de sa trace p'' pour le rabattre sur le plan horizontal, le sommet de l'angle demandé se meut dans le plan vertical $v'vu$, et ne peut, par conséquent, se rabattre que sur la ligne vu. Il ne reste donc plus qu'à connaître sa distance à la ligne p'' que l'on prend ici pour axe du rabattement : pour cela, faisons tourner le plan $v'vu$, autour de sa trace verticale vv'. L'intersection des deux plans donnés viendra prendre, sur le plan vertical, la position $v'u'$; le point o, qui représente le pied de la perpendiculaire abaissée du sommet de l'angle demandé sur la ligne p'' se rabattra en o'; abaissant du point o' une perpendiculaire sur $v'u'$, cette perpendiculaire $o's'$ sera la distance du sommet de l'angle cherché à la ligne p''; de sorte qu'en portant cette longueur $o's'$ de o en s, on aura asc pour l'angle demandé rabattu sur le plan horizontal de projection.

Par cette construction, on aura évité de construire la projection de l'angle cherché dont on ne demandait que la véritable grandeur.

On peut rabattre le plan vertical $v'vu$ sur le plan horizontal (*fig.* 7). Dans ce cas, l'intersection des deux plans serait représentée par $v''u$, et le sommet de l'angle cherché par s''. On pourrait encore, si cela était plus commode, faire sur le plan vertical toutes les constructions que nous avons faites sur le plan horizontal.

53. 2ᵉ méthode. On sait (*Géom.*) que deux plans étant donnés, si d'un point pris où l'on voudra dans l'espace, on abaisse des perpendiculaires sur ces plans, l'angle que ces perpendiculaires feront entre elles sera le même que l'angle des deux plans. D'après cela, étant donnés les deux plans p et p' (*fig.* 6 ou 7), on prendra (*fig.* 8), un point quelconque ss', et après avoir mené par ce point des droites $(sa, s'a')$ $(sc, s'c')$ perpendiculaires aux deux plans donnés p et p' (19), on cherchera (48) l'angle que ces deux droites feront entre elles.

54. Problème. *Construire l'angle d'un plan donné avec les plans de projection.* L'angle que le plan p (*fig.* 10) fait avec le plan horizontal, étant situé dans le plan vertical p', on fera tourner ce plan autour de sa trace verticale jusqu'à ce que le point s, sommet de l'angle cherché, soit venu se placer en s' sur la ligne AZ; ce qui donnera l'angle $os'a$ pour l'inclinaison du plan p sur le point horizontal. De même, l'angle que le plan donné fait avec le plan vertical étant situé dans le plan p'', son sommet u se rabattra en u', et l'angle $ou'c$ représentera l'inclinaison du plan p sur le plan vertical de projection.

55. Problème. *Construire un plan passant par l'intersection de deux plans donnés, et qui partage l'angle qu'ils font entre eux en parties égales.* (*Fig.* 9). Le plan demandé devant contenir la ligne (vu) qui représente l'intersection des deux plans donnés, sa trace horizontale doit passer par le point u, et sa trace verticale par v' (27). Il ne reste donc plus qu'à trouver un second point de l'une de ses traces: pour cela, on rabattra sur le plan horizontal l'angle asc que les deux plans donnés font entre eux, et l'on construira la droite sn qui partage cet angle en deux parties égales. Le point n suivant lequel cette droite perce le plan horizontal appartiendra à la trace horizontale du plan cherché. Après avoir construit cette trace un, on fera passer la trace verticale par le point v', et l'on aura satisfait à la question. En effet, les trois droites sa, sn, sc, étant situées dans le plan p'' perpendiculaire à l'intersection commune des trois plans p, p', p''', les angles que ces lignes font entre elles mesurent les inclinaisons de ces trois plans (*Géom.*), et puisque *sn* partage l'angle *sac* en deux parties égales, le plan p''', qui contient *sn*, partagera l'angle des deux autres plans aussi en parties égales. Il est bon de remarquer que l'on n'a pas ramené la ligne *sn* à sa place, parce qu'il suffisait d'avoir le point où cette ligne perce le point horizontal.

Nous avons partagé en deux parties l'angle aigu formé par les deux plans donnés; on opérerait de la même manière pour obtenir le plan qui partage l'angle obtus en deux parties égales. Enfin, les mêmes moyens seraient employés si l'on voulait partager l'angle de deux plans suivant tout autre rapport. Sur la figure 10, le plan p''' partage en deux parties égales l'angle que le plan *p* fait avec le plan horizontal de projection.

Angle trièdre.

56. Problème. Il existe entre les faces et les angles plans d'un angle trièdre des relations telles, que si l'on connaît trois quelconques de ces quantités, on peut toujours trouver les trois autres. Cette question donne lieu à six problèmes. En effet, désignons par a, b, c les trois angles plans ou faces, et par A, B, C les angles dièdres ou d'inclinaison des faces entre elles. On peut avoir :

	DONNÉES.	INCONNUES.
1°	$a, b, c,$	A, B, C,
2°	$a, b,$ C,	$c,$ A, B,
3°	$a,$ A, C,	$b, c,$ B,
4°	A, B, C,	$a, b, c,$
5°	A, B, $c,$	C, $a, b,$
6°	A, $a, c.$	B, C, $b.$

57. 1ᵉʳ Problème. *Étant donnés* a,b,c, trouver A,B,C. On placera les trois faces données à côté les unes des autres, comme on le voit (*fig.* 11), et l'on prendra une distance quelconque $sm'=sm''$, que l'on portera à droite et à gauche du point s, sur les deux côtés extérieurs des faces a et c.

Si maintenant, on fait tourner la face a autour de l'arête sv, pour la ramener à la position qu'elle doit occuper dans l'espace, le point m' décrira un cercle dont le plan sera perpendiculaire à l'arête sv, et dont la projection sur le plan de la face b sera représentée par la droite $m'm$; si l'on fait tourner pareillement la face c autour de l'arête su, le point m'' décrira un cercle qui aura pour projection la droite $m''m$. Or, quand les deux faces a et c seront revenues à leur place, le point m' et le point m'', qui sont à égale distance du point s, ne feront qu'un seul et même point, et ce point devant être en même temps dans les deux plans $m'm, m''m$, fera partie de leur intersection, qui, étant perpendiculaire au plan de la face b, se projettera sur cette face par le point m.

L'angle trièdre étant reformé, l'angle C, qui exprime l'inclinaison des faces a et b, aura son sommet en h, et sera projeté sur le plan de la face b par la ligne hm qui sera l'un de ses côtés. Pour avoir la grandeur de cet angle, il suffira de le faire tourner autour de hm pour le rabattre sur le plan de la face b, dans la position mhm^r. La perpendiculaire qui contient le point m prendra, dans ce rabattement, la position mm'''; on déterminera le point m''' en décrivant du point h, comme centre, un cercle dont le rayon hm''', égal à la ligne hm', sera le second côté de l'angle C. Une construction analogue donnera l'angle A rabattu sur le même plan, dans la position mkm^{IV}.

Pour obtenir l'angle B, on concevra par le point dont la projection est m, un plan perpendiculaire à l'arête sm. Ce plan, qui contiendra l'angle B, coupera la face a suivant une droite perpendiculaire à sm, et représentée par $m'v$ dans le rabattement de la face A; ce même plan coupera la face c, suivant la ligne $m''u$, perpendiculaire sur sm'', et la face b suivant vu; de sorte que les trois droites $m'v, vu, m''u$, seront les trois côtés du triangle au sommet duquel se trouve l'angle B, que l'on connaîtra en construisant le triangle *vuz*.

58. Si la face *b* était égale à la somme des deux autres, le point *m* serait sur l'arc de cercle *m'om''*, les angles A et C seraient nuls et l'angle B vaudrait deux angles droits. Si la face *b* était plus grande que la somme des faces *a* et *c*, le point *m* se trouverait hors du cercle *m'om''*, et l'on aurait $mh > m'h$; ce qui serait absurde, puisque l'angle trièdre étant reformé, *mh* est la projection de *m'h*; enfin, s'il y avait dans les données quelque condition d'impossibilité, elle se manifesterait toujours par la construction de l'épure. J'engage le lecteur à changer les données de manière à reconnaître ce qui arriverait dans toutes les hypothèses. Il fera bien aussi de résoudre la même question en supposant que quelques-uns des angles donnés ou tous les trois sont obtus.

59. Si du point *m*, comme centre, avec un rayon égal à mm''', on décrit un arc de cercle, cet arc doit passer par le point m^{iv}; car il résulte de ce qui précède, que les deux droites mm''' et mm^{iv} représentant le rabattement de la même ligne. Enfin, les deux angles *shm*, *skm* étant droits, leurs sommets doivent se trouver sur la circonférence qui aurait *sm* pour diamètre.

60. 2ᵉ **Problème**. *Étant donnés* a,b,C, *trouver* c,A,B, on placera d'abord les deux angles *a,b*, à côté l'un de l'autre (*fig.* 11), et l'on prendra le point *m'* à volonté. La perpendiculaire abaissée du point *m'* sur l'arête *sv*, donnera en *h* le sommet de l'angle C, et comme la valeur de cet angle est donnée par la question; que, de plus, on sait que hm''' doit être égal à hm', on pourra construire le triangle rectangle mhm'''; ce qui déterminera le point *m*. On abaissera de ce point la ligne mm'' perpendiculaire sur l'arête *su*, et décrivant l'arc *m'om''*, on aura le point *m''*, et la face *c* sera connue. Les angles A et B s'obtiendront comme dans le problème précédent, qui ne diffère de celui-ci que par l'ordre des opérations.

61. 3ᵉ **Problème**. *Étant donnés* a,A,C, *trouver* b,c,B. On construira d'abord l'angle *a* (*fig.* 13), et l'on prendra le point *m'* à volonté. La perpendiculaire abaissée de ce point sur l'arête *sv* donnera en *h* le sommet de l'angle C. On construira le triangle

rectangle mhm''', dont on connaît l'angle aigu C, donné par la question et l'hypoténuse hm''' égale à hm'; le point m sera connu. Pour obtenir le point k', qui appartient à l'arête su, on se rappellera (60) que ce point doit être situé sur la circonférence d'un cercle qui aurait sm pour diamètre. Décrivant cette circonférence, il n'y aura plus qu'à trouver la distance du point k' au point m; ce qui sera facile, puisque cette distance est un côté de l'angle droit d'un triangle rectangle, dans lequel on connaît un angle aigu A, donné par la question, et le côté opposé mm^{iv} égal à mm''' (*fig.* 11). Construisant donc ce triangle mkm''' (*fig.* 13), il n'y aura plus qu'à ramener le point k en k' sur la circonférence $shmk'$, et la face b sera connue. En opérant comme dans l'épure précédente, on obtiendra c et B.

62. Si au lieu de ramener le point k en k' à droite du point m, on l'avait ramené à gauche en k'', on aurait encore satisfait aux conditions demandées; au lieu de la face b on aurait obtenu l'angle vsu', la face c serait remplacée par $u'sm^{\text{v}}$, et l'angle B par vzu'; les faces c et $u'sm^{\text{v}}$ seraient égales dans les deux solutions et ne différeraient que par leur position dans l'espace; il faut cependant remarquer que dans ce cas, l'angle donné A serait à l'extérieur du trièdre au lieu d'être tourné vers l'intérieur comme dans les exemples qui précèdent.

Ces trois problèmes suffisent pour le but que nous nous proposons ici. On trouvera la solution des trois derniers dans le volume qui contient les exercices et questions diverses.

63. **Problème.** On peut désirer connaître l'angle que l'une des arêtes fait avec la face opposée. Supposons, par exemple, que l'on veuille obtenir (*fig.* 12) l'angle $m^{\text{vi}}sm$ que l'intersection des faces a et c fait avec la face b. On rabattra cet angle autour de la droite sm, en remarquant qu'il appartient à un triangle rectangle ayant pour l'un des côtés de l'angle droit la droite sm, et pour second côté de l'angle droit, la droite $mm^{\text{vi}}=mm'''$ (*fig.* 11). On obtiendrait de la même manière les angles que les autres arêtes font avec les faces opposées.

CHAPITRE II.

Surfaces des corps et courbes de section.

64. On sait que les polyèdres sont des corps terminés par des faces planes. Il résulte de là, que les dimensions d'un polyèdre seront parfaitement connues, dès que l'on connaîtra la position de ses sommets; car la position des sommets déterminera celle des arêtes, et les arêtes détermineront les faces. Par conséquent, *pour projeter un polyèdre, il suffira de projeter ses sommets*. Supposons qu'il s'agisse d'un tétraèdre placé d'une manière quelconque dans l'espace. On déterminera (*fig.* 1, *pl.* 4) les projections horizontales et verticales des quatre sommets, et les droites qui joindront ces points, deux à deux, seront les projections des six arêtes du solide.

Pour rendre plus facile à concevoir les projections des corps solides, on est convenu que l'on regarderait certaines lignes comme *vues*, et d'autres comme étant *cachées*, et que pour les distinguer on tracerait entièrement les lignes vues, tandis que l'on ponctuerait les lignes cachées. Pour cela on suppose, lorsqu'on regarde la projection horizontale d'un corps, que l'œil est placé au-dessus de ce corps à une distance infiniment grande, et lorsqu'on regarde la projection verticale, on est censé être placé devant le plan vertical de projection, et infiniment loin de ce plan.

Cette convention une fois adoptée, nous dirons qu'une ligne est vue, lorsqu'un point quelconque partant de cette ligne peut s'éloigner infiniment du plan de projection, en suivant une perpendiculaire à ce plan, sans rencontrer la masse d'aucun corps solide, et dans le cas contraire la ligne est cachée. Ainsi, par exemple, les deux lignes (1—3,1'—3') (2—4,2'—4') (*fig.* 1) étant deux arêtes d'un même polyèdre, la première serait cachée sur la projection verticale. En effet, si l'on trace l'horizontale projetante du point m, il est évident qu'elle coupera les deux droites dont il s'agit, aux points m',m''. Or, le dernier de ces deux points appartenant à la droite $(2-4,2'-4')$, on en conclut que cette ligne passe devant la droite $(1-3,1'-3')$, que, par conséquent, cette dernière ligne doit être tracée en points sur la projection verticale. Par un raisonnement analogue, on reconnaîtrait que la projection horizontale de la ligne $(3-4,3'-4')$ doit être ponctuée.

65. Lorsqu'on veut décrire un objet qui n'existe encore que dans l'imagination, et dont les projections sont destinées à diriger le travail des ouvriers, on doit prévoir le moment où il faudra obtenir, d'après le dessin, les véritables grandeurs des diverses parties de ce corps pour les transporter sur la matière dont il doit être composé; il faut donc choisir le système de plans de projection le plus propre à atteindre ce but. Ainsi, par exemple, s'il s'agit d'un prisme, on placera (*fig.* 2) une de ses bases $abcde$ dans le plan horizontal, et l'on prendra pour second plan de projection un plan vertical parallèle aux arêtes; puis, après avoir construit la projection horizontale de la base supérieure, on élèvera, par chacun des sommets de cette projection, des perpendiculaires jusqu'à ce qu'elles rencontrent le plan horizontal mn, dont la position est déterminée par la hauteur que l'on veut donner au prisme que l'on projette. On voit qu'au moyen de la précaution que l'on a prise de placer le prisme parallèle au plan vertical de projection, toutes les arêtes de ce corps seront projetées sur l'un ou l'autre plan de projection dans leur véritable grandeur.

66. Il est encore plus simple, lorsque cela peut s'accorder avec la nature de la question, de placer le prisme que l'on projette dans une position perpendiculaire à l'un des plans de projection. C'est ce que l'on a fait (*fig.* 5) pour le cylindre circulaire, que l'on peut considérer comme un prisme droit dont le nombre des faces serait infini. La figure 3 contient les deux projections d'un cône circulaire. Enfin, lorsqu'on veut projeter une surface de révolution (*fig.* 6), on choisit ordinairement un des plans de projection perpendiculaire à l'axe de la surface

donnée. La seconde projection de cette surface est alors une section méridienne que l'on nomme méridien principal, parce que son plan pq est parallèle au second plan de projections. La courbe $abcd$ est la *section méridienne principale*.

Sections.

67. **Problème.** *Construire la section d'un polyèdre par un plan.* La figure demandée se compose évidemment de toutes les lignes suivant lesquelles le plan donné coupe les différentes faces du polyèdre. On pourrait donc chercher les traces de toutes ces faces, et la question reviendrait alors à faire, plusieurs fois, les opérations que nous avons indiquées au n° 34, pour construire l'intersection de deux plans; mais au lieu de chercher les intersections du plan donné avec les faces, il est presque toujours plus simple de déterminer les points suivant lesquels le plan coupant rencontre les arêtes du solide. Pour faciliter la recherche de ces points, on prend ordinairement un plan de projection perpendiculaire au plan donné, qui devient alors le plan projetant de la ligne de section. L'une des projections de cette ligne se réduit, par conséquent, à une droite qui se confond avec la trace du plan coupant, de sorte qu'il ne reste plus qu'à déterminer la seconde projection de la figure demandée.

68. Supposons, par exemple, que l'on veut obtenir la section du tétraèdre projeté (*fig.* 1) par un plan $c'p$, perpendiculaire au plan vertical de projection. On abaissera des perpendiculaires à la ligne AZ, par les points $v', o, 'u', z'$, suivant lesquels le plan p coupe les arêtes du polyèdre donné: on obtiendra, par ce moyen, les sommets du quadrilatère $vozu$ qui est la projection horizontale de la section. Si l'on veut obtenir cette figure dans sa véritable grandeur, on la fera tourner autour d'une droite telle que (c, c') perpendiculaire au plan vertical de projection et située dans le plan p. Lorsque ce plan sera dans la position horizontale $c'p'$, on aura le quadrilatère $v''o''z''u''$ pour la section rabattue dans sa véritable grandeur.

69. Pour construire la section d'une surface courbe par un

plan, il suffit de construire la suite des points suivant lesquels le plan donné coupe un système de lignes tracées sur la surface. Il n'y a plus, dans chaque cas particulier, qu'à choisir les lignes les plus simples. Ainsi, par exemple, pour obtenir la courbe qui provient de la section du cône circulaire projeté (*fig.* 3), par le plan $pa'p$, perpendiculaire au plan vertical de projections, on établira sur la surface du cône un certain nombre de génératrices, et la courbe de section devra contenir tous les points suivant lesquels ces lignes sont coupées par le plan donné.

Pour construire la projection horizontale de cette courbe, on abaissera des perpendiculaires à la ligne AZ, par chacun des points suivant lesquels la trace verticale du plan donné coupe les projections verticales des génératrices du cône. On peut vérifier les projections de ces points en les faisant tourner autour de la verticale projetante du sommet, jusqu'à ce qu'ils soient arrivés dans le plan 8—4, parallèle au plan vertical de projections. Ainsi, le point uu' rabattu en u'', sera projeté de là en u''' sur la droite s—8, d'où on le ramènera en u. La courbe $8''$—$4''$ est la section que l'on a rabattue, en la faisant tourner autour de l'horizontale projetante du point c'.

70. La figure 5 contient les deux projections de la courbe qui résulte de la section d'un cylindre circulaire, par le plan $a'p$, perpendiculaire au plan vertical de projection. Par suite de la disposition adoptée pour cette épure, le plan donné et le cylindre sont les deux surfaces projetantes de la courbe demandée, qui a la droite $2'$—$6'$ pour l'une de ses projections, et pour seconde projection la circonférence 2—4—6—8. La courbe $2'$—$4''$—$6''$—$8''$ est la section que l'on a rabattue dans sa véritable grandeur, en la faisant tourner autour de l'horizontale projetante du point a'.

71. Sur la figure 6, on a projeté et rabattu la section d'un ellipsoïde de révolution par le plan p. Cette courbe est facilement déterminée en projetant les points suivant lesquels le plan p coupe les cercles horizontaux et parallèles de la surface. Enfin la figure 7 contient la section de la sphère par le plan vertical p. Cette courbe est un cercle dont on évite presque toujours la projection par un rabattement.

72. Problème. *Trouver les points suivant lesquels une ligne droite perce la surface d'un corps.* Pour trouver l'intersection d'une surface donnée par une ligne quelconque, il faut faire passer par cette ligne une surface auxiliaire qui contiendra par conséquent les points demandés. Ces points devant appartenir à la surface donnée, sont nécessairement situés sur l'intersection des deux surfaces, et sur la ligne donnée. La question étant ainsi résolue d'une manière générale, il n'y a plus qu'à choisir, pour chaque cas particulier, la surface auxiliaire la plus commode. On emploie souvent, comme surface auxiliaire, l'une des deux surfaces projetantes de la ligne donnée.

73. Ainsi, par exemple, si l'on veut obtenir les points suivant lesquels la surface du tétraèdre projeté (*fig.* 1) est percée par la droite aa', on concevra, par cette droite, le plan projetant $c'p$, perpendiculaire au plan vertical de projection. On construira le quadrilatère $vuzo$, provenant de la section du tétraèdre donné par le plan coupant $c'p$, et les points $(x,x')(n,n')$ seront les projections des intersections demandées.

Au lieu de construire la projection horizontale du polygone $vuzo$, provenant de la section du polyèdre donné par le plan auxiliaire $c'p$, on préfère souvent rabattre ce plan, et construire le polygone rabattu $v''u''z''o''$. Dans ce cas, il faut aussi rabattre la droite donnée. Or, cette droite étant suffisamment prolongée, rencontre la charnière du rabattement en un point s qui ne doit pas changer de place, et par conséquent, si l'on fait tourner un autre quelconque de ses points (e,e'), par exemple, jusqu'à ce qu'il soit projeté en e'', la droite donnée, rabattue en se'', rencontrera le quadrilatère $v''u''z''o''$ en deux points x'' et n'', qui, ramenés dans le plan $c'p'$ et de là dans le plan $c'p$, donneront les points $(x,x')(n,n')$ pour les projections des intersections demandées. Si le point s ne se trouvait pas sur l'épure, ou rabattrait un autre point quelconque de la droite donnée.

Développements.

74. Problème. *Construire le développement de la surface d'un corps.* Pour exécuter un corps quelconque, il faut tracer sur la pierre, le bois ou le métal dont ce corps doit être composé, toutes les lignes qui doivent diriger le travail de l'ouvrier. Ces lignes se déduisent de leurs projections, par des rabattements si elles sont planes, et par des développements si elles font partie de surfaces courbes. Quelques-uns de ces développements peuvent être construits d'une manière rigoureuse; d'autres ne peuvent être obtenus que par approximation, parce toutes les surfaces ne sont pas développables.

75. On dit, en général, qu'*une surface est développable*, lorsque cette surface peut être étendue tout entière sur un plan sans qu'aucune de ses parties soit déchirée ni doublée. Il résulte évidemment de là que les surfaces de tous les polyèdres pourront se développer; car il sera toujours possible de construire toutes les faces à côté les unes des autres et dans leurs véritables grandeurs.

76. Si l'on voulait, par exemple, développer la surface du tétraèdre projeté (*fig.* 1), on chercherait la véritable grandeur de chacune des arêtes (37), et l'on pourrait alors construire les quatre faces triangulaires du solide. Si quelques-unes des faces du polyèdre donné étaient quadrangulaires ou pentagonales, on les décomposerait en triangles dont on chercherait les côtés, et que l'on construirait ensuite pour recomposer toutes les faces dont l'ensemble formerait le développement du solide.

77. Lorsqu'il y a dans le polyèdre que l'on veut développer quelques relations de régularité ou de symétrie, on doit en profiter pour donner plus d'exactitude au résultat. Supposons, par exemple, que l'on veut développer la surface d'un prisme pentagonal (*fig.* 2). On projettera ce corps sur un plan parallèle à ses arêtes, afin de ne pas être forcé de rabattre toutes ces lignes pour obtenir leurs véritables longueurs. Le plan $pa'p$, perpendiculaire à la direction du prisme, contiendra la *section droite* dont la projection verticale sera $a'—3'$.

Il serait facile de construire la projection horizontale de ce polygone, en abaissant des perpendiculaires par tous les points suivant lesquels la trace verticale du plan $a'p$ est rencontrée par les projections verticales des génératrices du prisme. Mais cette projection horizontale de la section droite serait tout à fait inutile pour le but que nous proposons ici. Ce qui est beaucoup plus essentiel, c'est d'obtenir la section $a'—3'$ dans sa véritable grandeur. Pour y parvenir, on fera mouvoir le plan $pa'p$, parallèlement à lui-même, jusqu'à ce qu'il soit parvenu dans la position $p''a''p''$; puis on le fera tourner autour de sa trace horizontale, ce qui donnera le polygone a'''—1—2—3—4, rabattu sur le plan horizontal de projection. On aurait pu rabattre le plan de section droite, sans le faire avancer jusqu'à ce qu'il soit arrivé en a'; mais cela aurait embarrassé l'épure, et c'est ce ce qu'il faut toujours éviter.

La véritable grandeur de la section droite étant obtenue, on portera tous ses côtés à la suite les uns des autres, et autant que possible, dans le prolongement de la trace verticale du plan $pa'p$, ce qui donnera la droite $a^{iv}a^v$ pour la section droite *rectifiée*. Enfin, par les points a^{iv}, $1''$, $2''$, $3''$, $4''$ et a^v on tracera des droites parallèles et égales aux arêtes du prisme, et l'on aura le développement de la surface latérale. Sur la figure 2, on n'a conservé que le développement de la partie de surface comprise entre la base inférieure du prisme et la section, par un plan p''' perpendiculaire au plan vertical de projection. Pour plus d'ordre, on fera bien de numéroter les arêtes sur toutes les projections, ainsi que sur le développement du prisme.

78. Pour appliquer le principe qui précède au développement de la surface convexe du cylindre, il suffit de considérer ce corps comme un prisme qui aurait un très-grand nombre de faces. Cette hypothèse n'est pas rigoureusement exacte, mais elle suffit presque toujours dans la pratique. On peut d'ailleurs s'approcher autant que l'on veut de l'exactitude absolue, en traçant un plus grand nombre de génératrices sur les parties de la surface dont la courbure est plus prononcée. Enfin, quand la section droite est un cercle; ce qui est le cas le plus fréquent, on peut mesurer le rayon avec beaucoup de soin, et prendre une longueur égale à $2\pi R$ pour le développement de la circonférence, après quoi, on établit sur cette ligne rectifiée, les point par lesquels on veut faire passer les génératrices nécessaires pour la solution du problème. La figure 4 est le développement du cylindre projeté figure 5, la ligne $8'''$—$4'''$—$8'''$ est la section

droite rectifiée; enfin, la courbe $8^{iv}-4^{iv}-8^{iv}$ est le développement de la section du cylindre par le plan $a'p$ perpendiculaire au plan vertical de projection.

79. Pour développer la surface d'un cône circulaire ou de révolution (*fig.* 3), on peut opérer de la manière suivante. Supposons que la base du cône projeté soit partagée en un grand nombre de parties égales, si l'on conçoit une génératrice par chacun des points de division de cette ligne, la surface convexe du cône se composera d'une suite de triangles isocèles égaux entre eux. Tous ces triangles, placés à côté les uns des autres, formeront évidemment un secteur de cercle $s'-8'''-4'''-8'''$ et la seule condition nécessaire pour que ce secteur représente le développement du cône, c'est que l'arc $8'''-4'''-8'''$ soit égal à la circonférence du cercle 2—4—6—8.

Or, si nous exprimons l'angle $8'''-s'-8'''$ par x, l'arc $8'''-4'''-8'''$ par y, le côté $s'-8'''$ par R, et le rayon $s-8$ par r, nous aurons la proportion

$$x : 360 :: y : 2\pi R,$$

d'où $\qquad x \times 2\pi R = 360 y,$

mais on doit avoir $\qquad y = 2\pi r.$

Multipliant et réduisant, on obtient

$$R x = 360 r, \quad \text{d'où} \quad x = \frac{360 r}{R}.$$

Ce qui donne l'angle du secteur.

Supposons, par exemple, que l'on ait $R = 1^m,5$ et $r = 0^m,4$ la formule précédente donnera:

$$x = \frac{360 \times 4}{15} = 24 \times 4 = 96 \text{ degrés}.$$

Ainsi, en décrivant un secteur de 96 *degrés*, avec un rayon de 15 *décimètres*, on aura le développement d'un cône dont le rayon de la base serait $0^m,4$ et le côté $1^m,5$.

La courbe $8'-4^{iv}-8^{iv}$, est le développement de la section du cône par le plan $pa'p$. Pour construire cette ligne, on a fait tourner toutes les génératrices autour de la verticale projetante du sommet. Par ce mouvement, chaque point de la courbe est venu se placer sur la génératrice s'—$8'''$, d'où on l'a fait arriver sur la génératrice correspondante du développement, en lui faisant parcourir un arc de cercle décrit du point s' comme centre.

CHAPITRE III.

Courbes planes.

80. Lieu d'un point mobile, sections par un plan. Une courbe est plane lorsque tous les points sont situés dans un même plan. Une courbe plane peut être engendrée par un point qui se meut dans un plan, suivant certaines conditions. Mais on peut encore obtenir une courbe plane en coupant une surface courbe quelconque par un plan.

81. Lorsqu'une courbe provient de la section d'une surface par un plan, elle possède des propriétés qui dépendent de la nature de la surface coupée.

Ainsi en coupant les surfaces projetées sur les figures 3, 5, 6 et 7, par des plans horizontaux, on obtiendra toujours pour sections des cercles, tandis que si l'on incline le plan coupant, les courbes de sections seront modifiées suivant l'inclinaison du plan et la nature de la surface coupée.

82. Courbes du deuxième degré. Les plus remarquables des courbes planes sont les *courbes du second degré* (*pl.* 5), ainsi nommées, parce que toutes leurs propriétés peuvent être exprimées par une équation du second degré. Les courbes du second degré sont au nombre de trois, savoir : l'*ellipse* (*fig.* 1....6), la *parabole* (*fig.* 7, 8 et 9), et l'*hyperbole* (*fig.* 10, 11 et 12).

83. Ellipse. L'ellipse est une courbe telle que *la somme des distances de chacun de ses points à deux points fixes pris dans son plan, et que l'on nomme* FOYERS, *est une quantité constante.*

On exprime ordinairement cette quantité par $2a$. Soient (*fig.* 1) F et F' les deux foyers. Le point A, milieu de FF' se nomme *le centre de l'ellipse*; toute ligne droite passant par ce point est un diamètre partagé par le centre en deux parties égales. Le plus grand de tous les diamètres est celui qui contient les foyers; on lui donne le nom de *grand axe*. Le plus petit, que l'on nomme *petit axe*, est toujours perpendiculaire au grand. Il est facile de voir que le grand axe est égal à $2a$, car pour le point X, extrémité de ce grand axe, on doit avoir, comme pour tout autre point de la courbe $XF + XF' = 2a$; mais comme $XF = X'F'$, il en résulte $X'F' + F'X = 2a$, ou enfin $XX' = 2a$. Les distances Fu, $F'u$, d'un point de la courbe aux foyers, se nomment *rayons vecteurs*, et la distance Au se nomme simplement *rayon*. On voit que dans l'ellipse tous les rayons ne sont pas égaux. Le plus grand est AX, moitié du grand axe, et le plus petit rayon AY est la moitié du petit axe.

84. Le cercle est une ellipse dont les deux axes sont égaux et dans laquelle le centre et les foyers se confondent en un seul point. En combinant les propriétés du cercle avec celles de l'ellipse, on en déduit que *si un cercle et une ellipse* (*fig.* 2) *ont un axe commun* $X'X$, *et que l'on prenne sur cet axe une abscisse* Ap, *on aura toujours*: *l'ordonnée du cercle est à l'ordonnée correspondante de l'ellipse comme le grand axe est au petit axe*.

De là résultent plusieurs moyens de construire l'ellipse, lorsque l'on connaît les deux axes.

85. **Construction de l'ellipse.** De tous les moyens de construire les ellipses, le plus commode est celui que nous allons indiquer. Après avoir tracé les deux axes $AX = a$, $AY = b$ (*fig.* 3), on prend un morceau de carte que l'on taille bien droit en forme de petite règle; puis, après avoir marqué sur cette carte et à partir de l'extrémité o, deux grandeurs $om = a$, $on = b$, on la fait mouvoir de manière que le point m ne quitte pas l'axe AY, et que le point n ne quitte pas l'axe AX. Dans ce mouvement, le point o décrira l'ellipse, de sorte qu'il suffira de marquer avec un crayon un certain nombre des points successivement occupés par le point o. Cette manière de décrire l'ellipse résulte du principe énoncé (84); car si du point m, comme

centre avec un rayon *mo*, on décrivait un cercle en prenant pour abscisse $mp = As$, on pourrait considérer *op* comme l'ordonnée du cercle, et *os* comme celle de l'ellipse, d'où l'on aurait

$$op : os :: om : on :: a : b.$$

86. On peut encore construire une ellipse lorsque l'on connaît un de ses axes et un point. Soit donné, par exemple, AX égal à la moitié du grand axe, et le point *o* appartenant à la courbe, on construira AY perpendiculaire sur AX. On prendra une ouverture de compas égale à AX, et du point *o*, comme centre, on décrira l'arc *ce*, dont l'intersection avec AY donnera le point *m*, puis traçant *om*, le point *n* sera déterminé, et la construction se fera comme précédemment.

87. **Centre, foyers, directrice.** Une ellipse étant construite, on peut se proposer de retrouver son centre, ses axes et ses foyers. Pour cela (*fig.* 1), on mènera deux cordes parallèles *vs*, *pq*, et la droite *mn* passant par les milieux de ces cordes sera un diamètre. Le milieu A de ce diamètre sera le centre de la courbe. Du point A, comme centre, ou décrira un cercle de manière à couper la courbe en quatre points qui seront toujours symétriquement placés; puis, abaissant du centre des perpendiculaires sur les cordes qui joignent ces points deux à deux, on aura les axes de l'ellipse. Enfin, du point Y, comme centre, avec un rayon égal à la moitié du grand axe, on décrira un arc de cercle F*k*F', qui par son intersection avec le grand axe déterminera les deux foyers.

88. **Diamètres conjugués.** Lorsque deux diamètres XX', YY' (*fig.* 4) sont tels que les tangentes aux extrémités de l'un d'eux sont parallèles à l'autre, on les nomme *diamètres conjugués*, et si on les prend pour axes des abscisses et ordonnées, on dit que l'ellipse est rapportée à ses diamètres conjugués.

89. *Pour construire une ellipse, lorsque l'on connaît ses diamètres conjugués*, on pourra opérer de la manière suivante. Sur l'un d'eux, comme diamètre, on décrira la circonférence X*m*X'*m*', et l'on construira le triangle A*m*Y dont les éléments sont donnés; puis, sur une ordonnée quelconque du cercle, on fera un triangle *npq* semblable et parallèle à *m*AY : le point *q* appar-

tiendra à l'ellipse. En recommençant, on obtiendra autant de points de la courbe que l'on voudra. Cette construction provient de ce que la propriété énoncée (84) convient aussi à l'ellipse construite sur ses diamètres conjugués. Si l'on voulait retrouver le grand axe, il suffirait de joindre le centre avec le milieu de l'arc cX.

90. **Tangentes et normales.** *Construire une tangente à l'ellipse par un point donné sur la courbe. Première méthode.*

Le point m étant donné sur la courbe (*fig.* 5), on décrira du point A, comme centre, avec un rayon AX' égale à la moitié du grand axe, l'arc de cercle X'n, qui coupera en n l'ordonnée passant par le point m; on construira (*Géom.*) la droite pn tangente à cet arc en n; et le point p, où cette tangente ira rencontrer le prolongement du diamètre XX' appartiendra à la droite pm, qui est la tangente demandée. Cette construction vient de ce que, si plusieurs ellipses ont un axe commun, et que par tous les points situés sur la même ordonnée on construise des tangentes, toutes ces lignes doivent concourir en un même point sur le prolongement de l'axe commun. Or le cercle pouvant être considéré comme une ellipse, la tangente au cercle détermine le point où doit aboutir celle de l'ellipse.

91. *Deuxième méthode.* Si en un point m'' de la courbe on conçoit une tangente et les deux rayons vecteurs (83), la tangente fera des angles égaux avec ces deux droites, d'où résulte la construction suivante. Après avoir déterminé les foyers F, F', on construira les deux rayons vecteurs Fm'', F'm''; on partagera l'angle Fm'F' en deux parties égales, et la ligne qm'', perpendiculaire à la bissectrice, sera la tangente.

92. La droite km'' perpendiculaire sur la tangente est ce que l'on nomme une *normale.*

93. *Construire une tangente à l'ellipse parallèlement à une droite donnée.* Soit os la droite donnée. On mènera d'abord une corde cX parallèle à la droite os, puis le rayon Am' passant par le milieu de la corde cX déterminera le point de tangence, et par conséquent la tangente, qu'il sera facile de construire, puisque sa direction est donnée.

94. *Construire une tangente à l'ellipse par un point donné*

en dehors de cette courbe. Soit o le point donné (*fig.* 6). De ce point, comme centre, et prenant pour rayon sa distance à l'un des foyers, on décrira un premier arc $bF'c$; de l'autre foyer F, comme centre avec un rayon égal au grand axe de l'ellipse, on décrira un second arc de qui coupera le premier en deux points s, u. On joindra ces points avec le centre du second arc par deux droites dont les intersections avec la courbe seront les points de tangence. En effet, le rayon du second arc étant égal au grand axe de l'ellipse, on aura

$$sm' + m'F = 2a;$$

mais par la propriété de la courbe (83), on a

$$F'm' + m'F = 2a; \quad \text{donc} \quad sm' = m'F.$$

Ainsi, le triangle $sm'F'$ est isocèle; mais le point o, centre du premier arc, est à égale distance des points s, F'. Donc la droite om' est perpendiculaire à sF', et partage l'angle $sm'F'$ en deux parties égales. Donc enfin l'angle $om'F' = pm'F$, et la droite op faisant des angles égaux avec les rayons vecteurs, est une tangente (91). Il en est de même de la droite oq.

95. **Parabole.** *La parabole est une courbe telle que pour chacun de ses points la distance à une droite nommée* Directrice *est égale à la distance à un point que l'on appelle* Foyer.

96. **Construction de la parabole.** Soit (*fig.* 7) la directrice co, et le foyer F. Pour construire la parabole, on abaissera la perpendiculaire FD, et le point A, milieu de cette perpendiculaire, sera un point de la courbe. Pour en obtenir d'autres, on construira en un point p quelconque une perpendiculaire pm, et du point F, comme centre avec un rayon égal à pD, on décrira un arc de cercle qui coupera la perpendiculaire mp en deux points m, m', appartenant à la parabole. On recommencera jusqu'à ce que l'on ait un assez grand nombre de points pour construire la courbe. Une parabole peut être considérée comme une ellipse dont le grand axe est infini, et dans laquelle cependant la quantité AF serait déterminée. Il est évident, d'après cela, que le centre est aussi à l'infini, ainsi que le second foyer. (*Géom. anal.*)

97. Une parabole étant donnée, on peut se proposer de retrouver son axe principal. Pour cela, on construira deux cordes parallèles, et la droite *qs* passant par les milieux de ces cordes sera un diamètre ; construisant *mm'* perpendiculaire sur *qs*, on en prendra le milieu *p*, ce qui donnera un point de l'axe demandé, que l'on mènera parallèlement à *qs*. Cela vient de ce que dans la parabole tous les diamètres sont parallèles, puisque le centre est situé à l'infini (96).

98. Tangentes et normales. *Première méthode.* Si le point de tangence est donné sur la courbe, on construira (*fig.* 8) l'ordonnée *mp* passant par ce point ; puis portant A*p* de A en *q*, ce dernier point appartiendra à la tangente. Cette construction résulte de ce que, *dans toute parabole, la distance* q*p*, *que l'on nomme la sous-tangente, est toujours double de l'abscisse du point de tangence.*

99. *Deuxième méthode.* On joindra le foyer F avec le point de tangence, par la droite F*m*, et après avoir mené *m*F', parallèle au grand axe AX, on partagera l'angle F*m*F' en deux parties égales par la droite *ks* ; il ne restera plus qu'à mener au point *m* une perpendiculaire sur *ks*. Dans cette construction, *m*F' remplace le rayon vecteur allant aboutir au second foyer, situé à l'infini, comme nous l'avons dit plus haut.

100. La droite *ks* perpendiculaire sur *qm* sera la *normale*.

101. Foyers, directrice. Si par le point *v*, milieu de *qm*, on mène une perpendiculaire à la tangente, le point F, où cette perpendiculaire rencontrera l'axe AX, sera le foyer de la parabole. Enfin, portant AF de A en D, et construisant la perpendiculaire *c*D, on aura retrouvé la directrice.

102. Si l'on voulait mener *une tangente parallèle à une ligne donnée* b*c*, on construirait une corde A*d* parallèle à cette ligne, et la droite *um'* menée par le milieu de A*d* parallèlement à l'axe AX, déterminerait en *m'* le point de tangence ; ce qui suffit, puisque la direction de la tangente est donnée.

103. *Construire une tangente à la parabole, par un point hors de la courbe.*

Soit *o* (*fig.* 9) le point donné. On décrira de ce point, comme centre, et passant par le foyer, un arc de cercle *u*F*s* qui coupera la directrice aux deux points u, s; on mènera par ces deux points et parallèlement à l'axe AX les droites sm', um'', dont les intersections avec la courbe seront les points de tangence. Cette construction est analogue à celle que nous avons donnée (93); la directrice remplace le cercle décrit du second foyer comme centre.

104. **Hyperbole.** L'hyperbole ne diffère de l'ellipse qu'en ce qu'au lieu de la somme, c'est la différence des rayons vecteurs qui est égale à une quantité constante que l'on nomme $2a$.

105. **Construction de l'hyperbole.** *Première méthode* (*fig*. 10). Les foyers FF' d'une hyperbole étant donnés, ainsi que la quantité $2a$ qui est la différence des rayons vecteurs; du point F', comme centre, avec un rayon quelconque F'o, on décrira un arc de cercle; ensuite du point F, comme centre, avec un rayon FO égal à $F'O + 2a$, on décrira un second arc, et le point où ces deux arcs se couperont appartiendra à la courbe demandée. Ici, comme dans l'ellipse, toute ligne telle que kn, qui passe par le milieu de deux cordes parallèles, se nomme un *diamètre*, et le point A, milieu de la portion de ce diamètre comprise entre les points où il coupe la courbe, se nomme le *centre*. Le diamètre XX', qui passe par les foyers, se nomme l'*axe transverse*, et YY', qui lui est perpendiculaire, se nomme l'axe *non transverse*. La portion BB' de l'axe transverse est égale à $2a$.

106. **Asymptotes.** Il existe dans le plan de toute hyperbole deux droites qui jouissent de propriétés remarquables. Ces droites, AD, AE, passent par le centre de la courbe et s'en rapprochent sans jamais la toucher, ou, en d'autres termes, elles ne touchent la courbe qu'à l'infini. On leur donne le nom d'*asymptotes*.

107. Les asymptotes fournissent un moyen très-simple de construire une hyperbole lorsqu'on en connaît un point. En effet, soient donnés le point s et les deux asymptotes DD', EE'. On construira dans une direction quelconque, en passant par le point s, la sécante pu, et prenant ps, on le portera de u en v; ce qui donnera le point v. De même, construisant une autre sécante si, on portera st de c en i. En continuant ainsi dans toutes

les directions, on aura autant de points que l'on voudra sur les deux branches de la courbe.

108. Centre, axes, foyers. La courbe étant construite, le centre et les axes pourront être retrouvés comme dans l'ellipse. Pour obtenir les foyers, on décrira un arc du point A, comme centre, de manière à passer par le point h, où l'asymptote est rencontrée par l'ordonnée Bh; les intersections de ce cercle avec l'arc transverse seront les foyers. On ferait l'opération inverse si l'on voulait construire les asymptotes, connaissant les foyers. (*Géom. anal.*)

109. Tangentes et normales. *Première méthode* (*fig.* 11). Pour obtenir la tangente en un point m de l'hyperbole, on construira pm parallèle à l'asymptote; puis faisant $po = Ap$, le point o appartiendra à la tangente. Cette construction provient de ce que, dans toute hyperbole, si l'on construit une tangente, le point de tangence doit toujours occuper le milieu de la portion de la tangente comprise entre les asymptotes.

110. *Deuxième méthode.* On peut encore construire la tangente en un point donné m', en construisant les deux rayons vecteurs F$'m'$, Fm', et partageant l'angle que ces rayons font entre eux, en deux parties égales.

111. Pour *construire une tangente parallèle à une ligne donnée* ts, on mènera d'abord une corde Bc parallèle à cette ligne, puis la droite Av passant par le milieu de la corde Bc déterminera en m le point de tangence; et comme l'on connaît la direction de la tangente, il sera facile de la construire.

112. *Construire une tangente à l'hyperbole par un point pris en dehors de cette courbe.* Soit o le point donné (*fig.* 12). De ce point, comme centre, on décrira un premier cercle passant par l'un des foyers F. De l'autre foyer F$'$, comme centre, avec un rayon égal à B$'$B $= 2a$, on décrira un second cercle, et l'on joindra par deux droites les points d'intersection de ces deux cercles avec le foyer F$'$ qui a servi de centre au second cercle; les points $m'm''$, où ces droites rencontreront la courbe, seront les points de tangence.

113. La *normale* se construira comme ci-dessus, en menant par le point de tangence, une perpendiculaire à la tangente.

114. Sections coniques. Les courbes du *second degré* sont encore nommées sections coniques, par ce qu'on obtient toujours l'une d'elles lorsque l'on coupe un cône circulaire par un plan. Supposons, par exemple, le cône circulaire ou de révolution, qui est projeté sur la *fig.* 2, *pl.* 6. Si l'on coupe ce cône par un plan p perpendiculaire au plan vertical de projection, et que l'on fasse tourner ce plan autour de l'horizontale projetante du point a, la section changera de forme, suivant les différentes positions du plan coupant; mais on obtiendra toujours l'une des trois courbes que nous venons d'étudier précédemment; ainsi, la section par le plan p sera une ellipse, la section par le plan p_1 sera une parabole, et la section par le plan p_2 sera une hyperbole. En général, si l'angle VAK est plus grand que HSK, la courbe de section sera une *ellipse*; lorsque l'angle V'AK sera égal à HSK la courbe sera une *parabole*, et lorsque l'angle V"AK sera plus petit que HSK on obtiendra une hyperbole.

115. Section elliptique du cône (*fig.* 1). Le plan coupant p étant perpendiculaire au plan vertical de projection, il résulte évidemment de là, que la projection verticale de la courbe cherchée sera une ligne droite $a'o'$. Pour construire la projection horizontale de la même courbe, il suffira de déterminer les points suivant lesquels le plan p coupe un certain nombre de génératrices du cône.

Pour le plus grand nombre de ces points, il suffira d'abaisser par leurs projections verticales des perpendiculaires à la ligne AZ; ainsi, lorsqu'on aura tracé les deux projections de la génératrice $(s-1)$, il est évident que la projection horizontale u du point uu' se déduira immédiatement de sa projection verticale u'. Mais lorsqu'il s'agira d'un point très-essentiel dont il sera nécessaire de vérifier la position, lorsque surtout cette position résultera de la rencontre de deux lignes qui se couperont suivant un angle trop aigu, il sera nécessaire d'opérer de la manière suivante.

Ainsi, par exemple, si l'on veut déterminer ou vérifier la projection horizontale du point mm', on fera tourner la génératrice $s-2$ qui contient ce point autour de la verticale projetante du sommet, jusqu'à ce qu'elle soit parvenue dans la position

$s-2'$, parallèle au plan vertical de projection ; par suite de ce mouvement, le point m' sera venu se rabattre en m'', d'où l'on déduira sa nouvelle projection horizontale m'''' que l'on ramènera ensuite en m sur la projection horizontale de la génératrice $s-2$. Une seule opération déterminera deux points m, n, situés sur les génératrices qui ont la droite $s-2$ pour projection verticale commune.

116. Au lieu de construire isolément les différents points de la courbe demandée, on peut en déterminer les axes, ce qui permettra de la construire en opérant comme nous l'avons dit au n° 85. On remarquera d'abord que, si par le sommet du cône on conçoit un plan parallèle au plan vertical de projection, ce plan sera placé symétriquement par rapport au cône et au plan coupant, d'où il résulte qu'il sera également un plan de symétrie par rapport à la courbe intersection des deux surfaces, et que, par conséquent, il contiendra l'axe ao, $a'o'$ de cette courbe. Le second axe, perpendiculaire au premier, aura pour projection verticale le point m', milieu de la droite $a'o'$, et pour projection horizontale la droite mn dont les extrémités s'obtiendront en opérant comme nous l'avons dit précédemment (115).

117. Pour obtenir la courbe dans sa véritable grandeur, on rabattra le plan coupant en le faisant tourner autour de sa trace horizontale. On peut se contenter de rabattre le centre et les axes qui sont connus dans leur véritable grandeur, le premier $o''a''$ par sa projection verticale $o'a'$ et le second $m^{\text{iv}} m^{\text{iv}}$ par sa projection horizontale mm ; puis on construira la courbe rabattue par la méthode du n° 85. Il est très-essentiel de remarquer que le centre de la courbe de section est au milieu de la droite mm, $m^{\text{iv}} m^{\text{iv}}$ et que ce point projeté en n' n'appartient pas à l'axe du cône.

118. *Tangentes*. Il est souvent utile de construire des tangentes à la courbe qui provient de la section d'une surface par un plan. Or la tangente à la courbe sera évidemment située dans le plan de cette courbe ; de plus elle ne peut pas être tangente à la courbe sans être également tangente à la surface qui contient cette courbe, d'où il résulte qu'elle doit être située dans le

plan tangent à la surface. Ainsi, la tangente en un point de la courbe de section devant être située en même temps dans le plan tangent et dans le plan coupant, elle sera l'intersection de ces deux plans.

Donc, pour construire par un point u, u' une tangente à la courbe de section, on tracera la génératrice s—1 ; et la droite 1—v, tangente à la base du cône, sera la trace du plan tangent. La droite u—v, intersection du plan tangent sv—1 et du plan coupant pv', sera la tangente demandée. La projection verticale de cette tangente se confondra avec la trace verticale $v'p$ du plan coupant qui est perpendiculaire au plan vertical de projection.

119. Pour construire dans le rabattement la tangente vu'', on remarquera que le point v ne doit pas changer de place lorsque l'on fait tourner le plan coupant autour de sa trace horizontale $v'v$. On peut aussi construire la tangente par l'une des méthodes indiquées aux n°° 90 et 91.

120. **Section parabolique du cône.** Si le plan coupant pv' (*fig.* 3) était parallèle à l'une des génératrices s—3 du cône, il est évident que cette génératrice ne serait pas coupée, et la courbe de section ne pourrait plus être fermée ; dans ce cas, elle prend le nom de *parabole*. Les différents points de la parabole pourront être obtenus comme ceux de l'ellipse. En effet, le plan coupant étant perpendiculaire au plan vertical AZ, la projection verticale de la courbe demandée se réduit à une ligne droite $v'a'$, de sorte qu'il ne reste plus, pour obtenir la projection horizontale, qu'à construire des perpendiculaires par les points suivant lesquels la droite $v'a'$ coupe les projections verticales des génératrices du cône. Ainsi, par exemple, la projection horizontale u sera déterminée par la rencontre de la perpendiculaire abaissée du point u', avec la projection horizontale s—1 de la génératrice correspondante.

Pour déterminer le point m on fera tourner la génératrice s—2 jusqu'à ce qu'elle soit arrivée dans la position s—$2'$, parallèle au plan vertical de projection. Par suite de ce mouvement, le point m' sera venu se placer en m'', d'où l'on déduira sa nouvelle projection horizontale m''' que l'on ramènera ensuite en m.

121. *Tangente.* Pour construire la tangente au point u de la projection horizontale de la courbe, on construira d'abord la droite $1-v$, tangente à la base du cône et passant par le pied de la génératrice $s-1$. La droite $1-v$, trace horizontale du plan tangent, rencontrera la trace horizontale $v'e$ du plan coupant en un point v et la droite vu, intersection de ces deux plans sera la tangente demandée. La projection verticale de la tangente se confond ici avec la trace verticale $v'p$ du plan coupant.

122. Pour obtenir la courbe dans sa grandeur véritable, on rabattra le plan coupant autour de sa trace horizontale. On évitera la confusion en faisant avancer le plan coupant jusqu'à l'endroit où l'on veut effectuer le rabattement. Dans ce mouvement, le point u' vient se placer en u'', et la droite $v''u'''$ est la tangente au point u''' de la courbe rabattue. Enfin, on peut obtenir une tangente sur le rabattement par la méthode exposée au n° 98.

123. Dès que l'on aura obtenu la tangente, on pourra déterminer le foyer et la directrice, en opérant comme nous l'avons dit au n° 101. Ce qui permettra de construire la courbe par la méthode indiquée au n° 96.

124. **Section hyperbolique du cône.** De ce que les génératrices d'un cône doivent toutes passer par le sommet, il ne faut pas les considérer comme terminées à ce point; ainsi, pendant que la génératrice $s-1$ (*fig.* 6 et 7) engendrera la surface du cône, le prolongement $s'-1'$ de cette droite engendrera la surface d'un second cône opposé au premier par le sommet. Cependant, ces deux surfaces étant engendrées par la même droite, on les considère comme composant la surface d'un seul cône dont elles forment ce que l'on appelle les *deux nappes*. Or, lorsque le plan coupant pv' sera incliné de telle manière qu'il coupe les deux nappes du cône, la courbe de section se composera de deux branches séparées zaz, yuy dont l'ensemble forme une *hyperbole*.

125. Les points de l'hyperbole pourront être obtenus comme ceux de l'ellipse et de la parabole, en abaissant des perpendiculaires par les points suivant lesquels la trace verticale pv' du plan coupant rencontre les projections verticales des géné-

ratrices du cône. Ainsi, par exemple, les perpendiculaires abaissées des points a',u' détermineront les projections horizontales correspondantes sur la droite $b-1$ parallèle au plan vertical de projection. En traçant de nouvelles génératrices que l'on n'a pas conservées ici, on obtiendra sur chacune d'elles un point de la courbe demandée.

126. Pour déterminer ou vérifier la position du point m on rabattra la génératrice $s-2$ en la faisant tourner autour de l'axe du cône, jusqu'à ce qu'elle soit parvenue dans la position $s-2'$, parallèle au plan vertical de projection. Par suite de ce mouvement, le point m' rabattu en m'', se projettera en m''', d'où on le ramènera en m sur la projection horizontale de la génératrice $s-2$.

127. Pour obtenir la courbe dans sa véritable grandeur on a fait avancer le plan coupant jusqu'à ce qu'il soit arrivé dans la position $p'v''v'''$, puis on a fait tourner ce plan autour de sa trace horizontale jusqu'à ce qu'il soit rabattu sur le plan horizontal de projection.

128. *Asymptotes.* Nous avons vu (106) que l'on peut considérer les asymptotes comme deux droites qui passent par le centre o,o',o'' de la courbe, et qui *ne la touchent qu'à l'infini.* Pour les obtenir, on déterminera le point o', situé au milieu de la droite $u'a'$. On joindra ce point avec le sommet du cône par la droite $o's'b'$, suivant laquelle on fera passer deux plans tangents qui auront pour traces horizontales les droites bk. Les intersections de ces droites avec la trace horizontale $v'v$ du plan coupant donneront deux points x,x qui étant joints avec le point o, détermineront les droites xg, projections horizontales des deux asymptotes de la courbe demandée. Lorsque l'on fait avancer le plan coupant jusqu'à ce qu'il soit parvenu dans la position $p'v''v'''$, les deux points x viennent se placer en x'' et le point oo' en o'', où il devient le centre de l'hyperbole rabattue (*fig.* 8).

129. Lorsque l'on connaît les asymptotes et un seul point quelconque de la courbe, il est facile de la construire par la méthode indiquée au n° 107.

130. *Tangente.* On construira la tangente à l'hyperbole en

opérant comme nous l'avons dit au n° 109. En effet, en faisant $o''n = nr$, on aura $rn'' = n''h$, de sorte que la droite rh sera une sécante pour laquelle les deux points de section réunis en un seul seraient devenus un point de tangence n''.

131. On peut encore obtenir la tangente en opérant de la manière suivante : on tracera la droite $u''q$, perpendiculaire sur $a''u''$, ce qui déterminera le point q. On décrira du point o'', la demi-circonférence cqe qui a pour rayon la distance $o''q$, et l'on obtiendra ainsi les deux points c,e qui seront les *foyers* de l'hyperbole, puis on opérera comme au n° 110. Enfin, on peut construire par le point donné un plan tangent p'' dont l'intersection avec le plan coupant sera la tangente demandée.

132. Le cylindre circulaire pouvant être considéré comme un cône dont le sommet serait infiniment éloigné, la section par un plan sera toujours un *cercle* ou une *ellipse* qu'il sera souvent facile de construire par les axes.

CHAPITRE IV.

Courbes à double courbure.

133. **Définitions.** Nous avons dit (80) que l'on donnait le nom de courbes planes aux lignes dont tous les points sont situés dans un plan. Ainsi, la courbe qui est représentée en perspective sur la *fig.* 1 de la *pl.* 7 est une courbe plane ; mais si l'on fait prendre une courbure quelconque à la surface sur laquelle la ligne est tracée, cette courbe cessera d'être plane comme on le voit (*fig.* 2). Dans ce cas on dit qu'elle est à double courbure, parce que, indépendamment de la courbure qui lui est propre, elle participe encore de la courbure de la surface sur laquelle elle est tracée.

134. On projette les courbes à double courbure en opérant comme pour toute autre ligne. Supposons, par exemple (*fig.* 3), qu'une courbe ABCDE, ayant un grand nombre de sinuosités, soit située comme on voudra dans l'espace. Si de chacun de ses points on abaisse une perpendiculaire sur le plan de projection P, la courbe *abcde* qui contient les pieds de toutes ces perpendiculaires sera la projection de la ligne ABCDE. La surface qui contient toutes les perpendiculaires abaissées par les différents points de la courbe donnée se nomme surface projetante ou plutôt *cylindre projetant* de cette courbe. Ainsi, l'on voit que la projection *abcde* de la courbe est la trace de son cylindre projetant.

135. Une seule projection ne suffit pas pour déterminer la forme et la position d'une courbe dans l'espace; car il est évident que la même projection *abcde* conviendrait à toutes les courbes qui seraient situées dans la même surface projetante. Il résulte de là que pour déterminer la grandeur et la position d'une ligne courbe, il faut la projeter sur deux plans comme on le voit (*fig.* 4); car alors chacun de ses points étant déterminé de position, la courbe elle-même sera déterminée. La projection verticale $a'e'$ de la courbe est la ligne qui passe par les pieds de toutes les perpendiculaires abaissées des différents points de cette courbe sur le plan vertical AY, et la projection horizontale ae de la même ligne est la courbe qui contient les pieds de toutes les perpendiculaires abaissées sur le plan horizontal AX.

136. Nous avons dit tout à l'heure qu'une courbe était complétement déterminée par ses deux projections. En effet, si $a'e'$ (*fig.* 5) est la projection verticale d'une courbe quelconque AE, il est évident que cette courbe doit être située sur la surface du cylindre projetant horizontal H; mais si ae est la projection horizontale de la courbe, il faut que cette ligne soit située sur la surface du cylindre projetant vertical V; or, la courbe dont il s'agit devant être située en même temps sur les deux cylindres projetants dont les lignes ae, $a'e'$ sont les traces, elle sera l'intersection de ces deux surfaces et sera par conséquent déterminée. La courbe AE étant l'intersection des deux cy-

lindres projetants H et V, il est évident qu'elle participe de la courbure de chacun d'eux ; c'est encore pour cette raison que l'on donne à cette ligne le nom de courbe à double courbure. Ainsi, une courbe peut être à double courbure, parce qu'elle est tracée sur une surface courbe (*fig.* 2), ou parce qu'elle provient de l'intersection de deux surfaces courbes (*fig.* 5). Un corps ou solide C (*fig.* 6) sera à double courbure lorsque ses arêtes ne seront pas planes ; ainsi, une pierre ou un morceau de bois peut toujours être déduit de l'un des trois solides élémentaires représentés sur la fig. 6. Le premier A est un parallélipipède rectangle dont on peut déduire toute espèce de pièce droite. Le second solide B sera la forme primitive de toutes les pièces dont les arêtes seront des courbes planes, et toutes les pièces dont les arêtes seront à double courbure devront être déduites d'un solide tel que celui qui est désigné par la lettre C.

137. **Surfaces courbes.** La forme d'une courbe à double courbure dépendant de la nature des surfaces sur lesquelles cette courbe est tracée, il sera utile de rappeler ici quelques-unes des considérations générales sur lesquelles on établit la théorie des surfaces courbes dans les traités de Géométrie descriptive.

138. Toute surface peut être considérée comme engendrée par le mouvement d'une ligne assujettie à se mouvoir suivant des conditions données, *l'énoncé de ces conditions formant la définition de la surface.* Ainsi le plan est engendré par le mouvement d'une droite qui se meut parallèlement à elle-même, en s'appuyant toujours sur une autre droite immobile dans l'espace. La droite mobile se nomme la génératrice, et la droite sur laquelle elle s'appuie a reçu le nom de directrice. Si nous remplaçons cette dernière ligne par une courbe, nous obtenons une surface cylindrique ; et si, au lieu du parallélisme des génératrices, nous les faisons concourir en un même point, nous avons une surface conique.

139. La plus utile des surfaces courbes est celle à laquelle on donne le nom de *cylindre.* Il ne faut pas attacher à ce mot le même sens que dans la géométrie élémentaire ; en effet, dans cette partie des mathématiques, un cylindre est un corps

ou solide engendré par un rectangle, que l'on ferait tourner autour d'un de ses côtés, tandis que, dans la géométrie descriptive, on donne le nom de cylindre à la surface engendrée par une droite qui se meut parallèlement à elle-même, quelles que soient, du reste, les conditions qui déterminent le mouvement de cette droite, que l'on nomme la *génératrice* du cylindre. On peut toujours supposer que la génératrice est assujettie à s'appuyer constamment sur une courbe que l'on nomme la *directrice*. Ainsi la nature du cylindre dépendra principalement de la forme de sa directrice, et l'on conçoit que si cette courbe était remplacée par une ligne droite, le cylindre deviendrait un plan.

140. Les surfaces *cylindriques*, *coniques et sphériques*, sont la base essentielle de presque toutes les combinaisons de l'industrie ; mais il est utile cependant de considérer les surfaces courbes sous un point de vue plus général. Quoique la courbure des surfaces puisse être variée d'une infinité de manières, on peut renfermer tous les cas particuliers dans une même définition, en disant que *toute surface est engendrée par le mouvement d'une ligne, droite ou courbe, plane ou à double courbure, constante ou variable de forme, et qui se meut suivant des conditions données*. Après les surfaces cylindriques, coniques et sphériques, celles dont on fait le plus souvent usage sont les surfaces de révolution et les surfaces réglées.

141. **Surfaces de révolution.** On donne en général le nom de surface de révolution A et B (*fig.* 9) à celles qui proviennent du mouvement d'une ligne C ou D, assujettie à tourner autour d'une droite fixe, par rapport à laquelle elle conserve toujours la même position. Dans ce mouvement, chaque point de la génératrice décrit un cercle dont le centre est sur la droite immobile E ou F, que l'on nomme l'*axe* de la surface.

142. Un des caractères de toute surface de révolution, c'est que la section par un plan perpendiculaire à l'axe est toujours une circonférence du cercle. Le rayon de cette circonférence est égal à la distance de l'axe au point suivant lequel la génératrice est coupée par le plan dont il s'agit. Il suit de là, que si l'on coupe une surface de révolution par un certain nombre de

plans perpendiculaires à son axe, on obtiendra un système de cercles parallèles entre eux, et que l'on appelle, par cette raison, *les parallèles de la surface*. La portion de surface comprise entre deux parallèles quelconques se nomme une *zone*.

143. Toute section d'une surface de révolution par un plan qui contient son axe, se nomme une *section méridienne*. Les cas particuliers de surface de révolution se distinguent ordinairement par la nature de leur section méridienne. Ainsi, l'*ellipsoïde de révolution* A (*fig.* 9) est la surface engendrée par le mouvement d'une demi-ellipse que l'on ferait tourner autour de l'un de ses axes. La sphère est un ellipsoïde de révolution qui a pour section méridienne un cercle. La *surface annulaire* ou *tore* serait engendrée par le mouvement d'un cercle tournant autour d'une droite située dans son plan. La section méridienne se compose, dans ce cas, de deux cercles égaux au cercle générateur, et placés symétriquement par rapport à l'axe. Le plan perpendiculaire à l'axe et mené par le centre du cercle générateur, contient le plus grand parallèle de la surface, et le plus petit, qui est le cercle de gorge.

144. Si la génératrice d'une surface de révolution est une parabole, la surface sera un *paraboloïde* et prendra des formes différentes, suivant que la révolution aura lieu autour de l'axe de la parabole ou autour d'une droite perpendiculaire à cet axe. Enfin, on nomme *hyperboloïde de révolution* la surface qui est engendrée par une hyperbole tournant autour de l'un de ses axes. Si la révolution se fait autour de l'axe non transverse, la surface est continue, c'est-à-dire qu'elle pourrait être parcourue par un point dans toute son étendue. Pour exprimer cette propriété, on donne à cette surface B (*fig.* 9), le nom d'*hyperboloïde de révolution à une nappe*. Il n'en serait pas de même si le mouvement s'était fait autour de l'axe transverse, il y aurait alors dans cette surface deux parties séparées l'une de l'autre, ce qui lui ferait donner le nom d'*hyperboloïde de révolution à deux nappes*. Les surfaces de révolution sont souvent employées pour dômes et coupoles dans la formation des combles.

145. **surfaces réglées.** On donne, en général, le nom de *surfaces réglées* à celles qui sont engendrées par une ligne droite

qui se meut suivant certaines conditions. Dans le cas le plus général, on peut supposer que la génératrice est assujettie à s'appuyer sur trois courbes que l'on nomme les *directrices* de la surface. Cette condition suffit pour déterminer chaque position de la génératrice; car une droite qui, passant par un point de la première courbe, glisserait en s'appuyant sur la seconde, serait déterminée de position, au moment où elle rencontrerait la troisième.

146. Dans quelques surfaces, la génération est déterminée par d'autres conditions. Ainsi, par exemple, dans les *surfaces cylindriques*, que l'on peut regarder comme cas particuliers des surfaces réglées, puisque la génératice est une ligne droite, on donne ordinairement une directrice, et les deux autres sont remplacées par la condition que toute les positions de la génératrice soient parallèles entre elles. Dans les *cônes*, deux des directrices sont remplacées par cette condition, que toutes les génératrices contiennent le sommet. Enfin, dans les *surfaces normales*, la condition que la génératrice soit constamment perpendiculaire à une surface donnée permet de n'employer qu'une directrice; mais tous ces cas particuliers pourront facilement se ramener au cas général; car on pourra toujours, dans chaque cas, prendre pour directrices trois courbes quelconques situées dans la surface, de manière qu'elles soient coupées par toutes les génératrices.

147. L'une des trois directrices peut encore être remplacée par cette condition, que *deux positions consécutives de la génératrice se trouvent toujours dans un même plan*, et c'est en cela que consiste le caractère des *surfaces développables*. Les surfaces réglées qui sont privées de la propriété d'être développables se nomment *surfaces gauches*.

148. Enfin, on peut remplacer l'une des directrices par cette condition que la génératrice, dans son mouvement, reste toujours parallèle à un plan donné que l'on nomme *plan directeur*. Ce dernier genre de surfaces réglées étant fréquemment employé dans les applications, on en forme une classe particulière; ainsi on distingue deux espèces principales de surfaces réglées :

1° *Les surfaces réglées qui ont trois directrices ;*
2° *Les surfaces réglées qui ont deux directrices et un plan directeur.* En prenant un plan de projection perpendiculaire au plan directeur, la construction de ces sortes de surfaces devient extrêmement simple.

149. Surfaces réglées hélicoïdes. Parmi les cas particuliers de surfaces réglées, nous devons surtout remarquer celles auxquelles on a donné le nom de surfaces hélicoïdes, parce que les courbes directrices de ces surfaces sont des **hélices**. L'*hélice abcd....,* etc. (*fig.* 17), est une courbe qui coupe, suivant un angle constant, toutes les génératrices d'un cylindre. On peut dire encore que l'hélice est engendrée par un point qui s'éloigne à chaque instant d'un plan perpendiculaire au cylindre, d'une quantité proportionnelle à l'arc parcouru par sa projection sur ce plan. La distance *am* entre deux intersections successives de la courbe avec la même génératrice, se nomme le *pas de l'hélice*, et la portion de courbe *abcm* correspondante à une révolution entière se nomme une *spire*. Les hélices se distinguent par la nature de la section droite du cylindre sur lequel elles sont tracées. Lorsque cette section est un cercle, on dit que l'hélice est à *base circulaire*.

150. On peut tracer aussi sur un cône des courbes qui ont de l'analogie avec les *hélices* et que l'on nomme pour cette raison *hélices coniques*. La courbe *abcd* de la *fig.* 13 est déterminée comme celle de la *fig.* 17, par cette condition qu'elle rencontre, suivant le même angle, toutes les génératrices du cône.

151. Quelques surfaces hélicoïdes ont pour directrices trois hélices ; mais, souvent aussi, on remplace une ou deux de ces courbes par d'autres conditions. Ainsi, par exemple, la surface hélicoïde représentée (*fig.* 14), a pour directrice l'hélice *abcd*, sa seconde directrice est la droite *os* que l'on peut considérer comme une hélice tracée sur un cylindre dont le rayon de la base serait égal à *zéro*. Quant à la troisième directrice (145), elle sera remplacée par cette condition, que la génératrice ferait toujours le même angle avec la droite *os*.

152. Souvent aussi, comme dans l'exemple qui est représenté (*fig.* 16), la génératrice devra, dans son mouvement,

rester constamment parallèle au plan horizontal et s'appuyer sur deux hélices de même pas et à bases concentriques. Ces sortes de surfaces se retrouvent dans la construction des pièces à doubles courbures qui forment les *rampes et limons* d'escaliers (*fig.* 15). Ces pièces, nommées courbes rampantes, peuvent être considérées comme engendrées par un rectangle A que l'on ferait mouvoir de manière que les sommets décriraient quatre hélices de même pas, situés sur les deux cylindres concentriques engendrées par les droites qui forment les deux côtés verticaux du rectangle générateur. Il résulte de là que la courbe rampante ou limon est comprise entre les deux surfaces cylindriques dont nous venons de parler, et les deux surfaces réglées hélicoïdes engendrées par les côtés horizontaux du rectangle A.

153. **Étude des surfaces courbes.** Le mode de génération d'une surface étant adopté, la Géométrie descriptive fournit les moyens de résoudre les questions suivantes :

1° *Représenter sur l'épure la surface dont la définition est donnée;*

2° *Exprimer qu'un point ou une ligne fait partie de la surface donnée;*

3° *Développer* (autant que possible) *la surface donnée en tout ou en partie;*

4° *Mener à la surface donnée des plans tangents, des normales et des surfaces normales;*

5° *Trouver l'intersection de la surface donnée par un plan;*

6° *Trouver la courbe d'intersection de la surface donnée avec toute autre surface;*

7° *Trouver l'intersection de la surface donnée, par une ligne quelconque, droite ou courbe.*

154. Pour représenter sur l'épure une surface dont la définition est donnée, il suffit de savoir construire la génératrice de cette surface dans une position quelconque.

155. Pour étudier une surface, on la suppose ordinairement infinie. On peut toujours, dans l'application, négliger toutes les parties de cette surface, qui ne sont pas utiles pour résoudre la question proposée.

Quelquefois, la surface est infinie dans ses deux dimensions, comme le plan en général et les cylindres et cônes qui ont pour directrices des courbes infinies; d'autres fois elle n'est infinie que dans un sens, comme le cylindre et le cône, lorsque leur directrice est une courbe fermée; enfin elle peut être finie en tous sens, comme la surface de la sphère.

156. En construisant un certain nombre de génératrices, et sur chacune d'elles les points suivant lesquels elle perce les plans de projection, on obtient les *traces de la surface*. Lorsque la surface est limitée, on doit construire la ligne qui limite sa projection; on obtient cette courbe en cherchant la suite des points suivant lesquels la surface donnée est touchée par une autre surface perpendiculaire au plan de projection. Ainsi, dans les cylindres et cônes, les limites sont situées dans des plans tangents aux courbes directrices, et perpendiculaires aux plans de projection. La limite de la projection de la sphère est la trace d'un cylindre perpendiculaire au plan de projection et enveloppant la sphère.

157. Sur les épures d'étude on place quelquefois les données dans une position inclinée par rapport aux plans de projection, mais on n'agit ainsi que pour exercer davantage aux constructions graphiques. Dans les applications, on doit toujours, avant tout, choisir le système de plans coordonnés ou de plans auxiliaires sur lesquels les projections sont les plus simples, et pourvu que l'on ne change rien aux données ni à leur position relative, la généralité de la question n'en est pas moins complète. Il ne faut pas oublier surtout, que *le choix des plans de projections est une des parties les plus essentielles de la solution des problèmes*.

158. Pour exprimer qu'un point fait partie d'une surface, on place ce point sur l'une des génératrices, ou sur toute autre ligne située dans cette surface, et dont on sait construire les projections : en agissant de la même manière à l'égard de tous les points d'une courbe, on exprime que cette courbe est située dans la surface.

159. *Tangentes.* Quand on considère une ligne courbe comme composée d'une infinité de côtés, cela ne veut pas dire que l'on

soit autorisé à regarder chacun d'eux comme un point unique; on doit plutôt admettre que ce sont de petits côtés de polygones dont les extrémités se sont tellement rapprochées, que leurs longueurs se trouvent réduites à zéro; de sorte que la direction de chacun de ces côtés reste déterminée, et c'est le prolongement de cette direction qui produit la tangente.

160. Les mêmes raisonnements s'appliquent aux surfaces courbes. En considérant ces espèces de surfaces comme composées d'une infinité de petites facettes, il ne faut pas regarder chacune d'elles comme un point unique, mais comme la réunion de plusieurs points rapprochés, de manière qu'ils n'occupent pas plus de place qu'un seul, en conservant toutefois cette condition que tous ces points n'ont pas cessé d'être dans un même plan. De sorte que si l'on conçoit une droite passant par deux quelconques de ces points infiniment rapprochés, la direction de cette ligne n'en sera pas moins déterminée, et assujettie à se confondre avec le prolongement de la facette infiniment petite qui contient ces deux points. Or cette facette ainsi prolongée n'est autre chose que le plan tangent; d'où il suit que *si en un point d'une surface courbe on conçoit un plan tangent, ce plan contiendra les tangentes à toutes les courbes qui, dans la surface, passeraient par le point de tangence.*

161. Les considérations qui précèdent étant admises, la construction des plans tangents en un point d'une surface courbe se réduit aux deux opérations suivantes:

1° *Construire par le point donné deux tangentes à la surface;*
2° *Faire passer un plan par ces deux droites.*

Il n'y a plus pour chaque cas particulier qu'à choisir, parmi toutes les courbes qui passeraient par le point donné, celles auxquelles il est le plus facile de mener des tangentes.

162. Pour obtenir une *normale*, il suffit de construire par le point de tangence une perpendiculaire au plan tangent. Tout plan qui contient la normale se nomme *plan normal*; la section de la surface par ce plan se nomme *section normale*. Si l'on fait tourner le plan normal autour de la normale, on obtient une suite de sections dont la courbure est différente pour chacune des positions du plan coupant. On démontre dans les traités de

géométrie analytique que la section qui a le plus grand rayon de courbure, est toujours perpendiculaire à celle qui a la plus petite courbure. Quelquefois la courbure des sections normales qui passent par un point donné est constante.

La véritable grandeur d'une courbe plane peut toujours être obtenue par un rabattement, mais il est évident que ce moyen ne convient plus lorsqu'il s'agit d'une courbe à double courbure. Nous verrons bientôt comment il faut s'y prendre pour tracer ces sortes de lignes sur les pièces de bois ou sur les pierres, mais il faut auparavant que nous entrions dans quelques détails sur la manière d'en obtenir les projections.

163. Courbes de pénétration ou d'intersection. Lorsque des voûtes cylindriques, sphériques ou coniques, se rencontrent mutuellement, la ligne de pénétration est formée de pièces dont les arêtes sont souvent à double courbure, et la détermination de ces arêtes revient alors à chercher la courbe d'intersection de deux surfaces. Or, cette courbe étant la ligne qui contient tous les points communs aux deux surfaces données, il est évident que la question proposée revient à trouver un de ces points. Car, en recommençant l'opération, on trouvera un second point commun ; une troisième opération, semblable aux deux premières, déterminera un troisième point commun ; et, lorsqu'on aura ainsi obtenu un nombre suffisant de points, assez rapprochés les uns des autres, on fera passer par tous ces points une courbe qui sera la ligne d'intersection des deux surfaces données. Voyons d'abord ce qu'il faudrait faire pour obtenir un point commun.

164. Exprimons les deux surfaces données par A et par B (*fig.* 9), on les coupera par une troisième surface que nous nommerons S, et qui n'est pas indiquée sur la figure. Cette surface auxiliaire S coupera la surface A suivant une ligne a, que l'on construira par les procédés ordinaires de la Géométrie descriptive (69). On construira également les lignes b,b, suivant lesquelles la surface B est coupée par la surface auxiliaire S. Les lignes a et b,b étant toutes situées dans la surface S, se couperont suivant un ou plusieurs points m,m,m,m, qui appartiendront aux deux surfaces proposées ; puisqu'ils seront en

même temps sur les lignes a et b,b faisant partie de ces surfaces. Une deuxième surface auxiliaire coupera les deux surfaces données suivant d'autres lignes dont les intersections détermineront encore d'autres points communs. Une troisième surface déterminera de nouveaux points communs, et ainsi de suite ; et lorsqu'on aura obtenu un assez grand nombre de points communs, on fera passer par tous ces points une courbe qui sera la ligne de pénétration demandée.

165. La solution générale du problème étant trouvée, il ne reste plus qu'à choisir, dans chaque cas particulier, le système de surfaces auxiliaires qui conduit aux opérations les plus simples. On emploie presque toujours des plans pour surfaces auxiliaires ; de sorte que toutes les constructions des lignes a et b reviennent à déterminer les courbes suivant lesquelles ces plans coupent les surfaces données (69), et la construction de ces lignes peut souvent être considérablement simplifiée par la direction que l'on adoptera pour les plans coupants auxiliaires. Ainsi :

166. **Intersection de deux cylindres.** Pour avoir un point de la courbe suivant laquelle se pénétreraient les deux cylindres A et B de la *fig.* 8, on pourra les couper par un plan parallèle à leur direction ; ce plan coupera le cylindre A suivant deux de ses génératrices a,a. Ce même plan auxiliaire coupera le cylindre B suivant deux génératrices b,b, et les droites a,a,b,b étant situées toutes les quatre dans le plan auxiliaire, se couperont en quatre points m,m,m,m qui feront partie de la courbe suivant laquelle les deux cylindres se pénètrent. Dans certains cas, cette courbe peut être plane comme on le voit (*fig.* 7).

167. **Intersection d'un cylindre et d'un cône.** Pour obtenir la courbe suivant laquelle le cône A (*fig.* 10) est pénétré par le cylindre B, on coupera ces deux surfaces par des plans parallèles au cylindre et passant par le sommet du cône. Ces plans couperont le cône suivant deux génératrices a,a, et le cylindre suivant les deux génératrices b,b ; et les droites a,a,b,b, situées toutes les quatre dans le plan coupant auxiliaire, se rencontreront suivant quatre points m,m,m,m qui appartiendront aux lignes de pénétration des deux surfaces. Tous les plans

coupants auxiliaires devront contenir la droite *sc* menée par le sommet du cône parallèlement au cylindre.

168. **Intersection de deux cônes** (*fig.* 11). On emploiera comme surfaces coupantes des plans passant par les deux sommets, et contenant par conséquent la droite *sc* qui joint ces deux points.

169. **Intersection d'une sphère et d'un cylindre.** Pour obtenir les courbes suivant lesquelles un cylindre A (*fig.* 12) pénètre dans une sphère B, on coupera ces deux surfaces par des plans parallèles au cylindre. Ces plans couperont le cylindre suivant deux génératrices *a,a*, et la sphère suivant un cercle *b*; et les intersections du cercle obtenu dans la sphère par les deux génératrices du cylindre détermineront les quatre points communs *m,m,m,m*.

170. **Intersection d'une sphère et d'un cône.** Pour obtenir la courbe d'intersection suivant laquelle le cône A (*fig.* 18) traverse la surface de la sphère B, on coupera ces deux surfaces par des plans contenant le sommet du cône. Ces plans couperont alors le cône suivant deux génératrices *a,a*, et la sphère suivant un cercle *b*, et les points suivant lesquels le cercle *b* de la sphère est coupé par les deux génératrices *a,a* du cône, détermineront les quatre points *m,m,m,m* sur les courbes de pénétration.

171. Dans tout ce qui vient d'être dit, nous avons considéré les surfaces sous un point de vue purement géométrique, c'est-à-dire que nous avons fait complétement abstraction de l'épaisseur des corps auxquels ces surfaces appartiennent; mais il est évident que dans la pratique et surtout dans les applications à la coupe des pierres ou à la charpente, il faudra tenir compte de l'épaisseur des pans de bois ou des voûtes dont les surfaces, par leurs intersections mutuelles, formeront les arêtes des pièces courbes, planes ou à double courbure, qui doivent exister à leur rencontre. J'ai indiqué en perspective sur les *fig.* 8, 9, 10, 11, 12 et 18, les épaisseurs de quelques-unes de ces pièces courbes dont les arêtes pourront toujours être obtenues par le principe précédent.

172. **Épures.** On vient de voir combien la nature des sur-

PL. 8. GÉOMÉTRIE DESCRIPTIVE. 63

faces coupantes auxiliaires peut simplifier la recherche des points communs à deux surfaces données, et par suite la construction des courbes de pénétration. Mais le choix des plans de projection étant peut-être encore plus important pour l'exécution des épures, nous allons consacrer une ou deux planches à cette étude, que l'on pourra considérer comme un résumé rapide des principes de géométrie descriptive qui sont le plus fréquemment employés dans la pratique.

CHAPITRE V.

Disposition des épures.

173. Courbes à double courbure. Une courbe à double courbure étant, comme nous l'avons dit précédemment, déterminée par ses deux projections, on peut se proposer de la développer, de la rectifier, de lui construire des tangentes, des normales ou des plans normaux. Soient, par exemple, 1'...6' (*fig.* 1, *pl.* 8) la projection verticale et 1....6 (*fig.* 2) la projection horizontale d'une courbe quelconque. Si l'on partage la projection horizontale en un assez grand nombre de parties pour que l'on puisse sans erreur sensible considérer chacune d'elles comme une ligne droite ; si on porte tous ces petits arcs à la suite les uns des autres, comme on le voit (*fig.* 3), la ligne 1″—1″ que l'on obtiendra sera le développement de la projection horizontale de la courbe.

Supposons actuellement que par chacun des points de 1″...1″, on élève sur la droite que l'on vient d'obtenir une perpendiculaire égale à la distance du point correspondant de la courbe donnée au plan horizontal de projection (*fig.* 1), et que par les extrémités de ces perpendiculaires on fasse passer une courbe 1‴.....1‴, on aura le développement du cylindre projetant vertical. La ligne $1'''\ldots 1'''$ représente ce que la courbe donnée devient dans ce développement. Enfin, prenant les arcs $1'''$—$2'''$, $2'''$—$3'''$, $3'''$—$4'''$, etc., et portant leur longueur en ligne droite et à la suite les uns des autres (*fig.* 4), on obtiendra la courbe dans sa véritable longueur. C'est ce qu'on appelle *rectifier une ligne courbe*.

174. Si l'on voulait obtenir les projections des points qui, à partir du point 1, partageraient la courbe donnée en cinq parties égales, on partagerait la ligne droite $1^{\text{iv}}\ldots 1^{\text{iv}}$; ce qui donnerait quatre points A^{iv}, B^{iv}, C^{iv}, D^{iv}, que l'on reporterait d'abord en A''', B''', etc., sur le développement $1'''$—$1'''$ (*fig.* 3), d'où l'on déduirait facilement les points A'', B''..... qui, reportés eux-mêmes en A, B, C, etc., sur la projection horizontale de la courbe, donneraient les projections verticales A', B', C', etc. On emploierait le même moyen pour partager une courbe quelconque en tout autre nombre de parties égales ou ayant entre elles des rapports donnés.

175. **Tangentes aux courbes à double courbure.** Soient (a, a') (*fig.* 6) les deux projections d'une courbe, le point de tangence (m, m') étant donné. Concevons par le point m' une tangente à la projection verticale de la courbe, on pourra considérer cette tangente comme la trace d'un plan p' perpendiculaire au plan vertical de projection et tangent au cylindre projetant horizontal. Or ce plan doit contenir la tangente à la courbe; de plus, cette tangente doit être située dans le plan p, tangent à la surface projetante perpendiculaire au plan horizontal. Donc la tangente cherchée devant faire partie des deux plans p et p', sera leur intersection, d'où l'on voit que, *pour construire une tangente en un point donné d'une courbe quelconque, il suffit de construire par les projections du point donné deux tangentes aux projections de la courbe. Ces lignes seront les projections de la tangente à la courbe.*

176. **Plan normal.** Tout plan p'' passant par le point de tangence et perpendiculaire à la tangente, sera perpendiculaire à la courbe, et prendra pour cette raison le nom de *plan normal à la courbe*. La tangente étant perpendiculaire au plan normal sera perpendiculaire à toutes les droites qui passeraient

par son pied dans ce plan. Il semblerait donc permis de considérer chacune de ces lignes comme une normale à la courbe. Cela ne serait pas exact, parce que *la normale en un point d'une courbe à double courbure doit être située dans le plan osculateur de cette courbe.* D'où il résulte que la normale mn (*fig.* 5) sera l'intersection du plan normal par le plan osculateur. On sait que le plan osculateur est celui qui contiendrait le point m et deux autres points v, u infiniment près du premier.

177. **Projections des hélices.** Parmi les courbes qui nous seront les plus utiles, nous devons surtout distinguer les hélices dont nous avons déjà parlé aux n°ˢ 149 et 150. Nous consacrerons quelques lignes à la construction de ces courbes.

178. Supposons (*fig.* 11) que la circonférence 1—2—3... soit la base ou projection horizontale d'une hélice dont le pas serait 0—8 ; on partagera cette droite et la circonférence en un même nombre de parties égales, en 8 par exemple ; on tracera ensuite une horizontale par chacun des points de division de la verticale 0—8. Si l'on suppose actuellement que le point générateur, partant de 0, tourne dans le sens de l'arc 1—2—3, etc., il est évident que lorsqu'il sera parvenu sur la verticale du point 1, il sera élevé, au-dessus du plan horizontal, d'une quantité égale à la huitième partie du pas, et sa projection verticale devra, par conséquent, se trouver sur la première horizontale au-dessus de la ligne AZ. Lorsque le point générateur sera parvenu sur la verticale du point 2, sa projection verticale sera élevée de 2 huitièmes du pas, et sera sur la deuxième horizontale, etc. De sorte que tous les points de la projection verticale de la courbe seront déterminés par les intersections des verticales élevées par les 8 points de division de la circonférence 0—1—2—3 avec les horizontales passant par les 8 points de division de la verticale 0—8.

179. On peut développer la surface cylindrique, qui contient l'hélice, en opérant comme nous l'avons dit au n° 173. Ainsi la circonférence 0—1—2... étant partagée en parties égales on aura (*fig.* 10) 0—1=1—2=2—3, etc. De plus, les côtés 1—1', 2'—2'', 3''—3''' devant être égaux par suite de la définition de l'hélice, il s'ensuit que les triangles 0—1—1,

5

$1'$—$2'$—$2''$, etc., seront égaux, et que leurs angles seront égaux; de sorte que, l'hélice coupant suivant un angle constant toutes les génératrices parallèles du cylindre, on peut en conclure que dans le développement (*fig.* 10), *cette courbe se transformera toujours en ligne droite*.

180. On peut quelquefois se servir avec avantage de ce développement pour construire la projection de la courbe. Dans ce cas, on fera la droite 8—$8''$ égale à la hauteur du pas de l'hélice, puis après avoir tracé l'oblique 0—$8''$ on partagera cette ligne et la circonférence de la base du cylindre en autant de parties égales que l'on voudra obtenir de points sur la courbe, puis tous ces points seront déterminés par les intersections des verticales élevées par les points de division de la circonférence 0—1—2…. avec les horizontales passant par les points de l'oblique 0—$8''$ (*fig.* 10). Lorsqu'on prend ainsi une oblique pour échelle de hauteur, il n'est pas nécessaire que la droite 0—8 (*fig.* 13) soit égal au développement de la circonférence 0—1—2… (*fig.* 11). Il suffit que la verticale 8—$8'$ ou $8'$—$8''$ soit égale à la hauteur du pas de l'hélice que l'on veut projeter. De sorte que les 8 parties égales de l'oblique 0—$8'$ (*fig.* 13) détermineront les hauteurs des 8 points correspondants de la première spire.

181. Lorsqu'une hélice se compose d'un très-grand nombre de spires, on peut construire avec beaucoup de soin (*fig.* 15) la projection de l'une de ces courbes sur une carte que l'on découpera, et qui, étant rapportée à toutes les hauteurs, servira pour guider le crayon. Enfin, lorsque l'on veut tracer un arc d'hélice sur un cylindre, il suffit de déterminer (*fig.* 14) deux points m et n de la courbe demandée; après quoi il sera facile de la tracer avec une règle flexible à laquelle on fera prendre la courbure de la surface. Quoique deux points suffisent, dans ce cas, pour déterminer la courbe, on fera bien cependant de tracer sur le cylindre un ou deux points intermédiaires pour servir comme vérification.

182. Il peut arriver que l'on ait à tracer sur un même cylindre (*fig.* 7) plusieurs hélices de même pas, mais situées à des hauteurs différentes. Dans ce cas, il ne sera pas nécessaire d'é-

tablir sur la projection du cylindre de nouvelles horizontales, ce qui ferait confusion. Il sera préférable de porter avec le compas sur la verticale projetante de chaque point, la différence de hauteur entre la première hélice et celle que l'on veut obtenir. Si l'on veut construire plusieurs hélices de même pas et à la même hauteur sur des cylindres concentriques (*fig.* 8), tous les points seront déterminés en élevant des perpendiculaires par les points correspondants des cercles qui représentent les projections horizontales des hélices demandées.

183. **Tangentes à l'hélice.** On sait que, dans le voisinage du point de tangence, une courbe se confond toujours avec sa tangente. De plus, l'hélice devant se développer en ligne droite, elle devra, dans le développement du cylindre, continuer à se confondre avec sa tangente. D'où il résulte que la tangente coïncidant avec la courbe développée doit être l'hypoténuse d'un triangle rectangle, dont la hauteur est à la base comme le pas de l'hélice est au développement de la circonférence du cercle qui en forme la projection, ou, ce qui est la même chose, comme un certain nombre de parties égales du pas est à un pareil nombre de parties égales de la circonférence de la base.

Supposons donc que l'on veuille construire une tangente au point u, u' de l'hélice $1-2-3-4$ (*fig.* 9), on construira d'abord la tangente $u-m$. Cette droite sera la trace horizontale du plan tangent au cylindre qui contient l'hélice, de sorte que si l'on fait $u-m$ égale à $\frac{4}{16}$ de la circonférence, et que $m'-o'$ soit égal à $\frac{4}{16}$ du pas de l'hélice, l'hypoténuse $m'-u'$ sera la projection verticale de la tangente au point uu'. Il résulte de ce qui précède qu'il n'est pas nécessaire que la courbe soit tracée pour que l'on puisse construire sa tangente.

Le plan p mené par le point uu' et perpendiculaire à la tangente $mu, m'u'$, sera *normal* à l'hélice donnée.

184. **Projection du cylindre oblique.** Dans les articles précédents nous avons considéré les cylindres comme surfaces projetantes, mais il arrive souvent qu'un cylindre est oblique par rapport aux plans de projection. Or une surface cylindrique est déterminée lorsque l'on connaît les projections de sa directrice et celles d'une génératrice ou d'une droite quelconque qui

lui serait parallèle. Car il sera toujours facile de construire une génératrice par tel autre point que l'on voudra de la directrice.

Si après avoir construit un nombre suffisant de génératrices, on détermine les points suivant lesquels ces droites percent l'un des plans de projection, la ligne passant par ces points sera la trace du cylindre. Ainsi, la courbe 1—2—3—4 est la trace horizontale du cylindre qui est projeté (*fig.* 18 et 19). La trace verticale s'obtiendrait en prolongeant les génératrices jusqu'à ce qu'elles rencontrent le plan vertical de projection.

185. **Directrice.** On peut supposer pour plus de généralité que la directrice d'un cylindre est une courbe quelconque ; mais, dans les applications, on prend presque toujours pour directrice une courbe parallèle à l'un des plans de projection. Ces sortes de courbes sont égales et parallèles aux traces, et se construisent de la même manière. Ainsi, par exemple, pour obtenir la courbe N (*fig.* 19), il suffira de projeter tous les points suivant lesquels le plan horizontal nn' coupe les génératrices du cylindre.

186. Dans les questions composées il est souvent nécessaire de construire un grand nombre de génératrices, et dans ce cas, pour plus d'ordre dans le travail, on les distingue par des numéros. Il ne faut pas, cependant, construire de suite et sans nécessité un trop grand nombre de génératrices. Il n'est pas nécessaire, par exemple, que ces lignes soient aussi rapprochées les unes des autres dans les parties où la surface a peu de courbure ; mais on fera bien de tracer, au moins au crayon, celles qui correspondent aux points les plus essentiels de la surface. On devra s'attacher surtout à déterminer avec exactitude les génératrices qui forment les limites des projections de la surface. Ainsi (*fig.* 16), les génératrices des points 3 et 7, suivant lesquels le cylindre serait touché par deux plans verticaux, forment les limites de la projection horizontale, et les génératrices des points 1 et 5 suivant lesquelles la surface serait touchée par deux plans perpendiculaires au plan vertical de projection, formeront les limites de la projection verticale du cylindre.

187. Si l'on prend la trace horizontale 1—2—3—4 pour directrice du cylindre projeté (*fig.* 19 et 18), il sera surtout es-

sentiel de déterminer avec beaucoup de soin les points 1, 2, 3, 4, parce que les génératrices qui contiennent ces points forment les limites des parties vues et cachées sur les deux projections. Ainsi, par exemple, sur la projection horizontale, la partie de surface cylindrique qui a pour directrice l'arc 1—2—3 sera vue, tandis que celle qui a pour directrice l'arc 3—4—1 doit être cachée. Sur la projection verticale, la partie vue est celle qui a pour directrice la courbe 2—1—4, et par conséquent la partie qui a pour directrice l'arc 4—3—2 est cachée.

188. Plusieurs simplifications remarquables peuvent résulter de la position du cylindre par rapport aux plans de projection. Ainsi (*fig.* 16) lorsque l'un de ces plans sera parallèle au cylindre, il en résultera cet avantage, que les génératrices seront projetées sur ce plan suivant leurs véritables grandeurs. Si l'un des plans de projection était perpendiculaire au cylindre (*fig.* 9), chaque génératrice se projetterait sur ce plan par un seul point, et la projection du cylindre se réduirait à sa trace, qui serait en même temps la directrice.

189. **Section droite, développement du cylindre.** Parmi les sections d'un cylindre par un plan, il faut distinguer surtout celle que l'on obtient en coupant le cylindre perpendiculairement aux génératrices. Cette courbe, que nous nommerons la *section droite du cylindre*, est utile dans un grand nombre d'applications. Supposons, par exemple, que l'on veuille développer une surface cylindrique (*fig.* 16). Il faudra opérer comme nous l'avons fait au n° 77 pour obtenir le développement d'un prisme. Ainsi, on projettera le cylindre proposé sur un plan parallèle à ses génératrices, afin d'avoir toutes ces lignes projetées dans leur véritable longueur; menant ensuite par un point quelconque *a* un plan perpendiculaire à ces génératrices, la ligne *ac* sera la projection verticale de la *section droite*.

Lorsque cette courbe sera rabattue en M, on portera tous les petits arcs dont elle se compose, à la suite les uns des autres, sur la ligne droite *c'a'c'*; on élèvera, par chacun des points de division de cette ligne, une perpendiculaire égale à la génératrice correspondante de la surface cylindrique que l'on se proposera de développer; puis, faisant passer deux courbes $1'$—a'—$1'$, $1''$—a''—$1''$ par les extrémités de ces perpendiculaires, on aura construit le développement de la surface du cylindre. La droite $c'a'c'$ est *la section droite rectifiée* (173). Pour obtenir sur le développement la position d'un point déterminé uu', on construira la génératrice correspondante sur les deux projections, d'où il sera facile de déterminer sa position sur le développement du cylindre.

190. Si le cylindre que l'on veut développer n'était pas parallèle à l'un des plans de projections, on commencerait par le projeter (*fig.* 20) sur un plan auxiliaire A'Z' parallèle à sa direction, et cette nouvelle projection remplaçant la projection verticale primitive, on agirait exactement pour le reste comme nous l'avons dit dans l'exemple précédent. Si un point était donné par sa projection verticale u' et qu'on voulût déterminer la position de ce point sur le développement du cylindre, on commencerait par construire la projection horizontale u de ce point, d'où on déduirait la projection u'' sur le plan auxiliaire; puis après s'être assuré que les deux projections u' et u'' sont à la même hauteur, on ramènerait ce point sur la génératrice correspondante du développement (*fig.* 21) par une parallèle à la droite $c'a'c'$. On opérerait de la même manière pour obtenir dans le développement tous les points d'une courbe située sur la surface du cylindre et qui serait donnée par l'une quelconque de ses deux projections.

191. Les constructions que nous venons d'indiquer consistent à regarder le cylindre comme un prisme dont la surface se composerait d'un très-grand nombre de faces, hypothèse qui n'est pas tout à fait exacte, mais qui suffit pour la plus grande partie des applications. D'ailleurs, lorsque la courbure d'un arc sera très-sensible, on pourra prendre sur cet arc des points plus rapprochés, et, par cette précaution, on parviendra toujours à développer la section droite, de manière à rendre les erreurs tout à fait insignifiantes.

192. Si la section droite était un cercle (*fig.* 10 et 11), on pourrait opérer comme nous l'avons dit au n° 78, et si l'on avait à développer un grand nombre de cylindres circulaires, on

pourrait conserver dans son portefeuille ou sur une planche à dessin (*fig.* 32) un triangle cab, dans lequel les deux côtés ac, ab seraient entre eux comme 1 : 3,14 ou, ce qui est la même chose, comme 100 : 314. Alors, pour développer un cylindre qui aurait pour base la circonférence N (*fig.* 33), on fera, sur la fig. 32, ac' égal à $a''c''$; puis on tracera $c'b'$ parallèle à cb, ce qui donnera ab' pour la longueur de la circonférence N. Si ensuite on fait as égal à la hauteur du cylindre donné, le rectangle $sab'h$ sera le développement, sur lequel on pourra ensuite tracer les génératrices à des distances égales ou inégales, suivant la nature de la question.

193. Cylindre circulaire. S'il s'agissait de construire les projections d'un cylindre circulaire terminé par deux bases perpendiculaires à sa direction, les propriétés du cercle donneraient lieu à des simplifications qu'il serait utile de ne pas négliger. Supposons, par exemple, que l'on veuille projeter (*fig.* 39 et 40) un cylindre circulaire incliné par rapport au plan horizontal de projection; que les droites $ac, a'c'$ soient les deux projections de l'axe de ce cylindre, et que le rayon de sa base soit connu. Le moyen le plus simple sera de projeter le cylindre sur un plan vertical AZ parallèle à l'axe et par conséquent à la direction du cylindre demandé. Le rayon $a'x'$ étant donné par la question, les deux droites $m'x', z'o'$, perpendiculaires sur $a'c'$ seront les projections des deux bases, et le rectangle $m'x'z'o'$ sera la projection du cylindre sur le plan vertical AZ.

Quant à la projection horizontale, elle sera limitée par les deux droites $hk, h'k'$ parallèles à la ligne AZ, et dont l'écartement hh' sera déterminé par le diamètre du cylindre. Enfin, les deux bases $m'x', z'o'$ auront pour projections les deux ellipses hh', kk', dont les grands axes sont égaux au diamètre du cylindre, et qui ont pour petits axes les deux droites mx, zo, projections horizontales des diamètres $m'x', z'o'$. La courbe mn, trace horizontale du cylindre, est une ellipse que l'on pourra construire par ses axes.

194. On pourrait prendre pour directrice du cylindre la base mx ou la trace mn, mais il vaudra mieux employer pour cet usage le cercle mv, représentant la base $m'x'$ que l'on aurait fait tourner autour de l'horizontale mm' jusqu'à ce qu'elle soit rabattue dans sa véritable grandeur sur le plan horizontal de projection. En général, lorsqu'un cercle fait partie des lignes nécessaires à la solution d'un problème, on préfère le rabattre, afin d'éviter la construction de l'ellipse qui résulterait de sa projection. Enfin, si par le point v on mène la droite vv' perpendiculaire à AZ, on déterminera sur le cylindre une section oblique $m'v'$ qui aurait pour projection horizontale la circonférence mv. Cette courbe très-simple, puisque ses projections seront une ligne droite et un cercle, pourra encore servir de directrice à la surface proposée.

Ainsi on pourra, selon les circonstances, prendre pour directrice du cylindre circulaire la base mx, la trace mn, la circonférence mv, qui est la base rabattue sur le plan horizontal de projection, ou enfin la section oblique $m'v'$, qui a pour projection horizontale la circonférence mv. C'est principalement lorsque le cylindre sera parallèle à l'un des plans de projection que l'usage de cette dernière directrice sera très-commode. Au lieu de la section mv, $m'v'$, on pourrait prendre pour directrice la section par l'un des deux plans p'' ou p''' dont les directions seront déterminées par les deux verticales tangentes aux points r et s d'un cercle quelconque inscrit à la projection horizontale du cylindre.

195. La comparaison des lignes diverses que l'on peut prendre pour directrices d'un cylindre circulaire donne lieu à des simplifications remarquables, suivant les différents problèmes à la solution desquels elles doivent concourir. Ainsi, pour exprimer qu'un point uu' appartient à la surface du cylindre, on construira les projections de la génératrice qui passe par ce point, le pied $1, 1'$ de cette génératrice sera situé sur la courbe que l'on aura choisie pour directrice.

196. Aux abréviations provenant de la nature des courbes qui peuvent être tracées sur une surface, il faut ajouter celles plus importantes encore qui résultent du choix des plans de projection. En effet, ces plans ne sont autre chose que des conceptions géométriques adoptées par convention, pour faciliter la solution des problèmes. Ils doivent donc rester entièrement à

la disposition de celui qui opère, et pourvu qu'on ne change rien aux données ni à leur position relative, la généralité de la question n'en sera pas moins complète. J'insiste particulièrement sur cette remarque, parce que c'est surtout dans le choix des moyens d'opération que consiste toute l'habileté du praticien. Il faut donc s'appliquer à reconnaître, dans chaque question générale, quelle doit être la disposition d'épure la plus commode, et dans chaque cas particulier, quelles sont les relations qui, résultant de la nature des données, peuvent contribuer à simplifier le travail ou augmenter l'exactitude du résultat.

CHAPITRE VI.

Pénétration des surfaces.

197. Intersections des cylindres. *Trouver la courbe provenant de l'intersection de deux cylindres* (166). Soient (*fig.* 24 et 27) les deux cylindres dont on demande l'intersection. Par un point quelconque (m, m'), on construira deux droites parallèles aux génératrices des cylindres donnés; ces deux droites détermineront un plan mvo parallèle aux deux cylindres. Or, tout autre plan p parallèle au plan mvo coupera le cylindre AA′ suivant deux de ses génératrices désignées sur l'épure par (a, a). Le même plan coupera le cylindre BB′ suivant deux génératrices (b, b). Ces quatres lignes étant dans un même plan, donneront par leurs intersections quatre points (u, u, u, u) appartenant à la courbe cherchée. On obtiendra les projections verticales u', u', u', u' de ces points, en projetant les génératrices qui les contiennent. Un second plan parallèle au plan mvo, et par conséquent parallèle aux deux cylindres, déterminera quatre nouveaux points. Un troisième plan en donnera quatre autres, et ainsi de suite. Enfin on continuera ces opérations jusqu'à ce que l'on ait obtenu un nombre de points suffisant pour que l'on puisse tracer la courbe avec beaucoup d'exactitude.

198. On fera bien de commencer par la recherche de quelques points essentiels, de ceux surtout qui, par leur position, pourraient donner une première idée de la forme de la courbe. On chercherait ensuite des points intermédiaires dans les parties où la courbure deviendrait plus sensible. On devra surtout ne pas négliger les points suivant lesquels la courbe cherchée doit toucher les génératrices principales. Ainsi, pour avoir les points qui appartiennent aux limites des projections verticales et horizontales des deux cylindres, on emploiera les plans coupants dont les traces passeraient par les pieds des génératrices qui forment ces limites.

199. Il n'est pas nécessaire de construire de plan coupant hors de l'espace compris entre les plans dont les traces toucheraient celles des cylindres donnés, parce que tout plan hors de cet espace couperait l'un des cylindres sans toucher ni couper l'autre, et par conséquent ne contiendrait pas de points communs. Lorsque la courbe sera entièrement obtenue, on regardera comme vu, tout point provenant de l'intersection de deux génératrices vues. Tous les autres points sont cachés; on tracera en ligne pleine toute la partie de la courbe qui contient les points vus et le reste en ligne ponctuée.

200. **Tangentes aux courbes d'intersection.** Pour construire la tangente en un point quelconque de la courbe, on peut, comme nous l'avons dit au n° 175, construire par les projections de ce point, des tangentes aux deux projections de la courbe; mais cela ne peut se faire que lorsque ces projections sont connues; or la construction de la tangente a souvent pour but de donner plus de précision à la forme de la courbe, et de faire disparaître l'incertitude qui existe sur sa direction dans le voisinage du point de tangence. Il faut donc que l'on puisse construire la tangente avant que les projections de la courbe ne soient tracées. Dans ce cas, on remarquera que la tangente devant toucher les deux cylindres donnés, il

faut qu'elle soit située en même temps dans les plans tangents à ces deux surfaces, d'où il résulte qu'elle doit être l'intersection de ces plans; ainsi, pour obtenir une tangente en un point de la courbe cherchée, on construira par ce point un plan tangent à chacun des deux cylindres, et l'intersection de ces deux plans sera la tangente demandée.

201. La construction des tangentes a beaucoup d'importance dans la recherche des courbes; en effet, si un point est déterminé par l'intersection de deux lignes *ab, cd* (*fig.* 17), cela ne donnera aucune idée de la direction de la courbe, en deçà ou au delà du point dont il s'agit, tandis que la tangente fait sentir la direction de la courbe dans le voisinage du point de tangence, et l'on conçoit parfaitement comment, par la construction d'un certain nombre de tangentes (*fig.* 38), on pourra déterminer, avec une exactitude presque absolue, les changements et variations de courbure de la ligne cherchée.

202. *Développements.* Si on veut tracer la courbe d'intersection dans les surfaces des deux cylindres, il faudra projeter chacun d'eux sur un plan parallèle à ses génératrices; on obtiendra par ce moyen les deux projections auxiliaires A'' et B'' (*fig.* 28 et 30); puis on construira les sections droites A''' et B''', et les développements $A^{IV} B^{IV}$, en opérant comme nous l'avons dit au n° 190. Il sera très-essentiel de s'assurer que tous les points correspondants des deux cylindres et de la courbe d'intersection sont à la même hauteur sur les trois projections verticales $A'B'$, A'' et B''. Pour tracer les courbes de pénétration sur les cylindres donnés, on enveloppera sur ces corps les figures A^{IV} et B^{IV}.

203. Quelquefois l'un des cylindres pénètre dans l'autre et s'y trouve entièrement engagé; alors l'intersection se compose de deux courbes séparées, l'une d'entrée et l'autre de sortie, comme on le voit (*fig.* 25); dans ce cas, on dit qu'il y a *pénétration*. Mais si l'un des deux cylindres n'était pas tout à fait engagé dans l'autre, l'intersection se nommerait *arrachement* (*fig.* 22). Dans la question que nous venons de résoudre, il y avait arrachement.

204. 2e *exemple de l'intersection des cylindres.* Il est presque

toujours possible d'éviter la plus grande partie des opérations précédentes en faisant usage de plans de projection plus favorablement disposés par rapport aux deux cylindres dont on veut construire la pénétration. Dans ce but, on placera (*fig.* 43 et 44) l'un des cylindres A perpendiculairement à l'un des plans de projection que nous supposerons ici être le plan horizontal, et l'on prendra le second plan de projection parallèle en même temps aux deux cylindres. Par suite de cette disposition d'épure, le système de plans coupants auxiliaires sera parallèle au plan vertical. Chacun de ces plans coupera le cylindre A suivant deux droites verticales, et le cylindre B suivant deux génératrices. Les intersections de ces lignes détermineront, comme précédemment, tous les points cherchés. Les *fig.* B" et B''' forment le développement du cylindre B, et A" est le développepement de la partie du cylindre A qui a pour directrice la courbe *aco*.

205. Quand les deux cylindres proposés seront circulaires, la trace du cylindre A sera une circonférence de cercle, et cette courbe servira en même temps de section droite au cylindre; quant au cylindre B, il aurait pour trace une ellipse, mais on pourra, comme nous l'avons dit au n° 194, éviter la construction de cette courbe en employant, comme directrice, la circonférence vu''' qui sera la base $v'u'$ rabattue sur le plan horizontal $v'u''$.

206. Il n'est pas toujours possible d'adopter entièrement la disposition d'épure qui précède. Ainsi, dans la construction des voûtes en descente (*fig.* 52, 50, 53), on peut bien prendre un plan vertical de projection perpendiculaire au cylindre principal AA', mais les voûtes inclinées BB' et CC' devant conserver leur position, le second plan de projection qui, pour satisfaire aux conditions de l'équilibre, doit rester horizontal, ne sera pas parallèle aux axes des cylindres, mais cela n'augmente pas la difficulté pour la recherche de la ligne de pénétration, que l'on obtiendra en coupant les cylindres donnés par des plans perpendiculaires au plan vertical de projection.

Pour obtenir les points de la courbe 1—2—1 suivant laquelle

la voûte principale AA' est pénétrée par la voûte inclinée BB', on coupera les cylindres par un plan $m'c'$, perpendiculaire au plan vertical de projection (*fig.* 50). Ce plan coupera le cylindre A, suivant la génératrice aa et le cylindre B suivant deux droites b, b. Les intersections de ces lignes détermineront les deux points m, m qui auront le point m' pour projection verticale commune. Cette opération recommencée fera connaître autant de points que l'on voudra de la courbe 1—2—1. On opérera de la même manière pour déterminer les points de la courbe 3—4—3 suivant laquelle le cylindre AA' est pénétré par le cylindre CC'. La voûte CC' est ce que l'on nomme une *descente droite*, tandis que le cylindre BB' est une *descente biaise*.

207. On développera le cylindre CC' en opérant comme nous l'avons dit au n° 189, c'est-à-dire que l'on construira le plan vu, perpendiculaire à la direction du cylindre CC'; on obtiendra par ce moyen la section droite C'' rabattue sur le plan horizontal vu', on rectifiera la section droite $v''u''v''$ (*fig.* 55), et l'on construira le développement C''' auquel on a joint ici les deux triangles D égaux à leurs projections D' sur la *fig.* 53.

208. Pour développer le cylindre BB', on construira : 1° la *fig.* B'', qui est une projection du cylindre B sur le plan vertical A'Z', parallèle à sa direction (190); 2° la section droite zx rabattue en B''' sur le plan horizontal xz'; 3° la section droite rectifiée $x''z''x''$ (*fig.* 48) ; 4° le développement B^{IV}, auquel on a joint ici les deux triangles rectangles E, E projetés dans leur véritable grandeur sur la *fig.* 49.

La *fig.* 47 est le développement du cylindre horizontal AA'.

209. Dans l'exemple qui est représenté sur les *fig.* 34 et 35, les deux cylindres proposés étant perpendiculaires aux plans de projection, sont les deux surfaces projetantes de la courbe de pénétration. Il n'y aura donc aucune opération à faire pour obtenir cette ligne, dont les projections se confondent avec les traces des deux cylindres; lesquelles traces seront en même temps les sections droites, ce qui permettra de construire très-facilement les développements A'' et B' (*fig.* 36 et 37). En général, lorsqu'on cherche la ligne de pénétration de deux sur-

faces, il faut prendre, autant que possible, un des plans de projection perpendiculaire à l'une des deux surfaces données, parce que cette surface devient alors l'une des deux surfaces projetantes de la courbe demandée. Or cette disposition d'épure pourra toujours être obtenue, lorsque l'une des deux surfaces données sera un plan, un prisme ou un cylindre.

210. *Surfaces coniques*. Nous avons étudié précédemment quelques-unes des propriétés du *cône circulaire ou de révolution* (69, 79, etc.); mais il est souvent utile de considérer les surfaces coniques sous un point de vue plus général. Une *surface conique* est le lieu de l'espace qui contient toutes les positions d'une ligne droite assujettie, dans son mouvement, à passer toujours par un point immobile que l'on nomme *sommet* du cône. La droite mobile se nomme *génératrice* du cône; on suppose ordinairement qu'elle doit s'appuyer sur une courbe que l'on nomme *directrice*. Lorsqu'un cône aura pour directrice une courbe du second degré, le cône sera lui-même du *second degré*. Si la directrice est une ellipse, le cône sera *elliptique* (*fig.* 1, pl. 9).

211. **Projection du cône.** La directrice d'un cône étant donnée, on prendra sur cette ligne autant de points que l'on voudra, puis on fera passer une génératrice par chacun de ces points et par le sommet du cône. Pour construire les *traces* du cône, on prolongera les génératrices jusqu'aux plans de projection. On peut prendre pour directrice d'un cône une ligne quelconque qui serait coupée par toutes les génératrices. Mais pour simplifier le travail graphique, on prend souvent pour directrice une courbe plane parallèle à l'un des plans de projection ou située dans ce plan. Si la directrice du cône est une courbe fermée, les projections de ce cône seront contenues entre certaines limites que l'on doit déterminer. Supposons, par exemple (*fig.* 1), un cône qui aurait pour directrice la courbe 1—2—3—4—5..... située dans le plan horizontal; les deux tangentes s—1, s—8 seront les limites de la projection horizontale du cône, et les deux droites s'—2′, s'—7′ seront prises pour limites de la projection verticale.

212. **Développement de la surface du cône.** On déve-

loppe la surface du cône en opérant comme pour une pyramide oblique qui aurait un grand nombre de faces. Ainsi, en prenant sur la trace du cône des points assez rapprochés, on pourra, sans erreur sensible, remplacer, par un triangle plan, la petite portion de surface conique comprise entre deux points consécutifs de la trace et les génératrices correspondantes. Tous ces triangles, construits dans leur véritable grandeur et placés à côté les uns des autres, formeront le développement s'—$1'''$—$6'''$—$1'''$ du cône projeté (*fig.* 1). Pour obtenir les génératrices dans leur véritable grandeur, on les fera tourner autour de la verticale projetante du sommet jusqu'à ce qu'elles soient parallèles au plan vertical de projection.

213. Pour construire dans le développement un point mm' appartenant à la surface du cône, on le rabattra en m'' sur la génératrice correspondante, et de là en m''' dans le développement de la surface. En recommençant cette opération pour tous les points d'une courbe quelconque qui serait située sur la surface du cône, on obtiendrait tous les points de cette courbe dans le développement.

214. **Projections obliques du cône circulaire.** Lorsqu'un cône circulaire, terminé par une base perpendiculaire à son axe, est projeté sur un plan parallèle à cet axe, la projection (*fig.* 3) est un triangle isocèle $s'c'c'$. Pour compléter la projection sur l'autre plan, il faudrait obtenir la trace du cône ou la projection de sa base. Mais on pourra souvent éviter la construction de ces courbes, en employant pour directrice de la surface du cône la section par un plan p incliné, de manière que la projection de cette courbe soit une circonférence de cercle.

215. Pour déterminer l'inclinaison de la section $a'a'$, de manière que la projection horizontale de cette courbe soit une circonférence de cercle, on prendra sur l'axe du cône un point quelconque ayant pour projections les deux points oo'. Du point o', comme centre, on décrira une circonférence tangente aux deux droites $s'c'$, $s'c'$, qui forment les limites de la projection verticale du cône. La circonférence dont nous venons de parler sera évidemment la projection d'une sphère qui serait inscrite dans le cône proposé. On tracera les deux perpendicu-

laires vv', qui couperont les lignes $s'c'$ aux quatre points a',a',e',e'. Enfin, les droites $a'a'$, $e'e'$, diagonales du quadrilatère $a'a'e'e'$, seront les projections verticales des deux ellipses, dont les projections horizontales se confondront avec la circonférence $zxzx$ décrite du point o comme centre avec $o'z'$ comme rayon. Les deux tangentes sx,sx seront les limites de la projection horizontale du cône. Les points de tangence x,x seront déterminés par le moyen géométrique connu, ou par la perpendiculaire $x'x$ abaissée du point x' suivant lequel se rencontrent les traces des plans p et p'.

216. Pour construire un point appartenant à la surface du cône et qui serait donné par sa projection verticale m', on tracera la génératrice $s'm'$. Le point n', suivant lequel cette génératrice rencontre la directrice $a'a'$, se projettera sur le plan horizontal par l'un des deux points n,n, ce qui donnera les projections horizontales des deux génératrices sn,sn, qui ont $s'n'$ pour projection verticale commune. Enfin, la perpendiculaire $m'm$ déterminera les deux points m,m qui se projettent tous deux par le point m'. La base $c'c'$ du cône étant un cercle incliné, sa projection horizontale sera une ellipse que l'on pourra construire pas ses axes. Le centre O étant déterminé, on fera OU égal à $O'c'$, ce qui donnera le grand axe UU de l'ellipse demandée. Les extrémités c,c du petit axe seront déterminées par les perpendiculaires $c'c, c'c$.

217. Dans l'exemple proposé ici comme sujet d'exercice, la trace du cône doit être une ellipse (114). Les génératrices $s'c', s'c'$ percent le plan horizontal en deux points CC qui sont les extrémités du grand axe de l'ellipse cherchée. Le point I, milieu de la droite CC, sera le centre de cette courbe, et le petit axe EE, projeté sur la ligne AZ par un seul point I', doit être égal au double de la ligne I'E'. En effet, l'axe EE, perpendiculaire au plan vertical de projection, est une corde commune à l'ellipse CECE et au cercle provenant de la section du cône par le plan BD perpendiculaire à son axe. Si donc on rabat cette dernière section sur le plan vertical, l'une des extrémités de la corde EE viendra se placer en E' sur la circonférence décrite du point B comme centre avec le rayon BD, ce qui déter-

minera la longueur de l'E' moitié de EE, second axe de l'ellipse CECE.

218. Si du point I, comme centre, on décrit l'arc de cercle CX'' et si l'on détermine le point X'' suivant lequel cet arc serait touché par la tangente s—X'', l'ordonnée X''X' déterminera les points X,X, et par conséquent les deux tangentes s—X qui complètent la projection horizontale du cône. Ces droites doivent être tangentes à la circonférence $zxnzxn$. Enfin on remarquera, pour troisième vérification, que les points X'',X,X,X', doivent être tous sur la trace horizontale du plan s'X'X'' qui contient l'intersection xx' des plans p et p'. On obtiendra les foyers en opérant comme nous l'avons dit au n° 87.

219. **Intersection des cônes et des cylindres.** *Pour trouver la courbe provenant de l'intersection d'un cylindre et d'un cône* (*fig.* 2 et 5), on placera le cylindre perpendiculairement à l'un des plans de projection; la trace du cylindre sur ce plan devient alors la projection de la courbe, et il ne reste plus qu'à mener des perpendiculaires par les points suivant lesquels cette trace est rencontrée par les projections des génératrices du cône.

220. Si le cône est circulaire (*fig.* 5), on pourra employer pour directrice sa base $c'c'$ rabattue en cc'', ou la section elliptique qui a pour projection horizontale la circonférence aa, que l'on déterminera en opérant comme nous l'avons dit au n° 215. Les *fig.* A'' et B'' sont les développements du cylindre et du cône. Sur la figure 2 on n'a construit que le développement du cône.

221. *Pour trouver la courbe provenant de l'intersection de deux cônes.* On construira (*fig.* 8) la droite ($s'o'c'$, soc) qui joint les sommets des deux cônes, puis par cette droite on fera passer des plans (168). Chacun de ces plans contenant les deux sommets coupera les cônes suivant des lignes droites qui, par leurs intersections, donneront les points de la courbe demandée. Ainsi, par exemple, le plan p coupe le cône (A,A') suivant deux génératrices (a,a') (a,a'), et le cône (B,B') suivant les deux lignes (b,b') (b,b'). Ces quatre lignes donnent, par leurs intersections, les quatre points (u,u'...).

222. Si l'on ne pouvait pas obtenir sur l'épure la trace de l'un des deux cônes donnés, il faudrait opérer de la manière suivante.

Supposons que l'on veuille construire la courbe de pénétration des deux cônes circulaires AA' et BB' (*fig.* 14 et 15). On prendra l'un des deux plans de projection, perpendiculaire à l'axe de l'un des deux cônes B,B' dont la trace sera une circonférence de cercle. Le second plan de projection devra être choisi perpendiculaire au plan DIK, qui contient la base du cône AA', de sorte que les deux projections de cette base seront la droite $n'v'$ et l'ellipse nv. La droite $so, s'o'$, qui contient les sommets des deux cônes, percera le plan DIK en un point dont les deux projections seront c', c.

223. Si par la droite $so, s'o'$ on conçoit un plan quelconque dont l'intersection avec le plan DIK serait la droite cm, ce plan coupera le cône AA' suivant deux génératrices dont les pieds a, a seront déterminés par la rencontre de la droite cm avec l'ellipse nv. Ce même plan p couperait le cône BB' suivant deux génératrices ob, ob dont les pieds b, b seraient déterminés par la rencontre de la trace mn du plan p avec la circonférence du cône BB', et les intersections des deux génératrices sa, sa par les deux génératrices ob, ob détermineront les quatre points u, u, u, u, dont les projections u', u', u', u' seront situées sur les projections verticales des mêmes génératrices.

224. Si l'on n'a pas sur l'épure le point suivant lequel la droite $so, s'o'$ rencontrerait le plan horizontal de projection, on concevra par le point ss' un plan FGH parallèle au plan DIK, et perpendiculaire par conséquent au plan vertical de projection. Les intersections des deux plans DIK, FGH, par le plan p, seront deux droites parallèles cm, sn, et les points m et n suivant lesquels ces deux lignes percent le plan horizontal de projection, détermineront la trace horizontale mn du plan p. On déterminera de même les traces de tous les plans que l'on fera passer par les sommets des deux cônes.

225. Si l'on ne veut pas construire l'ellipse nv, ou si les intersections de cette courbe par la droite cm se font trop obliquement, on rabattra le plan DIK sur le plan horizontal de projection (*fig.* 16). Par suite de ce mouvement, la base $nv, n'v'$ du cône AA' sera la circonférence $n''v''$, le point cc' se rabattra en c'' et la droite $c''m$ coupera la circonférence $n''v''$ suivant les deux points a'', a'' qui, ramenés en a, a sur la droite cm, détermineront les deux génératrices sa, sa du cône AA'. On peut aussi, comme vérification, rabattre le plan FGH; de sorte que le point s, s' viendra se placer en s'', et la droite $s''n$, parallèle à $c''m$; déterminera le point n sur la trace horizontale du plan FGH.

226. Pour obtenir les points x', x' suivant lesquels les courbes de pénétration $u'x'a'$ sont touchées par les génératrices $s'e'$ du cône AA'; on construira (*fig.* 15) les traces $m''n''$, $m'''n'''$, etc., de quelques-uns des plans qui contiennent la droite $so, s'o'$, de manière que deux ou trois de ces plans ne rencontrent pas la circonférence qui forme la trace du cône BB'. On abaissera du point o une perpendiculaire sur chacune des traces mn, $m''n''$, $m'''n'''$, etc., etc., et l'on tracera la courbe dr qui contient les pieds de ces perpendiculaires. L'intersection de la courbe dr avec la trace circulaire du cône BB' donnera le point z par lequel on tracera la tangente $m'n'$. Cette droite sera la trace du plan qui contient les points xx', xx', que l'on déterminera en opérant comme on l'a fait pour les points u, u'.

227. Si les axes des deux cônes se rencontrent comme dans le cas actuel, le plan vertical sc'' qui contient les deux sommets sera un plan de symétrie; ce qui simplifiera beaucoup les opérations. Ainsi, par exemple, en traçant (*fig.* 15) la droite $m^{\text{IV}}n^{\text{IV}}$ symétrique de mn, on déterminera sur le cône BB' les deux génératrices qui contiennent les points symétriques des quatre points u, u, u, u, dont les projections verticales se confondent avec les points u', u'.

228. **Intersection des sphères, cylindres et cônes.** *Trouver la courbe provenant de l'intersection d'une sphère et d'un cylindre.* Pour obtenir l'intersection de la sphère (A, A') et du cylindre (B, B', *fig.* 18), on construira un plan vertical p parallèle aux génératrices du cylindre; ce plan coupera le cylindre suivant deux droites (b, b'). La section dans la sphère sera le cercle aa', et les intersections de ce cercle par les droites (b, b') donneront quatre points (u, u'). En recommençant cette con-

struction, on obtiendra autant de points que l'on voudra. Dans l'exemple que nous avons choisi, il y a deux courbes, ce qui forme une pénétration dans la sphère. Les deux *fig.* B″ et B‴ sont les développements des parties du cylindre BB′ qui sont extérieures à la sphère.

229. *Construire la courbe provenant de l'intersection d'une sphère et d'un cône.* Soient (*fig.* 21) la sphère A, A′ et le cône donné B, B′, on construira par le sommet du cône un plan vertical sp; ce plan coupera le cône suivant deux lignes droites (b, b', b''), que l'on rabattra en les faisant tourner autour de la verticale projetante du sommet. La section de la sphère par ce même plan sera le cercle a'', et les quatre points ($u'', u'', \ldots$) feront partie de la courbe cherchée; en ramenant le plan p à sa place, les points u'', u'', u''', u''' viendront se projeter en ($u, u, u\ldots$), d'où il sera facile de déduire leurs projections verticales ($u', u', u'\ldots$), et ainsi de suite. Les *fig.* B″ et B‴ sont les développements des parties des cônes qui sont en dehors de la sphère; ces développements s'obtiendront en opérant comme au n° 212.

230. Si la trace du cône était un cercle, on pourrait employer comme surfaces coupantes, des plans parallèles au plan de projection. Dans ce cas (*fig.* 13), les sections dans le cône et dans la sphère seraient des cercles parallèles au plan horizontal de projection. On devrait aussi faire usage de plans parallèles aux plans de projections si le sommet du cône n'était pas sur l'épure; alors on obtiendrait pour section dans le cône, des courbes parallèles et semblables à sa trace, et la construction de ces courbes ne présenterait aucune difficulté. Cette méthode pourra encore être adoptée (*fig.* 9) pour obtenir la courbe d'intersection d'une sphère avec un cylindre circulaire que l'on peut considérer comme un cône dont le sommet serait infiniment éloigné.

231. *Pour construire la courbe provenant de l'intersection de deux sphères,* on projettera les deux sphères données AA′ et BB′ (*fig.* 17) sur un plan parallèle à la ligne des centres $co, c'o'$. La projection verticale de la section sera la droite $u'n'$, la projection horizontale aura pour grand axe $aa = u'n'$, et pour petit axe un, projection horizontale de $u'n'$.

232. Surfaces de révolution. Lorsqu'on veut exécuter un solide de révolution, il faut le projeter de la manière la plus simple, et l'on doit alors prendre un plan de projection perpendiculaire à son axe. Mais lorsqu'il est nécessaire de projeter le corps dans une position inclinée, les opérations deviennent plus difficiles. Dans ce cas, on peut concevoir (*fig.* 4) une suite de sphères qui auraient leurs centres sur l'axe de la surface donnée et qui toucheraient une section méridienne *ac*. Quel que soit le plan sur lequel toutes ces sphères seront projetées, la courbe tangente à leurs projections sera la limite de la projection de la surface. On peut encore supposer (*fig.* 19) la surface coupée par un certain nombre de plans perpendiculaires à son axe. Chaque section circulaire a pour projection une ellipse, et la courbe tangente à toutes ces ellipses forme le contour de la projection.

233. Cette manière d'opérer convient évidemment pour les arêtes circulaires de la surface; mais pour les autres parties, elle ne donne le contour de la projection que d'une manière approximative, et laisse de l'incertitude sur la position de certains points singuliers, tels que a, a, o, o. Pour obtenir une grande exactitude, on conçoit une suite de plans tangents perpendiculaires au plan sur lequel on veut projeter la surface, ou, ce qui revient au même, parallèle à une droite pp' perpendiculaire au plan de projection, on détermine le point de tangence pour chaque plan tangent, et l'on projette la courbe qui contient tous ces points de tangence. On trouvera dans le traité de Géométrie descriptive tous les détails relatifs à cette opération, qui d'ailleurs n'est pas nécessaire pour résoudre les questions suivantes.

234. *Intersection des surfaces de révolution avec les cylindres ou les cônes*, etc. Pour construire ces lignes, on peut toujours appliquer le principe général du n° 164, et couper les deux surfaces par des plans; mais lorsque la surface de révolution aura son axe perpendiculaire à l'un des plans de projection, l'opération deviendra très-simple. En effet, lorsque l'on emploie des plans perpendiculaires à l'axe d'une surface de révolution, on a l'avantage de couper cette surface suivant des

cercles qui se projettent par des cercles; de sorte qu'il n'y a plus qu'à construire les lignes suivant lesquelles ces mêmes plans coupent la seconde surface. Dans le cas de l'intersection avec une sphère, des plans perpendiculaires à l'axe de la surface de révolution couperont les deux surfaces suivant des cercles. Il en serait de même s'il s'agissait de *deux surfaces de révolution dont les axes seraient parallèles*.

235. Pour construire la courbe d'*intersection de deux surfaces de révolution dont les axes ne se rencontrent pas*, on prendra l'un des plans de projection perpendiculaire à l'axe de l'une des deux surfaces données, et le second plan de projection parallèle aux deux axes. Supposons, par exemple (*fig.* 10, 11 et 12), que la surface AA' soit perpendiculaire au plan horizontal, la projection de cette surface sera limitée par celle de son plus grand parallèle, et sa projection verticale sera une section méridienne.

L'axe de la surface inclinée BB' étant également parallèle au plan vertical, sa projection, sur ce plan, se composera d'une section méridienne, et pour construire la projection horizontale, on emploiera l'un des moyens indiqués aux n°^{s} 232 et 233.

Cela étant fait, on coupera les deux surfaces par un plan pp que nous supposons ici parallèle au plan vertical de projection. La section de la surface AA' par le plan pp sera une courbe $asas$; la section de la surface BB' par le plan p se composera des deux courbes zvz, et les intersections de ces dernières lignes par la courbe $asas$ donneront les quatre points $u, u'\ldots$ qui devront faire partie des courbes de pénétration demandées (164). La section des deux surfaces par un second plan déterminera quatre autres points. Un troisième plan en donnera encore quatre, et ainsi de suite.

236. Avant d'aller plus loin, il est nécessaire d'entrer dans quelques détails sur la construction des courbes $asas, zvz$. La première de ces deux lignes ne présentera aucune difficulté, puisqu'il suffira d'élever des perpendiculaires à la ligne AZ, par les points suivant lesquels la trace pp du plan coupant rencontre les projections horizontales des parallèles que l'on aura dû établir d'avance sur la surface AA'. Pour faciliter la construction

des deux courbes xvz, il faudra également établir un certain nombre de parallèles sur la projection verticale de la surface BB'. Mais pour éviter la construction des ellipses qui représenteraient les projections horizontales de toutes ces circonférences de cercles, on les projettera sur le plan auxiliaire DHK, perpendiculaire à l'axe de la surface inclinée BB', puis on rabattra cette nouvelle projection B'' en la faisant tourner autour de la trace horizontale du plan DHK, ou de toute autre droite horizontale prise à volonté dans ce plan. Les parallèles de la surface BB' seront représentées sur la nouvelle projection B'' par des cercles concentriques, et les intersections de ces circonférences par la trace du plan pp feront partie de la courbe cherchée. Il ne restera donc plus qu'à faire revenir tous ces points à leur place. Pour y parvenir on les projettera d'abord sur le plan horizontal D'H que l'on fera revenir dans la position DH, d'où chacun des points cherchés devra être ramené par une perpendiculaire au plan DHK, sur le parallèle auquel il doit appartenir. Ainsi, par exemple, le point o, projeté en o', viendra se placer en o''', d'où l'on déduira sa projection verticale o''.

237. Pour plus d'ordre on fera bien de numéroter les parallèles sur les deux projections B' et B'', et l'on diminuera le travail en choisissant de préférence ceux qui ont des rayons égaux, afin qu'ils aient une projection commune sur la *fig.* B''. On devra aussi choisir la position des plans coupants auxiliaires, de manière à obtenir les points les plus essentiels des deux courbes de pénétration. Ainsi, par exemple, si l'on veut obtenir les points suivant lesquels ces courbes touchent le méridien principal de la surface AA', on coupera les deux surfaces par le plan vertical $p'p'$ qui contient l'axe de cette surface. Le plan $p''p''$ déterminera les points situés sur la section méridienne principale de la surface BB'.

Dans le cas où l'on n'aurait pas d'autre but que d'obtenir la ligne de pénétration des deux surfaces proposées, on pourrait se dispenser de construire la projection horizontale de la surface inclinée, les projections B' et B'' de cette surface suffisant, avec celles de la surface A, pour déterminer complétement la courbe demandée.

238. Surfaces réglées. Pour l'*intersection d'une surface réglée par une autre surface*, je me contenterai encore de rappeler quelques-uns des principes établis dans la Géométrie descriptive. Ainsi, pour obtenir l'intersection d'une surface réglée et d'un cylindre, on coupera les deux surfaces par des plans parallèles au cylindre et contenant les génératrices de la surface réglée.

239. Pour l'*intersection d'une surface réglée avec un cône*, on emploiera des plans passant par le sommet du cône et dont chacun contiendrait une des génératrices de la surface donnée.

240. Pour l'*intersection avec une surface de révolution*, on emploiera des plans perpendiculaires à l'axe de la surface.

241. Enfin pour l'*intersection de deux surfaces réglées* (*fig.* 22), on construira un plan projetant p, contenant la génératrice $aa, a'a'$; ce plan coupera la seconde surface réglée, suivant une courbe $co, c'o'$, facile à construire, et l'intersection de cette courbe avec la droite a, a' déterminera un point u, u', commun aux deux surfaces. On recommencera cette construction qui déterminera tous les points de la courbe demandée $vu, v'u'$.

COUPE DES PIERRES.

LIVRE PREMIER.

SURFACES PLANES.

CHAPITRE PREMIER.

Des Murs.

I.

242. Définitions. — Les murs sont employés, quelquefois pour clore des espaces découverts ou pour soutenir des terres et empêcher leur éboulement ; d'autres fois, ils servent à supporter les voûtes en pierres ou les combles en charpente ou en fer d'un édifice.

C'est l'usage auquel un mur est destiné qui doit déterminer son plus ou moins de solidité.

La solidité d'un mur ne dépend pas seulement de la grosseur et de la qualité des pierres employées dans sa construction, mais encore de la bonne disposition de ces pierres entre elles.

243. Les pierres se formant dans l'intérieur de la terre par couches horizontales superposées, on les extrait sous la forme de parallélipipèdes rectangles. Les deux faces, qui dans la carrière étaient placées horizontalement, se nomment *lits de carrière*.

244. Quelle que soit la place qu'une pierre doit occuper dans un édifice, il faut faire en sorte que les lits de carrière soient, autant que possible, perpendiculaires à la direction de la force qui agit sur elle, afin de comprimer par la pression les diverses couches dont cette pierre se compose.

245. On nomme *lit de pose* d'une pierre la face suivant laquelle elle doit s'appliquer sur les pierres qui ont été posées avant elle. Assez souvent, surtout dans les murs, le lit de carrière est en même temps le lit de pose et doit être placé horizontalement. Chaque rang de pierre se nomme une *assise*.

246. On nomme *parements* celles des faces d'une pierre qui restent à découvert et contribuent par conséquent à former la surface du mur.

247. Si l'on a des pierres assez grandes pour que leur largeur soit égale à l'épaisseur du mur, on les disposera comme on le voit dans la figure 1re (*PL.* **10**). Les pierres qui ont deux parements dans le sens de leur longueur se nomment *parpaings*; elles se nommeraient *boutisses*, si les

parements étaient aux extrémités, que l'on nomme aussi *têtes* de la pierre. Enfin, si la pierre n'avait qu'un parement, on lui donnerait le nom de *carreau*. Dans la figure 2, la pierre a est une boutisse et la pierre b est un carreau.

248. Ainsi la figure 1re représente un mur composé de parpaings. Dans la figure 2, les assises sont alternativement composées de carreaux et de boutisses, et dans la figure 3; il n'y a que des carreaux.

249. Mais, dans tous les cas, on doit faire en sorte que les *joints*, ou faces verticales suivant lesquelles se touchent deux pierres contiguës d'une même assise, correspondent, autant que possible, au milieu d'une pierre de l'assise inférieure. Je dis autant que possible, parce qu'il serait souvent trop coûteux de satisfaire rigoureusement à cette condition.

II.

250. **Mur droit.** — On nomme *mur droit* celui qui est compris entre deux plans verticaux parallèles entre eux. La figure 4 représente un mur droit projeté sur un plan perpendiculaire à sa longueur.

Toutes les pierres de ce mur sont des parallélipipèdes rectangles, égaux entre eux, et disposés comme dans la figure 1re. Les deux lignes ab, cb, représentent deux des dimensions de la pierre; la troisième dimension $b'd'$ sera donnée par la projection horizontale.

251. Pour exécuter cette pierre (*fig.* 5), on choisira un bloc capable de la contenir, puis après avoir dressé une première face $a''b''d''e''$, on en taillera une seconde $a''b''c''h''$, faisant un angle droit avec la première. Cela étant fait, on tracera les deux lignes $b''d''$, $b''c''$, perpendiculaires à l'arrête $a''b''$, ce qui déterminera la *tête* ou *parement* $c''b''d''$. Le parement opposé sera déterminé par les arêtes $a''h''$, $a''e''$. Enfin, en portant les dimensions de la pierre sur les arêtes correspondantes, il sera facile de tailler les deux dernières faces.

III.

252. Murs en talus. — Les murs en talus (*fig.* 6) sont destinés à soutenir des terrains et à empêcher leur éboulement ; c'est pourquoi on leur donne ordinairement plus de largeur vers leur base, surtout du côté opposé à celui où s'exerce la pression.

253. Si le talus était peu considérable, on pourrait prolonger les coupes horizontales telles que ab, jusqu'à la face en talus. Mais il résulterait de là, que le lit de pose ferait avec le talus deux angles inégaux, dont un serait aigu, ce que l'on doit surtout éviter dans la coupe des pierres. Pour obvier à cet inconvénient, on prolonge la coupe horizontale du lit de pose, seulement jusqu'à 5 ou 6 centimètres du talus, puis à partir de ce point, on dirige une coupe bc perpendiculaire à la face du talus. Ce moyen d'éviter l'angle aigu présente deux inconvénients : le premier, c'est de diminuer l'étendue de la surface horizontale suivant laquelle chaque pierre s'appuie sur la pierre inférieure ; le second inconvénient consiste à faire toucher les deux pierres suivant une face brisée, et l'on conçoit que si l'angle obtus saillant *abc* n'est pas taillé parfaitement égal à l'angle rentrant dans lequel il doit s'appliquer, la pierre ne posera pas également dans toute son étendue, et le tassement provenant de la pression des parties supérieures de l'édifice, pourra la faire rompre ou glisser sur la partie inclinée du lit de pose. Nous reconnaîtrons souvent par la suite qu'une irrégularité dans l'ensemble ou dans quelques parties d'un monument, entraîne nécessairement comme conséquence, quelque irrégularité dans la forme des pierres qui le composent, et le constructeur doit faire tous ses efforts pour éviter ces irrégularités, ou du moins, pour en diminuer le nombre et en neutraliser les effets.

254. En général on doit, dans la coupe des pierres,

1° *Augmenter*, autant que cela est possible, sans nuire à la disposition générale et à l'élégance de l'édifice, *les surfaces planes, ou joints, suivant lesquelles les pierres doivent se toucher ;*

2° *Éviter de faire toucher ces mêmes pierres suivant les surfaces brisées ou courbes ;*

3° Enfin, *faire, autant que l'on pourra, les coupes perpendiculaires entre elles, afin d'éviter les angles aigus.* Mais ce n'est souvent qu'aux dépens de l'une de ces conditions que l'on peut satisfaire aux autres. On doit s'exercer à choisir dans chaque cas le parti qui présente le moins d'inconvénients.

255. Pour éviter l'angle aigu que la face du talus fait avec

la surface du sol, on pourra, au point d, couper verticalement la partie de la pierre qui entre dans la terre; ou bien on augmentera la largeur de la pierre d'une quantité de, puis on taillera le petit plan vertical eu. Le premier moyen emploiera moins de pierre, le second donnera au mur plus de solidité en élargissant sa base.

256. Pour exécuter la première pierre du mur en talus (*fig.* 6); on dressera d'abord (*fig.* 7) le lit de pose $s''u''n''m''$, que l'on fera égal au rectangle $s'u'n'm'$, qui représente la projection horizontale de la pierre que l'on veut tailler; on taillera ensuite les deux faces $s''u''p''$, $m''n''q''$ perpendiculaires au lit de pose. Puis, après avoir construit bien exactement en lattes ou en tôle la figure $abcdeus$ qui représente le profil de la pierre; on l'appliquera sur la face $s''u''p''$, en faisant coïncider su avec $s''u''$. On tracera sur cette face le contour $a''b''c''d''e''u''s''$, et l'on fera la même opération sur la face opposée. Enfin, on abattra toutes les parties qui empêcheraient la règle de s'appuyer sur les contours de ces deux figures, et la pierre sera taillée.

On donne le nom de *panneau* aux figures découpées que l'on applique sur la pierre pour en tracer le contour.

Les autres pierres du mur ne présenteront pas plus de difficultés.

IV.

257. **Mur biais**. — Un murs biais (*fig.* 8) est celui qui est compris entre deux plans verticaux qui ne sont pas parallèles entre eux.

Les lits de pose de ce mur seront horizontaux dans toute leur étendue ; mais comme les deux faces verticales du mur ne sont pas parallèles, les coupes verticales perpendiculaires à l'une de ces faces feraient des angles aigus avec l'autre face, et pour éviter cela on conduira les joints verticaux $a'b'$, $m'n'$, jusqu'à une certaine distance de la face opposée du mur, puis on dirigera les coupes $b'c'$, $n'u'$, perpendiculaires à cette face.

258. Pour tailler une de ces pierres, on fera (*fig.* 9) le lit de pose $p''q''v''m''$, égal au rectangle $p'q'v'm'$, qui contient la projection horizontale de la pierre, puis on taillera la face $p''m''k''h''$ perpendiculaire sur le lit de pose, telle que $p''h''$ soit égal à la hauteur as. Enfin, on fera la face $h''k''x''z''$ perpendiculaire sur $p''m''k''h''$, et par conséquent parallèle au lit de pose. On construira le panneau $a'b'c'u'n'm'$ que l'on appliquera sur le lit de pose et sur la face qui lui est opposée ; puis, après avoir tracé sur ces faces le contour du panneau, on abattra toutes les parties excédantes, et la pierre sera taillée.

On opérera de même pour les autres pierres.

V.

259. **Mur biais et en talus.** — La figure 10 représente dans un même mur la combinaison des deux exemples précédents. On a projeté le mur sur un plan vertical perpendiculaire à la face du talus, qui, par conséquent, est représentée sur cette projection par la ligne droite dy. La face verticale du mur a pour projection le rectangle $pqox$.

260. On taillera d'abord la pierre comme s'il s'agissait d'un mur biais, en appliquant le panneau $a's'u'n'm'p'$ sur le lit de pose et sur la face opposée ; puis, après avoir abattu la pierre excédante, on découpera le panneau $zbcdeus$, dont on tracera le contour sur les deux faces $z''u''s''$, $m''n''x''$. Après quoi, il n'y aura plus aucune difficulté.

VI.

261. **Mur de rampe ou rampant.** — Le nom que l'on donne aux *murs de rampe* indique assez l'usage auquel ils sont destinés. Il est facile de reconnaître par la figure 2 que ces sortes de murs ne diffèrent de ceux en talus, que par une plus grande inclinaison.

262. Pour tracer la pierre (*fig.* 13), il suffira d'appliquer le panneau $abcdeh$ sur les deux faces ou permanents qui correspondent aux faces du mur.

VII.

263. **Coins ou encoignures.** — Lorsque deux murs se rencontrent pour former le coin ou encoignure d'un bâtiment, on doit disposer les pierres comme on le voit (*fig.* 14), en plaçant alternativement les longueurs des pierres parallèlement à l'une et à l'autre face du coin.

La figure 15 est la projection horizontale de l'encoignure.

Si les deux murs devaient se rencontrer suivant un angle aigu, il faudrait couper cet angle comme on le voit par la projection horizontale (*fig.* 16).

La figure 17 représente la disposition des pierres.

Enfin, si l'on avait deux murs en talus formant un angle aigu, on ferait une coupe en talus comme dans la figure 18.

Si l'on a bien compris ce qui précède, on n'éprouvera pas de difficulté pour tailler ces sortes de murs.

Je ne parlerai pas non plus de la combinaison de deux murs dont les talus seraient différemment inclinés. Les exemples de raccordement que nous verrons par la suite familiariseront suffisamment le lecteur avec les difficultés, que je me contenterai d'indiquer ici comme sujets d'exercice.

CHAPITRE II.

Plates-bandes.

I.

264. Définitions. — Lorsque l'arête supérieure d'une porte ou d'une fenêtre est plane et horizontale, on lui donne le nom de *plate-bande*.

265. Les deux *murs* verticaux qui supportent la plate-bande se nomment *pieds-droits* ou *jambages*. On donne le nom de *tableaux* aux faces des jambages qui forment l'ouverture de la porte.

266. On construira le triangle équilatéral *abc* (*fig.* 19, **PL. 11**); puis après avoir partagé le côté horizontal *ab* en un nombre impair de parties égales, on mènera par chaque point de division des droites, telles que *de*, dont les directions prolongées passeraient par le point *c*. Ces droites représenteront les coupes suivant lesquelles doivent être taillées les pierres de la plate-bande.

Cette disposition permettra évidemment de placer le lit de carrière dans une position telle, que les couches dont se compose la pierre soient pressées les unes contre les autres, tandis que dans le cas où la plate-bande serait formée d'une seule pierre, le lit de carrière placé horizontalement sur les pieds-droits ne serait pas soutenu dans la partie correspondante à l'ouverture de la porte.

267. Lorsque la plate-bande est ainsi composée de plusieurs pierres, chacune d'elles se nomme *claveau;* celle qui correspond au milieu de la porte se nomme la *clef.* On donne le nom de *coupes* aux faces inclinées suivant lesquelles les claveaux se touchent; l'*intrados* est la surface apparente qui forme le dessous de la plate-bande, et la *tête du claveau* est le polygone, tel que *aedhus*, qui fait partie de la face apparente du mur dans lequel la porte est percée. Enfin, on appelle *sommiers* les pierres qui forment la partie supérieure des jambages et sur lesquelles s'appuie la plate-bande.

268. Dans l'appareil que nous venons d'indiquer, il est évident que chaque pierre, par la nature de sa forme, agit comme le ferait un coin, pour écarter les deux pierres entre lesquelles elle se trouve placée. Mais comme cette action est d'autant plus énergique que les coupes se rapprochent davantage de la position verticale, il en résulte que la plate-bande tend à se rompre vers son milieu, et que la clef s'enfonçant, les parties qui sont à droite et à gauche ne sont plus plus soutenues, et, tournant autour des points a et b, exercent sur les pieds-droits une pression oblique qui tend à les renverser en dehors.

269. Pour diminuer ces effets autant que possible, on donnera aux coupes de la clef le plus de longueur que l'on pourra en augmentant s'il le faut, à ce point, l'épaisseur de

la plate-bande; on disposera au-dessus, des arcs en pierre ou en brique, dont l'effet sera de supporter la pression des parties supérieures de l'édifice, et de détourner cette pression des points qui correspondent à l'ouverture de la porte; enfin par des crampons ou armatures en fer, on reliera entre elles les pierres de la plate-bande, de manière qu'elles ne fassent en quelque sorte qu'un seul morceau. Mais ces moyens, qui dépendent des lois de la Mécanique, seront traités dans la Construction générale et dans l'application de la Statique à l'équilibre des voûtes. Nous nous bornerons ici, comme je l'ai dit plus haut, à la construction de l'épure et au tracé des lignes nécessaires pour la détermination de toutes les coupes.

270. Pour empêcher la première pierre de la plate-bande de glisser sur le sommier du pied-droit, on brisera la coupe as par le plan horizontal su. La figure de cette coupe lui a fait donner le nom de *crossette*. Il est facile de voir que la partie $dhus$ sera maintenue sur le sommier par la pression des pierres supérieures. Aussi augmenterait-on la solidité de la plate-bande en prolongeant la seconde pierre de manière à former crossette sur la première, etc. Il ne faudrait pas cependant donner trop de longueur aux parties horizontales des pierres formant crossettes, parce qu'elles résisteraient moins bien à l'inégalité de pression produite par le tassement.

271. Pour éviter les angles aigus que les coupes feraient avec l'intrados, on fera par les points de division de cet intrados, des coupes verticales, telles que vz, jusqu'à la rencontre d'une ligne horizontale ti (*fig*. 19), ou jusqu'à un arc de cercle pq, décrit du point c comme centre (*fig*. 20). Le reste des coupes sera, comme précédemment, dirigé vers le point c.

La figure 22 représente la première pierre à droite de la plate-bande (*fig.* 19).

272. On peut encore, par la coupe même de la pierre et sans recourir à des moyens étrangers, augmenter l'adhérence des claveaux. On fera les coupes brisées comme le représente la ligne *mnyr* (*fig.* 20), de manière que chaque pierre s'accrochera sur la pierre adjacente par une petite cressette *mny*. L'usage n'est pas cependant de donner cette forme aux coupes de la clef, l'expérience ayant fait reconnaître que, dans la rupture des plates-bandes, la clef tend moins à glisser entre les pierres adjacentes qu'à les entraîner dans sa chute, en les faisant tourner autour des angles de la porte.

La figure 23 fera concevoir la forme de la première pierre à droite de la plate-bande (*fig.* 20).

Si l'on veut éviter l'aspect désagréable produit dans la face apparente du mur par la coupe brisée *mnyr*, on ne fera cette coupe que dans une partie de l'épaisseur du mur, comme on le voit par la figure 23, qui représente le creux dans lequel doit venir se placer la partie correspondante en relief de la pierre adjacente.

Les figures 21, 24, 25 et 26, représentent des coupes destinées à produire le même résultat. La partie saillante de la figure 26 doit occuper le creux de la figure 25.

La taille de ces pierres ne présentera aucune difficulté. Ainsi, par exemple, pour celle représentée (*fig.* 24), on découpera (*fig.* 21) le panneau de tête *acbeuvzx* que l'on appliquera sur les faces parallèles et opposées d'une pierre dont la longueur doit être égale à l'épaisseur du mur dans lequel la porte est percée; puis on abattra toutes les parties excédantes, après quoi il sera facile de tracer le contour de la partie saillante *acb*.

Les parties creuses des pierres adjacentes ne présenteront pas plus de difficultés.

273. Dans la figure 20, il y a tout autour de la porte un petit renfoncement rectangulaire auquel on donne le nom de *feuillure*. On taillera d'abord la pierre sans y avoir égard, puis deux droites ac, co (*fig.* 23), que l'on tracera sur chaque côté de la pierre détermineront le contour de la feuillure.

II.

274. **Voûtes plates.** — Si l'on suppose une plate-bande prolongée, on aura une voûte plate. Les deux jambages ou pieds-droits seront remplacés par deux murs parallèles, et la voûte sera formée de claveaux absolument semblables à ceux de la plate-bande et placés bout à bout, en ayant soin, autant que possible, de faire les joints de tête d'une rangée de claveaux, correspondants au milieu de la longueur des claveaux des rangées adjacentes.

La figure 27 représente la partie de plafond carré formé par la rencontre de deux galeries A et B, couvertes par des voûtes plates.

La figure 28 est le sommier, et la figure 29 est la pierre qui vient s'y appliquer. On donne à cette pierre le nom de *claveau d'angle*. Pour la tailler, on commencera par équarrir un bloc ayant pour base le rectangle $abcd$, et pour hauteur l'épaisseur de la voûte; puis on appliquera le panneau de tête (*fig.* 19) sur les deux faces verticales cb, cd. Il ne restera plus qu'à suivre le contour de ces panneaux, en abattant la pierre perpendiculairement à leur face, et prenant bien garde, toutefois, de ne pas trop prolonger les coupes intérieures qui doivent se rencontrer dans le plan vertical qui contiendrait la diagonale *ac*. Dans cet exemple, on a donné aux coupes des claveaux la forme *kzv* (*fig*. 19). Il n'est pas nécessaire d'ajouter que l'on augmenterait la solidité en faisant ces coupes suivant la forme *mnyru* (*fig*. 20).

275. La figure 30 est une voûte plate couvrant une salle carrée, et la figure 31 représente le claveau d'angle qui a pour projection horizontale *mnqpz*. La forme de cette pierre indique assez qu'il faudrait appliquer le panneau de tête sur les deux faces verticales *mn*, *zp*, puis tailler la pierre en suivant les contours de ces panneaux et perpendiculairement à leur surface.

Cette espèce de voûte n'aura pas de poussée, si l'on fait tout autour de chaque rangée de claveaux une crossette telle que *mnyr*; on pourra, dans ce cas, considérer la voûte entière comme composée de châssis rectangulaires et concentriques s'emboîtant les uns dans les autres, et portant sur les parties horizontales des crossettes. Cette précaution ne suffit pas, il reste encore à tailler les claveaux d'une même rangée, de manière qu'ils se soutiennent mutuellement. Pour cela on fera sur la tête de chaque claveau une crossette *ab* (*fig*. 30), au moyen de laquelle il s'appuiera sur le claveau qui précède en partant du claveau d'angle. On pourra reconnaître (*Statique*) que par cette combinaison, chaque claveau étant accroché sur celui qui précède et sur le claveau adjacent de la rangée extérieure, ne tendra pas à glisser sur la coupe oblique et à descendre du côté de la clef. Aussi dans ces sortes de voûtes peut-on supprimer non-seulement la clef, mais encore plusieurs rangées de claveaux concentriques pour éclairer la salle.

276. La solidité de cet appareil le fait préférer à celui de la figure 27, pour couvrir l'espace provenant de la rencontre de deux galeries.

On construira dans ce cas (*fig.* 32) sur les pieds-droits a, b, c, d, quatre plates-bandes qui remplaceront les quatre murs de l'exemple précédent.

LIVRE II.

SURFACES CYLINDRIQUES.

CHAPITRE PREMIER.

Murs.

I.

277. Murs ronds. — Si du point c comme centre (*fig.* 33, **PL. 12**) et avec les rayons ca, cb, on décrit deux cercles concentriques, l'espace $abde$ compris entre ces deux cercles, pourra être considéré comme la projection horizontale d'un mur rond à base circulaire.

Pour tailler une des pierres de ce mur, on préparera (*fig.* 34) une pierre d'une épaisseur égale à celle que l'on veut tailler, puis on appliquera le panneau horizontal $abuv$ sur les deux faces de la pierre qui doivent former les lits de pose. On abattra ensuite la pierre de manière que la règle puisse s'appuyer sur le contour des deux panneaux. Quant à la partie cylindrique $ava'v'$, il ne suffira pas que la règle puisse dans toutes ses positions s'appuyer sur les deux courbes av, $a'v'$, il faut encore (*Géométrie descriptive*) que toutes ses positions soient parallèles entre elles. Pour arriver à ce résultat on divisera les deux arcs av, $a'v'$, qui forment ici les directrices du cylindre, en un même nombre de parties égales, et les points correspondants sur ces deux arcs détermineront les différentes positions de la règle. La surface cylindrique intérieure bu se taillera de la même manière.

278. La figure 35 représente deux murs qui se raccordent sur le coin, par une portion de mur circulaire. Les pierres se tailleront comme dans l'exemple précédent ; le parement de la pierre *abce* est en partie plan et en partie circulaire.

279. La figure 36 représente un mur à base elliptique. Si l'on veut que l'intérieur du mur soit une ellipse semblable à celle qui détermine l'extérieur, on mènera cd parallèle à la droite ab qui joint les extrémités des axes de la première ellipse, puis sur les deux droites co, od, on construira une ellipse qui sera semblable à la première. Dans ce cas, le mur sera plus épais vers le point a que vers le point b ; ce qui est quelquefois nécessaire pour résister à la poussée de certaines voûtes.

Si l'on fait les coupes ou joints verticaux vu perpendiculaires à la surface extérieure du mur, ces joints feront des angles inégaux avec la surface intérieure. Pour éviter cet effet, on pourra faire des coupes brisées mns telles, que mn soit perpendiculaire à l'extérieur, et ns à l'intérieur du mur ;

on peut encore faire des coupes perpendiculaires à une ellipse moyenne, telle que pq. Dans ce cas, les angles formés par les joints avec les deux surfaces du mur différeraient peu de l'angle droit.

On peut encore former la surface intérieure du mur par une courbe zxy parallèle à la surface extérieure du mur; cette courbe ne sera pas une ellipse. Pour la tracer, on construira un certain nombre de normales à l'ellipse extérieure, puis on portera sur chacune de ces normales, une grandeur bz égale à l'épaisseur que l'on veut donner au mur.

Berceaux et Portes droites.

II.

280. **Berceau.** — Nous venons de dire que les parements extérieurs et intérieurs des murs ronds étaient des surfaces cylindriques. Si nous supposons actuellement que ces mêmes surfaces, au lieu d'être placées verticalement, soient placées horizontalement, comme le représente la figure 37, on aura un berceau cylindrique. On emploie cette espèce de voûte pour couvrir l'espace compris entre deux murs parallèles, dont les projections horizontales seraient A, B. On a supprimé ces murs dans la projection verticale, et l'on n'a figuré que la portion de la voûte au-dessus du plan mn, que l'on nomme le *plan de naissance*. La surface cylindrique, formant l'intérieur de la voûte, se nomme l'*intrados* où la

douelle, et la surface extérieure s'appelle *extrados*. On donne le nom de *cintre* à la courbe qui détermine la forme de l'*intrados*; chacune des pierres de la voûte se nomme *voussoir*; chaque rangée horizontale de voussoirs se nomme une *retombée*. La première retombée de chaque côté de la voûte est celle qui repose sur le plan de naissance : les autres retombées se comptent dans le même ordre; les faces suivant lesquelles se touchent les voussoirs s'appellent *joints*. Le cintre doit toujours être partagé en un nombre impair de parties, autant que possible égales entre elles. Le voussoir du milieu se nomme la *clef*.

Pour construire la projection horizontale, on a supposé que le berceau était renversé, afin de mieux faire voir l'appareil de l'intrados.

281. Nous avons dit (244) que le lit de carrière d'une pierre devait être placé perpendiculairement à la direction suivant laquelle agit la pression; ainsi, dans les murs, nous avons placé le lit de carrière horizontalement, parce qu'en vertu de la pesanteur, la pression des pierres supérieures est verticale; mais dans les plates-bandes et berceaux, les voussoirs agissant comme des coins qui tendraient à écarter les pierres adjacentes, la force se décompose (*Statique*) perpendiculairement aux faces suivant lesquelles les pierres se touchent; aussi devons-nous, autant que possible, placer le lit de carrière parallèlement à ces faces. Ainsi (*fig.* 37) on placerait ce lit parallèlement à un plan *pq* qui partagerait le voussoir en deux parties égales; cependant, par des raisons d'économie, on ne s'assujettit pas rigoureusement à cette règle, et l'on place le plus souvent le lit de carrière parallèlement à l'une des deux faces latérales du voussoir; cela permet quelquefois d'employer des pierres dont les angles auraient été enlevés par accident.

282. Dans la figure 37, l'extrados et l'intrados sont déterminés par deux cercles concentriques; mais cette disposition ne serait pas conforme aux lois de l'équilibre et ne pourrait être adoptée que pour un berceau qui aurait peu de largeur.

La théorie et l'expérience ont fait reconnaître (*Statique*) que, dans le cas où le cintre qui détermine l'intrados serait un demi-cercle, il faudrait pour que toutes les pierres qui composent la voûte fussent maintenues en équilibre par leur propre poids et sans le secours de moyens étrangers; il faudrait, dis-je, que l'extrados eût la forme de la courbe *bac* (*fig.* 38) dont les branches se rapprochent toujours du plan de naissance *de*, sans toucher ce plan; de sorte que les deux pierres qui à droite et à gauche forment la naissance de la voûte devraient avoir une grandeur infinie. On conçoit qu'on ne pourra pas, et qu'il ne sera même pas nécessaire de satisfaire rigoureusement à ces conditions, l'adhérence des pierres pouvant être augmentée indéfiniment, non-seulement par des mortiers, mais encore par des coupes ou crossettes semblables à celles que nous avons indiquées en parlant des plates-bandes; enfin par des crampons ou armatures en fer, disposées de manière à lier les pierres entre elles; mais pour donner plus de légèreté aux voûtes, et se rapprocher autant que possible de la forme indiquée par la théorie, on dispose assez souvent l'appareil comme on le voit figure 39.

Les pierres *a* et *b* forment à droite et à gauche deux masses qui par leur force d'inertie suppléent suffisamment à la grandeur infinie que l'on devrait donner aux premières pierres de la voûte. Quant à la partie courbe de l'extrados, on la déterminera par un arc de cercle dont le centre serait situé en *o*, de manière que l'on ait *oc* égal à peu près au tiers du rayon de l'intrados.

III.

283. **Porte droite.** — Lorsqu'un berceau a peu de longueur, on lui donne le nom de *porte*.

284. Les portes étant souvent percées dans la façade du monument, on doit tâcher (*fig.* 40) de raccorder les joints ou coupes des voussoirs avec les lits et joints verticaux du mur, de manière à contribuer à la décoration de l'édifice.

285. On fait assez souvent tout autour de la porte un petit renfoncement ou feuillure, comme celui que nous avons fait à la plate-bande (*fig.* 20). La feuillure est destinée à recevoir les vantaux de la porte.

286. Pour tailler une pierre de porte droite, on équarrira un parallélipipède d'une longueur égale à l'épaisseur du mur, et d'une base capable de contenir le panneau de tête $abcde$; puis, après avoir relevé ce panneau sur l'épure, on l'appliquera sur les deux faces correspondantes de la pierre, et l'on abattra tout ce qui empêcherait la règle de s'appuyer sur le contour de ces deux panneaux.

Il est bien entendu qu'il faudra marquer entre les points e, i, plusieurs points de division, qui, reportés sur la pierre, détermineront le parallélisme de toutes les positions de la règle, ainsi que cela a été fait pour la partie cylindrique de la pierre d'un mur rond (*fig.* 33).

Pour tracer la feuillure, on marquera sur la tête de la pierre les points m, n, par lesquels on fera passer l'arc mn, dont on prendra la courbure sur l'épure. On pourra encore tracer cet arc en faisant mouvoir un compas dont une branche s'appuierait sur l'arc *ei*, tandis que l'autre branche tracerait l'arc *mn*. L'arc *ou* se tracera de la même manière, ou avec une règle flexible à laquelle on fera prendre la courbure de la douelle. Enfin, taillant la pierre suivant l'arc *mn*, perpendiculairement à la tête, et suivant l'arc *ou*, perpendiculairement à la douelle, on formera deux petites surfaces, l'une cylindrique, l'autre plane, qui se couperont suivant l'arête rentrante *tz*; et la feuillure sera taillée (*fig.* 41).

287. Je terminerai ce sujet en donnant quelques exemples d'appareils de portes droites.

On distingue en général les cintres de cette manière :

288. Le *plein cintre* est celui qui est formé par une demi-circonférence, comme dans les exemples précédents.

289 Le cintre est *surbaissé* (*fig.* 42) lorsque la hauteur *cb* est moindre que la demi-largeur *ca*.

290. Enfin le cintre est *surhaussé* (*fig.* 43) lorsque la hauteur est plus grande que la demi-largeur.

291. La figure 44 représente une porte *rampante;* le cintre *abc* est une courbe à deux centres se raccordant avec les pieds-droits aux points de tangence *a* et *c*. La distance *ob* devant être égale à la moitié de la droite *ca*, le point *m*, centre de l'arc *ab*, sera donné par l'intersection de l'horizontale *am* avec la perpendiculaire sur le milieu de la corde *ab*, et le point *n*, centre de *bc*, sera l'intersection de l'horizontale *cn*

et de la perpendiculaire sur le milieu de bc. Les deux arcs se raccorderont en b; ce qui n'aurait pas lieu si ob n'était pas égal à eo.

Toutes les coupes qui auront lieu sur l'arc ab devront être dirigées vers le point m, et toutes celles de l'arc bc concourront au point n.

292. On peut encore faire des arcs rampants avec des courbes à deux ou plusieurs centres plus ou moins surhaussées.

293. Enfin on peut prendre pour cintre une demi-ellipse rapportée à ses diamètres conjugués. Dans ce cas, les coupes devront être des normales à l'ellipse.

CHAPITRE II.

Portes biaises et en talus.

I.

294. Définitions. — Avant d'aller plus loin, il est utile de présenter quelques observations générales sur le but que nous nous proposons d'atteindre.

Il s'agit, comme nous l'avons pu reconnaître par quelques exemples précédents, de prendre les blocs de pierre tels qu'ils sont tirés de la terre, et, par des coupes déterminées, de leur donner la forme qui convient le mieux suivant la place qu'ils doivent occuper.

Or, la solution de ce problème se compose de deux parties :

1° Le dessin ou l'exécution de l'épure qui doit donner les dimensions de toutes les parties de la pierre ;

2° Le tracé sur la pierre même de toutes les lignes nécessaires pour la détermination des coupes.

Mais l'épure ne donne pas directement toutes les dimensions d'une pierre dans leur véritable grandeur. On sait (*Géométrie descriptive*) qu'une ligne n'est égale à sa projection, qu'autant qu'elle est parallèle au plan sur lequel elle a été projetée : ce qui n'a pas toujours lieu, et ne peut d'ailleurs jamais exister pour les figures et les lignes qui ne sont pas planes. On doit donc, lorsque l'on commence une épure, apporter le plus grand soin dans le choix des plans de projection, et prendre, autant que possible, ces plans parallèles au plus grand nombre de lignes.

II.

295. Porte dans un mur biais. — Supposons que le trapèze $a'b'$, $a''b''$ (*fig.* 46, *Pl.* **13**) représente l'ouverture d'une porte percée dans un mur, dont les deux faces verticales $p'q'$, $p''q''$, ne sont pas parallèles entre elles.

On construira (*fig.* 45) la projection verticale de la porte sur un plan perpendiculaire à son axe. Le cylindre d'intrados ayant pour directrice le demi-cercle aub, la pénétration dans la face $p'q'$ du mur sera un demi-cercle égal au cintre, et se projettera sur le plan horizontal par la droite $a'b'$; la pénétration dans la face $p''q''$ sera une demi-ellipse dont la projection horizontale sera $a''b''$, et comme cette courbe fait partie du cylindre d'intrados, sa projection verticale coïncidera avec la courbe aub.

On suppose ici que la porte est renversée afin de mieux faire voir l'appareil d'intrados.

Pour tracer l'une des pierres (*fig.* 48), par exemple celle qui est à droite de la clef, on prendra sur la projection horizontale la distance $4'-4''$, qui représente la plus grande longueur de la pierre; puis, après avoir dressé les deux faces de tête, on y appliquera le panneau $vhkz$-5-4; et l'on taillera la pierre comme s'il s'agissait d'une porte droite (286); enfin, en portant sur chaque arête sa véritable grandeur, qui sera donnée par la projection horizontale, on aura tous les points nécessaires pour déterminer la coupe oblique de la pierre.

Le moyen que nous venons d'indiquer présente quelques inconvénients; en effet, les appareilleurs font leurs épures, suivant la grandeur d'exécution, sur des murs dont la surface a été dressée avec soin; il faudrait donc qu'après avoir pris sur leur dessin les longueurs des arêtes, ils allassent reporter ces dimensions sur la pierre, qui est quelquefois très-loin du lieu où l'épure a été faite. On pourrait bien exprimer par des nombres la longueur de toutes les arêtes des pierres que l'on devra tracer; mais ce procédé, qui serait fort long, ne pourrait pas s'appliquer aux lignes courbes. Nous allons indiquer d'autres moyens.

La section par le plan vertical $p'q'$ étant perpendiculaire aux génératrices du cylindre qui forme l'intrados, sera la *section droite* de ce cylindre. Cette courbe, parallèle au plan vertical de projection, est projetée sur ce plan dans sa véritable grandeur. Les arcs $(a, 1)$, $(1, 2)$, etc., étant portés à la suite les uns des autres sur la droite $a'''b'''$ (*fig.* 47), on aura le développement de la courbe aub. Il est bien entendu que si les points de division étaient trop éloignés, il faudrait prendre d'autres points intermédiaires. Les droites (a''', a^{iv}), $(1'''\text{-}1^{\text{iv}})$ $(2'''\text{-}2^{\text{iv}})$..., perpendiculaires à $a'''b'''$, représenteront dans le développement les génératrices d'intrados. Leurs longueurs seront données par la projection horizontale de la porte, et la figure $a'''b'''a^{\text{iv}}b^{\text{iv}}$ sera le développement de la douelle.

Supposons donc, comme nous l'avons dit précédemment, que l'on ait taillé la pierre comme s'il s'agissait d'une porte droite, on construira le panneau de douelle ($4'''$, 4^{iv}, $5'''$, 5^{iv})

en carton ou en toute autre matière flexible, puis on l'appliquera dans la partie cylindrique de la pierre, en faisant coïncider l'arc ($4'''$, $5'''$) de la section droite avec l'arc correspondant à la face de tête. Enfin, appuyant légèrement sur le panneau, on lui fera prendre la courbure de la pierre, et l'on tracera dans la douelle l'arc correspondant à la face biaise.

On construira ensuite, dans leur véritable grandeur, les panneaux de joints provenant des coupes $5z\ 4v$ (*fig.* 45), et l'on appliquera ces panneaux à droite et à gauche sur les deux faces adjacentes à la douelle, ce qui suffira pour déterminer la coupe oblique.

On peut disposer l'épure comme on le voit (*fig.* 47); on a supposé que chaque panneau de joint avait tourné autour de l'arête d'intrados pour se rabattre sur le développement de la douelle.

La construction de ces panneaux ne présente pas de difficulté. Ainsi, par exemple, pour celui qui coupe la douelle suivant l'arête ($4'4''$), on prendra sa largeur $4v$ (*fig.* 45), et l'on portera cette largeur de $4'''$ en v''' sur $a'''b'''$ (*fig.* 47), puis on construira la droite $v'''v^{\text{iv}}$ égale à $v'v''$ (*fig.* 46); il n'y aura plus qu'à tracer le quatrième côté $4^{\text{iv}}v^{\text{iv}}$.

Les autres panneaux se construiront de la même manière.

On pourrait encore relever sur l'épure et appliquer sur la pierre le panneau horizontal $v'v''h'h''$; mais cela n'aurait d'autre but que de compléter le tracé de la coupe oblique; car trois points suffisant pour déterminer un plan, il est évident que la douelle et un seul panneau de joint pourraient diriger le travail de l'ouvrier.

III.

296. Porte dans un mur en talus. — Le cintre de la porte étant supposé le même que dans l'exemple précédent, nous pouvons nous servir de la même projection verticale (*fig.* 45).

La droite op''' est la section de la face du talus par le plan vertical $p'p''$. Cette section, rabattue à gauche sur le plan vertical de projection, est déterminée par l'inclinaison plus ou moins grande que l'on veut donner au talus.

Dans la projection horizontale (*fig.* 49) la porte est vue en dessus.

Pour construire la projection horizontale d'un point du talus, du point 2 par exemple, on concevra par ce point (*fig.* 45) une ligne horizontale (2, 2') située dans la face du talus. Cette ligne rencontrera la droite op''' en un point 2' projeté horizontalement sur $o'p^{\text{iv}}$, et ramené par un arc de cercle horizontal dans le plan $p'p''$. Enfin, une parallèle à la trace du talus fera connaître la projection horizontale du point 2. Les autres points du talus se construiront de la même manière.

Le développement de la douelle et la construction des panneaux de joints (*fig.* 50) se feront comme dans l'exemple précédent.

La porte étant symétrique on s'est contenté de construire la moitié de la douelle et des panneaux qui, étant retournés, peuvent servir pour les deux côtés.

IV.

297. Porte dans un mur biais et en talus. — Cet exemple est une combinaison des deux précédents ; l'inspection de l'épure indiquera suffisamment la manière de construire la projection horizontale (*fig.* 52), ainsi que les panneaux de joints et le développement de la douelle (*fig.* 53).

Pour tailler les pierres de ces deux derniers exemples, on s'y prendra comme pour celles de la porte biaise.

V.

298. Passage et Berceau biais. — La figure 55 représente un passage biais dans un mur droit ; *ab* est la section droite. Enfin la figure 56 est un berceau oblique compris entre deux murs parallèles. Nous ne nous arrêterons pas à ces deux cas, qui rentrent dans les exemples précédents, et qui d'ailleurs présentent quelques inconvénients dont nous parlerons bientôt.

VI.

299. Plates-Bandes dans une tour ronde. — Les figures 1 et 4, *PL.* 14, sont les deux projections d'une plate-bande dans un mur en tour ronde.

La figure 2 est le développement des panneaux de tête situés dans le cylindre intérieur, et la figure 3 contient le développement de ceux qui sont dans le cylindre extérieur.

Les panneaux de joints sont rabattus sur le plan horizontal op, en tournant autour de l'horizontale projetante du point o.

VII.

300. **Porte dans une tour ronde.** — Les figures 5 et 7 sont les deux projections verticale et horizontale de la porte.

Les panneaux de joints sont rabattus sur le plan horizontal $o'p'$.

La figure 6 contient le développement de la douelle.

VIII.

301. **Berceau biais pénétrant dans un mur.** — Soit ($fig.$ 57, PL. 15) la section droite d'un berceau pénétrant dans un mur compris entre les deux plans verticaux $p''q''$, $p'''q'''$ ($fig.$ 58). On ne prolongera l'extrados du berceau que jusqu'au plan vertical $p''q''$, et pour l'épaisseur du mur on adoptera l'appareil de la figure 59, qui représente la face $p'''q'''$ du mur, rabattue sur le plan horizontal. Les arêtes du berceau, prolongées jusqu'au plan vertical $p'''q'''$, donneront tous les points de la pénétration. La hauteur de chaque point sera donnée par la figure 57. La

courbe de cette pénétration est une demi-ellipse ; si l'on voulait qu'elle fût circulaire, il faudrait commencer par construire cette figure et en déduire la première en faisant les constructions dans un ordre inverse. On remarquera que les coupes de joints, dans la figure 59, étant dirigées vers le centre de l'ellipse, ne seront pas perpendiculaires à la courbe. Si, pour plus de régularité dans l'appareil extérieur, on voulait satisfaire à cette dernière condition, il est évident qu'alors les plans des joints ne seraient plus perpendiculaires à l'intrados du berceau. Les coupes $q''u'''$, $q'''u''''$, etc., perpendiculaires aux faces du mur, ont pour but d'éviter les angles aigus.

Supposons que l'on veuille tracer la pierre de la seconde assise à droite, on taillera à la distance de la plus grande hauteur de la pierre deux faces parallèles suivant le contour du panneau horizontal $5'q'q''u''u'''q'''5''$ (fig. 58). La pierre étant ainsi préparée, on construira le panneau $5ochkz6$ (fig. 57), et l'on appliquera ce panneau sur la face verticale $q'5'$, correspondante à la section droite du berceau. On construira pareillement le panneau $5'''o'''c'''h'''k'''z'''6'''$ (fig. 59), que l'on reportera sur la face oblique du mur, puis on abattra toute la pierre excédante. Il ne restera plus (fig. 61) qu'à faire disparaître la petite portion d'extrados $u''o''c''u'''o'''c'''$; pour cela on pourra prendre (fig. 60) le panneau de joint $5^{\text{iv}}o'o''u''u'''5^{\text{iv}}$, que l'on portera sur la face correspondante de la pierre (fig. 61); enfin, joignant $u'''h'''$ et faisant $c''c'''$ égal à $u''u'''$, toutes les coupes seront déterminées.

Il est évident que la figure 60, qui représente le développement de la douelle et les panneaux de joints, se construira comme dans les exemples précédents.

Pour tailler la clef (fig. 62) on appliquera les panneaux

($mn34$) ($fig.$ 57) et ($m'''n'''3'''4'''$) ($fig.$ 59) sur les faces correspondantes à la section droite du berceau et à la surface du mur; puis, après avoir abattu la pierre suivant le contour de ces deux panneaux, on portera les panneaux de joints à droite et à gauche de la douelle; enfin, on taillera ($fig.$ 62) l'extrados du berceau, perpendiculairement au plan de la section droite, en suivant le contour de l'arc sx, et s'arrêtant au plan vertical $m''n''s''x''$, ou bien on taillera, suivant la droite $m''n''$, un petit plan vertical sur lequel on placera le panneau $m'''n'''s''x''$ donné par la figure 59, et les deux courbes sx, $s''x''$ seront les directrices de la surface cylindrique formant l'extrados du berceau.

IX.

302. **Autre solution du même problème.** — Pour ne pas distraire l'attention, nous n'avons pas parlé des angles aigus formés par la pénétration des portes ou berceaux dans les murs biais ou en talus.

Lorsque l'inclinaison du mur par rapport au berceau sera peu considérable, on pourra se contenter des moyens précédents; mais lorsqu'il y aura beaucoup de biais, on opérera comme nous allons l'indiquer.

Soit ($fig.$ 63) la projection horizontale d'un berceau pénétrant dans le mur compris entre les deux plans verticaux $p''q''$, $p'''q'''$. La section droite du berceau étant, comme dans l'exemple précédent, représentée par la figure 57, on conduira d'abord les génératrices d'intrados jusqu'au plan vertical $p''q''$; puis, à partir de ce plan on les dirigera perpendiculairement à la surface du mur; de sorte que le berceau lui-même sera brisé, et qu'il aura pour entrée un petit berceau perpendiculaire au mur de face. Si, comme nous l'avons supposé, la section droite du berceau principal est un demi-cercle, la pénétration dans le mur sera une demi-ellipse ayant pour axe horizontal $a'''b'''$, et pour axe vertical la hauteur du berceau. On construira cette ellipse soit par ses axes, soit en rabattant comme précédemment chacun de ses points, et prenant les hauteurs sur la figure 57. La courbe $a'''b'''$ étant rabattue sur le plan horizontal, on prendra $c'''i$ pour rayon, et du point e comme centre, on décrira un arc de cercle qui déterminera les foyers F, F'. Joignant ces points avec le point 1^v, on aura deux rayons vecteurs $F1^v$, $F'1^v$, et la droite 1^v-y, qui partage en deux parties égales l'angle $F1^vF'$, sera normale à l'ellipse et représentera par conséquent le plan de joint du petit berceau. On opérera de la même manière pour les autres joints. Enfin, faisant les hauteurs d'assises égales à celles du berceau principal, l'appareil dans le plan vertical $p'''q'''$ sera complétement déterminé.

La figure 65 représente la pierre à droite de la seconde assise; on taillera d'abord deux faces horizontales suivant le contour du panneau $5'q'q''q'''5'''5''$ (fig. 63), puis on appliquera le panneau $5ochkz6$ (fig. 57) sur la face correspondante à la section droite, et le panneau $5^vu'''h'''k'''z^v6^v$ (fig. 64) sur celle qui correspond à la face du mur. On fera ensuite des coupes perpendiculaires aux plans de ces panneaux, en ayant soin toutefois de ne pas prolonger ces coupes, de part et d'autre, au delà du plan vertical $p''q''$. On pourra donner plus de précision au travail, en taillant d'abord la face horizontale $c'c''u''u'''h''h''h'$ (fig. 65), puis le petit plan vertical sur lequel on placera le panneau $c''o''v''$ donné par la figure 64. On peut aussi faire usage des panneaux de douelle ou de joints, que l'on construira comme dans l'exemple qui précède.

X.

303. Passage biais. — La figure 66 présente deux exemples de berceaux pénétrant dans des murs qui ne sont pas parallèles. Le premier berceau A, perpendiculaire au plan pq, qui partage l'angle des murs en deux parties égales, est terminé par deux arcs droits, comme dans l'exemple précédent. Le second exemple se compose de deux berceaux B, C perpendiculaires aux murs donnés, et qui viennent se raccorder par un arc vertical ab situé dans le plan pq. Cette dernière combinaison mérite toute l'attention du lecteur.

CHAPITRE III.

De l'arêtier.

I.

304. Définitions. — Le berceau A (*fig.* 67) étant coupé par le plan vertical pq, la section sera une ellipse verticale projetée sur le plan horizontal par la droite $a''b''$. On peut prendre cette ellipse pour directrice du cylindre d'intrados d'un second berceau B, de sorte que l'espace compris entre les deux murs $aa''a'''$, $bb''b'''$ sera couvert par un berceau coudé, ou, si l'on veut, par deux berceaux qui se raccorderont suivant l'ellipse verticale $a''b''$. Si le plan pq partage en deux parties égales l'angle $aa''a'''$, les sections droites des deux berceaux seront égales : dans le cas contraire, il faudra construire la section droite du second berceau, en opérant comme nous l'avons fait pour construire la figure 59.

305. On nomme *arêtier* la courbe verticale $a''b''$, suivant laquelle les deux berceaux se rencontrent.

306. Si l'on regarde de l'intérieur de la voûte, on verra que toute la moitié $a''c''$ de l'arêtier forme un angle saillant

qui s'efface à mesure qu'il approche du point c'', et qui devient au contraire rentrant pour l'autre moitié $c''b''$ de l'arêtier.

307. La pierre (*fig.* 68) appartient à la partie saillante de l'arêtier. On taillera d'abord, d'après la hauteur de la pierre, deux faces parallèles en suivant le contour du panneau de projection horizontale $s's''s'''$, $1', 1'', 1'''$, puis on appliquera le panneau de tête $asuvo1$ sur les deux faces verticales $s'1'$, $s'''1'''$, correspondantes aux sections droites des deux berceaux. En faisant des coupes suivant le contour de ces deux panneaux et perpendiculairement à leurs plans, la pierre sera taillée.

308. Pour la pierre (*fig.* 69) appartenant à la partie rentrante de l'arêtier, on taillera les deux faces horizontales suivant le contour $t't''t'''$, $4', 4'', 4'''$, et l'on appliquera le panneau de tête $btxzi4$ sur les faces $t'4'$, $t'''4'''$, puis on fera les coupes perpendiculairement aux plans de ces panneaux.

309. Si, comme nous l'avons supposé ici, les deux berceaux sont égaux, toutes les coupes perpendiculaires aux panneaux de tête doivent se rencontrer dans le plan vertical pq qui contient l'arêtier. Cela n'aurait pas lieu si les deux berceaux étaient inégaux.

II.

310. **Voûtes d'arête.** — Dans l'exemple précédent, les cylindres formant les intrados des deux berceaux se ren-

contrent suivant une courbe plane et verticale. Cette circonstance se rencontrera souvent dans la pratique.

311. Concevons, en effet (*fig.* 73, *Pl.* **16**), deux cylindres horizontaux A, B, ayant pour directrices ou pour sections droites les deux ellipses verticales *vku*, *nxz*, que nous supposons ici rabattues sur le plan horizontal. Si nous prenons sur ces ellipses deux points *a* et *b* qui soient situés à la même hauteur, et que par ces points nous concevions les deux génératrices $a'a''$, $b'b''$, ces deux lignes étant situées dans un même plan horizontal, se couperont en un point *m* qui fera partie de l'intersection des deux cylindres.

Or on sait que si deux ellipses ont le même axe vertical, et que l'on prenne sur ces courbes deux points à la même hauteur, les ordonnées abaissées de ces points sur les axes horizontaux, partageront ces axes en parties proportionnelles.

Il résulte de là, que si les axes verticaux *ok*, *tx* sont égaux, et que les points *a*, *b*, soient à la même hauteur, on aura

$$va' : a'u :: nb' : b'z,$$

ou bien

$$sc : a''u' :: cm : ma'';$$

donc les deux triangles scm, $ma''u'$ sont semblables; d'où il résulte que les trois points smu' sont en ligne droite; et comme on peut faire le même raisonnement pour tout autre point de la pénétration, on est en droit de conclure que la projection de cette courbe se confondra avec la diagonale du rectangle $sdv'u'$, et que par conséquent la pénétration se compose de deux ellipses verticales su', dv', qui se coupent au point o'.

VOUTES D'ARÊTE.

312. Si nous supprimons les parties du cylindre A, qui couvraient les espaces triangulaires $so'd$, $v'o'u'$, on aura A', A' (*fig.* 74) pour les projections horizontales de ce qui resterait. Pareillement B', B' représentent ce qui resterait du cylindre B, si l'on en retranchait les parties $do'u'$, $so'v'$ (*fig.* 73). Or, si nous supposons maintenant que l'on rapproche les figures A', A', B', B' de manière que les parties restantes du cylindre A viennent occuper la place des parties du cylindre B qui ont été supprimées, la réunion de toutes ces parties de cylindres formera la voûte à laquelle on a donné le nom de *voûte d'arête*.

La figure 75 représente l'appareil vu de l'intérieur. Les deux ellipses verticales provenant de l'intersection des deux cylindres A et B sont projetées horizontalement par les deux diagonales vz, su : elles forment quatre *arêtiers* à angles saillants, qui, partant des angles des murs, viennent se réunir au *centre de la voûte*.

Les pierres qui forment les voûtes des berceaux A et B ne différant pas de celles des berceaux ordinaires : nous allons nous occuper principalement de l'appareil de l'arêtier.

313. Pour faciliter l'explication de ce qui va suivre, nous conviendrons de nommer *arêtes* ou *génératrices d'intrados* celles qui proviennent de l'intersection de l'intrados d'un berceau avec les plans de joints. Nous nommerons *arêtes d'extrados* celles qui résultent de l'intersection des plans de joints avec l'extrados; enfin, arêtes *intérieures* celles qui sont dans l'épaisseur du mur et qui proviennent de l'intersection de deux surfaces non apparentes. Ainsi (*fig.* 75), l'arête qui contient le point a sera une *arête d'intrados*; celle du point b est une arête d'extrados, et celle qui passe par le point c est une arête intérieure.

III.

314. Appareil de l'arêtier. — Soit (*fig.* 77) $a'c'$ la projection horizontale de l'arêtier provenant de la rencontre des deux berceaux A et B dont la hauteur verticale est la même.

Si l'un des deux berceaux, A, par exemple, est circulaire ou plein cintre, on commencera par construire sa section droite (*fig.* 72). Les arêtes d'intrados $a, 1, 2, 3, 4$, rencontreront l'arêtier en des points qui appartiendront au second berceau B, et qui, projetés sur un plan perpendiculaire à sa direction, donneront (*fig.* 76) la courbe $a''5''$, qui est la section droite du cylindre d'intrados.

Les hauteurs des points $1'', 2'', 3'', 4''$, seront les mêmes que pour le cylindre A, et seront données par la figure 72.

Par les points $1'', 2'', 3'', 4''$ (*fig.* 76), on construira des normales à l'ellipse $a''5''$, et l'on terminera ces normales aux points z'', o'', s'', t'', dont les hauteurs seront les mêmes que pour les points correspondants du premier berceau ; les points v'', u'', x'', se détermineront, en faisant les hauteurs d'assises du second berceau égales à celles du premier.

Les deux figures 72 et 76 suffisent pour construire la voûte ; mais si l'on veut compléter la projection horizontale, on opérera comme il suit :

L'arête passant par le point v (*fig.* 72), et celle du point v'' (*fig.* 76) étant à la même hauteur, se couperont en un point v' (*fig.* 77) ; joignant ce point avec le point $1'$ de l'arêtier, on aura la droite ($1'$—v'), qui est l'intersection du plan de joint $1v$ du premier berceau avec le plan de joint $1''v''$ du second. Si l'on prolonge ces deux plans, ils couperont les cylindres formant les extrados prolongés des deux berceaux en deux droites projetées par les points z et z''; et ces droites appartenant aux deux plans de joints $1v$, $1''v''$, le point z' où elles se coupent doit se trouver dans le prolongement de $1'$—v'.

Les points o', s', t' se détermineront de la même manière; la ligne $z'c'$ est l'intersection des extrados des deux berceaux.

315. Les pierres de l'arêtier se tailleront comme nous l'avons dit (307 et 308). Ainsi, par exemple, pour la pierre de la troisième assise, on équarrira (*fig.* 81) un parallélipipède ayant pour base le rectangle $h''3^{vi}3'3^{vii}$ (*fig.* 77), qui est la projection horizontale de la pierre, et pour hauteur hh' (*fig.* 72), puis on lèvera le panneau de tête $nn'u23sx$, que l'on placera sur la face verticale $h''3^{vi}$ correspondante à la section droite du berceau A. De même on prendra (*fig.* 76) le panneau $n'''n^{iv}u''2''3''s''x''$, que l'on placera sur la face $h''3^{vii}$ correspondante à la section droite du berceau B; puis, en faisant des coupes perpendiculaires aux plans de ces panneaux et suivant leurs contours, la pierre sera taillée. On pourrait augmenter la précision du travail en portant d'abord le panneau de tête du berceau A sur les deux faces opposées du parallélipipède. Puis, après avoir taillé dans toute la longueur de la pierre la surface cylindrique appartenant au berceau A, on prendrait (*fig.* 80) le panneau $2'''2^{iv}3'''3^{iv}$ qui représente le développement de douelle, et lui faisant prendre la courbure de la pierre, on tracerait l'arc de l'arêtier, qui, avec l'arc de tête du berceau B, feraient deux directrices pour la seconde surface cylindrique.

La correspondance des lettres (*fig.* 81) suffit pour faire reconnaître la disposition des panneaux.

IV.

316. Autre méthode. — Les moyens que nous avons employés jusqu'à présent composent ce que l'on appelle la *méthode par équarrissement*. On voit qu'ils consistent à préparer une pierre dont les faces, rectangulaires entre elles, deviennent en quelque sorte des plans de projection sur lesquels on porte les traces des plans ou surfaces courbes qui doivent déterminer toutes les coupes.

Il existe une autre méthode que nous allons indiquer.

317. Supposons (*fig.* 72) que les points 3 et 4 soient joints par une ligne droite, et que l'on fasse glisser cette droite parallèlement à elle-même sur les deux arêtes d'intrados $33'$ et $44'$, la portion de la douelle comprise entre ces deux arêtes sera remplacée par un plan. Faisons la même supposition pour la portion de douelle comprise entre les arêtes $3''$ et $4''$ du second berceau. Les deux douelles plates que l'on obtiendra par ce moyen viendront se couper suivant une ligne droite, dont la projection horizontale se confondra avec celle de l'arêtier. Rabattons actuellement l'arêtier sur le plan horizontal, en prenant la hauteur de chaque point sur la figure 72. La droite $3^v - 4^v$ représentera dans ce rabattement l'intersection des deux douelles plates, et les arêtes d'intrados $3^v 3^v$, $4^v 4^v$ seront parallèles à la projection horizontale $a'c'$ de l'arêtier. Or, si par le point m, ou tout autre point de la droite $3^v, 4^v$, on conçoit un plan mp qui lui soit perpendiculaire, ce plan contiendra l'angle que les deux douelles plates feraient entre elles, et l'on aura cet angle dans sa véritable grandeur $vm''q$, en le faisant tourner autour de l'horizontale vq, jusqu'à ce que son sommet soit venu se placer en m''.

318. Cela étant fait, on prendra (*fig*. 1) un bloc que l'on jugera au coup d'œil pouvoir contenir la pierre que l'on se propose de tailler, puis on dressera deux faces faisant entre elles l'angle $vm''q$ que nous venons de trouver pour l'inclinaison des deux douelles plates, et l'on tracera sur ces deux faces les quadrilatères formant le contour de ces douelles, soit en les décomposant en triangles, soit par tout autre moyen. On fera ensuite perpendiculairement à la douelle 3, 4, 3', 4' le plan 3, 4, s, t sur lequel on appliquera le panneau A; puis on fera le plan $3''$, $4''$, $5''$, t'' sur lequel on tracera le panneau B; toutes les coupes seront alors déterminées, on abattra la pierre tout autour de ces panneaux suivant les angles que les joints doivent faire avec les douelles, toujours supposées plates; ces angles se prennent avec un instrument nommé *beuveau*, formé de deux morceaux de bois mince, que l'on cloue solidement. On fait glisser le beuveau en maintenant son plan perpendiculaire à l'arête.

Quand les coupes de joints sont faites, on trace l'extrados, d'après l'épaisseur que l'on veut donner à la voûte, puis on creuse les douelles suivant la courbure des cylindres dont elles font partie.

319. On peut encore opérer de la manière suivante. On dressera d'abord (*fig*. 2) le plan 3, 4, 3', 4', sur lequel on tracera le quadrilatère appartenant à la douelle du berceau A; puis, après avoir pris à l'aide d'un beuveau l'angle H sur la

figure 72, on taillera le plan 3-y, qui doit contenir l'arête 3'—3" du berceau B.

Ensuite, perpendiculairement à la droite 3', 3", on fera le plan 3", 4",s"t', sur lequel on tracera le panneau de section droite B. Enfin le panneau A étant appliqué sur le plan 3, 4, t r, perpendiculaire à la face de douelle 3, 4, 3' 4', toutes les coupes seront déterminées.

320. La méthode que nous venons d'indiquer exige plus de pierre, parce que l'on n'aperçoit pas aussi bien, au premier coup d'œil, quel est le plus petit bloc capable de contenir le voussoir que l'on veut tailler.

D'ailleurs, à l'inspection de la figure 72, il sera facile de reconnaître que pour tailler la quatrième pierre en employant la méthode par équarrissement, le parallélipipède capable de contenir le voussoir aura deux de ses faces horizontales, tandis que si l'on emploie la méthode par beuveau, le bloc de pierre ayant pour projection le rectangle incliné, sera évidemment plus fort que le premier, les longueurs étant les mêmes dans les deux cas.

Mais, d'un autre côté, par le second moyen, on épargne une partie du travail de l'ouvrier, qui ne taille que les faces mêmes de la pierre, tandis que dans la méthode par équarrissement il fallait préparer les faces du parallélipipède rectangle, pour y tracer le contour des panneaux. L'habitude et la pratique feront juger, dans chaque cas, laquelle de ces deux méthodes offre le plus d'économie.

321. Nous nous sommes étendu assez longuement sur l'appareil de l'*arétier*, parce que cette combinaison se représentera par la suite sous toutes sortes de formes, et pour ré-

sumer ce que nous venons de dire, nous ferons remarquer que dans une pierre d'arêtier les lignes ou arêtes principales sont :

1° L'*arêtier intérieur* ou *d'intrados*, provenant de l'intersection des douelles ou intrados des deux berceaux;

2° L'*arêtier extérieur* ou *d'extrados*, provenant de l'intersection des deux extrados;

3° L'*intersection des plans de joints inférieurs;*

4° L'*intersection des plans de joints supérieurs.*

Nous remarquerons encore que l'angle formé par les douelles, qui est droit dans le plan de naissance, augmente à mesure que l'on s'approche du centre de la voûte, et qu'à ce point il s'efface entièrement : on peut se convaincre de cette vérité en mesurant cet angle des hauteurs différentes.

V.

322. **Voûtes d'arêtes avec arcs doubleaux.** — On commencera par la section droite du berceau circulaire A (*fig. 82, Pl. 17*), et l'on construira, comme dans l'exemple précédent, la courbe qui forme le cintre du second berceau B, on fera les plans de joints perpendiculaires à la douelle et les arêtes d'extrados à la même hauteur que celles du premier berceau. Pour tracer la saillie de l'arc doubleau, on prolongera les normales dans l'intérieur de la courbe $a''4$ d'une quantité $a''c''$ égale à ae, de sorte que les deux courbes $a''4$, $c''i$, soient parallèles entre elles, et que la saillie soit la même par-

tout. Le reste de la projection horizontale ne présentera plus la moindre difficulté.

Quand l'épure sera terminée, on taillera la pierre (*fig.* 85) comme s'il s'agissait d'un arêtier simple, puis, avec une règle flexible, que l'on appliquera sur les douelles et perpendiculairement aux arêtes d'intrados, on tracera les deux arcs te, $t''e''$. et l'on évidera la pierre, d'équerre avec la douelle, jusqu'à ce que l'on puisse appliquer les deux petits panneaux $a1te$ (*fig.* 82) et $a''1t''e''$ (*fig.* 84); enfin, taillant perpendiculairement aux plans de ces deux panneaux, les petites surfaces cylindriques a, 1, 1, leur rencontre déterminera la forme de l'arêtier.

On pourrait aussi, pour donner plus de précision aux coupes, appliquer sur la pierre les panneaux de joints ($tvv11t$) ($t''v''v''11t''$) dont les largeurs tv, $t''v''$, seraient données par les *fig.* 82 et 84, et la longueur des arêtes par la projection horizontale (*fig.* 83).

Les mêmes procédés seront employés pour tailler la pierre (*fig.* 86).

VI.

323. **voûte à double arêtier.** — Quelquefois on fait deux arêtiers qui, partant de l'angle du pied-droit (*fig.* 87), s'écartent l'un de l'autre et viennent aboutir aux angles d'un quadrilatère $m'pgs$, dont la grandeur est arbitraire, mais dont les côtés doivent être, pour plus de régularité, parallèles aux diagonales du rectangle formé par la voûte principale.

VOUTES D'ARÊTE.

Il est évident qu'une pareille voûte n'est autre chose que la pénétration des deux berceaux A (*fig.* 82) et B (*fig.* 88) par un troisième berceau C, dont la section droite est rabattue sur le plan horizontal (*fig.* 89). Les directions des trois berceaux détermineront les arêtes d'intrados, que l'on construira en commençant par celles du berceau A (*fig.* 82).

On taillera la pierre (*fig.* 90) comme pour un arêtier simple, en se servant des panneaux de tête des berceaux A et B, et l'on tracera dans les douelles correspondantes les arcs (1, 2), (1, 2), qui doivent former les deux arêtiers, puis on prendra ces courbes pour directrices de la troisième surface cylindrique 1, 1, 2, 2. Enfin, pour tailler le petit plan 2, 2, u, perpendiculaire à cette surface, on fera usage d'un beuveau donné par la figure 89.

Si l'on veut donner plus de précision au tracé des courbes 1, 2, 1, 2, on construira les panneaux de développement des douelles des berceaux A et B, ainsi que les panneaux de joints correspondants.

La clef formée par le quadrilatère $m'pgs$ est entièrement plate, et l'on devra, par cette raison, donner aux coupes latérales mn (*fig.* 89) une légère inclinaison, car il est évident qu'en faisant ces coupes normales à l'intrados, elles seraient verticales, ce qui ne pourrait pas tenir.

On pourrait croire qu'en faisant un double arêtier, on a pour but de rendre moins aigu l'angle formé par la rencontre des deux berceaux A et B ; mais il est évident que la combinaison précédente ne produira pas cet effet, puisque l'arêtier ne se trouve tronqué que dans la partie supérieure de la voûte, où l'angle est moins saillant que dans le plan de naissance.

324. Si donc on voulait faire disparaître l'angle trop aigu d'un arêtier, il est évident qu'on y parviendrait en tronquant le pied-droit (*fig.* 93, *Pl.* **18**) par un plan vertical et faisant partir des angles a', a'' deux arêtiers qui viendraient se réunir au centre de la voûte, au lieu de s'écarter comme dans l'exemple précédent.

Cette construction ne présentant aucune difficulté, nous ne nous y arrêterons pas davantage.

La figure 94 est une voûte d'arête sur un hexagone régulier. Les douze arêtiers de cette voûte proviennent des pénétrations des trois berceaux ou cylindres principaux A, B, C, par trois autres cylindres a, b, c.

La figure 95 représente la clef.

325. La figure 96 est une voûte d'arête construite sur un quadrilatère irrégulier $ouvz$.

Les deux droites mn, pq, qui joignent les milieux des côtés opposés, se coupent en un point x, qui sera le point le plus élevé de la voûte. Les droites xo, xu, xv, xz, sont les projections de quatre arêtiers qui proviennent des intersections de quatre cylindres A, B, C, D, parallèles aux lignes mn, pq, et dont les sections droites a, b, c, d, sont rabattues sur le plan horizontal. Enfin les figures e, f, g, h, sont les sections droites de quatre berceaux qui par leur rencontre avec les cylindres formant la voûte d'arête, déterminent quatre arêtes ou, oz, zv, vu, dont les projections horizontales se confondent avec les côtés du quadrilatère donné.

326. Pour construire une voûte surbaissée, on peut quelquefois remplacer les berceaux elliptiques (*fig.* 76) par deux demi-berceaux circulaires (*fig.* 97), écartés l'un de l'autre d'une certaine quantité vu, que l'on couvrira par une voûte plate appareillée comme nous l'avons dit (274).

Dans ce cas, on construira le sommet d'un triangle équilatéral vuz, et l'on fera concourir au point z tous les joints compris dans l'angle vuz; les autres joints seront dirigés vers les points v, u.

VII.

327. voûte en arc de cloître. — Supposons que l'on veut couvrir l'espace rectangulaire $a'b'm'n'$ (*fig.* 99, **Pl. 19**), compris et renfermé entre quatre murs droits, on construira les deux diagonales $a'n'$, $b'm'$, qui se coupent au point c'; les triangles $a'c'm'$, $b'c'n'$ seront couverts par des parties d'un berceau circulaire A, projeté verticalement (*fig.* 98), et les parties de voûte $a'c'b'$, $m'c'n'$, appartiendront à un berceau elliptique B, rabattu (*fig.* 100). Les deux berceaux se pénétreront suivant deux ellipses dont les projections horizontales se confondront avec les diagonales du rectangle $a'b'm'n'$; ces deux courbes formeront, dans les angles de la salle, quatre arêtiers rentrants qui viendront aboutir au point c'.

Les cylindres d'extrados se rencontrent suivant deux courbes $z'p'$, $t'q'$, qui formeront à l'extérieur des arêtiers saillants.

Dans le cas d'une salle carrée, les arêtiers intérieurs et extérieurs seraient dans un même plan vertical et leurs projections horizontales se confondraient.

On donne à cette espèce de voûte le nom de *voûte en arc de cloître;* on voit qu'elle diffère de la voûte d'arête ordinaire (310) en ce que les arêtiers, qui sont saillants dans l'une de ces voûtes, sont rentrants dans l'autre; cela provient de ce que les parties qui dans l'une étaient couvertes par le cylindre A, se trouvent dans l'autre faire partie du cylindre B. Aussi peut-on dire, dans le cas où l'espace à couvrir serait le même, que la voûte arc de cloître se compose des parties de berceaux que l'on a supprimées pour former la voûte d'arête.

Le tracé de la pierre ne présente aucune difficulté. Après avoir préparé le parallélipipède d'après la projection horizontale, on appliquera (*fig.* 101) les deux panneaux de tête $a1vd$, $a''1''v''d'$; et les coupes perpendiculaires aux plans de ces panneaux détermineront les douelles, les plans de joints, ainsi que l'arêtier.

Les figures 102 et 103 sont les projections verticale et horizontale d'une voûte en arc-de-cloître, construite sur un hexagone régulier; les six arêtiers rentrants de cette voûte proviennent de la pénétration de trois cylindres égaux A, B, C. La figure 102 est la section droite du cylindre A.

La figure 104 est la seconde pierre de l'arêtier.

Les figures 105 et 106 sont les deux projections d'une voûte en arc-de-cloître surbaissée. Les arêtiers sont formés par la rencontre des cylindres circulaires A, A, avec les cylindres B, B. Les coupes des plafonds se détermineront comme nous l'avons dit (274, 326).

328. Les figures 107 et 108 représentent une voûte en

arc-de-cloître surhaussée; le cintre intérieur est formé par deux arcs ab, cd, décrits des points v, u, comme centre.

La partie supérieure de la voûte peut être remplacée par un vitrage : dans ce cas, on devra appareiller la dernière assise comme on l'a fait pour les plates-bandes ; car sans cela les pierres ne seraient pas soutenues.

CHAPITRE IV.

Lunettes.

I.

329. Définitions. — Nous avons, suivant l'usage, donné le nom de voûte d'arête à l'espace couvert par la combinaison des deux berceaux d'égales hauteurs ; nous avons vu de plus, que lorsque les directrices de ces berceaux sont des cercles ou des ellipses, les arêtiers sont des courbes planes et verticales.

Si l'un des deux berceaux était moins élevé que l'autre, la courbe provenant de leur pénétration serait à double courbure (c'est-à-dire qu'elle participerait des courbures des deux cylindres), et la projection horizontale se composerait de deux courbes *abc*, *deh* (*fig.* 109, Pl. **20**).

Dans ce cas, on donnerait le nom de lunette à la pénétration du petit cylindre dans le grand. Nous allons nous occuper de cette combinaison, qui, comme on le voit, a beaucoup d'analogie avec la voûte d'arête, dont elle ne diffère que par la différence de hauteur des deux cylindres.

Nous conserverons le nom d'arêtier à la courbe provenant de la pénétration, et nous ne nous occuperons que des pierres

LUNETTES.

qui forment la rencontre des deux voûtes, les autres ne différant pas de celles des berceaux ordinaires.

II.

330 Lunette droite. — Étant donnés (*fig.* 110) les axes AC, BC des deux berceaux, ainsi que leur largeur et hauteur, on construira (*fig.* 111) la section droite du berceau A et (*fig.* 112), celle du berceau B, que l'on supposera rabattue dans la position du plan p, en tournant autour de la verticale qui contient le point 4.

Les points a'', 1, 2, 3, de la lunette, étant projetés sur la trace horizontale du plan p et ramenés à leur place en tournant autour de la verticale du point 4, on aura les projections horizontales des arêtes d'intrados du petit berceau. Les projections verticales de ces mêmes arêtes seront parallèles au plan horizontal de projection et rencontreront l'arc ae, fig. 111, en des points a, 1, 2, 3, 4, qui, projetés horizontalement sur les arêtes d'intrados du berceau BC, donneront la projection de l'arêtier, ou pénétration des deux cylindres.

Dans les exemples précédents, les arêtes d'intrados des deux cylindres étant à la même hauteur, se rencontraient sur l'arêtier ; mais ici, et c'est en cela surtout qu'une lunette diffère d'une voûte d'arête ordinaire, on concevra que, par suite de l'inégalité des deux berceaux, on ne pourrait placer les arêtes d'intrados à la même hauteur qu'en sacrifiant dans l'un ou dans l'autre la régularité de l'appareil ; on ne s'assujettira donc pas à faire rencontrer les arêtes d'intrados sur la courbe de pénétration des deux berceaux ; mais après avoir déterminé séparément et indépendamment l'un de l'autre les deux appareils de tête (*fig.* 111 et 112), on construira les petites courbes ($1b$, $1b'$), ($2c$, $2c'$), ($3d$, $3d'$), provenant des intersections du cylindre formant l'intrados du berceau AC, par les plans de joints de la lunette. Ces courbes appartiennent à des ellipses qui viennent toutes se réunir au point m, où l'axe BC de la lunette vient percer l'intrados du grand berceau.

Pour déterminer la projection horizontale du point b', on projettera ce point en b'' (*fig.* 112), sur la trace du plan de joint, et de là en b''' sur la trace horizontale du plan p, puis faisant tourner autour de la verticale du point 4, on obtiendra b' sur la perpendiculaire bb', abaissée du point b.

Le même moyen conviendra pour déterminer un point intermédiaire entre 1 et b, ainsi que pour les points c, d, que l'on projettera (*fig.* 112) chacun sur la trace du joint dont il fait partie.

Les hauteurs d'assises étant égales dans les deux berceaux, l'arête horizontale projetée (*fig.* 111) par le point s et celle projetée (*fig.* 112) en s'', se rencontreront en un point dont la projection horizontale sera s' (*fig.* 110) et la droite (sb, $s'b'$) sera l'intersection des deux plans de joints (bs, $1s''$). On peut vérifier cette construction en prolongeant l'arête d'intrados 1, du berceau BC, jusqu'à ce qu'elle rencontre en u, u', le plan de joint du grand berceau, ou plus exactement encore en joignant (*fig.* 110.) le point s' avec le point C, provenant de l'intersection des axes de deux berceaux.

331. Cette dernière construction ne conviendrait pas si les deux berceaux étaient elliptiques, parce que les plans de joints, normaux à l'intrados, ne contiendraient pas les axes des berceaux, ni par conséquent leur point de rencontre.

La projection horizontale de la première pierre étant terminée, nous allons nous occuper de la seconde, qui offre un peu plus de difficulté.

Nous remarquons d'abord que la droite projetée (*fig.* 111) par le point z, et la droite projetée (*fig.* 112) par z'', étant toutes deux dans le plan horizontal qui forme le lit supérieur de la seconde assise, se rencontreront en un point projeté horizontalement en z', et qui appartient à l'intersection des extrados des deux berceaux. L'arête d'extrados projetée en n'' (*fig.* 112), rencontrera l'extrados du grand berceau au point n, dont la projection horizontale n' fera encore partie de l'arêtier extérieur.

Les points e', h' s'obtiendront de la même manière, et l'on construira la courbe $z'h'$, qui représentera l'intersection des deux extrados. Nous dirons pour l'extrados ce que nous avons dit précédemment pour l'intrados. Les arêtes des deux berceaux n'étant pas à la même hauteur ne se rencontreront pas; on les raccordera par le petit arc d'ellipse nv, $n'v'$, provenant de l'intersection de l'extrados du grand berceau par le plan de joint $2v''$ de la lunette. On construira la projection horizontale du point v en le projetant d'abord en v'' (*fig.* 112), puis de là en v''', et le ramenant par un arc horizontal, ce qui donnera v'.

Enfin, on joindra les deux points $v'c'$ par une ligne droite qui représente l'intersection des plans de joints des deux berceaux, et qui doit passer par le point C : ce qui complétera la projection horizontale de la seconde pierre.

On construira de la même manière les pierres supérieures, et l'on remarquera que chaque panneau de joint, excepté le premier, est limité : 1° par les deux arêtes d'intrados et d'extrados ; 2° par l'intersection des plans de joint des deux berceaux ; 3° par les deux arcs d'ellipses, suivant lesquelles le plan de joint du petit berceau coupe les deux surfaces d'extrados et d'intrados du grand berceau. C'est surtout par ces deux arcs qu'une pierre de lunette diffère d'une pierre d'arêtier ordinaire, comme il est facile de s'en convaincre par l'inspection des figures 115 et 116, comparées avec la figure 81 de la planche 16.

La figure 113 contient les panneaux de joints dans leur véritable grandeur. Ou suppose que l'on a fait tourner les plans de ces panneaux autour de l'axe BC de la lunette, pour les rabattre sur le plan horizontal de projection. Les longueurs sont données par la fig. 110, et les largeurs par la figure 112. Les mêmes figures donnent aussi les longueurs et largeurs des panneaux de douelle, dont on a construit le développement (*fig.* 114).

Nous ne parlerons pas de la taille des deux premières pierres, pour lesquelles on opérera comme pour une voûte d'arête ordinaire.

Quand à la troisième pierre (*fig.* 117), on construira le parallélipipède suivant le panneau de projection horizontale; puis, après avoir taillé la douelle de la lunette et le plan du joint supérieur, on y appliquera les panneaux correspondants (*fig.* 113, 114), qui, avec le panneau de tête $cdov$ (*fig.* 111), serviront à diriger les coupes de la portion de la pierre qui appartient au berceau AC; enfin, on évidera la pierre dans l'angle rentrant $nc'x$ formé par les plans des joints inférieurs, afin de pouvoir appliquer le panneau $2,2,c'v'n'n''$, donné par la figure 113. Il ne restera plus de difficulté pour les extrados, que l'on néglige même souvent dans la pratique, ou que l'on ne taille qu'à peu près.

332. Il arrive quelquefois que la lunette seule est en pierre de taille, et qu'elle vient pénétrer dans un berceau en maçonnerie. Dans ce cas (*fig.* 119) l'épure ne présente aucune difficulté.

III.

333. Lunette biaise. — Si la direction d'une lunette ne forme pas des angles droits avec celle du berceau principal, la lunette est biaise.

On commencera l'épure comme dans l'exemple précédent : c'est-à-dire, qu'étant données (*Pl.* **21**) la figure 121 qui représente la section droite du berceau AC, et la figure 122 qui est la pénétration de la lunette dans un mur parallèle à ce berceau, on en déduira toutes les lignes de la projection horizontale (*fig.* 120). Mais, pour obtenir le développement de la douelle et les panneaux de joints, il sera nécessaire (*Géométrie descriptive*) de construire la *section droite* du cylindre qui forme l'intrados de la lunette; pour cela on le concevra coupé par un plan vertical perpendiculaire à l'axe BC. La section rabattue (*fig.* 123) sur le plan horizontal donnera les largeurs de tous les panneaux de douelle et de joints. Toutes les longueurs de ces mêmes panneaux se déduiront de la figure 120. On construira facilement la figure 124, dans laquelle on a supposé que les panneaux de joints étaient restés attachés aux arêtes de douelle, comme dans plusieurs exemples précédents; tout le reste se fera comme pour la lunette droite.

334. Il est évident que, dans l'exemple que nous avons sous les yeux, le cylindre formant l'intrados de la lunette ne sera pas circulaire. On est quelquefois conduit à cette combinaison par la nécessité de faire une ouverture plein cintre dans un mur pénétré obliquement par un berceau;

mais si l'on voulait avoir un berceau circulaire, il faudrait commencer par la section droite (*fig.* 123), d'où l'on déduirait les hauteurs (*fig.* 121), et tout le reste comme précédemment.

335. Au surplus, c'est plutôt comme étude que nous donnons ces irrégularités que l'on peut et que l'on doit presque toujours éviter. On y parvient ordinairement en faisant arriver le berceau oblique A (*fig.* 126) jusqu'à un plan vertical *cd*, à partir duquel la direction du berceau devient perpendiculaire à celle du cylindre B. Il est évident que la pénétration des cylindres C et B sera, par ce moyen, une lunette droite.

CHAPITRE V.

Descentes.

I.

336. Définitions. — Lorsqu'un berceau est incliné par rapport au plan horizontal, on lui donne le nom de *descente* ou *berceau rampant*.

337. Si la voûte a peu d'étendue en largeur et longueur, on peut se contenter de la construire exactement comme un berceau ordinaire s'appuyant sur deux murs rampants dont les assises supérieures formeraient de chaque côté la première retombée de la voûte. La section perpendiculaire à la direction de la descente donnera les panneaux de tête des claveaux courants, que l'on taillera exactement comme ceux d'un berceau ordinaire.

338. Mais, dans le cas d'un grand berceau destiné à couvrir un escalier principal, il y aurait inconvénient à placer ainsi une masse de pierres considérable sur des plans inclinés, sans prendre aucune précaution pour empêcher cette masse de couler, ou de fatiguer par son poids la voûte à laquelle elle viendrait aboutir. D'ailleurs, il arrive souvent que les murs mêmes formant les pieds-droits de la descente, doivent être élevés à une plus grande hauteur par des assises horizontales. Voici comment il faut opérer dans cette circonstance.

Construction de l'épure. Supposons que par suite de la disposition particulière du monument, la section verticale de la descente soit un demi-cercle ayant pour rayon ao (*fig.* 127, *Pl.* **22**), on partagera ce demi-cercle en voussoir, et l'on déterminera l'extrados comme dans les exemples précédents ; puis on construira (*fig.* 128) la projection de la descente sur un plan parallèle à sa direction.

Concevons actuellement (*fig.* 127) l'épaisseur du mur partagée en deux parties par un plan vertical cp parallèle à la descente. La portion intérieure suivra l'inclinaison du berceau et appartiendra aux premières retombées de la voûte, tandis que la portion extérieure restera appareillée horizontalement et disposée pour recevoir les assises supérieures du mur. Ainsi, les pierres seront en quelque sorte doubles (*fig.* 129, 130), et comme si l'on avait collé ensemble une pierre du berceau avec la pierre correspondante du mur.

339. On concevra facilement que si un appareil de ce genre a l'avantage d'empêcher les claveaux de couler, il présente des inconvénients que nous ne saurions passer sous silence : ainsi, le déchet de la pierre, et par suite l'augmentation de travail de l'ouvrier ; la complication des coupes, d'où résulte nécessairement une plus grande difficulté dans la pose.

340. La disposition des coupes perpendiculaires à la

direction de la descente présente quelquefois de la difficulté. Le plus simple sera de faire les joints de la première assise par les points où les lits horizontaux du mur rencontrent la ligne de naissance de la voûte ; quant aux pierres de la seconde retombée, il sera plus difficile de donner une règle générale. Tout ce que l'on peut dire à cet égard, c'est que, pour satisfaire autant que possible à toutes les conditions d'économie et de solidité, il faut tâcher que le centre du rectangle $vuxz$ ($fig.$ 131) qui représente la partie rampante de la pierre soit le plus près possible du centre du rectangle $stmn$ qui appartient à l'assise horizontale du mur, en ayant soin que les joints du mur et ceux du berceau soient espacés de manière à former une bonne liaison.

On fera bien de s'exercer à composer des appareils de ce genre ($fig.$ 133), en variant le nombre des pierres, la grandeur du berceau et son inclinaison.

La section du berceau par un plan ed', perpendiculaire à sa direction, a d'abord été ramenée dans la position verticale ed'', puis rabattue sur l'épure ($fig.$ 134).

Taille de la pierre. Après avoir dressé le lit horizontal et deux faces verticales éloignées l'une de l'autre d'une quantité $1h$ ($fig.$ 134), qui est la plus grande épaisseur de la pierre, on appliquera le panneau de projection verticale ($fig.$ 132), et l'on abattra la pierre en suivant le contour de ce panneau. On fera ensuite le plan de tête ei perpendiculaire à la direction du berceau, et l'on appliquera sur ce plan et sur son opposé le panneau correspondant donné par la figure 134 ; il sera facile alors de tailler la partie rampante de la pierre. Quant à la portion horizontale, elle ne présentera aucune difficulté, et même, si l'on veut, on peut commencer par là.

Les mêmes moyens conviendront pour les pierres appartenant à la seconde assise

Les claveaux des assises supérieures se tailleront comme pour un berceau ordinaire, en se servant des panneaux de tête donnés par la figure 134.

341. Pour empêcher ces claveaux de couler, on pourrait, comme nous l'avons dit en parlant des plates-bandes, conserver sur la face du joint une partie saillante qui s'emboîterait dans une entaille de même forme que l'on ferait dans le joint de la pierre adjacente ; ce qui rattacherait les pierres entre elles, de manière à ne faire en quelque sorte, de la voûte, qu'un seul et même morceau. Je dois dire cependant que si l'on prenait ce parti, la forme représentée (*fig.* 130) n'est peut-être pas celle qui conviendrait le mieux, parce que les coupes étant faites suivant la direction inclinée des claveaux, on ne pourrait, dans la pose, faire emboîter l'une dans l'autre les parties correspondantes, qu'en avançant la pierre elle-même, dans une direction inclinée ; ce qui serait contraire au principe de levage. Il serait donc mieux, pour éviter cet inconvénient, de faire la petite console dans la position horizontale projetée (*fig.* 135); ce qui donnerait au poseur la facilité de faire descendre sa pierre dans une direction verticale; mais alors il ne faudrait pas oublier de conserver aux panneaux de tête (*fig.* 136) le petit trapèze 4, 5, qui est la projection de la saillie sur le plan de la section droite ed'.

342. Il est bien entendu qu'il n'est pas nécessaire de faire des coupes de ce genre à chaque pierre, et qu'un petit nombre d'arrêts, espacés convenablement, suffiront pour donner à la voûte toute la consistance désirable.

Au surplus, c'est plutôt comme exercice que nous indiquons ces moyens auxquels il est rarement nécessaire d'avoir recours. Une coupe simple, parfaitement plane et identique pour les deux faces qui doivent s'appliquer l'une sur l'autre, en donnant plus de facilité à ce qu'on appelle le *fichage*, est souvent préférable à ces coupes compliquées, qui augmentent le travail de la taille, la difficulté de la pose et le déchet de la pierre.

II.

343. Autre solution. — Si l'on n'a pas de motif pour conserver horizontales les assises supérieures du mur, on pourra faire tout l'appareil du berceau dans une position inclinée ; mais alors, pour empêcher les claveaux de couler, on s'y prendra comme il suit :

Construction de l'épure. Les données étant les mêmes que dans l'exemple précédent, on construira la projection verticale (*fig.* 137); puis, après avoir déterminé les coupes de la première assise, on fera celles de la seconde, de manière que la partie *uz* soit le tiers ou le quart de *ru*; et l'on interrompra les arêtes longitudinales, comme on le voit par la figure 137. Par ce moyen, chaque pierre sera double et composée d'une pierre d'une assise collée en quelque sorte à la pierre de l'assise supérieure ; de sorte que chaque pierre s'accrochera sur une des pierres inférieures, et le tout ne fera en quelque sorte qu'une seule masse posée sur les plans horizontaux formant les assises du mur.

La figure 138 est la section droite, que l'on construit comme dans l'exemple précédent.

Les figures 139 et 144 font voir la manière dont les pierres sont accrochées les unes sur les autres. La lettre B désigne la partie inférieure du berceau ; les pierres couvrant cet espace sont les seules qui tendront à descendre, et leur poids ne serait pas assez considérable pour fatiguer la voûte à laquelle la descente viendrait aboutir : on peut d'ailleurs les arrêter comme nous l'avons dit plus haut.

Les rectangles, dont on a marqué les deux diagonales, indiquent la place des pierres simples (*fig.* 144).

344. On peut encore arranger les pierres comme dans la figure 145.

Cette disposition, plus symétrique, aurait en outre l'avantage d'isoler la clef ; ce qui est fort important, parce que, dans la pratique, la clef est taillée en dernier, de manière à remplir exactement le vide qui reste après la pose des autres pierres, et à corriger les petites inégalités qui résultent de leur taille.

L'appareil que nous venons d'examiner n'exige pas plus de pierre que le précédent ; de plus, comme on peut faire la partie *uz* aussi courte que l'on voudra, on pourra rendre le déchet presque nul.

Taille. Après avoir préparé la pierre suivant le contour du panneau de projection verticale (*fig.* 140, 141), on appliquera les panneaux de tête, donnés par la figure 138, sur les faces correspondantes a-1, 1-2 ; puis après avoir taillé les surfaces d'intrados, d'extrados et de joints, en suivant les contours des panneaux de tête, on évidera à droite et à gauche les parties nécessaires pour former les crossettes.

Les pierres (*fig.* 142 et 143) ne présenteront pas plus de difficultés.

III.

345. Descente pénétrant dans un mur droit. — Nous avons vu précédemment comment on peut appareiller les descentes ou berceaux rampants. Nous allons nous occuper de leur pénétration dans les murs ainsi que dans les voûtes.

346. Supposons d'abord le cas où il s'agirait d'une très-petite descente, comme par exemple un soupirail de cave, et que l'on puisse faire chaque voussoir d'une seule pierre.

Construction de l'épure. La pénétration dans le mur étant donnée (*fig.* 146, **Pl. 23**), ainsi que l'inclinaison de la descente, on construira la projection verticale (*fig.* 147), ce qui suffira pour tailler la pierre.

Pour cela, supposons que l'on veuille couper le second claveau : on préparera une pierre suivant le contour du panneau de projection verticale *abcd* et d'après l'épaisseur $2u$; puis, appliquant le panneau A (*fig.* 146) sur les deux faces parallèles *ab*, *cd*, toutes les coupes seront tracées.

347. Si les claveaux étaient trop longs pour qu'on pût les tailler d'un seul morceau, on ferait des coupes *vh* perpendiculaires à la direction de la descente et suivant les longueurs des pierres dont on pourrait disposer; puis on construirait la section droite rabattue sur l'épure (*fig.* 148).

Pour tailler une pierre (*fig.* 149), on la préparera sur le contour du panneau de projection verticale *vhon*; on appliquera ensuite le panneau B (*fib.* 146) sur la face verticale *on*, et le panneau B' (*fig.* 148) sur la face *vh* perpendiculaire à la descente, ce qui déterminera toutes les coupes.

IV.

348. Descente biaise. — On donne ce nom à la descente, lorsque les murs qui forment les pieds-droits de la voûte ne sont pas perpendiculaires au mur dans lequel se fait la pénétration. Ainsi, par exemple, étant données :

(*fig.* 150) la projection horizontale de l'espace que l'on doit couvrir par un berceau rampant ou descente ;

(*fig.* 151) la pénétration dans l'une des faces verticales du mur ;

Et (*fig.* 152) la projection sur un plan perpendiculaire à la longueur du mur.

On peut souvent éviter cette dernière figure, qui n'a en quelque sorte pour but que de faire connaître la différence de hauteur des points appartenant aux pénétration du berceau rampant dans les deux faces verticales du mur.

Construction de l'épure. Les divers points de la figure 151 étant projetés sur la trace horizontale du plan *p* (*fig.* 150), et ramenés à leur place en tournant autour de la verticale qui passe par le point C, il sera facile de construire la projection horizontale ; mais cela ne suffirait pas pour tailler la pierre. En effet, le berceau étant incliné par rapport aux deux plans sur lesquels ont été projetées les figures 150 et 152, il en résulte qu'aucune de ces deux projections ne fait connaître les véritables grandeurs des arêtes qui sont toutes ici projetées en raccourci.

On pourrait bien (*Géométrie descriptive*) déduire des deux figures 150 et 152 la véritable grandeur de chaque ligne, pour reporter ensuite ces longueurs sur la pierre, mais ce moyen serait trop long; il est beaucoup plus simple de construire une projection auxiliaire de la descente sur un plan vertical p', parallèle à sa direction.

Cette projection, rabattue sur l'épure (*fig.* 153), se construira facilement. Par tous les points de la figure 150 on mènera des perpendiculaires à la trace du plan p'; et, à partir de cette trace, on portera pour chaque point, sur la perpendiculaire qui lui correspond, la hauteur donnée par la figure 152; la projection (*fig.* 153) étant parallèle à la descente, donnera toutes les longueurs dans leurs véritables dimensions.

Pour avoir les largeurs, on coupera la descente par un plan p'' perpendiculaire à sa direction; et faisant tourner ce plan autour de sa trace horizontale, on obtiendra la figure 154, qui donne pour chaque pierre la section perpendiculaire aux arêtes.

On peut aussi construire (*fig.* 155) le développement de la douelle et la figure de chaque panneau de joint.

Taille de la pierre. Si la descente est assez courte pour que l'on puisse tailler chaque pièce d'un seul morceau; supposons, par exemple, qu'il s'agisse du voussoir A, on équarrira un parallélipipède ayant pour base le rectangle *abcd* (*fig.* 154), et pour longueur (*fig.* 153) la ligne *mv*, qui est la plus grande dimension de la pierre; puis, avec le panneau de tête A' (*fig.* 154), on taillera la pierre comme pour un berceau ordinaire; enfin, appliquant les panneaux de douelle et de joints (*fig.* 155), il sera facile de tracer toutes les coupes.

349. On peut encore opérer de la manière suivante : on préparera un parallélipipède d'après le parallélogramme *onzx* (*fig.* 153, 156), en lui donnant pour épaisseur la distance du point 2 au point *u* (*fig.* 151); puis, retranchant les parties *ni*, *tz*, sur les deux arêtes extérieures et les parties *os*, *xr* de la figure 153 sur les arêtes intérieures, on taillera les faces biaises *nitz*, *osrx*, qui doivent former les parements du mur, et sur lesquelles on appliquera le panneau vertical A (*fig.* 151), en faisant coïncider l'arête *ir* avec les arêtes *ir*, *ok*. Ce qui déterminera toutes les coupes.

350. Si la descente était trop longue pour que les claveaux pussent être exécutés d'une seule pierre, on ferait, à des distances convenables, des coupes perpendiculaires à la longueur, et l'on appliquerait sur ces faces les panneaux provenant de la figure 154.

Ainsi, pour tailler le voussoir représenté figure 157, on préparera une pierre d'après le contour de la projection verticale *fqygl* (*fig.* 153); puis, appliquant le panneau *fqyuh* sur la face extérieure, on taillera la face biaise *hugl* qui fait partie du parement du mur, et l'on tracera sur cette face le contour du panneau vertical B (*fig.* 151); enfin on appliquera le panneau B' de la figure 154 sur la face *qy*. Ce qui déterminera toutes les coupes.

V.

351. **Descente dans une tour ronde.** — Les *données* sont : 1° (*fig.* 158) la projection horizontale des murs ou pieds-droits de la descente, ainsi que celle du mur circulaire

dans lequel se fait la pénétration; 2° (*fig.* 160) l'inclinaison projetée sur un plan vertical parallèle à la direction de la descente; 3° enfin (*fig.* 159) la section de la descente par un plan vertical.

Construction de l'épure. Les différents points de la figure 159 étant projetés sur la trace horizontale du plan p, et ramenés à leur place en tournant autour de la verticale du point C, on construira les projections horizontales des différentes arêtes de la descente. Par les points où ces lignes rencontrent l'arc oi, qui est la trace du cylindre intérieur de la tour ronde, on élèvera des verticales jusqu'à la rencontre des projections verticales des arêtes de la descente, ce qui fera connaître la projection verticale de la pénétration.

On fera bien, cependant, de ne pas prolonger jusqu'à la surface intérieure de la tour, les plans inclinés passant par les arêtes ab, ed (*fig.* 159), parce que l'inclinaison des coupes qui en résulteraient ferait un effet désagréable.

Pour éviter cela, on ne fera descendre les plans ab, ed, cu, que jusqu'aux points où les arêtes aa' ee', rencontrent le parement intérieur du mur; et par ces points on construira les petites faces horizontales $e'd'i$, $a'b'i$ (*fig.* 158).

La figure 161 est la section droite de la descente et la figure 162 contient le développement de la douelle et les panneaux de joints. La construction de ces deux figures ne présente aucune difficulté.

Taille de la pierre. On préparera un parallélipipède rectangle $mnvz$ ayant l'épaisseur du voussoir, et l'on tracera sur les deux faces opposées, l'arc du panneau A' (*fig.* 161); puis, après avoir taillé la surface cylindrique formant l'intrados de la descente et les deux plans de joints, on appliquera les panneaux de douelle et de joints (*fig.* 162); enfin, on fera la face verticale A, le plan incliné passant par la ligne ed, puis le plan horizontal, sur lequel on tracera le panneau $e'd'i$ (*fig.* 158); l'arc $e'i$ servira de directrice à la surface cylindrique du mur rond, que l'on engendrera en faisant mouvoir une règle perpendiculaire au plan horizontal $e'd'i$.

On pourra aussi tailler la pierre sur le contour de sa projection verticale, appliquer le petit panneau horizontal $e'd'i$, dont l'arc ei servira de directrice à la surface cylindrique du mur rond. Cette surface étant taillée, on y appliquera le panneau de tête, qu'on aura eu le soin de développer en opérant comme nous l'avons fait pour les portes (*Pl.* 14). Le contour de ce panneau avec celui de la face verticale A (*fig.* 159) détermineront toutes les coupes. Il ne faut pas oublier d'avoir égard à l'inclinaison du berceau.

Si le voussoir ne pouvait pas se faire d'un seul morceau, on ferait une section perpendiculaire à la descente.

VI.

352. Descente pénétrant dans un mur droit. — La nécessité de conserver horizontales les assises d'un mur dans lequel vient aboutir un berceau en descente, offre quelquefois des difficultés que nous allons tâcher de résoudre.

Données. La figure 163, *Pl.* **24** est la projection horizontale de la moitié de l'espace qu'il s'agit de couvrir par une descente. La figure 164 est la projection sur un plan parallèle à la direction du berceau, et la figure 165 est la section par un plan vertical.

353. On suppose presque toujours cette figure donnée, parce que l'on est souvent forcé de faire aboutir les berceaux biais ou rampants à des portes dont la forme est déterminée par les dispositions générales du monument.

Construction de l'épure. La courbe provenant de la pénétration du berceau dans le plan vertical du mur, sera un demi-cercle égal à celui qui forme le cintre de la figure 165 ; mais si l'on adoptait le même appareil pour la pénétration dans le mur, il pourrait arriver, dans le cas d'une grande inclinaison de la descente, que les pierres de la deuxième assise n'eussent pas assez d'épaisseur du côté qui correspond à l'intérieur du monument. En effet, les parties saillantes de la première pierre devant s'emboîter dans un creux de même forme pratiqué au-dessous de la seconde, le refouillement que l'on devra faire dans ce cas diminuera nécessairement l'épaisseur de cette pierre, surtout si l'on tient à conserver horizontaux les lits supérieurs des assises du mur.

354. Ces considérations engagent à donner aux deux premières pierres (*fig.* 166) une plus grande épaisseur que dans les appareils précédents.

Il ne faut cependant pas regarder cette disposition comme une règle générale, mais comme un des moyens que l'on peut employer pour éviter un inconvénient qui ne sera pas aussi sensible dans une descente moins inclinée.

L'arête rampante passant par le point a'' (*fig.* 165) rencontrera le plan horizontal de la première pierre du mur en un point a, a' (*fig.* 164, 163), ce qui déterminera la droite ab, $a'b'$, suivant laquelle ce lit est coupé par le premier plan de joint de la descente.

Des constructions analogues feront connaître les droites $(cd, c'd')$ $(eh, e'h')$ provenant des intersections des deuxième et troisième joints de la descente avec les plans horizontaux du mur. On peut aussi, pour vérification, construire le point uu' suivant lequel le plan horizontal he rencontre la troisième arête de la descente.

La figure 167 est la section de la descente par le plan p perpendiculaire à sa direction; on suppose que cette figure est rabattue sur le plan de projection, en tournant autour de l'horizontale projetante du point c.

Enfin, la figure 168 contient les panneaux de joints dans leur véritable grandeur. Les longueurs de ces panneaux sont déduites de la figure 164, et les largeurs sont données par la figure 167.

Taille de la pierre. On préparera la première pierre suivant le contour de projection verticale $mnozba$ (*fig.* 164), puis on appliquera le panneau A de la figure 166 sur la face verticale bz, et le panneau A' de la figure 167 sur la face inclinée mn. Les courbes $o1$ de ces deux panneaux serviront de directrices à la douelle, et les deux droites $1b'''$, $1b''''$ avec l'arête d'intrados détermineront le plan de joint, sur lequel on pourra, pour plus de précision, appliquer le panneau de joint (*fig.* 168).

On peut augmenter l'étendue de la surface horizontale destinée à recevoir la pierre supérieure, en prolongeant cette surface jusqu'au plan de joint (*fig.* 169).

On peut aussi (*fig.* 170) faire le petit plan abl perpendiculaire à la face du mur. Il est certain qu'une coupe de ce genre, si elle est bien exécutée, retiendra la pierre supérieure et détruira une partie de l'action par laquelle elle tend à descendre en glissant sur le plan de joint de la descente; mais, nous l'avons dit plus haut (342), certaines coupes composées, quoique plus conformes en théorie aux conditions de l'équilibre, ne remplacent pas toujours avec avantage l'exactitude d'exécution et la précision de la pose provenant d'une coupe plus simple. Il ne faut cependant pas négliger d'étudier avec soin toutes ces différentes combinaisons auxquelles on est quelquefois forcé d'avoir recours dans des circonstances extraordinaires.

355. Il est superflu d'ajouter encore que l'on ne doit pas adopter comme résultat de méthodes générales, des coupes dont les formes doivent être nécessairement soumises aux données particulières de la question, et qui dépendent, non-seulement des différentes hauteurs d'assises que l'on veut raccorder, mais encore de l'inclinaison plus ou moins grande des berceaux.

On devra donc considérer l'exemple précédent comme une étude, et l'on fera bien de s'exercer à déterminer l'appareil pour des descentes de grandeur et d'inclinaison différentes, en se créant pour les vaincre des difficultés que dans la pratique on doit au contraire chercher à éviter. Ainsi, par exemple, dans le cas des données précédentes, toutes les difficultés disparaîtront en opérant comme on le voit figure 174.

356. On terminera la descente par deux petits cylindres horizontaux A, B. La figure 175 est la section droite que l'on suppose rabattue sur le plan vertical en tournant autour d'une droite horizontale passant par le point o.

La *taille* des pierres, 176 et 177, ne présentera aucune difficulté.

VII.

357. Descente pénétrant dans un berceau horizontal.
— Soient (*fig.* 178, *Pl.* 25), la section verticale servant de directrice à la descente; (*fig.* 179) la section droite du berceau horizontal auquel elle vient aboutir; et (*fig.* 180) la projection horizontale des murs ou pieds-droits qui doivent supporter ces deux voûtes.

Construction de l'épure. On tracera (*fig.* 181) les projections verticales des arêtes de douelle, et (*fig.* 180) les projections horizontales de ces mêmes arêtes. Par les points où les projections verticales des arêtes de douelle rencontrent l'arc ad (*fig.* 179), on abaissera des perpendiculaires dont les intersections avec les projections horizontales de ces mêmes arêtes, feront connaître la projection horizontale de la courbe à double courbure formant l'arêtier ou pénétration des deux voûtes.

L'arête 1, 1 de la descente ne rencontrant pas l'arête b du berceau horizontal, on construira l'arc d'ellipse $1b, 1b'$, provenant de l'intersection du grand berceau par le plan de joint dont la trace est $1b''$, sur le plan vertical rabattu (*fig.* 178).

La droite bb (*fig.* 181), parallèle à la descente, rencontre le plan vertical (*fig.* 178) en un point b'' qui projeté en b''' et ramené en tournant autour de la verticale du point c, fera connaître le point b'. On construira par le même moyen autant de points que l'on voudra de l'arc $1b'$.

Le plan de joint bu du berceau horizontal, contenant l'axe de ce berceau, sera perpendiculaire au plan vertical de projection (*fig.* 179); et le point mm', suivant lequel ce plan prolongé coupe l'arête de douelle 1, 1, appartient à l'intersection des joints des deux berceaux. On ne conservera de cette ligne que la partie bu, $b'u'$, et l'on construira la droite iu' provenant de l'intersection du joint du berceau horizontal avec le lit supérieur de la première pierre. Le point u' peut aussi se déterminer en construisant (*fig.* 181) la droite uu qui perce le plan vertical p en un point u'' (*fig.* 178), d'où l'on déduit u''', et enfin u'.

L'arête rampante qui contient le point z'' (*fig.* 178) rencontrera le plan supérieur de la première pierre du berceau horizontal en un point zz'; d'où l'on déduira la droite uz, $u'z'$ provenant de l'intersection de ce même plan par le joint du berceau rampant.

Le contour du premier panneau de joint de la descente sera donc composé des lignes suivantes (*fig.* 182, 187).

1° L'arête de douelle 1, 1 appartenant au berceau rampant;

2° L'arc d'ellipse $1b$ provenant de l'intersection du berceau horizontal par le plan de joint de la descente;

3° La droite bu, intersection des plans de joint des deux berceaux;

4° La droite uz, intersection du plan supérieur de la première pierre par le joint de la descente;

5° La droite zz, arête rampante qui contient le point z'', (*fig.* 178);

6° Enfin (*fig.* 182), le petit côté $z1$, intersection du joint de la descente et du plan p'' de la section droite rabattue (*fig.* 186).

358. On conçoit que les dispositions des lignes précédentes ne sont pas les mêmes pour toutes les descentes. La figure 183

fait voir les diverses directions que prendrait l'intersection des plans de joint suivant la plus ou moins grande inclinaison de l'arête de douelle 1, 1. Ces deux lignes pourraient même quelquefois être parallèles entre elles. La droite $bu, b'u'$ est l'intersection des deux joints dans le cas où les deux berceaux seraient horizontaux.

Il peut encore arriver que le plan incliné qui contient la droite $z''x''$ (*fig.* 178) passe au-dessus de l'arête du point u. Alors on fera, par l'arête horizontale uu (*fig.* 184, 185), la petite coupe verticale uzx.

359. Nous allons actuellement passer à la projection du second panneau de joint.

Ici, comme précédemment, l'arête de douelle de la descente ne rencontrant point l'arête horizontale du point c, il faudra construire l'arc d'ellipse $2c, 2c'$ provenant de l'intersection du berceau horizontal par le second joint de la descente. Cette construction se fera comme ci-dessus, c'est-à-dire que l'on construira la droite cc parallèle à la descente. Cette ligne perce le plan vertical p en un point c'' (*fig.* 178) qui, projeté en c''' et ramené, fera connaître c', et par le même moyen on aura autant de points de la courbe que l'on voudra. Un point intermédiaire suffit ordinairement, à cause du peu de distance des points $2, c$. On remarquera que les projections horizontales des ellipses $1b', 2c', 3d',$ doivent toutes passer par le point a', suivant lequel la droite $aa, (a'a'$ perce le berceau horizontal.

Cela n'aurait pas lieu si l'arc vertical servant de directrice à la descente n'était pas circulaire; les plans de joints seraient alors déterminés par des normales à cette courbe, et, dans ce cas, ils ne contiendraient pas la droite passant par le centre.

La droite cv, $c'v'$, intersection des plans de joints, se déterminera comme précédemment, soit en menant la droite vv qui perce le plan vertical p en v'', d'où l'on déduira v''', et par suite v'; soit en construisant le point nn', suivant lequel le plan de joint du berceau horizontal coupe l'arête de douelle 2, 2.

L'arc d'ellipse $vs, v's'$, provenant de l'intersection du cylindre d'extrados du berceau horizontal par le plan de joint $2v''$ (fig. 178), se construira de la même manière que l'arc $2c$, $2c'$.

On déterminera entre s et v autant de points intermédiaires que l'on jugera à propos.

Enfin l'arête inclinée rr appartenant à l'extrados de la descente perce le plan supérieur de la deuxième pierre en un point rr', que l'on joindra avec le point ss' par la petite droite sr, $s'r'$; ce qui complétera la projection du second panneau de joint, dont le contour se compose des lignes suivantes (fig. 181, 187):

1° L'arête de douelle 2, 2 appartenant au berceau rampant;

2° L'arc d'ellipse $2c$, provenant de l'intersection du berceau horizontal par le plan de joint de la descente;

3° La droite cv, intersection des plans de joint des deux berceaux;

4° L'arc d'ellipse vs, intersection de l'extrados du berceau horizontal par le plan de joint de la descente;

5° La petite droite sr, suivant laquelle le joint de la descente coupe le plan horizontal sl (fig. 179).

6° L'arête r, r, appartenant à l'extrados de la descente;

7° Enfin (fig. 288), la petite droite $2r$, intersection du plan de joint de la descente et du plan de la section droite.

Pour compléter la projection horizontale, on construira encore :

1° La droite $s's'e'$ qui représente la naissance de l'extrados du berceau horizontal ;

2° La droite $k'o'$ intersection du plan horizontal ls (*fig.* 181) par le plan incliné $k''o''$ (*fig.* 178);

3° L'arc d'ellipse $o'e'$, provenant de l'intersection de l'extrados de la descente par le plan horizontal ls : on prendra pour construire cette courbe un point ou deux entre o' et r', et l'on conduira par ces points des droites parallèles à la descente jusqu'à la rencontre du plan ls (*fig.* 181);

4° Les projections verticales d'autant de droites que l'on voudra, situées dans l'extrados de la descente, rencontreront l'arc sh (*fig.* 181) en des points dont les projections horizontales se construiront facilement, ce qui déterminera la courbe à double courbure $e't't'$, provenant de l'intersection des deux extrados ;

5° Enfin, les projections des deux panneaux de joints de la clef se construiront par les mêmes moyens, et compléteront la projection horizontale.

La figure 186 est la section du berceau rampant, par le plan p'', perpendiculaire à sa direction. On suppose que cette figure a été rabattue sur le plan horizontal.

La figure 187 contient le développement de la douelle et le rabattement des panneaux de joints.

Les largeurs de ces panneaux sont données par la figure 186, et les longueurs se déduisent de la figure 181.

Nous nous sommes étendus longuement sur tous les détails de la construction de cette épure, qui, bien étudiée, familiarisera l'esprit avec les difficultés de raccordement d'assises que nous rencontrerons par la suite.

On fera bien, avant de passer outre, de varier de plusieurs manières les données de la question.

Taille de la pierre. Après avoir préparé une pierre suivant le contour du panneau vertical *afbuzeyg* (*fig.* 181), on appliquera le panneau de tête (*fig.* 186) sur les deux plans parallèles *ye, af*; puis après avoir taillé la surface cylindrique de la douelle et le plan de joint, on appliquera sur ces surfaces les panneaux de douelle et de joint correspondants (*fig.* 187). Enfin, le panneau de tête du berceau horizontal étant appliqué sur la face perpendiculaire à ce berceau, toutes les coupes seront tracées.

Pour la seconde pierre (*fig.* 188), on opérera d'une manière analogue, ou bien, encore, on pourra commencer par tailler, suivant la longueur que l'on voudra donner à la pierre, un parallélipipède rectangle, dont la base sera le rectangle circonscrit à la projection de la pierre sur le plan p'' (*fig.* 186). On appliquera le panneau de tête sur les deux faces opposées du parallélipipède, et l'on taillera la douelle de la descente et le plan du joint supérieur sur lesquels on appliquera les panneaux correspondants. Les courbes de ces panneaux, avec l'arc *bc* du panneau de tête du berceau horizontal, serviront de directrices à la douelle de ce berceau.

En opérant avec soin, on pourra éviter l'emploi des panneaux de douelle et de joint, et par conséquent la construction de la figure 187. Pour cela on se contentera (*fig.* 188) d'appliquer les panneaux de tête de la descente et du berceau horizontal, après quoi l'on fera des coupes perpendiculaires aux plans de ces panneaux, en suivant leur contour.

La figure 189 fait voir comment on agit dans la pratique. Cette disposition, qui réunit l'élégance à la solidité, a de plus l'avantage d'éviter les angles aigus, les refouillements, ainsi que les irrégularités qui résultent de la rencontre des assises inclinées avec celles qui sont horizontales.

VIII.

360. Descente biaise pénétrant dans un berceau horizontal. — Une partie de cette épure n'est que la répétition de celle qui précède, et n'en diffère que par l'angle plus ou moins grand, que les deux voûtes font entre elles, de sorte que la plus grande partie des angles qui étaient droits dans l'exemple précédent sont ici aigus ou obtus, suivant qu'ils sont placés à gauche ou à droite de la descente.

Les *données* sont : 1° (*fig.* 190), Pl. 26, la projection horizontale des murs ou pieds-droits des deux voûtes ;

2° (*fig.* 191,) l'arc vertical servant de directrice à la descente.

3° Enfin (*fig.* 192), la projection sur un plan perpendiculaire au berceau horizontal.

Épure. La projection horizontale de la pénétration et de toutes les arêtes d'intrados et d'extrados se construira comme pour une descente droite ; mais quand il s'agira de reporter toutes ces lignes sur la pierre, il est évident que les véritables dimensions des diverses parties du berceau rampant ne seront données par aucune des figures 190, 191 et 192, puisque les plans sur lesquels ces figures ont été projetées sont obliques à la direction des arêtes de la descente.

Il faudra donc, comme nous l'avons déjà fait (348), construire une projection auxiliaire sur un plan parallèle à la descente.

Pour éviter la confusion, on a fait ici deux projections auxiliaires, l'une (*fig.* 193) pour les pierres de gauche, et l'autre (*fig.* 194) pour celles de droite. La clef a été projetée entièrement des deux côtés.

La portion de voûte, projetée (*fig.* 193), a été coupée par un plan p, perpendiculaire à la direction du berceau rampant ; ce plan, avancé parallèlement à lui-même, et rabattu sur l'épure, a donné la moitié de la figure 195 qui représente la section droite de la descente. L'autre moitié de la même figure provient de la section de l'autre portion de la voûte par le plan p'. On doit avancer ce dernier plan de manière que les points de la clef viennent coïncider dans le rabattement avec les mêmes points déjà obtenus par le rabattement du plan p.

Il est évident au surplus que l'on aurait pu, comme dans tous les exemples qui précèdent, couper les deux parties de la descente par un même plan perpendiculaire à sa direction ; la place où l'on doit faire la section droite étant tout à fait arbitraire, et ne dépendant en général que de la disposition de l'épure.

361. Si l'on veut déterminer les dimensions des blocs que l'on doit employer, il faudra projeter complétement sur les plans p et p' les pierres du berceau horizontal, et construire ces projections dans le rabattement (*fig.* 195). Ainsi, par exemple, la seconde pierre à droite de la descente sera tout entière comprise dans un parallélipipède ayant pour base le rectangle *eytg*, et une longueur que l'on déterminera sur la figure 194.

La figure 196 est le développement de la douelle et des panneaux de joint de la portion de descente qui est projetée (*fig.* 193). Cette projection parallèle aux arêtes, fait connaître leurs longueurs ; et les largeurs des panneaux de douelle et de joints sont déduites de la figure 195. La figure 197 se construira de la même manière, et contient les panneaux de douelle et de joints de l'autre moitié de la voûte.

362. Nous terminerons cette épure par la construction de l'angle que font entre elles les directions des deux berceaux. Pour cela :

En un point quelconque, o, o' (*fig.* 192, 190), on construira d'abord la droite uz, parallèle au berceau horizontal, et qui, par cette raison, se projettera par un seul point o sur le plan vertical de la figure 192 ; ensuite la droite om, $o'm$, parallèle au berceau rampant ; il est évident que l'angle formé par ces deux droites sera l'angle que les deux berceaux font entre eux. Pour avoir cet angle dans sa véritable grandeur, on le fera tourner autour du côté horizontal uz, jusqu'à ce que l'autre côté om, $o'm'$ soit venu se placer dans la position horizontale on, $o'n'$. Enfin, on construira les beuveaux $vo'u$, $vo'z$, dont nous verrons l'usage tout à l'heure.

Taille de la pierre. Supposons que l'on veuille tailler la deuxième pierre à droite de la descente, on prendra un bloc capable de la contenir.

On dressera d'abord (*fig.* 198) le plan supérieur eqb qui doit être parallèle aux arêtes des deux berceaux, et qui est représenté par ab sur la figure 192 et par ey (*fig.* 195), puis on fera, perpendiculairement à ce plan, les deux faces geo, dbo, faisant entre elles un angle voz que l'on tracera au moyen du beuveau que nous avons construit précédemment. Cela étant fait, on taillera le plan eq perpendiculaire sur l'arête eo, puis le plan bc perpendiculaire sur l'arête ob. Enfin, on appliquera sur ces plans les deux panneaux de tête A et B, en ayant soin que ces panneaux soient placés dans les rectangles $abcd$, $ehqg$, comme ils le sont sur les figures 192 et 195.

Avant d'abattre l'arête de la pierre pour faire l'angle obtus *voz*, on pourrait, pour plus de précision, dresser le plan parallèle à la surface *ehgq*, puis ayant tracé le panneau A sur ces deux plans opposés, on taillera la douelle de la descente, et le plan du joint supérieur, sur lesquels on appliquera les panneaux de douelle et de joint donnés par la figure 197, de sorte que les courbes de ces panneaux avec celles du panneau B, serviront de directrices aux surfaces d'intrados et d'extrados du berceau horizontal.

IX.

363. Autre solution. — En opérant avec soin on pourra se contenter des panneaux de tête A et B ; dans ce cas, on évitera une grande partie du travail précédent ; en effet, la construction des figures 196 et 197 deviendra inutile. Nous remarquerons de plus que la projection horizontale de la pénétration des deux berceaux (*fig.* 190) n'a servi que pour construire les deux projections auxiliaires (*fig.* 193, 194) desquels nous avons déduit la section droite (*fig.* 195). Or, si nous pouvions obtenir cette dernière figure directement, nous aurions les panneaux de tête de la descente qui, avec ceux du berceau horizontal (*fig.* 192), suffiraient pour tracer toutes les coupes.

Supposons donc (*Pl.* **27**) les mêmes données que dans l'épure précédente, savoir :

(*fig.* 199) la projection horizontale des murs ou pieds-droits ;

(*fig.* 200) l'arc vertical servant de directrice à la descente ;

(*fig.* 201) enfin la projection sur un plan perpendiculaire à la direction du berceau horizontal.

Construisons la droite *tr*, *s'r'*, parallèle à la descente ; cette ligne rabattue sur l'épure en *t"r'* sera coupée par le plan de la section droite *lp*, en un point *k* qui, ramené en *k'* sur le plan horizontal de projection, détermine la droite *lk'*, intersection du plan de naissance de la descente et du plan de la section droite.

Or, si par chacune des arêtes de la descente on conçoit un plan parallèle au plan de naissance, et par conséquent perpendiculaire au plan vertical de projection, tous ces plans couperont le plan de la section droite, suivant des lignes parallèles entre elles, dont les projections verticales se confondront avec celles des arêtes du berceau rampant ; ces lignes, prolongées, rencontreront la droite *iw* que l'on peut toujours supposer dans le plan de la section droite, en des points que l'on ramènera sur *iw'*, et par lesquels on construira (*fig.* 202) des parallèles à la droite *lk'*. Enfin, les intersections de ces parallèles avec les projections horizontales des arêtes de la descente, feront connaître tous les points de la section droite rabattue sur l'épure dans sa véritable grandeur.

Les rectangles circonscrits aux divers panneaux de tête font connaître la position de chacun de ces panneaux, ainsi que l'épaisseur des pierres que l'on devra employer. Les autres dimensions dépendront du plus ou moins de longueur que l'on voudra donner aux parties de ces pierres qui appartiennent aux deux berceaux.

Le rectangle circonscrit au panneau de tête de la première pierre a été déterminé pour le cas où la section de la partie rampante serait faite par le point *e* ; mais si le lit horizontal devait s'étendre jusqu'au point *v*, il faudrait, comme on le voit sur l'épure, augmenter en conséquence l'étendue du rectangle dans lequel le panneau doit être inscrit.

Les beuveaux se construiront comme précédemment.

La figure 203 représente la position des panneaux, et la figure 204 fait voir la forme de la pierre après la taille.

X.

364. Porte dans une descente. *Les données* étant :

1° (*Fig.* 205, *Pl.* **28**), l'arc vertical servant de directrice à la descente;

2° (*Fig.* 206) l'inclinaison de ce berceau et l'ouverture de la porte que l'on veut construire.

Construction de l'épure. La courbe de pénétration des deux voûtes étant située dans le cylindre formant la douelle de la porte, sa projection verticale se confondra avec l'arc $a, 3, c$. Pour construire la projection horizontale de cette courbe, il suffira de déterminer les points où les génératrices de la descente rencontrent le cylindre d'intrados de la porte. Ainsi, par exemple, la ligne 1, 1 perce le plan vertical de la figure 205 en un point 1 qui, projeté horizontalement sur la ligne op, et ramené dans le plan vertical op' en tournant autour de la verticale du point o, fera connaître la projection horizontale de la génératrice qui contient le point 1. On opérera de la même manière pour tous les autres points de la courbe, ainsi que pour les arêtes d'extrados et de joints.

La disposition de ces lignes ne peut pas être déterminée ici d'une manière générale : on conçoit que les raccordements des assises horizontales de la porte avec les pierres inclinées de la descente dépendront de la grandeur et de l'inclinaison des deux voûtes, ainsi que du nombre des pierres dont elles sont formées ; on fera bien de s'exercer sur plusieurs exemples.

La figure 208 est la section perpendiculaire aux arêtes du berceau rampant : on a rabattu cette figure en la faisant tourner autour de l'horizontale projetante du point v.

Enfin, la figure 209 contient le développement de la douelle de la porte, ainsi que le rabattement des panneaux de joints. Le petit arc ua (*fig.* 206) est parallèle au plan de cette figure, et l'arc $5c$ sera donné par la figure 205.

Le panneau de joint $5n$, est projeté (*fig.* 207) dans sa véritable grandeur.

Taille de pierre. Soit, par exemple, la seconde à gauche de la porte, qui est en même temps la seconde du berceau rampant.

On préparera une pierre suivant le contour du panneau de la projection verticale A (*fig.* 210), puis, après avoir taillé les plans $1m$, $2x$, mn, on appliquera les panneaux de douelle et joints (*fig.* 209); enfin on placera le panneau B sur le plan mn, et toutes les coupes seront tracées.

CHAPITRE VI.

Questions diverses.

I.

365. **Biais passé.** — Nous avons vu (298) la manière d'appareiller des passages obliques; mais dans une voûte, l'action provenant de la pesanteur de chaque pierre, se décompose en deux autres perpendiculaires à ses faces; d'où il résulte, lorsque l'on prend pour arêtes de joints les génératrices du cylindre, que la poussée perpendiculaire à l'axe n'agit pas dans le sens de la longueur du mur, et qu'elle tend, par son action oblique, à renverser les angles aigus, c'est ce que l'on nomme *poussée au vide.*

On évitera cet inconvénient en faisant passer les plans de joints par une droite *ac* (*fig.* 211) perpendiculaire aux faces du mur. Il est évident que par ce moyen la poussée se fera dans le sens de la plus grande résistance des pieds-droits; il y aura de plus cet avantage que les plans de joints seront perpendiculaires aux faces du mur, ce qui n'avait pas lieu dans l'exemple cité plus haut. Mais d'un autre côté, les arêtes d'intrados seront des arcs d'ellipses; ensuite les joints ne seront perpendiculaires à la douelle que vers le centre de la voûte; et à partir de ce point, les angles deviendront d'autant plus aigus que le passage sera plus long et plus incliné par rapport aux faces du mur.

On ne pourrait remédier à ce défaut qu'en remplaçant les plans de joints par des surfaces courbes. Nous verrons, plus tard, comment il faudrait opérer dans ce cas.

Ceci confirme ce que nous avions déjà dit, que dans l'appareil d'une voûte on ne peut souvent éviter une irrégularité que par une autre, et qu'il faut s'exercer à choisir dans chaque cas le parti qui offre le moins d'inconvénients.

Construction de l'épure. Les arêtes d'intrados se projetteront sur le plan vertical par des lignes droites; mais leurs projections horizontales seront des arcs d'ellipse. On construira ces courbes en déterminant les points suivant lesquels les plans de joints coupent les génératrices du cylindre; ou bien, comme nous l'avons fait ici pour plus d'exactitude, en traçant sur le cylindre plusieurs cercles parallèles entre eux et au plan vertical, et projetant sur le plan horizontal les points suivant lesquels ces cercles sont coupés par les plans de joints.

Les panneaux de joints, tournant autour de la droite *ac*, ont été ramenés dans le plan vertical *p*, puis rabattus sur l'épure (*fig.* 213).

Taille de la pierre. On préparera un voussoir sur le panneau de projection verticale A (*fig.* 212). Puis, quand on aura taillé les deux têtes et les plans de joints, on y appliquera les panneaux correspondants.

Les chiffres placés sur les contours des panneaux indiquent les points par lesquels on doit faire passer la règle pour engendrer la surface cylindrique de la douelle.

II.

366. La figure 215 fait voir ce qu'il faudrait faire pour éviter les angles aigus que la douelle fait avec les faces du mur. Ce moyen, en augmentant l'inclinaison du cylindre, rendrait plus aigus les angles que les joints font avec la douelle.

CHAPITRE VII.

Trompes.

I.

367. Définitions. — Les trompes ont pour but de supporter quelques parties d'un monument dont on ne veut pas élargir la base.

Ainsi, par exemple, une tourelle que l'on voudrait construire en saillie sur la face d'un mur droit ou à l'angle formé par deux murs; une maison dont on voudrait couper le coin vers la base, en conservant la forme angulaire pour les étages supérieurs; un quai dont il faudrait augmenter la largeur sans rétrécir le lit de la rivière, etc.

Nous allons nous occuper ici des trompes cylindriques.

II.

368. Trompe sur un pan coupé. — Supposons que, pour faciliter le passage des voitures au détour d'une rue, on coupe la base d'un bâtiment suivant la droite $a'c'$ (*fig.* 216, *Pl.* 29), tandis que les parties supérieures conserveraient la forme angulaire $a'e'c'$.

On décrira (*fig.* 217) un arc $a''e''$, avec un rayon plus ou moins grand, suivant que l'on voudra faire la trompe plus ou moins surhaussée. Cet arc, étant ramené dans le plan vertical $a'e'$, en tournant autour de la verticale qui contient le point mm', servira de directrice à une surface cylindrique parallèle à la droite $a'c'$. Cette surface rencontre le plan vertical $c'e'$, suivant l'arc d'ellipse $c''e''$, rabattu (*fig.* 218) en tournant autour de la verticale qui contient le point nn'.

On fera passer les plans de joints par la droite oo', dont la projection horizontale joindrait le point e' avec le milieu de $a'c'$.

Or, en prenant, comme nous l'avons fait ici, un plan vertical de projection (*fig.* 219), perpendiculaire à la droite $o'o$, les arêtes de joints se projetteront sur ce plan par des lignes droites concourant au point o.

Pour construire les projections horizontales de ces courbes qui sont des arcs d'ellipse, on abaissera des perpendiculaires par les points où elles rencontrent les génératrices de la surface cylindrique de la trompe.

Pour éviter les angles trop aigus qui résulteraient de la réunion des voussoirs autour du point o, on ne les prolongera pas jusqu'à ce point, et l'on fera cette partie d'un seul morceau auquel on donne le nom de *trompillon*.

L'arête de cette pierre est une courbe à double courbure, provenant de la pénétration de la surface cylindrique de la trompe par le petit cylindre horizontal, formant le joint du trompillon; la projection verticale de cette courbe sera la demi-circonférence rsv, et sa projection horizontale $r's'v'$

s'obtiendra en construisant pour chacun de ses points une génératrice de la surface cylindrique de la trompe, et déterminant l'intersection de cette génératrice par la perpendiculaire abaissée de la projection verticale du point.

369. Quelquefois, pour éviter les angles aigus, on croit devoir remplacer la surface cylindrique formant le joint du trompillon par une surface normale à celle de la trompe; mais cette précaution est inutile, parce que la grandeur du trompillon étant toujours peu considérable, la rencontre de la surface cylindrique du joint avec celle de la trompe se fait suivant des angles qui diffèrent très-peu de l'angle droit, tandis que si l'on emploie pour joint du trompillon, une surface normale, l'inclinaison de cette surface, surtout vers le point s, tendrait à faire glisser les pierres en avant, et à les écarter du mur auquel la trompe est adossée.

Or c'est précisément ce qu'il faut tâcher d'éviter dans ces sortes de constructions; on doit, au contraire, employer tous les moyens capables de retenir les pierres et de les rattacher au corps principal du bâtiment en éloignant leur centre de gravité du lieu où la construction est privée de soutiens.

Il faut tâcher que la clef et les pierres adjacentes aient le plus de longueur possible engagée dans la masse du monument.

La figure 220 représente les panneaux de joints rabattus sur le plan horizontal. On suppose qu'avant ce rabattement, on avait avancé le plan de chacun de ces panneaux jusqu'au point m.

La figure 221 est le développement de la surface cylindrique, formant le joint du trompillon.

Taille de la pierre. — Supposons, par exemple, que l'on veuille tailler la deuxième pierre à droite de la trompe; on préparera un voussoir sur le panneau de projection verticale, comme s'il s'agissait d'une porte droite; on appliquera ensuite, sur la face horizontale tu, le panneau correspondant $vizt'u'$, donné par la figure 216, et après avoir taillé la face verticale $tu\,21$, formant le parement du mur, on y placera le panneau A' (*fig.* 218); enfin les deux panneaux de joints (*fig.* 220) et le panneau B du trompillon (*fig.* 221) compléteront le tracé de toutes les coupes.

Il ne faudra pas oublier de marquer sur les courbes de ces panneaux les points par lesquels on doit faire passer la règle pour engendrer la surface cylindrique de la douelle.

370. Il résulte de la disposition de l'appareil précédent que les plans de joints font des angles aigus avec les faces des deux murs $a'e'$, $c'e'$. On pourra remédier en partie à ce défaut en faisant (*fig.* 222) les petites coupes $1bg$, klh, perpendiculaires aux faces du mur; mais ces sortes de coupes brisant l'arête de joint d'une manière désagréable, on ne doit y avoir recours que dans le cas où les angles seraient trop aigus.

III.

371. **Trompe cylindrique.** — L'arc $a'e'$ (*fig.* 223) forme le contour de la projection horizontale d'une tourelle, engagée en partie dans le mur principal d'un monument. La partie inférieure de cette tourelle est coupée comme on le voit par le profil (*fig.* 225), et terminée par une trompe cylindrique, parallèle à la surface du mur auquel la trompe est adossée. On a pris ici pour directrice de la surface cylin-

drique de la trompe, une courbe à double courbure, ayant pour projection horizontale l'arc de cercle $a'e'$ (*fig.* 223), et pour projection verticale (*fig.* 224) la demi-circonférence aec. Cette courbe peut être considérée comme provenant de l'intersection du cylindre formant la surface extérieure de la tourelle et d'un cylindre aec, perpendiculaire au plan vertical de projection.

On pourrait se donner pour condition que le profil $a''e''$ (*fig.* 225) soit un arc de cercle ou une ligne droite; alors, il faudrait commencer par tracer ce profil et en déduire la courbe aec qui, alors, ne serait plus un arc de cercle, et produirait, vue de face, un effet moins agréable à l'œil. On se déterminera, au surplus, pour l'un ou l'autre système, suivant que la trompe sera située de manière à être vue de face ou de profil.

Les plans de joints passant par l'axe du trompillon seront perpendiculaires au plan vertical (*fig.* 224); d'où il suit que les arêtes de joints auront pour projections verticales des droites concourant au point o, et pour projections horizontales des courbes qui se construiront comme dans l'exemple précédent.

Les panneaux de joints sont rabattus sur le plan horizontal (*fig.* 226), et la figure 227 est le développement de la moitié de la surface cylindrique du trompillon.

La figure 228 est le développement de la surface cylindrique de la tourelle. Pour construire ce développement, on portera sur une droite horizontale, et à la suite les unes des autres, les diverses parties de l'arc $a'e'$; puis on construira les ordonnées 1-1, 2-2, e'-e, dont les longueurs se déduiront de la figure 224.

Taille de la pierre. On préparera un voussoir sur le panneau vertical $ts3422$ (*fig.* 224). La courbe $a'2$ (*fig.* 223) étant tracée sur le plan horizontal tu servira de directrice à une règle que l'on fera mouvoir perpendiculairement au plan horizontal tu. Par ce moyen, on taillera la surface cylindrique de la tourelle sur laquelle on enveloppera le panneau flexible A', au moyen duquel on tracera les courbes 12, 2u. On détruira ensuite la petite portion $u22$ que l'on n'avait conservée que pour faciliter la taille de la surface cylindrique de la tourelle, et l'on appliquera les panneaux de joints (*fig.* 226), qui, avec le panneau B du trompillon, compléteront le tracé de toutes les coupes.

Il est bien entendu que l'on marquera, sur les contours de ces panneaux, les points par lesquels on doit faire passer la règle pour engendrer la surface cylindrique de la trompe.

372. La figure 229 est la combinaison de plusieurs trompes destinées à soutenir une construction en saillie sur toute la longueur d'un mur droit. Les constructions de ce genre prennent le nom d'*encorbellement*; la figure 230 est la coupe par un plan perpendiculaire au mur.

Cet exemple ne présente pas assez de difficulté pour nous arrêter plus longtemps.

CHAPITRE VIII.

Résumé.

I.

373. Considérations générales. — On peut reconnaître, par ce qui précède, qu'un problème de construction en pierre se compose, en général, des opérations suivantes :

1° *Choix des plans de projection;*

2° *Construction des données et de l'appareil;*

3° *Détermination de toutes les lignes de pénétration des voûtes et de leurs surfaces de joints;*

4° *Rabattement et développement des différentes faces dont on veut avoir la grandeur;*

5° *Tracé et taille de la pierre.*

Nous allons considérer chacune de ces opérations d'une manière générale.

II.

374. Plan de projection. — On est déterminé dans le choix des plans de projection par la nature des opérations que l'on doit faire pour la construction de l'épure et l'exécution de la pierre. Ces opérations sont de deux espèces.

1° La première partie du travail consiste à déterminer toutes les lignes qui résultent de la pénétration des voûtes que l'on veut combiner, ainsi que celles provenant de l'intersection des diverses surfaces de joints. On doit donc prendre, autant que possible, un des deux plans de projection perpendiculaire à l'une des surfaces dont on cherche la pénétration, parce qu'alors (*Géométrie descriptive*) la trace de cette surface devient une des projections de la courbe, dont la seconde projection ne présente plus aucune difficulté.

2° Quand on a obtenu, sur l'épure, toutes les lignes de pénétration des deux voûtes et de leurs surfaces de joints, il faut reporter sur les blocs de pierre celles de ces lignes qui sont nécessaires à la détermination des coupes. Or toutes les fois que ces lignes seront obliques par rapport aux plans de projection, il sera nécessaire de faire une opération pour obtenir leur véritable grandeur, tandis que cette opération sera évitée pour toutes les lignes qui seraient parallèles aux plans de projection ; il résulte donc, de ce qui précède, que l'on doit, autant que possible, prendre les plans de projection,

1° *Perpendiculaires aux surfaces dont on doit chercher l'intersection avec d'autres surfaces;*

2° *Parallèles aux lignes dont il est nécessaire d'obtenir la véritable grandeur.*

375. Malheureusement, il est presque toujours impossible de satisfaire en même temps à ces deux conditions pour toutes les surfaces combinées dans une épure, mais on y supplée par des rabattements, des développements et des projections auxiliaires.

III.

376. Rabattements. — On sait (*Géométrie descriptive*) qu'une figure plane se projette suivant sa véritable grandeur toutes les fois qu'elle est parallèle au plan de projection ; il n'en est pas de même d'une face oblique. Pour avoir sa grandeur véritable, on suppose qu'elle tourne autour d'une droite située dans son plan et parallèle au plan sur lequel on veut faire le rabattement. Dans ce mouvement chaque point décrit un cercle dont le plan est perpendiculaire à la droite autour de laquelle se fait le rabattement, de sorte que si cette droite est perpendiculaire à l'un des plans de projection, le chemin parcouru par chaque point sera représenté sur ce plan par un arc de cercle ; d'où il suit *qu'une droite perpendiculaire à l'un des plans de projection, par conséquent parallèle à l'autre, est dans les conditions les plus favorables pour servir de charnière de rabattement.*

IV.

377. Développements. — Nous n'avons jusqu'ici employé que deux espèces de surfaces, le plan et le cylindre. Nous venons de voir que toutes les faces planes des pierres seront obtenues dans leurs véritables grandeurs soit par des projections sur des plans parallèles, soit par des rabattements. Les dimensions des faces cylindriques s'obtiendront par développements ; mais on sait (*Géométrie descriptive*) que pour développer un cylindre il faut :

1° *Construire dans sa véritable granndeur la section du cylindre par un plan perpendiculaire aux génératrices;*

2° *Rectifier cette courbe, à laquelle on donne le nom de section droite, en plaçant à la suite les uns des autres, et, dans leur véritable grandeur, tous les arcs dont elle se compose;*

3° *Enfin, construire chaque génératrice dans sa véritable grandeur, perpendiculairement à la section droite rectifiée.* Toutes ces opérations sont faciles lorsqu'on a soin de placer le cylindre que l'on veut développer, parallèlement à l'un des plans de projection. C'est ce que nous avons fait partout, excepté dans la descente biaise, planche 26.

On conçoit, en effet, que dans ces sortes de voûtes, un plan parallèle à la descente n'aurait pas été perpendiculaire au berceau dans lequel se fait la pénétration, ce qui aurait rendu beaucoup plus pénible la recherche de l'intersection des deux voûtes (*fig.* 190); aussi n'est-ce qu'après cette opération que l'on prend, pour faciliter le développement de la descente, un plan auxiliaire parallèle à sa génératrice.

V.

378. **Construction des données; choix de l'appareil.** — Les données sont de deux espèces : les unes résultent de l'ensemble du monument, de sa distribution intérieure et extérieure, et doivent être combinées de manière à satisfaire à toutes les lois de l'équilibre ; telles sont les voûtes que l'on se propose de construire, leur épaisseur, ainsi que celle des murs destinés à les supporter. Ces données principales étant

admises, le constructeur devra déterminer l'appareil. Cette opération consiste dans le choix de toutes les coupes et surfaces de joints qui séparent les pierres les unes des autres. Nous avons dit que dans ce travail, on devait, autant que possible,

1° Éviter les angles aigus ;
2° Éviter les joints brisés ou courbes.

Mais plusieurs exemples précédents nous ont fait voir, que ce n'est souvent que par l'une de ces irrégularités que l'on peut éviter l'autre, et que les circonstances particulières de la question peuvent seules déterminer le parti que l'on doit prendre.

Il y a cependant des constructeurs qui ne veulent absolument pas d'angles aigus et font partout des crossettes. Quelques-uns, aussi, rejettent absolument les crossettes et préfèrent les angles aigus, tandis que d'autres, pour éviter les angles aigus, emploient partout, pour joints, des surfaces normales aux intrados, et ne font usage que des surfaces réglées.

On ne doit pas agir ainsi. En général, il ne faut pas se créer de système exclusif. Un angle différant peu d'un angle droit peut être employé sans inconvénients, surtout lorsque les faces, ou au moins l'une d'elles, coïncident avec celle d'une pierre adjacente, de manière que l'arête de l'angle aigu ne soit pas isolée. Ainsi, lorsqu'un berceau vient pénétrer obliquement dans un mur de face, il est évident que la douelle fait avec la face du mur des angles aigus exposés à être brisés par le moindre choc. Aussi n'avons-nous admis ces données que pour exercer à vaincre les difficultés qui résultent de l'irrégularité des coupes, et nous avons conseillé, lorsque ces angles sont très-aigus, de terminer le berceau par un petit cylindre perpendiculaire à la surface du mur d'entrée. Mais nous avons laissé les angles aigus que les plans de joints font avec la douelle dans les berceaux biais et descentes, parce que si nous avions voulu employer, pour ces joints, des plans normaux aux cylindres d'intrados, il aurait fallu que ces plans fussent déterminés par des normales aux sections droites des berceaux, et dans ce cas les coupes provenant de l'intersection de ces joints avec les faces principales du monument n'auraient plus été perpendiculaires aux courbes d'entrée, ce qui non-seulement aurait été désagréable à l'œil, mais encore aurait, dans certains cas, rendu plus aigus les angles sur l'arête, toujours plus exposés à être brisés que ceux provenant de l'intersection des plans de joints avec la douelle.

Les joints brisés ou crossettes ont quelquefois l'avantage, comme nous l'avons vu dans les plates-bandes et dans quelques portes, d'empêcher les pierres de glisser. Mais il ne faut jamais employer ces sortes de coupes dans des pierres qui auraient peu d'épaisseur, surtout lorsque les deux parties de la pierre sont exposées à être pressées inégalement. Ainsi, par exemple, dans les pierres des plates-bandes et des portes, il est évident que si la partie horizontale qui est engagée entre deux assises du mur, était trop longue ou trop faible, la pression sur la partie inclinée de la pierre pourrait la faire rompre, tandis qu'aucun de ces effets n'est à craindre dans un joint brisé qui serait formé par deux faces verticales.

379. Les mêmes raisons qui engagent dans certains cas à rejeter les crossettes, doivent faire éviter, autant que possible, les joints courbes, surtout lorsqu'ils sont exposés à être pressés inégalement ; car il est évident que si les deux surfaces de joints concaves et convexes ne sont pas taillées avec une identité parfaite, elles ne coïncideront pas parfaitement après la pose, et l'inégalité de pression fait rompre les pierres. Nous

verrons cependant par la suite beaucoup de cas où l'on ne peut pas éviter ces sortes de joints.

380. Nous avons toujours pris, pour directrices des berceaux, des demi-circonférences, parce que cette forme est préférée par les architectes modernes pour les ouvertures de portes et les cintres principaux. Mais il est évident que le travail serait le même pour toute autre courbe ; enfin c'est plutôt comme sujet d'exercices que nous avons pris des surfaces cylindriques pour extrados : on se dispense ordinairement dans la pratique de tailler ces surfaces qui sont presque toujours cachées. Seulement, si le berceau est d'une grande dimension, on fera bien de diminuer l'épaisseur des pierres formant la voûte, de manière à satisfaire, autant que possible, aux conditions énoncées n° 282. Nous traiterons ailleurs cette question avec de plus grands détails.

VI.

381. **Pénétrations.** — De toutes les combinaisons de deux cylindres, la plus simple et la plus importante est celle à laquelle nous avons donné le nom de voûte d'arête. Toutes les fois que deux voûtes se pénètrent, il y a un arêtier. On retrouve partout la pénétration des deux voûtes et l'intersection de leurs surfaces de joints.

Il faut étudier avec soin les descentes et surtout les descentes biaises, pour se familiariser avec les difficultés que présentent le raccordement des assises de hauteurs et d'inclinaisons différentes.

La nécessité de bien faire comprendre une épure engage souvent à construire beaucoup de lignes, qui ne servent qu'à compléter les projections et qui ne sont pas absolument indispensables. Ce travail a l'avantage d'exercer les commençants aux constructions graphiques; mais ils feront bien, à mesure qu'ils se fortifieront, de tâcher d'obtenir le plus directement possible les lignes nécessaires au tracé de la pierre, en négligeant toutes celles qui ne concourraient pas à ce but. On peut voir, par la comparaison des planches 17 et 18, combien cette attention peut quelquefois épargner de travail.

VII.

382. **Trompes.** — Nous n'avons parlé des trompes que comme exercice, et plutôt pour faire sentir les défauts de ces sortes de constructions que l'on doit éviter, et qui d'ailleurs sont entièrement rejetées de l'architecture moderne.

VIII.

383. **Taille.** — On a pu remarquer qu'il y a deux méthodes principales que l'on désigne de la manière suivante :

1° La méthode par équarrissement ;

2° La méthode par beuveau.

384. La première méthode consiste à dresser d'abord des

plans sur lesquels on rapporte, à l'aide des panneaux, les traces des surfaces que l'on veut tailler; puis on construit dans ces premières faces les traces de celles que l'on veut tailler après, et ainsi de suite, jusqu'à ce que l'on soit parvenu à compléter la forme de la pierre.

385. Or, il est évident que dans ces opérations successives on doit commencer d'abord par les surfaces dont la taille est la plus simple, la moins coûteuse, et la plus susceptible d'exactitude. Ainsi, en général, on commence par tailler les faces planes, surtout, autant que possible, celles qui doivent faire partie de la surface apparente de la voûte. Quand les faces planes sont taillées, on y applique les panneaux de tête ou de joint, avec lesquels on trace les courbes qui doivent servir de directrices aux surfaces cylindriques. Enfin, les panneaux de développement appliqués dans ces surfaces déterminent les directrices des surfaces suivantes, etc.

386. La deuxième méthode, ou par *beuveau*, consiste à tailler une première face, plane ou courbe; puis après avoir construit les lignes suivant lesquelles cette face est rencontrée par les faces adjacentes, on taille ces faces suivant l'angle que chacune d'elles doit faire avec la première, en se servant, pour mesurer cet angle, de l'instrument nommé *beuveau*, qui se compose de deux morceaux de bois droits ou courbes, suivant que les faces sont elles-mêmes planes ou courbes; on cloue ces deux morceaux de bois ensemble solidement, après avoir déduit de l'épure l'angle que les faces font entre elles. Si le même beuveau devait servir un grand nombre de fois, on le ferait en fer.

On ne peut pas donner généralement de préférence à l'une des méthodes sur l'autre. Assez souvent la première produit l'économie de la pierre en permettant de déterminer d'avance, d'une manière rigoureuse, les limites du plus petit bloc capable de la contenir, tandis que la seconde méthode épargne la main-d'œuvre, puisque l'on ne taille que les faces qui doivent servir. Aussi, un appareilleur habile emploie l'une ou l'autre méthode selon les circonstances, et souvent les fait concourir toutes les deux à la taille d'une même pierre.

LIVRE III.

SURFACES CONIQUES.

CHAPITRE PREMIER.

Murs et Voûtes coniques.

I.

387. Définitions. — Soit (*fig.* 231, *Pl.* **30**) les projections horizontales de deux murs en talus ; si l'on veut éviter l'angle formé par la rencontre de ces murs, on raccordera leurs faces extérieures par une surface conique dont le sommet serait projeté sur le plan horizontal en s' et sur le plan vertical à la rencontre des deux droites ae, cd (*fig.* 232). Ce cône droit et à base circulaire sera coupé par les plans formant les lits des différentes assises du mur, suivant des cercles horizontaux dont les centres, situés sur l'axe du cône, se projetteront en un seul point s' (*fig.* 231).

La figure 232 est la coupe par un plan vertical contenant l'axe du cône, et la droite *ae* fait connaître l'inclinaison du talus. On pourrait éviter les angles aigus que les faces horizontales des pierres font avec la face extérieure du mur, en faisant, à une certaine distance du talus, des coupes perpendiculaires à sa surface. Ces coupes seraient des surfaces coniques ayant leurs sommets sur l'axe du cône ; mais il est rare que l'inclinaison du talus soit assez considérable pour que l'on soit obligé de recourir à ce moyen, qui offre les inconvénients que nous avons signalés plus haut (253).

La surface intérieure du mur est un cylindre ayant pour rayon $s'u'$.

Taille de la pierre. Supposons, par exemple, une pierre de la troisième assise (*fig.* 233); on dressera, suivant l'épaisseur de la pierre, les deux faces horizontales sur lesquelles on appliquera les panneaux $r'u'v'x'$, $r'u'e'o'$ (*fig.* 231); puis, en partageant les arcs eo, vx en parties égales, on aura les points par lesquels on doit faire passer la règle pour engendrer la surface conique, formant le talus du mur.

II.

388. Cône oblique. — Si l'on voulait raccorder un mur en talus avec un mur droit, on pourrait employer (*fig.* 234) un cône oblique dont le sommet, projeté sur le plan horizontal en s', serait à l'intersection de la droite ae, $a'e'$, située dans le talus du mur et de la verticale cd (*fig.* 235). Ce cône serait tangent au mur incliné, suivant la droite ae, $a'e'$, située dans le talus du mur, et au mur droit suivant la verticale cd.

Les génératrices du cône se projetteront sur le plan horizontal par des lignes dirigées vers le point s'.

Les lits horizontaux des pierres couperont le cône suivant des cercles dont les centres se projetteront par des points $t'e'z'i'$, et qui auront pour rayons les horizontales menées de ces points à la droite ae, $a'e'$.

Les joints montants seront déterminés par des plans verticaux perpendiculaires à la trace du cône, ou, si l'on préfère, à la section horizontale faite à la moitié de la hauteur de chaque assise.

Ces plans étant parallèles à la verticale cd, leurs intersections avec la surface du cône seront des arcs de parabole. L'un des panneaux de joints a été rabattu sur l'épure (*fig.* 236).

On suppose que ce panneau a d'abord été ramené dans un plan perpendiculaire au plan vertical, en tournant autour de la verticale du point t', puis rabattu sur le plan horizontal autour de la trace horizontale $t's'$.

Taille de la pierre. On dressera d'abord (*fig.* 237) les deux faces horizontales, sur lesquelles on appliquera les panneaux $u'r'v'x'$, $u'r'h'o'$ (*fig.* 234); puis le panneau de joint vertical $rrox$, en ayant le soin de marquer les points où les contours de ces panneaux sont coupés par les génératrices du cône oblique.

III.

389. **Voûtes coniques.** — Soit (*fig.* 238) la projection horizontale d'une tour que l'on veut couvrir avec une voûte

conique, on disposera l'appareil comme on le voit figure 239. Les surfaces d'intrados et d'extrados de la voûte sont formées par deux cônes qui ont le même axe, et dont les sommets sont S et s. D'autres cônes perpendiculaires à l'intrados de la voûte sépareront les assises ; enfin les joints montants seront formés par des plans verticaux contenant l'axe de la tour.

Taille. On préparera une pierre sur le panneau de projection horizontale *aaoo* (*fig.* 238), et d'après l'épaisseur *eh*. Ce solide est compris entre deux cylindres concentriques, deux plans horizontaux et deux plans verticaux passant par l'axe du cône. Sa forme est absolument celle que nous aurions donnée à la pierre d'un mur droit, dont les assises auraient une épaisseur égale à *eh*. Quand cette pierre sera taillée, on appliquera sur ses deux faces verticales le panneau A (*fig.* 239); puis, avec un morceau de carton découpé, ou avec un compas dont on appuiera une pointe au bord de la surface cylindrique, on tracera les deux arcs horizontaux *cc*, *uu* (*fig.* 240); ensuite, avec une règle mince, à laquelle on fera prendre la courbure des surfaces cylindriques intérieure et extérieure, on tracera les deux arcs *aa*, *oo*. Enfin, en divisant en parties égales les quatre arcs de cercles *aa*, *oo*, *cc*, *uu*, on aura les points par lesquels il faut faire passer la règle pour engendrer les quatre surfaces coniques qui comprennent la pierre.

Si la voûte était très-surbaissée, il serait bon de faire les coupes de joints brisées, comme on le voit figure 241. Il y aurait alors pour chaque pierre huit surfaces coniques à tailler. On opérera comme précédemment, et le contour du panneau B déterminera tous les points par lesquels on doit faire passer les arcs de cercle destinés à servir de directrices à ces cônes.

IV.

390. Autre méthode. — Il y a dans la coupe des pierres deux espèces d'économie : 1° celle de la main-d'œuvre ; 2° l'économie des matériaux, et l'habileté consiste surtout à les combiner de la manière la plus avantageuse.

C'est donc une étude intéressante sous tous les rapports que de chercher les moyens de tirer la pierre que l'on veut tailler du plus petit bloc possible.

Soit (*fig.* 242) la projection horizontale d'une pierre appartenant à une voûte conique, projetée sur le plan vertical (*fig.* 243). On suppose, dans cette dernière projection, que la pierre est coupée au milieu de sa longueur par un plan parallèle au plan vertical, et contenant l'axe du cône.

La pierre sera tout entière comprise dans un prisme, ayant pour base le quadrilatère $aouc$, et pour longueur la droite $c'c'$ (*fig.* 242).

Les génératrices des deux cônes qui forment l'intrados et l'extrados de la voûte, étant prolongées jusqu'au plan cu, perpendiculaire au plan vertical de projection et touchant la pierre en dessous, on déterminera facilement le contour de la figure suivant laquelle le plan cu coupe les deux surfaces coniques d'intrados et d'extrados, ainsi que les deux plans de joints verticaux. Ce panneau est rabattu en A, sur le plan horizontal qui contient la droite cc'. On déterminera de la même manière les courbes provenant des sections des mêmes surfaces par le plan ao, qui touche la pierre en dessus ; puis on rabattra cette figure A' sur le plan horizontal qui contient la droite oo'.

On décrira ensuite du point S comme centre, et avec les rayons Si, Sc, deux arcs de cercles concentriques, et portant sur le premier les longueurs des parties qui composent l'arc horizontal $n'n'$, on aura le panneau B, qui est le développement de la face conique extérieure de la pierre. On construira de la même manière le panneau B', développement de la face conique intérieure.

Taille de la pierre. Après avoir taillé le prisme quadrangulaire (*fig.* 244) sur le panneau de projection verticale *aouc*, on appliquera les panneaux A, A' sur les deux faces correspondantes *cucu*, *aoao*. Les côtés droits de ces panneaux détermineront les plans verticaux formant les joints montants de la pierre, et les côtés courbes divisés en parties égales serviront de directrices à la règle pour engendrer les deux surfaces coniques d'intrados et d'extrados. Quand ces dernières surfaces seront taillées, on y appliquera les panneaux de développement B, B', et faisant prendre à ces panneaux la courbure des cylindres, on tracera les courbes qui doivent servir de directrices aux secondes surfaces coniques ; toutes les coupes seront alors déterminées.

CHAPITRE II.

Porte dans un mur conique.

I.

391. Définitions. — Soit (*fig.* 246, *Pl.* **31**) la projection horizontale d'un mur en tour ronde et en talus, dans lequel on veut percer une porte cylindrique, on prendra un plan vertical de projection (*fig.* 247) perpendiculaire au cylindre de la porte. La douelle sera terminée par deux courbes à double courbure ; la première, provenant de l'intersection du cylindre de la porte avec la surface intérieure du mur rond, aura pour projection verticale le demi-cercle ace, et pour projection horizontale l'arc $a'e'$. La pénétration du cylindre d'intrados de la porte, dans le cône formant le talus du mur, donne lieu à une seconde courbe à double courbure, ayant comme la première le demi-cercle ace pour projection verticale, et pour sa projection horizontale l'arc $a''c''e''$, que l'on obtiendra de la manière suivante. On construira (*fig.* 248) une droite tr, faisant avec le plan horizontal un angle égal à l'inclinaison du talus. On peut supposer que cette droite provient de la section du cône par le plan vertical $s'r''$, et que l'on a fait tourner cette section autour de la verticale tt'. Un plan horizontal contenant le point u, coupera la droite tr en un point u''' ; on projettera ce point sur $t'r'$, et on le ramènera sur $t'r''$ en le faisant tourner autour de la verticale tt'. Enfin, du point s' comme centre, on décrira l'arc de cercle $u''''u''$, provenant de l'intersection du cône par le plan horizontal au'''. La rencontre de cet arc de cercle et de la perpendiculaire abaissée du point u, déterminera la projection horizontale de ce point. On construira de la même manière tous les autres points de la courbe, ainsi que les arcs d'ellipse provenant de l'intersection de la surface du cône par les plans de joints de la porte. Les deux courbes qv, ex (*fig.* 247) sont des arcs d'hyperbole provenant de l'intersection du talus par les plans verticaux des pieds-droits de la porte ; l'un de ces arcs est rabattu sur le plan vertical en tournant autour de la verticale du point a'', et l'autre en tournant autour de la verticale e''. Au surplus, c'est plutôt pour compléter l'ensemble des principes que nous avons parlé de ces panneaux, dont la courbure n'est jamais assez sensible pour qu'il soit nécessaire d'en faire usage dans la pratique. C'est encore dans le même but que nous avons construit la figure 249, qui serait la face verticale de la pierre A si on l'eût terminée à droite par un plan mn, perpendiculaire au plan vertical de projection. Mais il vaut mieux, comme nous l'avons fait ici, faire des coupes par des plans verticaux contenant le sommet du cône.

La figure 250 contient le développement de la douelle et le rabattement des panneaux de joints, qui se construisent comme dans tous les exemples précédents.

Taille de la pierre. On taillera d'abord un voussoir sur le panneau A (*fig.* 247), comme s'il s'agissait d'une porte droite ; puis on appliquera le panneau de douelle, les panneaux de joints, et le panneau horizontal B, en ayant soin, comme nous l'avons dit précédemment, de marquer sur les contours de ces panneaux les points qui doivent déterminer les diverses positions de la génératrice du cône, et du cylindre formant les surfaces du mur.

On aurait pu commencer par tailler les surfaces du cône et du cylindre formant les deux faces du mur. Il aurait fallu pour cela dresser d'abord deux plans horizontaux, l'un dessus, l'autre dessous la pierre, et tracer dans ces plans les arcs de cercle provenant de leur intersection avec les surfaces intérieure et extérieure du mur. Ces arcs seraient les directrices du cône et du cylindre, sur lesquelles on appliquerait les panneaux de développement qu'il faudrait construire, et dont les contours détermineraient la douelle et les plans de joints.

Mais la longueur du rayon qu'il faudrait employer pour construire le développement de la surface conique de la pierre A, fait préférer le premier moyen.

II.

392. **Porte pénétrant dans un cône oblique.** — *Données.* Soit s' (*fig.* 253) la projection horizontale du sommet du cône, dont la hauteur ss' est donnée; supposons de plus que la trace du cône soit un cercle $a''e''r$ dont le centre est en o.

Épure. En rabattant sur l'épure le plan vertical qui contient l'axe du cône, le sommet viendra se placer en s; la génératrice deviendra sr, et l'axe prendra la position so. L'épure étant ainsi disposée, si l'on conçoit un plan horizontal, contenant le point u (*fig.* 254), la section du cône par ce plan sera un cercle dont le centre, situé sur l'axe du cône, se projettera horizontalement en v', et l'extrémité du rayon situé sur la génératrice sr aura sa projection horizontale en u^{iv}, de sorte que la projection horizontale du point u sera déterminée par la rencontre de la perpendiculaire uu' et du cercle $u'u^{\text{iv}}$ décrit du point v', comme centre avec le rayon $v'u^{\text{iv}}$. Les autres points de la projection horizontale se détermineront de la même manière.

La figure 255 contient le développement de la douelle et le rabattement des panneaux de joints.

III.

393. Plate-bande dans un mur rond en talus. — L'analogie de cette question avec celles qui précèdent nous dispensera d'entrer dans de plus grands détails. D'ailleurs les figures 256, 257, 258 indiquent suffisamment quelles sont les opérations à faire.

CHAPITRE III.

Portes coniques.

I.

394. Définitions. — Ces sortes de voûtes sont quelquefois employées comme soupiraux, abat-jour ou embrasures, pour le passage des canons dans les fortifications.

II.

395. Porte conique dans un mur droit. — Étant donné (*fig.* 259, *Pl.* **32**), le trapèze $acc'a'$ provenant de la coupe des murs par le plan de naissance de la voûte.

Épure. On prolongera les côtés obliques de ce trapèze jusqu'à leur rencontre en s. Ce point sera le sommet d'un cône formant l'intrados de la voûte. On prendra pour directrice de ce cône une courbe aec, dont la forme dépendra du plus ou moins d'élévation que l'on se propose de donner à la voûte. Après avoir partagé l'arc aec que nous supposerons circulaire, en autant de parties égales que l'on veut avoir de pierres, on déterminera l'appareil, puis on ramènera toute cette figure dans le plan vertical ap. En joignant le sommet du cône avec les points de division de la courbe aec, on aura les projections des génératrices. Ces droites étant projetées sur le plan auxiliaire (*fig.* 260) rencontreront le plan vertical $e'p'$ en des points qui, rabattus sur l'épure, feront connaître la pénétration dans l'autre face du mur. Cette courbe est un demi-cercle ayant pour diamètre $a'c'$: on fera passer les plans de joints par la droite so, qui joint le sommet du cône avec le centre de la directrice; d'où il résulte que ces plans couperont les faces horizontales des pierres suivant des parallèles à la droite so.

Si la directrice du cône différait beaucoup d'un arc de cercle, il serait bon de faire passer les plans de joints par des normales à cette courbe, et par le sommet du cône. Alors ces plans ne se couperaient pas suivant une droite commune, et leurs intersections avec les faces horizontales des pierres ne seraient point parallèles entre elles. Nous nous contenterons d'indiquer cette combinaison comme sujet d'exercice.

Taille de la pierre. Après avoir dressé la face horizontale supérieure et les deux plans de tête d'après l'épaisseur du mur, on appliquera d'abord le panneau horizontal $mnm'n'$, puis les deux panneaux de tête A et A', ce qui déterminera toutes les coupes.

III.

396. **Embrasure.** — La figure 262 est une double voûte conique résultant de la combinaison de deux surfaces coniques, et d'un petit cylindre ayant le même axe ss' que les deux cônes.

Épure. Supposons que l'on prenne le demi-cercle *aec* pour directrice du cône qui a son sommet en *s* ; la section de ce cône par le plan vertical $a'c'$ parallèle à *ac*, sera aussi un demi-cercle qui servira de directrice au petit cylindre. Enfin, la section de ce cylindre par le plan vertical $a''c''$, sera la directrice du second cône dont la pénétration dans l'autre face du mur se construira comme précédemment.

Taille de la pierre. Après avoir dressé le lit horizontal supérieur et les deux faces de tête, on appliquera le panneau horizontal $mnm'n'$ (*fig.* 264), puis avec le panneau *mntr*, on tracera les deux arcs parallèles *tr* qui serviront de directrice à la surface cylindrique que l'on prolongera d'abord dans toute la longueur de la pierre. Enfin, on tracera les deux arcs $t'r'$, $t''r''$, qui, avec les courbes des panneaux A, A', serviront de directrices aux deux surfaces de cônes.

IV.

397. Porte conique dans un talus. — *Épure* (*fig.* 265). On prendra pour directrice du cône la pénétration dans l'une des deux faces du mur, et la pénétration dans l'autre face se déterminera comme précédemment.

Taille de la pierre. On dressera la face horizontale supérieure et la face du mur vertical, puis, à l'aide d'un beuveau ou d'un panneau découpé sur le contour de la projection auxiliaire rabattue (*fig.* 266), on fera le plan du talus. Enfin, on appliquera d'abord le panneau horizontal $mnm'n'$ (*fig.* 267), et ensuite les deux panneaux A et A', chacun sur la face correspondante, ce qui déterminera toutes les coupes.

V.

398. Porte conique dans une tour ronde. — *Étant donnée* (*fig.* 267, Pl. **33**), la projection horizontale d'un mur rond, dans lequel on veut percer une ouverure conique, le sommet du cône étant situé en ss' sur l'axe de la tour ronde, on prendra pour directrice du cône une courbe ce, que l'on suppose rabattue sur le plan horizontal (*fig.* 268); on déterminera sur cette figure, le nombre des voussoirs, ainsi que les traces des plans de joints et les hauteurs d'assises; puis on ramènera le tout dans le plan vertical op, ce qui fera connaître les projections horizontales et verticales de toutes les arêtes. Les génératrices du cône seront dirigées vers le sommet, tandis que les intersections des joints par les plans horizontaux seront parallèles à l'axe du cône.

Les deux cylindres concentriques formant les faces intérieure et extérieure du mur rond, étant perpendiculaires au plan horizontal de projection, les courbes de pénétration de ces cylindres par le cône auront pour projections horizontales les deux arcs de cercle ao, $v'u'$. En élevant des perpendiculaires par les points où ces deux arcs sont rencontrés par les projections horizontales des génératrices du cône, on construira (*fig.* 269) les projections verticales des deux courbes de pénétration; on déterminera de la même manière les arcs d'ellipse provenant de l'intersection des deux surfaces du mur rond par les plans de joints, et l'on construira pour plus de précision un point intermédiaire pour chaque courbe.

Les deux projections horizontales et verticales étant construites, on prendra (*fig.* 267), toutes les parties de l'arc

$m'a'$12n'3o3, et plaçant toutes ces parties à la suite les unes des autres sur une droite (*fig.* 270), on élèvera par chaque point une perpendiculaire sur laquelle on déterminera le point correspondant, dont on prendra la hauteur (*fig.* 269). On aura par ce moyen le développement de la figure d'appareil dans la surface convexe de la tour ronde; on construira de la même manière le développement de la surface concave (*fig.* 271).

Taille de la pierre. On taillera la pierre sur le panneau de projection horizontale 3$m't'x'$3 (*fig.* 267), puis on placera le panneau horizontal $mtxzn$ (*fig.* 272), et les deux panneaux de développement A et A', auxquels on fera prendre la courbure des surfaces cylindriques; alors toutes les coupes seront déterminées.

VI.

399. Lunette conique, pénétrant dans un berceau horizontal. — *Les données sont :*

1° *Fig.* 273. La projection horizontale des murs et de l'ouverture de la lunette;

2° *Fig.* 274. La section droite du berceau horizontal;

3° *Fig.* 275. La courbe ae, directrice de la surface conique.

Épure. On déterminera d'abord l'appareil sur la figure 275, que l'on ramènera dans le plan vertical op, ce qui déterminera les projections horizontales et verticales de toutes les arêtes.

Les génératrices du cône seront dirigées vers le sommet, et les autres arêtes des pierres seront parallèles à l'axe du cône. Le cylindre d'intrados du berceau étant perpendiculaire au plan vertical de projection, la courbe de pénétration aura pour projection verticale l'arc de cercle ve. En abaissant des perpendiculaires par les points où cet arc est rencontré par les projections verticales des génératrices du cône, on déterminera la projection horizontale de la courbe de pénétration.

Les arêtes de douelle de la lunette conique ne rencontrant pas celles du berceau horizontal, on joindra ces lignes par des arcs d'ellipse résultant de l'intersection de l'intrados du berceau cylindrique par les plans de joints de la lunette.

Pour déterminer, par exemple, le point cc' appartenant à l'un de ces arcs, on joindra (*fig.* 274) le point c avec le sommet du cône par une droite cs, qui sera située dans le plan de joint de la lunette. Cette droite percera le plan vertical op en un point t, qui rabattu en t'' (*fig.* 275) et ramené en t', déterminera la projection horizontale $t's'$ de la droite st, et la rencontre de la droite $s't'$ avec la perpendiculaire abaissée du point c fera connaître la projection c' de ce point.

On emploiera le même moyen pour obtenir un point intermédiaire de l'arc $2c'$, ainsi que pour construire les autres arcs d'ellipse $1b'$, $3d'$, etc.

Les droites $(bn, b'n')$; $(cz, c'z')$; $(dh, d'h')$, sont les intersections des joints des deux voûtes; toutes ces droites concourent au sommet du cône, ce qui n'aurait évidemment pas lieu si le sommet du cône n'était pas sur l'axe du cylindre, ou seulement si les plans de joints des deux voûtes ne contenaient pas leurs axes, ou enfin si les plans de joints contenant les axes, ces deux droites ne se coupaient point.

On fera bien pour s'exercer d'introduire dans la question quelqu'une de ces difficultés.

La figure 276 est le développement de la surface d'intrados du berceau cylindrique, et la figure 277 est le développement de celle du cône. Pour ménager la place on peut, comme nous l'avons fait ici, placer toutes les douelles les unes sur les autres, d'autant plus que le cône que nous avons employé étant circulaire, toutes ces douelles sont de même largeur et ne diffèrent que par leur longueur. Ces longueurs sont déduites de la figure 274, en supposant que chaque génératrice du cône tourne autour de l'axe pour venir se placer sur la génératrice *se*.

La figure 278 contient les panneaux de joints; on suppose que l'on a d'abord fait tourner tous ces panneaux autour de l'axe du cône pour les ramener dans le plan vertical $o'p'$ (*fig.* 275), puis qu'on a fait avancer ce plan jusqu'à la droite *or*, et qu'enfin on l'a rabattu sur l'épure. Les longueurs des panneaux sont données par la figure 273.

Taille de la pierre (*fig.* 279). On préparera une pierre sur le panneau de projection verticale $mkhd22$ (*fig.* 274), puis on tracera le panneau A (*fig.* 275) sur la face verticale faisant partie du mur extérieur, enfin on appliquera dans la surface cylindrique du berceau le panneau de développement A' en lui faisant prendre la courbure du cylindre; les courbes des deux panneaux A et A' serviront de directrices à la surface conique formant l'intrados de la lunette.

Deuxième méthode. On peut préparer d'abord la pierre

sur le panneau de projection horizontale (*fig.* 273), puis on tracera la courbe 2*d* dans le plan vertical perpendiculaire à la direction du berceau, ainsi que dans le petit plan vertical 3*y*, que l'on aura réservé pour cet usage ; enfin, après avoir taillé la surface cylindrique formant l'intrados du berceau horizontal, on y appliquera le panneau de développement A′ qui avec le panneau A déterminera toutes les coupes.

Troisième méthode. On préparera la pierre sur le panneau de projection auxiliaire (*fig.* 275), puis on appliquera le panneau A sur la face verticale du mur, et le même panneau prolongé jusqu'aux points 2 et 3 sur la face verticale contenant l'arête *qy* ; les contours de ces panneaux détermineront la surface conique, et les plans de joints que l'on taillera d'abord, et sur lesquels on appliquera les panneaux de douelle et de joints correspondants (*fig.* 277, 278); enfin le panneau de projection vertical (*fig.* 274), complétera le tracé de toutes les coupes.

VII.

400. **Lunette conique biaise.** — *Étant données :* 1° (*fig.* 280, *Pl.* **34**) les projections horizontales des murs, et l'ouverture d'une lunette conique biaise ;

2° (*fig.* 282) la section droite d'un berceau horizontal dans lequel la lunette doit pénétrer.

Épure. On prolongera les droites $d'v'$, $e'u'$, jusqu'à leur rencontre en s', et l'on prendra ce point pour sommet de la surface conique formant l'intrados de la voûte. On pourrait prendre pour directrice de ce cône une courbe quelconque située dans la face extérieure du mur, mais il sera plus simple, si toutefois cela peut s'accorder avec les dispositions principales du bâtiment, de prendre pour directrice une demi-circonférence dont la projection horizontale serait $m'n'$ perpendiculaire à la droite $s'o'$ qui partage en deux parties égales l'angle $a's'e'$: par ce moyen, la surface d'intrados de la lunette sera celle d'un cône droit à base circulaire, et les constructions seront plus simples.

On projettera la courbe $mn\ m'n'$ sur un plan perpendiculaire à l'axe du cône, et rabattu sur l'épure figure 281.

Les points 1, 2, 3, 4, 5, 6, qui partagent l'arc de cercle mn en sept parties égales, étant projetés (*fig.* 280) sur la droite $m'n'$, on construira les projections horizontales des génératrices du cône.

Les mêmes points $m, 1, 2, 3, 4, 5, 6, n$, ainsi que le sommet du cône étant projetés sur le plan vertical de la figure 282, on construira les projections sur ce plan de toutes les génératrices du cône.

Les intersections de ces génératrices avec le plan vertical $o''p''$ étant rabattues (*fig.* 283), feront connaître la courbe suivant laquelle la surface d'intrados de la lunette pénètre dans la face extérieure du mur. Cette courbe est un arc d'ellipse. Les coupes des joints seront dirigées vers le point o', et les hauteurs d'assises seront déterminées à volonté sur cette figure, au-dessus toutefois des points où les arêtes d'intrados rencontrent la courbe $a'c'''e'$.

La projection horizontale de la pénétration du cône dans le berceau, les intersections des joints des deux berceaux, et toutes les arêtes des pierres se construiront comme dans l'exemple précédent.

La figure 284 est le développement de la figure d'appareil provenant de la pénétration de la douelle de la lunette et des plans de joints dans l'intrados du berceau horizontal. Pour construire cette figure on a considéré l'arc *vi* (*fig.* 282) comme section droite du berceau ; on a porté toutes les parties de cette courbe à la suite les unes des autres (*fig.* 284), sur une ligne *vi* perpendiculaire à la direction du berceau, et par chaque point on a mené une perpendiculaire dont la longueur a été donnée par la figure 280. On n'oubliera pas que les coupes de joints *qi*, etc., sont des courbes pour la construction desquelles on devra prendre un point intermédiaire, que l'on projetterait sur l'arc *vi* (*fig.* 282), et par suite dans le développement (*fig.* 284).

La figure 285 contient toutes les douelles placées les unes sur les autres, comme dans l'épure précédente. Les longueurs des arêtes de douelle s'obtiennent en les faisant tourner autour de l'axe du cône, pour les rabattre dans le plan horizontal, sur la droite $s'u'e'$.

La figure 286 contient tous les panneaux de joints.

Les plans de joints, passant par l'axe du cône, sont perpendiculaires au plan qui contient la figure 281, et sont projetés sur cette figure par des droites concourant vers le point *o*. L'ellipse *ace* est la projection de la pénétration du cône dans la face extérieure du mur, et la courbe *vqu* est l'intersection des deux voûtes. Après avoir projeté tous les sommets de chaque panneau de joint sur la trace du plan qui le contient (*fig.* 281), on a supposé ici que tous ces plans étaient ramenés dans le plan vertical contenant l'axe du cône, puis avancés jusqu'au plan $o''p$, et enfin rabattus sur l'épure (*fig.* 286). Les longueurs de ces panneaux sont déduites de la figure 280.

La figure 287 contient les deux beuveaux construits suivant les angles aigus et obtus formés par les axes du cône et du cylindre.

Taille. On peut, comme précédemment, préparer la pierre sur le panneau vertical ou horizontal, ou enfin sur le panneau A (*fig.* 281). Dans ce dernier cas, la pierre étant terminée par deux plans perpendiculaires à l'axe du cône, on tracera sur ces plans les deux arcs de cercle suivant lesquels ils rencontrent la surface de la douelle, et l'on taillera cette surface, sur laquelle on appliquera le panneau flexible de douelle (*fig.* 285). On placera les panneaux de joints de la lunette en creusant la pierre pour le panneau inférieur ; puis, avec un panneau relevé sur le plan horizontal supérieur, ou bien avec le beuveau (*fig.* 287), on tracera (*fig.* 288) la droite ld qui représente la direction du berceau ; on fera le plan lk perpendiculaire à cette droite et l'on y appliquera le panneau vertical $r''dix''z''$ (*fig.* 282) ; toutes les coupes seront alors déterminées.

CHAPITRE IV.

Trompe conique.

I.

401. Définitions. — Soit donnée (*fig.* 289, *Pl.* 35), la coupe des murs par le plan horizontal de naissance de la trompe, et supposons, pour plus de régularité, que l'angle $m's'n'$ soit un angle droit : on prendra pour surface de douelle de la trompe un cône droit ayant son sommet en s', et dont la directrice serait un demi-cercle projeté sur le plan horizontal par la droite $m'n'$; si l'on prend un plan vertical de projection parallèle à cette courbe, on aura pour sa projection la demi-circonférence mon (*fig.* 290), et l'axe du cône se projettera par un point s.

Construction de l'épure. Les plans de joints passant par l'axe du cône, couperont sa surface suivant des droites dont les projections verticales concourront en s et les projections horizontales en s'. On fera passer ces droites par les points 1, 2, 3, qui partagent en parties égales la demi-circonférence mon.

La pénétration du cône formant la douelle de la trompe

dans les faces extérieures des murs se composera de deux arcs de parabole. Ces arcs, situés dans les plans verticaux, qui forment les faces des murs, auront pour projections horizontales les deux droites $e'm'$, $e'n'$.

Pour construire leurs projections verticales, on peut élever des perpendiculaires par les points où les projections horizontales des génératrices du cône rencontrent les traces des plans verticaux $e'm'$, $e'n'$. Ainsi la perpendiculaire élevée par u' déterminerait le point u; mais il sera plus exact de faire tourner ce point autour de l'axe du cône, pour le rabattre sur le plan horizontal en u'', puis de le projeter en u''' et le faire revenir de là en u sur la droite s-3; on opérera de même pour tous les autres ponts.

L'inclinaison de la surface conique de la trompe ne permet pas de prolonger jusqu'à cette surface le cylindre formant le joint de trompillon; on terminera ce joint par une seconde surface conique ayant son sommet en s'', et pour directrice le demi-cercle xz, $x'z'$; l'intersection de ce second cône par un plan $t'r'$ parallèle au plan vertical de projection, sera un demi-cercle que l'on prendra pour directrice du cylindre formant le joint du trompillon.

La figure 291 donne dans leur véritable grandeur les intersections de la douelle et des joints par les plans verticaux $e'm'$, $e'n'$; ce dernier plan est rabattu sur le plan vertical, en tournant autour de la droite ls'''; les hauteurs de chaque point sont déduites de la figure 290.

La figure 292 contient les panneaux de joints, que l'on a rabattus sur le plan horizontal, après les avoir fait avancer parallèlement à eux-mêmes jusqu'au point s'''. Les largeurs de ces panneaux sont déduites de la figure 290 et les longueurs de la figure 289.

La figure 293 est le développement de la douelle. Du point s'''' comme centre, avec un rayon $s''''m$ égal à $s'm'$, on a décrit l'arc de cercle m, 1, 2, 3, 3, sur lequel on a porté les parties du cercle mon (*fig.* 290), et l'on a fait passer par chaque point de division une des génératrices rabattues dans leur véritable grandeur sur la droite $s'e''$ (*fig.* 289), ou sur $s''''e''''$ (*fig.* 292, 293).

Enfin si l'on veut tailler par beuveau, il faudra chercher les angles que font entre eux les plans de joints, la douelle et les faces du mur.

Ainsi la figure 296 est le développement du trièdre formé au point u par le plan de joint sq, la face verticale du mur, et le plan qui contiendrait les deux arêtes de douelle $s3$, $s2$ (*Géométrie descriptive*).

L'angle a appartient au panneau D (*fig.* 291).

L'angle c du panneau de joint est donné par la figure 292.

Et l'angle b (*fig.* 293) appartient à la douelle considérée ici comme plane.

On développerait de la même manière les trièdres formés par les autres panneaux de douelle et de joints.

Taille de la pierre. On fera un voussoir sur le panneau de projection verticale figure 290 ; on tracera sur le plan horizontal supérieur le panneau horizontal $k'h'v'q'$, et l'on fera (*fig.* 294) le plan verticale vqu, sur lequel on appliquera le panneau D (*fig.* 291). L'arc de ce panneau et l'arête du trompillon, que l'on tracera dans la surface cylindrique du voussoir, serviront de directrices à la surface conique de la trompe. On tracera ensuite dans le plan vertical hk le petit arc du cercle tr, qui doit servir de directrice au cylindre formant le joint du trompillon que l'on taillera en refouillant la pierre jusqu'à ce que l'on puisse tracer le petit arc situé dans le plan $t'r'$; cet arc, avec l'arête xz, serviront de directrices au joint conique du trompillon.

Taille par beuveau. On prendra un bloc capable de contenir la pierre (*fig.* 297); puis, après avoir dressé une face, on y appliquera le panneau E (*fig.* 293). Ce panneau déterminera le contour de la douelle que l'on suppose plate, on taillera ensuite les faces adjacentes de joints et de tête, suivant les angles que ces faces doivent faire avec la première, et l'on se servira pour cela des beuveaux donnés par la figure 296; puis appliquant les panneaux de joints (*fig.* 292) et le panneau D (*fig.* 291), toutes les faces seront déterminées. On creusera ensuite la douelle et les surfaces du trompillon comme ci-dessus.

Trompillon (*fig.* 295). Après avoir taillé un cylindre sur le panneau demi-circulaire tr (*fig.* 290), et d'une longueur égale à celle du trompillon, on décrira sur l'une de ses bases le demi-cercle xz, et l'on tracera sur la surface convexe du cylindre le demi-cercle dont la projection horizontale est $t'r'$ (*fig.* 289); enfin on déterminera la position du sommet s' dans le lit de pose, et toutes les coupes seront tracées.

402. La comparaison des figures 294 et 297 confirme ce que j'ai dit plus haut, que la méthode *par équarrissement* exige en général moins de pierre que la méthode par *beuveau*; en effet, il est évident que l'on pourrait faire servir ici toute pierre qui aurait une longueur convenable, et dont une face contiendrait le panneau de projection verticale (*fig.* 290). De plus la facilité que l'on a d'apprécier la position de la pierre dans le solide qui l'enveloppe, permettra d'utiliser

un bloc tronqué à l'endroit où doit se trouver l'évidement de la trompe, tandis que la position inclinée de la pierre dans le bloc d'où on la tire, en employant la méthode par beuveau, ne permet pas d'évaluer aussi exactement au premier coup d'œil l'étendue du solide capable de contenir le voussoir. C'est donc à tort que quelques personnes sont disposées à regarder la méthode par beuveaux comme occasionnant *toujours* moins de déchet. Cette erreur provient de ce qu'assez souvent les constructeurs, soit par le manque d'habitude de la géométrie, soit pour économiser le temps, ne jugent pas à propos de faire les opérations graphiques nécessaires pour déterminer *à priori* le plus petit solide capable ; opérations qui, dans certains cas, présentent quelques difficultés.

On peut dire que ces opérations consistent *en général* :

1° *A projeter la pierre sur un plan perpendiculaire à sa plus grande longueur ;*

2° *A construire le plus petit rectangle circonscrit à sa projection.*

Ce rectangle et la longueur de la pierre seront les dimensions du plus petit bloc qui puisse la contenir.

On pourrait aussi déterminer d'avance le plus petit solide nécessaire pour tailler par beuveau. Il faudrait :

1° *Projeter la pierre sur le plan qui contient la face par laquelle on veut commencer, et construire le plus petit rectangle circonscrit à cette projection*, ce qui fera connaître deux dimensions de la pierre.

2° *Déterminer la distance de la première face taillée, au point de la pierre qui en est le plus éloigné.*

On peut encore ajouter que la méthode par beuveau ne présente quelque avantage que dans le cas où la voûte ne doit pas être extradossée par une surface définie, ou lorsque l'extrados est sensiblement parallèle à l'intrados.

Cependant, on ne doit donner à l'une des deux méthodes sur l'autre qu'une préférence relative et dépendante, non-seulement de la forme plus ou moins simple que doit prendre la pierre, mais encore de l'exactitude avec laquelle il est nécessaire qu'elle soit taillée ; or il est certain, abstraction faite de l'économie des matériaux, que si la méthode par beuveau est plus expéditive en ce qu'elle permet de tailler directement les faces mêmes de la pierre, elle offre des chances d'inexactitude dans la combinaison des erreurs ; car en taillant successivement les faces d'après les angles qu'elles doivent faire avec celles déjà taillées, les erreurs que l'on aurait pu faire dans les angles que les premières faces font entre elles se combineront avec les erreurs qui existeraient dans les angles des dernières faces ; et ces erreurs, dépendant souvent des mêmes causes, telles que l'imperfection des beuveaux ou équerres dont on se sera servi, seront souvent dans le même sens, et ne se compenseront que très-rarement ; tandis que dans la méthode par équarrissement, on est assez souvent, il est vrai, conduit à tailler des plans qui ne doivent pas faire partie de la surface définitive de la pierre ; mais ces faces, presque toujours à angles droits, servant en quelque sorte de plans de projection, permettent de construire avec la plus rigoureuse exactitude, et indépendamment les unes des autres, les traces des faces que l'on doit tailler ensuite. C'est donc surtout dans les occasions qui exigent de l'exactitude que l'on doit donner la préférence à la méthode par équarrissement, tandis que la méthode par beuveau tire son avantage de l'économie de la main-d'œuvre.

II.

403. Trompe biaise dans un mur en talus. — *Les données* sont (*fig.* 299, *Pl.* 36) la coupe des pieds droits par le plan de naissance, et (*fig.* 300) l'angle d'inclinaison du talus que nous supposons ici projeté sur un plan perpendiculaire à la direction du mur dans lequel la trompe est construite.

Épure. On prendra pour surface d'intrados de la trompe un cône circulaire ayant son sommet en s', et pour axe la droite $s'o'$, qui partage l'angle $m's'e'$ en deux parties égales.

La directrice de ce cône sera un demi-cercle ayant pour projection horizontale la droite $m'n'$, perpendiculaire à l'axe du cône.

Les points $m'n'$ étant projetés en m et en n sur un plan perpendiculaire à l'axe du cône, on supposera ce plan rabattu sur l'épure (*fig.* 301), et l'on construira le demi-cercle m, 1, 2, 3, 4, n, pour seconde projection de la directrice. Les droites $s1$, $s2$, $s3$, $s4$, seront les traces des plans de joints, et en même temps les projections des génératrices du cône sur le plan de la figure 301.

Les points 1, 2, 3, 4, ramenés sur la droite $m'n'$ (*fig.* 299), détermineront les projections horizontales des génératrices. On projettera ensuite le sommet du cône et les points 1, 2, 3, 4, sur le plan vertical (*fig.* 300), et l'on construira sur ce plan les projections des génératrices, dont les intersections, avec la trace du talus $m''p''$, détermineront tous les points de la courbe $m'ce'$, qui provient de la pénétration du cône dans le talus. Cette figure est rabattue sur l'épure (*fig.* 302).

La surface de la trompe étant celle d'un cône circulaire, le plus simple serait de prendre pour arête du trompillon un demi-cercle dont le plan serait perpendiculaire à l'axe du cône ; mais par suite de l'irrégularité de l'appareil, il sera plus convenable ici de prendre pour contour apparent du trompillon une ellipse verticale et parallèle à la trace du talus. Cette ellipse servira de directrice à un cône dont nous prendrons le sommet au point $a'a''$, déterminé par la droite $a''y''$, perpendiculaire à $s''c''$ (*fig.* 300). Cette surface, prise pour joint du trompillon, ne sera pas exactement perpendiculaire à l'intrados de la trompe, mais les angles aux points x' et z' différeront si peu de l'angle droit, qu'ils peuvent être adoptés sans inconvénient. La section de ce second cône par un plan vertical $t'r'$ parallèle à $x'z'$ sera une seconde ellipse semblable à la première, et que l'on prendra pour directrice du cylindre formant la surface du trompillon. Ces deux ellipses avancées parallèlement à elles-mêmes sont rabattues (*fig.* 305) dans leurs véritables grandeurs.

La figure 306 est le développement de la petite portion du cylindre du trompillon retranchée par le biais du mur.

La figure 303 est le développement de la douelle de la trompe. Cette figure, dans laquelle la douelle de chaque pierre est considérée comme plate, se construira comme dans l'exemple précédent. Du point s''' comme centre, avec un rayon $s'''m'''$ égal à $s'm'$, on décrira l'arc de cercle $m'''n'''$, sur lequel on portera les points 1, 2, 3, 4, n''', dont les distances en ligne droite sont déduites de la figure 301 ; puis on joindra chacun de ces points avec s''' par un rayon sur lequel on portera la génératrice correspondante que l'on obtient dans sa véritable longueur, en la faisant tourner autour de l'axe du cône jusqu'à ce qu'elle coïncide avec la droite $s'm'$.

La figure 304 contient les panneaux de joints. On suppose ici que chacun de ces panneaux, tournant autour de l'axe du cône, a été ramené dans le plan vertical sp, puis avancé et rabattu sur l'épure (*fig.* 304). Les largeurs de ces panneaux sont données par les distances de chacun de leurs points à l'axe du cône, représenté par le point s sur la figure 301, et les longueurs sont déduites des figures 299 et 303.

Le lecteur aura sans doute remarqué la ressemblance entre la disposition de cette épure et celle de la planche 34. Cette analogie est une conséquence naturelle de celle qui existe entre les deux voûtes. En effet, toute la différence entre une trompe et une lunette conique, c'est que, dans cette dernière voûte, la surface du cône traverse les deux faces du mur, tandis que dans la trompe le sommet est compris dans l'épaisseur du mur.

Taille. Quand on aura taillé la pierre sur le panneau de la projection A (*fig.* 301), on placera le panneau horizontal $qvhk$ (*fig.* 299) et les deux panneaux de joints (*fig.* 304), ce qui déterminera le plan vertical du mur biais, et le talus sur lequel on tracera le contour du panneau A' (*fig.* 302); ensuite, dans la surface cylindrique déterminée par le contour du panneau A on tracera l'arête du trompillon, parallèle à la face verticale du mur. Cette courbe, avec celle du panneau A', dirigeront la génératrice de la surface conique de la trompe. Enfin, on pourra tailler la surface cylindrique déterminée par le joint du trompillon, en faisant glisser l'arc correspondant de l'ellipse *tr*, rabattue (*fig.* 305) sur les deux côtés horizontaux et parallèles des panneaux de joints, en maintenant toujours la courbe dans un plan parallèle à la face verticale du mur, ou bien en faisant glisser l'arc d'ellipse *tr* (*fig.* 301) perpendiculairement aux deux côtés des panneaux de joints.

Quant au joint conique du trompillon, il aura pour directrices les deux arcs correspondants des courbes $t'r'$, $x'z'$.

Trompillon. On taillera un cylindre droit sur le panneau elliptique *tr* (*fig.* 301); puis, enveloppant sur ce cylindre le petit panneau de développement (*fig.* 306), on fera aux extrémités du cylindre les sections biaises appartenant à la face verticale du mur et au plan vertical qui contient l'arête $x'z'$ du trompillon, que l'on tracera dans ce plan au moyen de la plus petite des deux courbes rabattues (*fig.* 305). On déterminera la position du point s' dans le lit de pose du trompillon, et l'on tracera sur le cylindre l'ellipse *tr*, parallèle aux sections biaises de ce cylindre, ce qui déterminera toutes les coupes.

On peut encore tailler le trompillon de la manière suivante. On dressera d'abord le lit de pose et les deux plans verticaux contenant la face du mur et l'arête $x'z'$ du trompillon; on appliquera sur ces faces le panneau (*fig.* 305). La plus grande des deux ellipses sera la directrice du cylindre, et la plus petite servira pour tracer l'arête du trompillon, enfin le point *s* étant placé dans le lit de pose, toutes les coupes seront tracées.

Parmi les moyens indiqués ci-dessus pour tailler la pierre, il n'a pas été question des panneaux de douelle (*fig.* 303). On n'aura besoin de se servir de ces panneaux que dans le cas où l'on voudrait tailler la pierre par beuveau ; alors on opérerait exactement comme nous l'avons dit (401). Mais il faudrait auparavant construire les beuveaux en développant (*Géométrie descriptive*) les trièdres formés par les panneaux de joints, de tête et de douelle considérés comme plats.

III.

404. Trompe conique supportant une tourelle. — La figure 309 est la coupe par le plan de naissance.

La figure 310 est la projection sur un plan perpendiculaire à l'axe du cône, formant l'intrados de la trompe ; *mun* est la courbe à double courbure, provenant de l'intersection du cylindre de la tourelle, par la surface conique de la trompe.

La figure 311 est le développement de la moitié de la surface cylindrique de la tourelle ; enfin les figures 312 et 313 contiennent le développement de la douelle et le rabattement des panneaux de joints. Chaque douelle est considérée comme plate, c'est-à-dire que l'on a pris les distances en ligne droite des points $m1$, 1-2, 2-2 (*fig.* 310) pour les porter (*fig.* 312) sur l'arc $m1$, 2-2, décrit avec un rayon égal à $s'm'$.

Taille. La pierre étant taillée sur le panneau de projection verticale A (*fig.* 310), on appliquera le panneau horizontal $hkvmq$; puis on taillera la surface cylindrique de la tourelle, sur laquelle on enveloppera le panneau A' (*fig.* 311); le reste ne présentera plus de difficultés. La forme symétrique de cette trompe permet d'employer la méthode par beuveau ; pour cela, on fera passer par le point cc' un plan perpendiculaire à la ligne de naissance $s'n'$. Ce plan contient l'angle formé par la première douelle et par le plan horizontal ; on rabattra cet angle sur l'épure, en prenant la hauteur du point c au-dessus du plan horizontal, et portant cette hauteur de c' en c''; puis on construira le beuveau, qui servira pour toutes les pierres ; car le cône étant circulaire, toutes les douelles plates feront le même angle avec les plans de joints. Cela étant fait, on dressera d'abord le plan qui contient les deux arêtes de la douelle, puis avec le beuveau on fera les plans de joints, sur lesquels on appliquera ensuite les panneaux de joints : ce qui déterminera les faces verticales et horizontales de la pierre. On tracera le panneau horizontal $hkvm'q$, et l'on taillera la surface cylindrique de la tourelle, sur laquelle on appliquera le panneau de développement A'. Enfin on creusera les joints cylindriques et coniques du trompillon, dont l'arête, avec la courbe du panneau A', serviront de directrices à la douelle.

IV.

405. Application des trompes. — *Données.* Soit (*fig.* 315, *Pl.* **37**) le plan d'un espace rectangulaire formant la cage d'un escalier. Le carré $s'm'e'n'$ étant la projection horizontale de l'un des paliers, on pourra soutenir cette partie par une trompe conique, ayant son sommet en s'. La directrice du cône, formant l'intrados de cette voûte, serait une ellipse rabattue (*fig.* 317), et dont la hauteur, égale à la moitié de ne

(*fig.* 316), dépend du plus ou moins d'élévation que l'on veut donner à la voûte.

Après avoir établi sur la courbe $m''c''n''$ (*fig.* 317) les points de division des voussoirs, on ramènera ces points sur la projection horizontale $m'n'$ (*fig.* 315), et de là sur la projection verticale (*fig.* 316) en prenant les hauteurs (*fig.* 317). On construira les projections verticales et horizontales des arêtes d'intrados et l'arc de parabole se, provenant de l'intersection du cône de la trompe par le plan vertical $m'e'$. Un autre arc de parabole égal au premier sera situé dans le plan $e'n'$, et se projettera sur le plan vertical par la droite en. On déterminera les hauteurs d'assises sur les deux figures 316 et 317, et l'on en déduira les projections horizontales des faces de joints ; ainsi le joint de la clef sera le pentagone projeté sur le plan horizontal par $v'u'z'z'x'$.

Les côtés de ce pentagone sont :

1° *L'arête d'intrados* $v'u'$;

2° *La droite* $u'z'$ *provenant de l'intersection du plan de joint par le plan vertical* $n'e'$;

3° *La droite* $z'z'$, *intersection du plan de joint par le plan horizontal* rz (*fig.* 316);

4° *La droite* $z'x'$, *intersection du plan de joint par la face intérieure du mur formant la cage de l'escalier;*

5° *Enfin la petite droite* $x'v'$, *suivant laquelle le plan de joint est terminé par la surface du trompillon.*

On aurait pu prolonger le plan de joint dans l'épaisseur du mur ; mais il est préférable de faire les coupes comme on le voit sur les figures 319, 321. Cette disposition d'appareil a l'avantage de conserver au mur toute la force nécessaire pour soutenir les constructions supérieures.

Si les dimensions de la trompe sont trop grandes, on fera les pierres de plusieurs morceaux. Nous avons supposé ici que la clef était composée de trois parties : l'une (*fig.* 319), qui est posée sur le trompillon ; la deuxième partie (*fig.* 320), qui se place sur la première, et qui contient la naissance des deux rampes ; enfin, un troisième morceau placé derrière le second, et qui se rattache à l'angle du mur principal. Le deuxième morceau (*fig.* 320), est le plus important : il est séparé du troisième par un joint vertical, représenté en plan par la droite ti, et du premier morceau par un joint conique ayant son sommet en e', et pour directrice l'arc 3-3. L'intersection de ce cône par le lit supérieur de la deuxième assise est un arc d'hyperbole que l'on voit sur la figure 315.

Les panneaux de joints, étant perpendiculaires au plan de la projection (*fig.* 317), seront représentés sur cette figure par des lignes droites. On suppose ici que ces panneaux ont été avancés parallèlement à eux-mêmes jusqu'au point o, puis rabattus sur le plan horizontal de projection.

Le joint du trompillon est un cône qui a pour directrice une ellipse semblable à la directrice de la trompe.

Au lieu de soutenir le palier par une trompe, on pourrait employer un quart de voûte en arc-de-cloître (*fig.* 318).

406. Les arcs de parabole se, en (*fig.* 316) serviront de directrices à des portions de voûtes cylindriques, destinées à soutenir les rampes. Ces parties de voûtes cylindriques, construites en saillie parallèlement à la surface d'un mur

droit, se nomme *encorbellement*. On peut disposer l'appareil comme on le voit (*fig.* 316), et si les rampes avaient beaucoup de longueur, on répéterait plusieurs fois le même appareil.

Pour ne rien ôter à la solidité du mur, on fera bien de conserver horizontale une partie de l'épaisseur des pierres de la descente, comme nous venons de le dire pour la trompe conique.

L'inclinaison de l'appareil dispense de s'assujettir à la division en un nombre impair de voussoirs, la clef devant être remplacée par le voussoir qui s'approche le plus de la position verticale.

407. L'assise supérieure de l'encorbellement est souvent trop éloignée du mur pour que les pierres qui la composent puissent être engagées solidement dans la masse; dans ce cas, il sera nécessaire de les rattacher au reste de la construction par les moyens suivants. On pourra faire le joint du dernier voussoir en forme de crossette, comme on le voit par la coupe de la pierre *a* (*fig.* 318). Si avec cela on fait, dans le plan supérieur de cette pierre, un petit renfoncement destiné à recevoir une saillie correspondante, que l'on réservera au-dessous de la marche, il est évident que la dernière assise ne pourra ni glisser sur le joint de l'assise inférieure, ni s'éloigner du mur principal, dans lequel la marche est scellée par son autre extrémité.

On peut aussi rattacher les pierres les unes aux autres, comme on le voit (*fig.* 322); ainsi, le pierre *a* serait liée avec la pierre *b*, soit par des tenons, soit par des crossettes, et les pierres b se rattacheraient de la même manière aux pierres c, qui sont engagées dans la construction.

Si l'escalier avait peu de largeur, on pourrait tailler les marches de manière qu'elles formeraient la dernière assise de l'encorbellement, chaque marche étant scellée dans le mur par un bout, et portant à l'autre extrémité un morceau incliné du limon (*fig.* 323).

Enfin, on peut tailler l'assise supérieure en plate-bande (*fig.* 318).

Il est inutile d'ajouter que les coupes a et c (*fig.* 318) ne sont pas nécessaires pour les pierres formant les angles des paliers, qui sont suffisamment maintenues par la poussée des rampes.

Nous ne parlons pas ici des crampons, goujons et armatures de toutes espèces, fréquemment employés dans les constructions, réservant pour une autre partie l'exposé des moyens de solidité qui ne résultent pas directement de la forme particulière des coupes.

Taille. Supposons, par exemple, que l'on veuille tracer la clef de la trompe conique; on préparera une pierre sur le contour de la projection horizontale, en y comprenant les coupes perpendiculaires aux deux rampes. On fera l'angle rentrant $b'e'd'$; on appliquera le panneau triangulaire A sur le plan vertical $e'd'$, ce qui déterminera l'inclinaison de la rampe montante. On fera un plan perpendiculaire à cette inclinaison, et l'on appliquera le panneau de section droite B; ensuite on renversera le panneau A, que l'on appliquera ainsi renversé dans le plan vertical $b'e'$; on tracera les arêtes de la rampe descendante, puis on fera le plan perpendiculaire à cette rampe, et l'on tracera le contour du panneau B.

Le panneau E (*fig.* 317), étant appliqué dans le plan vertical *ti*, déterminera les plans de joints, et le petit cylindre horizontal contenant l'arc 3-3, que l'on tracera au moyen d'une règle flexible.

Pour tracer la douelle de la trompe, on pourra employer deux moyens : le premier consiste à tailler d'abord les douelles cylindriques des descentes, sur lesquelles on appliquera le panneau de développement F (*fig*, 316); le côté gauche de ce panneau déterminera l'arête de raccordement de la trompe et de la rampe montante; et le côté droit servira pour tracer l'arc qui appartient à la rampe descendante.

Deuxième moyen. On taillera la douelle de la rampe supérieure jusqu'au plan vertical *e'n'* que l'on réservera, et sur lequel on tracera le petit arc de parabole *eu*. On fera la même opération du côté de la rampe inférieure; ce qui présentera un peu plus de difficulté à cause de l'inclination de la descente : les deux arcs symétriques *eu* et l'arc 3-3 serviront de directrices à la surface conique de la trompe.

Pour le joint conique du trompillon, on creusera la pierre avec précaution à la hauteur du plan horizontal, qui doit contenir le panneau C. L'arc d'hyperbole, qui termine ce panneau, provient de l'intersection du joint conique du trompillom par le lit supérieur de la deuxième assise. Cette courbe et l'arc 3-3 serviront de directrices au joint du trompillon.

On terminera par le plan horizontal du palier, sur lequel on placera le panneau D, dont les côtés, perpendiculaires aux faces des murs, détermineront les naissances des rampes.

Des moyens analogues seront employés pour tracer les autres voussoirs.

Le trompillon ne présentera pas de difficultés; l'arête du joint conique (*fig.* 317) et le petit arc de parabole (*fig.* 324) suffiront pour déterminer toutes les coupes.

CHAPITRE V.

Arrière-voussures coniques.

I.

408. Définitions. — Les surfaces coniques sont encore employées quelquefois pour former la voûte de certaines portes, auxquelles on donne le nom de portes en voussures : ces voûtes se nomment aussi *arrière-voussures*.

Soit, par exemple (*fig.* 325, 328, *Pl.* **38**), la coupe des pieds-droits d'une porte par le plan de naissance. La surface à couvrir se compose de deux rectangles et d'un trapèze.

La partie rectangulaire $a'c'a''c''$, comprise entre les tableaux des jambages, et qui représente l'ouverture de la porte, sera couverte par un demi-cylindre circulaire, perpendiculaire au plan vertical de projection, et dont la trace sur ce plan serait le demi-cercle aec.

Le petit rectangle $v'u'v''u''$ sera couvert par un second cylindre également circulaire, dont la trace sur le plan vertical est le demi-cercle $v4u$. Nous avons donné plus haut (285) à ce renfoncement cylindrique le nom de feuillure. Cet espace est destiné à recevoir les vantaux de la porte lorsqu'elle est fermée.

Enfin, on pourra couvrir le trapèze $v''u''b'd'$ par une portion de la surface d'un cône oblique qui aurait pour directrice le cercle de feuillure $v4u$, et dont le sommet aurait pour projections les deux points s, s'. La pénétration de ce cône dans la face apparente du mur sera un arc de cercle $b1d$, que l'on nomme arc de tête, et dont le centre est situé en i.

Presque toujours cet arc fait partie des données de la question; de sorte que le cône, formant la douelle de la voûte, doit être choisi de manière que sa surface contienne les deux cercles parallèles $v4u, b1d$. Pour satisfaire à ces conditions, on projettera sur un plan auxilliaire (*fig.* 327) les deux points 1 et 4, qui sont les plus élevés des deux cercles donnés, et l'on joindra ces points par une droite qui sera l'une des génératrices du cône. On projettera pareillement, sur le plan auxiliaire, les points o et i en o'' et i'', et la rencontre de la ligne 1-4 avec $o''i''$, qui représente l'axe du cône, fera connaître la projection s'' du sommet, d'où il sera facile de déduire ses deux autres projections s et s'.

Les côtés obliques $v''b', u''d'$ du trapèze (*fig.* 325, 328) seront les traces de deux plans verticaux que l'on nomme plans d'ébrasement, et contre lesquels viennent s'appliquer les vantaux de la porte lorsqu'elle est ouverte. Ces plans couperont la surface conique de l'arrière-voussure, suivant deux arcs d'hyperbole, que l'on pourrait construire en élevant des perpendiculaires par les points où les droites $v''b', u''d'$ sont coupées par les génératrices du cône. Mais comme ces intersections se font suivant des angles très-aigus, il sera plus exact d'établir, sur la surface du cône, un certain nombre de cercles parallèles au plan vertical, et d'élever des perpendiculaires par les points où les projections horizontales de ces cercles sont coupées par les traces des plans d'ébrasement.

Si l'on veut que les cercles tracés passent par les points 1,2,3,4, qui partagent la droite 1-4, en parties égales, on déterminera leurs centres en partageant la distance des centres oi, $o''i''$, en autant de parties égales.

Les surfaces qui doivent composer la douelle de la voûte étant adoptées, il s'agit de déterminer l'appareil. Pour cela, on partagera le cintre de la porte en autant de parties que l'on veut avoir de pierres, et l'on fera passer un plan de joint par chacun des points de division, et par l'axe du cylyndre d'intrados. Par suite de cette disposition, les arêtes d'intrados dans le cylindre de la porte et dans la feuillure seront des lignes droites; mais dans la surface conique, elles deviendront des arcs d'hyperbole; leurs projections verticales se confondront avec les traces des plans de joints. Quant à leurs projections horizontales, on les obtiendra en abaissant des perpendiculaires par les points où les traces des plans de joints rencontreront les projections verticales des cercles 1,2,3,4, situés, comme nous l'avons dit, sur la surface du cône.

On n'a construit sur l'épure que la moitié de l'appareil, en réservant l'autre moitié pour la description de la surface conique.

La figure 330 contient les trois panneaux de joints rabattus sur l'épure, dans leurs véritables grandeurs. On peut supposer ici que le premier est rabattu sur un plan horizontal mp, en tournant autour d'une ligne passant par le point m, et perpendiculaire au plan vertical de projection. Le second panneau est rabattu sur le plan horizontal nq, et le troisième sur un plan rg.

La figure 331 est le rabattement du plan d'ébrasement, terminé par l'arc d'hyperbole suivant lequel ce plan coupe la surface de la voussure.

Enfin la figure 332 est la face de la pierre A, qui coïncide avec le parement du mur.

409. Avant de tailler la pierre, il reste encore à faire une opération importante, et sans laquelle le travail pourrait être défectueux. Cette opération a pour but de s'assurer que la voussure est suffisamment surhaussée, pour ne pas gêner le mouvement du vantail. Il pourrait arriver, en effet, que les données eussent été prises de telle manière que le vantail en s'ouvrant toucherait la surface du cône avant d'arriver au plan d'ébrasement, contre lequel il ne pourrait plus s'appliquer. Pour s'assurer que ce défaut n'a pas lieu, on s'y prendra de la manière suivante. Par un point w quelconque, pris sur le cercle de feuillure, concevons un plan horizontal, et construisons la courbe w'-3-l (*fig.* 328) provenant de l'intersection de la voûte par ce plan. L'intersection de cette courbe par l'arc de cercle horizontal que parcourt le point w du vantail sera le lieu où ce point viendrait toucher la surface conique. Si cette intersection est en dehors du trapèze $v''u''b'd'$, on en conclura que le point w ne peut pas toucher la voûte, puisqu'il faudrait pour cela qu'il passât à gauche du plan débrasement. Les mêmes opérations, recommencées à des hauteurs différentes, feront connaître si quelque point peut toucher la voûte avant que le vantail ait achevé son mouvement. Dans ce cas, il faudrait prendre d'autres données, et recommencer l'épure; mais le plus habituellement, les constructeurs négligent cette partie de la question; et lorsque après la pose, l'arrière-voussure ne se trouve pas assez surhaussée, ils font disparaître sur place ce qui gêne le mouvement du vantail, en altérant le moins possible la surface primitive de la voûte.

Taille. On fera un voussoir sur le panneau de projection verticale A (*fig.* 329), puis on appliquera les panneaux de joints (*fig.* 330) et le panneau vertical A' (*fig.* 332). Les droites *by* et *yz* détermineront le plan d'ébrasement que l'on taillera en fouillant la pierre jusqu'à ce qu'on puisse appliquer le panneau *byz* (*fig.* 331). Les points de repère marqués sur les courbes *b*1, 1-4, *tz*, et *zb* détermineront les positions de la génératrice de la surface conique de l'arrière-voussure. La figure 333 représente la pierre en perspective.

II.

410. Deuxième arrière-voussure conique. — Le cintre de la porte étant déterminé par l'arc de cercle *ae* et l'arc de tête étant *bi* (*fig.* 334), parallèle au plan vertical de projection, on prendra pour surface d'intrados un cône dont le sommet aurait sa projection verticale en *s*, dans le prolongement de *ab*, et sa projection horizontale en *s'* sur le prolongement de *a'b'*. Les droites génératrices de ce cône seront les arêtes d'intrados, et par conséquent les plans de joints contiendront le sommet du cône; mais pour éviter les angles aigus que les coupes feraient avec l'arc de tête, on brisera le joint, comme on le voit (*fig.* 335), de sorte qu'une portion du joint contiendra la droite *uz* perpendiculaire au cintre de la porte, tandis que le reste sera déterminé par la droite vn perpendiculaire à l'arc de tête.

On aurait pu aussi prolonger ces deux faces du joint jusqu'à leur rencontre $u'r'$, ou bien encore faire passer le plan de joint par l'arête d'intrados et par la normale à une section moyenne du cône.

Taille. On fera un voussoir sur le contour de la projection verticale; puis le panneau A et le panneau horizontal A' détermineront toutes les coupes.

III.

411. Troisième arrière-voussure. — La voussure est composée ici (*fig.* 336) d'un cône elliptique dont le sommet aurait sa projection horizontale en s', et sa projection verticale en o, centre du cercle ec.

Les plans de joints perpendiculaires au cylindre de la porte, seront brisés par une coupe perpendiculaire à l'ellipse td. L'intersection des deux voûtes sera une courbe à double courbure ($ce, c'e'$) dont la construction ne présente pas de difficulté.

La figure 337 contient le développement de chaque douelle.

On doit remarquer que cette forme de voûte ne peut être employée que pour un passage qui ne serait pas fermé ou dont la porte ne s'élèverait pas jusqu'au cintre circulaire, car il est évident que la surface cylindrique gênerait le mouvement du vantail autour de l'arête verticale du point c, c'.

Taille. On fera le voussoir sur la projection verticale (*fig*. 336), puis on placera le panneau de développement de la douelle avec lequel on tracera l'arêtier, ce qui, avec le panneau A (*fig*. 338) suffira pour déterminer toutes les coupes.

LIVRE IV.

SURFACES SPHÉRIQUES.

CHAPITRE PREMIER.

Voûtes sphériques.

I.

412. Appareil par assises horizontales. — La disposition d'appareil la plus simple, et qui satisfait le mieux aux conditions de l'équilibre, est celle qui est représentée (*fig.* 339, *Pl.* **39**). Les arêtes d'intrados sont des cercles horizontaux, les lits sont des surfaces coniques, ayant leurs sommets au centre de la sphère, et les joints verticaux sont des plans méridiens. L'extrados est une calotte sphérique, appartenant à une sphère dont le centre serait situé au-dessous du plan de naissance de la voûte.

La construction de cette épure ne présentant aucune difficulté, nous ne nous y arrêterons pas.

Taille de la pierre. Il y a plusieurs manières de tracer et de tailler les voussoirs des voûtes sphériques.

413. *Première méthode ou par équarrissement.* On opérera comme nous l'avons fait (389) pour les voûtes coniques. On préparera une pierre sur le contour de la projection horizontale $v'v'c'c'$ (*fig.* 340, 341). Cette pierre sera comprise entre deux plans horizontaux, éloignés l'un de l'autre de toute l'épaisseur de la pierre, deux plans verticaux passant par l'axe de la sphère, et devant contenir les faces des joints montants, et les deux cylindres concentriques, entre lesquels la pierre se trouve comprise. On tracera, sur les plans verticaux des joints montants, le contour du panneau A (*fig.* 339). Ce qui déterminera toutes les arêtes de la pierre.

Pour tailler la douelle, on partagera les deux arcs horizontaux $(aa, a'a')$ (cc, cc') en un même nombre de parties égales, puis on fera glisser sur ces deux arcs une cerce découpée en bois dur ou en fer, en ayant soin de faire passer cette cerce par les points correspondants, et de maintenir son plan perpendiculairement aux deux arcs que l'on prend ici pour courbes directrices.

414. La méthode précédente est celle que l'on doit préférer pour les premiers voussoirs, surtout pour ceux qui se raccordent avec les assises horizontales du mur circulaire ; mais il est évident que pour les voussoirs supérieurs, le déchet serait considérable, indépendamment de la perte de temps nécessaire pour tailler les faces horizontales et cylindriques, qui ne servent qu'au tracé de la pierre. Ces inconvénients ont engagé quelques auteurs à proposer les moyens suivants.

Soit (*fig.* 342) la projection horizontale d'une des pierres de la voûte sphérique précédente, et (*fig.* 343) la projection verticale de la même pierre que nous supposons ici coupée par le plan méridien qui la partage en deux parties symétriques. Le rectangle *mnbd*, circonscrit à la projection verticale, sera la base d'un parallélipipède qui contiendra la pierre. La longueur de ce parallélipipède sera la ligne $m'n'$. On remarquera, de plus, que le plan *sn* coupe la surface de la sphère, suivant un cercle qui a pour diamètre *vu*, et dont la circonférence contient les quatre angles de la douelle.

415. De la disposition d'épure précédente, on déduira ce moyen de tailler la pierre. Après avoir choisi (*fig.* 344) un bloc capable de contenir le voussoir, on dressera la face *mmnn* qui doit contenir les quatre angles de la douelle; puis après avoir tracé la droite *su*, on déterminera la position du point *o*, en portant la distance *mo* (*fig.* 343) sur *su*, à partir du bord *mm* de la pierre; puis, du point *o* comme centre avec un rayon *ov* moitié de *vu*, on décrira le cercle *caac* qui termine la calotte sphérique, contenant la douelle de la pierre que l'on veut tailler. On découpera ensuite une cerce B (*fig.* 345) sur la courbure d'un des grands cercles de la sphère; puis on creusera la pierre avec précaution jusqu'à ce qu'on puisse appuyer les deux extrémités de la cerce sur deux points opposés de la circonférence *caac*, et faire pivoter cette cerce autour du centre, de manière que son plan reste perpendiculaire à celui du cercle *caac*. Les appareilleurs donnent le nom d'écuelle à une pierre ainsi préparée.

Il s'agit actuellement de tracer le contour de la douelle dans la calotte sphérique que l'on vient de tailler. Ce contour se compose de quatre arcs de cercle, savoir, deux arcs horizontaux *aa*, *cc*, appartenant à des petits cercles de la sphère; plus deux arcs verticaux (*ac*, $a'c'$) situés dans les plans méridiens formant les joints montants du voussoir. Or le plan *sn*

($fig.$ 343) étant prolongé suffisamment rencontre l'axe vertical de la sphère en un point s, que l'on peut considérer comme le sommet d'un cône circulaire sur la surface duquel seraient situées les deux courbes $(aa, a'a')$ $(cc, c'c')$; de sorte que, si l'on plaçait à ce point s une pointe de compas, ou l'une des extrémités d'un fil inextensible dont la longueur serait égale à sh, l'autre extrémité du fil décrirait évidemment, sur la surface de la sphère, l'arc de cercle chc.

D'après cela, on disposera sur le chantier une pierre, de manière que l'une de ses faces soit dans le prolongement du plan $mmnn$ ($fig.$ 344), à une distance telle que l'on puisse porter la distance ms égale à la même longueur ms prise sur la figure 343 ; de sorte que le point s sera établi dans le prolongement du plan $mmnn$ de la pierre qui contient la calotte dans la même position relative que sur l'épure.

Il résulte de ce qui précède que, si l'on prend une ouverture de compas égale à sh ($fig.$ 343), et que l'on place une des pointes sur le point s de la figure 344, on pourra décrire, dans la calotte sphérique, le même arc que l'on décrirait sur la sphère en plaçant l'une des pointes du compas sur le point s de la fig. 343. On décrira de même l'arc aea. On pourrait obtenir les centres des grands cercles ac, ac, en déterminant les points où le plan sn prolongé rencontrerait les diamètres horizontaux perpendiculaires aux plans de ces grands cercles ; mais cette construction peut être évitée de la manière suivante. On décrira, dans la calotte, et du point s comme centre, avec un rayon égal à st ($fig.$ 343), l'arc iti, sur lequel on portera, à droite et à gauche du point t, les longueurs égales ti données par la projection horizontale ($fig.$ 342). On pourrait même par ce moyen déterminer autant de points intermédiaires sur les arcs ac, ac.

Nous venons de dire qu'il fallait disposer une pierre qui ait une de ses faces dans le prolongement du plan *mmnn*, et à une distance suffisante pour que l'on puisse y établir le point *s* qui doit servir de centre aux deux ars *aea*, *chc*. L'embarras qui résulte de ces dispositions préliminaires peut être évité de la manière suivante.

416. On déterminera d'abord sur la circonférence *caac* la position des quatre angles de la douelle; on découpera ensuite, sur la projection horizontale (*fig.* 342), une cerce coïncidant avec l'arc *c'h'c'*; puis en plaçant les points *cc* sur les points correspondants de la pierre, on posera la cerce dans la surface concave de la calotte, et l'on tracera l'arc *che*. On fera la même opération pour l'arc *aea*.

Quant aux arcs des grands cercles *ac*,*ac*, il est évident que ce moyen ne suffirait plus; car, en découpant une cerce sur la courbure d'un grand cercle de la sphère, et plaçant les extrémités de la corde sur les points *a* et *c*, il serait très-difficile de maintenir le plan de la cerce dans une position normale à la surface de la calotte, ce qui est absolument nécessaire pour tracer un arc de grand cercle.

Dans ce cas, on pourra clouer (*fig.* 346) une seconde cerce perpendiculaire à la première; de sorte que l'assemblage de ces deux cerces ne pourra prendre qu'une position normale à la sphère.

Enfin, on pourra tracer avec une cerce *iti* un arc de parallèle moyen, sur lequel on portera, à droite et à gauche du point *t*, deux distances égales à la corde *it* (*fig.* 342).

417. Si la sphère était d'un rayon tellement grand qu'il n'y eût aucune différence sensible entre l'arc *ac* et sa corde, on pourrait considérer la douelle du voussoir, comme une partie de la surface du tronc d'un cône que l'on développerait

(*fig.* 347), et que l'on appliquerait dans l'écuelle (*fig.* 344); mais ce moyen ne serait pas applicable aux voûtes d'un petit rayon.

Lorsque le contour de la douelle sera tracé dans l'écuelle, le reste ne présentera plus de difficultés. On construira (*fig.* 348) un beuveau dont une branche sera taillée sur la courbure d'un grand cercle de la sphère, et l'autre branche suivant le prolongement du rayon. Cela fait, on taillera toutes les faces des joints en maintenant, comme on le voit (*fig.* 349), le plan du beuveau perpendiculaire aux courbes formant le contour de la douelle.

Quand toutes les surfaces adjacentes à la douelle seront taillées, on tracera dans ces faces le contour de l'extrados, en appliquant le panneau vertical C sur les plans des joints montants, et traçant dans les joints coniques des courbes parallèles aux arêtes de douelles. On taillera ensuite l'extrados avec une cerce concave, que l'on fera glisser sur les deux arcs horizontaux et parallèles à l'extrados.

Si l'on veut appliquer la méthode précédente à la taille des voussoirs portant crossette, par exemple à une pierre de la seconde assise de la figure 339, on taillera d'abord la douelle et les faces de joints comme nous venons de le dire; puis on tracera le contour du panneau A sur les plans des joints montants; enfin, en creusant la pierre avec précaution, on fera les deux petits plans vu, zx, sur lesquels on décrira les arcs parallèles devant servir de directrices au cylindre formant la surface extérieure du mur.

II.

418. Appareil dit cul-de-four. — Les figures 350, 351, sont les deux projections d'un quart de voûte sphérique appareillée en cul-de-four.

Les arêtes de douelle sont des cercles parallèles au plan vertical de projection. Les rangs successifs de voussoirs sont compris entre des cônes concentriques, ayant leur sommet au centre de la sphère, et pour axe commun le diamètre perpendiculaire au plan vertical de projection. Les voussoirs d'un même rang sont séparés les uns des autres par des plans contenant la droite bd.

Cet appareil ne diffère du précédent que par la position des rangs de voussoir; de sorte qu'il suffirait de renverser la figure 339 pour avoir celle qui nous occupe actuellement. Aussi, l'analogie complète qui existe entre la forme des pierres dans les deux cas, nous dispensera d'entrer dans de plus grands développements, tous les procédés que nous avons indiqués plus haut pouvant s'appliquer ici.

III.

419. Appareil par enfourchement. — On pourra (*fig.* 352) disposer l'appareil de manière que les projections horizontales des arêtes de douelle soient parallèles aux côtés du carré inscrit dans le grand cercle de naissance. Il résulte de cette combinaison que les arêtes d'intrados, qui n'atteindront pas le plan de naissance, formeront sur la surface de la sphère des quadrilatères curvilignes projetés sur le plan horizontal par des carrés concentriques ; les rangs supérieurs des voussoirs formeront, par leur rencontre, des pierres que l'on nomme voussoirs d'enfourchement, et dont les projections sont désignées par les lettres a et a'.

Si les arêtes de la douelle étaient prolongés jusqu'à leur rencontre, les premiers voussoirs d'enfourchement se termineraient par des angles beaucoup trop aigus, comme on peut s'en assurer par l'inspection des pierres à gauche de la figure 352. Pour éviter cet inconvénient, on coupera ces angles comme on le voit à droite de la même figure.

Nous allons nous occuper de l'étude de l'un des voussoirs d'enfourchement et de la manière de le tailler.

420. Soient (*fig.* 353 et 354) les projections verticales et horizontales du voussoir. La douelle est terminée par huit arcs de cercle, savoir, les six arcs $(ac, a'c')$ $(cc, c'c')$ $(ac, a'c')$ $(ei, e'i')$ $(ii, i'i')$ $(ei, e'i')$ perpendiculaires au plan horizontal, plus les deux arcs inclinés $(ae, a'e')$ $(ae, a'e')$ provenant de l'intersection de la sphère par des plans contenant les rayons ox, ok. Les surfaces de joints, contenant ces deux derniers arcs, seront des plans, et toutes les autres seront des cônes ayant pour sommet commun le centre de la sphère.

L'inspection des épures 352, 354 et 353 indiquant suffisamment les moyens de construire les deux projections du voussoir, nous ne parlerons que des opérations nécessaires pour le tailler. On construira d'abord (*fig.* 355) une projection auxiliaire, parallèle au plan ac, qui partage le voussoir en deux parties symétriques. Sur cette projection, les points symétriquement placés se projetteront en un seul; ainsi, par exemple, les deux points désignés sur les projections primitives par les lettres e, e', se projetteront sur le plan auxiliaire par le point e''; il en sera de même de toutes les autres parties du voussoir. Il résulte de là que la droite $m''n''$ pourra être considérée comme la trace d'un plan qui contiendra les quatre angles (ee, ii) de la douelle, et comme ces points appartiennent en même temps à la surface de la sphère, ils seront situés sur la circonférence du cercle provenant de la section de la sphère par le plan mn, et la calotte sphérique provenant de cette section contiendra la douelle tout entière.

D'après cela, on choisira une pierre ayant pour dimensions principales les côtés du rectangle $m''n''b''d''$, et pour longueur la distance $t't'$; puis, après avoir dressé la face $mmnn$ (*fig.* 356), on décrira le cercle $eeii$ avec un rayon égal à la moitié de $v''u''$ (*fig.* 355); et l'on creusera ensuite l'écuelle comme dans l'exemple précédent. Pour tracer le contour de la douelle, on remarquera que le plan $m''n''$ coupe les rayons horizontaux ox, oc, ok, en trois points x, s, x, qui, établis sur le prolongement du plan mn, comme ils le sont sur l'épure, pourront servir de points de centre pour tracer les six arcs verticaux ac, cc, ca, ei, ii, ie. On construira la droite xsx (*fig.* 356), en prenant la distance sx sur la figure 354; les ouvertures de compas seront données par les figures 353 et 355 : ainsi l'on décrira les arcs ac avec des ouvertures de compas égales à la distance du point x au point l où l'arc du grand cercle ql est coupé par le plan vertical qui contient l'arc ac; la distance des arcs ei aux points x se déterminera de la même manière.

On prendra de même sur la figure 355, les distances du

point s aux points où l'arc de grand cercle $v''u''$ est coupé par les plans verticaux des arcs ($c'c'$, c'') ($i'i'$, i'').

Les arcs ac, cc, ca, ei, ii, ie, étant tracés dans l'écuelle, les points ee, ii, cc, seront déterminés : nous nous rappelons que les quatre premiers sont situés sur la circonférence du cercle de la calotte; d'ailleurs les points ii sont à l'intersection de l'arc ii avec les deux arcs ie; enfin, les points c sont à la rencontre de l'arc cc avec les arcs ca. Il ne reste donc plus qu'à tracer les deux arcs de grands cercles ea, ea. On pourrait obtenir des points de centre, en prolongeant le plan $mmnn$, jusqu'à sa rencontre avec les deux diamètres de la sphère, perpendiculaires aux plans des arcs ae. Mais, cette opération assez composée pourra être évitée de la manière suivante. On prendra (*fig.* 353) la longueur de la corde qui sous-tend l'arc ac parallèle au plan vertical, et l'on portera cette longueur, à partir du point c, sur les deux arcs correspondants, tracés dans l'écuelle, ce qui déterminera les points a; ensuite on tracera, en opérant comme ci-dessus, les arcs zr, et prenant sur l'épure la grandeur de leurs cordes, on les portera dans l'écuelle de z en r, et par ce moyen on aura autant de points que l'on voudra de l'arc are.

Il est inutile d'ajouter que, dans la pratique, l'éloignement du centre permettra rarement de tracer les courbes de la douelle avec un compas; dans ce cas, on pourrait employer de longues tringles de bois servant en quelque sorte de compas à verge, et dont une extrémité servirait à tracer la courbe, tandis que l'autre extrémité serait maintenue au centre par un ouvrier. Au surplus, c'est plutôt comme exercice que nous indiquons ces moyens qui sont rarement employés, et auxquels on préfère habituellement l'emploi des cerces.

Il faut observer cependant que la projection (*fig*. 353) ne donnerait que les deux cerces *ac*, *ei*, avec lesquels on pourrait tracer quatre arcs de la douelle; les deux cerces *cc*, *ii*, sont rabattus sur le plan horizontal (*fig*. 354), et les deux arcs de grands cercles *ae*, *ae* se traceraient avec des cerces disposées comme celle de la figure 346; la figure 357 représente le voussoir taillé.

CHAPITRE II.

Voûtes sphériques sur un plan carré.

I.

421. Définition. — Les figures (358, 359) (364, 365), **Pl. 40**, sont les deux projections horizontales et verticales de deux voûtes sphériques construites sur deux plans carrés. Dans la première les arêtes de douelle sont horizontales, et dans la seconde elles sont situées dans des plans verticaux.

Le rayon de la sphère est égal à la moitié de la diagonale du carré que la voûte doit couvrir. Les côtés de ce carré sont les traces de quatre plans verticaux qui coupent la voûte sphérique et en retranchent quatre calottes que l'on remplace par des murs auxquels on donne le nom de *fermerets*; ce qui reste de la sphère se compose d'une cinquième calotte, dont la projection horizontale serait un cercle inscrit dans le carré formant le plan de la voûte ; plus quatre parties triangulaires (rsr, $r's'r'$) comprises entre les calottes, et que l'on nomme *pendentifs*.

L'appareil des murs et de la partie supérieure de la voûte ne présente aucune difficulté après ce que l'on a dit plus haut. Nous n'avons donc à nous occuper que des pierres qui appartiennent en même temps à la sphère et aux fermerets.

Si nous prenons pour exemple la deuxième pierre du pendentif (*fig.* 358, 359), la douelle se compose de la partie de sphère (*aeea*, *a'e'e'a'*) plus des deux petites faces plates (*anpe*) (*anpe*) : l'arête du joint supérieur est formée par les deux droites horizontales *na*, *an*, dans le plan des fermerets, et par l'arc de cercle *aa* situé dans la sphère. Or, la portion du joint correspondant à cet arc sera une surface conique *aavv*, ayant son sommet au centre de la sphère, tandis que pour les parties qui appartiennent aux fermerets, les joints doivent être des plans horizontaux. On raccordera ces deux faces de joints par un petit plan oblique *avx*, contenant : 1° la ligne *av* perpendiculaire à la sphère ; 2° la ligne *ax* perpendiculaire au plan vertical du fermeret.

La figure 360 fera comprendre facilement la forme de cet appareil, dont l'effet à l'extérieur de la voûte est représenté *fig.* 363.

On pourrait aussi tailler cette pierre, comme on le voit *fig.* 361 ; on ferait alors usage de pierres moins épaisses, et par conséquent il y aurait moins de déchet.

La pierre 362 est une des deux qui se posent sur la précédente.

Taille. Supposons, par exemple, que l'on veuille tailler la pierre (*fig.* 360) ; on dressera d'abord le lit horizontal ; puis on taillera les faces verticales extérieures et les faces intérieures des fermerets, seulement jusqu'au cylindre vertical, contenant l'arc *aa*, que l'on tracera ; puis on prolongera les plans des fermerets jusqu'à ce qu'on puisse y tracer les deux arcs *ae* ; enfin on décrira l'arc *ee* dans le plan inférieur, ce qui déterminera le contour de la douelle que l'on taillera avec une cerce découpée sur la courbure de l'un des grands cercles de la sphère. On tracera ensuite l'arc *vv* ; cet arc et l'arc *aa* serviront de directrices au joint conique supérieur ; enfin on refouillera la pierre pour tracer l'arc horizontal *uu* : cet arc et l'arc *ee* seront les directrices du joint inférieur, et le reste ne présentera plus de difficultés.

422. Des combinaisons analogues seront employées dans la voûte projetée (*fig.* 364, 365).

La figure 370 représente l'appareil vu de l'extérieur.

II.

423. **Voûte en pendentif avec lunettes droites.** — Il arrive souvent, dans les voûtes en pendentif, que l'on remplace les fermerets par des arcs doubleaux, formant les ouvertures des galeries qui aboutissent à la voûte. Dans ce cas, l'appareil se dispose avec autant de simplicité que d'élégance.

En jetant un coup d'œil sur les figures 373, 374, 377, *Pl.* **41**, on concevra facilement la forme des pierres, et la construction de l'épure ne présentera aucune difficulté.

La douelle de la pierre 374 se compose de deux petits plans appartenant aux arcs doubleaux, et d'une portion de la surface sphérique terminée par huit arcs de cercle, savoir :

1° Les deux arcs provenant de l'intersection de la sphère par les plans verticaux des arcs doubleaux ;

2° Deux arcs horizontaux servant de directrices aux joints de la voûte sphérique ;

3° Quatre arcs inclinés provenant de l'intersection de la sphère par les plans de joints des berceaux.

Ces plans, passant par le centre de la sphère, couperont les joints coniques suivant des lignes droites.

Les deux systèmes d'appareils examinés précédemment sont représentés par les figures 371, 375 ; les panneaux de joints sont rabattus (*fig.* 372 et 376).

Si les pierres 374, 377, étaient trop fortes, on les partagerait par un joint vertical en deux parties symétriques (*fig.* 378).

Taille. On préparera les voussoirs des pendentifs sur leurs projections horizontales, puis on fera les plans de joints des berceaux, sur lesquels on appliquera les panneaux 372, 376 ; enfin on fera les petits plans verticaux des arcs doubleaux, et l'on taillera ensuite la douelle de la sphère en opérant comme précédemment.

424. Dans les grandes voûtes sphériques, on ne termine pas les pendentifs en pointe comme nous l'avons fait dans les deux exemples précédents. Cette disposition ne présenterait pas assez de solidité ; dans ce cas (*fig.* 379, 381), on fait les

ouvertures de galeries ou fenêtres moins grandes que le côté du carré inscrit dans le grand cercle de la sphère, d'où il résulte plus de largeur pour les pieds-droits, sur lesquels viennent s'appuyer les parties pendantes de la sphère.

On peut dans ces sortes de voûtes supprimer quelques-unes des assises supérieures que l'on remplace par un vitrage.

CHAPITRE III.

Pénétrations obliques dans la sphère.

I.

425. Berceau pénétrant obliquement dans une voûte sphérique. — Cet exemple, que son irrégularité doit faire éviter, est donné ici comme sujet d'exercice.

Soit (*fig.* 383, *Pl.* 42) la coupe des pieds-droits par le plan de naissance, et (*fig.* 385) la section droite du berceau qui doit pénétrer dans la sphère. On construira (*fig.* 384) la section de la sphère par un plan méridien parallèle au plan vertical de projection, et l'on déterminera sur les deux figures 385 et 384, l'appareil du berceau et de la sphère, d'après les dimensions des pierres dont on pourra disposer.

On construira (*fig.* 384 et 385) les projections verticales et horizontales des arêtes d'intrados du berceau, puis on déterminera l'arêtier.

Pour y parvenir : supposons, par exemple, que l'on veuille construire les deux projections du point (u, u') suivant lequel la sphère est percée par la seconde arête d'intrados du berceau. On concevra par cette ligne un plan p parallèle au plan vertical de projection. Ce plan coupera la sphère suivant un cercle vu, dont l'intersection par l'arête du point u fera connaître ce point. Enfin la perpendiculaire abaissée de ce point donnera le point u' ; on déterminera de la même manière tous les autres points de l'arêtier.

Il est essentiel de se rappeler que si le berceau était circulaire et que son axe passât par le centre de la sphère, l'arêtier serait un cercle vertical, et par conséquent sa projection horizontale serait une ligne droite.

Les dispositions d'appareil que nous avons rencontrées dans les divers exemples précédents se retrouveront ici à quelques modifications près. Ainsi les arêtes d'intrados du berceau seront raccordées avec les arêtes de la sphère par des arcs de cercle inclinés et provenant de l'intersection de la sphère par les plans de joint du berceau. Pour déterminer ces courbes on s'y prendra de la manière suivante.

Supposons, par exemple, que l'on veuille construire l'arc zx dont on connaît déjà le point z. Le plan horizontal p', contenant l'arête d'intrados de la sphère, coupera le plan de joint du berceau suivant une droite projetée sur le plan de la figure 385, par le point x'', et sur le plan horizontal de projection (*fig.* 383), par la droite $x'''x'$, dont l'intersection avec l'arête de douelle de la sphère fera connaître x', d'où l'on déduira le point x. On déterminera par le même moyen autant de points que l'on voudra de l'arc zx et des autres arcs analogues ; on peut remarquer de plus que toutes ces courbes passent par le point oo', suivant lequel l'axe du berceau rencontre la surface de la sphère.

426. Il existe encore une différence essentielle entre cet exemple et les lunettes pénétrant dans des berceaux cylindri-

ques: c'est qu'alors, les joints des deux voûtes étant des plans, leurs intersections étaient des lignes droites, tandis qu'ici les joints de la sphère étant des cônes circulaires, leurs intersections par les plans de joint du berceau seront en général des arcs d'hyperbole, et pourraient même, pour certaines inclinaisons, être des arcs de parabole ou d'ellipse.

Les points 1, 2, 3, 4, 5, 6, sont les sommets de ces hyperboles dont les projections se confondent sur le plan auxiliaire (*fig.* 386) avec les traces des plans de joint, et concourent vers le point o'''. Les génératrices des cônes formant les joints de la sphère concourent en o''.

Pour obtenir des points intermédiaires sur les arcs d'hyperbole dont nous venons de parler, on opérera de la manière suivante.

Un plan horizontal p'' (*fig.* 384, 386) coupera le cône formant le troisième joint de la sphère suivant l'arc de cercle an', décrit du point c comme centre avec un rayon égal à $c''n''$ (*fig.* 386); ce même plan p'' coupera le joint $o'''m''$ du berceau suivant l'horizontal $m''m'$, et le point m', suivant lequel ces deux lignes se coupent, fera partie de la projection horizontale de la courbe cherchée. La verticale $m'm$ déterminera le point m sur la trace verticale du plan p'' (*fig.* 384). On construira de la même manière autant de points que l'on voudra.

La figure 387 contient les douelles et les panneaux de joint dans leurs grandeurs véritables. Les largeurs de ces panneaux sont déduites de la figure 385, et les longueurs résultent de la figure 383.

La figure 388 fait voir la disposition extérieure des deux voûtes.

Taille. On préparera une pierre sur le panneau de projection horizontale A (*fig.* 383); puis on tracera dans le cylindre intérieur l'arc horizontal *tx* (*fig.* 389); et dans le plan horizontal au-dessous de la pierre, on décrira l'arc horizontal qui passe par le point *u*. Cet arc avec *tx* serviront de directrices à une cerce découpée sur un des grands cercles de la sphère. Dans le plan horizontal supérieur, on tracera l'arc horizontal qui contient le point *w* : cet arc et l'arc *tx* serviront de directrices à l'un des joints coniques. On fera ensuite les plans de joint du berceau ; on tracera *rs*, et l'on refouillera la pierre en dessous pour tracer l'arc horizontal qui avec *rs* doivent servir de directrices au joint conique inférieur ; enfin, les panneaux B,C, (*fig.* 385 et 384) et les panneaux de joint compléteront le tracé de toutes les coupes.

II.

427. **Descente dans une voûte sphérique.** — Nous avons fait voir ailleurs comment en construisant des arcs droits ou arcs doubleaux, on peut éviter les angles aigus provenant de la rencontre de deux berceaux. Aussi ne parlerons-nous de la pénétration directe d'un berceau en descente avec une voûte sphérique, que pour avoir l'occasion d'indiquer une difficulté qui existe dans le raccordement des joints des premières assises.

Si nous supposons que la figure 392, *Pl.* **43**, soit la section verticale et en même temps la directrice des diverses surfaces de douelle et de joint d'un berceau incliné pénétrant dans une voûte sphérique et que nous supposions de plus que la pénétration dans la sphère soit un cercle vertical parallèle au plan de la figure 392, l'arêtier sera projeté par les droites $s-2$, sur les plans des figures 393, 391.

Il arrivera presque toujours que le premier plan de joint de la descente ne rencontrera pas le cercle horizontal ce, formant la première arête de douelle de la voûte sphérique. Ainsi la section de la sphère par ce plan serait un cercle incliné par rapport aux plans de projections, et projeté sur le plan vertical par l'ellipse $1ab$. Dans ce cas, on pourra opérer comme il suit : on choisira à volonté sur le cercle horizontal ce, $c'e'$, un point u,u', que l'on joindra avec le point 1 par un arc de cercle dont le plan incliné, passant par le centre de la sphère, couperait par conséquent le joint conique de cette voûte suivant la droite $uv,u'v'$.

On pourrait ensuite prolonger le plan $1uv$ jusqu'au joint du berceau incliné, mais il sera préférable de construire (*fig.* 395) le plan $1vx$ par le point v,v', et l'arête de douelle du berceau, en terminant le plan de joint du berceau incliné par la droite xz, résultant de son intersection avec le lit horizontal supérieur de la première assise de la voûte sphérique. Cette disposition est d'autant plus convenable que la face triangulaire $1vx$ s'approche davantage de la position normale à la descente que ne ferait le plan de joint $1a$.

Une disposition analogue raccordera les joints de la deuxième assise.

Les points uu', mm' (*fig.* 393 et 391), pourront être pris à volonté; on pourra pour plus de régularité dans l'appareil, faire en sorte qu'ils se trouvent dans un même plan parallèle à l'arêtier qui, dans l'exemple que nous avons choisi, est un cercle vertical ayant pour projections les deux droites $s-2, s-2$.

Les figures 394 et 395 font voir les formes des deux premières pierres.

La figure 396 est une descente biaise. Les joints de la descente et de la voûte sphérique se raccorderont comme dans l'exemple précédent, qui ne diffère de celui-ci que par la construction de l'arêtier. Pour obtenir cette courbe, on concevra, parallèlement au plan vertical de projection, un plan qui coupera la descente suivant la droite au, et la sphère suivant l'arc de cercle cu, et le point u,u', provenant de l'intersection de ces deux lignes, sera un point de l'arêtier. On déterminera de la même manière autant de points que l'on voudra.

III.

428. Œil-de-Bœuf, dans une voûte sphérique. — Soient données (*fig.* 397, Pl. **44**) la section de la voûte sphérique par le plan horizontal de naissance, et (*fig.* 398) la section par un plan vertical contenant l'axe de l'œil-de-bœuf, on prendra pour surface de douelle un cône circulaire ayant son sommet au centre de la sphère, et dont la directrice serait un cercle décrit sur la droite ac comme diamètre.

Ce cercle est rabattu sur le plan horizontal (*fig.* 399).

Des projections 398, 399, il sera facile de déduire les ellipses $a'b'c'$, $u'o'v'$, qui sont les projections horizontales des cercles suivant lesquels les surfaces d'intrados et d'extrados de la sphère sont traversées par le cône formant la douelle de l'œil-de-bœuf.

Les plans de joint de la lunette conique, passant par son axe, seront perpendiculaires au plan de la figure 399, et par conséquent se projetteront sur ce plan par des droites concourant au point s''. Des cercles décrits de ce point s'' comme centre, pourront toujours être considérés comme appartenant à la surface de la sphère, et se projetteraient (*fig.* 398) par des droites telles que tr, parallèles au plan ac. Les intersections de ces cercles par les traces des plans de joint (*fig.* 399), seront ramenées sur la figure 398, et de là, figure 397; ce qui fera connaître les projections elliptiques des arcs de cercle, résultant de l'intersection des surfaces intérieure et extérieure de la voûte sphérique par les joints de la lunette.

Ainsi le cercle projeté (*fig.* 398) par la droite tr, aura pour projection (*fig.* 399) le demi-cercle $t''x''r''$, et le point m'' intersection par le plan de joint $s''d''$ fera connaître le point m (*fig.* 398).

Taille de la pierre. Si nous prenons pour exemple la pierre dont la douelle est désignée par la lettre A (*fig.* 398), sa surface se compose :

1° Des surfaces sphériques formant l'intrados et l'extrados de la voûte ;

2° De trois surfaces coniques, savoir : la douelle de l'œil-de-bœuf et les deux joints horizontaux de la voûte sphérique ;

3° Enfin de trois plans, savoir : les deux joints de la lunette, et le joint vertical de la voûte sphérique.

Toutes ces surfaces passent par le centre de la sphère, et de plus, dans l'exemple proposé, elles sont partout équidistantes, puisque les deux surfaces sphériques d'intrados et d'extrados de la voûte sont concentriques. On déterminera les polygones B', C', suivant lesquels les surfaces de joint suffisamment prolongées sont coupées par les deux plans parallèles ac, pq, entre lesquels la pierre se trouve comprise; puis, après avoir projeté le panneau CC' sur le plan de l'autre panneau BB', on les rabattra tous les deux (*fig.* 399).

Pour tailler le voussoir, on dressera d'abord le plan de joint qui contient l'arête $i''e''$ (*fig.* 399). On fera ensuite deux autres plans perpendiculaires au premier à une distance égale à celles des plans ac, pq (*fig.* 398). On appliquera sur ces plans les deux panneaux B'', C'' en se repérant sur les points $i''e''$, dont il faudra d'abord déterminer la position avec soin. En abattant la pierre tout autour de ces panneaux, on aura la pierre représentée (*fig.* 400); enfin on appliquera sur les faces de ce solide un panneau flexible découpé sur l'espace compris entre deux grands cercles des sphères d'intrados et d'extrados, ce qui déterminera les directrices des surfaces intérieure et extérieure que l'on taillera comme précédemment.

IV.

429. Niche sphérique. — Les figures 402 et 403 représentent l'appareil d'une niche sphérique pratiquée dans un mur droit. Cet exemple ne présente pas assez de difficultés pour arrêter le lecteur.

La trompe (*fig.* 405 et 406) n'est autre chose qu'une niche sphérique dont on aurait supprimé tout ce qui est en dehors de l'angle formé par les plans des deux murs.

LIVRE V.

CHAPITRE PREMIER.

Voûtes dont l'intrados est une surface de révolution.

I.

430. **Définitions.** — Les figures 408, 411, 413, 414, *Pl.* **45**, sont des voûtes dont l'intrados est une surface de révolution. On nomme ainsi (*Géométrie descriptive*) toute surface qui serait engendrée par une courbe tournant autour d'une droite immobile que l'on nomme l'axe de la surface. L'analogie qui existe entre ces voûtes et la sphère nous dispensera d'entrer dans de trop longs détails dont la répétition ne pourrait que fatiguer le lecteur.

Les voûtes de révolution se désignent par la nature de la section méridienne. Ainsi, les figures 408, 409 sont les deux projections d'une voûte *parabolique*, parce que la section méridienne est une parabole.

La figure 411 est une voûte *elliptique surbaissée*.

La figure 413 représente une voûte *annulaire*, et les figures 414 et 415 sont les deux projections d'une *voûte elliptique* dont l'axe est horizontal.

Les joints de ces sortes de voûtes sont des plans méridiens, et des cônes dont les sommets sont situés sur l'axe de la voûte. On doit regarder comme une condition essentielle, que les génératrices de ces cônes soient normales à la surface d'intrados.

Pour tailler la pierre représentée (*fig*. 410), on opérera comme nous l'avons dit (413).

II.

431. **Voûte surhaussée.** — On s'est proposé comme exercice dans l'épure (*fig*. 416, 417) de déduire le voussoir par dérobement, du plus petit bloc qui soit capable de le contenir. La pierre est projetée (*fig*. 416) sur le plan méridien qui la couperait en deux parties symétriques. Il est évident qu'elle est tout entière comprise dans un prisme qui aurait pour base l'hexagone irrégulier $abdceo$, et pour longueur la droite $a'a''$.

On construira les panneaux A, B, C, D, provenant des intersections des surfaces de joint par les plans ab, bd, ec, eo. Deux panneaux E ayant une projection unique sont situés dans les plans verticaux $a'c', a''c''$, contenant les bases du prisme. Les droites vu, projetées sur le plan horizontal par les points u', u'' résultent des intersections des plans $a'c', a''c''$ par les plans méridiens $u's', u''s'$; la petite courbe xu est la projection verticale de deux arcs d'hyperbole provenant de l'intersection du joint conique inférieur par les plans $a'c'$, $a''c''$; enfin les panneaux F, H sont les développements des surfaces de cône formant les joints de la voûte proposée. On commencera par tailler le prisme *abdceo*, puis on appliquera les panneaux A, B, C, D, E, chacun sur la face qui lui correspond ; les contours de ces panneaux seront les directrices des plans méridiens et des surfaces de joint coniques, que l'on taillera, et dans lesquels on appliquera les panneaux de développement F et H, dont les contours serviront à diriger le mouvement de cerces découpées sur les sections méridiennes intérieure et extérieure de la voûte. On aura le soin, en faisant mouvoir ces cerces, de les maintenir dans la direction des plans méridiens.

CHAPITRE II.

Pénétrations.

I.

432. Descente pénétrant dans une voûte annulaire.
— Pour deuxième étude des surfaces de révolution, nous construirons la pénétration d'une voûte annulaire par un berceau incliné ou descente.

Nous supposerons de plus que l'axe de la descente ne rencontre pas celui de la voûte, et que le mur extérieur du monument est en talus.

Les données sont :

1° *Fig.* 1 et 4, Pl. **46**, la section méridienne A de la voûte annulaire ;

2° *Fig.* 3, la projection horizontale de l'espace à couvrir ;

3° *Fig.* 2, la section droite D du cylindre formant l'intrados de la descente ;

4° L'inclinaison du berceau est déterminée par l'un des angles $5ac$, $5'ac$ (*fig.* 1 et 4).

Construction de l'épure. Pour éviter la confusion, nous adopterons la disposition de la planche 26, et nous ferons une projection particulière pour chacun des deux arêtiers de la descente.

Arête de pénétration des deux voûtes. Le point a de la projection horizontale étant projeté sur la ligne de naissance de la voûte annulaire (*fig.* 1 et 4), on construira les droites ac, qui sont les traces verticales du plan de naissance du berceau rampant.

La ligne cd, perpendiculaire sur ac, sera la trace verticale du plan de la section droite, que l'on rabattra sur l'épure en la faisant tourner autour de l'horizontale projetante du point c.

Tous les points de la figure 2 étant projetés sur cd' et ramenés de là sur cd, détermineront toutes les arêtes de douelles et de joints de la descente.

Pour construire les points où ces lignes pénètrent la douelle de la surface annulaire, on opérera de la manière suivante :

La section méridienne A étant divisée en voussoirs, on projettera (*fig.* 3) les points 0, 1, 2, 3 sur la droite oC qui est la trace du méridien principal, et les cercles $0-0''$, $1'-1''$, $2'-2''$, décrits du point C comme centre avec les rayons $C-0$, $C-1'$, $C-2'$, seront les projections horizontales des arêtes d'intrados de la voûte annulaire.

Tous ces cercles sont coupés par le plan vertical pp qui contient l'arête xx de la descente suivant la courbe $p'p'$ (*fig.* 1), et l'intersection de cette ligne par la droite xx donnera le point x qui appartient à l'arête de pénétration des deux voûtes.

Tous les autres points de cette courbe s'obtiendront de la même manière.

La projection horizontale se déduira de la projection verticale.

On déterminera pareillement les points suivant lesquels la voûte serait percée par autant de droites que l'on voudra, parallèles à la descente et situées dans les plans de joint $x-x'$, $z-z'$ (fig. 2).

Cette opération déterminera les courbes xy', zz', vv', (fig. 1 et 2), et les courbes uu', vv' (fig. 2 et 3).

Des constructions analogues donneront les courbes suivant lesquelles la douelle de la descente et les joints de cette voûte pénètrent dans la surface conique formant le parement en talus du pied-droit de la voûte annulaire.

Ainsi, par exemple, les arcs $5'-5''$, $6'-6''$ ayant été prolongés jusque dans le vide de la descente, les intersections de ces cercles par les plans pp, ont donné la courbe $p''p''$, qui est un arc d'hyperbole; et le point x, suivant lequel cette courbe est rencontrée par la droite xx, appartient à l'arête de pénétration de la descente dans le parement extérieur du mur en talus.

On a construit de la même manière les courbes provenant de la pénétration des plans de joint de la descente dans la face extérieure du mur.

Du côté de la figure 4, on a été obligé de baisser les lignes d'assises horizontales, parce qu'elles auraient été rencontrées trop loin par les plans de joint de la descente, si on eût laissé les lits à la hauteur des points 7 et 8.

433. Ces raccordements d'assises sont une des difficultés que l'on rencontre le plus fréquemment. Nous avons déjà reconnu que cette partie de la question n'est pas de nature à être résolue d'une manière générale.

On peut bien dire en effet qu'il faut autant que possible éviter les angles aigus, les joints courbes, les crossettes; mais cela n'est qu'une solution négative, et l'énoncé des inconvénients qu'il faut éviter ne donne pas les moyens de parvenir à ce but.

On conçoit que le choix des coupes qui remplissent le mieux toutes les conditions d'économie et de stabilité ne dépend pas seulement des rapports qui existent entre les dimensions des deux voûtes combinées, mais encore de l'inclinaison plus ou moins grande de la descente, ainsi que de la grandeur, et par conséquent du nombre des pierres dont on peut disposer.

C'est pour habituer le lecteur à vaincre ces difficultés que nous avons souvent choisi des combinaisons que l'on doit au contraire éviter dans les applications.

D'un autre côté le grand nombre de lignes nécessaires à l'explication des principes et le peu d'étendue des feuilles sur lesquelles on dessine, engagent à supposer dans les épures d'études un nombre de voussoirs bien inférieur à celui qui entre ordinairement dans la composition d'une voûte. D'où il résulte que, dans la pratique les joints étant plus rapprochés, il y a beaucoup moins de difficultés pour le raccordement des pierres.

Pour mieux faire comprendre la forme des pierres principales, j'en ai dessiné quelques-unes en perspective (*Pl.* **47**).

Les figures 5, 6, 8 et 9 sont les pierres de la première assise, du pied-droit qui est projeté (*fig.* 1re, *Pl.* 46).

La similitude des lettres fera facilement reconnaître les lignes qui se correspondent.

434. On rencontrera dans la première pierre (*fig.* 1) une difficulté analogue à celle dont nous avons parlé au n° 427. La courbe xy' provenant de l'intersection de la voûte annulaire, par le plan de joint xx' (*fig.* 2, *Pl.* 46) ne rencontre pas le cercle horizontal 1—1 (*fig.* 1). On pourra, dans ce cas, faire une petite coupe verticale eo, ou bien, comme nous l'avons fait ici, remplacer le plan de joint xxy' par un autre xxe, qui serait différent du plan normal xx' (*fig.* 2), et qui serait déterminé par l'arête de douelle xx et par le point e pris à volonté sur le cercle horizontal 1—1.

La face $nnem$ (*fig.* 1 et 3), qui forme le dessus de la première pierre, coupe le joint conique de la voûte annulaire suivant la ligne em. Cette ligne est droite dans l'exemple qui nous occupe, parce que le plan xxe a été choisi de manière à contenir le point s sommet du cône, engendré par la droite $g — 1$.

Pour obtenir ce résultat, il suffit de prolonger cette droite jusqu'à sa rencontre avec l'axe de la voûte principale, et de construire par le point s le plan sem parallèle à l'arête xx, ce qui détermine le point m et la trace verticale en du plan $nnem$.

Le plan de joint xxe n'a pas été prolongé jusqu'au parement extérieur du mur. On a préféré faire la petite face triangulaire $xe'h$ (*fig.* 3 et 1).

Le point c' provient de l'intersection du plan horizontal $e'h$ (*fig.* 1) par la droite ee'.

La droite $e'h$ est perpendiculaire à l'arc $h-7''$ (*fig.* 3).

La seconde pierre n'offrira pas de difficulté.

La courbe $z'z''$ (*fig.* 1 et 3) provient de l'intersection du second joint conique de la voûte principale par le deuxième plan de joint de la descente.

Le petit triangle $r'r''z'''$ (*fig.* 1) est vertical et déterminé par la droite $r'''z'''$ (*fig.* 3) perpendiculaire à l'arc de cercle $z'''-8''$.

La courbe zz''' est l'intersection du parement extérieur du mur par le deuxième plan de joint de la descente, et la droite $r'z'''$ (*fid.* 1) résulte de la section de ce même plan par celui du petit triangle $r'r''z'''$.

Du côté de la figure 4, le premier joint est formé par le plan de naissance de la descente. Ce plan coupe la voûte annulaire suivant la courbe $t-t'$.

La droite $t'-i$ (*fig.* 3) est la trace du plan vertical qui contient la petite face $t'i'i''$ (*fig.* 11, *Pl.* 47).

La figure 7, *Pl.* 47, contient le développement des panneaux de douelle et de joints.

Les largeurs de ces panneaux sont déduites de la section droite rabattue (*fig.* 2, *Pl.* 46), et les longueurs sont données par les figures 1 et 4.

Taille de la pierre. On pourra préparer la pierre sur le panneau B' de projection horizontale (*fig.* 3).

Ce qui déterminera :

1° Le cylindre vertical qui contient l'arc de cercle $1''' - e$.

2° Le plan vertical contenant l'arête xx.

3° Enfin le plan méridien ($1'''-q$).

Cela étant fait, on portera le panneau de section méridienne $01g65$ (fig. 1) sur la face verticale $1'''-q$, ce qui déterminera les points $0, 1''', m'$ (fig. 10, Pl. 47).

On tracera les deux arcs de cercle oa, $1'''e$, le premier dans le plan horizontal qui forme le dessous de la pierre, et le second avec une règle flexible dans le cylindre vertical $1'''e'''$ $1^{\text{IV}}e^{\text{IV}}$.

Ces deux arcs serviront à diriger le mouvement d'une cerce découpée sur la section méridienne de la voûte ; on marquera des points de repère sur les deux arcs $1'''e'''$, oa, et l'on maintiendra le plan de la cerce perpendiculaire à l'intrados.

Quand la surface annulaire sera taillée, on tracera les arcs ee''', ww, ea, donnés par leurs projections horizontales (fig. 3), on tracera ensuite l'arête xx', dont la hauteur et l'inclinaison sont données par la fig. 1, et l'on fera le plan $nnx'a'''$ perpendiculaire sur xx'.

Enfin le panneau D' (fig. 2, Pl. 46) étant appliqué sur le plan $nnx'a'''$, les arcs xe, $x'a''$ (fig. 10, Pl. 47) serviront de directrices au cylindre incliné formant l'intrados de la descente.

Pour les voussoirs supérieurs, il sera plus économique de préparer la pierre sur le panneau de projection verticale.

Ainsi, par exemple, pour tailler la pierre qui correspond au panneau D'' (fig. 2, Pl. 46) :

On découpera le panneau $k8'bv'l$ (*fig.* 4) en ayant soin de réserver les faces bv', $v'l$, $k8'$.

La pierre étant taillée d'après le contour de ce panneau, on lui donnera pour épaisseur la droite $v3''$ (*fig.* 3), qui est la différence des distances entre le point le plus près et le plus éloigné du plan vertical.

Cela étant fait, on appliquera le panneau D'' (*fig.* 2), sur les deux faces $k8'$, lv', ce qui déterminera la douelle et les deux plans de joints de la descente.

On pourra tailler le plan de joint supérieur dans toute l'étendue de la pierre.

Mais pour le plan de joint inférieur, il faudra ne procéder qu'avec précaution et refouiller la pierre, seulement jusqu'à ce qu'on puisse appliquer le panneau $uuu'u'''$ (*fig.* 7, *Pl.* 47).

La droite $3''\alpha$ (*fig.* 3, *Pl.* 46) étant tracée dans le plan horizontal $b8$ (*fig.* 4), déterminera le plan de section méridienne sur lequel on appliquera le panneau correspondant.

L'arc $3'v'$ (*fig.* 3) étant tracé dans le plan horizontal $b8$, on taillera avec un beuveau rectangulaire le cylindre vertical qui doit contenir l'arc de cercle $v'3''$.

Par suite de cette opération, on aura tracé toutes les courbes qui doivent former le contour de la douelle appartenant à la voûte annulaire.

Cette surface se taillera, comme nous avons dit plus haut, à l'aide d'une cerce découpée sur la section méridienne, et que l'on fera passer par les points de repère que l'on aura le soin de marquer sur le contour des panneaux.

Pour tailler le parement extérieur du mur, on tracera l'arc $8'8'$ (*fig.* 3) dans le plan horizonial 68, et l'on fera usage du beuveau M (*fig.* 1) qui donne l'angle que la droite 5—8, génératrice de la surface conique du talus, fait avec le plan horizontal.

Il faudra seulement avoir soin de maintenir toujours le plan de ce beuveau perpendiculaire à l'arc horizontal $8'$—$8'$.

CHAPITRE III.

Voûte elliptique.

I.

435. Voûte elliptique appareillée par assises horizontales. — Quoique l'appareil représenté (*fig.* 414 et 415, *Pl.* 45) soit une conséquence naturelle de la forme de l'intrados, on préfère, dans les grandes voûtes elliptiques, disposer les rangs de voussoirs par assises horizontales; mais alors on éprouve quelques difficultés pour éviter les angles aigus.

Soit (*fig.* 418, *Pl.* 48) la section de la voûte par un plan vertical passant par le centre, et perpendiculaire à l'axe de l'ellipsoïde de révolution qui forme la surface d'intrados. Nous supposerons que la calotte formant l'extrados appartient à une seconde surface ellipsoïde, que l'on peut toujours prendre semblable à la première, mais dont le centre serait situé au-dessous du plan de naissance, afin de satisfaire aux conditions de stabilité énoncées (282); enfin le mur d'enceinte supportant la voûte serait compris entre deux cylindres, à bases elliptiques semblables et concentriques, déterminés par les dimensions de la voûte que l'on se propose d'exécuter. Nous remarquerons que, par suite de la similitude de ces deux ellipses, le mur formant pied-droit sera plus épais vers les extrémités du grand axe, ce qui est d'autant plus convenable que dans ces sortes de voûtes la poussée est plus grande dans le sens de la longueur.

Ces premières données étant adoptées, on partagera l'arc ab en autant de parties que l'on voudra de rangs de voussoirs, et l'on concevra un plan horizontal par chaque point de division. Tous ces plans couperont la surface de douelle suivant une suite d'ellipses horizontales, et semblables entre elles, que l'on prendra pour arêtes et pour directrices des surfaces de joints. La première idée qui se présente est de former ces joints par des cônes ayant leurs sommets au centre même de la voûte, mais il est évident que les génératrices de ces cônes ne seraient normales à la surface d'intrados que dans le plan du cercle ab, et feraient, au contraire, des angles très-inégaux avec la section par un plan vertical qui contiendrait le grand axe. On a proposé divers moyens d'obvier à cet inconvénient, mais aucun ne me paraît aussi simple pour la pratique que celui que je vais indiquer.

Prenons pour exemple le joint correspondant à la deuxième arête de douelle. Le point m'' étant ramené dans le plan du cercle ab en tournant autour de la verticale qui contient le centre de la voûte, on construira les deux droites sn tangentes en n, et sm tangente en m; on partagera l'angle msn en deux parties égales par une droite su, qui, ramenée dans le plan pq, serait tangente à la voûte au point u'' situé sur l'ellipse $m''n'$, de sorte que la droite ux, perpendiculaire à su, serait normale en u'' à la section de la voûte par le plan vertical pq. Or, si l'on prend cette droite pour génératrice d'un cône qui aurait son sommet au point 2, il est évident que la surface de ce cône pourra, sans aucun inconvénient, être prise pour joint de la voûte, car les angles snk, smh, que cette surface ferait avec la douelle aux deux extrémités du petit et du grand axe, différeront assez peu de l'angle droit, pour qu'il n'y ait aucun inconvénient à les adopter. A l'extrême simplicité de cette combinaison il faut joindre encore cet avantage que l'arête de l'extrados sera une ellipse horizontale, et semblable à l'arête d'intrados. Les autres joints horizontaux seront déterminés de la même manière; ainsi, dans l'exemple qui nous occupe, les surfaces de joints seront quatre cônes dont les sommets seraient situés aux points 1.2.3.4. sur la verticale du centre.

Une autre difficulté existe dans la disposition des joints verticaux. Si la différence des deux axes n'était pas trop grande, on pourrait faire ces coupes par des plans verticaux contenant le centre; mais lorsque la voûte sera très-allongée, il sera préférable de faire les joints montants perpendiculaires à l'ellipse moyenne de chaque douelle. Dans ce cas, les lignes or, ce (*fig*. 420) provenant de l'intersection de ces plans de joints avec les surfaces coniques, qui forment les joints horizontaux, seront des arcs d'hyperbole. Pour construire des points intermédiaires de ces courbes, le point d, par exemple, on concevra un plan horizontal gl qui coupera le joint conique suivant l'ellipse horizontale $g'l'$, semblable à l'arête de douelle, et l'intersection de cette ellipse par la trace du plan de joint déterminera le point d', et par conséquent le point d. On agira de la même manière pour toutes les courbes analogues.

Ainsi, de ces deux conditions réunies, que l'extrados soit semblable à l'intrados, et que les joints soient des surfaces coniques ayant pour directrices les sections horizontales de la voûte, il résulte cette conséquence remarquable, que toutes les sections des joints et des surfaces intérieures et extérieures de la voûte par des plans horizontaux sont des ellipses semblables, ce qui rend les constructions de l'épure et le tracé de la pierre extrêmement simples.

Les figures 420 et 421 sont les deux projections d'une pierre.

La figure 422 contient les panneaux de joints verticaux que l'on suppose rabattus, le premier en tournant autour de la verticale du point α, et le second autour de celle du point w.

436. Si la voûte était très-allongée, on pourrait faire les joints par plusieurs surfaces coniques, dont les sommets seraient situés au point où la verticale du centre serait rencontrée par les normales des points m', u', n' (*fig.* 424 et 425).

Taille (*fig.* 423). On préparera une pierre sur le panneau de projection horizontale $o'z'i'c'$ (*fig.* 421), et l'on appliquera les deux panneaux verticaux $vzro$, $tiec$ (*fig.* 422) sur les faces correspondantes. Ensuite, avec une règle flexible, on tracera les deux arcs zi, oc dans les cylindres concave et convexe de la pierre; puis, avec des cerces découpées sur la projection horizontale, on décrira les arcs d'ellipse tv, er ; ce qui déterminera toutes les coupes.

Les surfaces de joints se tailleront en faisant glisser une règle sur les points de repère des courbes tv, iz, er, oc, et les surfaces d'intrados et d'extrados seront suffisamment déterminées par les six cerces découpées sur les côtés convexes et concaves des panneaux rabattus (*fig.* 422); on fera glisser les cerces intérieures sur les arcs zi, re, et les cerces extérieures sur les arcs vt, oc, en faisant coïncider les points de

VOUTE ELLIPTIQUE.

repère, et maintenant le plan de chaque cerce perpendiculaire aux ellipses moyennes.

Les contours des panneaux *vzro*, *tiec*, étant tracés sur les faces extrêmes de la pierre, il suffira d'une cerce intermédiaire (*fig.* 428) découpée sur le contour du panneau provenant de la section par le plan *fy* (*fig.* 421) : la cerce concave servira pour l'extrados.

On pourrait aussi tailler la douelle et l'extrados avec des cerces découpées sur les sections méridiennes des ellipsoïdes intérieures et extérieures. Il faudrait alors marquer sur les contours des panneaux, les points de repère résultant de leur section par les plans méridiens des deux ellipsoïdes, et maintenir avec soin les cerces dans ces plans. Ce qui serait plus difficile que la méthode précédente.

LIVRE VI.

SURFACES RÉGLÉES.

CHAPITRE PREMIER.

Joints de la voûte elliptique.

I.

437. Définitions. — On donne le nom de surface réglée (*Géométrie descriptive*) à celle qui contient les positions successives d'une ligne droite assujettie à se mouvoir suivant des conditions données. L'énoncé de ces conditions forme la définition de la surface. Les surfaces cylindriques et coniques sont des cas particuliers de surfaces réglées.

On peut employer plusieurs espèces de surfaces réglées pour joints de la voûte elliptique appareillée par assises horizontales.

II.

438. Première surface de joint. — Les données étant supposées les mêmes que dans l'épure précédente, et le point o (*fig.* 429, 431, *Pl.* **49**) étant la projection verticale du centre de l'ellipsoïde formant l'extrados de la voûte, concevons (*fig.* 430) une suite de plans verticaux passant par le centre; les sections de l'intrados, par tous ces plans, seront des ellipses de même hauteur; et les tangentes aux points 1, 2, 3, 4, 5, etc., concourront en un point s, situé sur la verticale du centre; toutes ces tangentes étant rabattues sur le plan vertical (*fig.* 429), on construira leurs normales, que l'on fera ensuite revenir à leurs places en remarquant que, dans ce mouvement, les points c, c', c'', c''', etc., suivant lesquels ces normales rencontrent la verticale du centre, resteront immobiles. La surface réglée qui contiendra toutes ces normales pourra servir de joint à la voûte elliptique.

Pour construire l'intersection de cette surface avec l'extrados de la voûte, on remarquera que le plan vertical cp qui contient le point 4 coupe l'ellipsoïde extérieur suivant une ellipse ayant pour demi-axe horizontal la droite Cv, et pour demi-axe vertical la droite oh. Au lieu de construire la projection de cette ellipse, on peut la rabattre en $v''u''h$ en la faisant tourner autour de la verticale du centre, et le point u'' résultant de l'intersection par la normale du point 4, étant projeté sur Cx''' et ramené de là dans le plan vertical cp, ferait connaître u', et par suite le point u (*fig.* 429) On déterminera de la même manière autant de points que l'on voudra de la courbe $a'u'e'$.

Il n'est pas nécessaire de construire entièrement l'ellipse $v''u''h$; on peut, connaissant les demi-axes ov'' et oh, se contenter de construire le petit arc qui coupe la normale en u''.

III.

439. Deuxième surface de joint. — La surface que nous venons de construire n'est pas tout à fait normale à la voûte. En effet, les droites génératrices de cette surface sont bien perpendiculaires aux sections verticales passant par le centre, mais elles ne sont pas perpendiculaires aux tangentes horizontales passant par les points 1, 2, 3, 4, 5, etc.

Or, si l'on veut satisfaire à cette condition, il faudra opérer de la manière suivante.

On construira (*fig.* 432) les normales à l'ellipse représentant la projection horizontale de l'arête de douelle. Ces lignes perpendiculaires aux tangentes de la courbe seront les projections horizontales des normales à la voûte. Les projections verticales de ces mêmes normales devront concourir vers le point c, puisque l'on sait (*Géométrie descriptive*) que les normales à une surface de révolution rencontrent toujours son axe.

Les projections verticales et horizontales des normales, étant construites (*fig.* 431 et 432), la surface qui les contient sera elle-même normale et pourra servir de joint à la voûte. Il ne restera plus qu'à construire l'arête d'extrados.

Pour cela, concevons (*fig.* 431) un plan cq perpendiculaire au plan vertical de projection. Ce plan, qui contient la normale du point 8, coupera l'ellipsoïde d'extrados suivant une ellipse $t'z'x'n'$, dont le centre ll' s'obtiendra en abaissant sur le plan cq la perpendiculaire ol. De plus, le point t abaissé sur Cd sera l'extrémité du petit axe $l't'$. Enfin, le point x'' rabattu (*fig.* 429) étant projeté en x''' et ramené en x' est situé en même temps dans le plan cq et dans l'extrados de la voûte. Ainsi l'on aura le centre l', le petit axe $l't'$ et un point x' de l'ellipse $t'z'x'n'$ qui représente la projection horizontale de la section de l'extrados par le plan cq; il sera donc facile de construire cette courbe ou seulement la portion de cette courbe qui coupe la normale du point 8, ce qui fera connaître le point z, z' appartenant à l'arête d'extrados. On opérera de même pour les autres points.

L'horizontale du point l perce l'ellipsoïde en un point qui, rabattu en nn'' et ramené en n', serait l'extrémité du grand axe de l'ellipse $t'x'z'n'$; mais nous venons de voir que l'on pouvait se passer de ce point.

Au lieu de projeter l'ellipse tzn', on aurait pu la rabattre en la faisant tourner autour de l'axe de l'ellipsoïde d'intrados : dans ce rabattement le centre l vient se placer en l'', et la normale du point 8 devient $8z''$; le point z'' étant obtenu, on en déduit facilement z'.

IV.

440. Troisième surface de joint. — Les deux surfaces réglées que nous venons de construire rencontrent l'extrados de la voûte suivant des courbes à double courbure. On peut éviter cette irrégularité en adoptant une surface réglée, dont les génératrices s'appuieraient sur deux ellipses horizontales et semblables $9-u$, bm, situées l'une dans l'intrados et l'autre dans l'extrados de la voûte. La seconde de ces deux ellipses passerait par le point zz''', suivant lequel la normale du point 10 perce l'extrados, et les projections horizontales des génératrices seraient normales à l'ellipse $9-10-11$. Les projections verticales de ces mêmes génératrices se déduisent facilement de ce qui vient d'être dit. Pour éviter la confusion, ces dernières lignes ne sont tracées qu'en points sur la figure 431.

La surface dont nous venons de parler s'abaisse un peu au-dessous de la surface normale, vers l'extrémité du grand axe, tandis qu'au contraire elle se relève en s'approchant de l'extrémité du petit axe, et ces deux surfaces se coupent suivant la normale du point 10.

La surface actuelle, ainsi que les joints coniques proposés planche 48, jouissent de cet avantage, que les arêtes de douelle et d'extrados sont des courbes planes et horizontales ; ce qui facilite beaucoup le tracé des voussoirs, et doit faire préférer dans la pratique ces surfaces à celles représentées figures 430, 432, qui ne sont indiquées ici que comme sujets d'étude.

V.

441. Quatrième surface de joint. — On pourrait encore se proposer d'employer pour joint de la voûte elliptique une surface développable que l'on construirait de la manière suivante. On déterminera d'abord (*fig.* 434) un certain nombre de normales, $1.w'$, $13.i'$, $12.k'$, $11.f'$, ainsi que les tangentes horizontales aux points $1.13.12.11$. Ensuite, on fera passer un plan par la tangente du point 1 et la normale $1.w'$; un second plan par la tangente du point 13 et la normale $13, i'$; un troisième plan par la tangente du point 12 et la normale $12, k'$, etc. Les intersections successives de tous ces plans seront les génératrices d'une surface réglée développable, tangente à la surface normale dans toute l'étendue de l'ellipse $1.13.12.11$.

Il est inutile d'ajouter que les points $1.13.12.11$ doivent être assez rapprochés les uns des autres pour que le polygone formé par les tangentes horizontales puisse remplacer, sans erreur sensible, l'ellipse $1.13.12.11$. Je n'entrerai pas ici dans de plus grands détails au sujet de cette surface, qui est moins simple dans l'exécution que celles indiquées précédemment, et qui n'est indiquée ici que comme sujet d'exercice.

CHAPITRE II.

Conoïdes.

I.

442. Définitions. — La surface réglée formant la douelle de la voûte (*fig.* 435 et 436, *Pl.* **50**) a pour directrices : 1° la droite verticale *as* projetée sur le point horizontal par le point *a'*; 2° le demi-cercle vertical *vou*, *v'o'u'*; enfin, pour troisième condition, la génératrice doit, dans son mouvement, rester toujours parallèle au plan horizontal. On sait (*Géométrie descriptive*) que les surfaces de ce genre se désignent par le nom de conoïdes.

Au lieu du demi-cercle *vou*, *v'o'u'*, on aurait pu prendre pour directrice tout autre courbe plane ou à double courbure; mais dans le cas des données actuelles, il est essentiel de remarquer que toutes les sections de la douelle par des plans parallèles au plan vertical de projection seront des ellipses ayant une hauteur commune égale à *ao*, et pour axe horizontal une distance égale à l'écartement des pieds-droits, à l'endroit où serait faite la section.

443. Dans les figures 435 et 436, on suppose que la voûte conoïde traverse un mur droit, et dans les figures 437 et 438 la même surface pénètre dans un mur en tour ronde. Nous allons commencer par la première de ces deux voûtes.

Épure. On construira, sur la figure 435, un certain nombre de parallèles au plan de naissance. Ces droites rencontreront le demi-cercle vou en des points que l'on abaissera sur $v'u'$, et qui, étant joints avec a', détermineront les projections horizontales des génératrices de la voûte conoïde. Ces dernières rencontrent les plans verticaux $m'e'$, $n'd'$, en des points que l'on relèvera (*fig.* 435) sur les génératrices correspondantes de la douelle, ce qui déterminera les deux ellipses $m,1.0 - n.5.0$, provenant de la pénétration de la voûte dans les deux faces verticales du mur.

On construirait de la même manière (*fig.* 437, 438) les deux courbes à double courbure, $o1x$, $o5z$, suivant lesquelles la surface de douelle pénètre dans les deux cylindres concentriques qui comprennent le mur rond. En effet, ces deux cylindres étant verticaux sont les surfaces projetantes des courbes de pénétration, de sorte qu'il suffit de relever les points suivant lesquels les traces $e'x'$, $d'z'$ de ces cylindres sont rencontrées par les projections horizontales des génératrices de la voûte conoïde.

II.

444. Surfaces de joints. — Je suppose qu'il s'agisse du joint correspondant à l'arête 1.5 (*fig.* 435, 436). Les sections de la douelle par des plans parallèles au plan vertical de projection étant, comme nous l'avons dit plus haut, des ellipses de même hauteur, il en résulte que les tangentes à ces courbes, aux divers points de l'horizontale 1.5, rencontreront à la même hauteur les axes verticaux de ces ellipses, et par conséquent les projections verticales de ces tangentes concourront au point s, que l'on déterminera en construisant d'abord la droite $3s$, tangente au demi-cercle vou; les droites 1—1, 2—2, 3—3, etc., perpendiculaires aux tangentes $s1, s2, s3$, etc., seront donc normales aux sections de l'intrados par des plans parallèles au plan vertical de projection, et la surface réglée, qui contiendra toutes ces normales, pourra être prise pour surface de joint de la voûte. L'intersection de cette surface réglée par le lit supérieur de la première pierre, sera un arc d'hyperbole que l'on obtiendra en abaissant des perpendiculaires par les points où les projections verticales des normales sont coupées par le plan horizontal supérieur de la pierre. Cette hyperbole a pour asymptote les droites $a'.1, a'.7$.

Les deux parements verticaux du mur couperont la surface de joint suivant les droites 1—1, 5—5, normales aux deux ellipses $m10, n50$; ce qui produira, dans l'appareil extérieur, un effet convenable.

445. La surface que nous venons de construire n'est pas tout à fait normale à la douelle. En effet, pour satisfaire à cette condition, il faudrait que chaque génératrice fût normale, non-seulement aux sections verticales de la voûte, mais encore à l'arête de douelle 1.5. Pour obtenir ce résultat, on opérera de la manière suivante :

La tangente $s1$ ($fig.$ 437), que l'on déterminera comme précédemment, rencontrera le plan horizontal de projection en un point tt', et la droite $t't''$, parallèle à 1—5, sera la trace horizontale d'un plan tangent à la surface conoïde au point 1. La droite 1—t'' perpendiculaire sur la droite 1—5 ($fig.$ 438) sera la trace d'un plan vertical, contenant la tangente t'—6, et la normale 6—1, rabattues toutes deux (*fig.* 439) sur le plan de l'épure. Or, en joignant le point t'' avec a', on pourra prendre les deux droites $1a'$ et $t''a'$ pour directrices d'un paraboloïde hyperbolique, dont les génératrices, tangentes à la surface de la douelle aux points 1.2.3.4.5, auraient pour projections horizontales des droites perpendiculaires sur 1.5. Les projections de ces tangentes, sur le plan de la figure 439, concourront toutes au point 6, qui est la projection de la ligne 1—5. On construira sur cette même figure les projections des normales, perpendiculaires à celles des tangentes, et le plan horizontal pq qui forme le lit supérieur de la première pierre coupera toutes ces normales en des points qui, ramenés (*fig.* 438) sur les projections horizontales des normales, feront connaître l'hyberbole résultant de l'intersection de la surface de joint, par le lit horizontal supérieur de la pierre. Cette hyperbole est équilatère, et a pour asymptotes les deux droites a'—1, a'—8.

Les intersections de la surface de joint, que nous venons de construire par les deux cylindres concentriques, formant les parements intérieur et extérieur du mur, sont des courbes à double courbure. Pour les construire, on coupera la surface du joint par un plan horizontal; la section sera une hyperbole dont les intersections avec les arcs de cercle $e'x'$, $d'z'$ détermineront des points intermédiaires sur les courbes 1—1, 5—5 (*fig.* 437); mais dans la pratique, on peut ordinairement négliger cette dernière opération, la courbure de lignes 1—1, 5—5 étant très-peu sensible, et résultant d'ailleurs de la taille des autres surfaces de la pierre.

La seconde surface de joint de la voûte (*fig.* 437) a été déterminée de la même manière, à quelque différence près, motivée par l'éloignement des points où les tangentes à la voûte rencontreraient le plan horizontal de naissance. Ainsi, le point r étant déterminé par la tangente au cercle vou, on construira la droite $9-r$, qui serait tangente à la section par le plan vertical $9'k'$; cette droite $9-r$ prolongée ira percer en kk' le plan horizontal kl, formant le dessus de la deuxième assise. La droite $k'k''$, parallèle à l'arête de douelle 9.10, représente l'intersection du plan horizontal kl par le plan tangent au point 9, et la droite $k''9'$ sera, par conséquent, la trace d'un plan vertical, perpendiculaire sur l'arête 9.10, et contenant la normale du point 9. Ce plan normal étant rabattu sur l'épure (*fig.* 440) le point k'' viendra se placer en k''', et l'on aura $k'k'''$ égal à la distance du point 9 au plan kl (*fig.* 437). Ainsi, dans le rabattement (*fig.* 440) $k'''-9'$ sera la tangente au point 9, et $9'-y''$ sera la normale qui percera le plan horizontal kl en un point y'', que l'on ramènera en y' sur la trace du plan normal $k''-9''$. Enfin, joignant k'' avec a', l'arête de douelle $a'-9''$ et la droite $a'k''$, située dans le plan horizontal kl, seront les directrices d'un paraboloïde hyperbolique tangent que l'on construira comme précédemment.

La tangente au point 18 aura pour projection horizontale $18-g'$, et pour projection rabattue (*fig.* 440) $9'-g''$, d'où l'on déduira la normale $9'-h''$, et par suite le point h' appartenant à l'arc d'hyperbole $y'h'$, suivant lequel la surface de joint est coupée par le plan horizontal supérieur de la deuxième assise. On opérera de même pour les autres points.

446. Ces diverses manières de faire les joints de la conoïde sont présentées ici comme sujet d'exercice. Leur emploi serait motivé par le désir d'éviter les angles aigus, mais il est évident, d'un autre côté, que si les deux surfaces de joints convexes et concaves, qui doivent s'appliquer l'une sur l'autre, ne sont pas parfaitement identiques, il arrivera qu'après la pose les pierres n'auront pas l'aplomb qui leur convient, et le tassement ou

la poussée les fera éclater ou glisser sur leur joint. On aura donc perdu, par la difficulté d'exécution, ce que l'on aurait gagné par l'exactitude du principe; aussi, dans la pratique, on préfère employer les moyens suivants.

Supposons qu'il s'agisse du joint passant par l'arête de douelle 12—13 (*fig.* 435). On se contentera de construire par le milieu de l'arête de douelle une droite 14—15, normale à la voûte, ou simplement, comme nous l'avons fait ici, à la directrice *vou*, et l'on prendra pour joint le plan qui contiendrait cette normale et l'arête de douelle 12—13. L'intersection de ce plan avec le lit horizontal supérieur sera une droite horizontale 16—17, parallèle à l'arête de douelle 12—13, et les coupes apparentes dans les parements du mur seront les droites 12—16, 13—17, dont les angles, avec les arcs de pénétration de la voûte conoïde dans le mur, différeront assez peu de l'angle droit pour que l'on puisse les admettre sans inconvénient.

Si la portion de la surface conoïde formant l'intrados de la voûte était très-longue, on ferait le joint par plusieurs plans (*fig.* 443), contenant tous l'arête de douelle, mais qui seraient déterminés, le premier par la normale du point 2, le second par celle du point 3, et enfin le troisième par celle du point 4.

Taille. Supposons que l'on veuille tailler le second voussoir de la voûte (*fig.* 437); on préparera la pierre sur le panneau de sa projection horizontale (*fig.* 438), puis on développera (*fig.* 441) les deux panneaux de pénétration dans les cylindres verticaux, formant les parements extérieur et intérieur du mur. Ces panneaux étant appliqués sur la pierre (*fig.* 442), les courbes 5—10, 1—9, serviront de directrices à la surface réglée de la douelle, que l'on taillera en faisant glisser une règle sur les points de repère. Cela étant fait, on découpera une cerce horizontale sur le contour de l'hyperbole $y'—h'$, que l'on tracera dans le plan horizontal supérieur. Cet arc d'hyperbole et l'arête de douelle seront les directrices de la surface du joint supérieur.

On agira de la même manière pour le joint inférieur.

Dans le cas où le joint serait formé par un plan, l'arc d'hyperbole serait remplacé par une droite, parallèle à l'arête de douelle.

III.

447. Deuxième exemple de conoïde. — On s'est proposé dans cet exemple de construire une voûte qui se raccorderait d'un côté avec une plate-bande rabattue (*fig.* 444), et de l'autre côté avec un arc plein cintre rabattu (*fig.* 445). La figure 446 est la projection verticale de la voûte, que l'on suppose coupée symétriquement par un plan parallèle aux pieds-droits. La fig. 447 est la projection horizontale de la première assise vue par-dessous : on a supprimé sur l'épure les assises supérieures.

La surface de douelle de cette voûte sera un conoïde ayant pour directrice : 1° la droite horizontale ab de la plate-bande (*fig.* 444); 2° l'arc de cercle cu formant le cintre de la fig. 445; enfin, pour troisième condition, la génératrice devra rester parallèle au plan vertical de projection.

Chaque joint est une surface réglée, engendrée par une droite, qui se meut parallèlement aux plans de la plate-bande et de l'arc *cu*, en s'appuyant, d'une part, sur l'arête de douelle, et d'autre part sur la droite qui joindrait le centre de l'arc *cu* avec le sommet *r* du triangle équilatéral *bvr*, construit sur *bv* double de *ab*. Il résulte de cette combinaison qu'aux deux extrémités de la voûte les coupes apparentes satisferont aux conditions énoncées pour les plates-bandes et les arcs plein cintre.

Les projections des génératrices de la première surface de joint sur les figures 444 et 445 concourront aux points *s*, *s'*, et sur les figures 446 et 447 ces mêmes génératrices seront projetées par des parallèles aux plans des têtes; la fig. 448 fait voir la disposition de l'extrados.

Taille. Pour tailler les pierres de cette voûte, on fera à chaque tête des coupes telles que *pm* perpendiculaires aux lignes moyennes de la douelle, et l'on construira les panneaux rabattus A, qui, appliqués sur les extrémités du voussoir, serviront de directrices aux surfaces de douelle et de joints.

IV.

448. **Voûte d'arête en tour ronde.** — Cette voûte projetée (*fig.* 449 et 450, *Pl.* 51) résulte de la pénétration d'une voûte conoïde (443) dans une voûte annulaire (430); la surface conoïde a pour directrice le demi-cercle *vou*, projeté sur le plan horizontal par la droite *v'u'*. Le rayon de ce demi-cercle est égal à celui du cercle *ace* rabattu (*fig.* 452), et qui provient de la section de la voûte annulaire par le plan méridien *ac*.

VOUTE D'ARÊTE EN TOUR RONDE.

Si l'on voulait que la surface conoïde eût plus ou moins de largeur, il suffirait de rapprocher ou d'éloigner le demi-cercle *vou* du plan vertical de projection.

Dans l'exemple qui nous occupe, on s'est proposé de couvrir la galerie circulaire représentée (*fig.* 454) par six voûtes d'arête. Il est évident qu'il suffit pour cela de donner pour largeur à chaque conoïde le sixième de la circonférence, moins la largeur du pied-droit.

Les données précédentes étant admises, on supposera la fig. 452 ramenée dans le plan vertical *ae*; puis l'on construira les cercles horizontaux formant les arêtes de douelle de la voûte annulaire.

Partageant ensuite le demi-cercle *vou* comme le demi-cercle *ace*, on projettera les points de division sur la droite $v'u'$; ce qui déterminera les génératrices de la voûte conoïde; et les intersections des ces droites avec les cercles qui sont à la même hauteur dans la voûte annulaire appartiendront à deux courbes à double courbure *mon*, $m'o''n'$, provenant de la pénétration des deux voûtes.

Quelques constructeurs se sont donné pour condition que les projections horizontales des arêtiers soient des arcs de cercle; mais cette forme, moins gracieuse que celle que nous adoptons ici, n'est motivée par aucun avantage réel.

Les joints de la voûte annulaire seront des surfaces coniques, ayant leurs sommets sur la verticale du centre, et les joints de la voûte conoïde se construiront comme dans l'épure précédente.

Les joints de la portion de conoïde projetée à gauche (*fig.* 450) sont des surfaces réglées; à droite (*fig.* 451), les joints sont formés par des plans, contenant les arêtes de douelle et les normales aux points où ces arêtes pénètrent dans les parements extérieurs et intérieurs des murs.

Les intersections des surfaces de joints des deux voûtes sont des courbes que l'on obtiendra de la manière suivante.

On construira (*fig.* 452) un plan horizontal p, qui coupera le joint de la voûte annulaire suivant un arc de cercle rs, et le joint de la voûte conoïde suivant un arc d'hyperbole tx, et le point où ces deux courbes se rencontreront fera partie de l'intersection des deux surfaces de joints. On opérera de la même manière pour toutes les courbes analogues.

Dans la partie de conoïde projetée (*fig.* 451) les joints étant des plans, leurs sections par le plan p seront des droites parallèles aux arêtes de douelle de la voûte conoïde (446).

Taille. La pierre étant préparée sur le panneau de sa projection horizontale A, on appliquera les panneaux (*fig.* 453) qui sont les développements des pénétrations de la voûte conoïde et de ses joints dans les deux cylindres concentriques, entre lesquels la pierre se trouve comprise. Les deux courbes 1—5 de ces panneaux serviront de directrices à la surface de douelle que l'on taillera comme précédemment, en faisant glisser une règle sur les points de repère 1, 2, 3, 4, 5. Quand la douelle sera taillée, la pierre ayant la forme représentée (*fig.* 455), on portera sur chaque génératrice le point correspondant de l'arêtier, en prenant sur la fig. 451 la distance de ce point à la surface du cylindre extérieur. L'arêtier étant tracé dans la surface conoïde, on appliquera le panneau B dans le plan vertical $h'q$, et l'on tracera les deux arcs horizontaux h'—5, d'—1, qui serviront de directrices à la douelle de la voûte annulaire, que l'on taillera en faisant glisser une cerce découpée sur le contour de l'arc hd (*fig.* 452).

La fig. 456 représente la pierre dont il reste encore à dégager une partie de la douelle et du joint : les droites bl (*fig.* 453), et yg (*fig.* 452) détermineront le plan inférieur que l'on fera en fouillant la pierre jusqu'à ce que l'on puisse appliquer le petit panneau C.

La fig. 457 est la première pierre au-dessus de l'un des pieds-droits intérieurs, l'intersection des surfaces de joints est une ligne iz, située au-dessous du lit supérieur de la première assise. Dans la voûte projetée (*fig.* 450), iz est une courbe provenant de l'intersection des deux surfaces réglées formant les joints ; et dans la voûte 451, iz est une ligne droite, provenant de l'intersection des deux premiers plans de joints à droite et à gauche du pied-droit.

CHAPITRE III.

Surfaces hélicoïdes. Escaliers.

I.

449. vis à noyau plein. — Dans l'escalier projeté horizontalement (*fig*. 458, *Pl*. **52**), les marches posées les unes sur les autres sont scellées par leur bout le plus large dans un mur cylindrique, formant la cage de l'escalier.

La surface de chaque marche se compose (*fig*. 459, 460) :

1° D'un plan horizontal *aoao* sur lequel on pose le pied en montant ;

2° D'une face verticale *acac*, formant le devant de la marche, et de même hauteur qu'elle ;

3° D'un petit plan horizontal *coco* (*fig*. 460), suivant lequel chaque marche se pose sur celle qui précède ;

4° D'une surface réglée *ozoz*, engendrée par une droite horizontale, qui s'appuierait sur deux arcs d'hélice, de même pas, *oz*, *oz*, situés l'une dans le cylindre formant la surface surface intérieure du mur de cage, l'autre dans la surface du noyau ;

5° Une petite face verticale, située derrière la marche ;

6° Enfin la face cylindrique *acozo*, formant l'extrémité qui vient pénétrer dans le mur.

Quant à l'autre bout de la marche, on peut lui faire porter une tranche de noyau, comme on le voit par les figures 459, 460, ou bien faire les marches indépendantes et les sceller par leur extrémité dans des entailles creusées à cet effet dans le noyau (*fig.* 461).

La figure 462 est le développement de la pénétration des marches dans le mur de cage, et la figure 463 est le développement de la pénétration dans le noyau.

Pour construire le développement (*fig.* 462), on portera à la suite les uns des autres et sur une même ligne droite tous les arcs *ao*, *oa*, *ao*, pris sur la trace du cylindre passant par les extrémités des marches (*fig.* 458) et par les points *a*, *o*, *a*, *o*, on élèvera des perpendiculaires jusqu'à la rencontre des horizontales qui déterminent les différentes hauteurs des marches. La hauteur du point *z* est arbitraire et dépend de l'épaisseur plus ou moins grande que l'on veut donner à la marche.

Le développement 463 se construira de la même manière ; les arcs *oz* étant des hélices, leurs développements doivent être des lignes droites (*Géométrie descriptive*). Il en est de même des lignes ponctuées passant par les angles correspondants des marches.

Taille. On taillera une pierre sur le contour de la projection horizontale de la marche A (*fig.* 458), en n'oubliant pas de lui laisser l'excédant de longueur qui doit pénétrer dans le mur de cage. Cela étant fait, on appliquera le panneau de développement B (*fig.* 462) sur la face cylindrique formant l'extrémité de la marche; puis on dégagera le noyau avec précaution en dessous (*fig.* 460), jusqu'à ce que l'on puisse y tracer le petit arc *oz* qui, appartenant à une hélice, doit coïncider avec le bord d'une règle flexible, à laquelle on ferait prendre la courbure du noyau. Les deux arcs *oz*, *oz*, seront les directrices d'une surface réglée, que l'on taillera en faisant mouvoir une règle, sur les points de repère qui diviseraient les deux arcs *oz* en parties égales. C'est la nature de leurs directrices qui a fait donner à ces surfaces réglées le nom d'*hélicoïdes*.

Si l'on voulait faire les marches indépendantes du noyau, cela serait encore plus facile; aussi ne nous y arrêterons-nous pas.

Il arrive quelquefois, dans certains escaliers, que les marches sont soutenues par un mur de rampe (*fig.* 464). La figure 465 fait voir la disposition de l'appareil, et la figure 466 indique suffisamment la manière de tailler chaque pierre.

450. Le dessous de l'escalier que nous venons d'examiner est une surface brisée, composée alternativement d'une face gauche et d'une petite face verticale.

Dans l'exemple projeté (*fig.* 467) l'escalier est plafonné en dessous par une surface hélicoïde continue, dont la génératrice serait une droite horizontale qui s'appuierait sur deux hélices de même pas, situées, l'une dans le cylindre formant la surface intérieure du mur de cage, et l'autre sur la surface du noyau. Cette génératrice étant parallèle aux arêtes supérieures des marches, sa projection horizontale, *zz*, ne sera pas dirigée vers le centre du noyau, et sa position dépendra du plus ou moins d'épaisseur que l'on voudra donner aux marches de l'escalier.

D'après cela, par le point Z, suivant lequel la droite zz rencontre le cercle mZn, formant la projection horizontale de l'hélice moyenne, on construira la droite Zt tangente à cette hélice, et faisant Zt égal à deux fois l'arc ei pris sur le cercle mZn, on pourra regarder t comme le point où la tangente Zt rencontrera un plan horizontal de projection situé à deux hauteurs de marche au-dessous du point Z. La droite dt'' sera donc la trace horizontale d'un plan tangent en Z à la surface hélicoïde formant le dessous de l'escalier. Prenant ensuite (*fig.* 468) un plan de projection perpendiculaire à la droite zZz, on fera sur ce plan, vz' égal à deux hauteurs de marches, et la droite $t''z'$ sera la trace verticale du plan tangent; par conséquent xz', perpendiculaire sur $t''z'$, sera un plan normal à l'hélice, qui a pour projection horizontale l'arc de cercle mZn; on fera $z'u'$ égal à la distance verticale entre le dessus de la marche et la surface du dessous; on tracera $u'a'$ parallèle à vt''; enfin, en faisant $a'c'$ égal à la hauteur du pas et menant l'horizontale $c'o'$, tout sera déterminé : $c'o'$ sera la saillie de chaque marche sur celle qui est au-dessous, et la droite $o'z'$ représentera la coupe inclinée formée par le plan normal à l'hélice moyenne mZn. On construira dans cette coupe une horizontale intermédiaire ss, et les points où les trois horizontales oo, ss, zz, rencontrent les deux cylindres concentriques de la cage et du noyau, détermineront les arcs d'ellipse suivant lesquels le plan normal $z'o'$ coupe ces deux cylindres.

Zt' est la trace du plan qui contient la coupe rabattue (*fig.* 468).

Les figures 469, 470, sont les panneaux de développement des pénétrations des marches dans le mur de la cage et dans le noyau. Les hauteurs sont déduites de la figure 468.

Taille. Les marches se tailleront comme dans l'exemple

précédent. On remarquera cependant que si l'on veut faire porter à chaque marche une tranche du noyau, il ne faut pas que la hauteur de cette tranche excède celle du pas ; il faudra donc réduire l'épaisseur du noyau comme on le voit 471. Cette diminution doit être faite en dessus, pour ne pas affaiblir l'angle aigu formé près du noyau par le plan normal zx et la surface hélicoïde. Il peut même arriver, et cela aurait lieu dans l'exemple qui nous occupe, que la différence de hauteur entre les points z' et o' (*fig.* 468) étant plus grande que l'épaisseur du pas, la face supérieure de la tranche du noyau serait au-dessous du petit plan de recouvrement oc, ce qui serait peu solide. Dans ce cas, on donnerait au noyau l'épaisseur de deux marches (*fig.* 472 et 473), et l'on ferait la marche suivante indépendante du noyau, en laissant, bien entendu, dans ce dernier, la place nécessaire pour loger le petit bout de la marche.

II.

451. **Escaliers irréguliers.** Dans les exemples d'escaliers (*fig.* 458 et 467), le plan étant circulaire, les arêtes des marches sont dirigées vers le centre. Or, les marches conservant partout la même hauteur, tandis que leur largeur diminue en s'approchant du centre, il en résulte que cette portion de l'escalier devient extrêmement rapide et dangereuse. Dans les escaliers circulaires, on ne peut diminuer cet inconvénient qu'en augmentant le rayon du noyau jusqu'à ce que la face supérieure ait une largeur suffisante ; mais dans certains escaliers, on emploie d'autres moyens que nous allons indiquer.

III.

452. Balancement. Soit (*fig.* 474, *Pl.* **53**) la projection horizontale d'un escalier, la courbe *mon* étant celle que l'on suit en montant; on partagera cette courbe en autant de parties égales que l'on voudra faire de marches, et par chaque point de division on mènera une perpendiculaire à la courbe extérieure du limon: ce qui déterminera les points 1,2,3,4. On portera les arcs 1—2, 2—3, 3—4, etc., à la suite les uns des autres, sur une droite horizontale 1—12 (*fig.* 475), et l'on construira une perpendiculaire par chacun de ces points jusqu'à la rencontre de l'horizontale qui détermine la hauteur de la marche correspondante. On obtiendra par ce moyen la ligne brisée 1—5—12, qui représente le développement provisoire de la courbe passant par les angles saillants des marches. Dans l'exemple qui nous occupe, ce développement se compose de deux lignes droites.

Il est évident que si l'on prenait les droites ponctuées de la figure 474 pour projection des arêtes des marches de l'escalier, il en résulterait : 1° que les marches auraient, sur le contour de l'arc 1—5, un rétrécissement dangereux ; 2° que l'angle d'inclinaison de l'escalier changeant brusquement au moment où l'on passe de la partie circulaire à la partie droite, ou réciproquement, il en résulterait dans le limon un angle ou *jarret* d'un effet désagréable.

Le problème qui a pour but de faire disparaître ces défauts a reçu le nom de *balancement*. Il consiste principalement à augmenter la largeur des marches trop étroites aux dépens de celles qui le sont moins.

Plusieurs méthodes peuvent être employées pour atteindre ce but.

453. Quelques auteurs, par exemple, ont proposé de faire croître la largeur des marches suivant une proportion par différence. Ainsi M. Émy, dans son traité de charpente, donne la solution suivante :

Il fait la somme de toutes les marches entre lesquelles doivent se répartir les changements de direction, il en retranche la somme que l'on aurait si toutes ces marches étaient égales à la plus petite d'entre elles, puis il prend la différence obtenue pour la somme des termes d'une progression dont les termes croîtraient comme la suite des nombres naturels, et dont chaque terme représenterait l'accroissement de la marche correspondante.

Cette solution ne satisfait à aucune des conditions du problème :

1° Parce qu'elle n'augmente pas la largeur de la plus petite marche, ce qui est la condition la plus essentielle ;

2° Parce que le dernier terme de la progession n'étant pas égal à la largeur d'une marche droite, il s'ensuit que l'accroissement régulier que l'on a établi entre les marches soumises à la condition du balancement est brusquement interrompu après la dernière de ces marches qui peut différer beaucoup de la marche droite qui suit immédiatement.

Il peut même arriver que la dernière des marches balancées soit plus grande que la première des marches droites suivantes, ce qui serait très-dangereux par suite de l'habitude acquise par tout le monde, de rencontrer sous les pieds, des marches égales, ou dont les largeurs varient d'une manière insensible.

Les inconvénients que je viens de reprocher à la méthode précédente proviennent surtout de ce qu'en fixant ainsi d'avance le point de l'escalier où doit s'arrêter le balancement, on donne la *somme des termes*, *le premier terme et le nombre des termes*, de sorte qu'il n'est plus possible d'arrêter la progression à la première des marches droites qui ne sont pas soumises au balancement.

454. On peut satisfaire à cette dernière condition de deux manières :

1° En considérant comme inconnue la plus petite des marches, et dans ce cas, on pourra déterminer celle des grandes marches à laquelle doit s'arrêter le balancement;

2° En laissant au contraire parmi les inconnues le nombre des marches soumises au balancement, ce qui permettra de fixer, *à priori*, la largeur minimum de la plus petite marche.

455. *Première méthode.* Supposons que dans l'escalier projeté (*fig.* 474), la largeur de chacune des petites marches auprès du limon soit égale à 11 *centimètres*, et que chacune des grandes marches ait 32 *centimètres* de largeur.

Supposons en outre que l'on veut satisfaire à cette condition, que le balancement s'arrête à la *onzième marche* à compter du point 1, c'est-à-dire que la marche A de la fig. 474 serait le dernier terme de la progression. Il s'ensuit que l'on connaît ce dernier terme, qui vaut 32 *centimètres*, et que nous nommerons u.

On connaît également *le nombre des termes* $n = 11$.

De plus, la somme des termes se composera : 1° de quatre

fois la largeur 11 d'une petite marche, plus de sept fois la largeur 32 d'une grande; ainsi on aura :

$$S = 4 \times 11 + 7 \times 32 = 44 + 224 = 268.$$

Le premier terme de la progression sera donné par la formule

$$S = \frac{(a+u)n}{2},$$

qui dans le cas actuel devient

$$268 = \frac{(a+32)\,11}{2}.$$

d'où

$$a = \frac{184}{11} = 16,727 = 16,73,$$

La formule $\quad u = a + d(n-1) \quad$ devient

$$32 = \frac{184}{11} + 10d,$$

d'où l'on obtient

$$d = \frac{168}{110} = \frac{16,8}{11}.$$

Ainsi le premier terme étant

$$\frac{184}{11} \text{ et la différence } \frac{16,8}{11},$$

il s'ensuit qu'à partir du point 1 les largeurs des marches seront exprimées par le tableau suivant, dans lequel la seconde colonne exprime des *onzièmes* de centimètre :

NUMÉROS D'ORDRE.	LARGEURS en 11ᵉˢ de centimètre.	LARGEURS en centimètres.
1ʳᵉ	184	16,73
2ᵉ	200,8	18,25
3ᵉ	217,6	19,78
4ᵉ	234,4	21,31
5ᵉ	251,2	22,84
6ᵉ	268,0	24,36
7ᵉ	284,8	25,89
8ᵉ	301,6	27,42
9ᵉ	318,4	28,95
10ᵉ	335,2	30,47
11ᵉ	352,6	32
Sommes.	2948,6	268

Ainsi, la somme 268 des nouvelles marches est égale à celle des anciennes, et la progression s'arrête exactement au moment où l'on arrive à la première des marches droites, qui forme alors le dernier terme de la progression.

456. Cette solution, quelque satisfaisante qu'elle paraisse au premier abord, laisse encore quelque chose à désirer, parce qu'elle ne permet pas de déterminer *à priori* le minimum de largeur de la plus petite marche, *ce qui me paraît cependant la condition la plus importante.*

457. *Deuxième méthode.* Reprenons la question précédente, et proposons-nous de donner à la première marche, à compter du point 1, une largeur égale à 20 *centimètres*, c'est-à-dire à

peu près les deux tiers de la largeur d'une marche droite. Dans ce cas on ne connaît plus le nombre des termes, ni par conséquent la somme des termes : mais, en exprimant cette somme par S, on aura

$$S = 4 \times 11 + 32(n-4) = 44 + 32n - 128 = 32n - 84.$$

De plus, la formule

$$S = \frac{(a+u)n}{2}$$

devient dans le cas actuel

$$S = \frac{(20+32)n}{2} = \frac{52n}{2} = 26n;$$

exprimant l'égalité qui existe entre les deux valeurs de S, on obtient

$$32n - 84 = 26n,$$

d'où

$$6n = 84,$$

et par conséquent

$$n = \frac{84}{6} = 14;$$

c'est-à-dire que le balancement se prolongera jusqu'à la quatorzième marche, qui sera la dernière de la progression.

Le nombre des termes de la progression étant connu, on obtiendra la différence par la formule $u = a + d(n-1)$, qui dans le cas actuel devient

$$32 = 20 + 13d,$$

d'où

$$d = \frac{32-20}{13} = \frac{12}{13} = 12 \times \frac{1}{13}.$$

Ainsi, les largeurs de marche, à compter du point 16, seront données par le tableau suivant, dans lequel la seconde colonne exprime des *treizièmes* de centimètre.

NUMÉROS D'ORDRE.	LARGEURS en 13es de centimètre.	LARGEURS en centimètres.
1re	260	20
2^e	272	20,92
3^e	284	21,84
4^e	296	22,77
5^e	308	23,69
6^e	320	24,61
7^e	332	25,54
8^e	344	26,46
9^e	356	27,38
10^e	368	28,31
11^e	380	29,23
12^e	392	30,15
13^e	404	31,08
14^e	416	32
Sommes.	4732	364

Ainsi, la somme 364 est égale à quatorze marches, savoir : quatre petites plus dix grandes, ce qui donne

$$4 \times 11 + 10 \times 32 = 44 + 320 = 364.$$

Cette dernière méthode permet de donner à la plus petite marche une largeur déterminée; mais on ne peut pas choisir d'avance le point où l'on veut arrêter le balancement, tandis que la solution précédente satisfait il est vrai à la dernière condition, mais on ne peut plus alors fixer à volonté la largeur de la plus petite marche.

S'il fallait cependant donner la préférence à l'une de ces deux méthodes, je n'hésiterais pas à choisir la dernière, parce que la condition la plus essentielle est d'éviter le danger qui résulte d'une pente trop rapide vers le noyau.

Au surplus, nous allons tâcher d'arriver par d'autres moyens à la solution du problème.

458. *Troisième méthode.* La plupart des constructeurs ne se préoccupent dans la question actuelle que des moyens de faire disparaître l'angle ou jarret 1—5—12 (*fig.* 475), afin, comme ils le disent, de donner *plus de grâce* aux courbes du limon.

Dans ce cas, ils se contentent de remplacer les droites 1—5 et 5—12 par une courbe qui leur est tangente aux points où doit commencer et finir le balancement.

En opérant ainsi on négligerait évidemment la condition la plus essentielle.

Pour résoudre la question d'une manière complète, on commencera d'abord par construire le développement (*fig.* 475), on prolongera ensuite l'horizontale du point 2, jusqu'à ce que la distance *pa* soit assez grande pour que l'on puisse y poser le pied sans danger; puis on construira la droite 1*a*, que l'on prolongera jusqu'au point 13, suivant lequel elle rencontre la droite 5—12. Or, si nous remplaçons le développement 1—5—12 par la ligne brisée 1—13—12, nous aurons élargi graduellement les largeurs de marches dans la partie qui aboutit au mur intérieur. Quant à l'angle formé au point 5, nous l'aurons reporté au point 13, en le rendant beaucoup moins aigu. Enfin on fera disparaître tout à fait le *jarret* du point 13, en remplaçant la ligne brisée 1—12—13 par un arc de cercle ou une courbe à deux centres tangentes aux droites 1—13, 13—12. Les points a, c, e, étant reportés sur la courbe 1,2,3,4 (*fig.* 474), les arêtes des marches seront déterminées.

459. La figure 476 est la projection horizontale d'un escalier dont le plan est irrégulier.

Les milieux des côtés du polygone formant la cage étant joints par des courbes tangentes, on élèvera des normales à ces courbes, et portant sur ces normales des distances égales, on déterminera la courbe qui passe par les extrémités des marches, ainsi que la ligne que l'on suit en montant.

On partagera cette dernière ligne en partie égales, et l'on fera le balancement des marches. Dans cet exemple, on s'est contenté de partager la courbe intérieure en parties égales. L'escalier est plafonné en dessous par une surface réglée, dont les génératrices auraient pour projection horizontale les droites zz, parallèles aux arêtes apparentes des marches correspondantes, en ajoutant pour condition que les distances 2z, 3z, 4z, seront égales entre elles.

Les profils et coupes des marches se détermineront comme dans l'exemple 450, à cette seule différence près, que par suite de la variation de courbures de la ligne Z—Z—Z, etc., les plans tangents et les plans normaux formant les coupes en dessous des marches n'ayant pas les mêmes inclinaisons par rapport au plan horizontal, il faudra faire une figure pour chaque marche. On aura le soin de faire toutes les distances verticales zu égales entre elles, afin de conserver partout la même épaisseur à l'escalier ; de sorte qu'il n'y aura de différence que dans les faces de recouvrement, dont les largeurs dépendront du plus ou moins d'inclinaison des plans normaux.

Les figures 477, 478, sont les développements des pénétrations des marches dans le mur de cage et dans le mur formant le noyau.

CHAPITRE IV.

Limons.

I.

460. Définition. — Les marches d'un escalier étant scellées dans le mur de cage, leur coupe suffit pour les maintenir en équilibre. Cela provient de ce que la perpendiculaire, qui contient le centre de gravité de chacune, passerait dans l'intérieur du triangle formé par les points d'appui; on peut donc quelquefois supprimer le mur intérieur, ce qui fait donner à ces escaliers le nom de vis à jour ou escaliers suspendus. Mais quelque ébranlement dans la construction, ou quelque défaut dans les matériaux, pouvant faire rompre une marche ou faire désunir les assemblages, on a dû chercher à augmenter la solidité en faisant porter à chaque marche un morceau taillé comme on le voit fig. 480.

L'ensemble de tous ces morceaux, qui se recouvrent successivement, forme cette partie de l'escalier à laquelle ou donne le nom de limons, et qui est destinée à supporter la rampe. Cette manière d'opérer a pour principal inconvénient d'occasionner beaucoup de déchet; aussi est-il préférable de faire le limon par une suite de pierres courbes et rampantes, dans lesquelles on creuse des entailles pour assembler les petits bouts des marches.

La taille de ces pierres présentant quelques difficultés, nous allons entrer dans tous les développements nécessaires.

461. Si le rayon de courbure du limon est peu considérable, on taillera (*fig.* **481**) une pierre sur le contour de la projection horizontale, puis, avec une règle flexible, on tracera dans les deux surfaces cylindriques intérieures et extérieures les arcs qui doivent servir de directrices aux deux surfaces réglées formant le dessus et le dessous du limon ; enfin, on fera aux extrémités, les coupes des crossettes perpendiculaires à la courbe qui passerait par le milieu de l'épaisseur de la pierre.

462. Dans le cas où le limon aurait un grand rayon de courbure, cette méthode causerait beaucoup de déchet. C'est ce qui a fait imaginer les moyens suivants :

II.

463. **Construction des hélices.** — On sait (149; 177) *qu'une hélice est la courbe décrite par un point qui s'élève à chaque instant d'une quantité proportionnelle à celle parcourue dans le même instant par sa projection horizontale.* On dit qu'une *hélice* est *circulaire* ou *elliptique*, selon que sa projection horizontale est un cercle ou une ellipse.

C'est de la définition précédente que résulte cette conséquence déjà plusieurs fois citée, que *le développement d'une hélice est toujours une ligne droite.*

D'après cela, soit (*fig.* 484, *Pl.* **54**), la projection horizontale du limon d'un escalier circulaire, on veut en construire la projection verticale.

Les surfaces de ce limon (*fig.* 483) sont engendrées par les quatre côtés du rectangle A, qui se meut de manière que son plan contienne constamment la verticale du point O, tandis que les sommets 8, 9, 10, 11 parcourent quatre hélices de même pas, situées dans les deux cylindres concentriques O—4—8, *ace*; le pas de ces hélices est égal à deux fois la hauteur du point 8 au-dessus de l'horizontale du point *o*.

Pour construire l'hélice du point 8, on partagera la hauteur verticale O—8 en autant de parties égales qu'il y a de marches dans une demi-révolution de l'escalier. On partagera ensuite de la même manière le demi-cercle O—4—8 (*fig.* 484), et par chacun de ces derniers points de division on élèvera une perpendiculaire jusqu'à la rencontre de l'horizontale correspondante, ce qui déterminera tous les points de la courbe demandée.

On opérera de la même manière pour l'hélice du point 11, dont tous les points se projettent horizontalement sur le demi-cercle *ace*.

Quant aux hélices des points 9 et 10, elles auront les mêmes projections horizontales que les deux hélices précédentes; mais les hauteurs n'étant plus les mêmes, les horizontales des points 0, 1, 2, 3, etc., ne pourront plus servir. Cependant, au lieu de construire de nouvelles horizontales, il sera préférable, pour éviter la confusion, de prendre sur la figure 483 la différence de hauteur 8—9 et de porter cette hauteur verticalement au-dessus des points déjà obtenus pour l'hélice du point 8 ; on agira de même pour toutes les hélices qui seront situées sur un même cylindre. Ainsi, pour l'hélice du point 10, on portera la hauteur 11—10 au-dessus des points déjà obtenus pour l'hélice du point 11.

III.

464. Tangente à l'hélice, section droite. — Le point m, au milieu de la petite verticale 12—4 (*fig.* 483), et le point m', milieu de l'horizontale c—t (*fig.* 484), sont les deux projections d'un point appartenant à l'hélice parcourue par le centre du rectangle A. Cette hélice projetée sur le plan horizontal par le demi-cercle $x'm'z'$ se nomme l'*hélice moyenne* du limon ; or, si l'on fait la verticale md égale à quatre hauteurs de marches et que l'on porte sur l'horizontale dt quatre fois la huitième partie de la demi-circonférence $x'm'z'$, l'hypoténuse tm sera la tangente au point m de l'hélice moyenne.

On remarquera que pour avoir cette tangente, il n'a pas été nécessaire de construire la projection verticale de l'hélice moyenne. Si l'on voulait avoir une tangente à tout autre point, on construirait d'abord sa projection horizontale et l'on en déduirait facilement la projection verticale, en portant sur la verticale correspondante la différence de hauteur entre chacune des extrémités de la tangente.

465. Le quadrilatère $novu$ (*fig.* 484) est la section du limon par un plan pq perpendiculaire à l'hélice moyenne.

Cette figure, amenée en B', a été de nouveau projetée en B (*fig.* 483).

IV.

466. Limon ou courbe rampante circulaire. — La figure 485 étant la projection horizontale du limon que nous supposerons engendré par le rectangle vertical A (*fig.* 486), on déterminera sur la circonférence les points suivant lesquels on veut faire les coupes. Il ne faut pas faire les pierres trop longues, d'abord par économie, puisque l'on perd tout ce qui résulte de la taille des deux surfaces cylindriques entre lesquelles le limon se trouve compris; mais ensuite, une pierre trop longue serait plus exposée à se rompre et plus difficile à poser.

On fera, autant que possible, toutes les pierres du limon de la même longueur, afin que les épures et les panneaux nécessaires à la taille de l'une d'elles puissent servir pour toutes les autres.

On prendra ensuite (*fig.* 486) un plan de projection parallèle au plan vertical qui toucherait l'hélice moyenne du limon au milieu de la longueur de la pierre que l'on veut tailler. Toutes les hélices du limon étant projetées sur la figure 486, on construira le triangle rectangle *mtd*, en faisant *md* égal à deux ou trois hauteurs de marche, et *td* égal à autant de parties correspondantes prises sur la circonférence moyenne de la projection horizontale du limon ; l'hypoténuse *tm* sera la projection verticale de la tangente à l'hélice moyenne (464). On fera le plan *pq* perpendiculaire à cette tangente, et l'on projettera sur le plan horizontal le quadrilatère curviligne *novu*, qui résulte de la section des quatre arêtes du limon par le plan *pq*. Les deux côtés *ov*, *nu*, sont des arcs d'ellipse, provenant de la section des deux cylindres concentriques qui comprennent la pierre, et les deux autres côtés *on*, *vu*, sont des courbes résultant des sections des surfaces au-dessous et au-dessus du limon par le plan *pq*. Pour obtenir un point intermédiaire sur chacune de ces courbes, il faudrait construire les hélices engendrées par les milieux des côtés du rectangle A; mais afin d'éviter la confusion, ces lignes n'ont pas été conservées sur l'épure.

En supposant que le quadrilatère *onvu* tourne en glissant sur l'hélice moyenne, de manière à rester toujours perpendiculaire à cette hélice, on l'amènera successivement dans la position B' et C'; puis, élevant des perpendiculaires, on construira les projections verticales B et C des deux faces qui terminent la pierre dont les projections sont alors complètes.

Taille. Pour tailler une pierre de limon, on peut employer deux méthodes.

V.

467. **Première méthode.** — On déduira la pierre par dérobement d'un parallélipipède rectangle, dont les faces seraient :

1° Deux plans verticaux ayant pour traces les droites ci, ci (*fig.* 485);

2° Deux plans ac, ei (*fig.* 486), perpendiculaires au plan vertical de projection et aux deux premiers plans;

3° Enfin, deux plans *ce*, *ai*, perpendiculaires aux quatre premiers et au plan vertical de projection.

Ce parallélipipède, que l'on taillera, sera la première des formes successives que doit prendre la pierre.

Les génératrices des deux cylindres concentriques, entre lesquelles le limon se trouve compris, étant prolongées jusqu'aux deux plans *ac*, *ei* (*fig.* 486), on construira les ellipses provenant de leur intersection avec ces plans, en prenant sur la projection 485 les distances de chaque point au plan vertical *ci*, et l'on rabattra ces courbes comme on le voit (*fig.* 487 et 488). On construira pareillement et l'on rabattra (*fig.* 489 et 490) les courbes suivant lesquelles les surfaces du limon traversent les plans *ce*, *ai* (*fig.* 486); puis, appliquant les quatre panneaux D, E, F, G, sur les faces correspondantes du parallélipipède (*fig.* 491), leurs contours serviront de directrices aux deux cylindres concentriques, entre lesquels est compris le limon; ces deux cylindres étant taillés, on y tracera leurs génératrices, et après avoir marqué au moins sur deux de ces génératrices les points appartenant aux arêtes du limon, on tracera ces hélices avec une règle flexible, à laquelle on fera prendre la courbure des cylindres, et ces lignes serviront de directrices aux deux surfaces réglées formant le dessus et le dessous du limon. Enfin, en déterminant sur les arêtes les sommets des deux quadrilatères B, C, on fera les plans qui terminent la pierre.

La figure 492 représente la pierre en partie taillée.

On remarquera que les panneaux D, E, sont identiques, ainsi que les panneaux F, G; cela provient non-seulement de la forme circulaire du limon, mais encore de la disposition régulière des faces du solide enveloppe. Il est certain que cette symétrie permettra de ne construire que deux panneaux, que l'on retournerait pour tracer les faces opposées de la pierre; mais dans ce cas, il ne faudrait pas oublier de changer les numéros des points de repère.

VI.

468. Deuxième méthode. — La seule différence qu'il y ait entre cette méthode et celle que nous venons d'exposer, c'est que le solide enveloppe, au lieu d'être un parallélipipède rectangle, sera un prisme trapézoïdal, dont deux faces ci, ci (*fig.* 493, *Pl.* **55**) seraient, comme précédemment, perpendiculaires au plan horizontal. Deux autres faces ca, ei (*fig.* 494) seraient perpendiculaires au plan vertical de projection; enfin les deux dernières faces $ccee, aaii$, seraient les plans mêmes contenant les extrémités de la pierre.

Les projections verticale et horizontale du limon étant construites, comme dans l'épure précédente, on fera (*fig.* 493) la droite mt' tangente au cercle moyen de la projection horizontale, et l'on portera sur la verticale mm' une grandeur md telle que l'on ait $md : td$ comme le pas de l'hélice moyenne est au développement de sa projection horizontale (464); on obtiendra la droite tm qui est la projection verticale de la tangente au point m. On fera le plan pq perpendiculaire sur tm, et l'on déterminera la projection horizontale de la section que l'on amènera successivement dans les positions B,B',C,C'; par suite de ce mouvement, la tangente $t'm'$ viendra se placer successivement en $t''m''$ et en $t'''m'''$ (*fig.* 493); on construira les projections verticales correspondantes en tenant compte des quantités dont les points m, d, t, auront monté ou descendu.

Cela étant fait, on élèvera des perpendiculaires par les deux points r', s', suivant lesquels l'horizontale du point m'' perce les deux faces verticales du solide enveloppe; ce qui fera connaître (*fig.* 494) les deux points r, s, par lesquels on construira les deux côtés ce, ce, perpendiculaires à tm, projection verticale de $t''m''$, et l'on aura, par ce moyen, le quadrilatère $ccee$, qui résulte de la section du solide enveloppe par le plan qui contient l'extrémité inférieure de la pierre.

On construira de la même manière le quadrilatère $aaii$, qui contient l'autre extrémité; puis on fera glisser ces deux quadrilatères sur l'hélice moyenne, l'un en montant, l'autre en descendant; jusqu'à ce que leurs plans viennent s'appliquer l'un sur l'autre, et contiennent tous deux le point m, m' : et de là, par des verticales on projettera tous les angles de ces deux quadrilatères sur la trace verticale du plan pq, d'où on les rabattra sur le plan horizontal (*fig.* 497, 498) en faisant tourner le premier autour d'une horizontale projetée par le point h, et le second autour de l'horizontale du point k.

Les panneaux D, E, se construiront comme dans l'épure précédente.

La figure 499 indique la manière d'appliquer les panneaux sur la pierre.

469. La méthode précédente paraît exiger un solide moins grand que la première; mais les carriers ne fournissant point de bloc sous la forme de trapèze, il est évident que l'on ne doit pas compter sur l'économie résultant de la coupe oblique

formée par les plans qui contiennent les faces extrêmes du limon. D'ailleurs, la première méthode permettant de couper la pierre à angles droits par les points n,u (*fig.* 486, Pl. 54), le parallélipipède rectangle que l'on emploierait serait un peu moins long que celui qui est nécessaire dans le second cas; et la seule économie que l'on puisse faire valoir, résulte de ce que l'on est dispensé de tailler après coup les deux têtes, ce qui est un travail peu considérable pour un habile ouvrier.

VII.

470. **Limon non circulaire.** — Les méthodes employées précédemment pour tailler les pierres du limon doivent être nécessairement modifiées dans le cas où la projection horizontale ne serait pas circulaire. Il est évident, en effet, d'abord, qu'il faudra une épure particulière pour chaque pierre, ensuite les deux panneaux de tête n'étant pas identiques ne pourront pas être déduits d'une même section normale à l'hélice moyenne. Il faudra donc faire autant de projections particulières qu'il y aura de coupes.

La planche **56** indique la disposition générale du travail; soit (*fig.* 500) la projection horizontale du limon. On suppose ici que les arêtes des marches prolongées sont tangentes au cercle O, de sorte que les projections des courbes du limon seront des développantes du même cercle. On déterminera d'abord sur la courbe moyenne du limon les points B'C'D', par lesquels on veut faire les coupes; puis on construira la projection verticale rabattue (*fig.* 501), que l'on coupera par un plan perpendiculaire à la tangente, et l'on déduira le quadrilatère B' (*fig.* 500).

On fera ensuite la projection auxiliaire (*fig.* 502); on en déduira le quadrilatère C'; on projettera ensuite (*fig.* 503) la pierre B'C' sur un plan parallèle à sa longueur, et l'on déterminera, comme nous l'avons fait, le parallélipipède rectangle qui enveloppe la pierre, les deux panneaux rabattus l'un sur l'autre (*fig.* 504) et les deux panneaux (*fig.* 505 et 506) provenant de la pénétration du limon dans les faces extrêmes du parallélipipède ; on suppose que le panneau 505 s'est avancé jusqu'à *ab*, puis de là rabattu sur le plan horizontal, et que le panneau 506 a tourné autour de l'horizontale du point *c*.

Pour varier les sujets d'exercice, nous supposerons que l'on veuille tailler la pierre C'D' par la deuxième méthode ; nous supposerons de plus que l'on veuille terminer l'extrémité supérieure de cette pierre par une crossette.

On fera la projection auxiliaire 507, sur laquelle on déterminera le profil de la crossette que l'on projettera sur le plan horizontal ; ensuite on construira la projection 508, et l'on déterminera sur cette figure et sur la projection horizontale les limites du solide enveloppe, en observant que le plan *pq* (*fig.* 507) doit passer par la face extrême de la crossette que l'on ne fera qu'en dernier lieu.

Le panneau C' projeté sur la figure 502 est rabattu (*fig.* 510) autour de l'horizontale du point *d*, et le panneau D' projeté (*fig.* 507) et tournant sur l'horizontale du point *e*, est rabattu (*fig.* 511). Les figures 513 et 514 représentent la première pierre du limon.

CHAPITRE V.

Voûtes destinées à supporter ou à couvrir des escaliers.

I.

471. Vis Saint-Gilles. — La douelle de la voûte connue sous le nom de *vis Saint-Gilles* (*fig.* 515, *Pl.* 57) a pour génératrice un demi-cercle vertical qui se meut en montant autour d'un cylindre, de manière que chaque point décrive une hélice. Les joints sont des surfaces hélicoïdes engendrées par les normales à la courbe génératrice de la douelle.

472. Cette voûte, destinée à soutenir les marches d'un escalier, n'est autre chose qu'une voûte annulaire rampante.

Les pierres peuvent être taillées par l'une ou l'autre des deux méthodes exposées n°^{s} 467, 468.

C'est la méthode du n° 468 qui a été employée ici.

473. Les projections verticale et horizontale de la pierre étant construites, ainsi que les hélices moyennes et celles qui passeraient par les quatre angles du quadrilatère *nouv* (*fig.* 518), on construira comme précédemment, la projection horizontale de la section par le plan *pq*, perpendiculaire à l'hélice moyenne de la douelle, et reportant cette figure en B' et C' (*fig.* 516), on en déduira les faces B et C (*fig.* 517); ce qui complétera la projection verticale de la pierre.

On pourrait mener le plan *pq* perpendiculaire à une hélice qui passerait par le centre du rectangle A, comme on l'a fait plus haut (466); mais les arêtes d'un limon restant à découvert, sont plus exposées à être brisées par le choc des corps extérieurs; on doit donc faire en sorte que les angles s'approchent le plus possible de l'angle droit, tandis que dans la vis Saint-Gilles les arêtes de la douelle sont seules apparentes, et ont par conséquent besoin d'avoir plus de force que les autres arêtes garanties par les pierres qui les recouvrent.

Le solide enveloppe de la pierre et les rabattements des panneaux s'obtiendront comme dans l'exemple de la planche 55.

Taille. On commencera par tailler la pierre comme pour un limon d'escalier, en supposant qu'elle soit engendrée par le rectangle *novu* (*fig.* 522).

Cela étant fait, on tracera dans le cylindre intérieur l'hélice *x—x*, et dans la surface réglée supérieure l'hélice *w—w*. Ces deux courbes, sur lesquelles on aura soin de marquer les points de repère, serviront de directrices au joint supérieur; on tracera ensuite, dans le cylindre extérieur, l'hélice *zz*, et dans la surface réglée inférieure l'hélice *yy* : ces courbes serviront de directrices au joint inférieur. La douelle se taillera au moyen d'une cerce découpée sur l'un des panneaux B ou C (*fig.* 520, 521); on fera glisser cette cerce sur les deux hélices xx, yy, en maintenant son plan perpendiculaire à l'hélice moyenne de la douelle.

On pourrait aussi se servir d'une cerce découpée sur le panneau A; mais dans ce cas il faudrait maintenir le plan de la cerce dans une position qui correspondît toujours à un plan méridien, ce qui serait plus difficile.

Les voussoirs de naissance (*fig.* 515, 523) doivent faire partie des assises du mur et du noyau.

La pierre du noyau (*fig.* 524) se déduit d'un cylindre vertical (*fig.* 516); les hélices seront tracées sur la surface de ce cylindre avec une règle flexible, et le reste ne présentera aucune difficulté.

II.

474. Vis saint-Gilles carrée. — Le rectangle A (*fig.* 525, Pl. 58) étant la projection horizontale d'un escalier, on partagera les côtés en autant de parties égales que l'on voudra de marches, et l'on dirigera les arêtes vers le centre de l'escalier. On peut, comme nous l'avons dit dans plusieurs exemples précédents, faire tenir les marches par la combinaison de leurs coupes, et par leur scellement dans le mur. Mais si nous supposons que l'escalier soit destiné à supporter de grands fardeaux, on pourra s'y prendre comme il suit.

On voûtera le dessous des marches de chaque rampe par une surface réglée, ayant pour directrices deux cercles, ou deux ellipses verticales situés dans les plans ao, co, en y ajoutant cette condition que la génératrice de cette surface reste constamment parallèle au mur de cage.

Nous allons donner les détails d'épure pour quelques-uns des voussoirs principaux.

Les figures 526 et 527 sont les deux projections verticale et horizontale de l'un des voussoirs, appartenant à l'angle rentrant de la voûte; la droite o—o est la ligne de naissance dans le mur de cage; l'inclinaison de cette droite dépend de la pente que l'on veut donner à l'escalier. Les parties marquées en hachures sur les figures 526, 528 et 531, sont les coupes par les plans qui contiennent les diagonales ao, co (fig. 525).

Après avoir fait ob (fig. 526) égal à la huitième partie de la hauteur d'une révolution entière, on décrira l'arc de cercle 0123, qui est la projection de l'une des ellipses servant de directrice à la voûte. On déterminera sur cet arc la division en voussoirs, et l'on portera les ordonnées des points 123456 sur la droite 05, qui partage en deux parties égales la projection verticale du noyau; cette droite pouvant être regardée comme la section de la voûte par un plan perpendiculaire au plan vertical de projection. Cette première opération fera connaître la projection de la partie du voussoir qui est parallèle au plan de la figure 526; on fera les coupes par les plans mp, nq, perpendiculaires à la droite 2—2, qui passe par le milieu de la douelle. Ces coupes rabattues sur le plan horizontal donnent les panneaux A, B.

En opérant de la même manière, on construira la projection 528, d'où l'on déduira le panneau C; provenant de la section par le plan dr, perpendiculaire à la ligne 2—2. Tous les points de cette section, ramenés sur la figure 526, compléteront la projection verticale du voussoir.

Les figures 529, 530 et 531 sont les projections d'un des

voussoirs appartenant à la partie saillante de l'arêtier; ces projections se construiront comme celles du voussoir précédent.

Les panneaux D,E résultent des sections par les plans verticaux, contenant les arêtiers de la voûte. Le premier de ces panneaux est rabattu en tournant autour de la verticale du point h (*fig.* 527) et le second autour de la verticale du point y (*fig.* 530).

La figure 532 est la projection verticale d'un claveau courant.

Le peu d'élégance de cette voûte, et les angles aigus qui existeraient aux extrémités des marches, suffisent pour en faire rejeter l'emploi dans les constructions; aussi ne doit-on considérer cette épure que comme un sujet d'exercice. Cependant si quelques circonstances particulières engageaient à exécuter une voûte de ce genre, il faudrait tâcher de distribuer de la même manière les coupes sur les quatre faces, afin que les épures nécessaires à l'une d'elles puissent servir pour les trois autres.

Taille. Le voussoir courant (*fig.* 532 et 533) se déduira d'un parallélipipède rectangle, équarri sur la projection (*fig.* 532). Les panneaux A,B, sur les contours desquels on marquera des points de repère, serviront de directrices à toutes les surfaces réglées, formant la douelle, les joints et l'extrados du voussoir.

Le voussoir d'angle présentera plus de difficultés, surtout si pour épargner la pierre on veut le déduire du parallélipipède incliné $vuzx$ (*fig.* 526).

Supposons que l'on ait dressé avec soin toutes les faces de ce parallélipipède représenté en perspective (*fig.* 534).

La face rectangulaire $xxzz$ étant celle qui doit contenir le panneau A (*fig*. 527), on prendra (*fig*. 526) les distances vs, eu; que l'on portera sur les arêtes vx, uz, du parallélipipède (*fig*. 534); on tracera avec l'équerre les droites ss, ee égales à s—3 (*fig*. 527), et l'on fera l'angle rentrant formé par les deux branches du voussoir.

Les droites va, sc (*fig*. 526) étant portées sur les arêtes correspondantes (*fig*. 534), on tracera l'horizontale ac, on prendra ensuite sur la figure 528 les distances vd, si; que l'on portera sur vv, ss (*fig*. 534) et l'on taillera le plan incliné $adic$, destiné à recevoir le panneau C (*fig*. 527).

La petite distance vt (*fig*. 527) étant portée sur l'arête vv (*fig*. 534), on tracera la droite st, qui avec la verticale se détermineront le plan vertical contenant l'arêtier de la voûte.

Cela étant fait, on dégagera la pierre en dessus avec précaution, en suivant le plan vertical tse, jusqu'à ce que l'on puisse appliquer, comme on le voit figure 535, un patron découpé sur le contour supérieur du panneau D. Les côtés 3—4, 4—5, de ce panneau, et les côtés correspondants des panneaux A et C, serviront de directrices aux deux surfaces réglées, formant le dessus du voussoir et le joint supérieur.

On dégagera ensuite la pierre en dessous, jusqu'à ce qu'on puisse tracer le contour inférieur du panneau D; ce qui déterminera toutes les coupes.

Il sera plus commode de commencer le dessus par la branche qui descend, et le dessous par la branche qui monte.

Le même moyen pourrait convenir pour tailler le voussoir projeté (*fig.* 529); mais par suite de la position presque verticale des branches de ce voussoir, il sera plus simple, et presque aussi économique, de le déduire d'un parallélipipède rectangle équarri sur la projection horizontale et sur la hauteur.

Les pierres du noyau se tailleront comme on le voit figure 536.

III.

Surfaces des joints de la vis Saint-Gilles.

475. Joint normal. — Les joints de la vis Saint-Gilles (*fig.* 515, *Pl.* 57) étant engendrés par les rayons prolongés du cercle générateur de la douelle, il en résulte que les surfaces de ces joints ne sont pas normales à la voûte. On peut se proposer, comme sujet d'exercice, de satisfaire à cette condition.

Soit (*fig.* 537, 538, *Pl.* 59), ah, $a'h'$, l'arête de douelle d'une vis Saint-Gilles ronde, engendrée par le demi-cercle vertical max; on construira d'abord la droite ao, $a'o'$, tangente en a au cercle max. Ensuite on fera le triangle rectangle abc, en portant de a en b deux hauteurs de marches, et sur bc deux parties correspondantes de la circonférence $a'h'$. L'hypoténuse ac sera la tangente à l'hélice ah, rabattue sur le plan vertical de projection. Le point v', suivant lequel cette tangente perce le plan horizontal, étant ramené en u', on construira $u'o'$ qui sera la trace horizontale d'un plan tangent en a, et la droite $a'n'$, perpendiculaire sur $u'o'$, sera la projection horizontale de la normale, dont la projection verticale an doit être perpendiculaire sur ao, puisque cette tangente ao est parallèle au plan vertical de projection. En supposant que la normale an perce l'extrados de la voûte en un point nn' on construira l'hélice projetée horizontalement par l'arc de cercle $n'd'$. Cette hélice avec l'arête d'intrados seront les directrices d'une surface réglée qui sera normale à la douelle, et que l'on pourra prendre pour joint. Toutes les génératrices de cette surface sont tangentes à un cylindre ayant pour trace l'arc de cercle $z'd'$ (*fig.* 538).

IV.

476. Joint développable. — La surface précédente est composée d'un certain nombre de quadrilatères gauches, formés par les normales à la voûte et par les cordes successives de l'hélice ah. Or concevons (*fig.* 539 et 540) les deux normales an, $a'n'$; cu, $c'u'$; construisons de plus les deux cordes ac, $a'c'$; co, $c'o'$; si l'on fait passer un plan par la première normale et la première corde, un deuxième plan par la seconde normale et la seconde corde, un troisième plan par la troisième normale et la troisième corde, etc., on pourra considérer tous ces plans comme les positions successives d'un plan mobile, dont les intersections détermineront une surface réglée développable, différant très-peu de la surface normale, surtout auprès de l'arête d'intrados, ce qui est essentiel si l'on veut employer cette surface comme joint de la vis Saint-Gilles. D'après cela, un plan horizontal pq coupera la première normale en un point nn' et la première corde en ss', la seconde normale en uu' et la seconde corde en zz', et la droite cx, $c'x'$ sera l'intersection des deux premiers plans, et pourra servir de génératrice à la surface demandée.

V.

477. Joint normal de la vis Saint-Gilles carrée. L'arête de douelle ab, $a'b'$ pouvant être considérée comme une tangente en a, rencontre en cc' le plan horizontal qui contient le centre de l'ellipse $m'an$, $m'a'n'$, directrice de la douelle.

La droite ao, $a'o'$ tangente à cette ellipse, rencontre le même plan horizontal au point o,o', d'où il résulte que la ligne $c'o'$ sera la trace horizontale du plan tangent en aa'; de sorte que $a'u'$, perpendiculaire sur $c'o'$, sera la projection horizontale de la normale. La projection verticale de cette même normale sera la droite au perpendiculaire sur ab, et par conséquent sur la trace verticale du plan tangent.

On construira de la même manière autant de plans tangents, et par suite autant de normales que l'on voudra, ce qui déterminera une surface normale que l'on peut prendre pour joint.

On peut obtenir les tangentes aux diverses sections de la voûte par les plans qui contiennent son axe, sans construire ces courbes. En effet, tous les points de tangence ayant des ordonnées égales, et toutes les ellipses provenant des sections par l'axe ayant même hauteur, toutes les projections de ces ellipses sur l'une des faces du mur de cage seraient égales au demi-cercle man, de sorte que les distances entre les centres de ces projections et les points où les tangentes rencontreront leurs axes horizontaux seraient partout les mêmes, et tous ces points seront situés sur une même droite $ov, o'v'$, parallèle au plan vertical, contenant les centres de toutes les sections.

VI.

478. Voûte d'arête rampante et en tour ronde. Soit (*fig.* 7, *Pl.* **60**) la section méridienne d'une vis Saint-Gilles ronde, pénétrée par un conoïde de manière à former une voûte d'arête représentée en plan (*fig.* 8). La voûte conoïde étant entièrement comprise entre les deux plans verticaux $a'a'$, $a'a'$, qui contiennent l'axe de la vis Saint-Gilles, cet axe sera l'une des directrices de l'intrados; et l'on prendra pour seconde directrice une courbe à double courbure ayant pour projection horizontale l'arc $c'c'$, et pour développement la demi-ellipse $c'''uuc'''$ (*fig.* 2). Pour construire cette courbe, on partagera (*fig.* 8) l'arc $3'$—$9'$, compris entre les plans verticaux 3—3, 9—9, en parties égales que l'on portera (*fig.* 2), sur la droite horizontale $3''$—$9''$. On fera la perpendiculaire $8''8'''$, égale à la différence de hauteur entre les points 4 et 8 et la droite $4''$—$8'''$ sera le développement de l'hélice parcourue par le centre du cercle $az'''za$ (*fig.* 7).

On fera (*fig.* 2) $4''c''$, $8''c''$, égales aux distances $4'c'$, $8'c'$ (*fig.* 8), puis on élèvera les perpendiculaires $c''c'''$, ce qui déterminera la droite $c'''c'''$, qui est l'un des diamètres conjugués de l'ellipse $c'''uuc'''$.

Le cercle $az'''za$ (*fig.* 7), étant partagé en autant de parties égales que l'on veut avoir de rangs de voussoirs, on projettera tous les points de division sur le diamètre aa, et l'on partagera dans le même rapport la droite $c'''c'''$ (*fig.* 2). Enfin par chaque point de division de cette droite, on construira une ordonnée verticale, égale à l'ordonnée correspondante du cercle $az'''za$ (*fig.* 7). Cette opération déterminera l'ellipse $c''uuc'''$, qui, enveloppée sur le cylindre dont la trace est $c'c'$ (*fig.* 8), devra servir de directrice à la surface conoïde.

Les points v, u, u, v (*fig.* 2), projetés sur l'horizontale $c''—c''$, et reportés de là sur l'arc $c'—c'$ (*fig.* 8), détermineront les arêtes de douelle de la voûte conoïde, et les intersections de ces lignes avec les hélices correspondantes de la vis Saint-Gilles détermineront les projections horizontales des arêtiers.

Surfaces de joint. Si on construit (*fig.* 2) la tangente um et l'horizontale $u'm$, cette dernière droite sera la projection de la tangente sur un plan horizontal pris à la hauteur que l'on voudra. Cette projection étant portée (*fig.* 8) de u' en m' sur la tangente au point u', on joindra m' avec le centre de la vis par la droite $m'—m$. Cette ligne avec la droite $u—u$ seront les deux directrices d'un paraboloïde hyperbolique tangent à la surface conoïde dans toute l'étendue de la droite $u—u$, de sorte que $u''—m''$ sera la projection horizontale de la tangente au point u'' milieu de l'arête de douelle comprise entre z' et le mur extérieur.

On prendra ensuite (*fig.* 4) un plan de projection perpendiculaire à la droite uu et par conséquent parallèle à la tangente $u''m''$ qui alors sera projetée sur ce plan par $u'''m'''$. La droite uu se projettera par un seul point u''', et la droite $u'''n$ perpendiculaire sur $u'''m'''$, sera la trace d'un plan contenant l'arête d'intrados uu et normal à la surface conoïde au point u'''. Ce plan formera le joint de la voûte pour la partie comprise entre l'arêtier et le mur extérieur.

On projettera (*fig.* 4) les hélices parcourues par les points r, z (*fig.* 7) et les intersections de ces lignes par $u'''n$, appartiendront à la petite courbe $z'r'$ (*fig.* 8), suivant laquelle le plan de joint $u'''n$ de la voûte conoïde, coupe la surface réglée formant le joint correspondant de la vis Saint-Gilles.

En projetant sur la figure 4 les hélices parcourues par les points irs, on déterminera la courbe $s'r'$, résultant de l'intersection du plan de joint $u'''n$ et de la surface réglée hélicoïde engendrée par l'horizontale si (*fig.* 7).

Pour projeter chaque hélice sur la figure 4, il suffira de trois points, et pour cela on tracera les horizontales 3, 4, 5, 6, indiquant les hauteurs auxquelles les points r ou s parviennent successivement en traversant les plans méridiens 3, 4, 5, 6 (*fig.* 8) : la différence de hauteur de deux horizontales consécutives est égale à la quatrième partie de la verticale $8''8'''$ (*fig.* 2).

On devra construire les hélices parcourues par les milieux des lignes sr, rz, st, etc. Pour éviter la confusion, ces courbes n'ont pas été conservées.

On obtiendra le point u''' sur la figure 4, en faisant $i'u'''$ égal à zp (*fig.* 7).

Dans la partie de la voûte qui est comprise entre l'arêtier et le mur intérieur, on prendra pour joint le plan qui contiendrait l'arête de douelle uu et la normale au point u''' à égale distance du mur et du point z''. On construira la tangente $u^{iv}-m^{iv}$, dont la projection sur la figure 4 sera $u'''m^v$, et la droite $u'''n'$ perpendiculaire sur $u'''m^v$ sera la trace du plan de joint normal en u^{iv} et contenant l'arête de douelle uu. On projettera ensuite sur la figure 4, les hélices parcourues par les points z''', r''', s''' (*fig.* 7), et l'on déterminera comme précédemment, les deux courbes $z''r'', r''s''$ suivant lesquelles le plan de joint $u'''n'$ coupe le joint correspondant de la vis Saint-Gilles et la surface réglée engendrée par la droite horizontale $r'''s'''$ (*fig.* 7). On déterminera de la même manière tous les autres plans de joint de la voûte conoïde, ainsi que leurs intersections avec les joints correspondants de la vis Saint-Gilles.

On rencontrera dans la pierre dont la projection horizontale est désignée par la lettre B (*fig.* 8) une difficulté analogue à celle dont j'ai parlé n° 358, à l'occasion de la rencontre d'une descente avec un berceau horizontal. Ainsi on peut voir (*fig.* 5) que le joint vn de la voûte conoïde ne rencontrerait que très-loin la surface hélicoïde formant le dessus de la pierre; il pourrait même arriver que la rencontre de ces deux surfaces eût lieu à gauche de l'arête vv, et par conséquent dans l'espace vide formé par la voûte; dans ce cas, on adoptera une coupe telle que celle qui est représentée (*fig.* 12, *Pl.* 61).

Indépendamment des joints de la voûte conoïde et de la vis Saint-Gilles, nous devons encore construire les joints de tête des pierres de la vis. Pour y parvenir, on projettera toutes les hélices formant les arêtes des voussoirs sur un plan auxiliaire de projection (*fig.* 1), on coupera chaque rang de voussoirs par un plan perpendiculaire à l'hélice moyenne de la douelle. Ainsi pour obtenir la section T (*fig.* 8), on projettera les hélices passant par les points r, r''', z, z''' de la figure 7, etc., ainsi que les hélices moyennes, que l'on n'a pas laissées ici, pour ne pas embarrasser l'épure. On déterminera h' en faisant (fig. 1) $i'h'$ égal à ih (fig. 7), le point h étant le milieu de l'arc zz, appartiendra à l'hélice moyenne de la douelle; on fera ensuite $h'2$ égal à deux fois le quart de la verticale $8''8'''$ (fig. 2), et $h''2$ égal à deux fois la distance d'un méridien à l'autre, prise sur le cercle $c'c'$ qui est la projection sur la figure 8 de l'hélice parcourue par le point h. Alors $h'h''$ (fig. 1) sera la tangente à l'hélice moyenne de la douelle pour la rangée de voussoirs formant la clef de la vis Saint-Gilles, et le plan $h'b$ perpendiculaire à cette tangente formera le joint de tête de la pierre. On déterminera de la même manière les projections horizontales de toutes les autres sections que l'on transportera ensuite sur l'épure partout où l'on jugera à propos d'indiquer un joint de tête.

VII.

Taille de la pierre. — Supposons, par exemple, que l'on veuille tailler la seconde pierre de l'un des arêtiers; on la projettera (fig. 3) sur un plan parallèle à sa plus grande longueur, et l'on déterminera les dimensions du parallélipipède capable de la contenir. Je suppose ici que l'on emploie la méthode indiquée n° 467, pour la taille d'un limon d'escalier.

On construira les deux panneaux C et C' suivant lesquels les deux plans dk, ly du parallélipipède coupent les deux cylindres concentriques, entre lesquels la pierre est comprise. On construira pareillement les panneaux D, D' contenant les pénétrations des diverses surfaces du voussoir, dans les plans *dl, ky* du parallélipipède; ces panneaux étant appliqués sur les faces correspondantes, on taillera les deux surfaces cylindriques. On tracera ensuite dans ces cylindres les hélices engendrées par les points *s, p, œ, w* de la figure 7; et quand on aura taillé les surfaces réglées engendrées par les droites horizontales *sp*, *wœ*, la pierre aura la forme représentée figure 10, *Pl.* **61**.

On appliquera sur la surface cylindrique convexe le panneau E (*fig.* 6) qui est le developpement de la pénétration de la voûte conoïde et de ses surfaces de joint dans le cylindre droit dont la trace est *s'''s'''* (*fig.* 8).

On appliquera de même dans le cylindre concave le panneau de développement E', résultant de la pénétration de la voûte conoïde prolongée, dans le cylindre vertical *p'''p'''* (*fig.* 8, *Pl.* 60); les deux courbes *uv*, *uv* (*fig.* 10, *Pl.* 61) sur lesquelles on marquera les points de repère, serviront de directrices à la surface réglée formant la douelle de la voûte conoïde, et les deux courbes *us*, *us* avec l'arête de douelle *uu*, détermineront le plan de joint supérieur.

En déterminant ensuite (*fig.* 15) les points *x, e, z*, sur les génératrices correspondantes de la surface conoïde, on tracera l'arêtier; on évidera ensuite avec précaution la douelle de la vis Saint-Gilles; enfin on refouillera la pierre en dessous pour faire les joints inférieurs, ainsi que la surface hélicoïde formant le dessus de la première pierre, après quoi on fera le joint de tête en déterminant, à l'aide des deux projections 3 et 8, *Pl.* 60, la longueur véritable de la portion de chaque hélice comprise entre cette coupe et l'extrémité du parallélipipède primitif.

En résumé, voici dans quel ordre il faudra procéder:

1° *Tailler le parallélipipède capable;*

2° *Les deux cylindres concentriques entre lesquels la pierre est comprise;*

3° *Les deux surfaces hélicoïdes dessus et dessous la pierre;*

4° *La surface conoïde et le joint supérieur;*

5° *Tracer l'arêtier;*

6° *La douelle de la vis Saint-Gilles et le joint supérieur;*

7° *Les joints inférieurs de la voûte conoïde et de la vis Saint-Gilles.*

La figure 11, *Pl.* 61, contient les développements des pénétrations de la voûte conoïde et de ses surfaces de joint dans les deux cylindres concentriques formant le mur de cage, elle sert aussi à étudier le raccordement des pierres de la vis Saint-Gilles avec les assises horizontales du mur.

On devra construire pareillement les développements des cylindres concentriques qui contiennent les directrices de toutes les portions de conoïdes qui composent la voûte.

En disposant ces développements comme on le voit figure 14, *Pl.* 61, on aura l'avantage de vérifier tous les points qui doivent se trouver à la même hauteur.

VIII.

479. **Joints normaux.** — Nous avons eu déjà l'occasion de faire remarquer que dans la pratique on remplace souvent certaines surfaces déterminées par la théorie, par d'autres

surfaces qui diffèrent peu des premières, mais qui, par suite d'une génération plus simple, ne présentent pas les mêmes difficultés d'exécution. C'est ainsi que dans les conoïdes, l'arête d'intrados étant une ligne droite, on emploie pour surfaces de joint, un ou plusieurs plans différant aussi peu que l'on voudra des surfaces normales indiquées par la théorie. C'est donc uniquement comme sujet d'exercice que je proposerai la question suivante :

La figure 18, *Pl.* **62**, est la projection horizontale d'une vis Saint-Gilles pénétrée par une voûte conoïde ; mais au lieu d'employer, comme nous l'avons fait dans l'exemple qui précède, des plans pour surfaces de joint, nous prendrons des surfaces réglées normales à la surface conoïde dans toute l'étendue de l'arête d'intrados ; de plus, les joints de la vis Saint-Gilles seront aussi des surfaces normales déterminées comme nous l'avons dit n° 475.

Nous allons commencer par cette partie de l'épure.

Joints de la vis Saint-Gilles. Le demi-cercle $yxzg$ (*fig.* 17) étant la section méridienne de la vis Saint-Gilles, nous supposerons que l'on ne veut faire que deux joints, l'un passant par le point x, l'autre par le point z. On construira d'abord la droite xb tangente au demi-cercle $yxzg$, puis la droite xd tangente à l'hélice du point x. Ces deux tangentes détermineront le plan tangent pq et la normale xn qui sera la génératrice de notre surface de joint.

Cette opération terminée, on construira plusieurs positions de cette génératrice, en la faisant glisser sur deux hélices xx', ss, et les points où ces lignes percent le plan méridien Cb donneront la courbe xe (*fig.* 17).

On terminera cette courbe à l'endroit où elle rencontre l'horizontale lk, dont la hauteur dépendra du plus ou moins d'épaisseur que l'on voudra donner à la voûte; cette droite lk sera la génératrice de l'extrados.

Le joint du côté du noyau se déterminera comme celui du point x; mais pour ne pas embarrasser l'épure, les constructions nécessaires ont été faites à droite; ainsi $z'b'$ est la tangente en z' à la section méridienne $y'x'z'g'$; et $z'd'$ est la tangente à l'hélice du point z'; ainsi, $p'q'$ (fig. 21) est une horizontale du plan tangent, et $z'n'$ est la normale que l'on fera glisser sur les deux hélices $z'z''$, hh. Enfin les points où ces différentes normales percent le plan méridien Cb', appartiennent à la courbe $z'c'$.

La normale du point z', en tournant autour du noyau, touche constamment le cylindre vertical dont la trace est hh; l'hélice $h'h'$ (fig. 17) est celle que parcourt le point de tangence. Toutes les fois que la normale arrive dans une position parallèle au plan méridien bb' sa projection verticale devient l'asymptote de l'une des courbes $fczf$, $f'c'z'f'$. Il en est de même de la normale xn qui, dans son mouvement, touche toujours le cylindre vertical, dont la trace est ii (fig. 18); lorsqu'elle arrive dans les plans parallèles à bb', ses projections verticales sont les asymptotes des courbes xe, $x'e'$.

Joints de la voûte conoïde. Nous supposons ici, comme dans l'exemple 231, que l'on prenne pour directrice de la douelle, la courbe à double courbure dont la projection horizontale est l'arc de cercle $c'c'$ (fig. 18), et qui a pour développement la demi-ellipse cc (fig. 22).

Après avoir mené à volonté (fig. 22) le plan horizontal $u'm'$, on prendra $u'm'$ qui représente la projection horizontale de la tangente, et l'on portera cette grandeur de u' en m' sur la tangente au point u' (*fig.* 18). On joindra m' avec C, et les deux droites horizontales Cu', Cm' seront les deux directrices du paraboloïde qui touche la surface de la voûte dans toute l'étendue de l'arête de douelle Cu'.

Le plan directeur de ce paraboloïde étant perpendiculaire à la droite Cu', on le prendra pour plan de projection, et on le supposera rabattu (*fig.* 16) ; l'arête de douelle Cu se projettera sur ce plan par un seul point u'', et l'horizontale Cm' aura pour projection $C''m''$. On construira sur le plan horizontal un certain nombre de droites parallèles à $u'm'$. Chacune de ces lignes sera la trace d'un plan perpendiculaire à l'arête de douelle, et qui contiendra une tangente et une normale ; chaque tangente étant projetée sur la fig. 16, on lui mènera une perpendiculaire qui sera la projection de la normale correspondante ; toutes ces tangentes et toutes ces normales aboutissent au point u'' qui est, comme nous l'avons dit, la projection de l'arête de douelle Cu', et toutes les tangentes s'appuient sur la droite $C''m''$ projection de Cm' ; les droites u''—1, u''—2, u''—3 sont les normales à la voûte ; leur ensemble formera la surface de joint correspondante à l'arête Cu' : la projection horizontale de chacune de ces normales se confond avec celle de la tangente qui lui correspond.

La surface de joint étant déterminée comme nous venons de le dire, il reste à faire deux opérations.

1° Déterminer l'intersection du joint normal de la voûte conoïde avec les surfaces réglées formant les joints normaux de la vis Saint-Gilles.

2° Construire l'intersection avec la surface réglée formant l'extrados de la voûte,

Nous allons commencer par chercher l'intersection du joint que nous venons de déterminer avec le joint de la vis Saint-Gilles, engendré par la normale xn. L'idée qui se présente d'abord serait (*Géométrie descriptive*) de couper ces deux surfaces réglées par un système de plans qui contiendraient les génératrices de l'une d'elles; mais on obtiendra de meilleures intersections en opérant comme je vais le dire.

On projettera sur la fig. 16, l'hélice $e''e''$ parcourue par le point e (*fig.* 17), nous avons vu comment il faut faire pour construire cette projection. On déterminera ensuite le point où cette hélice perce la surface réglée formant le joint de la conoïde; pour cela concevons (*Géom. descr.*) le cylindre horizontal projetant de l'hélice $e''e''$, sur le plan de la fig. 16, l'intersection de cette surface auxiliaire avec le joint normal de la conoïde se projettera (*fig.* 18), par une courbe tk'' dont la rencontre avec la circonférence ee''' projection horizontale de l'hélice du point e donnera e''' pour la projection horizontale du point cherché. On déterminera de la même manière le point a', suivant lequel l'hélice aa' du point a vient percer le joint de la voûte conoïde. On connaîtra donc la petite courbe $x'a'e'''$, qui résulte de l'intersection du joint normal de la vis Saint-Gilles par celui de la voûte conoïde. On construira de même la courbe $x''e^{\text{iv}}$ (*fig.* 18) provenant de l'intersection du même joint de la voûte conoïde avec le second joint de la vis Saint-Gilles. Enfin, en projetant (*fig.* 16) les hélices engendrées par plusieurs points de la droite lk (*fig.* 17), on construira la courbe $l''e'''C$, résultant de l'intersection du joint de la voûte conoïde avec la surface réglée formant l'extrados de la vis Saint-Gilles.

Les mêmes opérations serviront pour déterminer le second joint de la voûte conoïde ainsi que les intersections avec les surfaces de joint et d'extrados de la vis. La tangente vr'

(*fig.* 22), projetée (*fig.* 18) par $v'r'$ déterminera la seconde directrice du paraboloïde tangent qui est projeté (*fig.* 20), ainsi que la surface réglée formant le joint normal.

On remarquera qu'il existe une différence très-sensible entre les deux courbes $l''e'''C$, $l'''e^{iv}w$, résultant de l'intersection de l'extrados de la vis Saint-Gilles, par les deux surfaces de joint de la conoïde.

La première de ces courbes vient rencontrer l'axe de l'escalier, tandis que la seconde, après s'être approchée du noyau, s'en éloigne sans l'avoir touché.

Cela provient de ce que la première surface de joint étant presque perpendiculaire à la direction de l'extrados rencontre toutes les hélices de cette surface, au nombre desquelles hélices il faut compter l'axe même de l'escalier ; tandis que dans la seconde surface de joint de la voûte conoïde, les génératrices près du noyau s'abaissant, tandis qu'au contraire les hélices de cette partie de l'extrados s'élèvent, ces deux portions de surfaces inclinées dans le même sens finissent par ne plus se rencontrer, et la surface normale à la voûte conoïde se tourne en serpentant autour du noyau comme on le voit (*fig.* 18), sans jamais rencontrer l'hélice du point k. Ce résultat est tout à fait analogue à celui qui a été signalé n° 358, et l'on conçoit que si on voulait employer comme joint la surface dont nous venons de parler, il faudrait nécessairement y introduire quelques modifications, puisque le désir d'éviter les angles aigus formés par la douelle de la voûte conoïde et la surface de joint, conduirait à faire des angles extraordinairement aigus avec l'extrados, et qu'en outre la surface de joint, si on la conservait telle qu'elle est projetée (*fig.* 18), en tournant autour du noyau, en détacherait la pierre A, qui alors n'aurait plus aucun soutien.

Ce qu'il y aurait de mieux à faire dans ce cas serait de construire une surface normale à l'extrados, ou un plan perpendiculaire à l'hélice moyenne de cette surface. Alors le joint serait brisé de manière qu'une partie serait normale à l'intrados de la voûte, tandis que l'autre partie serait perpendiculaire à l'extrados.

Il pourrait se faire qu'il y eût un joint à l'endroit le plus élevé de la voûte conoïde (*fig.* 22). Dans ce cas le paraboloïde tangent se transformerait en un plan horizontal et le joint normal deviendrait un plan vertical.

LIVRE VII.

CHAPITRE PREMIER.

Questions diverses.

I.

480. **Arrière-voussure de Marseille.** — La nature des surfaces qui forment la douelle de cette voûte la rend peu propre à être employée dans l'architecture moderne; mais la restauration de quelques édifices d'une époque antérieure peut fournir l'occasion de l'exécuter; d'ailleurs les difficultés assez grandes que présente cet exemple seront pour le lecteur un sujet d'exercice.

Avant d'entrer dans les détails d'épure, il est nécessaire de bien préciser la question que l'on se propose de résoudre; soit (*fig.* 546, *Pl.* **63**) la projection horizontale de la moitié de l'ouverture de la porte, l'espace à couvrir se compose de quatre parties.

1° Le rectangle $z'a'z'a'$, représentant l'ouverture de la porte, sera couvert par un cylindre circulaire ayant pour directrice l'arc az (*fig.* 545);

2° Le petit rectangle $z'u'u'v'$, est la projection horizontale de la feuillure formée par le cylindre uv;

3° Le trapèze $v's'c'e'$ sera couvert par une surface réglée, ayant pour directrices *l'axe de la porte*, l'arc vs du cercle de feuillure, et l'arc ec nommé *arc de tête*, et situé dans la face apparente du mur;

4° Enfin, le petit triangle $s'u'c'$, qui sera couvert par une seconde surface réglée, ayant comme la précédente pour directrices l'axe de la porte et le cercle de feuillure su, mais dont la troisième directrice sera une courbe uc, située dans le plan d'ébrasement $u'c'$.

Or, si l'on prenait arbitrairement les directrices ec, uc, les deux surfaces réglées se couperaient suivant une courbe à double courbure, dont l'effet désagréable détruirait la régularité de la douelle.

En introduisant cette condition que les deux courbes ec, uc, se coupent en un point c, on fait disparaître la courbe à double courbure, résultant de l'intersection des deux surfaces réglées. Mais cette courbe se trouve remplacée par une ligne droite sc, et la difficulté n'a fait que changer de nature. Il n'en existe pas moins dans la douelle un pli ou cassure d'un effet désagréable.

Les moyens d'éviter cet inconvénient dépendant des propriétés des plans tangents aux surfaces réglées, les constructeurs qui n'ont point étudié la géométrie descriptive se contentent de corriger après coup la douelle, en grattant la pierre jusqu'à ce que la cassure ait disparu ; d'autres ont éludé la difficulté en remplaçant, comme nous l'avons fait *Pl.* 38, les surfaces réglées de l'arrière-voussure par un cône oblique contenant l'arc de tête 1—d, et le cercle de feuillure 4—u; dans ce cas, la douelle est continue, et l'arc d'hyperbole ud est la section du cône par le plan d'ébrasement.

Indépendamment de la difficulté dont il vient d'être parlé, il arrive quelquefois qu'après l'exécution, l'arrière-voussure n'est pas assez surhaussée, et que l'on est obligé d'abattre sur place tout ce qui gênerait le mouvement du vantail, et l'empêcherait de s'appuyer sur le plan d'ébrasement.

En résumé, si nous prenons pour définition l'énoncé des conditions auxquelles on a jusqu'à présent cherché à satisfaire, nous voyons que ces conditions se réduisent à trois :

1° Que la voûte soit assez surhaussée pour ne pas gêner le mouvement du vantail ;

2° Que la douelle soit formée de deux surfaces réglées ;

3° Que ces deux surfaces se raccordent de manière à former une surface unique et continue sans brisure ni jarret.

Nous allons voir les moyens de satisfaire à toutes ces conditions.

II.

Première opération. On remarquera d'abord que le vantail, dans son mouvement autour de l'arête verticale de la feuillure, engendre une surface annulaire dont la section méridienne serait le quart du cercle *uv*.

On établira (*fig*. 543 et 544) les projections verticales et horizontales des cercles décrits par les différents points du vantail, et l'on construira une suite de plans contenant l'axe de la porte. On déterminera sur la projection horizontale (*fig*. 544) les courbes suivant lesquelles tous ces plans coupent la surface annulaire engendrée par le vantail.

Les droites 1—1, 2—2, 3—3, 4—4. tangentes à ces courbes, pourront être regardées comme les génératrices d'une surface réglée qui envelopperait la surface annulaire, et qui par conséquent ne pourrait pas gêner le mouvement du vantail.

On remarquera que la droite 7—7 n'est pas tangente à la section par le plan correspondant ; il suffit que cette droite ne coupe pas la partie de courbe située dans l'angle *v'ur'*, au delà duquel ne s'étend pas le mouvement du vantail.

La surface réglée que nous venons de construire satisfait aux conditions énoncées plus haut ; mais la forme des courbes *vr*, *ur*, suivant lesquelles elle pénètre dans le plan d'ébrasement et dans la face principale du mur, ne permet pas de l'adopter dans l'architecture.

On ne doit donc considérer cette surface que comme une première limite, en deçà de laquelle le mouvement du vantail serait infailliblement gêné.

III.

Deuxième opération. — La courbe ur, suivant laquelle la surface réglée précédente est coupée par le plan d'ébrasement, étant rabattue (*fig.* 545) en tournant autour de la verticale un, on prendra au-dessus de r'' un point c'', que l'on ramènera en c sur la verticale $c'c$. Par ce point, qui forme l'angle de la porte, on construira l'arc de tête ce.

Cet arc, l'axe de la porte et le cercle de feuillure vs, seront les trois directrices de la surface réglée qui doit couvrir le trapèze $v's'c'e'$ (*fig.* 546). On construira la droite cs, dirigée vers le centre z', la droite sn, parallèle à la tangente tc, et l'on joindra le point n avec c'', par la droite nc''. Si cette dernière ligne coupait la courbe ur'', il faudrait élever le point c'' ou augmenter le rayon de l'arc de tête ce, ce qui élèverait le point n. Enfin on décrira une courbe qui touche en u et en c'' les deux droites un, nc'', et qui soit tout entière comprise entre ces droites et la courbe ur'' : on pourra prendre alors l'axe de la porte, le cercle de feuillure, et la courbe uoc pour directrices de la seconde surface réglée, projetée par le petit triangle usc, $u's'c'$.

La question sera complétement résolue. En effet, les deux surfaces réglées que nous venons de construire envelopperont évidemment la surface annulaire engendrée par le vantail, puisque les directrices uc, ce, sont plus élevées que les deux courbes ur, rv (*fig.* 543).

De plus, toute espèce de cassure aura disparu, et les deux surfaces se raccorderont dans toute l'étendue de la droite sc. Cela résulte d'un principe de géométrie descriptive que je vais rappeler.

Toutes les fois que deux surfaces réglées ont une génératrice commune, et qu'en trois points quelconques de cette génératrice on peut construire trois plans tangents communs, on pourra prendre dans chacun de ces trois plans une tangente quelconque; et la surface réglée qui aurait pour directrices ces trois tangentes sera touchée dans toute l'étendue de la génératrice commune par les deux premières surfaces, qui alors seront tangentes l'une à l'autre, et se raccorderont parfaitement.

Or les deux surfaces réglées que nous venons de construire sont dans ce cas, car la génératrice commune sc et l'axe de la porte déterminent à leur point de rencontre un plan tangent commun.

La ligne sc et la droite hk, tangente au cercle de feuillure, déterminent au point s un second plan tangent commun aux deux surfaces.

Enfin le plan contenant les deux parallèles tc, sn, sera tangent à la première surface réglée, puisqu'il contiendra les deux droites ct, cs, tangentes à cette surface; mais il touchera aussi la seconde surface réglée, puisqu'il contiendra les deux tangentes cs, cn.

Ainsi ces deux surfaces seront touchées dans toute l'étendue de la droite cs par un même *hyperboloïde à une nappe*, donc elles seront tangentes l'une à l'autre et se raccorderont.

481. Si l'on remplaçait l'arc de tête ce par une droite horizontale, la petite ligne sn serait pareillement horizontale, et le reste se ferait comme précédemment. Dans ce cas, la porte prendrait le nom d'*arrière-voussure de Montpellier*.

IV.

482. Construction de l'arc d'ébrasement. — Pour ne pas distraire l'attention, je n'ai pas parlé de la construction de la courbe $uo''c''$, l'une des directrices de la seconde surface réglée. Nous avons dit seulement que cette courbe devait être comprise tout entière entre la courbe ur'' et la ligne brisée unc'', et que de plus elle devait toucher la ligne verticale un au point u et la droite nc'' au point c''.

On peut satisfaire à ces conditions de plusieurs manières.

V.

483. Première solution, courbes à deux centres. — On choisira sur le prolongement de $z'u$ un point g tel que l'arc no'', décrit du point g comme centre, soit compris tout entier entre la courbe ur'' et la ligne brisée unc'', sans couper ni l'une ni l'autre de ces deux lignes. On portera le rayon ug sur $c''b$ perpendiculaire à la tangente nc''; on joindra le point g avec b par la droite gb, sur le milieu de laquelle on élèvera une perpendiculaire dont la rencontre avec $c''b$ donnera le centre d'un second arc $o''c''$, qui touchera le premier arc en o'' et la droite nc'' en c''. En effet, en nommant y le point de rencontre de $c''b$ avec la perpendiculaire sur le milieu de gb, et concevant que l'on ait joint yg, on aura $yb = yg$, et par conséquent $yb + bc'' = yg + go''$, puisque l'on a $go'' = gu = bc''$; donc le second arc tangent en c'' passera par o''; de plus il se raccordera avec le premier arc, puisque si l'on menait en o'' une perpendiculaire à $o''g$, rayon du premier arc, elle serait aussi perpendiculaire à $o''y$, rayon du second arc: d'où il suit que les deux arcs auraient une tangente commune en o'', et se toucheraient en ce point.

VI.

484. Deuxième solution, courbe du deuxième degré. — Soient les deux tangentes un, nc (*fig.* 549), on construira la perpendiculaire cp et l'horizontale nq; on fera qv parallèle à cn, et l'on joindra vp; enfin l'on construira no parallèle à vp, ce qui déterminera le point o qui est le centre d'une ellipse, ayant son sommet en u, et touchant la droite nc au point c. Connaissant l'axe uo et le point c, il sera facile de construire la courbe.

Si l'on avait $cq = qp$, le point o serait à l'infini, et la courbe deviendrait une parabole.

Enfin, dans le cas où cq serait plus grand que qp, le point o serait à gauche du point u, et la courbe serait un arc d'hyperbole.

Démonstration. Le lecteur qui ne saurait pas l'algèbre peut passer toute cette partie sans inconvénient, en se contentant d'exécuter les constructions indiquées.

Soit
$$up = x',$$
$$cp = y',$$
$$un = m,$$
$$cq = y' - m = c.$$

ARRIÈRE-VOUSSURE DE MARSEILLE.

La courbe demandée étant rapportée au sommet, son équation sera de la forme

(1) $\qquad y^2 + px^2 + qx = 0$,

dans laquelle il faut déterminer p et q.

Elle doit contenir le point c, dont les coordonnées sont x', y'; on aura donc

(2) $\qquad y'^2 + px'^2 + qx' = 0$.

La droite nc étant représentée par l'équation

(3) $\qquad y = \delta x + m$,

on exprimera qu'elle passe par le point c en posant

(4) $\qquad y' = \delta x' + m$.

En élevant au quarré les deux membres des équations (3) et (4), on aura

(5) $\qquad y^2 = \delta^2 x^2 + m^2 + 2\delta m x$,
(6) $\qquad y'^2 = \delta^2 x'^2 + m^2 + 2\delta m x'$.

Substituant ces valeurs dans les équations (1) et (2), il vient

$$\delta^2 x^2 + m^2 + 2\delta m x + px^2 + qx = 0,$$
$$\delta^2 x'^2 + m^2 + 2\delta m x' + px'^2 + qx' = 0.$$

Retranchant l'une de l'autre on obtient

$$\delta^2(x^2 - x'^2) + 2\delta m(x - x') + p(x^2 - x'^2) + q(x - x') = 0,$$

ou

$$\delta^2(x+x')(x-x') + 2\delta m(x-x') + p(x+x')(x-x') + q(x-x') = 0;$$

réduisant,
$$\delta^2(x+x') + 2\delta m + p(x+x') + q = 0;$$

équation dans laquelle x et x' sont les abscissses des points d'intersection de la courbe cherchée avec la droite nc.

En faisant $x = x'$, on exprime que la courbe est tangente à la droite, et l'on a
$$2\delta^2 x' + 2\delta m + 2px' + q = 0,$$
d'où l'on tire

(7) $\qquad q = -2(\delta^2 x' + \delta m + px').$

Substituant cette valeur dans l'équation (2), on a
$$y'^2 + px'^2 - 2(\delta^2 x' + \delta m + px')x' = 0;$$

en effectuant les calculs,
$$y'^2 + px'^2 - 2\delta^2 x'^2 - 2\delta m x' - 2px'^2 = 0.$$

Remplaçant dans cette dernière équation y'^2 par sa valeur tirée de l'équation (6), il vient
$$\delta^2 x'^2 + m^2 + 2\delta m x' + px'^2 - 2\delta^2 x'^2 - 2\delta m x' - 2px'^2 = 0;$$
réduisant,
$$-\delta^2 x'^2 + m^2 - px'^2 = 0;$$
d'où l'on tire
$$p = \frac{m^2 - \delta^2 x'^2}{x'^2};$$

mais (4)
$$\delta = \frac{y' - m}{x'} = \frac{e}{x'},$$

donc
$$\delta^2 = \frac{e^2}{x'^2},$$

et par conséquent
$$\delta^2 x'^2 = e^2;$$

substituant dans la valeur de p, on aura

$$p = \frac{m^2 - e^2}{x'^2}.$$

Portant ces valeurs de δ, δ^2, et de p dans l'équation (7), et rappelant que $m+e=y'$, on obtient

$$q = -\frac{2m(m+e)}{x'} = -\frac{2my'}{x'}.$$

Enfin les valeurs de p et de q étant portées dans l'équation (1), on a pour l'équation de la courbe

$$y^2 + \frac{m^2 - e^2}{x'^2} x^2 - \frac{2my'}{x'} x = 0.$$

$m > e$ donne une ellipse,
$m = e$ une parabole,
$m < e$ une hyperbole,
$m^2 - e^2 = x'^2$ un cercle.

Faisant $y = 0$, on aura

$$\frac{m^2 - e^2}{x'^2} x^2 - \frac{2my'}{x'} x = 0.$$

D'où l'on tire pour les extrémités de l'axe $2a$:

$x = 0$,
$x = 2a = \dfrac{2my'x'}{m^2 - e^2} = \dfrac{2my'x'}{(m+e)(m-e)} = \dfrac{2mx'}{m-e}.$

Enfin,

$$a = \frac{mx'}{m-e},$$

qui donne la construction de la fig. 549.

Lorsque $m = e$, a est infini ; ce qui donne une parabole. Si $m < e$, a est négatif, et la courbe est une hyperbole.

VII.

485. Biais passé. Cette question a déjà été résolue (365).

On se propose de couvrir par une petite voûte le passage oblique compris entre les pieds-droits A et B (*fig.* 551). Pour que la poussée agisse dans le sens de la longueur du mur, on fera passer les plans de joints par la droite *mn*, perpendiculaire à cette direction ; mais au lieu d'employer, comme dans l'exemple du numéro 365, un berceau cylindrique, on prendra pour la douelle une surface réglée ayant pour directrices : 1° la droite *mn* perpendiculaire aux faces du mur ; 2° les deux cercles *aoc*, *zux*, parallèles au plan vertical de projection. Il résulte de ces données que les arêtes de douelle sont des lignes droites au lieu d'être des arcs d'ellipse comme dans l'exemple (365) ; mais cet avantage peu important est loin de compenser l'irrégularité de cette voûte, au milieu de laquelle se trouve une bosse ou gonflement de l'effet le plus désagréable.

La fig. 552 contient le rabattement des panneaux de joints, et la fig. 553 représente la pierre, dont la taille ne présente aucune difficulté.

VIII.

486. Arrière-voussure de Saint-Antoine. — Nous n'avons employé jusqu'à présent que des surfaces dont les génératrices constantes dans leurs formes étaient assujetties à s'appuyer sur des lignes données; mais on fait encore usage de surfaces dont la génératrice varie pour chacune de ses positions, en satisfaisant à certaines conditions.

Les exemples qui suivent sont dans ce cas.

487. La fig. 554, *Pl.* **64**, étant la projection horizontale d'une porte, l'espace à couvrir se compose de trois parties, savoir :

1° L'espace rectangulaire $a'a'c'c'$, compris entre les pieds-droits, et couvert par la plate-bande ac (*fig.* 555);

2° Le petit rectangle $v'v'u'u'$, qui représente la feuillure;

3° Enfin le trapèze $v'z'u'x'$, couvert par une surface courbe raccordant la droite horizontale vu, qui est l'arête supérieure de la feuillure, avec le demi-cercle zox, situé dans la face verticale du mur.

Pour engendrer cette surface, on concevra que la courbe zox se meut en s'avançant parallèlement aux faces du mur, mais qu'au lieu de rester constant, le diamètre horizontal diminue de manière à être toujours compris entre les deux côtés obliques du trapèze $v'z'u'x'$, tandis que le rayon vertical sera égal aux ordonnées successives de l'ellipse $s''o''$ (*fig.* 556), qui représente la section de la voûte par le plan vertical contenant l'axe de la porte. Ainsi lorsque la courbe génératrice sera parvenue dans le plan vertical pq, elle sera transformée dans l'ellipse 2—2, dont le diamètre horizontal se déduira de la figure 554, et le rayon vertical de la fig. 556; enfin la génératrice sera réduite à une ligne droite lorsqu'elle arrivera dans le plan vertical contenant les arêtes de la feuillure.

Les joints seront des surfaces cylindriques, ayant pour directrices des courbes à deux centres, ou du second degré, perpendiculaires à la droite *vu* et au demi-cercle *zox*.

Taille. La pierre se taillera sur le panneau de projection verticale A (*fig.* 555). Quand on aura fait les surfaces cylindriques des joints, on y appliquera les panneaux développés (*fig.* 557); enfin, on taillera la douelle au moyen de plusieurs cerces découpées sur le contour des ellipses 1—1, 2—2, 3—3 (*fig.* 555), en ayant le soin de faire coïncider ces cerces avec les points de repère marqués sur les contours des panneaux de développement de la fig. 557.

IX.

488. Autre exemple d'arrière-voussure. — Pour éviter les difficultés de *l'arrière-voussure de Marseille réglée*, on a quelquefois employé un mode de génération analogue à celui que nous venons d'indiquer.

Soit (*fig.* 561) la coupe des pieds-droits par le plan de naissance, on décrira l'arc de cercle ac'' avec un rayon au moins égal à celui du vantail. Cet arc, ramené dans le plan d'ébrasement, aura pour projection verticale l'arc d'ellipse ac. Construisons ensuite l'arc de tête ce avec un rayon arbitraire, et ajoutons pour condition que la section par le plan vertical, contenant l'axe de la porte, soit une courbe, ou une ligne droite ou, $o'u'$, rabattue sur le plan horizontal en $o'u'''$. .

Pour former la surface de douelle, concevons une suite de plans 1—1, 2—2, etc., parallèles au plan vertical de projection; chacun de ces plans coupera les lignes *ac*, *ou*, *ve*, en trois points, par lesquels on fera passer un arc du cercle, et la surface qui contiendra tous ces arcs de cercle sera la douelle de la voûte.

Les plans de joint contenant l'axe de la porte, les arêtes de joint se projetteront sur le plan vertical par des droites, et sur le plan horizontal par des courbes faciles à construire.

La taille des pierres se fera comme au n° 409.

CHAPITRE II.

Lignes de courbure.

I.

489. Définition. — Si par un point d'une surface courbe on construit un plan normal, et que l'on fasse tourner ce plan autour de la normale, il coupera la surface suivant une ligne dont la courbure variera pour chaque position. On démontre par le calcul que celle de ces courbes qui, vers le point donné, a le plus petit rayon de courbure, est toujours perpendiculaire à celle qui a le plus grand rayon.

D'après cela, si l'on conçoit que le point donné se mette en mouvement sur la surface, en se dirigeant constamment suivant la ligne de plus petite courbure, la courbe parcourue coupera à angle droit toutes les lignes de plus grande courbure; de sorte que l'ensemble des lignes de plus petite et de plus grande courbure formera sur la surface un réseau composé de quadrilatères, dont les côtés quoique courbes, se couperont partout à angles droits, et seront, par conséquent, dans les conditions les plus convenables pour former les arêtes de douelle d'une voûte.

De plus, si l'on prend ces courbes pour directrices de

surfaces normales qui formeraient les joints de la voûte, ces surfaces seront développables.

On n'a pas encore trouvé de méthode graphique simple et générale pour construire les lignes de courbure sur une surface courbe quelconque. Heureusement la question est résolue pour le cas particulier de presque toutes les surfaces employées comme douelle dans la coupe des pierres.

Ainsi, sur toutes les surfaces cylindriques les génératrices et les sections droites sont évidemment les lignes de plus grande et de plus petite courbure.

Sur le cône, ce sont les génératrices et les courbes dont tous les points sont à égale distance du sommet; sur le cône circulaire, les lignes de plus petite courbure sont des cercles parallèles à la base.

Sur toutes les surfaces de révolution, et par conséquent sur la sphère, les lignes de plus grande et plus petite courbure sont les sections méridiennes et les parallèles.

Il ne reste donc plus que quelques surfaces rarement employées, et sur lesquelles il sera facile de déterminer, approximativement, le système d'appareil le plus convenable. Cependant, pour compléter autant que possible les idées à cet égard, je terminerai ce sujet par l'exposé du beau résultat d'analyse obtenu par Monge dans la recherche des lignes de courbure de l'ellipsoïde à trois axes.

(Voir pour la démonstration le deuxième cahier du *Journal de l'École Polytechnique*, ou le *Traité d'Analyse* de Monge.)

II.

490. Voûte elliptique à trois axes. — Soit (*fig.* 562, *Pl.* 65) la coupe d'une voûte par le plan de naissance. On veut couvrir cet espace par une surface ellipsoïde, ayant pour grand axe la droite AA, perpendiculaire au plan vertical de projection, pour axe moyen la droite BB, et pour demi petit axe la verticale sC (*fig.* 563).

La section horizontale (*fig.* 562) contient le grand axe et l'axe moyen.

La fig. 563 représente la section par le plan qui contient le moyen et le petit axe.

Enfin la section (*fig.* 564) contient le grand axe et le petit.

Sur les deux fig. 562 et 563, les projections des lignes de courbure sont des ellipses et des hyperboles, et l'on remarquera que les lignes qui se projettent par des ellipses sur la fig. 562 ont des hyperboles pour projection sur la fig. 563, et réciproquement ; de plus, toutes ces courbes se projettent par des ellipses sur le plan du grand et du petit axe (*fig.* 564).

Toutes ces lignes viennent tourner autour de deux points o, o, dont elles se rapprochent sans jamais les atteindre.

Monge donne à ces deux points le nom d'*ombilics*.

Si le petit axe augmentait, les ombilics se rapprocheraient

des extrémités du grand axe, et se confondraient avec ces extrémités dans le cas où le petit axe serait égal au moyen. Alors l'ellipsoïde deviendrait de révolution, les ellipses de la projection 562 passeraient toutes par les points A et A, et les arcs d'hyperboles se changeraient en des lignes droites, qui seraient les projections des parallèles de la surface.

III.

491. Construction des lignes de courbure. — Le point x étant l'un des foyers de la section (*fig.* 562), y celui de la section 563, et z celui de la section 564, ces foyers sont tous situés dans le plan du grand axe et de l'axe moyen ; x et z sont sur le grand axe et y sur l'axe moyen.

On ramènera x et z sur l'axe moyen sB (*fig.* 562), en les faisant tourner autour du point s. On joindra z avec A, et la parallèle xo parallèle à zA déterminera l'ombilic o.

On ramènera ensuite le foyer y sur le grand axe sA ; on joindra y avec B, et la droite xp parallèle à yB déterminera le point p. Les deux droites so, sp, seront les axes d'une ellipse op et d'une hyperbole oh, qui suffiront pour construire toutes les courbes de la projection (*fig.* 562). La droite sb sera l'une des asymptotes de l'hyperbole oh.

Les deux coordonnées d'un point de l'ellipse op seront les axes de l'une des hyperboles de la projection 562, et les deux coordonnées d'un point de l'hyperbole oh seront les axes de l'une des ellipses de la même projection.

Des relations analogues auront lieu sur les deux autres projections. Ainsi, pour la projection figure 563, on amènera le foyer z sur l'axe sB; on construira zC, et la parallèle yo déterminera l'ombilic o. On amènera x et y sur sC, en conservant toujours leur distance au point s; on joindra x avec B, et la parallèle yg déterminera le point g. Les deux droites so, sg, seront les axes d'une ellipse og et d'une hyperbole ok. Les deux coordonnées d'un point de l'ellipse seront les axes de l'une des hyperboles de la figure 563, et les coordonnées d'un point de l'hyperbole seront les axes de l'une des ellipses.

Enfin, sur la projection (*fig*. 564), amenant le foyer y sur sA, on joindra yC, et la parallèle zq déterminera un point q. On amènera ensuite les foyers x et z sur sC; on joindra x avec A, et la parallèle zv déterminera le point v. Alors sv et sq seront les deux axes d'une ellipse au moyen de laquelle on pourra construire toutes les autres ellipses de la projection 564. Ainsi les deux coordonnées d'un point u seront les axes de l'ellipse 3—3.

Donnons-nous actuellement pour condition que les contours des deux sections 562, 563, soient partagés en parties égales par les arêtes de douelle, et pour plus d'ordre, désignons, par les chiffres impairs, les courbes qui aboutissent aux points de division de la section 562, et par les chiffres pairs celles qui aboutissent aux points de division de la section 563.

L'épure étant ainsi préparée, la perpendiculaire abaissée du point 4 de la section 563 coupera l'hyperbole ok en un point m dont les coordonnées m—4, s—4, seront les deux axes de l'ellipse 4—4 de la projection 562.

Toutes les autres ellipses de cette projection se construiront de la même manière.

Ensuite, par le point 3 de la section 562, on élèvera une

perpendiculaire qui rencontrera l'hyperbole *ok* en un point *n*, dont les coordonnées 3—*n*, *s*—3, sont les axes de l'une des ellipses de la projection 563. Le même moyen sera employé pour toutes les autres ellipses de la même figure.

Pour construire les hyperboles sur les projections 562, 563, on se rappellera que les ellipses de l'une de ces figures se projetteront sur l'autre par des hyperboles, et réciproquement, les ellipses de la seconde figure se projettent par des hyperboles sur la première; de plus, toutes ces courbes se projettent par des ellipses sur le plan de la section 564; donc en menant une droite 3*u*, on déterminera sur l'ellipse *qv* un point *u*, dont les coordonnées *u*—3, *s*—3, seront les axes de l'une des ellipses de la projection 564; et par le point *a*, où cette ellipse 3*a*3 coupe l'ellipse ACA, on mènera la droite *a*—*a*, qui rencontrera l'ellipse *op* (*fig.* 562) en un point *d*, dont les coordonnées *ad*, *sa*, sont les axes de l'hyperbole passant par le point 3.

Le point *a* de la figure 564 peut se vérifier en prenant pour son ordonnée l'axe vertical de l'ellipse 3*a* de la projection 563.

Enfin le point 2 de la figure 563 étant ramené sur *s*C de la figure 564, on construira la droite 2*r*, qui coupera l'ellipse *qv* en un point *r*, dont les coordonnées *r*—2 et *s*—2 seront les axes de l'ellipse 2*e*2. Cette courbe rencontre l'ellipse ACA en un point *e*, et la hauteur de ce point reportée figure 563 déterminera sur l'ellipse *og* un point *i* dont les coordonnées *ie*, *se*, seront les axes de l'hyperbole du point 2. On construira de même toutes les autres hyperboles de la figure 563.

Le point *e* de la figure 564 peut encore s'obtenir en construisant la droite *e*—*e* par le sommet de l'ellipse 2*e* (*fig.* 562). Ce moyen serait même préférable pour déterminer sur l'ellipse ACA les points qui sont dans le voisinage de l'ombilic.

Ainsi les sommets des ellipses de la figure 563 étant ramenés sur la courbe ACA (fig. 564), on en déduira les sommets des hyperboles de la figure 562, et réciproquement les sommets des ellipses de cette figure étant ramenés sur la courbe ACA, feront connaître les sommets des hyperboles de la figure 563.

Voici donc en résumé l'ordre des constructions :

1° Les ellipses de la figure 562 ;
2° Les ellipses de la projection 563 ;
3° Toutes les ellipses de la figure 564, en vérifiant surtout, comme nous l'avons dit, les intersections de ces courbes avec l'ellipse ACA ;
4° Les hyperboles de la figure 562 ;
5° Les hyperboles de la figure 563.

On remarquera que toutes les ellipses de la figure 564 sont inscrites dans un losange, dont le côté serait la corde du quart d'ellipse qv.

492. Si l'on voulait exécuter cette voûte, il faudrait, dans le voisinage de l'ombilic, supprimer quelques joints, et réunir plusieurs pierres en une seule ; on voit, par les lignes de points conservées sur l'épure, que sans cette précaution les pierres n'auraient pas assez d'épaisseur, et cet inconvénient est d'autant plus grave qu'à cette place les joints sont très-contournés.

493. En adoptant le système de lignes de courbure que nous venons de construire, le reste du travail serait encore fort long : le lecteur pourra, comme exercice, tailler une ou deux pierres.

Ainsi, en construisant les tangentes aux deux courbes

qui se croisent en un point quelconque de la voûte, on déterminera le plan tangent, et par suite la normale.

La même opération étant répétée pour chaque point, on aura les surfaces normales formant les joints.

On cherchera ensuite les intersections de ces surfaces avec l'extrados, et l'on construira leur développement.

Taille. On préparera la pierre sur le contour de la projection horizontale et l'on dressera les faces du parallélipipède capable de la contenir. Les courbes suivant lesquelles ces plans sont coupés par le prolongement des joints, serviront de directrices à ces surfaces que l'on taillera, et sur lesquelles on appliquera les panneaux de développement de joints, à l'aide desquels on tracera les arêtes de douelle et d'extrados. Enfin ces dernières surfaces se tailleraient par des cerces elliptiques, que l'on obtiendra en faisant des sections parallèles aux plans de projection.

IV.

494. Pour compléter l'étude précédente, je transcrirai ici quelques-unes des réflexions par lesquelles Monge termine la solution du beau problème d'analyse algébrique dont nous venons de donner le résultat.

« Les emplacements dont on a pu disposer jusqu'à pré-
» sent, pour les constructions des salles d'assemblées, ont
» forcé de donner à l'amphithéâtre moins de profondeur
» en face de l'orateur que sur les côtés; mais l'expérience
» ayant prouvé que la voix se porte à une plus grande
» distance en face, il paraît que c'est une disposition con-
» traire qu'on devrait adopter. De toutes les formes allon-
» gées qu'on pourrait donner à l'amphithéâtre, il n'y en
» a aucune dont la loi soit plus simple et plus gracieuse
» que l'ellipse : il faudrait donc que la salle fût elliptique,

» et qu'elle fût couverte par une voûte en ellipsoïde sur-
» baissée.

» Le service des assemblées législatives exige un em-
» placement pour le bureau en avant duquel est la tri-
» bune de l'orateur. En plaçant le bureau à l'un des som-
» mets de l'ellipse, on pourrait lui consacrer un espace
» suffisant pour la commodité du service, et l'orateur se
» trouverait naturellement placé sous un des ombilics de
» la voûte : l'amphithéâtre n'occuperait que la partie qui
» est en avant; *une galerie qui ferait le tour entier de la*
» *salle*, et qui serait assez élevée pour être très-distincte
» de l'amphithéâtre, fournirait des places au public : la
» salle qui n'aurait ni tribune ni *aucune espèce d'irrégula-*
» *rité*, pourrait être décorée par des colonnes à chacune
» desquelles correspondrait *une nervure de la voûte pliée*
» *suivant la ligne de courbure ascendante*. Toutes ces ner-
» vures, verticales à leur naissance, se courberaient au-
» tour de l'un ou de l'autre ombilic, pour redescendre en-
» suite à plomb sur les *colonnes opposées*, et elles seraient
» croisées perpendiculairement par d'autres nervures pliées
» suivant les lignes de l'autre courbure. Les intervalles
» de ces nervures pourraient être à jour, soit pour éclai-
» rer la salle, soit pour donner des issues à l'air, et for-
» meraient un vitrage *moins fantastique que les roses de*
» *nos églises gothiques*. Enfin, deux lustres suspendus aux
» ombilics de la voûte, et à la suspension desquels la
» voûte entière semblerait concourir, serviraient à éclairer
» la salle pendant la nuit. »

495. Malgré tout le respect qui est si justement dû à l'opinion de Monge, je ne puis considérer la solution précédente comme susceptible d'une application pratique.

L'avantage d'obtenir partout des faces de douelles rectangulaires, et pour joints des surfaces normales développables, ne peut compenser le défaut de stabilité qui résulterait de l'inclinaison des joints de lit, et du contournement excessif des lignes d'appareil dans le voisinage des ombilics. Sans compter le déchet considérable que l'on ne pourrait éviter qu'en construisant pour chaque voussoir une projection particulière indispensable pour déterminer les limites du plus petit bloc capable de le contenir.

D'ailleurs, la position inégalement inclinée des caissons ou compartiments rectangulaires formés par le croisement des nervures, produirait certainement pour l'œil une sensation d'autant plus désagréable, que lorsque l'on regarderait une des nervures élevées à l'aplomb de chaque colonne, la position et la grandeur de ces caissons ne serait pas la même des deux côtés de la nervure. Or, on sait combien dans les décorations architecturales il faut se mettre en garde contre le défaut de symétrie, et l'inclinaison du même côté, d'un assez grand nombre de nervures ascendantes, ferait certainement paraître les colonnes correspondantes penchées en sens contraire.

496. On pourrait citer un grand nombre d'exemples à l'appui de ce fait; ainsi, lorsqu'une maison élevée, une colonne, une tour, est construite sur un terrain incliné d'une certaine étendue; si l'on regarde dans une direction perpendiculaire à la pente du terrain, c'est le monument qui paraît incliné et non la surface du sol. Si l'on perce une porte verticale dans un mur très-long construit suivant l'inclinaison du terrain, c'est la porte qui paraît penchée et non le mur.

Les colonnes corinthiennes accouplées qui supportent les arcs doubleaux de la grande galerie du Louvre paraissent se renverser du côté des murs, ce qui provient du grand nombre de tableaux qui penchent vers l'intérieur de la salle, et qui cachent les murs dont la verticalité pourrait seule aider à vérifier la verticalité des colonnes.

Enfin, un des exemples les plus frappants de cette sensation singulière peut facilement être observé à Versailles, sur les rampes circulaires qui entourent le parterre où est situé le bassin de Latone. Si l'on se place en face et à quelques mètres de l'une des statues qui concourent à la décoration de cette partie du parc, il est impossible de ne pas éprouver le sentiment pénible que l'on ressentirait si l'on voyait la statue et son piédestal prêt à tomber du côté où le terrain s'élève, ce qui provient de la direction inclinée des murs en charmilles auxquels les statues sont adossées; et cette illusion extrêmement sensible ne cesse complétement que lorsque, arrivé au pied de la statue, on peut, avec un fil à plomb, s'assurer que les arêtes du piédestal sont parfaitement verticales.

497. Ces effets d'optique auxquels beaucoup d'artistes ne font pas assez d'attention, se reproduisent toujours, lorsque de grandes lignes ou un grand nombre de lignes inclinées ne sont pas soumises à la loi de symétrie. Ainsi, dans la question actuelle, l'effet désagréable produit par l'inclinaison dans le même sens, d'un grand nombre de nervures ascendantes et consécutives serait certainement augmenté par le défaut de parallélisme des nervures horizontales correspondantes aux joints de lit; et cette impression désagréable serait encore rendue plus sensible par la parfaite horizontalité de l'immense galerie que Monge avait proposé d'établir autour de la salle.

Ce défaut de parallélisme des grandes lignes entraînerait encore, comme conséquence, l'inégalité dans les dimensions des ornements et des ciselures dont le plus grand charme provient surtout de la symétrie et de leur parfaite régularité.

Les nervures et les grandes rosaces des monuments gothiques doivent surtout la grâce de leur ornementation à la loi de symétrie qui, dans le cas actuel, ne pourrait se retrouver qu'à l'extrémité des axes de l'ellipse de naissance.

C'est pourquoi Monge indique ces points comme la place naturelle des supports de la voûte, si l'on jugeait à propos d'y pratiquer quatre ouvertures; et dans ce cas, il conseille de prendre pour ligne de naissance l'ellipse construite sur le plus grand et le plus petit des trois axes, afin que les quatre ombilics soient placés *symétriquement* dans le plan horizontal qui contient le centre de la voûte; mais ce motif, très-secondaire, ne peut pas être invoqué de préférence aux raisons qui pourraient exiger l'emploi d'une voûte surmontée ou surbaissée.

D'ailleurs, si les ombilics étaient situés dans le plan de la naissance, et que les extrémités des axes fussent occupés par les supports principaux, il ne resterait plus pour les ouvertures que l'espace compris entre les extrémités des axes, et pour peu que l'on ait quelque connaissance en architecture, on comprendra combien il serait difficile dans un grand monument dont la voûte elliptique serait la partie principale, de disposer convenablement des abords dans la direction des diagonales du rectangle circonscrit. Il y aurait inévitablement de très-grandes irrégularités d'appareil à la rencontre des galeries avec la voûte, et l'inspection attentive de la *fig.* 564 donnera une idée de l'effet disgracieux produit par ces quatre ombilics qui ne seraient pas placés au-dessus des ouvertures principales, à moins que l'on adoptât pour les axes de la voûte, des rapports qui ne permettraient plus de satisfaire aux conditions beaucoup plus importantes exigées par la destination du monument qu'il s'agit de construire.

Nous conclurons de ce qui précède, que si l'on se décidait à employer l'appareil que nous venons d'étudier, il faudrait tâcher d'effacer autant que possible les lignes d'appareil au lieu de les rendre plus sensibles par des nervures.

---

498. Sonorité des voûtes elliptiques. — En parlant des salles d'assemblées, Monge attribue à la forme de l'emplacement disponible l'usage qui consiste à donner à l'amphithéâtre moins de profondeur en face de l'orateur que sur les côtés; et rappelant comme un fait d'expérience, que la voix se porte à une plus grande distance en face, il en conclut que *c'est une disposition contraire que l'on devrait adopter*; de sorte que l'on devrait, selon lui, placer le bureau à l'une des extrémités du grand axe et l'orateur au-dessous de l'un des ombilics, en prenant alors pour naissance, l'ellipse construite sur le plan du grand axe et de l'axe moyen.

Je crois que la proposition précédente contient plusieurs erreurs qui, appuyées sur le nom de Monge, pourraient avoir de graves inconvénients pour la construction des voûtes elliptiques. Il est bien vrai que la voix se porte à une plus grande distance en face de l'orateur; mais il faut remarquer que la quantité de son décroît beaucoup plus rapidement que la distance, d'où l'on doit conclure qu'entre certaines limites qu'il serait facile de déterminer, un auditeur peu éloigné, mais placé dans une direction oblique, entendra souvent mieux que celui qui serait plus loin, en face de l'orateur. Or, si la tribune est placée à l'une des extrémités du grand axe, sa distance à l'auditeur le plus éloigné est à peu près égale à $2a$, tandis que dans le cas où l'orateur occuperait l'une des extrémités du petit axe, la plus grande distance que le son aurait à parcourir serait égale à $\sqrt{a^2 + b^2}$, quantité qui est évidemment beaucoup plus petite que $2a$.

On devrait donc chercher à déterminer par l'expérience, ou par le calcul, le rapport qui doit exister entre la quantité de son perçue *obliquement*, suivant une direction donnée, à la distance exprimée par $\sqrt{a^2 + b^2}$, et la quantité reçue *directement* à l'extrémité du plus grand diamètre.

499. Mais la raison que nous venons de donner n'est pas la plus importante de celles qui s'opposent à ce que l'orateur soit placé au-dessous de l'un des ombilics; en effet, il ne suffit pas d'augmenter la sonorité d'une salle d'assemblée; il faut encore, et cela est de la plus grande importance, éviter tout ce qui pourrait donner lieu à des échos, qui par la répétition des mêmes paroles, transforment le discours en un bourdonnement inintelligible et fatigant pour l'auditeur. Je citerai un exemple à l'appui de l'observation qui précède :

Il y avait au théâtre de la Porte-Saint-Martin un écho, qui en répétant les paroles prononcées sur la scène, produisait pour le spectateur un effet insupportable.

Le point de la salle où cet écho m'a paru le plus sensible était situé dans l'une des premières loges, un peu à droite au milieu de la salle en faisant face au théâtre ; or, cet écho qui a existé fort longtemps, et qui peut-être existe encore, aurait pû être facilement détruit par l'architecte.

Il suffisait pour cela de faire dessiner avec le plus grand soin les coupes provenant de la section de la salle par deux plans, l'un horizontal, l'autre vertical, contenant tous les deux la droite tracée de la loge citée plus haut, au point de la scène occupée par l'acteur au moment où l'écho est le plus sensible.

L'étude attentive de ces deux sections aurait certainement fait découvrir dans la courbure cintrée des parois latérales, ou dans le plafond de la salle, quelques portions de surface elliptique dont le spectateur et l'acteur occupaient les foyers, et l'on conçoit combien cette connaissance une fois acquise, il serait facile de briser et de dénaturer cette surface par quelques modifications dans la forme, ou simplement par l'addition de quelques décorations architecturales.

Or, si nous déterminons sur la fig. 562 le foyer M de l'ellipse de naissance et le foyer N de l'ellipse fig. 564 qui provient de la section de la salle par le plan vertical projetant du grand axe; il devient évident que l'espace MN contient les foyers de toutes les sections elliptiques que l'on obtiendrait en coupant la voûte par une suite de plans qui contiendrait le grand axe, et l'on conçoit par conséquent, que si l'on plaçait la tribune au-dessous de l'ombilic situé entre les deux points M et N, tous les rayons sonores viendraient se réunir et former un écho très-prononcé vers le groupe d'auditeurs qui seraient placés en face de l'orateur entre les points m et n, et au-dessous du deuxième ombilic.

Le danger de produire des échos serait beaucoup moins grand si l'on plaçait la tribune à l'extrémité de l'axe moyen sB, fig. 562, car si l'on conçoit la voûte coupée par une suite de plans contenant cet axe, le foyer de la section par le plan vertical projetant de SB serait situé en U, fig. 563 et 562, mais à mesure que l'on inclinerait ce plan coupant en le faisant tourner autour de SB, les sections elliptiques que l'on obtiendrait s'arrondissant, leurs foyers se rapprocheraient du centre de la voûte, où ils se réuniraient, lorsque la section deviendrait circulaire, ce qui aurait lieu quand l'axe incliné sK fig. 564 serait égal à l'axe horizontal sB fig. 562; puis, à compter de ce moment; les axes inclinés des sections devenant plus grands que l'axe commun horizontal sB; les foyers, s'éloigneraient l'un de l'autre, en se portant sur les axes obliques des sections successives, et parcourant *fig.* 564 la courbe sHM" située dans le plan projetant du grand axe de la voûte.

Enfin, il est évident que si le plus petit des trois axes appartenait à l'ellipse de naissance, on n'aurait à craindre aucun écho, en plaçant l'orateur à l'extrémité de ce plus petit axe, qui ne peut jamais contenir les foyers d'aucune section de la voûte par un plan normal.

500. Je crois que c'est aux causes que je viens de signaler, et non comme l'a pensé Monge, à la forme de l'emplacement disponible, qu'il faut attribuer la place adoptée par l'usage pour la tribune des assemblées délibérantes et si l'on veut placer la tribune à l'une des extrémités du petit axe, on doit chercher, avant tout, à déterminer le rapport des deux axes, de manière que l'orateur soit à peu près également éloigné des deux extrémités du grand axe et des auditeurs placés en face de lui à l'extrémité du petit.

501. Peut-être enfin arriverons-nous, par l'enchaînement des considérations qui précèdent, à expliquer les causes qui ont engagé les Romains dans leurs théâtres et dans leurs cirques ainsi que les architectes plus modernes dans la construction des salles d'assemblées, à préférer la forme *demi-circulaire*. En plaçant la tribune sur le *prolongement* du rayon qui partage l'amphithéâtre en deux parties symétriques, on évite les échos qui pourraient se produire si la tribune occupait le centre, et l'on diminue l'obliquité du son, pour les auditeurs placés aux deux extrémités du diamètre qui, du côté de l'orateur, forme la limite de l'amphithéâtre.

502. Nous concluons de ce qui précède, que la forme elliptique extrêmement gracieuse pour des salles de bal ou de concert, ne convient pas pour des assemblées délibérantes ;

Que si l'on veut éviter les échos dans une salle elliptique de bal ou de concert, il faut placer l'orchestre à l'une des extrémités du petit axe, ou à peu de distance de cette extrémité ;

Enfin, que l'on doit éviter dans ces sortes de salles un trop grand luxe d'ornementation en reliefs, tels que caissons, rosaces, nervures et sculptures de toute espèce, ainsi que les tribunes, loges et draperies qui brisent et étouffent les sons.

V.

503. **Joints de lits coniques, assises horizontales.** — L'inclinaison des surfaces de joints et des lignes d'appareil indiquées par l'étude précédente ne satisfaisant pas aux conditions de stabilité les plus essentielles d'une bonne construction, il faut nécessairement revenir aux assises horizontales.

Il est bien certain que les surfaces qui séparent entre elles deux assises de pierres, ou deux pierres d'une même assise, doivent toujours être, autant que possible, perpendiculaires aux surfaces d'intrados et de parement. Mais, les personnes familiarisées avec les difficultés de la pratique, savent très-bien qu'il n'est pas toujours possible de satisfaire à cette condition d'une manière absolue.

504. Une surface N, normale à l'intrados EE d'une voûte (*fig.* 1, pl. 66), pourra souvent être remplacée avec

avantage par une surface N' tangente à la première suivant l'arête de douelle U, et qui par conséquent rencontrerait partout à angle droit la surface de la voûte donnée. D'autres fois (*fig.* 3), deux surfaces M et N se rencontreront suivant des angles inégaux; mais si la pression qui agit sur les pierres auxquelles ces deux surfaces appartiennent, est dirigée parallèlement à leur intersection KH, elles seront peu exposées à la rupture.

Il existera donc dans la pratique un grand nombre de circonstances où les surfaces normales indiquées par la théorie comme les plus convenables pour former les joints d'une voûte, pourront être remplacées avec avantage par d'autres surfaces plus simples, plus faciles par conséquent à tailler, et dont l'exécution plus parfaite contribuera autant à l'économie qu'à la solidité de la construction.

C'est pourquoi lorsqu'on étudie une voûte, il faut chercher quelles sont les surfaces qui peuvent être employées comme joints, discuter les avantages et les inconvénients de chacune d'elles, et choisir pour l'application, celle qui convient le mieux au cas particulier dont il s'agit.

Ainsi, à la fin du Ve et au commencement du VIe livre, j'ai indiqué six espèces de surfaces qui peuvent être employées comme joints de la voûte elliptique, savoir :

1° ━━ (435) Lorsque la voûte n'est pas trop allongée ; des cônes ayant pour sommet commun le centre même de l'ellipsoïde qui forme la surface d'intrados ou la douelle de la voûte proposée.

2° ━━ (435) Des cônes ayant chacun pour génératrice la perpendiculaire à la bissectrice de l'angle que l'on obtiendrait, si l'on ramenait dans le plan équatorial de la voûte, les tangentes aux sections par les deux plans verticaux qui contiennent le grand et le petit axe de l'arête d'intrados ; ces cônes auront leurs sommets sur la verticale qui contient le centre de la voûte.

Ces deux surfaces de joints ont l'avantage d'être développables, et de rencontrer, suivant une ellipse, la surface d'extrados, pourvu que cette surface soit formée par un plan horizontal ou par un ellipsoïde semblable à l'intrados de la voûte; mais les plans verticaux qui séparent les pierres adjacentes d'une même assise devant être autant que possible perpendiculaires à l'ellipse moyenne de la douelle correspondante, ne contiennent plus les sommets des surfaces coniques qui séparent deux assises consécutives, et les intersections de ces dernières surfaces par les joints verticaux de la voûte deviennent alors des arcs d'hyperbole, ce qui augmente la difficulté de la taille pour chaque pierre.

3° —— J'ai indiqué, au n° 438, une surface qui, sans être normale à la voûte, est cependant peu éloignée de satisfaire à cette condition.

Les projections de cette surface et de la courbe d'extrados sont très-faciles à déterminer, mais les intersections par les plans verticaux formant les joints montants seront encore des lignes courbes peu commodes pour la taille de la pierre.

4° —— On pourra éviter cet inconvénient en employant (439) la surface normale qui aurait pour courbe directrice l'ellipse formant l'arête d'intrados de la surface de joint que l'on veut déterminer; mais l'intersection de cette surface avec l'ellipsoïde d'extrados est une courbe à double courbure assez difficile à construire.

5° —— La surface indiquée au n° 440 a l'avantage de rencontrer l'extrados et les plans horizontaux formant les faces primitives du parallélipipède enveloppe, suivant des ellipses semblables à l'arête d'intrados, et quoique cette surface ne soit pas tout à fait normale, la simplicité de sa projection et de la taille des pierres qui en résultent la fait souvent préférer par les praticiens à toutes les surfaces précédentes.

6° —— Enfin, je ne rappellerai que pour mémoire, et comme exercice graphique, la surface développable indiquée au n° 441.

Il ne faut pas reculer devant ces sortes d'études, que l'on peut considérer comme étant fort utiles : c'est souvent ainsi en comparant les inconvénients qui pourraient résulter de l'emploi de certaines surfaces que l'on est conduit à les remplacer par d'autres dont les propriétés auraient pu sans cela rester toujours inconnues.

Si l'on a bien compris la discussion précédente, on reconnaîtra que les conditions auxquelles il faut tâcher de satisfaire, peuvent être énoncées ainsi :

1° —— La surface doit être *normale* ou en différer très-peu.

2° —— Elle doit être autant que possible *développable*, cette seconde condition facilitant la taille des voussoirs.

3° —— Enfin, les intersections de cette surface par les faces du parallélipipède enveloppe, doivent être faciles à obtenir sur l'épure, et à tracer sur la pierre.

Or la surface que nous allons étudier satisfait complétement aux conditions ci-dessus.

---

505. **Intrados**. — La surface d'intrados (*fig.* 2 et 7) est formée par un ellipsoïde de révolution, dont le grand axe AA, A'A' est parallèle aux deux plans de projection,

et qui a pour section méridienne la demi-ellipse A'*a*'A' (*fig.* 2).

L'ellipse horizontale EE, E'E', est l'arête d'intrados par laquelle nous voulons faire passer une surface de joint.

1° Le point BB' de l'ellipse EE' étant pris sur l'une des diagonales du rectangle circonscrit (*fig.* 7), on le rabattra en B" sur le plan horizontal qui contient le centre de la voûte.

2° Par le point B" on construira la normale N", que l'on ramènera en NN', en la faisant tourner autour de l'axe AA, A'A' de l'ellipsoïde d'intrados.

3° Le point VV' suivant lequel la normale NN' rencontre l'axe AA' de l'ellipsoïde, sera le sommet d'un cône, dont la directrice BEG fait partie l'ellipse horizontale E*e*E*e*.

Cette surface conique différera extrêmement peu de la surface normale qui aurait pour directrice le même arc d'ellipse BEG.

4° Un second cône ayant pour sommet le point UU', remplacera également la surface normale qui aurait pour directrice l'arc d'ellipse DEH.

5° Un troisième cône, dont le sommet OO' sera déterminé par la rencontre des normales GV, HU de la voûte, formera la surface de joint correspondante à l'arc d'ellipse G*e*H.

6° Enfin, cette surface sera complétée par un quatrième cône, dont le sommet SS' sera situé à la rencontre des deux normales BV et DU.

506. Ainsi la surface entière du joint correspondant à l'ellipse horizontale E*e*E*e*, sera formée par quatre surfaces coniques ayant pour sommets les points V, S, U, O.

Ces cônes, combinés deux à deux, ayant une directrice commune et leurs sommets sur la même droite, se raccordent suivant les quatre normales OK , OR , SX , SZ, et forment par conséquent une *surface développable continue*, *différant infiniment peu de la surface normale qui aurait pour directrice l'ellipse horizontale* EE'.

507. La section des quatre surfaces coniques par le plan horizontal P se composera de quatre ellipses semblables à l'ellipse EE', qui est la directrice commune des quatre cônes.

Ces ellipses se toucheront suivant les quatre points K,R,Z,X. Les courbes KR , RZ, ZX et XK se raccorderont aux points K,R,Z,X , et formeront ainsi une courbe *plane et continue* , d'une grande simplicité , et de plus très-facile à tracer. En effet ,

1° — La droite Uc,U'c', qui joint le sommet UU' de l'un des cônes avec le centre cc' de l'ellipse EE,E'E' percera le plan horizontal P en un point $u'u$, qui sera le centre de l'ellipse suivant laquelle ce cône est coupé par le plan P.

2° — Les points L,L déduits de leurs projections verticales L',L' seront les extrémités du grand axe de cette ellipse.

3° — La droite Ue,U'e' qui joint le point UU' avec l'une des extrémités du petit axe de l'ellipse EE, déterminera sur la perpendiculaire abaissée de u' l'extrémité l du petit axe de l'ellipse LL à laquelle appartient l'arc RLZ.

On pourra s'assurer comme vérification que les points L et l sont situés sur une droite parallèle à la corde Ee de l'ellipse EE.

4° — En opérant comme nous venons de le dire, on déterminera le centre et les axes de l'ellipse TT, à laquelle appartient l'arc KTX.

5° —— Les droites SE, S'E' prolongées jusqu'au plan horizontal P, détermineront les extrémités Q', Q du grand axe de l'ellipse QQ, à laquelle appartient l'arc ZqX; le point s milieu de QQ sera le centre de cette ellipse, et le point q, extrémité du petit axe sq sera déterminé par la droite Qq parallèle à la corde Ee de l'ellipse EE.

6° —— Enfin, on déterminera de la même manière le centre o et les axes oF et ov de l'ellipse FF, à laquelle appartient l'arc RvK.

---

508. **Taille des voussoirs.** — Les opérations précédentes étant répétées pour chacun des joints de la voûte, il sera facile de tailler toutes les pierres des assises extradossées horizontalement.

En effet, supposons que l'on veut tailler la pierre désignée sur le plan par la lettre M, sur la projection verticale par M', et en perspective par la figure 5, on taillera d'abord la pierre sur le panneau de projection horizontal BY3-1, puis, avec une règle flexible, on tracera la courbe B-1, dans la surface du cylindre intérieur. On tracera ensuite la courbe X-2 sur la face supérieure de la pierre en relevant le panneau M sur la projection horizontale, les points de repère des courbes B-1 et X-2 (*fig.* 5) détermineront les génératrices de la surface conique.

Les arcs des ellipses horizontales passant par les points 4 et 5 (*fig.* 5) serviront à tailler la surface du joint inférieur, et la douelle sera suffisamment déterminée par les courbes que l'on obtiendra en construisant les panneaux de sections par les plans verticaux BY, 1-3 (*fig.* 7), et par une section intermédiaire, si la variation de courbure était trop sensible entre les deux têtes de la pierre.

509. Si nous supposons que la voûte soit extradossée par un second ellipsoïde de révolution, qui aurait pour axes les droites $b'b', d'd'$ (fig. 2), il faudra opérer de la manière suivante :
1° ▬▬ On construira la courbe $hkhk, h'k'h'$ suivant laquelle l'ellipsoïde d'extrados est pénétré par les quatre cônes qui forment la surface du joint.
2° ▬▬ On développera les surfaces de ces cônes (fig. 4).
3° ▬▬ Puis lorsqu'on aura taillé la pierre (fig. 6) comme si elle devait être extradossée horizontalement, on appliquera sur la surface conique du joint, la partie M''' du développement de la figure 4 qui correspond à la douelle de la pierre que l'on veut tailler.

Pour ménager la pierre, on ferait passer le plan horizontal YX-2-3 par le point le plus élevé de la courbe 6-7, et si dans l'étude du principe (fig. 2), on a beaucoup écarté les deux plans horizontaux E'E', L'T', c'est afin d'éviter la confusion qui pourrait exister sur l'épure si les projections des lignes L'T', $h'k'h'$ étaient trop rapprochées.

510. **Courbe d'extrados.** — Dans la pratique, on néglige presque toujours de tailler les surfaces d'extrados qui, dans le plus grand nombre de cas sont cachées par les combles. C'est donc uniquement comme étude et comme exercice que je vais indiquer le moyen de construire la courbe d'extrados $hkhk, h'k'h'$.

511. *Première méthode* (fig. 2 et 7 ou fig. 9). Supposons, par exemple, que l'on veut déterminer le point mm' suivant lequel l'ellipsoïde d'extrados est percé par la droite UR, U'R';

1° ━━ On pourra concevoir par cette droite le plan vertical P_1

2° ━━ On construira l'ellipse $r'm'$ provenant de l'intersection de l'ellipsoïde $b'd'b'd'$ par le plan P_1

3° ━━ Le point m' suivant lequel cette ellipse coupera la droite $U'R'$, fera partie de la courbe d'extrados.

Il est bien entendu, que l'ellipse $r'm'$ n'a été tracée ici tout entière que pour rappeler la nature de la courbe que l'on obtient en coupant l'ellipsoïde d'extrados par le plan P_1 et qu'il suffira, au moment de l'application, de construire le petit arc d'ellipse suffisant pour déterminer le point $m'm$.

On conçoit cependant, que pour tracer cet arc, quelque petit qu'il soit, il faut connaître le centre et les axes de l'ellipse à laquelle il appartient ; or, le centre xx' de cette ellipse sera évidemment situé au milieu de son axe horizontal 8-9, et l'axe vertical $x'r'$ sera égal à l'ordonnée xr'' de la section circulaire, que l'on obtient en coupant l'ellipsoïde d'extrados par le P_2 perpendiculaire à son axe, et passant par le centre xx' de l'ellipse cherchée.

Cette section circulaire 10-r'' rabattue sur le plan horizontal qui contient le centre 18 de l'ellipsoïde d'extrados est décrite du point 11 comme centre avec le rayon 11-10.

En recommençant les opérations précédentes, on obtiendra autant de points que l'on voudra de la courbe $hkhk, h'k'h'$.

Si quelques intersections devenaient trop aiguës, comme cela pourrait avoir lieu pour les points situés dans le voisinage du point kk', on rabattrait le plan coupant, où l'on emploierait un plan auxiliaire de projection.

512. *Deuxième méthode* (fig. 2 et 7 ou fig. 8). On peut éviter la construction de l'ellipse de section par un moyen extrêmement simple. En effet, supposons que l'on veut

déterminer le point nn' suivant lequel la normale OK, O'K' perce l'ellipsoïde d'extrados.

1° —— On coupera cette dernière surface par le plan P_3 projetant de la normale.

2° —— On obtiendra pour section une ellipse dont le centre z' est situé au milieu du diamètre $12'$-$13'$, parallèle au plan vertical de projection.

3° —— Ce diamètre est l'un des axes de l'ellipse cherchée, qui a pour centre le point $z'z$ et pour second axe l'ordonnée $z'y''$ de la section circulaire que l'on obtient en coupant l'ellipsoïde d'extrados par le plan P_4 perpendiculaire à son axe. Cette section circulaire $14'$-y'', rabattue sur le plan vertical bb, sera décrite du point $15'$, comme centre avec le rayon $15'$-$14'$.

4° —— Si l'on fait tourner le plan P_3 autour de l'horizontale projetante du point zz', jusqu'à ce que le point $12'$ soit venu se placer en $12''$ sur la verticale qui contient le point y''; l'ellipse de section z'-$12'$ deviendra z'-$12''$, et son demi-grand axe z'-$12''$ ayant alors pour projection horizontale la droite zy''' égale à la longueur du demi-petit axe $z'y''$. Il est évident que l'ellipse se projettera sur le plan horizontal par un cercle $y'''g$ décrit du point z, comme centre avec le rayon zy'''.

Mais, dans ce mouvement du plan P_3 autour de l'horizontale projetante du point zz', le point 16 de la normale OK n'aura pas changé de place.

De plus, un point quelconque 17-$17'$ de cette même normale décrira l'arc de cercle $17'$-$17''$ parallèle au plan vertical de projection, et lorsque le point 17-$17'$ sera parvenu en $17''$ et projeté en $17'''$, l'intersection de la droite 16-$17'''$ avec l'arc de cercle $y'''g$ projection de l'ellipse z'-$12''$ déterminera le point demandé n''' que l'on projettera en n'' sur la droite z'-$12''$, et que l'on ramènera ensuite en

$u'n$ par un arc de cercle parallèle au plan vertical de projection.

513. Pour obtenir le point kk' (*fig.* 2 et 7) on coupera la voûte par le plan P_6 qui contient le plus grand parallèle de l'ellipsoïde d'extrados. Ce dernier cercle rabattu autour de l'horizontale projetante du point 18 deviendra 19-d'''.

On rabattra également le point q en q''' et le point S en S''', la droite Sq sera donc rabattue en $S'''q'''$, et le point k''' suivant lequel cette droite est coupée par l'arc de cercle 19-d''' sera le point demandé, que l'on ramènera à sa place en le faisant tourner autour de l'horizontale projetante du point 18.

VI.

514. Pendentifs. — C'est principalement dans la construction des pendentifs elliptiques qu'il pourra être utile d'employer le principe précédent.

Ainsi (*fig.* 11, *pl.* 67), la partie du joint de lit correspondant à l'arc d'ellipse 11-17, pourra être formé par deux surfaces coniques qui se raccorderaient suivant la normale du point 5.

La surface 11-11-5-5 appartiendrait au cône dont le sommet serait situé au point 11 de la droite OE, tandis que la surface 5-5-17-17 ferait partie du cône qui a pour sommet le point 17 de la droite OG.

515. Les sommets de ces deux cônes seront facilement déterminés en opérant comme nous l'avons dit au n° 505, et l'on remarquera comme vérification, que la projection horizontale de la normale 5-17, qui forme la génératrice de raccordement des deux surfaces coniques, doit être perpendiculaire sur la corde EF, qui sous-tend le quart de l'une quelconque des ellipses ou arêtes horizontales d'intrados de la voûte.

En effet, la diagonale OH de la figure 11 est parallèle à la corde EG, et la corde supplémentaire EF, parallèle à la tangente du point 6, sera par conséquent perpendiculaire à la normale 6-18 de ce point. Les tangentes aux points 1, 2, 3, 4, 5 et 6 (fig. 10) devant être parallèles entre elles, les projections horizontales des normales correspondantes le seront aussi. Donc, si par chacun des points 1, 2, 3, 4, 5, 6, on construit une perpendiculaire sur la corde EG, ou sur la diagonale OH du rectangle circonscrit, on obtiendra immédiatement les projections horizontales des six normales qui doivent former les génératrices de raccordements des cônes correspondants.

Ces normales rencontreront l'axe OM de l'ellipsoïde d'intrados, suivant les six points 7, 8, 9, 10, 11 et 12, qui seront les sommets des cônes formant les joints de lit compris entre les plans projetants verticaux des droites OK, OH, et les mêmes normales perceront le plan équatorial GF de la voûte, suivant six autres points 13, 14, 15, 16, 17 et 18 qui seront les sommets des surfaces coniques, qui formeront les joints de lit compris dans l'angle KOh supplémentaire de KOH.

Les sommets 7, 8, 9, 10, etc., des surfaces coniques comprises dans l'angle formé par les plans verticaux OK, OH étant situés sur l'axe OM de l'ellipsoïde d'intrados, se projetteront sur le plan de la fig. 5 par un seul point O', et les projections des normales correspondantes seront déterminées en projetant les points 1, 2, 3, 4, 5 de la fig. 10, sur les arêtes horizontales des joints de lit de la voûte elliptique. Tous ces points seront situés sur l'ellipse K'S' qui provient de la section de la voûte par le plan vertical OK.

516. Les coupes de joints normaux du berceau circulaire A seront dirigées vers le point O', et contiendront par conséquent les sommets des surfaces coniques qui forment les joints de lit pour toute la partie de la voûte comprise dans l'angle KOH, et les intersections de ces cônes par les plans de joints correspondants du berceau circulaire A, seront par conséquent des lignes droites dirigées chacune vers le sommet du cône correspondant.

Ainsi la droite 12-12 (*fig*. 10) doit être dirigée vers le point 12, la droite 11-11 vers le point 11, et 10-10 vers le point 10, etc.

517. Les verticales élevées par les points 13, 14, 15, 16, etc., de la fig. 11, déterminent sur les projections verticales des normales correspondantes les sommets 13, 14, 15, etc., des cônes qui forment les lits d'assises pour la partie de voûte comprise dans l'angle KOh, supplémentaire de KOH.

Les sommets de ces cônes se projetteront sur la droite O"S" de la fig. 9, suivant des points dont les hauteurs seront déduites de leur projections sur la fig. 5.

Les sommets 7, 8, 9, 10, 11 et 12 situés sur l'axe OM de l'ellipsoïde d'intrados, se projetteront sur la droite O"K" de la fig. 9, et si l'on joint ces derniers points avec ceux que l'on a obtenus précédemment sur la droite O"S", on obtiendra les projections des six normales de raccordement sur la fig. 9.

On devra s'assurer que ces normales coupent les arêtes horizontales des joints de lit, suivant des points situés sur l'ellipse K"S", qui contient les points 1, 2, 3, 4, etc., de la fig. 9.

518. Les traces des plans de joints du berceau ellipti-

que B, seront dirigées vers les sommets 13, 14, 15, 16, etc., des cônes qui forment les joints correspondants de la voûte. Ainsi, par exemple, le joint de coupe (18-18, *fig.* 9) sera dirigé vers le point 18, le joint 17-17 vers le point 17, etc.

Il résulte de cette disposition que les joints du berceau elliptique B ne sont pas tout à fait normaux à l'intrados, mais ils sont très-près de satisfaire à cette condition, et la différence insensible qui existe entre ces plans, et des joints qui seraient tout à fait normaux, est amplement compensée par cet avantage, que les plans de joints du berceau, contenant les sommets des cônes qui forment les joints de la voûte, les intersections de ces surfaces seront des lignes droites dirigées chacune vers le sommet du cône correspondant; ainsi (*fig.* 10), la droite 18-18 devra être dirigée vers le sommet 18, du cône qui forme le sixième joint de la voûte, la droite 17-17 doit aboutir au point 17, etc.

519. Les courbes ponctuées 7-13, 8-14, 9-15, 10-16, 11-17 et 12-18 sont des arcs d'ellipses, et proviennent des intersections des joints coniques de la voûte, par les plans horizontaux $P_1 P_2 P_3$ etc., qui forment les lits d'assise du mur d'enceinte, et par les deux plans horizontaux P_5 et P_6 ces courbes seront déterminées en opérant comme nous l'avons dit au n° 507.

La théorie semblerait exiger que les arcs d'ellipses 11-17 et 12-18 fussent remplacés par les courbes à double courbure, que l'on obtiendrait en opérant comme nous l'avons dit au n° 510.

Mais, il n'y a pas nécessité absolue, que la calotte qui forme l'extrados de la voûte elliptique appartienne à un ellipsoïde, et l'on peut, sans inconvénient pour la pratique, remplacer les courbes à double courbure et presque planes, qui auraient lieu dans ce cas, par les courbes elliptiques suivant lesquelles les surfaces coniques qui ont leurs sommets aux points 17 et 18, sont coupées par les plans horizontaux qui contiennent le point le plus élevé de chaque pierre.

520. On peut même se contenter, comme nous l'avons fait ici, de prendre pour arêtes d'extrados, les arcs d'ellipse que l'on obtiendrait en coupant les joints coniques par les plans horizontaux P_5 et P_6 qui contiennent les points 23 et 24 de l'arc de cercle 25-26. Ce qui revient à remplacer l'ellipsoïde d'extrados, par le lieu qui contient les sections des joints coniques par les plans horizontaux $P_5 P_6 P_7$ etc., et rien n'empêche d'ailleurs que cette surface contienne les deux cercles verticaux 27-28 et 29-30, que l'on pourra considérer alors comme les intersections de l'extrados de la voûte par les extrados cylindriques des berceaux.

521. Enfin les courbes 11-19, 12-20, 17-21, 18-22, sont les intersections de la surface d'extrados par les joints plans des berceaux.

522. La figure 4 contient les panneaux de joints du berceau B, et la figure 8 contient ceux du berceau A.

523. Pour ne pas détourner l'attention, je n'ai rien dit jusqu'à présent des lignes d'appareils, dont la disposition présente quelques difficultés que l'on ne rencontre pas dans la construction des voûtes sphériques.

Ainsi, par exemple, pour que les arcs d'ellipses provenant de la section de la voûte par les plans de joints des berceaux A et B se raccordent d'une manière régulière avec les arêtes horizontales des joints de lit de la voûte elliptique, il faut que les coupes de joint des deux berceaux soient faites à la même hauteur, et par conséquent que ces deux voûtes contiennent le même nombre de voussoirs.

Mais alors, si l'on partage en parties égales l'arc de cercle K'X', qui forme la section droite du berceau A, fig. 5, les points de division reportés à la même hauteur, fig. 9, sur l'arc d'ellipse K"Y", partageront cette courbe en parties très-inégales, et réciproquement, si l'on partage en parties égales la courbe K"Y", il y aura trop d'inégalité entre les voussoirs du berceau A, fig. 5.

On fera disparaître une partie de cette difficulté, en opérant de la manière suivante :

1° ▬▬ La figure 1 étant le plan de la voûte entière, on déterminera le point m milieu de ok, et la droite mb perpendiculaire sur om' sera la moitié du grand axe oc de l'ellipse directrice du berceau B;

2° ▬▬ On rabattra mb en bm' sur le prolongement de ob, et la droite $om' = ob + bm' = \dfrac{ck}{2} + \dfrac{oc}{2}$ sera une moyenne par différence, entre le rayon ck du petit berceau, et le rayon oc du grand ;

3° ▬▬ Sur la droite $c'm''$ égale à om', on décrira le quart d'ellipse $m''x'$ que l'on partagera en parties égales, et, les points de division, ramenés par des horizontales sur les courbes $k'x'$ et $k''y''$ directrices des berceaux A et B, détermineront les hauteurs des coupes de joints.

Les voussoirs du plus petit berceau diminueront de grosseur en partant du plan de naissance, tandis que ceux du grand berceau augmenteront : mais, la loi régulière à laquelle seront soumises ces variations, ne produira aucun effet désagréable à l'œil.

524. Des considérations de même nature, devront être observées dans la division en assises de la voûte elliptique; car, si l'on divise en parties égales la section équatoriale $v's'u'$, les largeurs d'assises seront très-inégales sur la section méridienne rl, et pour diminuer cette inégalité, on pourra opérer de la manière suivante;

1° ━━ On déterminera le point d milieu de ou;

2° ━━ On tracera la perpendiculaire dn que l'on rabattra en dn', et la droite on' sera une moyenne par différence entre le plus petit rayon ou et le plus grand rayon ol de l'ellipse $lurv$, suivant laquelle la voûte est coupée par le plan de naissance;

3° ━━ Sur la droite $o'n''$, égale à on', on construira le quart d'ellipse $n''s'$, que l'on partagera en parties égales, et les points de division ramenés par des horizontales sur la section équatoriale $u's'v'$ détermineront les hauteurs des joints d'assise de la voûte elliptique.

4° ━━ Les points de division de la section $v's'$ étant projetés sur la droite ov détermineront les petits axes des ellipses qui forment les arêtes d'intrados de la voûte.

Le grand axe de chacune de ces ellipses sera déterminé par une droite ae parallèle à la diagonale kh du rectangle inscrit.

On pourra ici, comme dans les voûtes sphériques, remplacer par un vitrage, quelques-unes des assises supérieures.

525. L'exactitude et la régularité de l'appareil étant un des éléments essentiels de toute bonne construction, on pourra employer quelques-unes des vérifications suivantes.

On tracera les courbes zt qui contiennent les points suivant lesquels les plans de joints des deux berceaux rencontrent les ellipses horizontales qui forment les arêtes d'intrados de la voûte, et si la courbure de ces lignes est régulière et sans variations brusques, ce sera une preuve que les hauteurs des coupes sont partout bien déterminées. Ces courbes, tracées au crayon sur les figures 10, 5 et 9, n'ont pas dû être conservées.

Pareillement, une irrégularité dans la courbe 13-18 de la figure 5 indiquerait quelque erreur dans la direction des normales de raccordements des surfaces coniques.

Il est bien entendu que cette régularité de courbure ne devrait pas exister si, pour quelque motif exceptionnel, on avait dû sacrifier l'une ou l'autre des conditions nécessaires pour obtenir des voussoirs de largeurs égales ou variées uniformément.

526. Les joints montants de la voûte elliptique seront déterminés par des plans verticaux perpendiculaires autant que possible aux arêtes horizontales des lits d'assise.

Il est facile de comprendre cependant que le joint ne peut pas être en même temps perpendiculaire aux deux arêtes d'intrados de la même pierre.

Ainsi, par exemple, si le joint *ac* (*fig.* 11) est perpendiculaire à l'ellipse 12-18, il ne sera pas perpendiculaire à l'ellipse 11-17 et réciproquement. D'ailleurs si ces plans étaient rigoureusement perpendiculaires à l'une ou à l'autre de ces deux ellipses, ils ne contiendraient pas les sommets des surfaces coniques qui forment les joints de la voûte elliptique, puisque les génératrices de ces cônes, normales aux points 5 ou 6, ne peuvent pas être normales aux points *a* ou *c*.

Dans l'impossibilité de satisfaire théoriquement à cette condition, on devra se contenter du moyen suivant qui sera toujours suffisamment exact dans l'application.

Tout joint situé dans l'angle HOK devra contenir la

génératrice de l'un des cônes qui ont leur sommet sur la droite OE, tandis que tout joint montant situé dans l'angle supplémentaire HO*k*, sera dirigé vers l'un des sommets projeté sur la droite OG.

Ainsi, par exemple, le plan de joint *ac* devra contenir le sommet 11, tandis que le plan de joint *vu* contiendra le sommet 17.

Dans ce cas, les intersections avec les joints coniques qui contiennent l'arête elliptique 11-17 seront des lignes droites tandis que les intersections avec le joint 12-18 auront une courbure *insensible*, et par conséquent négligeable *sur l'épure*, tandis que si l'on voulait que ces dernières lignes fussent droites, il aurait fallu diriger le plan de coupe *ac* vers le sommet 12, et le plan *vu* vers le point 18, mais alors les intersections avec les joints coniques qui contiennent l'arête eliptique 11-17 seraient *insensiblement* courbes.

Enfin, pour satisfaire les esprits qui aiment à pousser l'exactitude théorique jusqu'à ses dernières limites, il est évident que l'on devrait diriger le plan de joint *ac* vers le milieu de la petite partie 11-12 du rayon OE, et le plan de joint *vu* vers le milieu de la partie 17-18 du rayon OG.

---

527. **Taille des voussoirs.** — Supposons que l'on veut tailler la pierre qui est désignée sur le plan par la lettre T.

1° On équarrira le parallélipipède qui a pour base le rectangle *mnor*, et pour épaisseur la différence de hauteur qui existe entre les plans horizontaux P_5 et P_6 (*fig.* 9).

2° On taillera le plan vertical 6-x sur lequel on appliquera le panneau D" de la figure 6. Les abscisses des différents points de ce panneau sont prises sur la droite 6-x (*fig.* 10), et les ordonnées sont déduites de la figure 5 ou de la figure 9.

3° ⸺ On taillera le cylindre vertical 6-18, puis, avec une règle flexible, on tracera l'arc d'ellipse 6-18 qui forme l'arête horizontale du joint de lit supérieur.

4° ⸺ On tracera sur la face supérieure du parallélipipède la courbe 18-31 suivant laquelle le plan P_6 coupe le joint conique qui a pour sommet le point 18 de la courbe 13-18 (*fig.* 5); on doit se rappeler (519) que pour la pratique et pour l'extrados on peut substituer cet arc d'ellipse 18-31 à la courbe à double courbure qui proviendrait de la rencontre du joint conique avec la surface dans le cas où cette surface serait une ellipsoïde.

Les deux courbes 6-18 et 31-18 seront les directrices du joint de lit correspondant à l'arête 6-18.

5° ⸺ On taillera le cylindre vertical qui contient l'arc d'ellipse horizontal x-17, que l'on tracera avec une règle flexible, et cette courbe, avec l'arête d'intrados 17-z serviront de directrices pour le joint conique qui a pour sommet le point 17 (*fig.* 5 et 11).

6° ⸺ Le panneau L" de la figure 9 étant appliqué sur la face verticale *or* du parallélipipède rectangle, on taillera les deux plans de joint du berceau B, et l'on appliquera sur ces plans les panneaux correspondants de la figure 4.

Toutes les coupes seront alors déterminées, et l'on pourra tailler facilement les douelles du berceau B et de l'arc doubleau qui le sépare de la voûte elliptique.

7° ⸺ Quant à la face qui fait partie de l'intrados de la voûte, sa courbure sera suffisamment déterminée par les arcs horizontaux z-17 et 6-18 par l'arc 6-z'' du panneau D" (*fig.* 6), et par les arcs d'ellipses d'intrados qui appartiennent aux panneaux de joints de la figure 4. Mais si l'on ne pensait pas que cela fût suffisant, on pourrait tailler une cerce sur l'ellipse que l'on obtiendrait en coupant la voûte par un plan horizontal mené à égale distance des plans qui contiennent les deux arêtes de douelle 6-18 et x-17 (*fig.* 5).

528. Les difficultés assez nombreuses que nous avons rencontrées dans l'étude précédente conduisent naturellement à rechercher s'il serait possible de résoudre la question d'une autre manière.

Or le but essentiel que l'on s'était proposé d'atteindre étant de couvrir un espace rectangulaire *acvu* (*fig.* 7) par une voûte en pendentif, il est évident que l'on y parviendrait en employant une voûte sphérique S sur un plan quarré *mnox* augmenté en longueur par l'addition de deux petits berceaux cylindriques A et B que l'on pourrait facilement décorer avec des caissons, rosaces ou ornements quelconques, et l'on conçoit que le problème serait alors ramené à l'exemple qui est figuré sur la planche 41.

LIVRE VIII.

PONTS BIAIS.

CHAPITRE PREMIER.

Appareil hélicoïdal.

529. Définitions.—Dans la construction des chemins de fer, la nécessité de s'assujettir à certaines pentes ou courbes déterminées, conduit souvent à traverser obliquement des routes ou des canaux, dont il est presque toujours impossible de changer la direction primitive, et les ponts qu'il faut construire, dans ce cas, ont reçu le nom de *pont biais*.

La douelle de ces sortes de voûtes est ordinairement une surface cylindrique, *circulaire ou elliptique* suivant les circonstances.

Or, les lignes d'appareil qui conviennent le mieux pour la construction d'une voûte, sont, comme on le sait, les lignes de plus grande et de plus petite courbure : d'abord, parce que ces lignes se rencontrent toujours suivant des angles droits, et partagent par conséquent la surface d'intrados en parallélogrammes rectangles ; ensuite, parce que les surfaces normales qui ont ces courbes pour directrices sont nécessairement développables (489).

Ces avantages, quelque grands qu'ils soient, ne compensent pas toujours les inconvénients qui résultent des conditions particulières auxquelles doit satisfaire la question proposée.

Ainsi, par exemple, dans les voûtes cylindriques, les lignes de plus grande et de plus petite courbure sont évidemment les génératrices et *les sections droites*; cependant, ces dernières courbes ne peuvent pas être employées dans la construction des ponts et des passages biais qui ont une grande obliquité.

En effet (*fig.* 8, 10 et 11), un pont ou un passage biais n'est évidemment qu'un cylindre droit dont on aurait supprimé les deux parties triangulaires *acv*, *mun*, indiquées par des points sur la projection horizontale *avun* et sur les fig. 9 et 12, qui sont les développements d'une partie de la surface d'intrados.

La moitié de voûte projetée sur la fig. 10, par le parallélogramme *amky*, est appareillée comme un berceau ordinaire, afin de faire comprendre les inconvénients qui résulteraient pour le cas actuel de cette manière d'opérer.

Or, il suffit de jeter un coup d'œil sur cette figure, pour reconnaître que si l'on prenait pour joints discontinus les sections de la voûte par les plans P_1 ou P_2 perpendiculaires à la direction du cylindre, ces lignes rencontreraient les plans *ac*, *mn* qui contiennent les têtes de la voûte, suivant des angles excessivement aigus, et qu'ensuite les pierres x et z, désignées par une teinte plus foncée sur la projection horizontale (*fig.* 10), et sur le développement (*fig.* 9), ne tiendraient pas, puisqu'elles ne seraient plus soutenues par les pierres supprimées par suite de la section oblique du berceau droit par les deux plans verticaux ac, mn.

530. Il résulte des considérations précédentes, que dans les passages biais, et dans les ponts obliques, on ne pourra pas employer les sections droites pour joints discontinus et les inconvénients que nous venons de signaler ne peuvent être évités qu'en prenant pour lignes de joints transversaux, les sections de la voûte par les plans P_3, P_4 ou P_5 parallèles aux plans ac, mn des têtes du berceau. Mais alors, on peut reconnaître par la projection horizontale (*fig.* 11), et par le développement d'une partie de la voûte (*fig.* 12), que chacun des quadrilatères M qui formerait la face de douelle d'une pierre, aurait deux de ses angles très-aigus.

531. L'acuité des angles b et d, qui existeraient dans la face de douelle de chaque pierre M aux points où les génératrices du cylindre sont rencontrées par les sections parallèles aux plans ac, mn des têtes, ne serait pas l'inconvénient le plus grave de cette sorte d'appareil.

En effet, la nature de la douelle, des surfaces de joints et des lignes d'appareil, n'a ici qu'une importance secondaire. Ce qui est beaucoup plus essentiel, c'est de ramener toutes les forces qui agissent sur la voûte, dans la direction suivant laquelle elles doivent rencontrer la plus grande somme de résistances. Nous allons voir quels sont les moyens qui ont été successivement proposés pour atteindre ce but.

532. On sait (*Statique*) que si une force verticale F (*fig.* 7)

agit sur un plan incliné co, elle se décomposera en deux autres forces F_1 et F_2, la première F_1 perpendiculaire au plan sur lequel agit la pression, et la seconde F_2 qui agit horizontalement, et tend par conséquent à faire reculer le corps auquel appartient la face inclinée, dans la direction indiquée par la flèche u.

533. Il résulte évidemment de là, que dans un pont biais qui serait appareillé comme un cylindre ordinaire, et dans lequel, par conséquent, les joints longitudinaux seraient formés par des plans normaux contenant l'axe du cylindre, comme cela est indiqué sur la fig. 8; les voussoirs des assises supérieures, agissant comme des coins, tendraient à écarter les pieds-droits, et la résultante de toutes les pressions coïncidant avec la verticale du point O (*fig.* 13) se décomposerait en deux forces latérales F_1 qui, agissant dans une direction perpendiculaire aux faces des murs ou pieds-droits qui supportent la voûte, tendraient évidemment à renverser les deux angles aigus M et N.

C'est là ce que l'on nomme **poussée au vide**.

534. Avant l'invention des chemins de fer, on avait déjà étudié la question, et l'on trouvera dans le Traité de géométrie de Hachette deux manières différentes de la résoudre.

Quoique j'aie donné ces deux épures aux n°s 365 et 485 du traité actuel, je les reproduirai ici, afin de rassembler sous les yeux du lecteur tous les éléments de la question très-composée que nous nous proposons d'étudier.

Les deux méthodes dont il s'agit, consistent à remplacer les plans normaux qui forment les joints continus du berceau cylindrique projeté sur les fig. 8, 10 et 11 par des plans qui se coupent (*fig.* 2 et 3, 14 et 15), suivant une droite do' menée par le centre o de la voûte, perpendiculairement à la longueur AB du massif dans lequel on veut percer le passage dont il s'agit.

535. Ainsi, par exemple, si le pont est destiné à une route qui doit passer au-dessous d'un chemin de fer, il faut que la droite do', intersection commune de tous les plans de joints, soit perpendiculaire à l'axe AB du remblai sur lequel existe le chemin au-dessous duquel doit passer la route.

536. La solution précédente satisfait évidemment à la condition principale du problème, puisque les forces latérales provenant de la pression des voussoirs sur les plans qui forment les joints continus ou lits d'assises, se composeront dans un plan P_1 perpendiculaire à la droite do' et parallèle par conséquent à la direction AB suivant laquelle le remblai ou massif, traversé par le pont, oppose la plus grande résistance.

537. Les deux méthodes que nous venons de rappeler, ne diffèrent entre elles que par des détails secondaires.

En effet, dans la première solution (*fig.* 2 et 3), la surface de douelle du berceau est un cylindre qui pourrait être circulaire, mais que dans l'épure actuelle on a fait elliptique afin que les têtes $m'n'$, $a'c'$ du berceau soient des demi-circonférences.

Les arêtes de douelle correspondant aux joints des lits sont des arcs d'ellipses dont on obtiendra facilement les projections horizontales, en abaissant des perpendiculaires par les points suivant lesquels les demi-cercles qui forment les joints discontinus situés dans les plans $P\ P_1$ et P_2 fig. 3 sont coupés par les plans $P_3\ P_4$ et P_5 fig. 2 qui contiennent les joints continus ou lits d'assises.

La fig. 4, qui est le développement de la moitié de la voûte, se construira par le moyen connu; ainsi les quatre parties de l'arc d'ellipse $m'u'$ (fig. 5) étant portées de m'' en u'' (fig. 4), on construira la génératrice de chaque point, et l'on ramènera sur chacune de ces lignes tous les points correspondants de la projection horizontale (fig. 3).

538. Dans l'exemple qui est représenté sur les fig. 14 et 15, l'intrados du berceau n'est plus cylindrique; la douelle est une *surface réglée* dont la génératrice, mobile avec le plan P_3 (fig. 14), s'appuie constamment sur les deux cercles verticaux $m'n'$, $a'c'$ et sur la droite horizontale do', qui contient le centre o du parallélogramme $acnm$.

Cette solution a pour but de simplifier la taille des voussoirs. En effet, dans l'exemple précédent, fig. 2 et 3, les génératrices de la surface cylindrique qui forme l'intrados, étant des droites horizontales, parallèles à l'axe du berceau, ne pourront pas s'appuyer à la fois sur les deux arcs de tête rs et zx d'une même pierre, ce qui exigera par conséquent la construction des panneaux de joints latéraux dont les arcs rz et xs compléteront le contour de la douelle, et les courbes directrices de cette surface : tandis que dans l'exemple qui est représenté sur les fig. 14 et 15, les deux arcs de têtes $r's'$ et $x'z'$ suffiront pour diriger le mouvement de la règle génératrice, toujours comprise entre les deux plans P_3 et P_4 qui ont la droite do' pour trace horizontale commune; de sorte qu'il suffira de marquer les points suivant lesquels les arcs $r's'$ et $x'z'$ sont coupés par les droites génératrices dont les projections verticales aboutissent toutes au point o'.

La fig. 17 est une section du berceau par le plan vertical P_5 perpendiculaire à son axe kh; et la fig. 16 est une coupe par le plan projetant de cet axe.

La courbure surbaissée de la ligne bsv fait voir qu'il

existe au milieu de la voûte un gonflement ou bosse dont l'effet disgracieux rend cette solution peu susceptible d'être employée dans la pratique, et doit la faire reléguer parmi les exercices d'école.

539. D'ailleurs, les deux méthodes que nous venons d'indiquer comme moyens de détruire la poussée au vide, et de ramener les résultantes des pressions dans le plan vertical qui contient l'axe AB du chemin, ont toutes deux l'inconvénient de couper les arcs de têtes $a'c'$, $m'n'$ suivant des angles très-aigus. Ensuite les surfaces de joints ne sont perpendiculaires à la douelle que vers le centre de la voûte, et à partir de ce point les angles deviennent d'autant plus aigus, que le passage est plus long et plus incliné.

On ne pourrait remédier à ce défaut qu'en employant pour joints des surfaces normales, et dans ce cas, la poussée au vide ne serait plus détruite.

Cela confirme ce que j'ai déjà dit bien des fois, que dans l'appareil d'une voûte, on ne peut souvent éviter une irrégularité que par une autre, et qu'il faut, par conséquent, s'exercer à choisir dans chaque cas, le parti qui offre le moins d'inconvénients.

Malgré tout, j'ai cru devoir remettre les deux solutions précédentes sous les yeux du lecteur, afin d'abord de bien préciser le point où la question était parvenue au moment de l'invention des chemins de fer ; ensuite, parce que les principes que nous venons d'établir pourront dans certaines circonstances que nous développerons plus tard, conduire à quelques applications utiles.

540. **Appareil hélicoïdal.**—Indépendamment de l'acuité des angles suivant lesquels les plans de joints des deux voûtes projetées sur les fig. 2 et 14, rencontrent la douelle

et les arcs de têtes, on peut encore reprocher à ces appareils un inconvénient qui les a fait rejeter pour la construction des grands ponts biais. En effet, pour diminuer la dépense, on se contente souvent d'exécuter en pierres de taille les deux arcs de tête et l'assise de naissance, tandis que le reste de la voûte est construit en moellons ou matériaux de petites dimensions. Or, les ingénieurs anglais dont les constructions sont presque exclusivement composées de briques, ont dû nécessairement rejeter un mode d'appareil dans lequel le défaut de parallélisme des joints de lits ne leur permettaient pas d'employer les matériaux qui étaient à leur disposition. Ils ont dû, par conséquent, chercher une méthode qui leur permît de conserver le parallélisme des joints, et, pour y parvenir, ils ont opéré de la manière suivante.

541. Soit (*fig.* 26), le développement de la douelle de l'un des berceaux cylindriques projetées par les fig. 23 et 24, si l'on trace sur ce développement une série de lignes parallèles entre elles, ces lignes, appliquées sur la surface cylindrique de la douelle, reprendront leur courbure en conservant à très-peu de chose près le parallélisme qu'elles avaient sur le développement, et si l'on a pris la précaution d'écarter les parallèles de la fig. 26, d'une quantité égale à l'épaisseur des matériaux dont on peut disposer, il est évident que la construction de la voûte sera considérablement simplifiée. Or, on sait que toute ligne droite tracée sur le développement d'un cylindre devient nécessairement une *hélice* lorsque ce développement reprend la forme cylindrique, et l'on comprend alors pourquoi ce mode de construction se nomme *appareil hélicoïdal*.

542. Si les lignes d'appareil sont des **hélices**, les joints normaux correspondants seront des surfaces *hélicoïdales*;

c'est pourquoi avant d'entreprendre l'étude de ce mode d'appareil, je crois devoir rappeler au lecteur quelques-unes des propriétés principales des hélices et des surfaces qui en dépendent.

543. Définition.—On donne en général le nom d'*hélice* à la courbe qui *coupe, suivant un angle constant, toutes les génératrices d'un cylindre;* on peut dire encore que l'*hélice* est engendrée par un point qui *s'éloigne à chaque instant d'un plan perpendiculaire au cylindre, d'une quantité proportionnelle à l'arc parcouru par sa projection sur ce plan.*

544. Développement de l'hélice.—Il résulte de la définition précédente, que sur le développement du cylindre toutes les hélices se transforment en lignes droites. En effet, concevons (*fig.* 33) le demi-cercle 1-3-5-7-9-11 et 13 partagé en six parties égales, si nous portons toutes ces parties à la suite l'une de l'autre sur la droite AZ perpendiculaire à la direction du cylindre. La partie 1″-13″ de cette ligne sera la *section droite rectifiée*, les droites 1″-1, 3-3, 5-5, etc., perpendiculaires à la ligne AZ seront les génératrices du cylindre 1-3-5-7-9-11-13, et l'hélice, rencontrant toutes ces parallèles suivant un angle constant, son développement 1″-13‴ doit être nécessairement une ligne droite.

La quantité dont le point générateur de l'hélice s'éloigne du plan de section droite AZ, pendant une révolution entière autour du cylindre, est ce que l'on nomme le *pas de l'hélice*. Ainsi, la partie 1″-13″ de la ligne AZ étant le développement de la demi-circonférence 1-7-13, la distance 13″-13‴ sera la moitié du pas.

545. Projection de l'hélice.—La projection de l'hélice sur le plan de la section droite se confond toujours avec cette courbe; ainsi le demi-cercle 1-7-13 sera la projection de l'hélice qui a pour développement la droite 1″-13‴; mais pour construire la projection 1-13′ de la même courbe sur un plan parallèle au cylindre, on peut opérer de deux manières différentes.

546. *Première méthode.* On commencera par construire sur le développement la droite 1″-13‴ qui est le développement de l'hélice dont on veut obtenir la projection, puis, par chacun des points, suivant lesquels cette droite 1″-13‴ du développement rencontre les génératrices 3-3, 4-4 du cylindre, on construira une parallèle à AZ; les points suivant lesquels ces droites rencontreront les projections des mêmes génératrices détermineront la projection 1-13′ de l'hélice demandée.

547. *Deuxième méthode.* Le développement du cylindre n'est pas absolument nécessaire pour construire la projection 1-13′ de l'hélice. En effet, après avoir partagé la distance 1-h en autant de parties égales qu'il y en a dans la demi-circonférence 1-7-13, on tracera une parallèle à AZ par chacun des points de division de la droite 1-h et les points suivant lesquels ces droites rencontreront les génératrices correspondantes du cylindre appartiendront à la projection 1-13′ de l'hélice demandée.

548. Si l'on veut construire sur le même cylindre une seconde hélice de même pas 1ⁱᵛ-13ⁱᵛ, il n'est pas nécessaire de recommencer l'opération précédente. Ainsi, lorsqu'on aura obtenu la projection 1-13′ d'une première hélice, on pourra construire la seconde, en portant sur chacune des génératrices du cylindre, une quantité 1-1ⁱᵛ égale à la partie de cette génératrice comprise entre les points correspondants des deux hélices.

549. Le parallélogramme $1''$-1^v-13^v-$13'''$ indiqué sur la figure par une teinte plus foncée, est le développement de la partie de surface cylindrique comprise entre les deux hélices 1-13' et 1^{iv}-13^{iv}.

550. Si l'on doit construire sur la projection du même cylindre un grand nombre d'hélices de même pas, on tracera (*fig.* 21) la projection 1-13'' de l'une de ces courbes, sur une carte mince qui découpée avec soin servira de patron ou pistolet pour tracer toutes les autres.

551. Tout ce que nous venons de dire pour construire le développement et la projection des hélices tracées sur le cylindre qui a pour section droite le demi-cercle 1-7-13, s'appliquerait également à la projection et au développement des hélices tracées sur la surface du cylindre qui a pour section droite le demi-cercle 2-8-14. Je ferai seulement remarquer que, pour éviter la confusion, les génératrices de cette dernière surface sont tracées en points ronds, et désignées par des chiffres pairs; tandis que les génératrices du premier cylindre sont désignées par des chiffres impairs et tracés sur la figure par des points allongés.

On remarquera encore que le plus petit des deux cylindres est creux et vu du côté de sa concavité.

552. Enfin la partie solide qui aurait pour arête les quatre hélices 1-13', 1^{iv}-13^{iv}, $1''$-14', 1^v-14^{iv} peut être considérée comme engendrée par le rectangle 13'-14'-13^v-14^{iv}, et n'est autre chose que la **courbe rampante** dont nous avons déjà parlé aux n°s 152 de *l'introduction* et 466 du traité actuel.

Cette dernière remarque est très-importante pour la suite.

553. Hélice à base elliptique.—Les hélices dont nous venons de parler sont à base circulaire, parce qu'elles sont tracées sur des cylindres circulaires, mais on peut avoir à construire les projections d'hélices qui seraient tracées sur un cylindre elliptique.

Or, l'hélice devant couper toutes les génératrices du cylindre, suivant un angle constant (543), se développera toujours en ligne droite, quel que soit le cylindre sur lequel elle aura été tracée; d'où il suit (*fig.* 36), que les projections 1-9 des deux hélices tracées sur le cylindre qui a pour section droite la demi-ellipse 1-5-9 (*fig.* 34), pourront être déterminées en opérant comme nous l'avons dit au n° 18.

Mais, si l'on voulait construire l'hélice par la méthode indiquée au n° 19, il faudrait auparavant que la demi-ellipse 1-5-9 fût partagée en parties égales, et nous verrons bientôt comme il faut opérer dans ce cas.

554. Rectification de la section droite.—La première et la plus essentielle des opérations nécessaires pour construire un pont biais, consiste à développer le cylindre d'intrados. Or, ce développement dépendant de la section droite, il s'ensuit que l'exactitude de l'épure dépendra du soin que l'on aura mis à rectifier cette courbe.

Dans la pratique, on se contente ordinairement de porter à la suite les uns des autres tous les côtés du polygone inscrit, et l'on considère le résultat ainsi obtenu comme suffisamment exact : ce qui est vrai dans le plus grand nombre de cas.

En effet (*fig.* 18), dans une épure de coupe de pierres, pour la construction d'une voûte ou d'un arc de pont, dont le cintre KH aurait un très-grand rayon de courbure, il est évident que, si l'on remplace cette courbe par le polygone ABC...D, l'erreur sera tout à fait insensible, par suite du peu de différence qui existe entre chacune des cordes et la partie de courbe qu'elle sous-tend.

On peut même ajouter que, pour la stabilité de la construction, l'erreur sera *absolument nulle*, pourvu (*fig.* 1) que les surfaces de joint CD rencontrent les cordes DD suivant des angles parfaitement identiques avec ceux qui sont indiqués par l'épure. Il en résultera seulement qu'après l'exécution on aura construit un berceau prismatique au lieu d'un berceau cylindrique qui était projeté. Mais il est évident qu'en taillant la surface cylindrique après la pose, ou après le tracé des coupes de joints sur les faces de tête, on rétablira la courbure demandée, quel que soit le rayon de la voûte.

Il est donc certain que, dans un grand nombre de cas, on pourra remplacer la courbe donnée par le polygone qui lui est inscrit.

Cependant il peut exister des circonstances où l'on aurait besoin de connaître la longueur d'une courbe avec une grande exactitude, et la théorie nous donnera plusieurs moyens d'arriver à ce but.

555. Quand il s'agira d'un berceau circulaire, la question ne présentera aucune difficulté. En effet, en exprimant par R le rayon du cylindre que l'on veut développer, on aura $2\pi R$ pour la section droite rectifiée et les points qui partageront cette ligne en parties égales, détermineront les génératrices correspondantes avec la plus grande exactitude.

Mais, lorsque la section droite du berceau sera une ellipse, ce moyen ne conviendra plus, et dans ce cas, on pourra opérer de plusieurs manières.

556. *Première méthode.* On peut calculer la demi-circonférence de l'ellipse par la formule

$$\frac{E}{2} = \pi a \left[1 - \left(\frac{1}{2} e\right)^2 - \frac{1}{3}\left(\frac{1.3}{2.4} e^2\right)^2 - \frac{1}{5}\left(\frac{1.3.5}{2.4.6} e^3\right)^2 - \text{etc.} \right]$$

dans laquelle $e = \frac{c}{a} = \frac{\sqrt{a^2 - b^2}}{a}$; mais, on remarquera que les valeurs de π et de e ne sont que des approximations; d'où il résulte que la somme des erreurs qui affectent les termes négatifs du facteur polynôme sera multipliée par πa. D'ailleurs cette formule ne conviendrait pas pour obtenir le développement d'un berceau surbaissé dont la section droite ne serait pas une demi-ellipse complète.

557. *Deuxième méthode.* Le calcul intégral donne, il est vrai, le moyen de rectifier l'arc d'ellipse compris entre deux points déterminés de la courbe; mais les praticiens ont toujours été rebutés par la longueur excessive des calculs qu'il faut faire dans ce cas, pour n'obtenir, après tout, qu'une approximation. Nous continuerons donc à regarder cette solution comme une étude plus curieuse que véritablement utile.

558. *Troisième méthode.* J'ai donné au n° 382 de mon recueil d'exercices une méthode de rectification que je crois devoir reproduire ici, afin de rapprocher autant que possible tous les éléments de la question qui nous occupe.

Je ferai remarquer d'abord que si pour obtenir une plus grande exactitude on augmente le nombre des points de division de la courbe que l'on veut rectifier, on diminue, il est vrai, la différence qui existe entre chacune des cordes et l'arc sous-tendu; mais, d'un autre côté, on multiplie le nombre des erreurs, et, par conséquent, on perd d'un côté une partie de ce que l'on avait gagné de l'autre.

559. Il est évident que l'on sera beaucoup plus près de

la vérité, si l'on remplace chacun des côtés du polygone inscrit par un arc de cercle, dont la différence avec la partie correspondante de la courbe donnée pourra toujours être aussi petite que l'on voudra. De sorte que la question sera réduite à rectifier la courbe formée par les arcs de cercle par lesquels on aura remplacé les côtés du polygone inscrit.

560. Pour atteindre ce but, exprimons (*fig.* 6) l'arc de cercle MKN par a, l'angle MON par α, la corde MN par c et le rayon OM par R. On aura (*Géométrie*) :

(1) $$a = \frac{\pi R \alpha}{180};$$

mais (*Trigonométrie*) le triangle rectangle MIO donne :

$$MI = MO \sin. MOI = R. \sin. \tfrac{1}{2} \alpha$$

d'où

(2) $$c = 2MI = 2R \sin. \tfrac{1}{2} \alpha,$$

et par conséquent,

(3) $$\frac{a}{c} = \frac{\pi \alpha}{360 \sin. \tfrac{1}{2} \alpha}.$$

Ainsi, le rapport d'un arc à sa corde ne dépend que du nombre de degrés de cet arc, quel que soit le rayon du cercle auquel il appartient.

561. Cela étant admis, supposons qu'il s'agit de rectifier une courbe quelconque.

On choisira sur cette ligne des points assez rapprochés pour que la courbure des arcs compris entre deux points consécutifs soit sensiblement circulaire, puis on tracera les cordes qui forment les côtés du polygone inscrit.

Or, en exprimant ces cordes par c, c', c'' et c''', les arcs de cercle sous-tendus par a, a', a'' et a''', et les angles formés par les normales consécutives par α, α', α'', on aura (3):

$$a = c \times \frac{\pi \alpha}{360 \sin. \frac{1}{2} \alpha}$$

$$a' = c' \times \frac{\pi \alpha'}{360 \sin. \frac{1}{2} \alpha'}$$

$$a'' = c'' \times \frac{\pi \alpha''}{360 \sin. \frac{1}{2} \alpha''}$$

etc. . . . .

Puis, en exprimant la courbe rectifiée par L, on a :

$$L = \frac{\pi \alpha c}{360 \sin. \frac{1}{2} \alpha} + \frac{\pi \alpha' c'}{360 \sin. \frac{1}{2} \alpha'} + \frac{\pi \alpha'' c''}{360 \sin. \frac{1}{2} \alpha''} + \dots$$

Or si l'on fait $\alpha = \alpha' = \alpha''$, on aura :

$$L = \frac{\pi \alpha}{360 \sin. \frac{1}{2} \alpha} (c + c' + c'' + \dots \text{etc.})$$

Le tout sera donc réduit :

1° —— *A remplacer la courbe donnée par une suite d'arcs de cercle semblables entre eux;*
2° —— *A rectifier le polygone formé par les cordes que sous-tendent ces arcs de cercle;*
3° —— *A multiplier le résultat obtenu par* $\dfrac{\pi \alpha}{360 \sin. \frac{1}{2} \alpha}$.

562. La décomposition de la courbe en arcs semblables peut se faire graphiquement d'une manière très-simple.

Supposons par exemple (*fig.* 29) qu'il s'agit de rectifier la partie de courbe AD comprise entre les deux normales AH, DK dont nous supposons les directions bien exactement déterminées.

1° —— On tracera par un point O pris à volonté (*fig.* 28)

les deux droites OA′,OD′, parallèles aux normales extrêmes de la courbe que l'on veut rectifier.

2° —— On partagera l'angle A′OD′ en autant de parties égales que l'on supposera d'arcs de cercle dans la courbe à plusieurs centres par laquelle on veut remplacer la ligne donnée, et l'on tracera un rayon par chacun des points ainsi obtenus sur l'arc A′D′.

3° —— On construira une normale à la courbe donnée (*fig.* 29), parallèlement à chacun des rayons 0-1, 0-2 de A′D′ (*fig.* 28).

Ces normales N_1 N_2 partageront la ligne donnée AD en une suite d'arcs *semblables entre eux* et dont chacun différera très-peu de la portion de courbe qu'il aura remplacée.

563. On remarquera que ces arcs seront proportionnels à leurs rayons, et deviendront par conséquent plus petits lorsque la courbure de la ligne donnée deviendra plus grande; ce qui augmentera beaucoup l'exactitude, quand même on se contenterait de rectifier le polygone inscrit, sans multiplier le résultat par le coefficient $\dfrac{\pi\alpha}{360 \sin. \frac{1}{2}\alpha}$.

564. Lorsqu'on aura déterminé les points qui partagent la courbe AD en un nombre suffisant d'arcs semblables :

On tracera la corde de chacun de ces arcs ;

On fera la somme de toutes ces cordes, ce qui revient à rectifier le polygone inscrit ; (561) : puis

On multipliera le résultat ainsi obtenu par

$$\dfrac{\pi\alpha}{360 \sin. \frac{1}{2}\alpha}.$$

Si l'on a bien compris tout ce qui précède, il est évident que le problème de la rectification des courbes se trouve réduit à remplacer la ligne donnée par une suite d'arcs de cercles *semblables entre eux*, et dont les extrémités seront déterminées par *les normales parallèles aux rayons qui partagent en parties égales l'angle des normales extrêmes;* d'où il résulte, que la question peut être considérée comme complétement résolue pour toutes les courbes auxquelles on sait mener une normale *parallèlement à une droite donnée.*

Lorsque la courbe à rectifier ne sera pas définie géométriquement, on pourra se contenter de construire avec soin la développée KH (*fig.* 29), puis on construira une tangente à cette développée, parallèlement à chacun des rayons qui sur la fig. 28 partagent en parties égales l'angle formé par les normales extrêmes. Ces tangentes seront normales à la courbe, et partageront cette ligne en arcs semblables; mais lorsqu'il s'agira d'une courbe définie, on pourra toujours construire les normales avec une grande exactitude (*Exercices*, 393).

565. Dans l'application, la construction de la développée donnera presque toujours une exactitude suffisante.

566. Si l'angle AUD formé par les deux normales extrêmes (*fig.* 29) n'est pas donné en nombre, ou si l'on ne peut pas obtenir ce nombre par le calcul, on pourra le mesurer avec un bon rapporteur, et même avec un rapporteur médiocre. Pour cela on mesurera l'angle plusieurs fois en partant successivement des points 0, 10, 20, etc. de l'instrument, puis on prendra la moyenne des mesures obtenues, ce qui n'est autre chose que le principe de la *répétition* appliqué à un instrument commun.

567. Pour avoir la somme des cordes, on les transportera sur une même droite à la suite les unes des autres, et pour

mesurer le polygone ainsi rectifié on emploiera un mètre divisé avec soin ; si l'on compte la longueur successivement à partir des n°ˢ 10, 20, 30, etc., on pourra en prenant la moyenne obtenir beaucoup d'exactitude.

568. La multiplication par le facteur $\dfrac{\pi\alpha}{360 \sin.\frac{\alpha}{2}}$ peut se faire graphiquement.

Ainsi, par exemple, si nous supposons que l'angle AUD formé par les deux normales AH, DU (*fig.* 29) soit égal à 54°, nous obtiendrons 18° pour la valeur de α (*fig.* 28).

Le facteur $\dfrac{\pi\alpha}{360 \sin.\frac{\alpha}{2}}$ sera donc égal à $\dfrac{18\pi}{360 \sin. 9} = $

$= \dfrac{\pi}{20 \sin. 9} = 1,004.$

Cela étant (*fig.* 27), on tracera les deux droites MU, MU' faisant entre elles un angle quelconque.

On fera MU : MU' = 1000 : 1004 = 250 : 251.

On tracera la droite UU' et l'on portera sur MU les côtés du polygone inscrit ABCD (*fig.* 29).

Les droites BB', CC', DD', parallèles à UU', détermineront sur MU' les longueurs des arcs sous-tendus.

569. Si l'on veut partager la courbe AD de la fig. 29 en parties égales, on divisera la droite MU' (*fig.* 27) et l'on reportera les points de divisions sur la courbe AD (*fig.* 29).

Ainsi, par exemple, si les points 1' et 2' fig. 27 partagent la droite MU' en trois parties égales, on fera B-1 de la fig. 29 égale à B'-1' de la fig. 27 et C-2 de la fig. 29 égale à C'-2' de la fig. 27, en prenant toujours sur la droite MU' la distance du point que l'on veut obtenir au plus près des points qui divisent la courbe AD en arcs semblables.

570. Rectification de l'ellipse. — Supposons que l'on veut rectifier la demi-ellipse 1-5-9 qui forme la section droite du berceau qui est projeté sur les fig. 34 et 36.

1° ▬ On fera (*fig.* 30) l'angle droit AOD, dont les côtés sont parallèles aux normales extrêmes 0-1 et 0-5 du quart 1-5 de l'ellipse que l'on veut rectifier.

2° ▬ On partagera l'arc AD de la *fig.* 30 en autant de parties égales que l'on voudra, suivant l'exactitude exigée par la question.

Dans le cas actuel, l'arc AD est partagé en quatre parties égales.

3° ▬ On construira (*fig.* 34) les normales parallèles aux trois rayons qui partagent l'arc AD de la fig. 30 en parties égales, ce qui revient à remplacer le quart d'ellipse 1-5 de la fig. 34 par quatre arcs de cercle de (22°—30') chacun.

4° ▬ On tracera les cordes de ces arcs de cercles, et l'on multipliera leur somme par $\dfrac{\pi (22°-30')}{360 \sin. (11°-15')} =$

$= \dfrac{\pi}{16 \sin. (11°-15')} = 1{,}006.$

Lorsque l'arc d'ellipse sera rectifié, on pourra le partager en parties égales en opérant comme nous l'avons dit au n° 569.

571. Si l'arc 1-5 était décomposé en huit arcs semblables, le facteur $\dfrac{\pi \alpha}{360 \sin. \dfrac{\alpha}{2}}$ serait égal seulement à 1,002, d'où il résulte que la différence qui existe entre un arc de 11°—15' et sa corde, est seulement égale à 0,002, ou $\tfrac{1}{500}$ de cette dernière ligne. Ce qui ne ferait pas $\tfrac{1}{2}$ millimètre sur la douelle d'une pierre dont la largeur serait de 2 *décimètres*. Or les constructeurs savent bien que cette différence devient insensible lorsqu'on la compare à l'écartement nécessaire pour la couche de mortier qui doit garnir le joint, et l'on comprend alors pourquoi, dans la pratique, on pourra toujours se contenter de rectifier le polygone inscrit (554).

572. **Rectification par le calcul.** — Si l'on reprochait à la méthode précédente de n'être qu'une approximation, je ferais remarquer :

1° —— Que le calcul intégral ne donne pas autre chose, *quand on peut intégrer*, ce qui est souvent impossible et toujours fort long ;

2° —— Que l'on peut, en augmentant le nombre des arcs, approcher autant que l'on voudra de la courbe donnée ;

3° —— Et qu'ensuite une courbe composée de deux ou trois arcs de cercle sera presque toujours plus près de la courbe donnée que le polygone inscrit d'un grand nombre de côtés.

Il est au surplus évident que la formule donnée au n° 561 ne sera pas plus difficile à employer que celle qui exprime la circonférence du cercle ; car, pour calculer $2\pi R$, il faut bien mesurer le rayon. Eh bien! dans le cas actuel, on mesurera la *somme des cordes*, ce qui ne sera pas plus difficile que de mesurer R. Et l'on peut d'ailleurs effectuer par le calcul toutes les opérations que nous venons de faire avec le compas (*Exercices*, n°˙ 403 et 411), mais je ne crois pas que ce travail soit véritablement utile.

573. **Section oblique du cylindre.** — Nous avons dit (529) qu'un pont biais (*fig.* 10 et 11) n'était autre chose qu'un pont ou cylindre droit, circulaire ou elliptique, dont les parties *acv* et *mnu* auraient été supprimées.

574. Les sections par les plans verticaux ac, mn forment ce que l'on appelle les *têtes du pont*.

575. Les arêtes provenant de la section de la douelle par les plans des têtes sont des ellipses, lorsque la voûte est circulaire, et pourraient être des cercles si la voûte était elliptique et coupée suivant une direction convenable.

Nous avons dit en outre (529) pourquoi l'obliquité des têtes, par rapport à l'axe du berceau, ne permettait pas d'employer les sections droites pour arêtes de joints discontinus, et nous sommes arrivés à cette conséquence, que cette espèce de joints devait être formée par les ellipses que l'on obtiendrait, *fig.* 11, en coupant le cylindre d'intrados par des plans P_3 P_4 P_5 etc., parallèles aux têtes.

Il faut donc, avant de commencer les études relatives à la construction des ponts biais, que nous disions encore quelques mots sur les courbes que l'on obtient en coupant un cylindre par des plans qui ne sont pas perpendiculaires à son axe.

576. Si les deux cylindres circulaires et concentriques des fig. 31 et 33 sont coupés par le plan P_1 perpendiculaire au plan de la projection 31, les courbes de section que l'on obtiendra seront deux ellipses concentriques et semblables, projetées par les droites ac, vu sur le plan parallèle au cylindre ; et sur le plan de la section droite, par les demi-circonférences 1-7-13 et 2-8-14, la plus petite de ces deux ellipses a pour grand axe la droite ac; et son petit axe, projeté par le point o (*fig.* 33) est égal au rayon 0-7 du plus petit des deux cylindres.

L'ellipse provenant de la section du second cylindre par le plan P_1 a pour grand axe la droite vu, et son petit axe, projeté par le point o, est égal au rayon 0-8 du cylindre extérieur.

577. Les points suivant lesquels le plan P_2 coupe les génératrices des deux cylindres, étant ramenés par des parallèles au plan de la section droite, sur les génératrices correspondantes des développements, *fig.* 32, on obtiendra les deux courbes $c'a'$, uv' que l'on nomme *sinusoïdes*.

La première $c'a'$ de ces deux courbes est le développement de l'ellipse qui a pour projections la droite ac, et la demi-circonférence 1-5-13; et la courbe uv' est le développement de l'ellipse projetée par la demi-circonférence 2-8-14 et par la droite vu.

Les sinusoïdes $n'm'$, xz' sont les développements des deux ellipses qui proviendraient de la section des mêmes cylindres par le plan P_2, parallèle au plan P_1 de sorte que la bande curviligne $c'a'm'n'$, indiquée par des hachures foncées sur le développement du plus petit des deux cylindres, est le développement de la partie correspondante du cylindre qui a pour section droite la demi-circonférence 1-7-13; et la bande $uv'z'x$ indiquée par une teinte de points sur le développement du plus grand des deux cylindres, est le développement de la partie de ce même cylindre comprise entre les deux plans coupants P_1 et P_2.

578. **surfaces normales**. — Les surfaces normales qui ont pour directrices les hélices tracées sur un cylindre circulaire, ou les ellipses provenant de la section du même cylindre par des plans obliques, sont en général des surfaces *réglées* **gauches**, c'est-à-dire *non développables*, et de la classe de celles qu'on désigne en géométrie descriptive par le nom de *conoïdes*.

Ces surfaces ont pour directrice la droite qui forme l'axe du cylindre, pour seconde directrice une courbe quelconque qui peut être une *hélice* ou une *ellipse*, et de plus elles ont un *plan directeur* qui, dans le cas actuel, sera le plan de section droite, auquel la génératrice de la surface normale doit toujours être parallèle.

Pour mieux faire comprendre la nature de ces surfaces, j'en ai construit les projections sur les fig. 19 et 20, où j'ai supposé que les deux cylindres concentriques étaient entiers.

579. **surface normale hélicoïdale.** — Le plan P de la section droite étant rabattu (*fig.* 20), les directrices de la surface sont l'axe C'C'— C commun aux deux cylindres et l'hélice C'— 5 — 11 — 17 — 23, dont on construira les projections en opérant comme nous l'avons dit au n° 19.

Les *normales* génératrices menées par les douze points situés à égale distance sur l'hélice directrice C'—23, sont parallèles au plan P de la section droite; leurs projections sur le plan de la fig. 19 doivent être par conséquent perpendiculaires à l'axe C'C' du cylindre.

De plus, l'hélice directrice C'—23 appartenant à un cylindre circulaire, les génératrices *normales* doivent rencontrer l'axe C'C' de ce cylindre, d'où il résulte que leurs projections sur le plan de la section droite (*fig.* 20) doivent toutes aboutir au point C.

Les points suivant lesquels ces normales percent la surface du cylindre extérieur seront projetés (*fig.* 20) sur la plus grande des deux circonférences, et leurs projections sur la fig. 19 seront facilement déterminées par des perpendiculaires à la ligne AZ, sur les projections des normales correspondantes. On obtiendra ainsi l'hélice C'-6-12-18-24 suivant laquelle le cylindre extérieur est rencontré par la surface normale qui a pour directrice l'hélice C'-5-11-17-23.

On remarquera que les deux hélices C'-23 et C'-24 sont de même pas, et ne diffèrent que par les cylindres sur lesquels elles sont tracées.

580. **surface normale elliptique.** — Je nommerai ainsi la surface normale qui a pour directrice l'ellipse projetée par

la droite 17'-5' que l'on obtient en coupant le cylindre intérieur par le plan P_1 perpendiculaire au plan de la fig. 19.

Les *normales* génératrices de cette seconde surface devront encore couper l'axe commun des deux cylindres, et les projections de ces normales sur le plan PP de la section droite devront par conséquent aboutir au point C.

Les projections de ces normales sur le plan PP de la fig. 20 coïncidant avec celles de la surface hélicoïdale que nous venons d'étudier, je les désignerai par les mêmes numéros, en distinguant par des accents sur la fig. 19 les points sur lesquels nous voudrons appeler l'attention.

581. Les normales génératrices de la surface que nous étudions percent le cylindre extérieur suivant une courbe dont la projection sur la fig. 20 sera la plus grande des deux circonférences, et qui se projettera sur la fig. 19 par la ligne 6'-18', qui sera droite lorsque les deux cylindres 5-11-17 et 6-12-18, *fig*. 20, seront circulaires et concentriques.

Cette propriété, utile comme vérification, peut être facilement démontrée.

En effet, si par chacun des points suivant lesquels les projections horizontales des génératrices de la surface qui nous occupe, rencontrent la plus petite des deux circonférences, on élève une perpendiculaire à la ligne AZ on obtiendra les points 13', 15', et 17' sur la projection 5'-17' de l'ellipse directrice et les droites horizontales 13'-14', 15'-16' et 17'-18' perpendiculaires à l'axe seront les projections verticales des normales correspondantes.

Or il est évident que l'on aura

$$M—17' : M—18' = C—17 : C—18 \ldots \ldots \ldots = r : R$$
$$N—15' : N—16' = C—a : C—A = C—15 : C—16 = r : R$$
$$V—13' : V—14' = C—u : C—U = C—13 : C—14 = r : R$$

et par suite du rapport commun $r : R$

$$M—17' : M—18' = N—15' : N—16' = V—13' : V—14'$$

d'où il suit que les horizontales des points M, N, V sont partagées en parties proportionnelles par les deux lignes $5'$-$17'$ et $6'$-$18'$; or la première de ces deux lignes $5'$-$17'$ étant droite (576). Il faut en conclure que la seconde le sera également.

Ainsi, la courbe suivant laquelle le cylindre extérieur est rencontré par la surface normale $5'$-$6'$-$17'$-$18'$ est une courbe plane puisque sa projection $6'$-$18'$ sur la fig. 19 est une ligne droite.

Cette courbe, que l'on peut alors considérer comme une section du cylindre extérieur par le plan projetant P_2, sera nécessairement une ellipse dont le grand axe $6'$-$18'$ sera situé dans le plan méridien P_8 (*fig.* 20), et dont le petit axe, égal au rayon du plus grand des deux cylindres, se projette sur la fig. 19 par le point suivant lequel se coupent les deux droites $5'$-$17'$ et $6'$-$18'$.

582. Il résulte de ce qui précède, qu'un troisième cylindre, dont la section droite serait la circonférence KH d'un rayon quelconque (fig. 20), coupera la surface *normale* C'-5-6-11-17-18-23 suivant *l'hélice* C'-H'-11-K'-23 (*fig.* 19) et la surface *normale* $5'$-$6'$-$17'$-$18'$ suivant une ellipse projetée sur la même figure par la droite $K''H''$, ces deux courbes ayant pour projection commune la circonférence KH (*fig.* 20).

583. **Épures.** — Les notions précédentes étant admises, nous allons passer à l'étude des opérations nécessaires pour exécuter un pont biais.

Pour plus d'ordre dans les idées, nous remarquerons d'abord que les questions principales à résoudre peuvent être énoncées de la manière suivante :

1° Déterminer les lignes d'appareil;
2° Déterminer les surfaces de joints;
3° Tracer et tailler les voussoirs.

Nous avons déjà dit les raisons qui ont déterminé les ingénieurs anglais à imaginer l'appareil *hélicoïdal*, et nous allons commencer nos études par les épures nécessaires pour exécuter les ponts de cette espèce.

584. Appareil de la voûte. — Cette première étude se fait ordinairement sur le développement de la surface d'intrados; et dans ce cas, on opère de la manière suivante.

Le plan ou projection horizontale de la voûte à construire étant le parallélogramme $acmn$ de la fig. 24, nous nous proposerons d'abord de couvrir cet espace par un berceau cylindrique et *circulaire* dont la *section droite* est la demi-circonférence 0-4-8 rabattue (*fig.* 25).

Cette courbe étant partagée en huit parties égales, on a porté ces parties (*fig.* 26) de o en c'', sur la droite o-c'' perpendiculaire à la direction du cylindre, ce qui a donné 0-1-2-3 .... c'' pour la *section droite rectifiée*.

Les droites en points ronds menées par les points 1, 2, 3, 4, etc., perpendiculairement à la ligne o-c'' sont les 8 génératrices correspondantes du cylindre.

Les lignes de points ronds de la fig. 24 sont les projections horizontales des mêmes lignes.

Les points suivant lesquels les génératrices projetées sur la fig. 24 sont coupées par les deux plans verticaux ac, mn, appartiennent (*fig.* 23) aux deux ellipses $m'n'$, $a'q'$ ou arcs de tête du pont; les mêmes points ramenés sur les génératrices de la fig. 26, déterminent les deux *sinusoïdes* $a''r''uc''$, $m''e''s''n''$, suivant lesquelles les ellipses ac, mn sont transformées sur le développement de la surface cylindrique.

585. Arêtes des joints continus hélicoïdaux. — Lorsque

les deux courbes $a''\text{-}4\text{-}c''$, $m''\text{-}4\text{-}n''$ seront tracées, on partagera leurs cordes $a''c''$, $m''n''$ en autant de parties égales que l'on voudra obtenir de voussoirs sur les têtes : dans le cas actuel, il y en a *dix-neuf*.

Par le point a'' ou par tout autre point de la corde $a''c''$, on tracera une perpendiculaire à cette ligne, et si cette perpendiculaire ne contient pas un des points de division de la corde $m''n''$, on la fera dévier un peu de manière à la faire passer par celui de ces points qui en sera le plus près.

Par chacun des autres points de la corde $a''c''$, on tracera une droite parallèle à la première, et ces droites, qui ne sont autre chose que les développements des hélices formant les arêtes d'intrados de la voûte, passeront alors par les points de division de la corde $m''n''$, et détermineront les largeurs des voussoirs sur les arcs des têtes.

586. Ces largeurs ne seront pas tout à fait égales entre elles ; car il est évident, par exemple, que l'arc vu (*fig.* 26) ne peut pas être égal à l'arc zx, puisque les cordes de ces deux arcs ne sont pas également inclinées par rapport aux droites parallèles équidistantes entre lesquelles elles sont comprises.

587. Si l'on veut avoir des voussoirs égaux sur les têtes, il faudra partager les deux courbes $a''\text{-}4\text{-}c''$, $m''\text{-}4\text{-}n''$ en un même nombre de parties égales ; mais alors les hélices comprises entre les droites $a''e''$ et $n''u$ ne seront pas parallèles, et l'on ne pourra plus, pour cette partie de la voûte, employer des briques ou des moellons dont l'épaisseur serait la même dans toute l'étendue d'une assise.

Au surplus, quel que soit le parti que l'on prendra, cette irrégularité devient insensible lorsqu'il s'agit d'une grande voûte.

588. Quelques ingénieurs attachent beaucoup trop d'im-

portance à la division de l'arc de tête en voussoirs de même largeur; ce n'est là qu'une condition *très-secondaire*. En effet, si les voussoirs sont taillés avec une grande exactitude, si les joints convexes et concaves sont bien identiques, et coïncident parfaitement après la pose, cela vaudra beaucoup mieux qu'une régularité d'appareil, qui n'ajoute rien à la solidité de la construction, et qui souvent ne peut être obtenue qu'aux dépens de conditions beaucoup plus essentielles.

589. **Joints transversaux discontinus.** — Les hélices qui forment les arêtes des joints continus étant perpendiculaires ou à peu près aux deux cordes parallèles, $a''c''$, $m''n''$, ne sont pas perpendiculaires sur les courbes $a''-4-c''$, $m''-4-n''$ sous-tendues par ces cordes. Il résulte de là que si l'on prenait pour arêtes de joints discontinus les sections de la voûte par des plans parallèles aux têtes ac, mn, ces courbes, parallèles aux deux sinusoïdes $a''-4-c''$, $m''-4-n''$, seraient rencontrées obliquement par les hélices, comme on peut le voir aux points a'', 4 et c'', ce qui se répéterait pour tous les points situés dans le voisinage des génératrices $a''m''$, 4—4 et $c''n''$.

On ne peut éviter cette difficulté sur les arcs de tête que par des moyens que nous indiquerons plus tard, mais il est évident que pour les claveaux courants il suffira de remplacer sur le développement, la partie de courbe parallèle aux têtes, par une droite kh perpendiculaire à la direction des hélices qui forment les joints longitudinaux; de sorte que les arêtes kh, bd du voussoir se transformeront également en arcs d'hélices, lorsque la surface de douelle, développée fig. 26, reprendra sa courbure cylindrique: et la surface de douelle de chacun des claveaux courants sera, par conséquent, un quadrilatère rectangle $bdhk$.

590. Dans la pratique, cette condition est une conséquence naturelle de la forme rectangulaire des briques ou des moellons appareillés que l'on emploie pour construire la voûte, de sorte qu'il suffit de couper à angle droit, comme on le voit fig. 22, la queue des pierres qui forment l'arc de tête, et celles qui composent l'assise de naissance.

591. Ces dernières pierres C, C, C, que l'on nomme **coussinets**, forment une sorte de crémaillère composée d'angles, alternativement saillants et rentrants, sur les faces desquels sont placées les premières briques ou moellons, qui, sans cela, rencontreraient le plan de naissance suivant des angles trop aigus.

Pour ne pas faire de confusion, les joints transversaux n'ont été tracés que sur les développements (*fig.* 22 et 26).

592. Dans les applications, la voûte se fait presque toujours en maçonnerie ordinaire, et l'on ne fait en pierres de taille que l'*arc de tête* et les *coussinets*. Mais, comme il s'agit ici d'une étude de coupe de pierres, nous supposerons que la voûte entière doit être composée de pierres rigoureusement taillées, et dans ce cas il faut que l'appareil soit complétement déterminé sur la fig. 26.

Les voussoirs des têtes et des coussinets sont indiqués sur cette figure par une teinte claire, et les claveaux courants par une teinte plus foncée.

593. On diminuerait considérablement la main-d'œuvre si l'on pouvait faire en sorte que tous les claveaux courants fussent de même longueur; or, il paraît assez difficile de satisfaire à cette condition, parce que les parties d'hélices $a''e''$, $r''s''$, etc., comprises entre les deux têtes ne sont pas égales entre elles.

Nous allons voir cependant par quels moyens on peut résoudre cette partie de la question.

1° ▬▬ On commencera par déterminer les queues des voussoirs de tête de manière à obtenir de bonnes liaisons ;

2° ▬▬ On partagera en voussoirs égaux l'assise BD, qui contient le centre o de la voûte : le nombre de ces parties sera déterminé par les dimensions des blocs dont on pourra disposer ;

3° ▬▬ La longueur hd de chacun des claveaux courants étant ainsi déterminée, on portera cette distance sur les hélices développées, en partant de la tête $a''c''$, pour toutes les pierres comprises dans l'espace $c''r''s''n''$; et de la tête $m''n''$, pour celles qui forment le quadrilatère $m''s''r''a''$.

4° ▬▬ En augmentant ou diminuant un peu la longueur de quelques voussoirs des têtes, ou plaçant quelques pierres de remplissage, désignées sur la figure par une teinte plus foncée, on pourra donner la même longueur à la presque totalité des claveaux courants.

594. Projections des lignes d'appareil. — Les droites qui, sur la fig. 26, représentent les hélices développées, coupent les génératrices du cylindre suivant des points, qui, ramenés (*fig.* 24) sur les projections de ces mêmes génératrices, ont déterminé les projections horizontales des hélices.

Enfin, les mêmes points projetés (*fig.* 23) ont déterminé les projections verticales des mêmes lignes.

Toutes ces courbes étant identiques, on se contentera de construire la projection aH de l'une d'elles, en opérant comme nous l'avons dit au n° 18 ; puis après avoir découpé une feuille mince de carton ou de zinc, suivant la courbure de cette ligne (550), on la fera glisser, en faisant parcourir à chacun de ses points la génératrice correspondante du cylindre; de manière, par exemple, que le point a ne quitte pas la droite Em, tandis que le point H restera constamment sur la droite KI, et l'on doit en outre s'assurer que les points intermédiaires de la courbe ne quittent pas les génératrices correspondantes.

Enfin, avant de faire mouvoir la courbe aH, il faut ramener sur am et sur KH (*fig.* 24) les points *équidistants* suivant lesquels les génératrices, *fig.* 26, sont rencontrées par les droites qui, sur cette figure, représentent les hélices développées.

595. Les projections verticales des hélices peuvent être également tracées sur la fig. 23 au moyen d'un *patron* ou *pistolet*, que l'on obtiendra en découpant la courbe a'H′, qui est la projection verticale de l'hélice aH, a''H″ (*fig.* 24 et 26).

Pour obtenir cette projection, on établira sur la fig. 23 les génératrices horizontales du cylindre, et les différents points de la courbe a'H′ seront déterminés sur ces génératrices, en traçant une perpendiculaire par chacun des points correspondants de la projection horizontale aH.

596. **Appareil des têtes.** — La demi-ellipse $m'n'$ qui forme l'arc de tête (*fig.* 23) pourra facilement être tracée au moyen de ses deux axes, dont le premier $m'n'$ sera déduit de sa projection horizontale mn, et le second I′ — 4 sera égal au rayon du cercle de section droite rabattu (*fig.* 25).

Malgré cela, on fera bien de s'assurer que les points suivant lesquels les génératrices du cylindre sont coupées par le plan de tête mn, sont bien exactement à la même hauteur sur les deux fig. 25 à 23.

On opérera de la même manière pour construire l'arc d'ellipse $a'q'$.

Il sera très-essentiel aussi de vérifier avec beaucoup de soin les points suivant lesquels ces deux courbes sont rencontrées par les hélices qui doivent former les arêtes de joints continus.

Ces points étant déterminés précédemment sur les droites mn et ac (*fig.* 24) et sur les ellipses $m'n'$ et $a'q'$ (*fig.* 23) par les projections horizontales et verticales des hélices, peuvent être vérifiés de plusieurs manières.

1re *Vérification*. Un point quelconque D'' du développement, et sa projection horizontale D, doivent être situés sur une même droite $D''D$ perpendiculaire à la direction du cylindre.

2e *Vérif.* Les deux projections D et D' de ce point doivent être sur une même perpendiculaire à la droite $m'n'$.

3e *Vérif.* La partie de sinusoïde $D'' - 2''$ comprise entre le point D'' (*fig.* 26) et la génératrice $2'' - 2$ qui en est la plus rapprochée, doit être égale à l'arc d'ellipse $D' - 2'$ compris sur la fig. 23, entre la même génératrice $2' - 2$ et la projection D' du point D.

4e *Vérif.* On tracera sur le développement (*fig.* 26) la génératrice $D'' - D'''$, et la distance $2 - D'''$ étant portée sur la fig. 25 de 2 en D^{iv}, ce dernier point sera la projection du point D sur le plan de la section droite; si l'on a bien opéré, les deux points D et D^{iv} doivent être situés sur une même droite perpendiculaire à $0 - 8$.

5e *Vérif.* Enfin, la hauteur du point D^{iv} au-dessus de la droite $0 - 8$ (*fig.* 25) doit être égale à la hauteur du point D' au-dessus de $m'n'$ (*fig.* 23).

597. **Coupes de joints sur les plans des têtes.** — Les lignes suivant lesquels les plans des têtes sont rencontrés par les surfaces qui forment les joints continus de la voûte, dépendent de la nature de ces surfaces de joints.

Ces coupes sont des lignes courbes, mais dans un grand pont la courbure devient insensible, et dans la pratique on peut les remplacer par des droites.

598. M. Buck, ingénieur anglais, qui a écrit sur les ponts biais un ouvrage dont on trouvera la traduction dans la 2ᵉ édition du Manuel des ponts et chaussées, a signalé la présence d'un point F qu'il nomme foyer, et vers lequel, selon lui, doivent concourir les cordes de toutes les lignes *insensiblement* courbes, suivant lesquelles les plans des têtes sont rencontrés par les surfaces des joints continus.

M. de la Gournerie a démontré, dans les Annales des ponts et chaussées, que le foyer F, regardé par M. Buck comme étant le point de concours des *cordes* des coupes de joints, était le point de concours des *tangentes* menées par les points suivant lesquels ces mêmes courbes rencontrent l'arc elliptique des têtes.

599. Ce point, dont nous reparlerons bientôt, peut être facilement déterminé de la manière suivante :

1° ——— La droite $m''L$, menée par le point m'' parallèlement aux hélices développées de la fig. 26, déterminera le point L sur la trace du plan de section droite qui contient le centre I de l'arc de tête mn, $m'n'$ (fig. 24 et 23).

2° ——— La droite GL, portée de l' en F sur la verticale qui contient le centre I' de l'ellipse $m'n'$, donnera le point F vers lequel on fera concourir toutes les coupes de joints sur les têtes, ce qui revient à remplacer chacune de ces courbes par sa tangente au point où elle rencontre l'arc de tête m'—4—n'.

Lorsqu'on aura tracé les coupes de joints sur les têtes,

on déterminera les raccordements avec les lits horizontaux, en opérant comme pour un berceau ordinaire.

600. Étude théorique des surfaces. — Lorsque l'on veut exécuter une voûte en pierre de taille, il faut d'abord se rendre un compte bien exact de la nature des surfaces qui forment les limites des différents voussoirs de cette voûte ;

Ces surfaces, en se croisant dans tous les sens, donnent lieu à des courbes d'intersection dont il faut étudier la forme avec le plus grand soin.

601. Pour mieux faire ressortir toutes les propriétés de ces lignes, on en exagère la courbure avec intention ; on rend sensible, par ce moyen, le sens et les nombreuses sinuosités de leurs cours, et l'on parvient ainsi à rendre évidentes des propriétés particulières que l'on n'aurait pas soupçonnées si la courbure eût été moins grande. Cette étude permet de bien reconnaître le caractère géométrique des surfaces et des lignes qui doivent concourir à la solution du problème ; et l'on comprend beaucoup mieux alors, comment ces lignes et ces surfaces doivent être employées dans les applications. C'est pourquoi, avant d'exposer les méthodes employées par les praticiens dans la construction des ponts biais, nous allons faire quelques épures pour lesquelles nous admettrons une courbure beaucoup plus grande que celle qui serait adoptée pour la pratique.

602. D'ailleurs, les principes de la coupe des pierres ne doivent pas être étudiés à une échelle proportionnelle aux dimensions que doivent avoir les monuments lorsqu'ils seront exécutés.

Si l'on adoptait pour les études, autant de voussoirs

qu'il doit y en avoir dans l'application, il ne resterait plus assez de place sur l'épure pour les lignes théoriques ; le peu d'étendue des arêtes et des faces ne permettrait pas d'apprécier le sens ou la quantité de leur courbure ; et presque toutes les propriétés intéressantes resteraient inaperçues, par suite de la confusion produite par le grand nombre de lignes d'appareil.

On doit donc étudier d'abord les principes avec des données dont l'exagération de courbure et de biais ne laisse échapper aucune des circonstances particulières de la question ; et puis après, on reprend le problème avec les conditions qui conviennent à la pratique, et les *épures d'application*, que l'on fait alors, étant dégagées de toutes les lignes d'étude, peuvent exprimer clairement les relations qui existent entre les données et les résultats projetés à l'échelle qui convient pour l'exécution.

603. Ensuite, en réduisant ainsi le nombre des voussoirs d'une voûte, on diminue le nombre des joints et des lits, ce qui contribue à fortifier, et prépare à la pratique, en augmentant les crochets, les différences de hauteur des assises, et par suite les difficultés de raccordement.

604. **surfaces de parements et de joints des ponts biais.** — Les surfaces employées dans la construction d'un pont biais sont :

1° —— Les deux plans verticaux qui forment les têtes de la voûte ;
2° —— Les deux cylindres circulaires ou elliptiques qui forment l'intrados et l'extrados ;
3° —— Les surfaces normales ou joints continus qui séparent les assises ;
4° —— Enfin, les surfaces qui forment les joints discontinus ou transversaux.

605. Surfaces théoriques des joints. — On sait que pour éviter les angles aigus, les joints doivent être autant que possible perpendiculaires à la surface d'intrados de la voûte.

Je dis autant que possible, parce que l'on ne peut pas toujours satisfaire à cette condition d'une manière absolue.

On rencontre souvent dans la pratique des difficultés qui s'opposent à ce que l'on puisse satisfaire complétement aux exigences de la théorie; mais pour être parfaitement en état de décider dans quel cas et dans quelles limites les concessions peuvent être permises, il faut d'abord comparer avec le plus grand soin les avantages et les inconvénients que l'on peut rencontrer dans chaque cas.

Nous allons donc commencer par étudier les surfaces qui sont indiquées par la théorie, et nous verrons ensuite quelles sont les modifications pratiques qu'il sera possible ou nécessaire d'introduire pour augmenter la solidité de la voûte, ou pour diminuer les dépenses d'exécution.

606. Surfaces normales. — On sait que toute surface normale est engendrée par une droite qui, dans son mouvement, reste toujours perpendiculaire à la douelle ou intrados de la voûte que l'on veut construire.

La directrice de la surface est la ligne, droite ou courbe, qui forme l'arête commune aux deux rangées en assises de pierres dont la surface normale forme le joint.

607. La *surface normale hélicoïde* formant le joint continu d'un pont biais sera donc engendrée par une droite qui glisserait sur l'hélice directrice, en restant toujours perpendiculaire à la surface d'intrados du berceau.

608. Or, quand cette dernière surface sera formée par un cylindre circulaire, il est évident que la normale génératrice rencontrera l'axe de la voûte ; et sera toujours parallèle au plan de la section droite.

Nous avons déjà étudié cette surface aux numéros 578 et 579, et les fig. 31 et 33 de la planche 68 contiennent les projections de la partie comprise entre deux cylindres concentriques.

Nous avons vu au numéro 54, que tous les cylindres circulaires qui auraient le même axe seraient pénétrés par la surface hélicoïde suivant des hélices de même pas ; nous allons étudier encore quelques propriétés de la même surface.

609. Section plane de la surface normale hélicoïde. — La surface réglée projetée sur les fig. 2 et 3 de la planche 69, ayant pour directrices l'axe AA' du cylindre, et l'hélice *acmvu* (*fig.* 2), il s'agit de construire la courbe suivant laquelle cette surface serait coupée par le plan P perpendiculaire au plan de la fig. 2.

1° Toutes les génératrices de la surface rencontrant l'axe du cylindre, leurs projections sur le plan de la fig. 3 se confondront avec les rayons de la circonférence suivant laquelle se projette l'hélice directrice.

Les mêmes génératrices sont projetées sur la fig. 2 par des droites parallèles entre elles, et perpendiculaires à l'axe A'A' du cylindre.

Les deux projections d'une même génératrice sont désignées sur les fig. 2 et 3 par le même numéro.

Quoique chaque génératrice soit ici considérée comme infinie, nous distinguerons par une teinte la partie de surface qui est comprise entre l'axe du cylindre et l'hélice directrice.

610. Cela étant admis, il est évident que pour obtenir sur la fig. 3 la projection de la courbe demandée, il

suffira d'abaisser une perpendiculaire à la ligne TD par chacun des points suivant lesquels la trace du plan P rencontre la projection de la génératrice correspondante.

On obtiendra ainsi les deux courbes MN et BAC de la fig. 3.

La première est la ligne suivant laquelle le plan P coupe la partie de surface *uvm*, tandis que la courbe BAC est la section produite dans la surface *mca*.

611. Ces deux courbes sont exprimées dans leur véritable grandeur par la fig. 5, sur laquelle l'ellipse indiquée par une teinte est la section par le plan P du cylindre qui contient l'hélice directrice.

La fig. 5 peut être considérée comme un rabattement du plan P que l'on aurait fait avancer parallèlement à lui-même avant de le faire tourner autour de la droite KH située dans le plan vertical projetant de la génératrice 4-12 (*fig*. 3).

612. Les différents points des deux courbes M"N" et B"A"C" de la fig. 5 se déduiront facilement de leurs projections (*fig*. 2 et 3), en faisant la distance de chaque point à la droite KH de la fig. 5, égale à la distance du point correspondant à la droite 4-12 de la fig. 3.

613. Les deux courbes, ou plutôt les deux branches de la courbe que nous venons d'obtenir, sont principalement remarquables par la différence de leurs courbures.

614. Prises dans leur ensemble, et en faisant abstraction du nombre infini de courbes que l'on obtiendrait en prolongeant le plan P et la surface hélicoïde au-dessus du point *u*, et au-dessous du point *a* (*fig*. 2), elles peuvent être considérées comme les deux branches d'une même

courbe qui aurait pour asymptotes les trois droites EF, GI, RS perpendiculaires au plan de la fig. 2.

En effet, les génératrices qui s'appuient sur les points a, m et u de l'hélice directrice, étant perpendiculaires au plan de la fig. 2, ne seront rencontrées par le plan P qu'à l'infini, d'où il résulte que les ordonnées qui ont leurs pieds aux points 17, 18 et 19 de la fig. 2, seront infiniment grandes.

L'asymptote GI est commune aux deux branches de la courbe et l'on remarque (*fig.* 5) que l'une de ces branches passe par le centre A'' de l'ellipse suivant laquelle le plan P coupe le cylindre qui contient l'hélice directrice. Ce point provient de l'intersection z du plan P et de l'axe $A'A'$ du cylindre (*fig.* 2).

615. Les courbes que nous venons d'obtenir changeraient évidemment de forme si l'on déplaçait le plan coupant. Ainsi, par exemple, si nous supposons que le plan P de la fig. 2 se meut parallèlement à lui-même en s'approchant du pont m, et si nous représentons les sections successives du cylindre par les ellipses 1, 2, 3, 4, de la fig. 6, les sections correspondantes de la surface réglée hélicoïde par le plan P, seront les courbes désignées par les mêmes numéros 1, 2, 3, 4 et la dernière de ces courbes, composée de deux branches symétriques, sera la section de la surface par le plan P_1 qui contient le point m (*fig.* 2).

Enfin, si l'on continue à faire mouvoir le plan coupant jusqu'à ce qu'il soit arrivé dans la position P_2 toujours parallèle au plan P et de manière toutefois que la distance mx soit égale à mz, on obtiendra pour section les deux courbes projetées (*fig.* 1), sur un plan perpendiculaire à l'axe du cylindre.

Ces courbes, symétriques de celles que nous avons obtenues sur la fig. 3, n'ont pas été rabattues en vraie grandeur, mais il est évident qu'elles seraient symétriques de celles que nous avons obtenues sur la figure 5.

616. Lorsque l'on aura étudié et construit avec soin les fig. 1, 2, 3 et 4, on n'éprouvera aucune difficulté à comprendre les courbes suivant lesquelles les surfaces réglées hélicoïdes et normales qui forment les joints continus d'un pont biais rencontrent les plans verticaux qui contiennent les arcs de tête de la voûte.

Ainsi, la figure 9 étant la projection horizontale d'un berceau cylindrique dont la section droite est rabattue, fig. 11; les coupes de joints sur les faces des têtes sont projetées et rabattues dans leur véritable grandeur sur la fig. 7, qui est une coupe du berceau et de ses surfaces de joint par le plan vertical P qui contient l'un des arcs de tête.

Afin de rendre plus sensible la courbure des coupes de joint sur la fig. 7, on a coupé le berceau suivant en angle beaucoup plus aigu qu'il ne serait convenable de le faire dans l'application.

C'est également pour éviter la confusion des lignes que l'on a donné beaucoup d'épaisseur à la voûte et que l'on a supposé un très-petit rayon de courbure.

Nous avons supposé ici que l'arc de tête ne contenait que sept voussoirs.

617. **Épure**. — La section droite du berceau étant donnée (*fig*. 11), on la divisera en parties égales et l'on construira sur la fig. 9 les projections horizontales des génératrices correspondantes.

Ces lignes ont été tracées en points allongés sur la projection horizontale du berceau et sur une partie de son développement (*fig*. 8). Pour éviter la confusion on n'a conservé que les amorces des génératrices de l'extrados qui, sur les fig. 9 et 8, sont tracées en points ronds.

Cela étant fait, on coupera le berceau par le plan P dont la direction est déterminée par la question à résoudre.

618. En opérant comme nous l'avons dit au numéro 584, on construira le développement de la surface cylindrique d'intrados ou de douelle dont une partie seulement a été conservée sur la fig. 8, où elle est désignée par une teinte de hachures.

On pourra construire également le développement de l'extrados, qui est désigné sur la même figure par une teinte de points. Mais cette opération que j'indique ici comme étude peut être évitée dans la pratique, parce qu'ordinairement on ne taille pas les extrados.

619. Nous avons dit au numéro 585 comment la direction des hélices peut être déterminée sur le développement du cylindre, et l'on sait que ces hélices doivent être perpendiculaires ou à *peu près* à la corde $m'''e'''$ de la sinusoïde $m'''e'''n'''$, suivant laquelle se transforme l'ellipse *men*, qui provient de la section du cylindre d'intrados par le plan vertical P qui contient l'arc de tête $m''e''n''$ (*fig.* 7).

620. Le point e''' de l'intrados et le point E''' de l'extrados doivent être situés (*fig.* 8) sur la droite OE''' qui est la trace du plan P_1 mené perpendiculairement à la direction du berceau par le centre O de l'ellipse *men*.

La droite ae''' est égale au quart de la section droite du cylindre d'intrados, et la droite aE''' est le quart de la section droite du cylindre d'extrados.

621. La droite Ge''' parallèle au développement des hélices qui forment les arêtes de joints continus sur le cy-

lindre d'intrados, peut être considérée elle-même comme le développement d'une hélice IcO qui passerait par le point ee'' de l'ellipse $m''e''n''$ (*fig.* 7).

622. L'hélice Ce''' du développement (*fig.* 8) et sa projection horizontale IcO (*fig.* 9) ont été tracées en points ronds, pour indiquer qu'elles n'existent pas en réalité, et qu'elles ne sont ici que pour l'explication de l'épure.

La droite CE''' de la fig. 8 sera le développement de l'hélice ICO (*fig.* 9), suivant laquelle le cylindre d'extrados serait rencontré par la surface réglée normale qui aurait pour directrice l'hélice IcO.

Les deux hélices IcO et ICO (*fig.* 9) se déduiront des développements (*fig.* 8) ou de la projection (*fig.* 11), en opérant comme nous l'avons dit aux numéros 546 et 547.

Des patrons ou pistolets découpés avec soin, suivant le contour des deux courbes IcO et ICO (*fig.* 9), pourront servir à tracer toutes les autres hélices de la même figure.

623. La droite CE''' du développement (*fig.* 8) déterminera sur la même figure la direction des droites suivant lesquelles se transforment les hélices provenant de la rencontre de l'extrados du berceau et des surfaces réglées hélicoïdes qui forment les joints continus.

624. Les droites suivant lesquelles se transforment sur le développement les hélices de l'extrados ne sont pas perpendiculaires à la corde ME''' de la sinusoïde correspondante.

625. Les deux cordes $m'''e'''$, $M''E'''$ seront parallèles, et cette vérification pourra être ajoutée à toutes celles que nous avons indiquées au numéro 596.

Cependant les deux cordes $m'''e'''$, $M''E'''$ ne seraient pas parallèles si les deux cylindres n'avaient pas le même axe ou s'ils n'étaient pas semblables.

626. La corde entière de la sinusoïde $m'''e'''n'''$ (*fig.* 8) ayant été partagée en sept parties égales, il s'ensuit que l'arc de tête ou arête qui forme la pénétration du berceau dans le plan vertical P se composera de sept voussoirs, ce qui donnera lieu (*fig.* 7) à huit coupes de joints, en y comprenant celles qui séparent les deux sommiers ou coussinets C″C″ des premières assises A″A″.

627. Pour obtenir ces courbes, il suffira de recommencer huit fois l'opération que nous avons expliquée aux numéros 610 et 611.

Ainsi, après avoir établi sur la projection horizontale (*fig.* 9) les génératrices de chaque surface hélicoïde, il sera facile de déterminer sur la fig. 11 le point suivant lequel chacune de ces lignes est coupée par le plan vertical P.

La trace de ces opérations n'a été conservée que pour la courbe $r'a'$, qui est l'intersection du plan P et de la surface réglée normale qui a pour directrice l'hélice BnG.

En numérotant les génératrices comme on le voit sur la fig. 9, puis en effaçant les lignes d'opérations après la détermination de chaque courbe, on pourra facilement éviter toute espèce de confusion.

628. Les courbes de joints sur le plan de tête P pourraient être déterminées directement sur la fig. 7 en projetant d'abord sur ce plan les génératrices des surfaces réglées hélicoïdes ; mais il est beaucoup plus simple, comme nous l'avons fait aux numéros 610 et 611, de déterminer d'abord ces courbes sur le plan de la section droite (*fig.* 11), et de les reporter ensuite sur la fig. 7, en

prenant sur la fig. 11 la distance de chaque point au plan de naissance M'N', et portant cette distance (*fig.* 7) sur la perpendiculaire élevée par la projection horizontale du point correspondant.

La trace de cette opération n'a été conservée que pour le point UU'U" de l'ellipse $m''U''n''$, et pour le point 5, 5′, 5″ de la courbe de joint $r''n'' - 5''$.

629. Si l'on regarde les coupes de joint sur le plan P (*fig.* 7), ou la projection des mêmes lignes sur le plan de section droite (*fig.* 11), on retrouvera les deux sortes de courbes qui ont été étudiées sur les fig. 1, 3 et 5.

On voit que la coupe de joint sur la tête affecte quelquefois la forme M″N″ (*fig.* 5), et dans ce cas elle ne passe pas le centre A″, tandis que lorsqu'elle contient ce point elle prend la forme de la courbe B″A″C″.

Cette différence provient uniquement de la position de la surface hélicoïde par rapport au plan de section droite P_1 qui contient le centre de l'ellipse ou arc de tête provenant de la section par le plan P.

630. On peut dire en général que si les deux asymptotes de la courbe sont du même côté par rapport au point A″ (*fig.* 5), la coupe du joint aura la forme M″N″ et ne contiendra pas le centre de l'ellipse qui forme l'arc des têtes, tandis que si les deux asymptotes sont de différents côtés par rapport au point A″, la courbe passera par ce point et prendra la forme B″A″C″.

Ainsi, pour la courbe $r'n'$ (*fig.* 11), les asymptotes bb, dd projetées sur le plan horizontal (*fig.* 9) par les points 0 et 8 sont du même côté par rapport au point O, tandis que pour le second joint $v'D'$, qui a pour directrice l'hélice LQ, les asymptotes que l'on n'a pas tracé sur la fig. 11, auraient pour projections horizontales les points 9 et 10, fig. 9, et le centre O de l'ellipse *men* étant compris entre ces deux lignes doit nécessairement appartenir à la courbe correspondante $v'D'$, fig. 11.

631. Pour éviter la confusion sur les fig. 11 et 7, les courbes qui ne contiennent pas le centre ont été prolongées indéfiniment, tandis que celles qui contiennent ce point n'ont pas été prolongées au delà.

632. Si l'on augmentait l'obliquité du plan P le pas des hélices diminuerait, et le point 10 de la projection horizontale pourrait alors passer de l'autre côté du point O, de sorte que les deux asymptotes 10 et 9 étant placées du même côté par rapport au centre de l'ellipse *men*, la seconde coupe de joint $v'D'$ passerait par ce point, et prendrait la forme de la courbe $M''N''$ (*fig.* 5).

On pourrait arriver au même résultat en augmentant le nombre des voussoirs comme on le voit sur la fig. 14.

Dans l'application, la courbure des coupes de joint devient insensible, et les praticiens remplacent ordinairement ces courbes par des lignes droites (*Pl.* 1, *fig.* 23).

633. En exécutant avec soin les épures relatives à un grand nombre de ponts biais, M. Buck a cru reconnaître que toutes les coupes de joints sur les têtes se dirigeaient vers un point situé sur la verticale qui contient le centre de l'ellipse de tête; il a donné à ce point le nom de foyer, et l'a désigné dans son ouvrage comme point de concours des cordes qui passeraient par les points suivant lesquels chacune des courbes de joints coupe les deux ellipses $m''e''n''$, $M''E''N''$ de la fig. 7.

M. de la Gournerie, dans le mémoire que j'ai cité, démontre que ce point n'appartient pas aux cordes des coupes de joint, mais aux tangentes menées par les points suivant lesquelles ces courbes rencontrent l'ellipse $m''e''n''$.

634. La démonstration suivante ne diffère de celle que M. de la Gournerie a donnée dans son mémoire que par quelques détails peu importants motivés par la disposition de l'épure.

Supposons que par le point U de l'arc de tête on veut construire une tangente à la coupe de joint correspondant.

635. On se rappellera (*Géom. desc.*) que pour obtenir une tangente en un point quelconque de la courbe qui provient de la section d'une surface par un plan, il faut mener par ce point un plan tangent à la surface coupée; et l'intersection de ce plan tangent avec le plan coupant est la tangente demandée.

Or, dans le cas actuel, la surface coupée est le joint normal qui a pour directrice l'hélice zUy (*fig.* 9) et le plan coupant est le plan P.

Le plan tangent au point U de la surface hélicoïde sera déterminé (*fig.* 9 et 11) par la génératrice XU, X'U' de cette surface, et par la droite UY, U'Y' tangente au point UU' de l'hélice directrice.

Mais on sait que sur le développement d'un cylindre, chaque hélice se confond avec sa tangente, d'où il résulte que sur la fig. 8 la droite U'''K''' sera la tangente au point UU''' de l'hélice zU, et le côté K'''S''' du triangle rectangle K'''U'''S''' sera la sous-tangente ou la projection de la tangente U'''K''' sur le plan de section droite P_1.

Il résulte de là que si nous portons la distance S'''K''' de la fig. 8, sur la tangente U'Y' de la fig. 11, la droite U'K' sera la projection de la partie de la tangente YY' qui est comprise entre le point UU' et le plan de section droite P_1 et si nous considérons ce dernier plan comme un plan vertical de projection qui serait rabattu (*fig.* 11), la droite E'F' sera la trace verticale du plan coupant P tandis que la droite K'F', parallèle à la génératrice O'X' de la surface hélicoïde, sera la trace du plan tangent en UU', et le point F' suivant lequel ces deux traces se rencontrent, déterminera la tangente au point U' de la coupe de joint correspondante.

Cela étant admis, traçons la droite O'H' perpendiculaire sur F'K' et par conséquent sur O'U', nous aurons évidemment l'angle F'O'H' égal à U'O'D', puisque F'O' est perpendiculaire sur O'D' et que O'H' est perpendiculaire sur O'U'.

Exprimons (*fig.* 11):

L'angle UO'D' = F'O'H' par α.
Le rayon O'U' par R.
L'angle UOS (*fig.* 9) par u.
Le pas IO d'une hélice par h.

Le triangle F'O'H' donnera (*Trigonométrie*)

$$O'F' = \frac{O'H'}{\cos F'O'H'}, \text{ d'où } OF' = \frac{O'H'}{\cos\alpha} \quad (1)$$

On a (*fig.* 11) $\qquad O'H' = U'K' \quad (2)$

On sait, n° 635, que $\qquad \dfrac{U'K'}{US} = \dfrac{2\pi R}{h} \quad (3)$

Le triangle UOS (*fig.* 9) donne

$$US = OS \tang UOS \text{ d'où } US = OS \tang u \quad (4)$$

On a (*fig.* 9 et 11) $\qquad OS = O'D' \quad (5)$

Enfin, le triangle O'D'U' donne

$$O'D' = O'U' \cos U'O'D' \text{ d'où } O'D' = R\cos\alpha \quad (6)$$

Multipliant les six équations précédentes et supprimant les facteurs communs, on obtiendra $\quad O'F' = \dfrac{2\pi R^2 \tang u}{h} \quad (7)$

Or, l'angle α ayant complétement disparu de la formule, il faut en conclure que la distance $O'F'$ est indépendante de cet angle et sera toujours la même quel que soit le point que l'on aura choisi sur la demi-circonférence $m'e'n'$ ou sur l'arc d'ellipse $m''e''n''$ (*fig.* 7).

636. La position du point F' (*fig.* 11) étant indépendante de l'angle $U'O'D'$, si au lieu du point U' on choisit le point de naissance m', la tangente sur le développement sera la droite $m'''h'''$ parallèle à toutes les autres hélices, et la droite ah''' sera la projection de la tangente $m'''h'''$ sur le plan de section droite P_1.

Or, si le développement (*fig.* 8) était replacé sur le cylindre d'intrados, la tangente $m'''h'''$ (*fig.* 8) deviendrait $m'h'$ sur la fig. 11, et la droite $h'F'$, parallèle à $m'O'$, déterminerait le point F'. Il suffira donc, pour obtenir ce point, de faire les deux opérations suivantes :

1° ━━ On tracera (*fig.* 8) la droite $m'''h'''$ parallèle à la direction des hélices développées ;
2° ━━ On portera ah''' de la fig. 8 sur la verticale $O'F'$ de la fig. 11 et le point F' sera déterminé (71).

637. En portant ah''' de la fig. 8 sur la verticale $O''F''$ de la fig. 7, on déterminera le point F'' vers lequel doivent concourir toutes les tangentes menées par les points suivant lesquels l'arc de tête elliptique $m''e''n''$ est rencontré par les coupes de joint.

638. Si par le point M de la fig. 8 on trace MT'''' parallèle à l'une quelconque CE''' des droites suivant lesquelles se transforment les hélices de l'extrados, on déterminera un point T'''' sur la trace du plan vertical P_1, et la distance aT'''' étant portée de O' en T' sur la fig. 11, et de O'' et T'' sur la fig. 7, on obtiendra les deux points T'

et T″. Le premier est le point de concours des tangentes aux points suivant lesquels la circonférence M'E'N' est rencontrée par les projections des coupes de joints sur le plan de la fig. 11, et le point T‴ de la fig. 7 est le point de concours des tangentes menées par les points suivant lesquels ces mêmes courbes rencontrent l'ellipse M″E″N″.

639. On peut obtenir les points T′ de la fig. 11 et T‴ de la fig. 7, sans construire le développement du cylindre d'extrados (fig. 8).

En effet, concevons (fig. 4) que la masse de la voûte soit coupée par un nombre quelconque de cylindres circulaires concentriques; exprimons les rayons OM, OM′, OM″, OM‴ de ces cylindres par R, R′, R″, R‴, et remarquons que les quantités u et h des formules précédentes seront les mêmes pour tous ces cylindres. L'équation (7) du n° 107 donnera évidemment

$$OF = \frac{2\pi R^2 \tang u}{h}$$
$$OF' = \frac{2\pi R'^2 \tang u}{h}$$
$$OF'' = \frac{2\pi R''^2 \tang u}{h}$$
$$OF''' = \frac{2\pi R'''^2 \tang u}{h}$$

d'où

$$\frac{R^2}{OF} = \frac{h}{2\pi \tang u}$$
$$\frac{R'^2}{OF'} = \frac{h}{2\pi \tang u}$$
$$\frac{R''^2}{OF''} = \frac{h}{2\pi \tang u}$$
$$\frac{R'''^2}{OF'''} = \frac{h}{2\pi \tang u}$$

et par conséquent

$$\frac{R^2}{OF} = \frac{R'^2}{OF'} = \frac{R''^2}{OF''} = \frac{R'''^2}{OF'''}.$$

Or si nous exprimons par c la quantité $\frac{R^2}{OF}$, nous aurons successivement

$$\left.\begin{array}{l}c = \dfrac{R'^2}{OF'}\\[4pt] c = \dfrac{R''^2}{OF''}\\[4pt] c \mp \dfrac{R'''^2}{OF'''}\end{array}\right\} \quad \text{d'où} \quad \left\{\begin{array}{l}OF' = \dfrac{R'^2}{c}\\[4pt] OF'' = \dfrac{R''^2}{c}\\[4pt] OF''' = \dfrac{R'''^2}{c}\end{array}\right.$$

de sorte qu'il suffira de construire une *troisième proportionnelle*, pour obtenir chacune des quantités OF', OF'', OF'''.

640. Ainsi le point F étant déterminé (*fig.* 4) par l'opération indiquée au n° 636, on tracera FM, et la droite MS perpendiculaire sur FM déterminera $OS = \dfrac{R^2}{OF} = c$; car le triangle FMS étant rectangle en M, on aura évidemment la proportion

$$OF : OM = OM : OS,$$

d'où $\qquad OS = \dfrac{OM^2}{OF} = \dfrac{R^2}{OF} = c,$

Cela étant fait, on tracera SM', et la droite M'F', perpendiculaire sur SM', déterminera le point F'; car le triangle SM'F', rectangle en M', donnera la proportion

$$OS : OM' = OM' : OF',$$

d'où $\qquad OF' = \dfrac{OM'^2}{OS} = \dfrac{R'^2}{c}.$

On déterminera de la même manière les points F'' et F'''.
On obtiendra ainsi un foyer pour chacun des cylindres concentriques projetés sur la fig. 4.

641. Ce qui précède étant bien compris, on déterminera

d'abord (*fig*. 11) le point F', en opérant comme nous l'avons dit au n° 636, puis on tracera :

1° La droite F'm' ;
2° m'Z perpendiculaire sur F'm' ;
3° Les deux droites ZM' et Zx' ;
4° M'T' perpendiculaire sur ZM' et x'V' perpendiculaire sur Zx'.

On obtiendra ainsi T' pour le point de concours des tangentes menées par les points suivant lesquels les projections des coupes de joints coupent la circonférence M'E'N', et le point V' vers lequel concourent les tangentes menées par les points analogues situés sur la circonférence $x'o'u'$.

Les distances O'T' et O'V' étant portées à partir du point O" (*fig*. 7) sur la verticale O"F" détermineront les deux foyers T" et V", vers lesquels concourent les tangentes menées par les points suivant lesquels les coupes de joints (*fig*. 7) rencontrent les deux ellipses concentriques et semblables M"E"N" et M'''N'''.

642. Pour compléter autant que possible l'étude théorique des surfaces de joint, j'ai projeté sur la figure 7 les deux hélices IcecI, ICeCI de la fig. 9. Les projections de ces hélices sont faciles à obtenir en opérant comme nous l'avons dit au n° 595.

La teinte des hachures comprise entre ces deux hélices fera concevoir la forme affectée par la projection verticale de la surface du joint correspondant.

Les teintes de points indiquent les prolongements de cette surface en supposant que les deux cylindres de douelle et d'extrados sont continués au-dessous du plan horizontal qui contient les naissances de la voûte.

Toutes les surfaces hélicoïdes des joints étant identiques, la projection verticale d'une seule de ces surfaces suffit pour faire comprendre quelles seraient les projections de toutes les autres.

643. On remarquera sans doute la différence de forme qui existe entre la projection $ie''i$ de l'hélice d'intrados et celle de l'hélice d'extrados $IE''I$.

Cette dernière contient un anneau allongé qui n'existe pas dans la première. Cette différence provient de l'inclinaison de ces deux hélices par rapport au plan vertical de projection, et cette inclinaison pourrait être telle, dans certains cas, que la projection de l'hélice eût un point de rebroussement R (*fig.* 15).

Il est facile de savoir d'avance si la projection de l'hélice doit contenir ce point.

Ainsi, par exemple :

Concevons (*fig.* 12) les projections horizontales de quatre hélices de même pas, situées chacune sur la surface de l'un des quatre cylindres concentriques dont les sections droites sont rabattues (*fig.* 13).

Construisons, sur la fig. 12, les projections de ces quatre hélices.

La tangente passant par le point le plus élevé de chacune des courbes correspondantes sera toujours située dans un plan tangent horizontal.

Or, si l'une de ces tangentes ON (*fig.* 12) est perpendiculaire au plan vertical de projection (*fig.* 10), la projection de l'hélice correspondante OX aura un point de rebroussement, tandis que les projections verticales des autres hélices auront un anneau (*fig.* 16) ou en seront privées, suivant la direction de leur tangente, par rapport au plan vertical projetant de ON.

On peut dire, en général, que si la tangente OU est comprise entre la courbe correspondante OS et le plan vertical ON (*fig.* 12), la projection de l'hélice (*fig.* 10) aura la forme KIH, tandis que si la projection de la courbe OE (*fig.* 12) passe entre sa tangente OV et la trace horizontale du plan projetant ON, la projection verticale de l'hélice correspondante aura un anneau comme on peut le voir (*fig.* 10) pour les projections des hélices OE, OF de la fig. 12.

Les petites courbes *us* des fig. 10 et 7 sont formées par le croisement des génératrices 5, 6, 7, etc., dont les projections n'ont pas été conservées sur la fig. 7.

644. Taille des voussoirs. — Avant d'aborder cette partie si importante de la question qui nous occupe, je crois utile de rappeler au lecteur qu'il ne s'agit encore ici que d'une étude théorique, dans laquelle l'exagération de courbure et de biais ne permettrait pas d'adopter les méthodes approximatives employées par quelques ingénieurs dans la construction des grands ponts.

Il est d'ailleurs bien évident que l'on comprendra mieux les motifs qui ont fait imaginer ces méthodes, lorsque l'on aura étudié la question dans toute la rigueur géométrique.

Pour plus de simplicité, on n'a tracé sur l'épure (*Pl.* 70) que les projections d'une seule pierre A, du pont qui est représenté en projection verticale par la fig. 17 ; et pour rendre plus sensible le contournement des surfaces de joint, on a supposé que l'assise ne contenait qu'un seul voussoir, depuis le coussinet C jusqu'au plan vertical qui forme la tête du pont.

Cela étant admis, et la section droite du berceau étant donnée fig. 16, on partagera l'un des deux arcs 0-6 en parties égales, et l'on projettera sur la fig. 10 les génératrices des deux cylindres qui forment l'intrados et l'extrados du berceau.

On construira sur la fig. 9 les développements de ces deux cylindres ; puis, en opérant comme nous l'avons dit au n° 585, on déterminera la direction des hélices qui doivent former les arêtes d'intrados des joints longitudinaux. On sait que la direction de ces hélices doit être perpendiculaire ou *à peu près* à la corde 0-6 de la sinussoïde 0-4-6 (*fig.* 9). La droite BS déterminera la direction des hélices de l'extrados.

Les points suivant lesquels les quatre droites $a''m''$, $o''n''$, $a''v''$ et $o''u''$ de la fig. 9 rencontrent les génératrices des deux cylindres, étant ramenés fig. 10 sur les projections horizontales des mêmes lignes, on obtiendra la projection horizontale de la pierre que l'on veut étudier.

645. La droite $a''x''$, perpendiculaire sur l'hélice $o''n''$ (*fig.* 9), sera l'intersection du cylindre d'intrados par la surface de joint qui sépare la pierre A du coussinet correspondant C (*fig.* 9 et 10). Si le développement $a''x''n''m'''$ de la fig. 9 est replacé sur le cylindre d'intrados (*fig.* 10), la droite $a''x''$ deviendra l'hélice ax, qu'il ne faut pas considérer comme le prolongement de l'hélice am. Sur la fig. 9, ces deux lignes sont perpendiculaires l'une à l'autre, tandis que leurs projections horizontales (*fig.* 10) se raccordent au point a, ce qui provient de ce qu'en ce point elles ont pour tangente commune la droite ao, qui est la ligne de naissance du cylindre d'intrados.

L'hélice ax (*fig.* 10) est la directrice d'une surface normale, dont une partie $axza''$ forme le joint du coussinet C. Cette surface, réglée, gauche, et de même espèce que celles qui forment les joints continus de la voûte, rencontre le cylindre d'extrados suivant une seconde hélice $a''z$, de même pas que la première, et qui sur le développement (*fig.* 9) se transforme suivant la droite $a''z''$.

Cette dernière ligne n'est pas perpendiculaire à l'hélice $o''u''$ de l'extrados; mais on obtiendra facilement sa direction en déterminant le point où elle rencontre la droite SH du développement; ou, si l'on n'a pas assez de place, en remarquant que les deux points x et z, et par conséquent x'' et z'', sont situés sur une même génératrice zx commune aux deux surfaces réglées $axza''$ et $zxmu$ qui forment les surfaces de joint de la pierre que l'on veut tailler.

Les courbes $v'm'$ et $u'n'$ (*fig.* 16) se construiront, comme nous l'avons dit au n° 627, et le quadrilatère curviligne $v'm'u'n'$ sera la projection de la face de tête sur le plan P de la section droite.

Comme exercices, et pour mieux apprécier le sens et l'intensité de courbure des côtés $v'm'$ et $u'n'$ du quadrilatère qui forme la face de tête de la pierre, on pourra prolonger ces courbes jusqu'au centre O' (629) de la section droite, ou au moins jusqu'aux points t' et y' que l'on déduira de leurs projections sur la fig. 10.

On peut aussi, pour chacune des courbes $v'm'$ et $u'n'$, obtenir un point intermédiaire g' et q' en construisant sur la fig. 10 les deux hélices qui ont pour projection commune l'arc de cercle $q'g'$ (*fig.* 16).

Pour plus de clarté, j'ai tracé en lignes pleines les parties vues des génératrices qui appartiennent aux joints gauches et aux surfaces cylindriques de la pierre, et ces génératrices sont désignées par les mêmes chiffres sur toutes les projections.

Enfin, pour mieux faire comprendre l'épure, j'ai projeté quelques coussinets sur la fig. 10, et j'ai indiqué par une teinte les faces de ces coussinets qui correspondent aux joints discontinus (*fig.* 9 et 10).

646. Lorsque les deux projections de la pierre seront complètes sur les fig. 10 et 16, on pourra procéder à la taille des voussoirs.

Je rappellerai d'abord qu'il existe deux méthodes générales pour la taille des pierres, savoir :

La taille par équarrissement;
La taille par beuveau.

Nous verrons plus tard dans quel cas la taille par beuveau peut être employée sans inconvénient pour la construction d'un pont biais; mais lorsque le voussoir est très-contourné, la taille par équarrissement est la seule qui donne une exactitude suffisante.

On sait que pour tailler une pierre il faut lui faire subir une suite de transformations, depuis le bloc informe et à peu près rectangulaire qui est amené de la carrière sur le chantier, jusqu'à la forme souvent très-contournée que doit prendre le voussoir pour satisfaire à toutes les conditions du problème.

Or, quoiqu'au premier coup d'œil ces formes paraissent susceptibles d'être variées d'une infinité de manières, il sera facile de reconnaître que toutes les transformations se réduisent à trois principales, savoir :

La **pierre droite**,
La **courbe plane**,
La **courbe à double courbure**.

La *pierre droite* est le parallélipipède rectangle duquel on déduit par *dérobement* les voussoirs des portes et berceaux, les claveaux des plates-bandes, les pierres de voûtes cylindriques horizontales ou rampantes, etc.

La *courbe plane*, comprise entre deux plans parallèles et deux surfaces cylindriques, est l'enveloppe de toutes les pierres des voûtes qui ont pour parements de douelle ou d'extrados des surfaces de révolution.

Enfin la *courbe à double courbure* est surtout employée dans la construction des limons et voûtes d'escaliers.

647. C'est dans cette dernière classe qu'il faut ranger les voussoirs d'un pont biais (552); mais, nous l'avons vu dans plusieurs des exemples du traité actuel, on ne parvient souvent à donner au voussoir la double courbure nécessaire, qu'en faisant successivement passer la

pierre par les deux transformations précédentes; de sorte que tout peut se résumer en ces trois opérations principales :

1° ▬ **L'équarrissement**, ou taille du parallélipipède rectangle capable de contenir le voussoir;

2° ▬ Le **débillardement**, qui consiste à tailler les surfaces cylindriques de la *courbe plane* dont la pierre doit être extraite;

3° ▬ La taille des surfaces **réglées, développables ou gauches** qui doivent former les joints.

Ainsi, les fig. 1 et 19 représentent le *parallélipipède enveloppe*.

Les fig. 2, 18 et 20 sont des pierres *débillardées*, c'est-à-dire après la taille des cylindres, et les pierres 4, 5 et 7 sont complétement taillées.

648. Quoique nous ayons réduit à trois les transformations principales que l'on doit faire subir à la pierre, les moyens par lesquels on obtient ces formes successives peuvent différer suivant les circonstances.

Ainsi, la longueur de la pierre, sa courbure, l'inclinaison plus ou moins grande de ses dimensions principales, peuvent rendre plus simple ou plus économique telle méthode qui, *pour un autre voussoir de la même voûte*, serait au contraire plus dispendieuse ou plus compliquée. C'est donc par l'étude et par la comparaison de toutes les méthodes qui peuvent conduire au résultat que l'on pourra se rendre habile à décider dans chaque cas celles qui conviendront le mieux, et à reconnaître dans quel sens et dans quelles limites elles peuvent être modifiées sans inconvénient.

649. **Taille.** — *Première méthode.* — La plus simple de toutes les méthodes que l'on peut employer pour tailler les

voussoirs d'un pont biais, consiste à préparer le parallélipipède enveloppe d'après la projection de la pierre sur le plan de la section droite (*fig.* 16).

Ainsi, la droite $d'h'$ qui contient les points o' et n', la tangente $b'l'$, parallèle à $o'n'$, et les deux côtés $b'd'$, $l'h'$ perpendiculaires sur $o'n'$, formeront le contour du plus petit rectangle circonscrit à la projection de la pierre sur le plan P de section droite (*fig.* 16)..

On équarrira un parallélipipède dont la base sera le quadrilatère $b'd'h'l'$, et qui aura pour longueur (*fig.* 10) la distance des deux plans verticaux de sections droites P_1 et P_2 qui comprennent entre eux le voussoir que l'on veut tailler.

Ce parallélipipède est dessiné en perspective sur la fig. 1.

Le quadrilatère $bdhl$ étant la face située dans le plan de section droite P_1 (*fig.* 10), on y appliquera un panneau ou patron découpé suivant le contour de la projection A' (*fig.* 16); puis on appliquera le même patron sur la face opposée du parallélipipède (*fig.* 1).

Les arcs de cercles 0-4 sur lesquels on aura le soin de conserver les points de repère, seront les courbes directrices des deux surfaces cylindriques qui doivent former les faces d'intrados et d'extrados du berceau.

Lorsque ces deux surfaces seront taillées (*fig.* 2 et 3), on y appliquera les panneaux $a''x''m''n''$ et $a''z''v''u''$ de la fig. 9. Les courbes $m''n''$ et $v''u''$ reprendront alors la forme elliptique provenant de la section des deux cylindres concentriques par le plan P_3 qui contient la tête du pont, et les droites $a''m''$, $x''n''$, $a''v''$ et $z''u''$ de la fig. 9 deviendront des hélices, lorsque les deux panneaux $a''x''m''n''$ et $a''z''v''u''$ auront repris la courbure des cylindres correspondants.

650. On doit se rappeler que ces hélices peuvent être

tracées avec une règle flexible comme on le voit fig. 2. Deux points suffiraient alors, pour déterminer chaque courbe ; mais on fera bien, pour plus d'exactitude, de déterminer quelques-uns des points intermédiaires 1, 2, 3, etc., qui d'ailleurs sont indispensables pour tailler les surfaces gauches des joints.

651. Les hélices déterminées sur les fig. 2 et 3 par l'application des panneaux correspondant de la fig. 9 seront les directrices des surfaces réglées hélicoïdes qui forment les joints continus du voussoir. Enfin les droites $a''x''$ et $a''z''$ détermineront les hélices directrices de la petite surface réglée qui forme le joint suivant lequel la pierre s'appuie sur le coussinet correspondant.

652. Les deux arcs d'ellipses *mn* et *vu* (*fig.* 2 et 3) seront plus que suffisants pour déterminer le plan de tête, qui est indiqué sur la fig. 3 par une teinte de points ; mais si l'on veut augmenter l'exactitude, on remarquera (*fig*. 10) que le plan P_3 qui contient la face de tête du berceau, coupe l'arête horizontale $d'd$ du parallélipipède enveloppe, en un point dont la projection horizontale k (*fig*. 10) sera déduite de sa projection k' sur le plan de section droite (*fig*. 16).

La distance du point k au plan P_2 de la fig. 10 étant portée sur l'arête $d'd$ (*fig*. 2 et 3), on obtiendra le point k.

Enfin, en faisant coïncider les points n'' et m'' de la courbe 0-6 (*fig*. 9), avec les points n et m de la fig. 2, on pourra prolonger l'arc d'ellipse *nm* jusqu'à l'arc de cercle 0-4, et la coupe *kuvwmn* qui doit contenir le panneau de tête, sera déterminée avec une très-grande précision.

Lorsque cette face sera taillée, on y appliquera le panneau de tête $m'''n'''v'''n'''$ (*fig*. 6).

On obtiendra facilement ce panneau en élevant, par

chaque point de la fig. 10, une perpendiculaire à la droite P_2P_3 et portant sur cette perpendiculaire à partir de MN, des ordonnées égales aux distances des points correspondants à la droite PP de la fig. 16.

653. La fig. 5 fera comprendre comment les surfaces réglées qui forment les joints continus seront taillées en faisant passer le bord d'une règle génératrice par les points de repère que l'on aura eu le soin de conserver sur le contour des panneaux $a''x''m''n''$ et $a''z''v''u''$ de la fig. 10.

La pierre placée sur les coussinets est représentée en perspective par la fig. 4, et la fig. 7 indique comment il faut tailler la face qui forme le joint discontinu suivant lequel le voussoir est posé sur les coussinets correspondants.

654. La méthode que nous venons d'exposer est surtout remarquable par la simplicité de l'épure, puisqu'elle n'exige pas d'autres projections que la section droite (*fig*. 16), les développements de la fig. 9, et le panneau de la face de tête (*fig*. 6); mais, par l'inspection des fig. 2 et 3, on reconnaîtra que le déchet serait considérable, puisqu'il faudrait abattre toutes les parties de pierres qui sont désignées par les lettres Q et T. Cependant un appareilleur habile pourrait facilement faire disparaître une partie de cette perte en disposant deux ou trois voussoirs dans un seul bloc, comme on le voit fig. 18, ou bien en taillant des pierres accouplées comme celle qui est représentée en perspective sur la fig. 8.

Ce mode d'appareil, que j'ai indiqué au n° 343 du *Traité* actuel, produit une grande stabilité lorsque la construction exige l'emploi d'assises dont les lits ont une inclinaison très-prononcée.

Au surplus, nous allons voir comment on peut déterminer les limites du *plus petit parallélipipède capable* de contenir un voussoir de pont biais.

655. Taille. — *Deuxième méthode.* — On a déjà dû remarquer (552) qu'une assise de pont biais en pierre de taille n'est autre chose qu'une *courbe rampante* ou *limon d'escalier* dont l'axe serait placé horizontalement au lieu d'être vertical comme dans les exemples que nous avons étudiés aux n°s 467 et 468.

Il résulte de là que tout ce que nous avons dit alors pour la taille des courbes rampantes ou limons est applicable au cas actuel.

Ainsi, on construira la fig. 13, qui est une projection de la pierre sur le plan tangent P_4 ou sur tout autre plan qui lui serait parallèle.

Cette projection sera facilement obtenue en opérant de la manière suivante :

Par chaque point essentiel de la fig. 16, on tracera une perpendiculaire au plan P_4 et l'on portera sur cette ligne, à partir de la droite P_2 parallèle à P_4 une quantité égale à la distance du même point au plan vertical P_2 de la fig. 10.

Ainsi, par exemple, en faisant la distance r^{iv}-2 de la fig. 13, égale à la distance r-2 de la fig. 10, le point 2 sera déterminé.

La distance $e^{iv}n^{iv}$ de la fig. 13 doit être égale à la distance en de la fig. 10, et l'on obtiendra le point t^{iv} de la fig. 13, en faisant $s^{iv}t^{iv}$ égale à la distance st de la fig. 10.

656. La projection (*fig.* 13) étant parallèle au cylindre, on pourra construire les hélices en opérant comme nous l'avons dit au n° 547. On devra s'assurer que les hélices de la fig. 13 ont bien exactement le même pas que celles de la fig. 10, et que les projections de ces hélices se coupent deux à deux, sur la droite O'O'ⁱᵛ perpendiculaire à la trace du plan P₄ (*fig*. 16).

On aura le soin surtout de déterminer bien exactement les points suivant lesquels ces courbes sont coupées par les droites génératrices des deux cylindres et des surfaces réglées hélicoïdes qui forment les joints normaux de la voûte.

657. Quand la projection auxiliaire (*fig*. 13) sera complète et que tous les points auront été vérifiés, on procédera de la manière suivante aux opérations préliminaires de la taille :

1° ▬▬ On tracera le rectangle EFGI circonscrit à la projection du voussoir; deux des côtés EF et GI de ce rectangle contiennent les points v^{iv} et o^{iv} dont la distance peut être considérée comme la plus grande longueur du voussoir.

Les deux autres côtés EG, FI n'ont été un peu écartés que pour éviter la confusion sur l'épure; mais il est évident qu'à la rigueur, on pourrait rapprocher ces deux lignes jusqu'à ce qu'elles soient tangentes à la projection de la pierre, et l'on aurait alors une des faces du **plus petit parallélipipède capable**.

L'épaisseur de ce parallélipipède sera (*fig*. 16) la distance qui sépare les deux plans parallèles $b'l'$ et $d'h'$ entre lesquels le voussoir doit être inscrit.

2° ▬▬ On rabattra (*fig*. 11, 12, 14 et 15) les faces du parallélipipède qui sont perpendiculaires au plan de la projection (*fig*. 13), et l'on construira dans chacune de ces faces les ellipses suivant lesquelles les cylindres concentriques qui forment la douelle et l'extrados du berceau sont coupées par les plans EG, GI, IF et FE du parallélipipède enveloppe.

658. On obtiendra ces ellipses en remarquant que chaque point doit être déterminé sur le panneau correspondant, par sa distance au plan tangent P_4 de la fig. 16.

Ainsi les distances V-1 des fig. 11 et 14 sont égales aux distances V-1 de la fig. 16.

Les distances U-6 des fig. 12 et 14 sont égales aux distances U-6 de la fig. 16.

Les distances D-o des fig. 11 et 15 sont égales aux distances D-o de la fig. 16, et ainsi de suite.

Pour faciliter le tracé de la pierre, il faut conserver sur les panneaux rabattus les lignes suivant lesquelles les faces correspondantes du parallélipipède sont coupées par les plans qui contiennent les positions successivement occupées par le rectangle R, dont le mouvement autour de l'axe du berceau engendre la courbe rampante qui forme l'assise.

Ces lignes, tracées en plein sur les panneaux rabattus, sont déterminées par les numéros de même ordre sur les deux ellipses semblables et concentriques, suivant lesquelles les cylindres de douelle et d'extrados sont coupés par le plan qui contient la face correspondante du parallélipipède.

659. Les centres et les axes de ces ellipses pourront être facilement déterminés en opérant comme nous l'avons dit au n° 658.

Ainsi les distances $O''Y''$ et $O''W''$ doivent être égales aux rayons des cylindres d'intrados et d'extrados (*fig.* 16), et le point X'' de la fig. 14 sera déterminé en traçant (*fig.* 16) le rayon $O'X'$ parallèle au plan tangent P_4. L'extrémité X' de ce rayon sera la projection d'une génératrice du cylindre d'extrados, et le point X^{17} (*fig.* 13) suivant lequel cette génératrice est coupée par le plan qui contient la face FI du parallélipipède enveloppe déterminera le demi grand axe $O''X''$ de l'ellipse $X''Y''$ (*fig.* 14).

Le demi grand axe de l'ellipse $Z''W'''$ sera déterminé de la même manière par l'extrémité Z' du rayon $O'Z'$ (*fig.* 16).

La construction des centres des ellipses rabattues sur les fig. 11, 12, 14 et 15 sera fort utile pour vérifier les points suivant lesquels ces courbes sont coupées par les génératrices des deux surfaces cylindriques de la douelle et de l'extrados.

Lorsque l'épure sera parvenue au point que nous venons d'indiquer, il ne restera plus qu'à tracer et tailler le voussoir.

660. Ainsi on équarrira le parallélipipède qui a pour face le rectangle EGIF (*fig.* 13) et pour épaisseur $b'd'$ (*fig.* 16).

On appliquera chacun des panneaux rabattus (*fig.* 11, 12, 14 et 15) sur la face correspondante du parallélipipède.

On tracera (*fig.* 19) toutes les ellipses, sur lesquelles on n'oubliera pas de conserver et de numéroter les points de repère déterminés par les génératrices des deux surfaces cylindriques de la douelle et de l'extrados.

On taillera ces deux surfaces, et la pierre *débillardée* aura la forme qui est représentée en perspective par la fig. 20.

On appliquera sur les surfaces concaves et convexes des deux cylindres les panneaux de développements $a''x''m''n''$ et $a''z''v''u''$ de la fig. 9, et l'on taillera le plan déterminé par les deux courbes $m''n''$ et $v''u''$ de ces panneaux.

Sur le plan ainsi taillé, on appliquera le panneau de la face de tête, obtenu sur la fig. 6, puis on taillera toutes les surfaces de joint en opérant comme nous l'avons dit aux n°ˢ 651, 653, et comme on le voit sur les fig. 5, 4 et 7.

661. Taille. — *Troisième méthode, pl. 71.* Afin de rendre plus facilement comparables les diverses méthodes que l'on peut employer pour tailler les voussoirs d'un pont biais, nous prendrons toujours pour exemple la même pierre A (*fig.* 13), c'est-à-dire la troisième en partant de l'angle obtus, et nous supposerons encore que l'assise ne contient qu'une seule pierre. — Mais, il est bien évident que dans une voûte qui serait tout entière en pierres de taille, et dans une seule assise telle que MN, l'inclinaison des pierres variera depuis la naissance où elle est la plus grande, jusqu'au point le plus élevé de la voûte, où les voussoirs deviennent horizontaux; et l'on conçoit alors que, dans la pratique, on devra choisir parmi toutes les méthodes celle qui conviendra le mieux pour chaque pierre.

662. Nous avons supposé dans les deux exemples précédents, que la surface cylindrique qui forme l'extrados du berceau était prolongée jusqu'au parement de la face de tête (*fig.* 17, *pl.* 70); mais, dans l'exemple actuel (*fig.* 18, *pl.* 71), nous raccorderons les voussoirs avec les assises horizontales de la face de tête; la surface cylindrique de l'extrados sera par conséquent limitée (*fig.* 19) par le plan P qui forme la face intérieure du mur de tête dont l'épaisseur est indiquée sur l'épure par une teinte de points.

Chacune des coupes de joint, sur le plan de tête (*fig.* 18), se composera de la courbe *mv* suivant laquelle le plan de tête est rencontré par la surface hélicoïde qui forme le joint continu correspondant.

Ces courbes, dont nous avons déjà parlé plusieurs fois, pourraient être construites comme nous l'avons dit aux numéros 610, 627. Mais, dans les grands ponts, on peut les remplacer par des lignes droites dirigées vers le foyer F, que l'on déterminera par l'opération indiquée aux numéros 599 et 636.

663. Pour obtenir plus de régularité dans l'appareil, on peut, comme on le voit (fig. 18), terminer toutes les coupes des têtes aux points où elles rencontrent l'ellipse suivant laquelle l'extrados prolongé traverserait le plan vertical qui forme la face de tête.

La surface hélicoïde qui forme le joint continu sera prolongée dans l'épaisseur du mur, comme on le voit sur les fig. 1 et 3, et la partie verticale du joint de coupe sera formée par le cylindre projetant de l'hélice d'extrados. Dans les grands ponts, cette surface cylindrique pourra être remplacée par un plan.

664. Ces données étant admises, on procédera pour l'exécution de l'épure comme dans les exemples précédents; ainsi, la section droite (fig. 16) déterminera les génératrices des deux cylindres de douelle et d'extrados, que l'on projettera sur la fig. 10.

La fig. 9 est le développement de la douelle et contient les hélices développées en lignes droites perpendiculaires à la corde de la sinussoïde suivant laquelle se transforme l'arc de tête.

On construira également (fig. 8) le développement de la partie d'extrados comprise entre la ligne de naissance et le plan vertical qui forme la face intérieure du mur de tête.

Enfin on complétera (fig. 10) la projection horizontale de la pierre que l'on veut étudier.

665. Cela étant fait, on pourra extraire le voussoir d'un prisme vertical, qui aurait pour base le rectangle DEFG ou plutôt le trapèze DRNG.

La grande base DR de cette dernière figure, est un peu plus longue que le côté DE du rectangle; mais, il est évident que deux trapèzes DRNG, placés comme on le voit (fig. 9), exigeront moins de pierre que deux rectangles tels que DEFG que l'on placerait bout à bout. Nous adopterons donc le trapèze DRNG pour base du prisme vertical qui doit contenir le voussoir que nous voulons tailler.

L'une des faces GN de ce prisme, devra contenir les deux points x et n de l'hélice d'intrados, et si l'on veut pousser l'économie de la pierre jusqu'à sa dernière limite, on approchera la face DR du même prisme jusqu'à ce qu'elle touche l'hélice d'extrados cv.

On peut se proposer, comme étude géométrique, d'obtenir exactement le point K suivant lequel la projection cv de cette hélice est touchée par la trace du plan vertical DR.

Pour y parvenir, on construira sur la fig. 16 la développante od du cercle o-6 suivant lequel le cylindre d'extrados est coupé par le plan de section droite ac (*fig*. 10).

La droite II' menée par le point I parallèlement à la direction du berceau, déterminera le point I' de la fig. 16, et l'on construira par ce point la tangente I'K'.

Le point de tangence K' déterminé par la construction connue sera la projection verticale du point demandé K (*fig*. 10).

Le prisme droit trapézoïdal DRNG qui doit contenir le voussoir aura pour hauteur (*fig*. 16) la distance du plan de naissance Co au plan horizontal qui forme la face supérieure de la pierre.

Les dimensions du prisme enveloppe étant déterminées, on en rabattra les quatre faces verticales comme on le voit sur les fig. 12, 11, 7 et 14, et l'on construira sur chacune de ces faces les ellipses suivant lesquelles les deux cylindres de douelle et d'extrados sont coupées par les plans verticaux qui forment les faces correspondantes du prisme. Les ordonnées des différents points de ces courbes seront déterminées par les projections des mêmes points sur la fig. 16.

Ainsi, par exemple, la hauteur du point 2 de la fig. 12,

sera égale à la hauteur du point 2 de la fig. 16, la hauteur du point m de la fig. 11, sera égale à la hauteur du même point sur la fig. 16, et ainsi de suite.

Si l'on prolonge le plan vertical qui contient la face GN du prisme enveloppe jusqu'à ce qu'il coupe l'axe CS du berceau, on obtiendra un point S qui projeté en S'' sur la fig. 12, sera le centre commun aux deux ellipses suivant lesquelles les cylindres de douelle et d'extrados sont coupés par le plan vertical GS (*fig.* 10).

Les axes horizontaux S''X'' et S''Z'' de ces ellipses sont déterminés par la rencontre du plan vertical SG avec les lignes de naissance aZ, cX des deux cylindres concentriques de la voûte, et les axes verticaux de ces mêmes ellipses sont égaux aux rayons des deux circonférences de la fig. 16.

Des constructions analogues, qui n'ont pas été conservées sur l'épure, détermineront sur les fig. 7, 11 et 14, les centres et les axes de toutes les ellipses suivant lesquels les deux cylindres de douelle et d'extrados sont coupés par les plans verticaux qui forment les autres faces du prisme enveloppe (*fig.* 10).

Les deux ellipses qh et UV de la fig. 13 proviennent de la section des mêmes cylindres par le plan vertical P qui contient la face intérieure du mur de tête (*fig.* 10).

La construction des ellipses par leurs axes est beaucoup plus exacte que la construction des mêmes courbes par points; mais, comme la détermination rigoureuse de ces points est très-importante, on fera bien d'employer les deux méthodes afin qu'elles se vérifient mutuellement.

Enfin, on construira (*fig.* 15) les deux patrons ou panneaux $vv''ss''$ et $uu''ee''$.

Le premier est le développement de la surface verticale projetante qui contient l'arc d'hélice vs (*fig.* 10) et la figure $uu''ee''$ est le développement de la surface projetante qui contient l'arc d'hélice *ue*; les sections droites *vs* et *ue* de ces deux patrons (*fig.* 15) sont égales aux arcs *vs* et *ue* de la fig. 10 et les ordonnées *yy'* et *gg'* sont déterminées sur la fig. 16 en projetant sur la circonférence d'extrados 0-6 les points correspondants de la fig. 10.

666. Lorsque la projection horizontale (*fig.* 10), les développements (*fig.* 8, 9 et 15), et les rabattements (*fig.* 7, 11, 12, 13 et 14) seront terminés, lorsqu'enfin tous les points de repère auront été vérifiés avec le plus grand soin, on pourra procéder à la taille du voussoir.

Ainsi, on taillera le prisme droit et vertical qui a pour base le trapèze DRNG (*fig.* 10).

Ce prisme est dessiné en perspective sur la fig. 20.

On appliquera les panneaux des fig. 7, 11, 12 et 14 sur les faces correspondantes du prisme, et l'on tracera toutes les ellipses sur lesquelles on aura le soin de marquer très-exactement les points de repère.

Les trois arcs d'ellipses *o-n*, *nr* et *r-o* (*fig.* 20 et 19) seront les directrices de la surface cylindrique qui doit former la douelle ou intrados du berceau.

La droite *se* (*fig.* 10) étant tracée sur la face supérieure du prisme (*fig.* 5), on taillera le plan vertical *sese* sur lequel on appliquera le panneau correspondant de la fig. 13.

L'arc *qh* (*fig.* 13 et 5) et les trois arcs d'ellipse *hw*, *wo* et *qo* donnés par les fig. 7, 12 et 14, seront les directrices du cylindre d'extrados.

Cela étant fait, on découpera sur la figure 9 le patron *axmn* qui est le développement de la douelle du voussoir, et l'on appliquera ce patron sur la surface concave du cylindre d'intrados (*fig.* 19), en faisant coïncider les génératrices tracées sur le développement *axmn* de la fig. 9, avec les lignes correspondantes tracées sur la surface concave du cylindre d'intrados (*fig.* 19):

On appliquera le panneau de tête *vvmnuu* donné par la fig. 11 sur la face correspondante NR*nr* de la fig. 19, et l'on fera en sorte que les points *m* et *n* du panneau (*fig.* 11) coïncident bien exactement avec les points correspondants du développement *axmn* (*fig.* 19).

On découpera sur la fig. 8 le patron *cses* qui est le développement de la surface cylindrique formant l'extrados du voussoir et l'on appliquera ce panneau sur la surface cylindrique d'extrados (*fig.* 5). On appliquera également le panneau *sees* de la fig. 13 sur la face verticale correspondante *sh* (*fig.* 5).

On tracera le panneau horizontal *vseu* de la fig. 10 sur la face supérieure du voussoir (fig. 1 et 5), et l'on taillera (*fig.* 5) la petite face cylindrique *ssvv*, verticale, et par conséquent perpendiculaire au plan horizontal qui forme la face supérieure du voussoir.

On pourra tailler cette face cylindrique en faisant glisser sur les deux arêtes verticales *ss* et *vv* une cerce (*fig.* 2) dont l'arc *vs* serait découpé sur la projection horizontale de l'hélice d'extrados *sv* (*fig.* 10) ; la courbe $v''s''$ du panneau H (*fig.* 15) étant appliquée sur le cylindre vertical *ss vv* (*fig.* 1 et 5) deviendra le prolongement de l'hélice d'extrados *cs* qui, avec l'hélice d'intrados *am* (*fig.* 1), seront les directrices de la surface réglée hélicoïde qui doit former le lit ou joint de pose du voussoir.

On abattra ensuite la partie M de la fig. 5, et faisant glisser la cerce (*fig.* 4) sur les deux verticales *uu*, *ee* de la figure 3, on taillera le cylindre vertical qui contient l'arc d'hélice *eu*; puis, sur la surface concave du cylindre ainsi taillée on appliquera le panneau de développement L de la fig. 15.

La courbe $u''e''$ de ce panneau en reprenant la courbure du cylindre vertical *ueeu* (*fig.* 3) deviendra le prolongement de l'hélice d'extrados *se* qui, avec l'hélice d'intrados *xn*, seront les deux directrices de la surface de joint correspondante.

La face *aczx* se taillera comme nous l'avons dit au n° 653.

667. Je crois devoir encore une fois rappeler que pour mieux faire sentir le contournement de la pierre et de ses surfaces de joint, on a donné au voussoir une longueur beaucoup plus grande que celle qui serait admise dans la pratique; mais il est évident que dans un grand pont, qui serait tout entier en pierres de taille, le grand nombre des voussoirs d'une même assise diminuerait considérablement le gauche de chacun d'eux et par suite le déchet qui en résulte.

D'ailleurs, lorsque la voûte est construite en maçonnerie ordinaire et que les têtes seules sont en pierres de taille, comme cela se fait presque toujours, le voussoir est coupé à peu de distance du plan vertical qui forme la face intérieure du mur de tête, et l'on comprendra facilement à l'inspection de la partie désignée par une teinte de points sur la fig. 17, combien dans ce cas on pourra réduire le volume de pierre que l'on doit abattre.

668. **Taille.** — *Quatrième méthode, pl.* **72.** Les données étant les mêmes que dans les trois exemples qui précèdent, on construira d'abord la section droite du berceau (*fig.* 3), le développement $C''M''U''$ du cylindre d'intrados (*fig.* 7) et le développement $C''N''V''$ de la partie d'extrados comprise entre la ligne de naissance $C''N''$ et le plan P qui contient la face intérieure du mur de tête. Puis on complétera (*fig.* 5) les projections horizontales des pierres que l'on voudra tailler.

Cela étant fait, on construira (*fig.* 2) la projection de la voûte sur le plan vertical P_2 parallèle au plan P_1 des têtes.

Cette projection sera facilement obtenue en élevant par

chacun des points essentiels de la fig. 5 une perpendiculaire au plan P_2 et portant sur cette perpendiculaire à compter de P_3 une distance égale à la hauteur de la projection du point correspondant au-dessus de P_2 (*fig.* 3).

De sorte, par exemple, que la hauteur du point *m* au-dessus de l'horizontale P_2 (*fig.* 2) soit égale à la hauteur de *m* au-dessus de P_3 (*fig.* 3).

Que la hauteur du point *q* au-dessus de P_2 (*fig.* 2) soit égale à la hauteur de *q* au-dessus de P_3 (*fig.* 3).

Et ainsi de suite pour tous les autres points pour lesquels la trace des opérations n'a pas été conservée sur l'épure.

Il sera très-essentiel, comme on le verra bientôt, de projeter sur la fig. 2 les génératrices horizontales des deux cylindres de douelle et d'extrados.

Les génératrices du cylindre d'intrados sont exprimées sur la fig. 7 par des points allongés, et les génératrices de l'extrados par des points ronds.

Ces dernières lignes n'ont pas été conservées sur les figures 2 et 5; sur la fig. 2, on n'a conservé que ce qui est utile pour expliquer les opérations.

L'ordre des génératrices à partir du plan de naissance est indiqué sur toutes les figures par les mêmes numéros pour les deux cylindres.

669. L'étude actuelle a pour but d'extraire le voussoir d'un bloc compris (*fig.* 2) entre deux plans parallèles P_4 et P_5 perpendiculaires au plan vertical P_1 qui forme la tête du pont.

Ces deux plans, aussi rapprochés du voussoir qu'il sera possible, comprendront entre eux une tranche solide que l'on projettera sur l'un des deux plans P_4 ou P_5 ou enfin sur tout autre plan, tel que P_6 qui leur serait parallèle.

Cette projection auxiliaire, rabattue fig. 4 sur le plan P_7

en tournant autour de l'horizontale projetante du point X, détermine les limites de la courbe plane qui doit contenir la pierre que l'on veut tailler.

670. Les plans parallèles P_4 et P_5 (*fig.* 2) coupent les deux cylindres concentriques de douelle et d'extrados, suivant quatre ellipses semblables, égales deux à deux, que l'on peut construire très-facilement.

Ainsi, les génératrices du cylindre d'intrados seront coupées par le plan P_4 suivant des points 1, 2, 3, 4, qui, projetés sur le plan P_6 et rabattus sur le plan horizontal P_7 détermineront (*fig.* 4) la projection de l'ellipse 43-51 suivant laquelle le plan P_4 coupe le cylindre d'intrados.

Il est évident qu'en opérant de la même manière, on obtiendra autant de points que l'on voudra sur chacune des ellipses suivant lesquels les deux cylindres sont coupés par les plans inclinés P_5 P_4 P_3 ou P_8 etc.

Dans ce cas, il serait utile de projeter toutes ces ellipses sur la fig. 5, mais, pour ne pas encombrer l'épure, on n'a conservé que les sections du cylindre d'intrados par les plans P_4 et P_5.

671. Lorsque la projection auxiliaire rabattue (*fig.* 4) sera complète, il sera facile de tailler la pierre correspondante.

Ainsi, on commencera par équarrir un bloc dont une face EFGH (*fig.* 4) sera le plus petit rectangle circonscrit à la projection de la courbe plane sur la figure 4, et dont l'épaisseur sera égale à la distance des deux plans parallèles P_4 et P_5 (*fig.* 2).

On appliquera les deux panneaux 12-46-a-49-51-43 et 16-45-47-48-50-44 sur les faces correspondantes du parallélipipède rectangle, on taillera les deux plans 48-51 et 47-45, qui forment les faces extérieure et intérieure du mur de tête, et l'on tracera sur ces plans les panneaux correspondants 48-49-51-50 et 48-49-46-45 de la fig. 2. Les points de repère conservés et numérotés sur les contours de tous ces panneaux, détermineront les positions diverses de la règle génératrice des deux surfaces cylindriques de douelle et d'extrados.

Lorsque ces surfaces seront taillées on découpera sur la fig. 7 les deux panneaux de développement *axmn*, *uzse*, et l'on appliquera chacun de ces panneaux sur la surface cylindrique correspondante.

On appliquera le panneau de tête *vomnuu* de la fig. 2 sur la face verticale 48-51 (*fig.* 4), et le panneau *ssee* de la fig. 2 sur la face intérieure 45-47 du mur de tête (*fig.* 4).

On appliquera le panneau *vseu* de la fig. 5 sur la face horizontale 48-49 du voussoir (*fig.* 2).

On taillera les deux petits cylindres verticaux qui ont pour directrices les courbes *vs*, *eu* du panneau *vseu* (*fig.* 5), et l'on appliquera sur chacun de ces cylindres leurs patrons de développements *vsvs* et *ueue* qui seront donnés par la fig. 3, en opérant comme nous l'avons dit au n° 665.

Cela étant fait, il ne restera plus qu'à tailler les surfaces de joint, et la pierre sera terminée après avoir pris successivement les formes indiquées en perspective par les figures 7, 2 et 9 de la planche 6.

672. Le voussoir ou claveau courant désigné par B, B', B'' et B''' sur les fig. 5, 2, 3 et 6, Pl. 5, pourra être taillé par la même méthode. Ainsi, la fig. 6 est la projection de la tranche solide ou courbe plane comprise entre les deux plans P_8 et P_9 parallèles et tangents, ou à peu près, au voussoir que l'on veut tailler.

Cette projection, sur le plan P_{10} rabattu sur le plan P_8 en tournant autour de l'horizontale projetante du point K, se construira exactement comme la fig. 4.

673. La tranche ou courbe plane projetée fig. 6, est limitée par les deux parallélogrammes $cwhp$ et TLIr.

La première de ces deux figures a pour côtés les lignes de naissance cw et ph des deux cylindres, et les traces horizontales cp et wh des deux plans P_6 et P_8. Le parallélogramme rTLI est situé dans le plan qui contient le point r et l'axe commun des deux cylindres de douelle et d'extrados.

Les côtés rI, TL de ce dernier parallélogramme sont les intersections des deux plans P_6 et P_9 par le plan P_{10} (*fig.* 3) et les côtés rT, IL sont les génératrices suivant lesquelles ce même plan P_{10} coupe les deux surfaces cylindriques de douelle et d'extrados.

On pourrait diminuer un peu le volume du parallélipipède capable en projetant sur la fig. 6 les parties $c'a'z'$-7 et 8-9-r'-11 de surfaces hélicoïdes entre lesquelles la pierre se trouve comprise (*fig.* 2); mais cette opération, qui augmenterait le travail graphique d'une manière sensible, ne produirait pas une économie de pierre aussi grande que la méthode indiquée au n° 655.

674. Le voussoir BB' ne contenant pas la partie d'assise qui appartient au mur de tête, les deux plans parallèles P_8 et P_9 (fig. 2) sont plus inclinés que les plans P_4 et P_5 ce qui diminue un peu l'espace compris entre les premiers plans.

Mais, dans la pratique, on pourra souvent faire tous les plans P_2, P_4, P_6, P_8 etc., parallèles entre eux, de sorte que chacun des deux cylindres de douelle et d'extrados sera coupé par ces plans, suivant une série d'ellipses égales et parallèles, ce qui simplifiera beaucoup le travail graphique puisqu'un seul patron elliptique tracé et découpé avec soin pourra servir de pistolet pour tracer toutes les sections de l'intrados par les plans coupants ; tandis qu'un second patron suffira également pour tracer toutes les sections de l'extrados par les mêmes plans.

675. On remarquera encore que, dans le cas où les deux surfaces d'intrados et d'extrados sont formées par des cylindres concentriques, les sections elliptiques de l'intrados seront semblables aux sections de l'extrados, ce qui donnera lieu à un grand nombre de vérifications.

676. Lorsqu'on aura équarri le bloc rectangulaire qui doit contenir la courbe plane projetée fig. 6, on tracera le contour des panneaux cpTL et whrI sur les faces correspondantes, et l'on taillera les deux surfaces cylindriques de douelle et d'extrados sur lesquelles on appliquera les patrons de développement $axor$, $czqy$ (fig. 7).

Toutes les coupes seront alors tracées, et l'on taillera les surfaces de joint en opérant comme dans tous les exemples précédents.

677. Nous avons supposé au n° 670 que les ellipses qui forment les arêtes des courbes planes dont les projections sont rabattues (fig. 4 et 6) avaient été construites en déterminant un à un chaque point de ces courbes. Cette manière d'opérer est conforme à ce qui se passe ordinairement dans les chantiers de construction, parce que la nécessité de tracer l'épure à l'échelle d'exécution ne permet pas toujours de donner aux détails du travail graphique tous les développements nécessaires. Mais, il ne doit pas en être de même dans une épure d'étude, sur laquelle on doit indiquer tout ce qui, en complétant la pensée, contribue en même temps à augmenter l'exactitude du résultat.

Or, si l'on projette une partie de courbe, on appréciera beaucoup mieux le sens et les variations de sa courbure lorsque l'on en connaîtra les propriétés géométriques; et ces propriétés deviendront encore plus évidentes si l'on a la place nécessaire pour tracer la courbe entièrement. Ainsi, par exemple, lorsqu'il s'agit d'un arc d'ellipse, la construction de la courbe entière fera presque toujours reconnaître et permettra de rectifier la position des points dont la position ne serait pas déterminée avec une exactitude suffisante.

Il sera donc beaucoup plus exact de tracer d'abord chaque ellipse par ses propriétés géométriques, ce qui n'empêchera pas de vérifier ensuite la position des points de repères en opérant pour chacun d'eux, comme nous l'avons dit au n° 670.

C'est pourquoi je crois utile, non-seulement pour l'épure actuelle, mais encore pour d'autres cas qui pourront se présenter par la suite, de rappeler quelques-uns des moyens les plus simples et les plus exacts de tracer les ellipses.

678. *Première méthode.*—**Construction des ellipses par leurs diamètres conjugués.** J'ai dit au n° 88 de l'introduction au traité de la coupe de pierres, ce que l'on entend par diamètres conjugués, et j'ai donné au n° 89 le moyen de construire l'ellipse lorsque ces diamètres sont connus.

Or, si nous supposons que le cylindre circulaire qui forme l'extrados du berceau soit inscrit dans un prisme quadrangulaire ayant pour section droite le quarré circonscrit au quart de cercle 0-5 de la fig. 3, les sections de ce prisme par les deux plans P_4 et P_5 de la fig. 2, seront deux parallélogrammes égaux et parallèles, projetés sur le plan P_4 rabattu fig. 4, par les parallélogrammes 12-13-15-14 et 16-17-19-18 que l'on obtiendra en opérant, comme nous l'avons dit au n° 670.

Les faces du prisme qui a pour section droite le quarré circonscrit au cercle 0-5 de la fig. 3 seront tangentes au cylindre d'extrados, et les côtés 12-14 et 14-15 du parallélogramme 12-13-15-14 seront par conséquent tangents à la section elliptique 12-15 du cylindre d'extrados par les plans P, de la fig. 2.

Les rayons 12-13 et 13-15 de l'ellipse 12-15 (*fig.* 4) seront conjugués, puisqu'ils sont parallèles aux tangentes 15-14, 14-12, et l'on pourra construire l'ellipse 12-15 par la méthode indiquée au n° 89 de l'introduction au Traité de la coupe des pierres.

Il est évident que toutes les autres ellipses pourront être construites de la même manière.

679. *Deuxième méthode.* — **Trouver les axes d'une ellipse lorsqu'on connaît ses diamètres conjugués.** On sait que la construction d'une ellipse par ses axes est beaucoup plus simple, et, par conséquent, plus exacte que la construction par les diamètres conjugués. Or, ces dernières lignes étant connues, il est facile de trouver les axes.

Pour y parvenir, on emploiera la construction suivante dont on trouvera la démonstration dans les traités d'application d'algèbre, ou au n° 514 de mon recueil d'exercices et questions diverses.

1° ━━━ Le quadrilatère 12-14-20-21 (*fig.* 4) étant le demi-parallélogramme conjugué de l'ellipse qu'il s'agit de construire, on fera décrire au point 12 un quart de circonférence jusqu'à ce que le rayon 13-12 soit venu prendre la position 13-22 perpendiculaire sur 13-12.

2° ━━━ On tracera la droite 15-22 dont on déterminera le milieu m.

3° ━━━ On ramènera le point 22 en 23 et le point 15 en 24, par deux arcs de cercles décrits du point m comme centre.

La droite 13-23 sera égale au demi-grand axe de l'ellipse demandée, et la droite 13-24 sera le demi-petit axe.

4° ▬ On décrira l'arc de cercle 23-28, ce qui déterminera le point 27 sur 15-21 et le point 28 sur 20-21.

5° ▬ On tracera 27-29 perpendiculaire sur 15-21 et 28-29 perpendiculaire sur 20-21. Le point 29, suivant lequel se coupent les deux droites 27-29 et 28-29, sera l'un des foyers de l'ellipse 12-15-25, et la droite 13-25 sera par conséquent le demi-grand axe. Enfin :

6° ▬ La droite 13-26 perpendiculaire sur 13-25 sera le demi-petit axe dont l'extrémité 26 sera déterminée par l'arc de cercle 24-26, décrit du point 13 comme centre avec le rayon 13-24.

680. *Troisième méthode.* — **Construire une ellipse connaissant l'un de ses axes et un point.** J'ai cru devoir rappeler la construction précédente parce qu'elle peut être utile dans un grand nombre de circonstances; mais, dans l'épure actuelle, on peut obtenir les axes d'une manière beaucoup plus simple en effet.

On sait (*fig.* 1) que la section d'un cylindre circulaire par un plan P est toujours une ellipse dont le grand axe aa est la projection de l'axe AA du cylindre sur le plan coupant P.

On sait de plus que le petit axe oo de l'ellipse est égal au diamètre du cylindre.

Par conséquent, si sur le plan P_{10} de la fig. 2 on projette deux points quelconques, tels par exemple que 30 et 52, de l'axe commun aux deux cylindres circulaires de douelle et d'extrados, la droite 30-52 que l'on obtiendra fig. 6 sera le grand axe commun aux projections de toutes les ellipses qui proviendraient de la section des deux cylindres par des plans parallèles au plan P_{10}.

Or, le point 30 déterminé sur la figure 6 par le moyen indiqué au n° 670 étant le centre de l'ellipse cT, suivant laquelle le cylindre d'extrados est coupé par le plan P, on tracera la droite 30-31 perpendiculaire sur la direction 30-52 du grand axe, et faisant 30-31 égale au rayon Oo du cylindre d'extrados (*fig.* 3), on connaîtra l'un des axes 30-31 de l'ellipse cT. On peut toujours déterminer un point quelconque 32, en opérant comme au n° 670, et l'on pourra par conséquent construire l'ellipse en employant la méthode suivante, que l'on trouvera indiquée au n° 86 de l'introduction du Traité actuel. Ainsi :

1° ━━ On ouvrira le compas d'une quantité égale à la droite 30-31 ou Oo de la figure. 3.

2° ━━ On décrira (*fig.* 6), et du point 32 comme centre, l'arc de cercle 33-34 qui coupera le grand axe 30-37 de l'ellipse demandée en un point 35.

3° ━━ On joindra le point 32 avec le point 35 par la droite 32-35 que l'on prolongera jusqu'à ce qu'elle rencontre, en un point 36, le prolongement du rayon 31-30.

La droite 32-36 sera le demi-grand axe de l'ellipse cT ; de sorte qu'en portant 32-36 de 30 à 37 et de 30 à 38, le grand axe 37-38 sera déterminé, et l'on pourra construire l'ellipse par le moyen connu.

La droite 39-40 obtenue de la même manière sera la moitié du grand axe 41-42 de l'ellipse pL.

681. On remarquera que les deux droites 32-36 et 39-40 sont parallèles ; ce qui provient de ce que les deux ellipses cT et pL sont semblables, concentriques, et que leurs axes sont parallèles.

682. On devra également s'assurer comme vérification

que les projections des génératrices des deux cylindres de douelle et d'extrados sur les figures 4 et 6, sont bien exactement parallèles aux grands axes des ellipses correspondantes.

683. **Taille des Coussinets.** — Pour éviter les angles aigus que les surfaces réglées hélicoïdes feraient avec le plan de naissance, on taille ordinairement le coussinet dans la pierre qui forme le bandeau; et pour que les joints montants ne soient pas trop nombreux, on fait autant que possible plusieurs coussinets d'un seul bloc. Ainsi, dans l'exemple actuel, nous supposerons que les deux coussinets qui supportent la pierre A', figure 2, appartiennent à une seule pierre CC' dont la longueur 18-53 sera donnée par sa projection horizontale, figure 5.

684. Pour tailler cette pierre, on emploiera la méthode que nous avons exposée au numéro 649. Ainsi, après avoir équarri un bloc capable de contenir la pierre du bandeau et les deux coussinets qui en font partie, on tracera sur les faces extrêmes, le panneau de section droite C'', figure 3, on taillera les deux surfaces cylindriques de la douelle et de l'extrados, et l'on appliquera sur ces deux surfaces les panneaux de développements $C''xa$ et $C''za$, figure 7. Les côtés de ces deux panneaux formeront les hélices directrices des surfaces de joint du coussinet, que l'on taillera comme dans tous les exemples qui précèdent. Je n'ai pas cru qu'il fût nécessaire de donner une perspective de cette pierre qui ne présente aucune difficulté, et que l'on peut voir d'ailleurs sur la figure 4 de la planche 3.

685. **Taille des claveaux courants.** — Chacun des claveaux courants pourra, suivant son inclinaison plus ou

moins grande, être taillé par l'une des méthodes indiquées aux numéros 649, 655, 661 ou 668, et l'on devra s'appliquer dans chaque cas, à profiter de toutes les circonstances qui, sans nuire à l'exactitude, pourront contribuer à l'économie des matériaux ou de la main-d'œuvre.

Supposons, par exemple, qu'il s'agit d'un berceau dont la section droite serait comprise entre deux circonférences concentriques 6-6, 6-6, figure 3, planche 73. Admettons de plus, qu'en opérant comme nous l'avons dit au n° 593, on soit parvenu à décomposer la plus grande partie de la voûte en voussoirs de même longueur, et, par conséquent, égaux entre eux. Il est évident que toutes les opérations que l'on aura faites pour tailler un de ces voussoirs, serviront également pour tailler tous les autres, et qu'il suffira, par conséquent, de construire avec précision les panneaux nécessaires pour la taille d'un seul d'entre eux.

La partie graphique du travail étant ainsi réduite, il reste encore à choisir parmi les quatre méthodes indiquées précédemment, celle qui produit la plus grande économie de pierre. Or, la méthode exposée au n° 655 est celle qui exige le plus petit parallélipipède enveloppe, c'est pourquoi nous lui donnerons la préférence.

Mais, si nous admettons que toutes les pierres d'une même assise, figures 11 et 12, soient égales entre elles, le travail graphique pourra encore être simplifié.

686. En effet, supposons que l'on veut tailler le claveau désigné par la lettre A sur la projection horizontale, figure 11, et par A' sur la section droite, figure 12, on fera tourner ce voussoir autour de l'axe du berceau jusqu'à ce qu'il soit venu occuper le point le plus élevé de la voûte. Sa nouvelle projection horizontale deviendra A'',

et sa projection sur le plan de la section droite sera A‴.

Dans cette nouvelle position, l'exécution de l'épure deviendra extrêmement simple, car on aura évité la projection auxiliaire sur le plan tangent au milieu de la longueur de la pierre (655), et toutes les opérations pourront se grouper facilement autour de la projection horizontale du voussoir qui occupe le centre de la voûte.

687. Pour mieux étudier cette partie de la question, nous lui consacrerons une épure particulière. Ainsi, nous supposerons que les figures 3, 5 et 6 sont détachées d'une épure d'ensemble sur laquelle, en opérant comme nous l'avons dit aux n°^{s} 584 et 585, on aurait déterminé :

1° ▬▬ La section droite, figure 3 ;
2° ▬▬ Les développements, figure 5, de l'intrados HH″ et de l'extrados FF‴ ;
3° ▬▬ L'angle hélicoïdal I″C″D″, ainsi que la distribution de la voûte en claveaux.

Supposons que le point C de la figure 6 soit la projection horizontale du centre de la voûte, et que C″, figure 5, soit le centre du développement.

Le plan P de la section droite qui contient le point C, est rabattu, figure 3, en tournant autour de sa trace horizontale C″C.

La demi-circonférence qui forme le cintre du berceau étant partagée en *quarante* parties égales, chacune d'elles est, par conséquent, la *quatre-vingtième* partie de la circonférence entière.

Afin de profiter des relations de symétrie qui résultent de la disposition des données, nous compterons les génératrices des deux surfaces de la douelle et de l'extrados, à partir de celle qui contient le point le plus élevé dans chacun des deux cylindres.

688. Pour construire sur la figure 5, les deux panneaux de douelle et d'extrados du voussoir que l'on veut tailler, on pourra opérer de la manière suivante :

On fera I''C''D'' égal à l'angle hélicoïdal, c'est-à-dire à l'angle que chacune des hélices d'intrados fait avec la direction I''C'' du berceau. Il ne faut pas oublier que cet angle a dû être déterminé sur l'épure d'ensemble, en opérant comme nous l'avons dit au n° 585.

La droite C''D'' sera le développement de l'hélice qui passerait par le centre CC'' de la voûte.

On peut encore obtenir la droite C''D'' en construisant un triangle rectangle I''C''D'' tel que l'on ait C''I'' : I''D'' comme le pas de l'hélice est à la section droite rectifiée.

Sur l'épure actuelle, C''I'' est égale à quatre fois la *quatre-vingtième* partie du pas de l'une des hélices, et D''I'' est égale à quatre *quatre-vingtièmes* ou un *vingtième* de la circonférence entière qui formerait la section droite de l'intrados du berceau.

Cela étant fait, on fera C''o égale à la moitié de la partie de génératrice qui sur l'épure d'ensemble est comprise entre deux hélices consécutives de la douelle ; ce qui dépend du nombre de voussoirs, que l'on veut obtenir sur les arcs de tête (585), et les droites m''n'', m''n'' parallèles à C''D'' seront les développements des deux hélices, qui doivent former les arêtes d'intrados du voussoir. Les petits côtés du quadrilatère m''n''m''n'' seront les développements des hélices formant les arêtes des joints transversaux.

689. Les grands côtés v''u'', v''u'' qui, sur le développement, fig. 5, correspondent aux arêtes d'extrados, devront passer par les points o et seront parallèles à la droite C''S'' que l'on obtiendra en faisant I''S'' égale à quatre *quatre-*

vingtièmes ou un *vingtième* de la circonférence à laquelle appartient l'arc d'extrados 6-6, figure 3.

Les points u'' et v'' du développement de l'extrados seront déterminés par les droites $m''v''$, $n''u''$ perpendiculaires aux génératrices des cylindres, et l'on devra s'assurer comme vérification, que les deux droites qui forment les arêtes des joints transversaux $m''n''$, $v''u''$ se rencontrent sur la ligne $C''I''$ qui contient le centre commun des deux développements.

En portant sur la droite PP des parties égales chacune à un *quatre-vingtième* de la circonférence $m'n'$, figure 3, on déterminera les génératrices sur le développement de l'intrados, et l'on devra s'assurer que ces génératrices coupent en parties égales les côtés longitudinaux du quadrilatère $m''n''m''n''$.

En opérant de la même manière, on tracera les génératrices sur le développement de l'extrados, et l'on fera en sorte que les points correspondants des droites HH'' et FF'' soient situés sur des perpendiculaires à l'axe $C''I''$ de la voûte.

690. La section droite, figure 3, et les développements de la figure 5 étant terminés, on construira la projection horizontale du voussoir, figure 6, en opérant comme dans tous les exemples qui précèdent; puis on déterminera les dimensions du parallélipipède enveloppe ABAB.

Pour éviter la confusion des lignes, on a indiqué sur l'épure un bloc plus grand qu'il ne serait rigoureusement nécessaire; mais, il est évident, que dans la pratique, on pourrait rapprocher beaucoup les faces latérales.

691. En opérant comme nous l'avons dit au n° 658, on construira les figures 8 et 10 qui contiennent les ellipses suivant lesquelles les deux cylindres de la douelle

et de l'extrados sont coupés par les faces du parallélipipède enveloppe. Par suite de la symétrie, les mêmes figures, retournées, contiendront les sections des deux cylindres par les plans opposés du parallélipipède.

Ainsi les panneaux déterminés sur les figures 8 et 10, avec les deux patrons de développements de la figure 5, suffiront pour construire tous les claveaux courants de la voûte.

On fera bien de construire ces panneaux en zinc ou en tôle afin qu'ils ne soient pas altérés par l'usage.

692. La taille du voussoir ne présentera aucune difficulté. Ainsi, après avoir appliqué les deux panneaux des figures 8 et 10 sur les faces correspondantes du parallélipipède, on retournera ces mêmes panneaux, que l'on appliquera sur les faces opposées.

Les arcs d'ellipses, sur lesquels on aura le soin de bien indiquer les points de repères, seront les directrices des surfaces cylindriques sur lesquelles, lorsqu'elles seront taillées, on appliquera les panneaux de développement de la figure 5.

Les courbes bd, hk de ces panneaux détermineront les surfaces hélicoïdes qui doivent former les joints de la voûte.

693. Si, pour le raccordement avec les têtes, on doit faire quelques voussoirs un peu plus courts, on pourra toujours les tailler avec les mêmes panneaux et les raccourcir après la taille.

694. Enfin, si l'on veut faire la voûte en briques, on pourra tailler avec précision un voussoir en pierre, et faire mouler les briques sur ce modèle. Cela sera évidemment plus solide que des briques ou des moellons rectangulaires, surtout s'il s'agit d'une voûte d'un faible rayon.

695. Joints plans. — Lorsqu'un joint courbe, développable ou gauche, a beaucoup d'étendue, on doit conserver sa courbure. C'est le cas où l'on se trouve à l'égard des surfaces hélicoïdes qui forment les joints continus; mais, lorsqu'il s'agit d'une petite surface, comme celles qui forment les joints transversaux, on peut, surtout dans les grands ponts, faire abstraction de la courbure, et remplacer par un plan, la surface gauche hélicoïde indiquée par la théorie.

Le plan qu'on emploiera dans ce cas, devra contenir, figure 5, la corde H″H″ de la partie d'hélice qui forme l'arête de joint, et la normale K″L″ passant par le point K″ milieu de cette arête.

Cette normale percera l'extrados en un point L″ qui sera déterminé sur l'hélice C″S″ par la droite K″L″ perpendiculaire à C″I″, et les trois points H″H″L″ étant reportés sur la pierre, cela suffira pour tailler le joint plan dont il s'agit, sans qu'il soit nécessaire d'en construire les projections.

696. Cependant, comme il s'agit toujours ici, d'études théoriques, et que l'on ne saurait trop multiplier les occasions de s'exercer à l'application des principes, j'engagerai le lecteur à exécuter les opérations suivantes, que nous avons déjà exposées aux n°⁸ 465 et 466 du traité actuel.

On construira (*fig.* 6) le triangle rectangle CID, dont la hauteur ID est à la base CI, comme la circonférence de la section droite $m'm'$ est au pas des hélices.

L'hypoténuse CD sera la tangente au point C de l'hélice qui occupe exactement le milieu de la douelle du voussoir. Cette hélice n'a pas été tracée sur l'épure.

Le plan P_1 perpendiculaire à la tangente CD, sera normal au point C de la voûte, et coupera les quatre arêtes du voussoir suivant des angles qui différeront très-peu de l'angle droit, surtout vers les arêtes d'intrados, ce qui est le plus important.

Les sommets $aaee$ de ces quatre angles, étant projetés sur la figure 3, appartiendront à un quadrilatère $a'a'e'e'$ qui est la projection de la section du voussoir par le plan P_1.

Les arcs de cercles $a'a'$, $e'e'$ formant deux côtés de ce quadrilatère, sont les projections des arcs d'ellipses suivant lesquels le plan P_1 figure 6, coupe les deux surfaces cylindriques de la douelle et de l'extrados.

Les deux côtés $a'e'$ du quadrilatère $a'e'a'e'$, figure 3, sont deux courbes, puisqu'elles proviennent de la section par le plan P_1 des surfaces hélicoïdes qui forme les joints continus de la pierre; mais la courbure de ces lignes est insensible, et peut être négligée dans la pratique; cependant on pourra, comme étude, construire sur chacune de ces courbes un point intermédiaire x' qui sera déterminé d'abord sur la figure 6, par la rencontre du plan P_1 avec l'hélice qui partage partout en parties égales le joint continu du voussoir.

Cette hélice projetée sur la figure 3, par l'arc de cercle $x'x'$ passera sur la figure 6, par les milieux de toutes les génératrices du joint continu.

Lorsque le quadrilatère $a'e'a'e'$ sera déterminé sur la figure 3, on pourra supposer qu'on le fait monter ou descendre de manière que ses quatre sommets ne quittent pas les hélices correspondantes, jusqu'à ce qu'il soit arrivé dans la position où l'on voudra faire un joint plan transversal $a'''e'''a'''e'''$.

Les droites $a'''a''$, $e'''e''$ perpendiculaires au plan de la figure 3, détermineront (*fig.* 4), la projection horizontale $a''e''a''e''$ de la face plane du voussoir, et les droites $a''a''$, $e''e''$ perpendiculaires à la direction du berceau, détermineront sur la figure 5, les côtés $a''a''$, $e''e''$ du quadrilatère cherché. Théoriquement, ces deux lignes sont courbes, puisqu'elles appartiennent aux sinusoïdes suivant lesquelles se développeraient les ellipses provenant de la section des deux cylindres par le plan P_1 figure 6, mais leur courbure est insensible et l'on peut sans inconvénient, les remplacer par leurs cordes, qui sur les figures 3, 6 et 5 doivent être parallèles entre elles.

Si l'on veut obtenir (*fig.* 1) le panneau précédent en véritable grandeur, on pourra supposer qu'on l'a fait tourner autour de la normale du point C^v. Les distances des sommets a^v, e^v et des points intermédiaires x^v à cette normale, seront égales aux distances des points correspondants de la figure 6 au point C, qui est la projection horizontale de la normale C^vE^v (*fig.* 1).

697. La disposition d'épure que nous venons d'indiquer pourrait être employée à la taille des voussoirs d'une voûte dont l'extrados (*fig.* 13) serait formé par un cylindre circulaire, qui aurait son axe O' au-dessous du plan de naissance. Dans ce cas, on ferait encore tourner les voussoirs A, B, etc., jusqu'à ce qu'ils viennent se placer en C; puis, on opérerait comme si le voussoir A était extradossé par le cylindre de rayon ON, le voussoir B serait extradossé par le cylindre de rayon OV, etc., mais alors le travail graphique serait augmenté, par la nécessité de construire des panneaux différents pour les voussoirs qui n'auraient pas la même surface d'extrados.

698. **Résumé des études précédentes. — Construction complète d'un pont biais. — Joints normaux hélicoïdes, pl. 74.** — Quoique cette planche soit deux fois aussi grande que le format ordinaire de l'atlas, il n'a pas été possible d'y placer tous les détails; mais, ce qui a

pu être conservé suffira je l'espère pour faire comprendre le reste.

699. L'exemple qui fait le sujet de cette épure doit encore être considéré comme une *étude théorique*, pour laquelle on a exagéré la courbure et la grosseur des pierres, afin de rendre plus sensible le contournement des arêtes et des surfaces de joint. Mais, il est évident, qu'en augmentant le nombre des voussoirs, et diminuant l'épaisseur de la voûte, on réduira les dimensions, autant qu'il sera nécessaire pour ne pas excéder les limites des blocs employés dans la pratique.

La figure 23 est la demi-section droite du pont, dont la voûte est comprise entre deux cylindres circulaires et concentriques, qui ont pour rayons les droites C'-8.

La partie désignée par la lettre M, est la coupe de la pile ou pied-droit désigné par la même lettre sur les figures 13, 16 et 11.

La figure 20 est une coupe de la pile par le plan horizontal qui contient la naissance de la voûte, elle indique par conséquent la liaison des coussinets, qui à l'exception des quatre angles de la pile, sont tous égaux entre eux et de la forme qui est indiquée en perspective par la figure 22.

La disposition d'appareil de la figure 20 dépendra du nombre des coussinets, de leur grandeur, de l'épaisseur de la pile, et de la place qui conviendra le mieux pour établir de bonnes liaisons avec l'assise supérieure.

L'espace indiqué sur la figure 23 par la lettre T, est la coupe de l'assise en pierre de taille ou en maçonnerie qui est au-dessus des coussinets.

On sait que dans un pont biais les hélices ou arêtes des joints de lit, presque horizontales pour les pierres qui sont dans les parties les plus élevées de la voûte, sont au contraire fortement inclinées dans le voisinage des naissances, et pour combattre la force qui tend à faire glisser les premiers voussoirs sur leurs joints, il pourra être utile, dans certains cas, de les enraciner fortement dans la masse de la pile.

C'est ce que l'on pourra faire, en doublant chacune des pierres de la première assise (*fig.* 5), par un renfort R, dont les faces verticales 31 - 27 viendraient s'emboîter avec précision entre les deux pierres adjacentes, de sorte que l'assise (*fig.* 12) qui est au-dessus des coussinets, se composera d'une suite de voussoirs identiques, égaux chacun à la pierre qui est dessinée en perspective sur la figure 5.

Il faut cependant excepter la pierre II, et la pierre XIV de la figure 12. En effet, les joints de lits, surtout pour les voussoirs de naissance, ayant une inclinaison très-prononcée de gauche à droite, il s'ensuit que les voussoirs qui forment l'arc de tête du côté de l'angle obtus A^v sont entraînés par leurs poids dans la direction suivant laquelle la masse de la maçonnerie leur oppose une résistance suffisante, tandis que du côté de l'angle aigu F^v, toutes les pierres tendent à glisser sur leur lit, et à tomber dans le vide; ce qui arriverait infailliblement, si elles n'étaient retenues par l'adhérence des mortiers, et enchevêtrées les unes dans les autres par le contournement de leurs surfaces de joint.

Beaucoup de constructeurs ont cru devoir rattacher ces voussoirs au reste de la voûte, par des tirants et des armatures.

D'autres fois, on a employé dans cette partie de la construction, quelques pierres d'une grosseur exceptionnelle et suffisante pour former plusieurs voussoirs, séparés en apparence par de faux joints pour la régularité de l'appareil.

Les figures 12 et 6 feront comprendre comment cette difficulté peut être résolue.

La pierre I (*fig.* 12), qui correspond à l'angle F' de la pile M, contient une assise du bandeau, et termine vers la droite la crémaillère formée par les coussinets XVI.

La pierre II, figures 12 et 6, sera placée sur la pierre I, en faisant coïncider les points correspondants des deux figures.

Enfin, la figure 4 représente le renfort de la pierre II vue par derrière.

Le système d'appareil à crochets que nous venons d'indiquer peut être continué jusqu'à une certaine hauteur, comme on le voit sur la figure 2; l'irrégularité qui résulterait du brisement des arêtes du joint serait amplement compensée par l'avantage d'augmenter beaucoup la solidité de la voûte.

J'ai fait exécuter de cette manière un modèle au dixième, dans lequel toute tendance au glissement des voussoirs était complétement arrêtée.

700. **Corne de vache.**—Si l'on jette un coup d'œil sur la figure 23 de la planche 1, on verra qu'au point *n* de la pile, il existe un angle très-aigu formé par la rencontre de la douelle avec la face de tête, et cet inconvénient se reproduit pour tous les voussoirs compris entre le point *n* et la clef, en s'affaiblissant, il est vrai, à mesure que l'on approche du sommet de la voûte.

De plus, les premiers joints de lit, par suite de leur inclinaison, rencontrent obliquement les plans de têtes.

Il existe donc dans cette partie de la construction, deux sortes d'angles aigus qu'il faut chercher à faire disparaître.

On peut obtenir ce résultat par des moyens que nous allons indiquer.

Pour éviter (*fig.* 27 et 26) les angles aigus que la douelle ou intrados du berceau fait avec les plans verticaux des têtes, on coupe l'angle KLB de la pile, par un plan vertical BF perpendiculaire à la face de tête AB, ou faisant avec cette face un angle obtus PBF (*fig.* 25), puis, au-dessus de la naissance, on prolonge le pan coupé vertical BF, par une surface courbe à laquelle on a donné le nom de *corne de vache*.

Le problème dont il s'agit alors peut être résolu de plusieurs manières.

701. *Première méthode* (fig. 27). — Le point U étant le plus élevé de l'arc de tête, on tracera la droite UF, que l'on pourra considérer comme la trace d'un plan vertical; ce plan coupera la douelle ou intrados du berceau suivant un arc d'ellipse UF, que l'on prendra pour directrice d'une surface cylindrique UBF, perpendiculaire à la face de tête AB.

La courbe UF, directrice de la surface cylindrique UFB, devient une arête, commune à la douelle du berceau et à la corne de vache; ces deux surfaces forment à la naissance un angle obtus BFK, qui augmente de grandeur à mesure que l'on s'approche du point U, et qui, devenant égal à 180°, s'efface complétement lorsque l'on arrive à ce point.

La solution qui précède, a l'inconvénient de briser la ligne AUF qui limite la douelle du berceau. En outre elle détruit la symétrie de l'arc de tête, qui dans le cas d'un berceau circulaire se composerait du quart d'ellipse projeté sur le plan horizontal par la droite AU, et du quart d'ellipse UB, suivant lequel le plan de tête est rencontré par la surface cylindrique UFB, qui forme la douelle de la corne de vache.

Ces deux courbes se raccorderaient au point U, mais l'inégalité de leurs rayons horizontaux AU, UB détruirait toute symétrie, et les douelles des voussoirs de même rang ne seraient plus égales des deux côtés de la tête.

702. *Deuxième méthode.* — Le défaut de symétrie qui existerait entre les deux parties AU et UB de l'arc de tête (*fig.* 27), pourrait être facilement évité en prenant pour courbe directrice de la corne de vache (*fig.* 26), la section du berceau par le plan vertical qui aurait pour trace la droite AF.

Dans ce cas, l'arête de tête sera formée par l'ellipse AB, suivant laquelle la section AF se projette sur le plan vertical AB.

703. *Troisième méthode.* — On peut remplacer la surface cylindrique AFB (*fig.* 26), par une surface réglée conoïde dont la génératrice horizontale BF, s'appuierait constamment sur l'une des deux courbes AB ou AF, et sur la droite suivant laquelle se rencontrent les deux plans verticaux AE, BH; mais, si l'on prend pour directrice de la conoïde, la section du berceau par le plan vertical AF, l'arête AB de l'arc de tête ne sera plus une ellipse; et si l'on veut que cette dernière condition ait lieu, c'est-à-dire que l'arc de tête AB soit une ellipse, l'arête AF sera une courbe à double courbure disgracieuse, aussi difficile à bien tracer qu'à tailler.

704. *Quatrième méthode.* — On ferait disparaître l'irrégularité dont nous venons de parler, en employant (*fig.* 25) une surface conoïde dont la génératrice horizontale BF, s'appuierait sur l'ellipse EF, suivant laquelle la douelle du berceau est coupée par le plan vertical EF, parallèle à

la face de tête, et qui aurait pour seconde directrice la verticale élevée par le point suivant lequel le plan vertical AS, est percé par la droite horizontale CS perpendiculaire au milieu C de EF.

La section de la surface précédente par le plan AB de la tête, sera une ellipse de même hauteur que la directrice EF, dont elle ne différera que par son axe horizontal AB, et l'angle PBF de la pile M sera égal à l'angle TAS de la pile N, ce qui donnera pour la face de tête un appareil symétrique.

705. *Cinquième méthode.* — Je n'ai parlé des méthodes précédentes, que pour avoir l'occasion d'en signaler quelques inconvénients qui n'ont probablement pas échappé aux constructeurs. En effet, on remarquera (*fig.* 26 et 25), que du côté de la pile M, la corne de vache forme avec la douelle du berceau principal des angles saillants *vxz*, toujours très-faciles à tracer et à tailler ; mais, il n'en est pas de même pour les voussoirs qui sont du côté de la pile N, et l'inspection des figures 26 et 25 suffit pour faire reconnaître qu'au point *o*, par exemple, les génératrices horizontales *oy* et *bo*, de la douelle et de la corne de vache, formeront un angle rentrant *boy*, c'est-à-dire qu'une partie de la corne de vache pénétrerait dans le cylindre qui forme la douelle du berceau, ce qui gênerait beaucoup pour tailler les surfaces de douelle du berceau et de la corne de vache.

Cet inconvénient, provenant de la direction *horizontale* des génératrices des deux voûtes, existerait également, quoique avec moins d'intensité, si l'on employait pour douelle de la corne de vache l'une des surfaces conoïdes indiquées aux n°ˢ 703 et 704 : mais, si au lieu de conoïde, on emploie (*fig.* 25) un cône dont le sommet S serait situé dans le plan de naissance, et qui aurait pour directrice la section du berceau par le plan vertical EF, toutes les difficultés précédentes auront complétement disparu.

Car il est facile de reconnaître par l'inspection de la figure 28, qu'aucune partie de la surface conique qui, dans ce cas formerait la corne de vache, ne pénètre dans l'intérieur du cylindre dont la section droite est la demi-cironférence $A'U'F'$. D'où l'on peut conclure que nulle part les douelles des deux voûtes ne se rencontreront suivant des angles rentrants.

J'ai cru devoir donner une certaine étendue à la discussion précédente, parce que beaucoup de constructeurs de ponts biais n'ont pas cru devoir employer des cornes de vache : mais en faisant abstraction d'une augmentation de dépense peu considérable, si on la compare à l'importance du travail dont il s'agit, on reconnaîtra facilement que, loin d'augmenter les difficultés d'appareil, cette construction, au contraire, les évite complétement, en faisant disparaître tous les angles aigus qui existeraient si la douelle et les joints de lits étaient prolongés jusqu'aux plans verticaux des têtes. Les études suivantes ne laisseront aucun doute à cet égard.

706. **Épure.** — Les données de la question à résoudre sont :

L'axe CC et la largeur du berceau (*fig.* 13), la section droite (*fig.* 23), et l'angle que le plan AB de la tête fait avec la direction O'C de la voûte.

Cela étant admis, on exécutera successivement les opérations que nous avons exposées dans les articles précédents ; ainsi :

707. **Projection horizontale** (*fig.* 13). — Après avoir déterminé les projections des piles dont l'écartement est égal au diamètre de la circonférence 0-8 (*fig.* 23), on con-

struira les traces horizontales PP des deux plans de tête : on fera UC égal à la largeur que l'on veut donner à la corne de vache ABFE, et la droite EF, parallèle au plan P de la tête, déterminera le point F.

La droite CS, perpendiculaire au milieu de EF, rencontrera la ligne de naissance AS, en un point S, que l'on joindra au point F, par une droite dont le prolongement FB sera l'évasement de la corne de vache du côté de la pile M.

La droite EF située dans le plan P_1 sera l'arête commune au berceau et à la corne de vache dont la douelle sera projetée sur le plan horizontal par le trapèze ABFE.

Les lignes P_2 parallèles aux plans P_1 sont les parements intérieurs des murs de tête, dont l'épaisseur, indiquée sur l'épure par une teinte légère, est comprise, par conséquent, entre les deux plans verticaux et parallèles qui ont pour traces les droites PP et $P_2 P_2$.

708. Développement. — Il est évident que l'appareil de la voûte doit être étudié comme si le berceau était limité par les deux plans verticaux P_1. Ainsi, en opérant comme nous l'avons dit au n° 584, on construira (*fig.* 14) le développement du cylindre d'intrados dont on n'a pu conserver ici qu'une partie, mais qu'il sera facile de compléter lorsque l'on pourra disposer d'un plus grand espace.

Si l'arc de tête doit contenir quinze voussoirs, la corde $F''H''$ de la sinusoïde, suivant laquelle se développe l'ellipse EF, sera partagée en quinze parties égales, et la direction $F''K''$ des hélices développées sera déterminée en opérant comme nous l'avons dit au n° 585.

Les perpendiculaires abaissées par les points suivant lesquels la droite $F''K''$ coupe les génératrices de l'intrados développé, détermineront sur la figure 13 la projection de l'hélice correspondante FK.

On déterminera de la même manière les projections horizontales de toutes les autres hélices qui pourront, comme nous l'avons dit au n° 594, être tracées avec un patron ou pistolet que l'on ferait glisser parallèlement à la direction du cylindre en s'assurant, pour plus d'exactitude, que le contour de ce patron passe bien exactement par tous les points déterminés sur la figure 13, par les perpendiculaires abaissées des points correspondants de la fig. 14.

On déterminera les coupes de joints transversaux sur le développement, fig. 14, de manière à ne pas excéder les limites des pierres dont on pourra disposer, et l'on tâchera, comme nous l'avons dit au n° 593, de faire autant que possible tous les claveaux courants de même longueur, afin de simplifier les opérations de la taille (686).

Dans l'épure actuelle, il sera difficile de satisfaire à cette condition, par suite du petit nombre de voussoirs qui forment la voûte; mais dans un grand pont, où les joints sont très-nombreux, il sera beaucoup plus facile de réussir (593).

La même cause ne permet pas, ici, de disposer avec régularité les coupes postérieures des voussoirs des têtes.

Mais dans une voûte contenant un grand nombre de voussoirs, il sera facile d'arranger les pierres comme on le voit fig. 21, en comptant la longueur de chaque voussoir, à partir de la sinusoïde, sur la génératrice qui partage la douelle en deux parties égales.

709. La partie qui est désignée sur la fig. 14 par une teinte de points, est le développement de la surface d'extrados comprise entre les génératrices DD' (*fig.* 13 et 23) et les deux plans verticaux P_2P_2.

Les sinusoïdes $G''J''$ de la fig. 14 sont les développements des ellipses suivant lesquelles les deux plans P_2P_2

coupent la surface cylindrique 8-D' qui forme l'extrados du berceau, fig. 23.

710. L'épure actuelle étant une étude des *joints normaux* qui sont indiqués par la théorie, on a supposé que les coupes transversales étaient formées, comme dans les épures précédentes, par des surfaces réglées hélicoïdes, lieux géométriques des normales qui s'appuient sur les hélices perpendiculaires aux arêtes des joints longitudinaux.

711. **Coupes des joints de lit par le plan P_1.** — Nous avons dit que, pour éviter les angles aigus, on ne prolongerait pas l'appareil hélicoïdal du berceau au delà de l'espace compris entre les deux plans verticaux P_1P_1 (*fig.* 13).

Il faut donc déterminer les courbes suivant lesquelles le plan P_1 coupe le berceau et les joints de lit.

La section du berceau par le plan P_1 sera évidemment une ellipse verticale EF projetée et rabattue en vraie grandeur (*fig.* 16) par la courbe $F'''H'''$.

Le demi-axe horizontal $C'''F'''$ de cette ellipse, est égal à la droite CF de la figure 13, et le demi-axe vertical $C'''H'''$ est égal au rayon C'H' de la section droite rabattue (*fig.* 23).

Cette ellipse pourra facilement être construite au moyen de ses deux axes; mais on fera bien de s'assurer que les points 10, 11, 12, 13, etc., suivant lesquels cette courbe est rencontrée par les hélices, qui forment les joints de lit du berceau, sont à la même hauteur sur les quatre figures 23, 16, 11 et 12, et si la projection horizontale de chacun de ces points résulte bien exactement de la position qu'il occupe sur la sinusoïde correspondante du développement (*fig.* 14).

On doit se rappeler que toutes ces vérifications ont été indiquées au n° 596.

712. Les courbes suivant lesquelles les surfaces hélicoïdes qui forment les joints de lit sont coupées par le plan P_1 seront déterminées d'abord sur le plan de la section droite (*fig.* 23), en opérant comme nous l'avons dit aux n°s 610, 611, 627, etc.

Ces opérations déjà étudiées plusieurs fois n'ont pas dû être conservées sur l'épure.

713. Si l'on prolonge la droite K"F'" (*fig.* 14) jusqu'à ce qu'elle rencontre le plan P_2 de section droite qui contient le centre C de l'ellipse EF, on déterminera le point Z", et la distance C"Z" étant portée de C' en Z', sur la verticale H'C' (*fig.* 23), on obtiendra le foyer Z', vers lequel concourent les tangentes aux points d'intersections de la circonférence F'H', avec les projections des courbes suivant lesquelles le plan vertical P_1 (*fig.* 13) coupe les surfaces hélicoïdales qui forment les joints de lit de la voûte.

On a vu, au n° 635, quelles sont les considérations géométriques qui déterminent la construction précédente.

714. Le point Z' que nous venons d'obtenir sur la fig. 23, pourra servir à vérifier la courbure des coupes de joint par le plan P_1 mais il ne doit pas être confondu avec le point de concours dont M. Buck avait *cru reconnaître* l'existence (598).

En effet, si l'on dirigeait les coupes de joint par le plan P_1 vers le foyer Z' que nous venons d'obtenir, cela reviendrait à remplacer chacune de ces courbes par sa tangente, et l'écartement de ces deux lignes vers l'extrados modifierait sensiblement la surface hélicoïdale qui forme le joint de lit correspondant.

715. Je crois donc que, si l'on veut avoir des coupes de joint droites sur les têtes, sans altérer d'une manière sensible les surfaces des joints continus, il vaut mieux, *supposer* avec M. Buck qu'il existe un point O', vers lequel concourent les *cordes* de toutes les coupes.

Si le point dont nous parlons existait réellement, et que l'on connût sa position, il est évident que cela dispenserait de construire les courbes de sections des joints de lit par le plan P, puisque ces courbes seraient remplacées par leurs cordes, dont on aurait le point de concours.

716. Or on peut sans inconvénient pour la pratique admettre l'existence de ce point, et dans ce cas, on pourra le déterminer avec une exactitude suffisante par la rencontre de la verticale H'C' avec la corde de l'une des courbes suivant lesquelles le plan P_1 coupe les joints hélicoïdaux.

Il suffira donc de construire avec soin l'une de ces courbes.

717. J'ai choisi de préférence la coupe de joint qui, sur la figure 23, est la troisième à partir de la naissance, parce qu'au-dessous, et par suite de la variation trop sensible de courbure de ces lignes, les points suivant lesquels leurs cordes coupent la verticale H'C' s'éloignent trop du point de concours Z' des tangentes, et pour les coupes de joint au-dessus, ces intersections se feraient suivant des angles trop aigus pour que l'on pût compter sur leur exactitude.

D'ailleurs, pour les courbes supérieures, les cordes se rapprochant de la verticale, leur direction ne peut pas être affectée d'une quantité appréciable, par la différence qui existe entre le point O' et les points suivant lesquels chacune d'elles coupe la verticale H'C.

718. Pour plus de régularité dans l'appareil, on pourra

faire passer le plan horizontal $aD'a$ par le point D', suivant lequel l'extrados du berceau est percé par la troisième coupe de joint 11-11, et l'on peut aussi faire passer par ce même point D', le plan vertical P, qui contient la face 31-17-27 du renfort de la pierre XVII (*fig.* 5).

719. **Appareil des têtes.** — Avant d'étudier cette partie de la question, on remarquera que les deux projections réunies des figures 11 et 16 formeraient la projection complète de l'une des têtes, et qu'en outre, ces projections sont retournées; c'est-à-dire que les parties qui, d'après la disposition de l'épure, devraient être vues, sont tracées en points, tandis qu'au contraire les parties cachées sont tracées en lignes pleines.

Mais on sait que cela se fait souvent ainsi sur les épures d'applications, l'usage étant de considérer comme vues les faces qui offrent le plus d'intérêt, et qui, dans le cas actuel sont les parements extérieurs.

Cela étant admis, il est évident que l'appareil des têtes va dépendre de la surface que nous adopterons pour la corne de vache.

Nous avons dit au n° 705 pour quels motifs on doit rejeter l'emploi des surfaces cylindriques et conoïdes, qui, par suite de la direction horizontale de leurs génératrices, pénétreraient du côté de la pile A dans l'intérieur du cylindre d'intrados, et feraient par conséquent avec cette surface des angles rentrants difficiles à tailler.

La surface de cône par son évasement ne présente pas les mêmes inconvénients et semble, par cette raison, bien préférable; cependant il existe, dans l'étude actuelle, des raisons qui m'ont empêché d'en faire usage.

En effet, le but essentiel qu'il faut chercher à remplir, c'est d'éviter les angles aigus que les joints du berceau feraient avec le plan P de la tête. Ce qui ne peut se faire qu'en employant pour joints de lit des plans perpendiculaires au plan P.

Si l'on prend pour intrados de la corne de vache un cône dont l'axe, situé dans le plan de naissance, serait perpendiculaire au plan de l'ellipse directrice EF, l'arête extérieure de l'arc de tête sera une seconde ellipse AB semblable à EF ; les arêtes d'intrados seront formées par les parties de génératrice du cône comprises entre les deux plans parallèles P et P_1 et les joints de lit de la corne de vache, contenant l'axe du cône, seront perpendiculaires au plan P de la face de tête; mais ces plans de joints ne contiendront pas les coupes des joints de lit hélicoïdaux par le plan P_1 puisque ces coupes, remplacées par leurs cordes, sont dirigées vers le point O', de sorte que les lits de chacune des pierres de la tête seront brisés par un ressaut ou crochet, dont une face verticale sera située dans le plan P_1 comme on le voit figure 18.

Or on ne doit pas adopter de coupes de cette espèce lorsqu'il existe quelque moyen de faire autrement.

720. On évitera l'inconvénient dont nous venons de parler en opérant de la manière suivante :

L'ellipse EF étant la section du berceau par le plan vertical P_1 on concevra une seconde ellipse AB semblable et parallèle à la première; cette seconde ellipse est déterminée, puisque son axe horizontal UB est connu par l'opération que nous avons indiquée au n° 707.

Ensuite, les courbes suivant lesquelles les joints de lit hélicoïdaux sont coupés par le plan vertical P_1 étant, comme nous l'avons dit, remplacées par leurs cordes (715), nous concevrons par chacune de ces droites un plan perpendiculaire à la face de tête P.

Chacun de ces plans coupera les ellipses parallèles et

semblables EF, AB, en deux points par lesquels on fera passer une droite.

Le lieu qui contiendra toutes ces droites sera une surface réglée que l'on prendra pour douelle de la corne de vache.

Cette surface, de même nature que l'une des surfaces réglées de l'arrière-voussure de Marseille, différera très-peu d'un cône dont elle aura l'apparence, et satisfera complétement à toutes les conditions du problème.

En effet, les génératrices de douelle de la corne de vache seront des lignes droites dont on connaîtra toujours deux points, facilement déterminés sur les deux ellipses $E'''F'''$, $A'''B'''$, figures 16 et 13, par les plans projetants menés par les cordes des courbes suivant lesquelles les joints de lit sont coupés par le plan P_1.

Ces plans projetants, qui formeront les joints de la corne de vache, seront perpendiculaires à la face de tête, d'où il résulte que les arêtes de joints de la corne de vache, et les cordes par lesquelles nous avons remplacé les coupes des joints de lit situées dans le plan P_1 se projetteront sur le plan des têtes, par des droites concourant au point O''', que l'on obtiendra en faisant la distance $C'''O'''$ de la fig. 16 égale à la distance $C'O'$ de la fig. 23.

Le seul reproche que l'on pourrait faire à la solution précédente, serait que les coupes de joint sur les têtes ne sont pas normales aux ellipses qui forment les arêtes de la face de tête; mais cette condition, qui ne peut pas être obtenue lorsque l'on emploie pour joint de lit des surfaces *normales* à la voûte, pourra être remplie, comme nous le verrons plus loin, en remplaçant les joints normaux indiqués par la théorie, par d'autres surfaces plus simples, et par conséquent plus commodes pour les applications.

721. La fig. 9 contient toutes les faces de joint de la corne

de vache; chacun de ces panneaux est un trapèze dont la hauteur 70-70 est égale à la distance des deux plans verticaux P et P$_1$ et les côtés parallèles de ces mêmes trapèzes sont donnés en vraie grandeur par leurs projections sur les plans des têtes fig. 16 et 8; de sorte, par exemple, que les côtés 70-10 de la fig. 9, sont égaux à leurs projections 70-10 fig. 11, et que les côtés 70-11 de la fig. 9 sont égaux à leurs projections 70-11, fig. 8. Le numéro placé sur le prolongement du côté oblique de chaque trapèze indique l'ordre du joint correspondant à partir du plan de naissance.

On n'a construit que *huit* panneaux pour les seize joints, parce qu'il y a symétrie dans l'appareil de la corne de vache dont les faces de tête et de joint sont égales deux à deux, pour les voussoirs qui occupent le même rang à partir des naissances.

722. **Projection parallèle à l'axe de la voûte.** — La plupart des auteurs qui ont écrit sur les ponts biais ont cru devoir construire une coupe complète du pont par le plan vertical projetant de l'axe; mais cette projection (*fig*. 12) n'est utile que pour les voussoirs qui sont posés sur les coussinets, parce que ces voussoirs, presque parallèles aux faces de la pile, se projettent à peu près suivant leur plus grande dimension sur la projection auxiliaire dont nous venons de parler, ce qui permet d'apprécier plus facilement la longueur du plus petit parallélipipède capable.

La projection, fig. 12, devient inutile pour les voussoirs des assises supérieures, dont la position, très-oblique par rapport à la direction du berceau, détermine une grande différence entre les véritables dimensions de la pierre et sa projection sur le plan de coupe longitudinale.

C'est pourquoi, dans l'épure actuelle, on n'a projeté

sur la fig. 12 que les pierres qui se posent immédiatement sur les coussinets.

Cette projection ne présente aucune difficulté à construire.

En effet, pour les hélices qui forment les arêtes de la douelle, on élèvera une perpendiculaire par chaque point de la projection horizontale (*fig.* 13), et la hauteur de ce point au-dessus de la ligne de naissance sera égale à l'ordonnée de sa projection sur la circonférence 0-8 de la section droite (*fig.* 23).

Les courbes telles que 0-17, suivant lesquelles les joints de lit hélicoïdaux sont coupés par le plan vertical P_4 (*fig.* 23), s'obtiendront en opérant comme nous l'avons dit aux n°s 610 et 611.

Ainsi les génératrices du joint de lit correspondant à l'arête d'intrados F'K' (*fig.* 12) sont coupées par le plan vertical P_4 suivant une suite de points dont les hauteurs seront déterminées sur la trace du plan P_4 (*fig.* 23), par la rencontre de cette trace avec les projections des mêmes génératrices.

Les courbes 0-24-27-17 (*fig.* 12), suivant lesquelles le plan P_4 coupe les surfaces hélicoïdes qui forment les joints transversaux, se construiront de la même manière.

723. **Taille des voussoirs.** — Si le lecteur a bien compris tout ce que nous avons dit précédemment, s'il a taillé chacun des voussoirs qui font le sujet des planches 70, 71, 72 et 73, il n'éprouvera aucune difficulté pour exécuter toutes les parties du pont qui est projeté sur la planche 7.

724. **Coussinets.** — Nous avons déjà fait remarquer que la méthode la plus convenable pour tailler chaque voussoir dépendait de la position plus ou moins inclinée

de ce voussoir dans l'espace. Ainsi les coussinets XVI et les pierres XVII de la première assise (*fig.* 12) étant presque parallèles à la direction du berceau, seront préparés sur la section droite (*fig.* 23) ou sur la projection (*fig.* 12).

Si l'on veut, par exemple, tailler le coussinet qui est représenté en perspective sur la fig. 22, on équarrira un parallélipipède dont une face verticale pourra contenir le panneau 20-9-1-1-0-28-28-20 (*fig.* 23).

La longueur de ce parallélipipède sera égale à la distance des deux plans P_4 et P_6 (*fig.* 13).

Si l'on veut tailler plusieurs coussinets dans une seule pierre, on lui donnera la longueur convenable, ce qui ne changera rien à la manière d'opérer.

Le contour du panneau 20-1-28 de la fig. 23 déterminera le cylindre de douelle 0-1 et le plan vertical P_4.

On appliquera le panneau XVI de la fig. 14 sur le cylindre de douelle, et les courbes 0-24 de la fig. 12 sur les faces verticales taillées à cet effet dans le plan P_4.

Il est bien entendu que l'on marquera sur les contours de ces courbes les points nécessaires pour déterminer les positions successives de la génératrice des joints hélicoïdaux, que l'on taillera comme dans tous les exemples qui précèdent.

725. **Pierre. XVII** (*fig.* 5). — On peut tailler cette pierre de trois manières que nous allons successivement indiquer.

726. *Première méthode.* — On équarrira le parallélipipède qui aurait pour l'une de ses faces le rectangle *aaaa* circonscrit à la projection du voussoir sur le plan de la section droite (*fig.* 23).

La longueur de ce parallélipipède sera égale (*fig.* 13 et 12) à la distance des deux plans verticaux et parallèles P_v et P_s

qui comprennent entre eux la pierre que l'on veut tailler.

Le panneau a-0-19-11-a de la fig. 23 étant appliqué sur les faces formées par les deux plans P_7 et P_8 déterminera le plan P_4 les deux faces horizontales a-11, 9-26, et le cylindre circulaire 0-19 formant la douelle du voussoir.

Lorsque cette surface cylindrique sera taillée, on y appliquera le panneau de développement XVII de la douelle correspondante (*fig*. 14), en faisant coïncider avec exactitude les points suivant lesquels le contour de ce panneau est coupé par les génératrices du cylindre.

Cela étant fait, on taillera dans le plan P_4 les faces destinées à recevoir les quatre courbes 24-17, 17-27, 27-0 et 0-24 ; on aura ainsi les directrices des quatre surfaces réglées hélicoïdes qui doivent former les joints de lit et les joints transversaux du voussoir, et l'on taillera ces joints comme à l'ordinaire, en faisant passer la règle génératrice par les points de repère marqués avec beaucoup d'exactitude sur les contours de tous ces panneaux.

Enfin, on taillera la face verticale a-26 (*fig*. 23), la face horizontale 9-26, et les surfaces réglées 24-27-24-27 (*fig*. 5 et 12).

Ces surfaces sont perpendiculaires au plan P_4 et, par suite de leur peu de courbure, on pourra souvent les remplacer par des plans, ce qui revient à remplacer par des droites les courbes 27-24 de la fig. 12.

727. *Deuxième méthode.* — On peut déduire le voussoir XVII (*fig*. 5 et 12) d'un parallélipipède qui aurait pour l'une de ses faces le rectangle *efgh* circonscrit à la projection de la pierre sur le plan de la fig. 12, et pour épaisseur la distance du point 19 au plan vertical a-26-a (*fig*. 23). Dans ce cas, on ne peut plus prendre la section droite pour directrice de la surface cylindrique de la douelle

et l'on devra construire les courbes elliptiques suivant lesquelles ce cylindre est coupé par les faces du parallélipipède enveloppe.

Pour faire comprendre plus facilement cette partie de l'opération, nous supposerons que l'on a fait glisser ce parallélipipède suivant la direction du berceau jusqu'à ce qu'il soit venu prendre la position indiquée par la fig. 1.

Si l'on projette sur les fig. 1 et 3 les génératrices 1-1, 2-2, 3-3, du cylindre d'intrados, il sera facile d'obtenir les points suivant lesquels ces droites percent les faces gh, gf et he du solide $efgh$.

La douelle du voussoir ne s'élevant pas au-dessus du point 19, il est inutile de construire l'intersection du cylindre d'intrados par la face ef du parallélipipède.

Les trois courbes demandées sont rabattues (*fig.* 3) sur le plan horizontal qui contient le point $g'g''$.

Pour rabattre ces courbes sur la seule partie de l'épure qui était disponible, on a supposé :

1° —— Que la face gh tournant autour de l'horizontale projetante du point g était rabattue sur la face gf;
2° —— Que ces deux faces ainsi superposées avaient glissé parallèlement à elles-mêmes jusqu'à ce qu'elles soient venues s'appliquer sur le plan $g'e$;
3° —— Puis enfin, que les trois faces he, gf et gh, ainsi ramenées dans le plan $g'e$, tournaient ensemble autour de la droite $g'g''$ pour se rabattre sur le plan horizontal (*fig.* 3).

Par suite de ce triple mouvement, la face he du parallélipipède (*fig.* 1) devient $h'h'e'e'$ (*fig.* 3), la face gf devient $g''g''f''f''$, et la face gh devient $g''g''h''h''$.

La courbe $o''h'''$ (*fig.* 3) appartient à l'ellipse suivant laquelle le cylindre d'intrados est coupé par le plan gh (*fig.* 1), la courbe o'-$19'$ est la section par le plan gf et la courbe h'''-$19'$ est la section par le plan he.

Ces deux dernières courbes coïncident dans une partie de leur étendue, parce qu'elles sont égales, comme sections d'un même cylindre par les deux plans parallèles gf, he; d'où il résulte qu'en ramenant l'une des courbes sur l'autre, par le mouvement horizontal de la face gf, les points situés sur les mêmes génératrices doivent coïncider.

Il ne faudra pas oublier de vérifier bien exactement, et de numéroter la position de ces points sur les trois courbes; leur position devant déterminer le mouvement de la règle génératrice du cylindre d'intrados.

Dans une épure d'étude, les ellipses o'-$19'$, o''-$19''$ (*fig.* 3), pourraient facilement être construites par leurs axes; mais dans la pratique on n'aurait pas la place nécessaire, et l'on devra déterminer chaque point par sa distance à la charnière du rabattement $g'g''$.

Lorsqu'on aura construit les trois panneaux de la fig. 3, on appliquera chacun d'eux sur la face correspondante du parallélipipède enveloppe $efgh$ (*fig.* 12), et les arcs d'ellipses o'-$19'$, h^{iv}-$19'$, et $o''h'''$ seront les directrices du cylindre d'intrados sur lequel on appliquera le panneau de douelle XVII de la fig. 14.

On taillera ensuite les plans horizontaux 17-17, 30-30 (*fig.* 12) et les faces verticales triangulaires 31-27-17, 30-24-29, 28-24-30 et 28-0-29 situées dans le plan P_4. Puis on opérera pour le reste comme nous l'avons dit au n° 726.

728. *Troisième méthode.* — On peut déduire le même voussoir d'un parallélipipède qui aurait pour l'une de ses faces le rectangle $pppp$ (*fig.* 12), et dont l'épaisseur serait la même que précédemment.

Dans ce cas, il faudrait construire les ellipses suivant lesquelles le cylindre d'intrados est coupé par les quatre faces du parallélipipède p-p, et tout le reste comme ci-dessus.

729. La taille sur la section droite est la plus simple des trois méthodes que nous venons d'indiquer, puisqu'elle n'exige pas la construction des courbes elliptiques suivant lesquelles le cylindre d'intrados est coupé par les faces du parallélipipède incliné.

Or, la méthode la plus simple étant toujours celle qui donne les résultats les plus exacts, il est évident que pour y renoncer il faut qu'il y ait une économie évidente de temps ou de matériaux. Il est donc utile de reconnaître, dans chaque cas, si cette économie est assez grande pour compenser les inconvénients d'une construction moins exacte. Or, dans le cas actuel, les prismes exigés par chacune des trois méthodes ayant la même épaisseur, leurs volumes seront entre eux comme les faces parallèles au plan P_4.

Mais si l'on emploie le parallélipipède $aaaa$ (*fig.* 23), la face qui est parallèle au plan P_4 aura pour hauteur $aa = 70$ *millimètres*, et sa longueur sera la distance 72 des deux plans verticaux P_7 et P_8 (*fig.* 13), ce qui donne pour surface $70 \times 72 = 5040$ *millimètres quarrés*.

Le rectangle $efgh$ (*fig.* 12) a pour surface $gf \times ef = 93 \times 54 = 5022$.

Enfin la surface du rectangle p-p serait $95 \times 53 = 5035$.

Les trois blocs sont donc entre eux comme les nombres 5040, 5022, 5035, et par conséquent à peu près égaux.

Ainsi, pour cette pierre, la taille préparée sur la section droite est beaucoup plus simple, puisque, à égalité de matière, elle n'exige ni projection auxiliaire, ni rabattement de panneaux; et l'on ne doit regarder les deux autres méthodes que comme des exercices qui pourront être appliqués avec avantage dans d'autres circonstances.

730. La pierre XIV pourrait, comme la précédente, être déduite d'un prisme incliné dont une face serait si-

tuée dans le plan P_{13} qui contient les points 30 et 32 (*fig*. 12), mais la grande longueur de la pierre et son épaisseur, égale à la distance du point 31 au plan P_{13} rendraient nulle l'économie de pierre que l'on aurait cherché à obtenir par cette méthode. D'ailleurs, à cause du renfort et de la corne de vache, les opérations graphiques seraient beaucoup plus composées que pour la taille sur la section droite qui, par conséquent, conviendra le mieux dans le cas actuel.

Ainsi, on équarrira le parallélipipède enveloppe compris entre les deux plans verticaux P_9 et P_{10} (*fig*. 12), on tracera la section droite 0-19 de la fig. 23, sur les faces verticales situées dans les plans P_9 et P_{10} et l'on taillera la douelle, sur laquelle on appliquera le panneau de développement 0-10-11-56 de la fig. 14.

On taillera le plan P de la face de tête, sur laquelle on tracera le panneau de tête XIV (*fig*. 11); l'arc 10-11 du panneau 0-10-11-56, et l'arc 10-11 de l'ellipse $A^{IV}U^{IV}$ (*fig*.11), seront les deux directrices de la corne de vache que l'on taillera en établissant, si l'on veut, une génératrice intermédiaire dont la direction pourra être déterminée par sa projection 33-33 sur le plan de la fig. 11.

On taillera les plans de joint 10-10, 11-11 (*fig*. 11) perpendiculaires à la face de tête, et l'on appliquera sur ces plans les deux panneaux correspondants rabattus en vraie grandeur sur la fig. 9.

Les courbes 0-24 et 24-D' tracées dans le plan P_4 (*fig*. 12) et les arêtes de douelle du panneau 0-10-11-56 (*fig*. 14) seront les directrices des surfaces hélicoïdes du voussoir.

Enfin, on taillera les plans verticaux et les surfaces perpendiculaires au plan P_4 en opérant comme nous l'avons dit au n° 726.

731. Les pierres XV, I et II se tailleront également sur

leur projection (*fig*. 23), en opérant comme pour la pierre précédente.

Les panneaux de douelle XV, I et II (*fig*. 14), détermineront les arêtes d'intrados, et les courbes de la fig. 12 compléteront les directrices des joints hélicoïdaux.

Les panneaux de tête XV (*fig*. 11), les panneaux I et II (*fig*. 16) et les panneaux de joints (*fig*. 9) suffiront, comme ci-dessus, pour tailler la corne de vache.

732. Pour combattre et arrêter la tendance au glissement, on fera bien d'attacher la pierre I avec le coussinet correspondant, de manière que ces deux pierres n'en fassent qu'une seule, sur laquelle on pourra tracer un faux joint F^v-9, pour la régularité de l'appareil.

733. La pierre II (*fig*. 5) se placera sur la pierre I, comme on le voit sur la projection (*fig*. 12), et les crochets indiqués sur ces deux figures augmenteront beaucoup la solidité de la construction.

734. **Pierre III.** — A mesure que les voussoirs commencent à s'élever au-dessus de la pile, leurs projections horizontales prennent une plus grande inclinaison par rapport à la direction du berceau, et la taille sur la section droite ou sur la projection (*fig*. 12) occasionnerait une trop grande perte de pierre.

On pourrait bien encore tailler la pierre sur la section droite, en la déduisant du prisme horizontal *bbbb* (*fig*. 23) ou du prisme incliné *dddd* qui sont à peu près de même volume; mais il vaudra mieux tirer cette pierre du prisme vertical qui aurait pour base le rectangle *vuzx* (*fig*. 13), et pour hauteur la droite $v'x'$ (*fig*. 16).

Dans ce cas, il faudra opérer comme nous l'avons dit au n° 661.

Ainsi, pour obtenir les directrices de la douelle et de l'extrados, il faudra construire toutes les lignes suivant lesquelles les deux cylindres traversent les faces du parallélipipède enveloppe.

Les directrices du cylindre de douelle seront :

1° ——— (*Fig.* 16) L'arc d'ellipse 34-35 suivant lequel le cylindre d'intrados est coupé par le plan vertical *xz* du parallélipipède enveloppe, fig. 13.

2° ——— (*Fig.* 19) La courbe 35-36 provenant de la section du même cylindre par le plan *vx* du même parallélipipède.

On suppose ici que la face *vx* du parallélipipède *vuzx* (*fig.* 13) s'est avancée parallèlement à elle-même jusqu'à ce qu'elle soit arrivée dans le plan vertical projetant VU, que l'on a fait tourner ensuite autour de la verticale du point U pour le rabattre en $v''x''$ (*fig.* 19).

3° ——— La droite 36-37 (*fig.* 13) est l'intersection du cylindre d'intrados par le plan horizontal $v'z'$ qui forme la face inférieure du parallélipipède (*fig.* 16).

4° ——— Enfin, la petite courbe 37-34 (*fig.* 19) est la section par la face verticale *uz* du parallélipipède.

D'où il résulte que le contour de la figure suivant laquelle la douelle est coupée par les faces du parallélipipède, se compose de quatre lignes, savoir :

34-35 située dans le plan *zx*, fig. 13, et projetée fig. 16 ;
35-36 située dans le plan *vx*, fig. 13, et rabattue fig. 19 ;
36-37 située dans le plan $v'z'$, fig. 16, et projetée fig. 13 ;
37-34 située dans le plan *uz*, fig. 13, et rabattue fig. 19.

Les courbes directrices de l'extrados seront :

1° ——— (*Fig.* 16) Le petit arc 38-39 qui appartient à la grande ellipse suivant laquelle le cylindre d'extrados est coupé, fig. 13, par le plan vertical P_{14} qui contient la face zx du parallélipipède.

2° ——— (*Fig.* 13) De la droite 39-40 provenant de la section de l'extrados par le plan horizontal qui contient la face supérieure $x'u'$ du parallélipipède (*fig.* 16).

3° ——— De l'arc 40-41 qui fait partie (*fig.* 16) de la grande ellipse suivant laquelle le cylindre d'extrados est coupé par le plan vertical P_2 du mur de tête, fig. 13.

4° ——— Enfin, de l'arc d'ellipse 41-38 situé dans la face verticale $uz, u'z'$ rabattue (*fig.* 19).

De sorte que l'ensemble des courbes directrices de l'extrados formera le quadrilatère curviligne dont les côtés sont les lignes :

38-39 située dans le plan zx, fig. 13, et projetée fig. 16 ;
39-40 située dans le plan $x'u'$, fig. 16, et projetée fig. 13 ;
40-41 située dans le plan P_2 fig. 13, et projetée fig. 16 ;
41-38 située dans le plan uz, fig. 13, et projetée fig. 16.

Lorsque toutes les courbes directrices de la douelle et de l'extrados seront obtenues, et bien vérifiées, on les tracera sur les faces correspondantes du parallélipipède, et l'on taillera les surfaces cylindriques sur lesquelles on appliquera les panneaux III de douelle et d'extrados (*fig.* 14).

Le panneau III de la fig. 16 donnera l'arc de tête 11-12 de la corne de vache.

Les panneaux correspondants 11 et 12 de la fig. 9 détermineront les faces de joints.

Enfin, le panneau horizontal 42-43-44-45-46-47 étant appliqué sur le plan horizontal P_{15} contenant la face supérieure de la partie d'assise qui forme la tête du voussoir (*fig.* 16), on tracera les deux courbes 43-44 et 45-46 de la fig. 13, et l'on taillera les deux petits cylindres verticaux correspondants, sur lesquels on appliquera les développements III, III de la fig. 15, que l'on obtiendra en opérant comme nous l'avons dit au n° 665.

On peut, sans inconvénient, remplacer par des plans les deux petites surfaces cylindriques 44-43 et 45-46; cela modifiera d'une manière insensible les parties d'hélices contenues dans ces faces, et la taille sera plus facile et plus exacte.

Les angles 42-43-44 et 47-46-45 contribueront à retenir les voussoirs, et les empêcheront de glisser sur leurs lits.

735. Les courbes des figures 16 et 19 ne présenteront aucune difficulté à construire. En effet, il suffira de projeter sur ces deux figures les génératrices horizontales de la douelle et de l'extrados. Les points suivant lesquels ces génératrices percent le plan P_2 et les faces du parallélipipède, se déduiront de leurs projections sur la fig. 13.

Ainsi le point 4 de la courbe 40-41, fig. 16, se déduira de sa projection sur la trace du plan P_2 (*fig.* 13). Le point 4 de la courbe 34-35 se déduira de sa projection sur la trace du plan zx (*fig.* 13) et le point 5 du plan vx (*fig.* 13), étant projeté d'abord sur le plan vertical UV, viendra se rabattre (*fig.* 19) sur la génératrice horizontale 5 en tournant autour de la verticale projetante du point U (*fig.* 13).

736. Il sera utile de comparer, comme nous l'avons fait au n° 729, les volumes de pierres qui seraient nécessaires pour tailler le voussoir qui précède, selon la méthode que l'on croira devoir employer. Or:

1.° —— Si l'on déduit la pierre du parallélipipède *bbbb* (*fig.* 13), les dimensions, en prenant le millimètre pour unité, seront exprimées par les nombres 65, 73 et 77, ce qui donne pour *volume* = 365365.

2° Si l'on déduit la même pierre d'un bloc incliné dddd (*fig.* 23), les dimensions seront 63, 75 et 77, et le volume sera 363825.

3° Enfin, si l'on emploie le parallélipipède qui a pour projection $vuz x$ (*fig.* 13), et pour hauteur $v'x'$ (*fig.* 16), les dimensions seront 50, 83 et 65, ce qui donne pour *volume* 269750.

Les volumes de pierres seront donc entre eux comme les nombres 365365, 363825 et 269750, ou à peu près comme 36, 36 et 27, et par conséquent comme 4, 4 et 3.

La troisième méthode sera, il est vrai, beaucoup plus économique; mais elle exigera la construction de toutes les courbes projetées et rabattues sur les figures 16 et 19, et l'on devra en outre projeter le voussoir complétement sur le plan de la tête; car sans cela on ne pourrait pas déterminer les limites du plus petit parallélipipède capable de le contenir.

Cette projection du voussoir se déduira de la fig. 13 en prenant la hauteur de chaque point sur la fig. 23 (595, 596).

Toutes ces opérations diminuant l'exactitude de la taille, il faut qu'elles soient compensées par une économie suffisante.

737. **Pierre XII.** — Si l'on veut déterminer le plus petit bloc nécessaire pour tailler un voussoir de tête, il faudra employer la méthode exposée au n° 668.

Supposons, par exemple, que l'on veut tailler la pierre qui est désignée par le nombre XII sur les figures 11 et 13.

On projettera complétement le voussoir sur la figure 11, et l'on tracera les deux plans parallèles P_{16} et P_{17}.

Ces deux plans, perpendiculaires à la projection (*fig.* 11), devront être aussi rapprochés que possible du voussoir compris entre eux.

Cela étant fait, on construira (*fig.* 7) les courbes 48-49 et 51-50, suivant lesquelles ces deux plans sont traversés par le cylindre d'intrados.

On construira également sur la fig. 7 les courbes 52-53 et 55-54, suivant lesquelles les mêmes plans sont traversés par le cylindre d'extrados.

On rabattra (*fig.* 8) l'arc d'ellipse 50-49, suivant lequel le cylindre d'intrados est coupé par la face *rs* du parallélipipède *rtos* (*fig.* 11).

Enfin, on déterminera sur cette dernière figure la courbe 48-51, provenant de la section du cylindre d'intrados par le plan vertical de tête P (*fig.* 13), et les deux courbes 53-54 et 52-55, suivant lesquelles le cylindre d'extrados est coupé par le plan P_{11}, qui contient le point 17, et par le plan P_2 qui forme la face intérieure du mur de tête.

Ainsi, le parallélipipède qui aurait pour face le rectangle *rtso* (*fig.* 11), et pour longueur la distance des deux plans parallèles P et P_{11} (*fig.* 13), serait traversé par le cylindre d'intrados suivant les courbes :

48-51 située dans le plan P fig. 13, et projetée fig. 11 ;
51-50 située dans le plan *so* fig. 11, et projetée fig. 7 ;
50-49 située dans le plan *sr* fig. 11, et rabattu fig. 8 ;
49-48 située dans le plan *tr* fig. 11, et projetée fig. 7.

Et les faces du même parallélipipède couperaient le cylindre d'extrados, suivant les courbes :

52-53 située dans le plan *so* fig. 11, et projetée fig. 7 ;
53-54 située dans le plan P_{11} fig. 7, et projetée fig. 11 ;
54-55 située dans le plan *tr* fig. 11, et projetée fig. 7.

Auxquelles courbes il faut ajouter l'arc 55-52, qui appartient à la grande ellipse suivant laquelle le cylindre d'extrados est coupé (*fig.* 13) par le plan P_2 qui contient la face intérieure du mur de tête.

Toutes ces courbes, appliquées sur les faces correspondantes du solide enveloppe, seront les directrices des surfaces de douelle et d'extrados que l'on taillera, et sur lesquelles on appliquera les panneaux XII de la fig. 14.

Les directrices du joint hélicoïdal inférieur, seront : la courbe 12-71 située dans le cylindre d'intrados, fig. 14 ; la corde 12-59 par laquelle on a remplacé la coupe de joint située dans le plan P_1 (*fig.* 13) (715) ; et les deux courbes 59-17 et 17-27 situées, la première sur le cylindre d'extrados, et la deuxième dans le plan P_4. Les directrices du joint transversal seront l'arête d'intrados 70-71 (*fig.* 13), et la courbe 17-27 suivant laquelle le plan P_4 est rencontré par le joint 17-70-71-27.

Enfin, les directrices du joint supérieur seront : 1° l'arête d'intrados 70-13, la corde 13-62 de la coupe de joint située dans le plan P_1 (*fig.* 13), et l'arête d'extrados 62-17.

738. Le panneau 60-61-17-17 de la fig. 14 étant terminé par la droite 17-17 qui appartient à la naissance de l'extrados. La directrice 59-17 (*fig.* 13) devra être complétée par le plus grand côté 17-27 du panneau triangulaire 17-27-17 (*fig.* 12), que l'on appliquera sur le plan P_4 dont la position sera déterminée de la manière suivante :

On tracera (*fig.* 11) la droite 79-80 suivant laquelle le plan vertical P_{11} coupe le plan P_4 (*fig.* 13). Cette droite, située dans le plan P_{11} pourra facilement être reportée sur la face verticale correspondante du parallélipipède (*fig.* 11), de sorte que le plan P_4 sera déterminé sur la pierre, par la droite 79-80, dont nous venons de parler, et par le point 17 de l'hélice d'extrados 59-17 (*fig.* 13).

Ainsi, quand on aura taillé la douelle et l'extrados, on y appliquera les panneaux correspondants de la fig. 14, puis on tracera la droite 79-80 de la fig. 11 dans le plan P_{11} (*fig.* 13 et 7) ; on taillera le plan P_4 déterminé, comme nous venons de le dire, par la droite 79-80 (*fig.* 11) et par le point 17 de l'hélice 59-17 (*fig.* 13).

On tracera ensuite le panneau de tête XII (*fig.* 11) sur la face $r'o'$ du parallélipipède $r'o't's'$ (*fig.* 7).

On tracera le panneau 58-59-60-61-62-63 de la fig. 13 sur le plan horizontal déterminé par la droite 62-58 de la fig. 11. On taillera la face verticale déterminée par les droites 58-59, 62-63 de la fig. 13, et les deux petits cylindres projetants des courbes 59-60 et 62-61, sur lesquels on appliquera les panneaux de développement XII (*fig.* 10) que l'on construira comme au n° 665.

On fera les deux plans de joints de la corne de vache et l'on appliquera sur ces plans les deux panneaux correspondants 12 et 13 de la fig. 9 : puis on taillera la corne de vache et les joints hélicoïdaux, en opérant comme dans tous les exemples qui précèdent.

739. Pour construire les courbes de la fig. 7, on peut les projeter sur le plan P_{12} parallèle aux plans P_{16} et P_{17} puis, on fera tourner ce plan P_{12} autour de la droite $r'o'$ suivant laquelle il coupe le plan de la fig. 11.

Cette disposition d'épure étant adoptée, on commencera par déterminer avec beaucoup d'exactitude la projection d'une génératrice.

Ainsi, par exemple, le point A de la ligne de naissance (*fig.* 13) se projettera en A^{IV} sur la fig. 11 et en A^{VI} sur la fig. 7 ; et le point 64 de la même figure sera déterminé en traçant par sa projection (*fig.* 11) une perpendiculaire au plan P_{12} et portant sur cette perpendiculaire au-dessus de la droite $r'o'$ une ordonnée égale à la distance du point 64 de la fig. 13 au plan P de la tête.

On peut vérifier la direction de la génératrice A^{VI}-64 en projetant un troisième point 65.

La direction d'une seule génératrice étant déterminée

et bien vérifiée, il sera facile d'obtenir toutes les autres.

Pour cela, on construira (*fig*. 11) l'ellipse A^{iv} H^{iv} suivant laquelle le cylindre d'intrados pénétrerait dans le plan de tête, si la corne de vache n'existait pas.

On projettera les points 1, 2, 3, 4, etc., de cette ellipse sur la droite $r'o'$, qui, sur la fig. 7, représente le plan de tête ; par chacun des points ainsi obtenus, on tracera une parallèle à la ligne de naissance A^{n}-64 et l'on aura projeté les génératrices du *cylindre* d'intrados. Par chacun des points suivant lesquels ces lignes percent les deux plans P$_{16}$ et P$_{17}$ de la fig. 11, et perpendiculairement au plan P$_{11}$ on tracera une droite dont l'intersection avec la génératrice correspondante donnera, sur la fig. 7, un point des courbes demandées.

On construira ensuite l'ellipse 81-82 suivant laquelle le cylindre d'extrados est coupé par le plan vertical P$_2$ qui forme la face intérieure du mur de tête (*fig*. 13). On vérifiera bien exactement les points 1, 2, 3, 4, etc., suivant lesquels cette ellipse est rencontrée par les génératrices du cylindre d'extrados, et l'on projettera tous ces points (*fig*. 7) sur la trace du plan P$_2$ dont la distance au plan P est égale à l'épaisseur du mur de tête (*fig*. 13). Puis, par chacun des points ainsi obtenus (*fig*. 7) sur la trace du plan P$_2$ on tracera une parallèle à la droite A^{n}-64.

On aura ainsi les génératrices de l'extrados, sur chacune desquelles on déterminera les deux points suivant lesquels elles percent les plans P$_{16}$ et P$_{17}$ de la fig. 11.

Chacun de ces points peut être vérifié en le projetant sur la fig. 13. Ainsi, par exemple, la perpendiculaire abaissée du point 2 suivant lequel la génératrice 2 de l'intrados (*fig*. 11) perce le plan P$_{16}$ déterminera le point 2 de la fig. 13.

On ramènera ce point sur la droite $r'l$ perpendiculaire au plan P par une parallèle à ce plan ; puis, par un arc de cercle décrit du point r' comme centre, on obtiendra le point 2 de la fig. 7.

Dans la pratique, et sur les épures à l'échelle d'exécution, il sera plus exact de prendre avec le compas, ou avec un mètre bien divisé, la distance du point 2 de la fig. 13 au plan P de la tête, et de porter cette distance fig. 7 au-dessus de la droite $r'o'$.

On n'a laissé sur l'épure qu'un petit nombre de ces vérifications, mais il sera facile de les faire toutes, ce qui sera d'autant plus utile dans le cas actuel, que les intersections des génératrices (*fig.* 7) par les perpendiculaires au plan P_2 sont déterminées par des angles assez aigus.

Le panneau (*fig.* 8 se construira facilement en faisant tourner la face rs du parallélipipède, fig. 11, autour de la droite s perpendiculaire au plan de cette projection.

740. La pierre que nous venons d'étudier pourrait être déduite d'un parallélipipède qui aurait pour l'une de ses faces le rectangle $yyyy$, et pour épaisseur la distance des deux plans parallèles P_{16} et P_{17} (*fig.* 11). Mais l'économie de pierre qui en résulterait serait à peu près nulle. En effet, pour le prisme $r's't'o'$ (*fig.* 7) on a $t'o' = 87$, et $o'r' = 79$, ce qui donne pour surface 6873, tandis que pour le prisme $yyyy$ on aurait $58 \times 118 = 6844$. Or, les deux prismes ayant la même épaisseur seront entre eux comme leurs bases 6873 et 6844, ce qui donne pour les volumes une différence insignifiante.

Mais si l'on peut trouver un bloc suffisamment épais dont les faces parallèles pourraient contenir le panneau hexagonal s'-53-q-o'-48-83-s', qui détermine la partie commune aux deux prismes $r's't'o'$ et $yyyy$, il est évident que le volume sera sensiblement diminué.

741. **Claveaux courants**. — Si la voûte doit être entiè-

rement en pierre de taille, les claveaux courants XVIII (*fig*. 13) pourront être taillés en opérant comme nous l'avons dit au n° 685.

742. L'épure que nous venons d'expliquer avait principalement pour but l'étude des surfaces de joint, que l'on nomme, assez mal à propos, *théoriques*, mais que l'on devrait plutôt nommer *joints normaux*.

En effet, dans la science des constructions, il y a deux sortes de théories, savoir :

1° —— *La théorie géométrique ;*
2° —— *La théorie mécanique.*

Mais ces deux théories ne s'accordent pas toujours entre elles, et dans les voûtes biaises ou inclinées, il arrive souvent que les surfaces les plus convenables, pour éviter les angles aigus, ne remplissent pas d'une manière satisfaisante les conditions d'équilibre, tandis que les surfaces qui conviendraient le mieux, dans ce dernier cas, ne sont pas aussi favorables que les premières pour éviter les acuités.

Or, c'est principalement cette dernière difficulté que l'on s'est proposé de résoudre par l'étude qui précède.

Ainsi, l'appareil hélicoïdal étant déterminé par les considérations que nous avons développées au numéro 540, il fallait adopter pour joints des surfaces normales hélicoïdes. Mais alors on a dû rencontrer ces deux inconvénients :

1° —— Que les coupes de joints par le plan de tête sont des lignes courbes ;

2° —— Que ces coupes, ou si on le préfère, leurs tangentes, ne sont pas perpendiculaires sur l'arc de tête.

Cela est une nouvelle preuve de ce que j'ai déjà dit si souvent, que dans certaines questions composées, on ne peut faire disparaître une difficulté qu'en la remplaçant par une autre.

Dans le cas actuel, par exemple, il faut nécessairement choisir entre des joints normaux à la douelle, ou normaux sur l'arc de tête. On ne pourrait satisfaire aux deux conditions à la fois que par des crochets et des refouillements, qui, en affaiblissant la pierre, augmenteraient les difficultés de la taille et de la pose; et puisque, dans la question précédente, on voulait absolument avoir des joints normaux à la douelle, il fallait bien renoncer à obtenir des coupes de joint perpendiculaires à l'arc de tête.

743. Lorsque l'on brise la douelle pour établir une corne de vache à l'entrée du berceau, il est utile de briser également les joints de lit, et dans ce cas, on pourrait prendre pour joints les surfaces cylindriques menées perpendiculairement à la face de tête, par les courbes suivant lesquelles les joints longitudinaux sont coupés par le plan vertical qui contient l'arête commune à la douelle du berceau et à la corne de vache. Mais alors les arêtes de douelle de cette dernière surface, et les coupes de joint sur le plan de tête, seraient des lignes courbes.

C'est pour faire disparaître cette courbure, que l'on a remplacé par leurs cordes, les courbes suivant lesquelles les surfaces de joint sont coupées par le plan qui contient l'arête commune à la douelle et à la corne de vache.

Cette substitution altère fort peu la surface normale hélicoïde qui forme le joint de lit, et permet d'adopter des plans pour joints de la corne de vache.

744. Quant aux angles aigus que les coupes de joint font avec l'arc de tête, ils n'offrent plus ici le moindre inconvénient.

En effet, il importe fort peu, pour la solidité d'une construction, que la surface de joint d'une pierre coupe l'arête suivant des angles plus ou moins aigus, pourvu qu'elle rencontre, suivant des angles droits ou presque droits, les faces coupées de la pierre.

Or, dans le cas actuel, l'angle que la corne de vache fait avec la face de tête est obtus au point U''' de l'ellipse $A'''U'''$, fig. 16, et augmente depuis le point U''' jusqu'à la naissance, où il atteint son maximum PBF, fig. 13.

Les plans de joint de la corne de vache sont partout perpendiculaires à la face de tête, et par conséquent il ne reste plus qu'à voir si les angles, que ces mêmes plans font avec la douelle de la corne de vache, ne sont pas trop aigus pour l'application.

745. On sait que pour obtenir l'angle suivant lequel un plan coupe une surface courbe en un point déterminé de la ligne de section, il faut construire par ce point un plan tangent à la surface, et chercher l'angle que ce plan fait avec le plan coupant.

Or, au point 10 de l'ellipse $A'''U'''$, qui forme l'arc de tête, fig. 16, le plan de joint, perpendiculaire au plan de projection, sera exprimé par sa trace verticale 10-10. Le plan tangent à la corne de vache sera déterminé par l'arête de douelle 10-10, et par la tangente 10-74 au point 10 de l'ellipse $A'''U'''$. L'intersection des deux plans sera l'arête de douelle 10-10; et pour obtenir l'angle cherché, on fera les constructions suivantes, qui sont indiquées dans tous les traités de géométrie descriptive.

746. La face de tête, fig. 16, étant considérée comme plan vertical de projection, les droites 10-10 et 10-74 seront les traces des deux plans dont il faut chercher l'angle.

La droite 74-76, perpendiculaire sur la projection de l'arête 10-10, sera la trace du plan qui contient l'angle cherché. Or, si l'on fait tourner le plan de cet angle autour de sa trace verticale 74-76, le sommet ne quittera pas le plan projetant de la droite 10-10, et viendra par conséquent se rabattre sur la projection de cette droite.

Pour connaître la place que viendra occuper ce sommet rabattu, on fera l'angle droit 10-10-75, dont le côté 10-75 est égal à la largeur CU de la corne de vache, fig. 13.

Le point 75 de cette droite sera le point 10 de l'ellipse EF, rabattu sur le plan de tête, l'hypoténuse 10-75 sera l'arête 10-10 rabattue, et la droite 76-77 perpendiculaire sur l'hypoténuse 10-75 déterminera sur cette droite le sommet 77 de l'angle cherché. Ce point ramené d'abord dans le plan projetant de l'arête 10-10, et rabattu autour de la droite 74-76 donnera l'angle $\alpha = $ 74-78-76 que le plan de joint 10-10 de la corne de vache fait avec la douelle de cette partie de la voûte.

Cet angle, qui, sur l'épure, est égal à 82°-48', est loin d'atteindre la limite inférieure des angles que l'on peut employer avec sécurité dans la coupe des pierres.

J'ai choisi de préférence le point 10 de l'arc de tête, parce que d'abord cette place était plus favorable qu'aucune autre pour indiquer clairement les opérations graphiques; ensuite, parce que cette partie de la voûte était celle où les coupes de joint par la face de tête rencontrent le plus obliquement l'ellipse $A'''U'''$. La construction de l'angle α dispense donc de chercher les angles que les autres plans de joint font avec la douelle de la corne de vache.

Il est évident d'ailleurs que si l'on voulait que ces angles fussent droits, il faudrait construire les plans de joint perpendiculaires aux tangentes à l'ellipse $A'''U'''$. Mais alors on retrouverait les crochets et les coupes compliquées indiqués fig. 18, et c'est ce que l'on doit surtout éviter, si l'on ne veut pas augmenter outre mesure le travail du tailleur de pierre et les difficultés de la pose.

747. J'ai cru devoir entrer dans beaucoup de détails pour l'explication de cette grande épure, parce qu'elle est surtout destinée aux praticiens qui ne se contentent pas toujours de généralités, suffisantes quelquefois, pour celui qui sait, mais souvent beaucoup trop incomplètes pour celui qui étudie.

J'ai tâché surtout de faire en sorte qu'un ouvrier intelligent pût, sans le secours de son professeur, tailler lui-même toutes les pierres de cette voûte.

Il trouvera peut-être ce travail un peu rude ; mais il ne faut pas oublier qu'il s'agit ici d'une épure dans laquelle on a voulu satisfaire à toutes les exigences de la théorie. Cet exemple sera donc une excellente préparation aux études suivantes, et celui qui aura ainsi commencé par résoudre la question avec toute l'exactitude qui résulte de sa définition géométrique, comprendra beaucoup mieux les méthodes imaginées par les praticiens pour vaincre ou pour éviter les difficultés que l'on rencontre dans les applications.

748. **Taille par beuveau**. — Quelques constructeurs éprouvent de la répugnance à tailler les extrados ; ils se font une loi absolue de ne pas faire ce que l'on appelle des fausses coupes, et s'appliquent surtout à ne tailler que les faces qui doivent être conservées comme joints ou comme parements.

Pour atteindre ce but, ils emploient partout la taille par beuveau qui consiste, comme l'on sait, à déterminer la position de chaque nouvelle face par l'angle qu'elle fait avec l'une des faces taillées précédemment.

Cette méthode peut suffire lorsqu'il ne s'agit que d'une

construction secondaire qui n'aurait à supporter que de faibles pressions; mais lorsque l'édifice doit posséder une grande force de résistance, on ne saurait mettre trop de précision dans l'assemblage des matériaux destinés à en former l'ensemble; et, dans ce cas, la taille par beuveau ne convient plus.

En effet, tailler une pierre par beuveau, c'est comme si l'on voulait tracer un polygone par ses angles, au lieu de calculer les abscisses et les ordonnées de chaque point. Si l'angle du beuveau n'a pas été parfaitement déterminé, si le tailleur de pierres ne place pas bien exactement le beuveau perpendiculairement à l'intersection des deux faces qu'il veut tailler, il en résultera des combinaisons d'erreurs qui ne peuvent pas exister lorsque l'on emploie la méthode par équarrissement, dans laquelle les premières faces taillées sont en quelque sorte des plans coordonnés auxquels il est toujours facile de rapporter avec exactitude les points les plus essentiels du voussoir; et quand même ces premières faces taillées devraient disparaître complétement, l'excédant souvent très-faible de dépense qui en résulte sera amplement compensé par l'avantage d'obtenir une construction plus solide.

749. Je conçois les abréviations qui, en simplifiant la taille, lui donnent plus d'exactitude, mais je n'admets pas celles qui ont pour but d'obtenir l'économie aux dépens de la précision.

Cette méthode de tailler par beuveau plaît surtout aux entrepreneurs, qui, pour augmenter leurs bénéfices, veulent exécuter les travaux pour lesquels ils ont soumissionné avec le moins de frais possible, et ne voient pas volontiers dresser des faces qui ne sont destinées qu'à tracer les directrices des coupes suivantes.

Mais quand on admettrait qu'ils ne sont dominés par

aucun intérêt personnel, ils n'ont pas toujours l'instruction ou l'intelligence nécessaires pour apprécier la différence des deux méthodes sous le rapport de l'exactitude, et les ingénieurs ne doivent pas permettre que l'on opère ainsi, lorsqu'il s'agit d'une question qui, comme celle qui nous occupe, exige une précision exceptionnelle. Une économie de quelques centaines de francs, comparée aux sommes considérables nécessaires pour la construction d'un chemin de fer ou d'un canal, ne doivent pas entrer en balance avec la sécurité qui résultera d'une exécution plus parfaite, et par suite, d'une construction plus solide.

Au surplus, en présentant ces idées comme conséquence de mes observations personnelles, je ne me donnerai pas pour juge absolu de la question, et je laisserai aux constructeurs la responsabilité des moyens qu'ils croiront devoir employer dans chaque cas; c'est pourquoi je vais exposer quelques-unes des méthodes par lesquelles on peut éviter la taille provisoire des surfaces destinées à recevoir les directrices des faces définitives.

750. La question à résoudre a donc pour but *d'exécuter les voussoirs en ne taillant, autant que possible, que les faces qui doivent être conservées.*

On peut arriver à ce résultat de plusieurs manières.

751. **Claveau courant.** *Première méthode.*—Nous avons plusieurs fois parlé de M. Buck au sujet du foyer ou point de concours des coupes de joint sur les têtes d'un pont biais (598). Il sera donc intéressant de connaître les moyens employés par cet habile ingénieur pour tailler les voussoirs de ces sortes de voûtes.

J'avais d'abord l'intention de renvoyer le lecteur à la traduction insérée par M. de Gayffier dans le Manuel des ponts et chaussées; mais j'ai bientôt reconnu qu'il me serait impossible de faire comprendre quelques observations critiques que je crois utile de développer, si le lecteur n'avait pas sous les yeux la partie du travail de M. Buck à laquelle ces observations s'adressent.

J'ai donc cru devoir emprunter à la traduction de M. de Gayffier l'article qui contient l'exposé des moyens employés pour tailler les voussoirs d'un pont biais, et pour éviter toute espèce de confusion, j'ai fait imprimer ces extraits en plus petits caractères.

Nous rappellerons d'abord qu'il s'agit toujours ici (*pl.* 75) d'un berceau à section droite circulaire.

752. A l'occasion de la taille des voussoirs, M. Buck s'exprime ainsi :

« Attendu que la hauteur d'une pierre ou la largeur de son lit est toujours beaucoup plus grande que l'épaisseur de sa douelle, il est préférable de commencer par travailler le lit. Les lits des voussoirs sont des portions de la surface spirale *munv*, fig. 15, et par conséquent consistent en ce qu'on nomme ordinairement une *surface gauche*. Le moyen d'obtenir de tels joints est familier aux ouvriers; on y parvient en plaçant à une distance déterminée, *fig.* 7 et 18, deux règles dont l'une a ses côtés parallèles et l'autre divergents, et en les noyant dans un trait taillé dans la pierre, *fig.* 18 et 19, jusqu'à ce que leurs côtés supérieurs se trouvent dans un même plan; alors les côtés inférieurs se trouveront dans la surface gauche, formant le joint : cela fait, les parties excédantes de matière, sur les autres points du lit, seront coupées, *fig.* 20, jusqu'à ce qu'une ligne droite, appliquée et glissant sur les deux traits parallèlement à la douelle, coïncide partout avec la surface gauche.

» Indiquons maintenant le moyen d'obtenir les dimensions de ces règles. Les côtés de la règle divergente, *ou de la règle gauche comme la nomment ordinairement les ouvriers*, sont divergents, *fig.* 11, reportons-nous à la figure 3. L'angle intradossal est IEK, l'angle extradossal est IEN; leur différence, ou KEN, est l'angle de gauche de la surface du joint, et KO, tirée perpendiculairement à EK, est la tangente de cet angle, rapportée au rayon EK pris pour unité. Ensuite, EK et EN sont respectivement les sécantes des angles IEK et IEN, rapportées au rayon EI pris pour unité. Maintenant, après avoir fixé la distance à laquelle il est convenable d'appliquer les règles, on trouvera la différence de largeur des deux extrémités de la règle gauche ainsi qu'il suit : en nous reportant encore à la figure 3. Soit l la distance sur la douelle EK à laquelle elles doivent être appliquées l'une de l'autre, soit l'angle KEN $= \delta$; alors l tang. δ sera la quantité dont la largeur d'une extrémité de la règle gauche excède celle de l'autre, la longueur de cette règle étant égale à e ou à la hauteur du voussoir, *ni plus ni moins*.

» Ces règles sont représentées par les figures 10 et 11. La *fig.* 10 donne la règle à côtés parallèles, la *fig.* 11 la règle à côtés divergents. Leurs longueurs, AB, *fig.* 10, et A'B', *fig.* 11, doivent être égales à e, la hauteur du voussoir. Les largeurs AC, BD, *fig.* 9, et A'E, *fig.* 11, doivent être égales entre elles; c'est ordinairement trois pouces *anglais*, et l'autre extrémité de la règle divergente B'G, *fig.* 11, doit être augmentée de la quantité OG $= l$ tang. δ.

» Ces règles étant appliquées sur le lit de la pierre en mettant les extrémités d'égale largeur à la distance l mesurée sur le joint continu de l'intrados EK, *fig.* 3, la distance sur la ligne extradossale entre les deux autres bouts inégaux, coïncidant avec l'extrados, devra excéder l dans le rapport de EN à EK. L'angle définitif de l'intrados étant θ et l'angle correspondant de l'extrados φ, si nous nommons h la distance qui sépare sur l'extrados les deux bouts inégaux des règles, on a :

$$h = l \frac{\text{séc. } \varphi}{\text{séc. } \theta} = \frac{l \cos. \theta}{\cos. \varphi}.$$

» La *fig.* 7 fait voir les règles appliquées sur le lit de la pierre, dont RFNE est le joint à surface gauche ; AB est la règle parallèle, et A'B' la règle divergente, la distance entre les deux extrémités A et A' sur la douelle est l, et la distance entre les extrémités B et B' est h, calculée par la formule que nous venons de donner.

» Afin que les ouvriers ne puissent se tromper dans l'application des règles à la distance voulue, comme aussi pour éviter la sujétion de mesurer les intervalles extrêmes AA', BB', on les assemble quand on veut s'en servir, par deux petites tiges de fer MM, NN, fixées chacune à demeure par l'une des extrémités à chacune des règles, tandis que l'autre bout de ces tiges porte un crochet qui est reçu à l'autre extrémité de chaque règle par un œil disposé à cet effet, de sorte que, ces baguettes ayant chacune la longueur voulue, les règles doivent nécessairement être espacées convenablement quand on ajuste chaque crochet dans l'œil qui doit le recevoir. La figure 7 représente ces tiges. Il est indispensable que ces dispositions soient bien comprises et exécutées avec le plus grand soin, sinon on ne parviendrait point à construire avec précision les voûtes d'une grande obliquité. Si les règles sont livrées aux ouvriers sans y avoir adapté les tiges qui fixent leur espacement, ils les appliqueront généralement parallèlement l'une à l'autre, et cela rendra évidemment le gauche du joint plus grand qu'il ne doit être ; on ne pourra plus mettre les voussoirs à leur place sans abattre les angles des lits, et alors la pression ne sera plus également répartie. »

753. Avant d'aller plus loin, je crois devoir adresser quelques reproches à la méthode précédente. Ainsi, M. Buck paraît comprendre toutes les surfaces gauches dans une même définition, et suppose par conséquent qu'elles doivent *toutes* être taillées de la même manière, mais en rappelant qu'une surface gauche, en général, est une surface réglée *qui n'est pas développable*. Il ne s'ensuit pas que *toutes les surfaces gauches* peuvent être remplacées par des paraboloïdes hyperboliques, et si M. Buck a pu faire cette substitution sans inconvénient, cela vient de ce que, dans le cas actuel, il y a très-peu de différence entre les deux surfaces ; mais on commettrait une erreur très-grave si l'on croyait pouvoir toujours en agir ainsi.

754. Il est souvent permis, il est même quelquefois nécessaire de remplacer les surfaces de joint indiquées par la théorie, par d'autres surfaces qui en diffèrent peu et qui ne présentent pas les mêmes difficultés d'exécution ; mais alors il faut que les faces suivant lesquelles des pierres adjacentes doivent être appliquées l'une contre l'autre soient taillées avec les mêmes directrices, et c'est ce qui n'a pas lieu dans les circonstances présentes.

Pour diminuer cette irrégularité, M. de la Gournerie voudrait que M. Buck eût employé une troisième directrice commune aux deux surfaces, ce qui aurait transformé le paraboloïde en hyperboloïde à une nappe. Or cette troisième directrice a échappé à l'attention de M. de la Gournerie, mais elle existe réellement.

En effet, le berceau étant circulaire, comme dans tous les exemples qui précèdent, la face de joint d'un voussoir sera un quadrilatère ayant pour côtés les normales aux extrémités de l'arête d'intrados, et les deux arcs d'hélice qui forment les arêtes de douelle et d'extrados.

Supposons actuellement (*fig.* 15), comme nous l'avons dit au n° 686, que l'on fasse tourner la voûte autour de son axe jusqu'à ce que le centre oo' du quadrilatère qui forme la face de joint soit venu se placer dans le plan vertical qui contient l'axe du berceau.

Les deux projections de la face de joint seront alors $mnvu$, $m'n'v'u'$; remplaçons les deux arcs d'hélice par leurs cordes mn, vu, la face de joint hélicoïdal sera transformée en un hyperboloïde à une nappe dont les trois directrices seront la corde mn, $m'n'$, la corde vu, $v'u'$, et l'axe horizontal cc' du berceau.

Les deux surfaces se couperont suivant la génératrice commune xx', qui deviendra l'une des trois directrices de la seconde génération de l'hyperboloïde, et la faible différence qui existera dans l'étendue d'un voussoir, entre cette surface et le joint hélicoïdal indiqué par la théorie sera rendue insignifiante par l'épaisseur de la couche de mortier qui doit séparer les deux voussoirs.

755. On peut contester l'avantage qu'il y aurait à remplacer la surface réglée hélicoïde qui forme le joint continu du voussoir par un hyperboloïde à une nappe qui serait beaucoup plus difficile à tailler; mais l'axe cc' du berceau, et les deux cordes $mn, m'n'$, $vu, v'u'$, étant horizontales, il s'ensuit que les trois directrices de l'hyperboloïde

sont *parallèles à un même plan*, d'où il résulte (*Géom. descript.*) que la surface réglée que l'on obtiendra sera un *paraboloïde hyperbolique*.

De plus, si au lieu de prendre pour directrices de cette surface, l'axe cc' du berceau et les deux cordes $mn, m'n'$ et $vu, v'u'$, nous faisons mouvoir la génératrice en l'appuyant sur les normales $mv, m'v'$ et $nu, n'u'$, le plan parallèle aux deux cordes $mn, m'n'$ et $vu, v'u'$ deviendra le plan directeur de cette seconde génération, et les génératrices parallèles à ce plan, partageront les directrices $mn, m'n'$ et $vu, v'u'$ en parties égales ou proportionnelles, ce qui permettra d'établir facilement sur ces droites les points nécessaires pour déterminer, au moment de la taille, les diverses positions de la règle génératrice.

756. En admettant, avec M. Buck, qu'il soit permis en pratique de remplacer le joint réglé hélicoïdal du voussoir par un paraboloïde hyperbolique, il nous restera encore à discuter les moyens par lesquels cet ingénieur parvient à tailler cette dernière surface.

757. Après avoir adopté pour directrices les côtés non parallèles de ses deux règles, il fait mouvoir la génératrice *parallèlement à la douelle*. Or cela est tout à fait impossible, car la douelle du berceau étant une surface cylindrique, une règle ne peut se mouvoir parallèlement à cette surface qu'en restant constamment parallèle à son axe ou à sa génératrice, et dans ce cas, la surface engendrée serait elle-même cylindrique et ne pourrait jamais avoir pour directrices les côtés non situés dans un même plan des deux règles divergentes.

M. Buck a probablement voulu dire que la règle génératrice resterait parallèle à la face plane non encore entamée qui doit correspondre à la douelle du voussoir, ce qui serait encore une erreur, puisque le plan directeur du paraboloïde doit être parallèle aux cordes des deux hélices de douelle et d'extrados du joint que l'on veut tailler, propriété qui n'appartient pas à la face LFMN du parallélipipède capable *fig.* 9.

758. M. Buck ne veut pas que les règles excèdent la hauteur en joint du voussoir; mais je crois qu'elles seraient plus commodes à manier si elles étaient un peu plus longues, et dans ce cas il suffirait d'indiquer bien exactement sur les faces de chaque règle (*fig.* 1 et 5) la partie qui doit être noyée dans la pierre.

759. Si l'on remplace le joint réglé hélicoïdal par un paraboloïde hyperbolique, il faudrait au moins que les directrices de cette dernière surface fussent des normales à l'intrados du berceau. Or c'est ce qui n'a pas lieu dans la solution adoptée par M. Buck, car la formule l tang. δ, par laquelle il exprime la divergence de la règle gauche, est fondée sur l'hypothèse que cette règle est située dans le plan KO perpendiculaire à l'hélice intradossale EK (*fig.* 3), tandis que la formule $h = \dfrac{l \cos. \theta}{\cos. \varphi}$, qu'il emploie pour calculer l'écartement, exprime la longueur de l'hélice extradossale EN, et suppose par conséquent que la règle divergente est située dans le plan de section droite KN.

Il résulte de là que si l'on suppose la règle *gauche* dans le plan de la section droite KN, la divergence ne sera pas assez grande; et si, comme le fait M. Buck, on place cette règle dans le plan KO, perpendiculaire à l'hélice d'intrados, elle ne sera pas normale à la douelle.

760. Pour fixer la position relative de ses deux règles, M. Buck les attache l'une à l'autre par les deux tringles

parallèles MM, NN (*fig.* 7). Mais on sait qu'un quadrilatère ne peut pas être déterminé uniquement par ses côtés, et que pour rendre sa forme invariable, il faut ajouter une diagonale ou une croix de Saint-André qui le décompose en triangles. Ainsi, les deux tringles de M. Buck ne peuvent pas remplir le but qu'il s'était proposé; car il est évident qu'au lieu de placer les deux règles sur la pierre, de manière à former le quadrilatère MMNN (*fig.* 6), rien ne s'oppose à ce qu'elles soient placées de manière à former le quadrilatère MMN'N', comme si elles avaient tourné autour des points M et M; et si cela n'est jamais arrivé dans les travaux exécutés par M. Buck, il faut en attribuer le mérite au coup d'œil et à l'intelligence de ses ouvriers beaucoup plus qu'à la présence de ses tringles, qui, avec les règles, ne sont autre chose qu'un *quadrilatère articulé*.

761. La surface du joint étant taillée par la méthode exposée au n° 752, voyons quels sont les moyens employés par M. Buck pour creuser la douelle.

« Pour y parvenir on doit construire un *gabarit*, ainsi qu'il suit. Prenez deux panneaux A B D, comme le montre la figure 4, dans laquelle AC est le rayon du cylindre, DB son épaisseur ou la hauteur des voussoirs. La planche formant la base AB des panneaux sera taillée suivant la courbure de la voûte, elle aura une longueur suffisante; et les deux arêtes de cette planche iront se couper au centre du cylindre. Ces dispositions provisoires terminées, les deux panneaux d'abord appliqués exactement l'un contre l'autre, seront séparés, et l'on s'en servira pour construire un gabarit de la forme indiquée en perspective par la figure 13, dans lequel l'angle ACB devra être égal à l'angle IKE, *fig.* 3, qui est le complément de l'angle hélicoïdal de l'intrados. Les deux arêtes des faces BD et CE, *fig.* 13, du gabarit ainsi construit devront coïncider exactement avec la surface spirale de la pierre, lit que nous supposons avoir été préalablement taillé à l'aide des deux règles parallèle et divergente. Plaçons maintenant la pierre, *fig.* 2 et 9, de manière que la douelle se trouve par-dessus, renversons le gabarit et appliquons les tringles ou échasses BD et CE sur la surface déjà taillée du joint; faisons en même temps coïncider la lame flexible BC, *fig.* 2 et 9, avec l'arête de la douelle FN, *fig.* 2; enfin traçons sur la pierre une ligne suivant le côté AC, *fig.* 2, elle se trouvera nécessairement à angle droit sur l'axe du cylindre; traçons de même une autre ligne suivant le côté AB, elle sera parallèle à l'axe du cylindre; enlevons le gabarit et pratiquons au moyen du ciseau une rainure sur la douelle suivant la ligne CA en l'approfondissant de manière à ce que le fond ait précisément la courbure de la pièce AC du gabarit; ajustez de même sur la ligne AB qui est parfaitement droite, le côté AB, de manière que lorsque les rainures ont atteint une profondeur convenable, le gabarit étant appliqué dessus, en ayant soin de faire coïncider les faces BD et CE sur le joint préalablement taillé, et la lame diagonale sur l'arête de la douelle FN, les côtés AC et AB devront être exactement et semblablement en contact sur tous les points. Les pièces segmentales, chacune à peu près de la longueur de CA et ayant une courbure égale à celle du cercle du cylindre, comme les montre la figure 12, peuvent immédiatement s'appliquer, l'une sur le trait AC et l'autre sur une ligne GH, *fig.* 9, placée à une certaine distance parallèlement à AC. Ces pièces segmentales doivent avoir exactement les mêmes dimensions, et l'on trace sur leurs faces un trait marquant leur milieu, comme l'indique la figure 12, en U. Ainsi préparées, on peut les appliquer, l'une dans la rainure AC, en faisant coïncider le point U avec la ligne IK parallèle à AB, l'autre sur la ligne GH, parallèle à CA en faisant tomber aussi le point U sur la ligne IK ; plus on pourra les éloigner, en satisfaisant aux conditions imposées, mieux ce sera. Le second segment devra alors être ajusté dans une rainure au ciseau, jusqu'à ce que le côté supérieur (celui en ligne droite) se trouve dans le même plan que le côté supérieur de l'autre segment placé dans la rainure AC. Ces préparatifs terminés, on enlèvera les parties excédantes de la pierre sur la douelle jusqu'à ce qu'une règle bien droite puisse s'appliquer dans toute sa longueur sur la douelle en s'appuyant sur les traits de ciseau parallèlement à AB ; quand on aura obtenu ce résultat, la douelle sera terminée. L'autre arête LM de la douelle devra être alors tracée et taillée parallèlement à FN, on retournera le gabarit, *fig.* 14, en appliquant les segments sur la douelle et l'on taillera l'autre joint de manière que les arêtes BD et CE puissent s'appliquer en même temps. On remarquera qu'ici nous procédons par une méthode inverse : au lieu d'obtenir la douelle en se dirigeant sur le joint, nous obtenons le joint en nous dirigeant sur la douelle, en faisant coïncider exactement le segment CA et le côté AB avec la douelle, et la diagonale flexible avec l'arête LM. Traçons maintenant des rainures au ciseau sur le second joint de la pierre jusqu'à ce que les côtés BD et CE du gabarit s'y appliquent exactement en même temps que les autres posent sur la douelle. Ces rainures détermineront la surface gauche de ce joint, de même que les rainures obtenues par les règles divergente et parallèle ont déterminé celle du premier joint, on en fera donc un usage absolument semblable pour la taille dudit joint.

» Les extrémités de tous les voussoirs, excepté ceux qui forment le parement de tête de la voûte, ont les arêtes FL et NM de la douelle, fig. 14, carrément sur les arêtes correspondantes des joints continus et les bouts de la pierre, ordinairement appelés joints de tête, sont taillés suivant la direction des pièces BD et CE du gabarit, fig. 13. Les arêtes normales à la douelle, de ces deux joints, ayant été ainsi déterminées au moyen du gabarit, on taillera ces joints en appliquant une règle droite RS de l'une à l'autre et la tenant parallèle à FL ou NM, ces joints auront ainsi une surface gauche telle que tous les voussoirs s'appliqueront exactement l'un contre l'autre quand on construira la voûte. »

762. Pour ne pas être accusé d'altérer l'ouvrage que nous discutons, j'ai dû copier dans le manuel les figures 2, 3, 4, 7, 10, 11, 12 et 13, après m'être assuré toutefois qu'elles étaient rigoureusement conformes à celles de l'ouvrage anglais.

Mais il est évident que plusieurs de ces figures ne sont pas exactes. Ainsi, par exemple, la figure 7, copiée fidèlement sur la figure 11 du manuel, ne peut être la projection de la pierre, car si l'on se rappelle que M. Buck donne à ses règles une longueur égale à la hauteur en joint du voussoir, *ni plus ni moins*, il est évident que la pierre dont les limites sont indiquées par une teinte FREN, n'aurait pas l'étendue nécessaire pour contenir l'intrados et l'extrados du voussoir.

Je ferai le même reproche à la figure 2, qui, dans le manuel, se réduit à l'espace indiqué ici par des hachures, c'est pourquoi j'ai tâché de compléter par des perspectives (*fig.* 9, 14, 18, 19 et 20) ce qui ne m'a pas paru suffisamment expliqué par les figures qui accompagnent l'ouvrage de M. Buck.

763. Quant au gabarit employé par cet ingénieur (*fig.* 13), ce n'est évidemment autre chose qu'un double beuveau, qui serait plus exact qu'un beuveau simple, s'il ne présentait pas autant de difficultés d'exécution.

Car, il ne suffit pas que les deux beuveaux DBH, ACE soient conformes au modèle ABD de la figure 4, il faut encore :

1° —— Que les longueurs des traverses AB, CH soient calculées avec assez d'exactitude pour que l'angle ABC soit bien rigoureusement égal à l'angle intradossal, ce qui n'est pas facile à obtenir, par suite de la courbure de l'arête BUC.

2° —— Il faut que les branches droites BD et CE du gabarit soient coupées en biseau, de manière que les faces *mn*, *vu* (*fig.* 16 et 17) coïncident avec la surface gauche du joint taillée précédemment.

3° —— En théorie, l'arête BUC de la courbe diagonale (*fig.* 13) devrait être un arc d'hélice, mais on peut le remplacer par l'ellipse, qui contient les trois points B,C,U de la douelle.

764. En effet, si l'on jette un coup d'œil sur la figure 8, on reconnaîtra facilement que vers le point d'inflexion U, suivant lequel le point le plus élevé d'une hélice se projette sur le plan horizontal, la courbure de la projection est absolument insensible; que par conséquent, dans les limites d'un voussoir, la courbe peut être considérée comme plane et remplacée sans aucun inconvénient par la section *elliptique*, suivant laquelle le cylindre d'intrados serait coupé

par le plan vertical P, qui est tangent au point U du joint hélicoïdal.

Pour tailler l'arête BUC du gabarit (*fig*. 13), on rabattra le plan P (*fig*. 8), et l'on obtiendra cette courbe B"U"C" en vraie grandeur, en prenant sur la projection verticale la hauteur de chaque point au-dessus d'une horizontale quelconque A'Z' et portant ces hauteurs au-dessus de A"Z" sur les perpendiculaires menées par les points correspondants de la projection horizontale, de sorte par exemple que $m''m''$ soit égale à $m'm'$, et ainsi de suite.

La courbe BUC du gabarit devra être faite en bois mince ou en tôle assez flexible pour qu'elle puisse se transformer en hélice par l'effet du gauchissement qui résulte de ce que les deux branches BD, CE du gabarit ne sont pas dans un même plan.

765. Malgré toutes les précautions précédentes, l'exactitude théorique que l'on aura cherché à obtenir sera détruite en partie par l'application des branches du gabarit sur une surface qui n'est taillée qu'approximativement. Mais ce qui doit faire surtout rejeter la méthode de M. Buck, ce qui est contraire à tous les principes de la coupe des pierres, c'est la singulière idée qu'a eue cet ingénieur de tailler le second joint en se réglant sur une douelle déjà inexacte, puisqu'elle dépend du premier joint, qui n'est lui-même qu'une approximation.

En effet, le gabarit étant formé par deux beuveaux construits sur la section droite ABD (*fig*. 4), les deux branches BD et CE de la figure 13 sont *théoriquement normales*, tandis que les deux règles directrices du paraboloïde hyperbolique qui remplace le premier joint ne satisfont qu'approximativement à cette condition (759); de sorte qu'en appliquant les deux longues branches *théoriques* du gabarit sur la surface *approchée* du premier joint, il en résulte évidemment une erreur dans la position de la douelle. Or cette erreur de position de la douelle doit altérer d'une manière sensible la direction du second joint.

Il est donc évident que M. Buck, en agissant ainsi, perd complétement l'avantage qu'il avait espéré obtenir en commençant par tailler un joint, par la raison que cette surface est plus grande que la douelle.

Ainsi, après avoir admis que la plus petite face doit être déduite de la grande, M. Buck se met de suite en contradiction avec lui-même, en taillant le second joint d'après l'angle qu'il fait avec la douelle.

D'ailleurs, en faisant abstraction de l'erreur qui affecte la position de la douelle, il est évident que les directrices du premier joint ne seraient normales qu'*approximativement* (759), tandis que les directrices du second, dépendant du beuveau ABD (*fig.* 4), seraient normales *rigoureusement*, et les deux surfaces n'étant pas identiques, ne coïncideraient pas d'une manière satisfaisante au moment de la pose.

766. M. Buck n'indique aucun moyen pour déterminer *à priori* les dimensions du parallélipipède capable; de sorte que, dans la crainte de prendre une pierre trop petite on la prendra trop grande, et dans ce cas on aura perdu par le déchet ce que l'on aura gagné en ne taillant pas l'extrados.

767. Il résulte de la discussion précédente que les méthodes employées par M. Buck ne sont que des approximations.

Ainsi, l'écartement des deux règles, variable malgré les tringles transversales, n'est qu'une *approximation* dont la limite reste à la disposition des ouvriers.

Le joint hélicoïdal remplacé par un paraboloïde hyperbolique dont les directrices ne sont pas même normales à la voûte ; l'arête hélicoïde de douelle remplacée par un arc d'*ellipse* BUC (*fig.* 13), ne sont que des *approximations*.

768. Je suis très-partisan des approximations qui simplifient le travail et permettent par conséquent de lui donner plus de perfection et de solidité; mais il ne faut pas donner comme rigoureuses des formules qui ne reposent que sur des *données approximatives*.

Je ne crois donc pas devoir reproduire ici tous les calculs donnés par M. Buck, on les trouvera dans le Manuel des ponts et chaussées ; mais je les crois fort peu utiles dans le cas actuel.

L'exactitude que l'on penserait obtenir en exprimant des angles à moins d'une seconde, et des ordonnées avec trois ou quatre décimales, disparaît complétement *lorsque l'on emploie la taille par beuveau*.

Il ne suffit pas de mettre de l'exactitude sur le papier, il faut encore en mettre sur la pierre, et l'on n'y parviendra qu'en traçant avec la plus grande précision les directrices et les points de repères destinés à diriger le mouvement de la règle génératrice des surfaces que l'on veut tailler.

769. *Deuxième méthode.* Le plus grand défaut de la méthode employée par M. Buck consiste évidemment à faire dépendre la position du second joint de celle de la douelle, qui elle-même n'est pas exacte, puisqu'elle est déterminée par le premier joint qui n'est qu'une approximation.

Or, si l'on veut absolument employer la méthode par beuveau, il faudrait au moins éviter la combinaison des erreurs, et dans ce cas je crois qu'il vaudrait mieux commencer par tailler la douelle en opérant de la manière suivante :

770. Supposons que l'on veut obtenir l'un des claveaux

courants du pont que nous avons étudié sur la planche 7, on disposera l'épure comme nous l'avons fait sur la planche 6, c'est-à-dire qu'après avoir choisi le claveau qui occupe le centre de la voûte, on construira (pl. 76) la section droite (fig. 4), le développement (fig. 5) et la projection horizontale du voussoir (fig. 6).

Puis en opérant, comme nous l'avons dit au n° 764, on rabattra les deux arcs d'ellipse sx, sz, suivant lesquels les faces du parallélipipède sont traversées par le cylindre d'intrados. Enfin on taillera bien exactement en zinc ou en tôle les deux segments sAx, sAz (fig. 7 et 8).

771. Cela étant fait, on choisira un bloc grossièrement équarri, comme ils le sont ordinairement en arrivant sur le chantier, puis on placera en dessus la face correspondante à la douelle,

Quand cette face sera dressée, comme on le voit sur la figure 1re, on tracera le rectangle ABAB, circonscrit à la projection horizontale du voussoir fig. 6.

On taillera perpendiculairement à la face supérieure, et, suivant les côtés du rectangle ABAB, quatre plumées suffisantes seulement, pour que l'on puisse y appliquer les segments sAx, sAz des figures 7 et 8.

Ces deux segments suffiront en les retournant pour tracer les quatre arcs d'ellipse sx et sz, figures 1 et 2, et les points de repère conservés sur les contours de ces courbes serviront à déterminer les positions successives de la règle génératrice du cylindre d'intrados.

772. Lorsque cette surface sera taillée, on y appliquera le panneau de douelle, $m''n''m''n''$ de la figure 5, et l'on tracera (fig. 2) les quatre arcs d'hélice qui forment le contour de la douelle $mnmn$.

Cela étant fait, on construira (fig. 16) le beuveau, dont

une branche A'B' (*fig.* 4) coïncide avec le prolongement d'un rayon de la voûte, tandis que la seconde branche B'C' est taillée suivant la courbure de l'intrados.

Ce beuveau s'appliquera (*fig.* 24) de manière que le côté courbe BC coïncide toujours avec l'une des sections droites que l'on aura dû tracer sur la douelle taillée précédemment, tandis qu'une troisième branche DH, solidement fixée, de manière à former un angle droit avec BC, devra toujours coïncider avec l'une des génératrices du cylindre. Par ce moyen, la branche BA du beuveau sera constamment perpendiculaire à la face de douelle, et engendrera la surface hélicoïde du joint continu. Le beuveau ABC (*fig.* 16 et 24) est déterminé par sa projection A'B'C' (*fig.* 4).

773. Au lieu du beuveau ABC de la fig. 16, on pourrait employer le beuveau DOH de la fig. 23; mais alors il faudrait placer bien exactement ce beuveau (*fig.* 13) dans le plan perpendiculaire à l'hélice MN qui forme l'arête de joint; et, pour obtenir ce résultat, il serait nécessaire que la branche courbe OH du beuveau fût cintrée suivant la courbure de la section par le plan P qui contient cette branche (*fig.* 6); puis on ajusterait au beuveau (*fig.* 13 et 23) une branche supplémentaire VU, faisant, avec la branche courbe, un angle VSH égal à l'angle VSH de la fig. 6. En faisant coïncider cette branche supplémentaire VU avec l'une des génératrices du cylindre, le côté courbe de la branche OH serait situé dans le plan perpendiculaire à l'arête MN de la douelle (*fig.* 13), et la branche DO du beuveau engendrerait la surface gauche du joint.

774. Pour cintrer la branche courbe OH du beuveau (*fig.* 13 et 23), on se rappellera qu'au point O de la fig. 6,

l'hélice d'intrados *mn* et sa tangente seront horizontales ; la droite OH perpendiculaire sur *mn* sera la trace du plan qui contient le beuveau demandé ; de sorte, qu'en faisant tourner ce plan autour de la verticale projetante du point O, on obtiendra (*fig.* 4) le beuveau D'O'H', dont la branche courbe O'H' appartient à l'ellipse suivant laquelle le cylindre, qui forme la douelle du berceau, est coupé par le plan vertical DOH (*fig.* 6).

La méthode que nous venons d'exposer possède évidemment l'avantage qui manque à celles de M. Buck, de conserver intactes les propriétés géométriques des surfaces de joint déterminées par la théorie, et d'éviter l'emploi de son gabarit aussi difficile à construire qu'embarrassant à manier. Mais dans les deux méthodes l'exactitude du résultat dépend beaucoup trop du soin et de l'adresse du tailleur de pierre, et l'on conçoit que si une pierre taillée par un ouvrier très-habile doit être placée sur une autre pierre taillée par un ouvrier qui le soit moins, la coïncidence des deux faces de joint pourra être fort défectueuse.

775. *Troisième méthode.* Après la répugnance que j'ai témoignée pour la taille par beuveau, lorsqu'il s'agit d'une construction qui exige une grande exactitude, on demandera peut-être par quels moyens j'éviterai les reproches que j'adresse à cette méthode. Ma réponse sera bien simple, c'est que dans aucune circonstance je n'emploierai le beuveau pour exécuter les joints d'un pont biais, et si je voulais absolument éviter la taille de l'extrados, je crois qu'il serait possible d'obtenir quelque précision en opérant de la manière suivante.

J'accepterais volontiers avec M. Buck la substitution du paraboloïde au joint réglé hélicoïdal, *quoique la première de ces deux surfaces ne soit pas plus facile à tailler que la seconde*. Mais je voudrais, au moins, que les directrices de ce paraboloïde fussent des normales à la voûte, et, par conséquent, situées dans le plan de section droite, au lieu d'être placées comme celles de M. Buck dans des plans perpendiculaires à l'hélice intradossale. Pour obtenir ce résultat, on pourra opérer de la manière suivante :

On construira (*fig.* 20) la projection horizontale du voussoir qui occupe le centre de la voûte, puis on déterminera le parallélipipède enveloppe ABAB.

On tracera les droites vv', nn', mm' et uu' perpendiculaires à la face AB qui correspond à l'un des deux joints du voussoir, et les deux trapèzes $vv'nn'$ et $mm'uu'$ remplaceront évidemment avec avantage les deux règles de M. Buck ; puisque les côtés vn et mu de ces trapèzes sont des *normales génératrices du joint hélicoïdal* : on peut rabattre ces trapèzes, comme on le voit (*fig.* 18 et 21), en faisant tourner l'un d'eux autour du côté nv, et le second autour de mu.

Lorsque l'on aura obtenu ces trapèzes dans leur véritable grandeur, on fera tailler les deux règles R et S en traçant sur leurs faces les parties qui doivent être noyées dans la pierre, comme on le voit *fig.* 26.

Pour déterminer bien exactement sur la pierre la trace des plans suivant lesquels il faut enfoncer les deux règles, on rabattra la face AB sur laquelle on tracera le quadrilatère $m''n''v''u''$.

Les sommets de ce quadrilatère sont les pieds des perpendiculaires abaissées sur le plan vertical AB, par les points m, n, v, u du voussoir. On obtiendra ces sommets sur la figure 17, en portant, à partir de la droite AB, les distances des points correspondants à la droite $B'B'$ de la figure 4, de manière, par exemple, que $u'u''$ de la figure 17 soit égale à $u'u''$ de la figure 4 que $n'n''$, de la figure 17 soit égale à $n'n''$ de la figure 4, et ainsi de suite.

Les points 1, 2, 3 qui partagent en parties égales les côtés $m''u''$ et $n''v''$ du quadrilatère $m''n''v''u''$ (*fig.* 17), détermineront les positions successives de la règle génératrice du paraboloïde hyperbolique par lequel on a remplacé le joint normal hélicoïde du voussoir; et l'on comprend pourquoi un hyperboloïde à une nappe serait beaucoup moins simple, par la difficulté qu'il y aurait à établir sur les directrices les points nécessaires pour déterminer les positions successives de la génératrice.

Pour tracer la pierre, on choisira (*fig.* 25) un bloc dont la face supérieure doit être au moins égale au rectangle ABCD de la figure 17, et tel que l'épaisseur DU (*fig.* 25) soit égale à AB de la figure 20.

On dressera (*fig.* 25) le plan ABCD sur lequel on tracera le quadrilatère $m''n''v''u''$ que l'on aura soin de placer comme on le voit (*fig.* 17), et l'on fera pénétrer les deux règles des figures 18 et 21, comme on le voit (*fig.* 26).

On dégagera ensuite la pierre en faisant glisser la règle génératrice sur les côtés $m'''u'''$ et $n'''v'''$ des deux directrices (*fig.* 18 et 21).

Au lieu de dresser entièrement la face rectangulaire ABCD du parallélipipède enveloppe (*fig.* 17 et 25), on peut se contenter de tailler seulement les espaces nécessaires pour y appliquer les panneaux K et H, de manière à tracer les deux droites $m''u''$ et $n''v''$ suivant lesquelles on doit placer les règles directrices comme on le voit *fig.* 26.

On devra bien se garder de faire ici la faute que j'ai reprochée à la méthode de M. Buck (n° 765). Ainsi, quand on aura taillé le premier joint, on renversera la pierre, et l'on taillera le second joint avec les mêmes règles R, S, et le panneau quadrangulaire $m''n''v''u''$ que l'on retournera en opérant du reste exactement comme pour le premier joint.

Il est bien entendu que l'on aura dressé le plan BA parallèlement au plan AB, de manière que la distance DU de la figure 25 soit égale à l'arête correspondante du parallélipipède capable (*fig.* 20).

Quand les deux joints longitudinaux seront taillés, on fera les joints de tête en opérant de la même manière, et faisant glisser la règle sur les mêmes directrices *mu*, *nv*, comme on le voit *fig.* 9.

776. Si l'on veut que les joints transversaux soient des plans, on se contentera de faire à l'extrados (*fig.* 10) une plumée sur laquelle on tracera la droite *vu* dont on déterminera le milieu x; et les trois points m, n, x suffiront pour tailler la face plane *amnc* destinée à former le joint transversal; mais dans ce cas, il ne faut pas attendre que le joint gauche *mnvu* soit taillé, parce que ce serait un travail inutile, et que d'ailleurs il ne resterait plus assez de pierre du côté de l'arête *nv*.

777. Pour tracer la douelle, on se rappellera ce que nous avons dit au n° 764; ainsi, considérons comme droites les projections horizontales *mn* des arcs d'*hélice* qui forment les quatre arêtes de la douelle *mnmn* du voussoir projeté (*fig.* 20), on pourra remplacer ces courbes par les arcs d'*ellipse* suivant lesquels le cylindre d'intrados est coupé par les plans projetants verticaux des côtés du quadrilatère *mnmn*.

Deux de ces ellipses ont été rabattues (*fig.* 19 et 22), en opérant comme nous l'avons dit au n° 764.

Cela étant fait, on découpera en bois mince ou en zinc les deux segments $m''n''n'$ que l'on appliquera sur la pierre comme on le voit (*fig.* 9).

Par suite de la flexibilité de ces deux patrons, les courbes elliptiques $m'''n''$ des figures 19 et 22 se transformeront en hélices mn lorsqu'elles seront appliquées (*fig.* 9) sur les joints gauches taillés précédemment.

Les deux segments 19 et 22 suffiront en les retournant pour tracer les quatre arêtes de la douelle, que l'on taillera comme à l'ordinaire, en faisant passer la règle par les points de repères déterminés sur les courbes mn des figures 9 et 10.

Si les joints transversaux sont des plans, les courbes que l'on y tracera avec le panneau de la figure 19 conserveront leur caractère elliptique, et cela ne changera rien à la manière d'opérer.

778. Si l'on préfère commencer par tailler la douelle, on fera les deux segments en bois dur ou en tôle forte comme on le voit (*fig.* 28 et 29), puis on les enfoncera perpendiculairement à la face de la pierre dans des rainures creusées au ciseau suivant les côtés du quadrilatère $mnmn$ que l'on aura dû tracer d'abord sur la face $ABAB$ du parallélipipède enveloppe (*fig.* 25).

La courbe (*fig.* 28) servira, en la retournant, pour établir les deux arêtes des joints continus, et la courbe (*fig.* 29) déterminera les arêtes des joints transversaux.

Les quatre *hélices* qui forment les arêtes de la douelle seront alors remplacées par des arcs d'*ellipses* qui en différeront très-peu (764), et lorsque la douelle sera taillée, on fera les joints en opérant comme ci-dessus (775).

779. La méthode précédente n'est qu'une approximation analogue à celle de M. Buck ; mais au moins les erreurs *volontaires* que l'on commet en remplaçant les joints normaux hélicoïdes par des paraboloïdes, et les arêtes de douelle par des arcs d'ellipses, seront indépendantes de

l'imperfection des beuveaux et de la négligence ou de la maladresse des ouvriers.

J'ai cru devoir exposer avec détails toutes ces manières diverses d'exécuter les pierres d'un pont biais, mais en les comparant, le lecteur pourra facilement reconnaître que cela est tout aussi long et beaucoup moins exact que la méthode par équarrissement indiquée au n° 685.

780. Taille des voussoirs de tête. — Jusqu'ici nous avons raisonné d'après cette hypothèse qu'il s'agissait d'un pont construit tout entier en pierre de taille, mais cela n'arrive presque jamais ainsi. Le plus ordinairement, au contraire, les ponts que l'on construit pour l'usage des chemins de fer sont en moellons, en briques ou en meulières, et, dans ce cas, la taille des pierres n'a plus à beaucoup près la même importance.

781. La chaîne de pierres qui forme l'arête de chacune des têtes est une garantie contre la dégradation de cette arête, mais elle contribue fort peu à la solidité de l'ensemble, et souvent les voussoirs ont besoin d'être rattachés à la masse et retenus par elle, plutôt qu'ils ne servent à la soutenir.

On peut donc, lorsque la tête seule est en pierre de taille, négliger quelques-unes des considérations théoriques qui nous ont préoccupées lorsque nous avons étudié le pont qui fait le sujet de la planche 74.

Ainsi, lorsque l'obliquité n'est pas trop considérable, on ne fait pas de cornes de vache, et l'on accepte les angles aigus que les joints longitudinaux font avec le parement de la face de tête.

Dans ce cas, la taille de cette face se réduit à une grande simplicité, en effet.

782. Supposons (*fig.* 11) que la tête du pont soit composée de neuf voussoirs, on taillera neuf claveaux courants, en opérant par l'une quelconque des méthodes indiquées aux numéros 685, 752, 769 ou 775. Puis, il ne restera plus qu'à retrancher à l'un des bouts de chaque voussoir, ce qui est nécessaire pour former la face de tête.

Soit, par exemple (*fig.* 27), le voussoir que l'on veut couper, on tracera l'arête 3-4 de la tête, au moyen d'un panneau flexible M, que l'on obtiendra (*fig.* 15) en construisant le développement de la douelle comme dans tous les exemples qui précèdent ; puis, avec un beuveau r-3-x (*fig.* 27), on tracera la coupe de joint 3-x.

La face de tête qui doit être plane, serait alors déterminée géométriquement, puisque l'on connaît trois de ses points 3, 4 et x, mais on obtiendra plus d'exactitude et l'on vérifiera l'opération précédente, en appliquant sur le second joint le beuveau 4-s, dont une branche coïncide avec l'arête de la pierre (*fig.* 27).

En faisant mouvoir une règle sur l'arc de douelle 4-3 et sur les deux coupes de joint, il sera facile de tailler le parement de tête.

Ce qui précède étant bien compris, il ne nous reste plus qu'à expliquer comment on peut obtenir les beuveaux nécessaires pour tracer les coupes de joint.

783. Angles des hélices d'intrados avec les coupes des joints par le plan de tête.

Première méthode (*fig.* 11). — On sait que l'angle, compris entre deux courbes, est égal à l'angle formé par leurs tangentes, et si l'une des lignes données est droite, la question revient à chercher l'angle qu'elle fait avec la tangente de la ligne courbe.

Or, dans le cas actuel, les lignes données sont l'hélice intradossale et la coupe de joint située dans le plan de tête. La tangente T' par laquelle nous remplacerons cette courbe de joint passera par le foyer O', et sera projetée sur le plan horizontal par la droite T qui est la trace horizontale du plan de tête.

La tangente à l'hélice intradossal sera projetée sur le plan vertical par X' tangente au cercle de section droite, et, sur le plan horizontal, par une droite X qu'il n'est pas nécessaire de construire.

Les droites TT' et XX' sont tangentes toutes les deux au point VV' du joint hélicoïdal, puisque l'une d'elles est tangente à la coupe de joint par le plan de tête, et que la seconde XX' est tangente à l'hélice qui forme l'arête d'intrados.

Le plan tangent déterminé par les deux tangentes TT' et XX' contient en outre la droite GG', génératrice du joint hélicoïdal, et qui, par conséquent, peut être considérée comme une troisième tangente au point VV' de cette surface.

Or, si nous supposons que le point de tangence VV' tourne autour de l'axe du berceau jusqu'à ce qu'il soit venu se placer dans le plan vertical projetant de cet axe les trois tangentes XX', TT', GG' tourneront en même temps.

La tangente XX' deviendra horizontale; elle sera projetée sur le plan vertical par la droite X''', sur le plan horizontal par X'', faisant avec l'axe AC du cylindre un angle X''V''C égal à l'angle intradossal, et sera, par conséquent, parallèle aux droites suivant lesquelles se transforment les hélices développées de l'intrados.

Le foyer O' décrira un arc de cercle O'O''' égal à l'arc U'U''' parcouru par le point U' de la droite G'. La projection horizontale de l'arc O'O''' sera OO'', et la tangente TT' deviendra T'''T'''', puisque le point O est venu se projeter en O'' et le point V en V''.

La droite GG', située dans le plan des deux tangentes TT'

et XX', prendra la position verticale G''', et sa projection horizontale sera, par conséquent, réduite à un point G'' qui coïncidera avec V''.

Par suite de ce mouvement, le plan des trois tangentes TT', XX' et GG', sera devenu vertical, puisqu'il contient la verticale G''G''' et l'on obtiendra l'angle des deux lignes X''X''' et T''T''' en faisant tourner cet angle autour de la droite verticale G''G''' jusqu'à ce qu'il soit parallèle au plan vertical de projection.

Par ce dernier mouvement, le point O''O''' décrit l'arc horizontal O''O^{IV} qui se projette sur le plan vertical par l'horizontale O'''O^V, et la tangente T''' vient se rabattre en T^{IV}; la tangente X''X''', tournant autour de la verticale G''G''', reste horizontale, sa nouvelle projection verticale X^{IV} se confond avec X''', et l'on obtient alors l'angle demandé X'''V'''T^{IV}.

784. On peut se dispenser de construire la projection T''' de la tangente T''T''' et rabattre de suite cette ligne en T^{IV}, de sorte que tout se réduirait aux opérations suivantes :

1° —— Du point C', comme centre, on décrira la circonférence qui contient le foyer O'.
2° —— On fera l'arc O'O''' égal à U'U'''.
3° —— Par la projection horizontale du point V, on tracera la droite GG jusqu'à ce qu'elle rencontre en V'' le plan vertical qui contient l'axe du berceau.
4° —— Par le point V'', ainsi obtenu, on tracera la droite V''T''' parallèle aux hélices d'intrados développées, ou ce qui revient au même, on fera OV''O'' égal à l'angle intradossal.
5° —— On ramènera le point O''' en O^V par un arc de cercle horizontal O''O^{IV} décrit du point V'' comme centre, et l'on tracera la droite O^{V}V''', qui étant prolongée, donnera X'''V'''T^{IV} pour l'angle demandé.

La même opération répétée fera connaître pour chaque joint l'angle formé par l'arête d'intrados et la coupe de joint sur le plan de tête.

La figure 11 contient tous les beuveaux correspondants aux points 1, 2, 3, 4 et 5 de l'arc de tête, le supplément de chacun de ces beuveaux donnera l'angle situé à la même hauteur de l'autre côté de la voûte.

Ainsi, le beuveau $X'''V'''T^{\text{iv}}$ donnera l'angle formé au point VV', par la tangente à la coupe de joint T' et l'hélice d'intrados qui aboutit au point VV' tandis que $T^{\text{iv}}V'''X^{\text{iv}}$ supplément de $T^{\text{iv}}V'''X'''$ sera l'angle formé au point 3 de l'arc $1-V'''$, par l'hélice et la coupe de joint correspondantes.

L'exactitude des constructions peut être vérifiée de plusieurs manières.

Quelques-unes de ces vérifications sont indiquées sur la figure, mais il y en a qui n'auraient pas pu être conservées sans confusion.

On remarquera cependant que tous les points analogues du point O^{v}, sont situés sur la circonférence d'une ellipse dont le demi-grand axe $C'D'$ est égal à AH, tandis que le demi-petit axe $C'O'$ est égal, comme nous l'avons déjà remarqué plusieurs fois, à la distance OH, suivant laquelle AH se projette sur le plan de section droite qui contient le centre C de l'arc de tête (636).

En effet, la droite $V''O''$ étant parallèle à HA, les deux triangles $V''OO''$, AOH seront semblables, ce qui donne la proportion

(1) $V''O'' : OO'' = AH : OH$,

mais si nous exprimons par x la distance $V''O'' = IO^{\text{v}}$, par x' la droite $OO'' = IO'''$, par a la droite $AH = AD = C'D'$ et par b la droite $OH = C'H' = C'O'$, la proportion (1) deviendra

$$x : x' = a : b,$$

d'où
$$bx = ax',$$
et par conséquent
(2) $$b^2 x^2 = a^2 x'^2.$$

Mais le triangle C'IO''' étant rectangle en I, on a IO'''² = C'O'''² — C'I² ou en exprimant C'I par y
$$x'^2 = b^2 - y^2,$$
qui, substitué dans l'équation (2), donne successivement
$$b^2 x^2 = a^2 (b^2 - y^2)$$
$$b^2 x^2 = a^2 b^2 - a^2 y^2$$
$$a^2 y^2 + b^2 x^2 = a^2 b^2,$$
d'où il résulte que le point O^v, et tous les points analogues o^v, o^v, o^v, etc., sont situés sur la circonférence de l'ellipse, qui a pour demi-petit axe
$$b = C'O' = C'H' = OH,$$
et pour demi-grand axe
$$a = C'D' = AD = AH.$$

La remarque précédente nous permettra de simplifier considérablement les opérations indiquées au n° 784.

785. Ainsi, après avoir décrit les deux arcs de cercles H'O' et D'K', on tracera :

1° ——— Le rayon V'C' que l'on prolongera jusqu'à ce qu'il coupe les deux circonférences concentriques aux points R et S.
2° ——— On construira le triangle RNS rectangle en N.
3° ——— La droite NV''' sera l'un des côtés du beuveau correspondant au point V' et par conséquent au point 3.

On remarquera que l'ellipse D'O'D' ne sera plus employée que comme vérification. De sorte que tout se réduit pour chaque beuveau à la construction de quatre droites, savoir : V'S, RN, SN et NV'''.

786. La courbure des coupes de joint par le plan de tête étant insensible, on peut remplacer chacune d'elles par sa tangente; mais il n'en est pas de même des arcs d'hélice qui forment les arêtes des joints longitudinaux, et lorsque la courbure du berceau est très-sensible, on ne peut pas appliquer immédiatement le beuveau sur la pierre, car, il faudrait pour cela (*fig.* 14), que la tangente T à l'hélice *mn* fût tracée sur la face de joint du voussoir.

On évitera cette opération, assez délicate, en remplaçant le côté zT de l'angle Tzu du beuveau par l'arc d'hélice zn, dont il est la tangente.

Mais, nous avons eu déjà l'occasion de reconnaître (764), que cet arc d'*hélice* peut être remplacé par l'*ellipse*, suivant laquelle le cylindre qui forme la surface d'intrados est coupé par le plan tangent au joint hélicoïdal.

Ainsi, pour tous les beuveaux qui ont leurs sommets au point V''' de la figure 11, nous remplacerons la branche droite qui coïncide avec la tangente V'''X''', par l'arc V'''E qui appartient à l'ellipse suivant laquelle le berceau est coupé par le plan vertical projetant G''X'' de la tangente X''X'''; la flexibilité que l'on devra donner à la branche de ce beuveau, suffisant pour faire disparaître la différence *insensible* qui existe entre cette *ellipse* et l'*hélice* à laquelle la droite X''X''' est tangente.

L'ellipse EE peut être décrite en faisant tourner autour de la verticale projetante du point C les points suivant lesquels le plan vertical P coupe les génératrices de l'intrados ou en prolongeant la droite PC jusqu'à ce qu'elle rencontre la ligne de naissance, en un point *h*, qui sera l'extrémité du demi-grand axe horizontal C*h*.

Si le pont est d'un très-grand rayon, la courbure de

l'hélice d'intrados sera insensible et l'on pourra se contenter du beuveau dont l'angle serait formé par les deux tangentes T''' et X'''.

Quant à la coupe de joint sur la tête, si le beuveau est un peu flexible, la branche droite $3-x$ (*fig.* 27), appliquée sur le joint, prendra naturellement la courbure presque insensible de cette surface et le résultat sera suffisamment exact.

787. *Deuxième méthode.* — Les beuveaux nécessaires pour tracer les faces de tête peuvent être obtenus par une méthode très-simple donnée par M. de La Gournerie dans le mémoire que nous avons déjà cité. En effet, la tangente au joint VV' à l'hélice qui contient ce point (*fig.* 3) est située dans le plan qui touche le cylindre au même point, et perpendiculaire, par conséquent, à la génératrice GG' du joint hélicoïdal.

Le plan qui contient l'angle cherché formé par les deux droites XX' et TT', tangentes la première à l'hélice et la seconde au joint de tête, contient la tangente GG', et la trace verticale $O'K$ de ce plan est par conséquent parallèle à G', puisque cette dernière droite est elle-même parallèle au plan vertical de projection.

Or si l'on fait tourner le plan tangent $T'V'X'$ autour de sa trace verticale $O'K$ la tangente XX' vient s'appliquer sur sa projection X' et le point de tangence VV', sommet de l'angle cherché, se rabat en V'', à une distance de $O'K$, égale à la longueur $V''K$ de la partie de la tangente XX' qui est comprise entre le point de tangence VV', et le plan de section droite P sur lequel a lieu le rabattement.

Mais cette partie $V''K$ de la tangente XX' rabattue, sera évidemment donnée en véritable longueur $V'''M$ (*fig.* 12) sur le développement du cylindre d'intrados; de plus, le point O', situé sur la charnière de rabattement $O'K$, n'aura pas changé de place, la tangente TT' se rabattra en O'T''', et l'on obtiendra T''V''V' pour l'angle cherché.

M. de la Gournerie a signalé l'existence d'un point qui abrége beaucoup la construction des beuveaux.

En effet, en traçant par le point V'' une droite V''Q perpendiculaire sur la projection X' de la tangente XX', on obtiendra sur la verticale OO' un point que nous désignerons par Q.

Or, construisons les ordonnées AO, V'''S des points A et V''' de l'arc de tête développé.

Traçons la droite C'V' perpendiculaire sur X' et par conséquent parallèle à QV''; rappelons-nous que V''K (*fig.* 3), étant égal à V'''M (*fig.* 12), on a V'K (*fig.* 3) = MS projection de V'''M (*fig.* 12) :

On aura donc

Fig. 3.   O'C' : O'Q = KV' : KV'',   mais on a

(*fig.* 3) KV' : KV'' = MS : MV''' (*fig.* 12),

de plus   MS : MV''' = HO : HA

multipliant et réduisant, on aura

$$O'C' : O'Q = HO : HA$$

d'où   O'Q × HO = O'C' × HA

mais (637)   O'C' = HO

multipliant et réduisant, on a

$$O'Q = HA.$$

Or tout cela est indépendant de la position du point V' sur l'arc de tête, d'où il résulte que la position du point Q est constante quel que soit l'angle cherché, et pourra toujours être obtenue, en faisant O'Q = AH ; de sorte que tout se réduit aux opérations suivantes :

On fera d'abord C'O' de la figure 3 égal à HO de la figure 12, et O'Q de la figure 3 égal à HA de la figure 12, puis on construira :

1° ━━ La droite X'X' tangente au point V' ;
2° ━━ La droite QV'' perpendiculaire sur X' déterminera en V'' le sommet rabattu de l'angle demandé ;
3° ━━ La droite O'V'' sera la tangente TT' rabattue en T''', et T''V'''V' sera l'angle cherché.

Les mêmes opérations étant répétées pour chaque joint, on obtiendra tous les beuveaux que l'on peut disposer, comme on le voit par la figure 3, sur laquelle on n'a construit que les angles aigus. Ce sont les beuveaux nécessaires pour tailler les pierres du côté gauche de la voûte ; mais on se rappelle que les suppléments des mêmes angles détermineraient tous les beuveaux des angles obtus.

Ce que nous avons dit au n° 786 s'applique également à l'opération actuelle, c'est-à-dire que pour chaque beuveau on devra remplacer le côté V''V' par l'arc d'ellipse suivant lequel le cylindre d'intrados est coupé par le plan des deux tangentes XX' et TT' ou, ce qui est la même chose, par le plan vertical projetant de la droite QD tangente à hélice qui contiendra le point Q. On obtiendra cette courbe en opérant, comme nous l'avons dit au n° 764, ou en déterminant ses axes, dont l'un Qv'' est égal au rayon de l'intrados du berceau, et dont le grand axe QI est égal à QD, que l'on obtiendra en traçant une parallèle à AH depuis le point Q jusqu'au point D, qui est situé sur la ligne de naissance 1—D.

788. Application des principes précédents. — La planche 77 a pour but l'étude d'un pont biais à section droite circulaire pour la construction duquel on aurait employé les méthodes exposées dans les articles précédents. Cette épure sera donc le résumé de tout ce que nous avons dit depuis le n° 548 jusqu'au point où nous sommes parvenus.

Les données de la question à résoudre étant la projection horizontale du pont (*fig.* 6) et l'une des deux sections droites rabattues (*fig.* 8, 9, 13 et 14).

On déterminera l'appareil des piles et l'épaisseur de la voûte, puis on exécutera successivement les opérations suivantes :

1° ▬▬ On divisera les arcs de cercles 0-6, fig. 8 et 14 en parties égales et l'on construira les génératrices du cylindre d'intrados, sur la projection horizontale (*fig.* 6), et sur le développement (*fig.* 4 ou 12).

Ces génératrices n'ont pas été conservées sur l'épure.

2° ▬▬ On construira (*fig.* 4) la sinusoïde *acs* suivant laquelle se développe l'arc de tête *as* et l'on divisera la corde de cette sinusoïde en autant de parties égales que l'on voudra obtenir de voussoirs sur la tête.

Dans le cas actuel, chaque tête contient vingt et un claveaux.

3° ▬▬ On déterminera la direction des hélices développées, et par suite, l'angle intradossal, en opérant comme nous l'avons dit au n° 585.

4° ▬▬ Les hélices étant développées (*fig.* 4), il sera facile de construire leurs projections horizontales (*fig.* 6), et les projections verticales des mêmes courbes sur la figure 5 (n°⁸ 594, 595).

5° ▬▬ En faisant C'O' de la figure 5, égale à la droite CO de la figure 4, on obtiendra le foyer O' vers lequel on fera concourir toutes les coupes des joints par le plan de tête, en remplaçant chacune de ces courbes par sa tangente, ce qui ne présente pas ici l'inconvénient

36

que nous avons signalé au n° 719, parce que les joints longitudinaux ne sont pas brisés par ceux de la corne de vache.

6° —— On supposera dans cet exemple (*fig.* 5) que les faces des voussoirs de tête sont limitées en dessus par l'ellipse suivant laquelle le plan de tête couperait le prolongement du cylindre qui a pour directrice l'arc 20-19 de la section droite (*fig.* 8).

789. **Taille des voussoirs.** Si le pont doit être entièrement en pierres de taille, on étudiera l'appareil sur le développement (*fig.* 4), que l'on complétera comme cela est indiqué sur la figure 26 de la planche 1.

On économisera beaucoup le temps et la pierre si l'on peut faire tous les voussoirs égaux ou à peu près entre eux. Nous avons dit au n° 593 comment on pourra obtenir ce résultat.

Cela étant fait, on taillera autant de voussoirs qu'il en faut pour construire la voûte et les têtes.

Tous ces voussoirs devant être égaux entre eux, il suffira d'en projeter un seul, et l'on choisira pour plus de simplicité l'un de ceux dont le centre est situé dans le plan vertical qui contient l'axe du berceau (686).

Les voussoirs pourront être taillés par l'une quelconque des méthodes indiquées aux n°^{s} 685, 752, 769 ou 775.

Je n'ai indiqué sur l'épure actuelle que la méthode du n° 685 ;

1° —— Parce que c'est la seule qui conserve dans toute leur intégrité les propriétés géométriques indiquées par la théorie.

2° —— Parce qu'elle est extrêmement simple, puisque les deux panneaux A″, A‴ de la figure 6 et le panneau de développement A^{IV} (*fig.* 17) suffiront pour tailler toute la voûte.

Si l'on veut employer d'autres méthodes, on consultera les deux planches précédentes.

Si le pont doit être en maçonnerie, on ne taillera que le nombre de claveaux nécessaire pour les têtes.

Dans le cas actuel, on devra tailler quarante-deux claveaux.

Les dimensions du voussoir projeté en A devront être calculées d'après la longueur du plus grand des claveaux que l'on veut obtenir; c'est-à-dire que la courbe rampante AA' (*fig.* 6 et 8) doit excéder un peu la longueur que doit avoir le voussoir lorsque l'on aura taillé la tête.

On pourra économiser la pierre en faisant deux projections : l'une pour les grands voussoirs de la tête, et l'autre pour les petits.

790. J'ai rappelé par les figures 9 et 13 les deux méthodes exposées aux n°^{s} 783 et 787 pour obtenir les beuveaux nécessaires à la coupe des plans de tête. La figure 13 contient les beuveaux obtenus par la méthode indiquée dans le mémoire de M. de la Gournerie. Pour éviter la confusion, je n'ai conservé les lignes d'opérations que pour le deuxième beuveau, à partir de la naissance. Ainsi, on se rappellera qu'après avoir fait C'O'' de la figure 13 égale à CO de la figure 4, et O''Q' de la figure 13, égale à sO de la figure 4.

Il ne reste plus pour chaque beuveau qu'à tracer :

1° —— le rayon C'V ;

2° —— la droite VV' tangente au point V ;

3° —— la droite Q'V' perpendiculaire sur la tangente VV' ;

4° —— la droite O''V'.

Ce qui donnera l'angle demandé DV'T, dont on remplacera le côté droit V'T par l'arc d'ellipse V'K (786).

791. Sur la figure 9 j'ai rappelé la construction que j'avais indiquée au n° 785.

Ainsi, après avoir décrit du point C' comme centre les deux cercles O'O"O''' et QSQ' qui ont pour rayons les droites CO et sO de la figure 12, on tracera :

1° —— Le rayon VC' que l'on prolongera jusqu'à ce qu'il coupe les deux circonférences concentriques aux points R et S.
2° —— On construira le triangle RSN rectangle en N.
3° —— La droite NV'D sera l'un des côtés V'D de l'angle cherché dont on remplacera le second côté par l'arc d'ellipse V'K (786).

On remarquera que l'ellipse O"NQ', dont nous avons parlé au n° 784, n'est employée ici que comme vérification ; de sorte que tout se réduit, comme nous l'avons déjà dit (785), à la construction des quatre droites VS, RN, SN et NV'D.

792. **Liaison des voussoirs de tête avec la maçonnerie du mur.** — Si l'extrados des voussoirs de tête reste parallèle au cylindre d'intrados (*fig.* 8), les moellons qui forment la maçonnerie du mur s'appuieront sur des surfaces inclinées en sens contraires.

Les uns, du côté de l'angle obtus, tendront à glisser suivant la direction de la flèche *b*, mais ils rencontreront dans la masse une résistance suffisante, et l'effet sera réduit à la compression des mortiers. Mais, du côté de l'angle aigu, le danger peut être beaucoup plus grand ; et si les matériaux n'ont pas été bien liés, une partie HH' de la maçonnerie du mur (*fig.* 6 et 5) pourra se détacher et tomber dans le vide, en glissant sur l'extrados des voussoirs, suivant la direction indiquée par la flèche *d*.

Dans tous les cas, en admettant que la liaison des assises horizontales des moellons s'oppose au déversement et par suite au gauchissement du mur, il existera toujours sur les voussoirs de tête une pression verticale, et les effets que cette force produit au moment du décintrement paraîtront d'abord très-singuliers.

793. En effet, par suite de l'inclinaison en sens contraire, des joints continus hélicoïdaux, on devrait penser que les claveaux du côté de l'angle aigu a de la tête tendront à glisser sur leur lit, en se dirigeant vers le vide, tandis que du côté de l'angle obtus s ils seront entraînés vers la pile. Or, cela aurait évidemment lieu si les voussoirs n'étaient entraînés que par leur propre poids. Mais, par suite de la pression verticale exercée sur l'arc de tête par les assises en maçonnerie du mur, c'est précisément le contraire qui a lieu.

C'est-à-dire que les voussoirs du côté de l'angle obtus tendent à sortir, tandis que du côté de l'angle aigu ils rentrent dans la masse. Ce dernier effet, se bornant à la compression du mortier qui garnit le joint postérieur du voussoir, ne présente pas un grand inconvénient; mais il n'en est pas de même du mouvement vers le vide des voussoirs de l'angle obtus qui ne peuvent souvent être retenus que par des tirants reliés avec les assises de la pile ou de la tête opposée. Ces mouvements, observés par M. Graeff, au moment du décintrement de plusieurs ponts biais, proviennent sans doute de l'inclinaison en sens contraires des surfaces d'extrados des voussoirs de tête.

En effet, du côté de l'angle obtus s la pression verticale produite par le poids des assises du mur agit sur l'extrados de l'arc de tête comme sur la face d'un coin dont la tête serait tournée en dehors, ce qui évidemment aurait pour résultat de chasser ce coin dans le vide.

Cette force sera en partie détruite par l'inclinaison du joint hélicoïdal sur lequel le voussoir est placé; mais ce dernier joint, qui forme le lit de pose, étant moins incliné que le joint supérieur sur lequel agit la pression, l'effet que nous venons d'indiquer sera le résultat de la différence de ces deux inclinaisons.

Du côté de l'angle aigu, au contraire, la force produite par le poids des assises du mur agit sur l'extrados des voussoirs comme sur un coin dont la tête serait tournée du côté du pont; et si nous admettons que la maçonnerie soit assez bien liée pour qu'aucune partie du mur ne puisse se détacher de la masse et glisser dans le vide, la pression verticale agira seule et son effet sera de faire rentrer le voussoir autant que le permettra l'élasticité du mortier qui garnit le joint postérieur.

794. Il résulte évidemment de ce qui précède, que l'on neutralisera en partie la cause de destruction que nous venons de signaler en extradossant les voussoirs de tête par une surface cylindrique perpendiculaire au plan P qui forme le parement extérieur du mur.

Cela pourra se faire comme on le voit sur les figures 2 et 3.

795. Ainsi lorsque l'on aura taillé le plan de tête, en opérant comme nous l'avons dit au n° 782, on y appliquera le panneau correspondant M, donné par la figure 5; puis on taillera la petite surface cylindrique *mmnn* perpendiculaire au plan de tête.

Il n'est pas nécessaire que ces coupes soient indiquées sur l'épure, on peut facilement les faire sur le chantier, et même sur le cintre, avec une équerre ou beuveau en fer placé comme on le voit sur les figures 2 et 3.

Pour les voussoirs de l'angle aigu (*fig.* 2), il suffira de retrancher la partie de pierre *mmnnuu*, mais il est évident que du côté de l'angle obtus (*fig.* 3) le voussoir ne serait pas assez grand, et l'on devra lui donner plus de hauteur afin qu'il puisse contenir la partie *mnu* comprise entre l'extrados *mk* du berceau, et la petite surface cylindrique *mmn* perpendiculaire au plan de tête.

796. On peut facilement déterminer les dimensions des blocs nécessaires pour obtenir ce résultat. En effet, supposons que le rectangle 20-21-22-23 désigné sur la figure 6 par une teinte de points. Soit la projection horizontale de la surface cylindrique qui doit former l'extrados des voussoirs de tête; la droite 21-22 sera la projection d'une ellipse égale et parallèle à 20-23. La projection verticale de l'ellipse 21-22 sur le plan de section droite (*fig.* 8), sera une demi-circonférence 21-18-22 dont le centre 24 (*fig.* 6) sera projeté en 24 sur la figure 8, et qui aura pour rayon la droite 24-21 égale à C-20 : de sorte que la projection du cylindre horizontal et *perpendiculaire* aux têtes, qui doit former l'extrados des voussoirs, sera limitée, pour les voussoirs de l'angle aigu, par l'arc de cercle 20-19, et du côté de l'angle obtus par l'arc 21-18.

Par conséquent, si du côté de l'angle obtus, on prolonge l'épaisseur des voussoirs de tête, jusqu'au cylindre qui aurait pour section droite le quart de cercle 21-18, la pierre que l'on obtiendra dans ce cas sera suffisante pour que l'on puisse tailler le petit cylindre *mmn* perpendiculaire au plan de tête (*fig.* 3).

797. L'arc 21-18 (*fig.* 8) n'ayant pas le même centre que l'arc d'intrados 0-6, il faudrait opérer comme nous l'avons dit au n° 697, et faire par conséquent une projection particulière pour chaque voussoir, ce qui augmenterait beaucoup le travail, et par suite les chances d'erreur. Je crois donc qu'il vaut mieux sacrifier un peu de pierre, et tailler tous les voussoirs de la tête, du côté de l'an-

obtus, comme si l'extrados était formé par le cylindre circulaire qui aurait pour section droite l'arc de cercle 21-36, décrit comme l'intrados, du point C comme centre.

798. La solution précédente détruit les forces qui tendent à faire gauchir le mur, en entraînant dans le vide la partie qui correspond à l'angle aigu; mais les moellons posés sur la surface cylindrique 20-21-22-23 ne sont pas dans de bonnes conditions de stabilité, et l'on satisfera beaucoup mieux à la question qui nous occupe en extradossant les voussoirs de tête, comme on le voit sur la figure 16, qui est la projection de la tête formée par le plan P_1.

En effet, les faces supérieures des voussoirs seront alors des plans horizontaux parfaitement convenables pour recevoir les moellons du mur.

Ces lits se tailleront comme les surfaces cylindriques dont nous venons de parler, c'est-à-dire qu'après avoir dressé le plan de tête (*fig.* 10 et 11), on y appliquera le panneau correspondant M' donné par la figure 16, puis avec un beuveau rectangulaire on taillera la face horizontale *mmnn* du voussoir.

Quant à la face verticale *m'xnz*, on la fera également perpendiculaire au plan de tête, ce qui sera facile du côté de l'angle aigu, en entaillant la pierre comme on le voit figure 10.

Pour les voussoirs qui sont du côté de l'angle obtus, cela ne sera plus possible; et si l'on se contentait d'abattre les angles suivant des plans perpendiculaires au plan P_1 de la tête, la pierre aurait la forme qui est représentée en perspective sur la figure 7, c'est-à-dire que la face supérieure serait le triangle *mm'n* dont les côtés sont la droite *mm'* du panneau de tête M' (*fig.* 16), la courbe *mn* suivant laquelle le joint hélicoïdal *mnkh* serait coupé par le plan horizontal qui contient la droite mm', et la courbe $m'n$ suivant laquelle le même plan coupe l'extrados ns du berceau. Tandis que la face verticale $m'n'x$ du voussoir aurait pour côtés la droite $m'x$ du panneau de tête, la courbe $n'x$ intersection du joint hélicoïdal $n'r$ du voussoir par le plan vertical $m'n'x$ et la courbe $m'n'$, suivant laquelle le même plan coupe le cylindre d'extrados.

Or, il est évident que cette solution ne remédierait que d'une manière incomplète aux inconvénients que nous avons signalés au n° 792, et que, si l'on veut augmenter la surface horizontale du lit sur lequel on doit poser les moellons du mur, il faut que le voussoir, du côté de l'angle obtus, ait une hauteur suffisante pour que l'on puisse tailler la face horizontale $mmnn'$ (*fig.* 11).

799. Dans ce cas, pour déterminer l'épaisseur des claveaux courants ou courbes rampantes qui doivent contenir les voussoirs de tête, on construira sur la figure 16 une ellipse 25-26-27, semblable à l'ellipse 32-35-34 et suffisamment grande pour circonscrire entièrement tout l'appareil de tête.

On déterminera sur la figure 6 l'épaisseur 25-28 que l'on voudra donner aux assises du mur, et l'on tracera la droite 28-30 parallèle à 25-27.

Le rectangle 25-27-30-28, désigné sur la figure 6 par une teinte de points, contiendra évidemment les projections de tous les quadrilatères horizontaux qui forment les faces supérieures des voussoirs de tête.

Or, si par le point 30 on conçoit une droite KL perpendiculaire sur le plan de section droite (*fig.* 14), le cylindre circulaire engendré par cette ligne enveloppera tous les voussoirs de tête, et l'épaisseur du plus grand de tous ces voussoirs n'excédera pas la différence qui existe entre les rayons C-0 et C-36 des deux circonférences concentriques 0-6 et 36-37 (*fig.* 14).

Il résulte évidemment de là qu'une seule épure, telle que l'une de celles que nous avons expliquées aux n°⁵ 685, 769 ou 775, suffira pour tailler tous les claveaux des deux têtes du pont.

800. Cependant, si le pont devait être tout entier en pierres de taille, on ferait bien, comme nous l'avons indiqué sur la planche actuelle, de faire deux épures. Ainsi, les projections A, A″, A‴ (*fig.* 6) et les développements A^{iv} de la figure 17 suffiront pour tailler tous les claveaux courants de la voûte, tandis que les projections B′, B″, B‴ (*fig.* 6) et les développements B^{iv} de la figure 1 suffiront pour tous les voussoirs de tête.

Si l'on veut économiser la pierre, on pourra faire une épure spéciale pour les petits voussoirs de tête, et l'on pourra aussi en faire une pour les claveaux du côté de l'angle aigu, qui n'exigent pas autant de pierre que ceux de l'angle obtus.

En effet, on remarquera (*fig.* 10) que la courbe rampante enveloppe sera suffisante, si l'extrados contient le point m′ du panneau de tête (*fig.* 10 et 16).

Or, le point m′ de la figure 16 se projettera en m″ sur la figure 6, et de là en m‴ sur la figure 14, en faisant la hauteur de ce dernier point, au-dessus de l'horizontale 30-36, égale à la hauteur de m′ au-dessus de l'horizontale 25-27 (*fig.* 16), et comme le voussoir que nous avons choisi est le plus saillant de tous ceux qui sont du côté de l'angle aigu, il s'ensuit que pour ces voussoirs on pourra se contenter d'extradosser la courbe rampante enveloppe par le cylindre qui aurait pour section droite l'arc de cercle 38-39, décrit du point C comme centre (*fig.* 14).

801. Corne de vache. On comprend jusqu'à un certain point que les constructeurs de ponts biais aient cru pouvoir accepter les angles aigus que les joints réglés hélicoïdaux font avec le plan de la tête dans le voisinage des naissances. En effet, si les surfaces de pose sont taillées avec beaucoup de précision, si elles sont parfaitement identiques, si enfin le joint est complétement garni de bon mortier, les deux pierres contiguës n'en feront en quelque sorte qu'une seule, et l'angle aigu recevra de l'angle obtus, qui lui est adjacent, le supplément de force qui lui manque. Mais il n'en est pas de même des angles que la douelle ou intrados du cylindre fait avec le plan de tête du côté de l'angle aigu de la pile.

En effet, ces angles, entièrement isolés dans l'espace, exposés par conséquent aux intempéries de l'atmosphère et aux chocs produits par les voitures ou par les matériaux souvent très-volumineux dont elles sont surchargées, ne résisteraient pas longtemps à ces nombreuses causes de destruction; c'est pourquoi quelques constructeurs ont jugé utile de les abattre et, pour éviter les éclats qui pourraient avoir lieu au moment de la pose ou du décintrement, on préfère ordinairement exécuter cette opération sur le chantier. Nous allons indiquer la manière la plus usitée de résoudre cette question.

802. Du côté de l'angle aigu a' (*fig.* 6) on coupera la pile par un plan vertical, 31-32, perpendiculaire à la face de tête. La position de ce plan dépendra de la largeur que l'on voudra donner à la corne de vache ; et, du côté de l'angle obtus, on coupera la pile par un plan vertical dont la trace, 33-34, sera déterminée en faisant

$$s'-34 = a'-32.$$

Les droites 31-33 et 32-34, seront les projections horizontales de deux ellipses semblables, qui formeront les arêtes de la corne de vache.

Ces deux ellipses seront coupées par les joints réglés hélicoïdaux, suivant les points 10, 11, 12, etc. (*fig.* 16).

803. Les droites qui joindront les points 10, 11, 12, etc., de l'ellipse 31-33, avec les points correspondants de l'ellipse 32-34, pourront être considérées comme les génératrices d'une surface réglée qui formera l'intrados de la corne de vache.

Cette surface sera beaucoup plus facile à tailler qu'un cône qui aurait pour sommet le point de rencontre des droites 32-31 et 34-33 de la figure 6, parce que les génératrices d'un pareil cône couperaient obliquement les arêtes de joint 10-10 et 11-11 de la corne de vache (*fig.* 16), tandis qu'en prenant les milieux des deux arcs 10-11, on déterminera très-facilement une génératrice intermédiaire, 40, sur la douelle de chaque voussoir.

804. Il paraît tout naturel que l'on ait coupé l'angle aigu de la pile par un plan, 31-32, perpendiculaire à la face de tête, mais on ne comprend pas aussi bien pourquoi on a cru devoir également couper l'angle obtus. La nécessité d'une pareille coupe ne paraît nullement motivée au premier abord. Mais en y réfléchissant on verra, qu'à moins d'employer la solution que j'ai donnée sur la planche 74, il était difficile d'agir autrement.

En effet, si l'on ne coupait pas l'angle obtus, les joints de tête de ce côté conserveraient toute leur longueur, tandis que, du côté de l'angle aigu, ces lignes seraient diminuées de toute la quantité indiquée sur la figure 5 par une ligne de points, G; ce qui, évidemment, détruirait la symétrie de l'appareil de tête et serait beaucoup plus disgracieux que la solution qui est projetée sur la figure 16.

Au surplus, en renversant l'épure, on pourra juger de l'effet produit par la disposition d'appareil que nous venons d'indiquer.

805. Nous avons dit précédemment que la taille de la corne de vache ne présentait aucune difficulté.

En effet, quand on aura taillé la face de tête (*fig.* 15 ou 11), on y appliquera l'un des panneaux raccourcis, V (*fig.* 5) ou V' (*fig.* 16), selon l'appareil que l'on aura cru devoir adopter.

On appliquera également sur la douelle le panneau raccourci U' de la figure 12, et les deux arcs 10-11 de ces panneaux, serviront de directrices pour tailler la douelle de la corne de vache dont on tracera une génératrice intermédiaire, 40 (*fig.* 16 et 15).

Ainsi, en résumant, on taillera :

1° —— Le parallélipipède enveloppe, dont les dimensions seront déterminées par les projections B, B' (*fig.* 6 et 14).
2° —— Le claveau courant ou courbe rampante, en opérant comme nous l'avons dit aux n°ˢ 685, 752, 769 ou 775.
3° —— Le plan de tête, au moyen des beuveaux correspondants donnés par l'une des figures 9 ou 13.
4° —— Les surfaces cylindriques $mmnn$ (*fig.* 2 et 3), ou les surfaces planes $mm'nn$, $mmnn'$ (*fig.* 10 et 11), destinées à recevoir les moellons ou les briques qui doivent former le mur de tête.
5° —— Enfin, la corne de vache, en opérant comme nous venons de le dire.

CHAPITRE II.

CONDITIONS D'ÉQUILIBRE.

806. Stabilité. Les questions relatives à la stabilité des ponts biais sont très-nombreuses et leur *solution complète* se rattache aux théories les plus élevées de la mécanique. Nous serions donc entraînés bien loin du but pratique que nous nous sommes proposé dans l'ouvrage actuel, si nous voulions essayer d'étudier ici tous les détails d'un problème aussi composé.

C'est pourquoi je me bornerai, pour le moment, à exposer, dans le langage le plus élémentaire, les considérations générales qui ont dirigé les praticiens dans le choix des différentes sortes d'appareils employés dans la construction des voûtes biaises.

Mais, pour faire comprendre quels sont les effets produits sur les surfaces de joint par la pression des pierres supérieures, nous rappellerons le théorème si connu en statique sous le nom de plan incliné.

807. Supposons (*fig.* 3, Pl. 78) qu'une pierre A soit

posée sur un plan incliné P et, pour simplifier la question, faisons abstraction du frottement.

La force verticale CF provenant de la pesanteur, se décompose en deux forces, CF_1 et CF_2, représentées en grandeur et en direction par les côtés du rectangle CF_1FF_2.

La composante CF_1 perpendiculaire au plan P exprime la pression sur ce plan, et la force CF_2 parallèle à P tend à faire glisser la pierre A sur son lit.

Si maintenant on construit le rectangle $CF_3F_2F_4$, on pourra remplacer la force CF_2 par les deux composantes CF_3 et CF_4, la première CF_3 qui n'est qu'une partie de CF, sera détruite par la résistance du sol, et la seconde composante CF_4 est la force horizontale qui tend à renverser le massif de construction sur lequel est posée la pierre A.

La force horizontale CF_4 est ce que l'on appelle *poussée au vide*.

Ainsi, la force unique CF provenant de la pesanteur, est remplacée par les trois forces CF_1, CF_3 et CF_4; la première CF_2 tend à produire le *glissement*; la seconde CF_3 exprime la *pression* sur le sol, et la troisième CF_4 tend à *renverser* les points d'appui.

808. Nous avons supposé, par ce qui précède, que la pierre n'agissait sur son lit que par son propre poids, exprimé par la force verticale CF; mais cela n'arrive presque jamais ainsi.

En effet, les voussoirs qui composent une assise exercent sur le lit une pression verticale produite par leur poids, mais il faut ajouter à cette force la pression qui provient des assises supérieures, et la résultante de toutes ces pressions peut souvent être oblique par rapport à la surface du lit.

Or, supposons (*fig.* 13) que CF soit la résultante de toutes les pressions qui agissent sur le plan incliné P en y comprenant le poids de la pierre A.

On décomposera, comme précédemment, la force CF en deux composantes CF_1 et CF_2, la première parallèle au plan P et la deuxième perpendiculaire à ce plan; puis on remplacera la force CF_2 par ses deux composantes verticale et horizontale, CF_3 et CF_4, de sorte que la pression totale CF qui agit sur le lit de pose, sera comme précédemment décomposée en trois forces, CF_1, CF_4 et CF_3, dont les effets seront :

1° —— La *force de glissement* CF_1 *parallèle au lit de pose.*
2° —— La *poussée horizontale* CF_4 *nécessaire pour détruire cette première force.*
3° —— La *pression verticale* CF_3 *qui exprime la pression sur le sol.*

Cette dernière force sera toujours détruite par la résistance du sol; de sorte que les deux premières forces sont les seules qui nous intéressent et qu'il faut trouver moyen de détruire ou de détourner en les dirigeant vers les parties du monument qui peuvent leur opposer une résistance suffisante.

Ainsi, pour empêcher un voussoir de glisser sur son lit, il faut, par l'augmentation ou par la diminution de certaines forces, par la suppression ou par l'addition de nouvelles composantes, tâcher de faire prendre aux résultantes des directions, normales autant que possible aux surfaces des lits.

809. Soit par exemple (*fig.* 12) la section droite d'un berceau ou porte circulaire, que, pour plus de simplicité, nous supposerons formé seulement de cinq voussoirs, séparés les uns des autres par des joints plans, P et P_1

non garnis de mortiers, et suffisamment dressés pour que l'on puisse faire abstraction du frottement.

Le voussoir A, que nous pouvons considérer comme la clef, agit par son poids comme un coin isocèle, dont l'une des faces coïnciderait avec le plan de joint P.

La force verticale CF qui exprime le poids du voussoir, se décomposera donc en deux forces égales et symétriques, dont l'une d'elles, CF_1 sera perpendiculaire au plan P qui forme l'une des faces latérales du coin.

Cette force CF_1 peut être transportée en $C'F_2$ et appliquée au point C', suivant lequel elle coupe la force verticale $C'F_3$ qui exprime le poids du voussoir B.

La force $C'F_3$ et la force $C'F_2$ provenant de la pression des voussoirs supérieurs se composeront en une seule force $C'F_4$. Or, la courbe d'extrados du berceau restant toujours à la disposition du constructeur, on peut, en augmentant ou en diminuant l'épaisseur, et par conséquent le poids des voussoirs, faire varier le rapport des deux forces $C'F_2$ et $C'F_3$ de manière que leur résultante $C'F_4$ soit perpendiculaire au plan de joint P_1.

Supposons pour un instant que l'on soit parvenu à remplir cette condition, et voyons ce qui va en résulter.

La force $C'F_4$ qui exprime la pression exercée sur le plan de joint P_1 pourra être transportée en $C''F_5$ et appliquée au point C'' situé sur la verticale qui contient le centre de gravité de la pile D ou pied-droit de la voûte, et si nous exprimons le poids de cette partie du monument par $C''F_6$ cette dernière force et $C''F_5$ donneront $C''F_7$ pour résultante finale.

Si les forces CF_1, $C'F_3$ et $C''F_6$ étaient exactement dans les rapports que nous avons supposés sur la figure, il est évident que la construction ne tiendrait pas, parce que la résultante $C''F_7$ ne traverse pas le polygone KH, qui forme la base de la pile; ce qui donnerait lieu à un

37

couple de rotation dont l'énergie serait égale à la force $C''F_7$ multipliée par la distance HU, et dont l'effet serait de renverser la pile en la faisant tourner autour de l'arête horizontale du point H.

Or, si l'on décompose la résultante $C''F_7$ suivant les côtés du rectangle $C''F_9 F_7 F_8$ on obtiendra les composantes $C''F_8$ et $C''F_9$ la première exprime la pression exercée sur le sol par le poids du monument et la seconde composante $C''F_9$ exprime la poussée horizontale qui tend à renverser la pile ou pied-droit. C'est, comme nous l'avons déjà dit, ce que l'on appelle *poussée au vide*.

Le moment de cette force, par rapport au point H, est égal au produit de $C''F_9$ par HI, quantité plus petite que le couple $C''F_7 \times HU$, dont l'énergie est diminuée par le couple $C''F_8 \times HO$, qui a pour effet de ramener la masse à droite du point H, en la faisant tourner autour de l'arête horizontale qui contient ce point, de sorte que la poussée au vide $C''F_9 \times HI$ est égale à $C''F_7 \times HU - C''F_8 \times HO$.

810. Les moyens que l'on emploie ordinairement pour empêcher le renversement de la pile sont connus depuis longtemps et peuvent se résumer ainsi :

1° ▬ On peut appuyer la pile contre des constructions adjacentes ou contre une masse de terre, de telle sorte qu'elle forme culée.

2° ▬ On peut la fortifier par des contre-forts M, qui augmentent la largeur KS de la base, de manière que la résultante $C''F_7$ passe entre les points K et S.

3° ▬ On peut encore élargir cette base en augmentant l'épaisseur de la pile et par conséquent son poids, ce qui, en allongeant la composante $C''F_6$

diminuera l'angle $F_7 C''F_8$ et ramènera le point x de la résultante $C''F_7$ entre les points K et H.

4° —— Enfin, on peut encore augmenter la composante verticale $C''F_8$ et diminuer par conséquent l'angle $F_7 C''F_8$ en chargeant la pile par des constructions supérieures, telles que N.

On se réglera dans chaque cas suivant les circonstances, et si nous admettons que cette partie de la question soit résolue, il ne restera plus qu'à étudier les effets produits par la pression des voussoirs sur les surfaces de joint.

811. Il serait à désirer que la résultante des pressions qui agissent sur un voussoir fût toujours perpendiculaire à la surface de son lit; et l'on comprend que, si l'on pouvait partout satisfaire à cette condition, aucune pierre ne tendrait à glisser. Mais, dans une construction aussi composée que celle qui nous occupe, il sera souvent très-difficile d'obtenir partout ce résultat; dans tous les cas, il peut être utile de connaître dans quel sens les voussoirs tendent à glisser.

Or, il est évident que pour apprécier le sens et la direction de ce mouvement, il faut connaître l'inclinaison de la surface sur laquelle est placé le voussoir.

812. **Inclinaison des joints continus.** — Si le lit de pose est une surface courbe, on supposera que la pression agit sur un plan tangent à cette surface, au point où elle serait percée par la résultante des forces qui sollicitent les assises supérieures.

Ainsi, pour étudier les effets de la poussée sur le joint hélicoïdal OAB d'un pont biais (*fig.* 7), nous supposerons que toutes les pressions provenant des assises supérieures agissent suivant les différents points de l'hélice 0-8 qui le partagerait en deux parties égales; et pour simplifier la question, nous remplacerons la surface par le plan qui lui est tangent au point suivant lequel agit la force que nous voulons apprécier.

813. Supposons, par exemple (*fig.* 7), que nous voulons déterminer les effets de la pression au point 5 du joint hélicoïdal AOB qui appartient à un pont dont la section droite demi-circulaire est rabattue (*fig.* 6) : nous commencerons par construire le plan tangent au point dont il s'agit.

Ce plan sera déterminé par la normale génératrice du joint hélicoïdal, et par la tangente au point 5 de l'hélice 0-8. Ainsi :

1° ━━━ La droite $5'-v'$ tangente au point $5'$ de la section droite (*fig.* 6), sera la projection verticale de la tangente au point 5 de l'hélice 0-8.

2° ━━━ On portera de $5'$ en u' les parties de l'arc de cercle $0-5'$ dont on obtiendra ainsi la longueur rectifiée.

3° ━━━ La perpendiculaire $u'u$ déterminera (*fig.* 7) le point u, que l'on joindra avec 5, ce qui déterminera la projection horizontale $5-u$ de la tangente au point 5 de l'hélice 0-8.

4° ━━━ La normale 5-n, $5'$-n' génératrice du joint réglé hélicoïdal pourra être considérée comme une deuxième tangente au point 5, $5'$ de cette surface, et le plan tangent au même point, sera par conséquent déterminé par les deux tangentes 5-u et 5-n, dont on construira les traces horizontales n, v, et par suite la trace vn du plan P_5 tangent au point 5 de l'hélice 0-8.

La droite 5-m, perpendiculaire sur la trace vn du plan tangent P_x sera la ligne de plus grande pente de ce plan, et représente par conséquent la direction suivant laquelle le voussoir tend à glisser sur son lit.

814. Si l'on connaissait la quantité et la direction exacte de la pression qui agit au point 5, on pourrait déterminer par le calcul, et même par une construction graphique, l'énergie de la force qui tend à entraîner le voussoir.

Mais l'impossibilité dans laquelle on se trouve de déterminer exactement les résistances qui résultent pour un point donné, du frottement, de la courbure du lit, de l'adhérence des mortiers, et de l'enchevêtrement des voussoirs, rend ces recherches plus curieuses que véritablement utiles pour la pratique; et dans tous les cas, elles détourneraient l'attention du lecteur de la question qui nous occupe, et qui dépend plus de la direction, que de l'intensité des forces agissantes.

815. En opérant comme nous l'avons dit au n° 813, on obtiendra la direction de la plus grande pente du plan tangent, non-seulement pour chaque point de l'hélice 0-8, mais encore, si l'on veut, pour un point quelconque du lit.

La figure 7 contient les traces horizontales des plans tangents aux points 0, 1, 2, 3, 4, 5, etc., du joint hélicoïdal 0-8; cela nous suffit pour expliquer ce qu'il est essentiel de bien comprendre dans la question actuelle.

Chaque flèche indique la direction de la ligne de plus grande pente pour le plan tangent correspondant. Cette direction change à mesure que l'on s'élève en suivant l'hélice 0-8, ce qui a conduit plusieurs ingénieurs à faire une observation très-importante.

816. Supposons, par exemple, qu'une partie du berceau circulaire, projeté sur les figures 6 et 7, forme la voûte d'un pont biais dont le plan de tête A*n*′, parallèle à CD, serait, comme nous l'avons dit bien des fois, perpendiculaire ou à peu près, à la tangente horizontale OL de l'hélice d'intrados 0-8.

On remarquera que depuis la flèche 0 jusqu'à celle qui correspond au point x, les lignes de pente des plans tangents sont dirigées du côté du plan de tête où existe le vide ; tandis que, depuis la flèche x jusqu'au point qui est le plus élevé de la voûte, ces flèches sont dirigées du côté où la masse de la maçonnerie oppose une résistance suffisante.

D'où il résulte que si l'on supprimait toute la partie de voûte qui est au-dessous de la génératrice horizontale qui contient le point x de l'hélice 0-8, on aurait retranché tous les voussoirs qui tendent à se détacher de la masse.

Les voûtes biaises projetées sur les figures 14 et 21 feront comprendre l'application du principe que nous venons d'exposer, et l'on conçoit alors combien il devient intéressant de connaître exactement la hauteur de la génératrice horizontale au-dessous de laquelle les voussoirs tendent à être entraînés dans le vide.

M. Buck, dans l'ouvrage que nous avons plusieurs fois cité ; M. de Gayffier, dans l'une des notes du manuel, et M. de la Gournerie dans son Mémoire (*Annales des Ponts*), ont employé le calcul pour déterminer la position du point dont il s'agit.

Nous n'emploierons ici que la géométrie descriptive qui nous donnera une exactitude suffisante pour la pratique.

817. Supposons que le point 0 de l'hélice 0-8, se mette en mouvement sur cette courbe, en entraînant avec lui le

plan tangent à la surface réglée hélicoïdale qui forme le joint continu ABO. Ce plan changera de direction pour chaque position du point mobile, et la question revient à déterminer quelle doit être la position de ce point, pour que le plan tangent correspondant soit perpendiculaire au plan An' de la tête, ou, ce qui est la même chose, parallèle à une droite ON qui serait perpendiculaire au plan vertical An'.

Le problème à résoudre peut donc s'énoncer ainsi : *construire un plan tangent à une surface réglée hélicoïdale, parallèlement à une droite donnée*. Cette question que nous avons déjà rencontrée au n° 380 du *Traité des Ombres*, peut être résolue de la manière suivante :

Le plan tangent au joint réglé hélicoïdal, en un point quelconque de l'hélice 0-8, sera déterminé par la tangente à cette courbe, et par la normale génératrice de la surface du joint.

Ces deux lignes, perpendiculaires l'une à l'autre, coupent la génératrice du cylindre d'intrados, suivant des *angles constants*; d'où il suit que les plans tangents aux différents points de l'hélice 0-8, feront tous le même angle avec l'axe du cylindre, et par conséquent seront tous également inclinés sur le plan de section droite $n'v'$ ou IL.

Cette inclinaison sera exprimée par l'angle ALO, parce qu'au point 8 de l'hélice 0-8, le plan tangent devient vertical, puisqu'il contient évidemment la verticale projetante du point O.

Or, si nous faisons tourner autour de l'axe de la voûte le plan vertical tangent au point 8 du joint réglé hélicoïdal ABO, la droite horizontale OL engendrera le cône circulaire LOI, et tous les plans tangents à ce cône couperont le plan de section droite IL suivant l'angle constant ALO.

Mais parmi tous les plans tangents au cône dont nous venons de parler, il y en aura un parallèle au plan demandé, et pour obtenir *sa direction* dans l'espace, il suffira de construire un plan tangent au cône LOI perpendiculairement au plan An' de la tête. Pour cela, on tracera :

1° ━━ La projection horizontale d'une droite ON passant par le sommet O du cône, et perpendiculaire au plan An' de la tête.

2° ━━ La projection verticale O'N' de cette droite sera parallèle au plan horizontal et par conséquent à la droite n'v'.

3° ━━ Le cercle de rayon O'L' (*fig.* 6) sera la section du cône LOI par le plan IL perpendiculaire sur son axe.

4° ━━ On déterminera le point N' suivant lequel la droite ON perce le plan vertical qui contient la base IL du cône.

5° ━━ La droite N'K' tangente au cercle de rayon O'L' pourra être considérée comme la trace verticale du plan tangent vertical OL que l'on aurait fait tourner autour du cône auxiliaire, jusqu'à ce qu'il contienne la droite ON, et qu'il soit par conséquent perpendiculaire au plan An' de la tête.

6° ━━ Le rayon n'k' parallèle à la trace K'N' du plan tangent déterminera la projection x' du point cherché sur le plan de section droite n'v', et par suite la projection horizontale x du même point sur l'hélice d'intrados 0-8 (*fig.* 7).

Le plan tangent au point xx' contiendra la droite x'r', xr, tangente au point x de l'hélice 0-8 et la normale xe génératrice du joint continu AOB figure 7.

Si l'on a bien opéré, la trace er de ce plan sera perpendiculaire au plan An' de la tête et sa ligne de plus grande pente xy sera par conséquent parallèle aux têtes.

818. La droite N'H' tangente au cercle de rayon O'L'

et la droite $n'h'$ parallèle à $N'H'$ détermineront le point z', situé sur la figure 6, à la même hauteur que le point x', et le point zz' jouira encore de cette propriété que, le plan tangent au joint continu CEn' sera perpendiculaire aux têtes.

819. Pour mieux faire comprendre l'explication précédente, nous avons pris l'un des points de l'hélice 0-8 pour sommet du cône auxiliaire ; mais, pour dégager l'épure, on pourra transporter ce cône à telle place que l'on voudra. Ainsi, par exemple, après avoir pris (*fig.* 1) un point quelconque OO' de l'espace, on tracera :

1° —— La droite OI parallèle au développement BO''' de l'hélice 0-8 (*fig.* 17), le triangle isocèle LOI (*fig.* 1) sera la projection horizontale du cône auxiliaire.

2° —— Le cercle de rayon $O'L'$ sera la section de ce cône par le plan de section droite NI.

3° —— La droite ON perpendiculaire sur An' (*fig.* 7) sera l'intersection des deux plans tangents perpendiculaires au plan de tête ; les deux tangentes NK' et $N'H'$ (*fig.* 1) détermineront les directions des rayons $n'k'$ et $n'h'$ (*fig.* 6), et par suite les points demandés x' et z'.

820. Si l'on projette les deux hélices AO, BO d'intrados et d'extrados sur un plan parallèle aux têtes, (*fig.* 8) les projections $A''A''$ et $B''B''$ de ces deux courbes seront coupées par la projection $o''O''o''$ de l'hélice 0-8 en deux points b et d.

La partie bd de la projection $0''-8''$ se confondra d'une manière sensible avec la projection verticale commune aux deux droites ex et rx (*fig.* 7) de sorte que la droite bdr''

(*fig.* 8) sera l'intersection du plan vertical C″D″ et du plan tangent au point $xx'x''$ du joint hélicoïdal, ce qui doit être, puisque ce plan tangent est perpendiculaire aux plans de tête, et par conséquent au plan de la figure 8.

Le point x', suivant lequel le point x se projette sur la figure 8, sera compris entre b et d, et situé à peu près à égale distance de ces deux points.

821. Inclinaison des joints continus. Les flèches dessinées sur la figure 7 indiquent seulement la direction de la ligne de plus grande pente du lit de pose, pour chaque point de l'hélice 0-8 ; il est évident que ces flèches ne peuvent pas exprimer la composante de la pression, dont l'intensité dépend d'un trop grand nombre de conditions pour qu'elle puisse être appréciée avec quelque apparence d'exactitude.

Mais si l'on ne peut pas déterminer l'intensité de la force qui agit sur chaque point du lit, il est facile de connaître l'inclinaison ou la pente du plan qui touche la surface en ce point.

822. Ainsi, par exemple, si l'on veut connaître l'angle que fait avec l'horizon le plan qui touche le joint réglé hélicoïdal au point 5 de l'hélice 0-8, on fera tourner le plan 5-m de cet angle autour de la verticale projetante du point 5. Par suite de ce mouvement, le sommet m de l'angle cherché décrira l'arc de cercle horizontal mm', et lorsque le point m sera parvenu en m' on le projettera en m'' sur la figure 6. La droite $5'$-m'' sera la ligne de plus grande pente du plan tangent P_5 et l'angle $5'$-m''-$5''$ exprimera son inclinaison.

La figure 15 représente le plan de section droite sur lequel tous les angles d'inclinaison rabattus auraient été projetés, en opérant comme nous venons de le faire pour l'angle $5'$-m''-$5''$.

Le quart de cercle 0-8-0 est la projection de l'hélice 0-8 et les hypoténuses des triangles rectangles désignés par des hachures sont les lignes de pente des plans tangents aux points correspondants de l'hélice 0-8.

823. Inclinaison des joints transversaux. Les ingénieurs qui ont écrit sur la construction des ponts biais se sont principalement occupés des pressions qui ont lieu sur les joints continus; mais ils ont presque entièrement négligé l'étude des effets produits sur les joints transversaux.

Or, quoique les pressions qui agissent sur les petites surfaces obliques qui forment les joints de tête des moellons, des briques ou des voussoirs en pierres taillées d'une voûte biaise, soient détruites en grande partie par la courbure des lits et par la liaison des matériaux, il n'en existe pas moins un nombre considérable de petites résultantes, dont les inclinaisons en sens contraire tendent à produire un mouvement de torsion autour de la verticale qui contient le centre de la voûte, lorsqu'au moment du décintrement les mortiers n'ont pas acquis une consistance suffisante.

Je crois donc que l'on a eu tort de négliger ce côté de la question et je vais essayer de combler en partie cette lacune.

824. Pour plus de simplicité, nous supposerons que les assises de rang pair glissent sur leurs lits jusqu'à ce que leurs joints transversaux soient venus se placer dans le prolongement des joints des assises impaires, de manière à former une surface normale continue ayant pour direc-

trice l'ellipse CD qui provient de la section du berceau par un plan vertical parallèle aux têtes.

Cette hypothèse, qui ne change rien à la direction ni à l'intensité des forces qui agissent sur l'ensemble des joints transversaux, nous permettra d'en étudier plus facilement les effets.

Nous rappellerons d'abord (581) que dans le cas d'un berceau circulaire, comme celui qui fait le sujet de cette étude, l'arête d'extrados de la surface réglée qui forme le joint transversal est une ellipse projetée sur le plan horizontal par la droite EF et sur le plan de section droite (fig. 6) par la demi-circonférence E'F'.

Le plan tangent à la surface du joint en un point quelconque 4 de l'ellipse moyenne 0-8-0, sera déterminé par la normale 4-s, génératrice de la surface du joint, et par la tangente au point 4 de l'ellipse 0-8-0.

Cette tangente, dont la projection horizontale 4-c se confond avec celle de la courbe 0-8-0, aura pour projection verticale la droite 4'-c' perpendiculaire au rayon s'-4' du demi-cercle 0-8, suivant lequel se projette l'ellipse 0-8-0.

Les points c, s, traces horizontales des deux droites 4-c, 4-s, détermineront la trace horizontale cs du plan tangent au point 4 de la surface réglée qui forme le joint transversal FDO et la flèche 4 perpendiculaire sur cs sera la direction de la ligne de plus grande pente du plan tangent au point 4 de cette surface.

Les mêmes opérations répétées feront connaître les lignes de pentes de tous les plans tangents aux différents points de l'ellipse 0-8-0; les directions de ces lignes sont indiquées par les flèches correspondantes.

825. Pour obtenir l'inclinaison du plan tangent en un point quelconque 3 du joint transversal ECO, on agira

comme nous l'avons fait au numéro 822. Ainsi on fera tourner le plan vertical 3-a, qui contient l'angle demandé autour de la verticale projetante du point 3 ; par ce mouvement, le point a, sommet de l'angle cherché, décrira l'arc horizontal aa', et lorsque ce point sera parvenu en a', on le projettera en a'' et l'angle $3''$-a'-$3'$ exprimera l'inclinaison du plan tangent au point 3.

Si l'on rabat de la même manière les angles d'inclinaison des plans tangents aux points qui divisent le quart d'ellipse 0-8 en parties égales on obtiendra la figure 16.

826. En comparant les figures 15 et 16, on pourra facilement apprécier la loi suivant laquelle varient les inclinaisons des plans tangents à mesure que le point de tangence se déplace sur l'hélice moyenne 0-8 du joint continu AOB, ou sur l'ellipse moyenne 0-8-0 du joint transversal ECDFO.

Ainsi on reconnaîtra, en regardant la figure 15, que l'inclinaison du plan tangent au joint réglé hélicoïdal est égal à l'angle intradossal, lorsque le point de tangence o est situé dans le plan de naissance; mais, à mesure que ce point s'élève sur l'hélice moyenne 0-8, le plan tangent se redresse et devient vertical lorsque le point de tangence 8 arrive au point le plus élevé de la voûte, tandis que pour le joint transversal (*fig.* 16) le plan tangent vertical au point 8 et à la naissance s'incline beaucoup moins entre ces deux limites que les plans tangents au joint continu, et resterait constamment vertical si le pont n'était pas oblique.

Nous verrons plus tard quels sont les effets produits par ces différences d'inclinaison.

827. *Poussée.* Nous avons dit (808) que la force CF, qui agit obliquement sur un plan P (*fig.* 13) se décomposait en

trois forces CF_3, CF_2, CF_4 la première verticale, la seconde parallèle au plan, et la troisième horizontale.

La première CF_3 de ces forces sera détruite par le sol, qui oppose toujours une résultante suffisante; pourvu toutefois que les fondations soient assises sur des lits parfaitement horizontaux et que les matériaux employés pour la construction des piles soient de nature à supporter sans écrasement tout le poids de la masse supérieure.

La force CF_2 parallèle au plan sera détruite par la résistance des pierres adjacentes et remplacée par les pressions qui agissent sur les lits de pose de ces pierres.

Quant à la force CF_4 qui, comme nous l'avons déjà dit, exprime la *poussée au vide*, elle doit attirer toute notre attention. En effet, si les assises du massif de maçonnerie sur lequel agit la poussée ne sont pas bien liées entre elles, elles glisseront sur leur lit et prendront un mouvement horizontal; mais si l'on est parvenu, par l'emploi de bons mortiers et par un appareil étudié avec soin, à relier toutes les parties de la construction, de manière qu'elles ne puissent pas être séparées, il ne restera plus qu'à empêcher le renversement de la pile, en détruisant la poussée CF_4 ou bien en détournant la direction de cette force vers les points où elle rencontrerait une résistance insurmontable, et l'on comprendra facilement que c'est en cela que consiste la partie essentielle du problème à résoudre; car, si la poussée horizontale pouvait agir, les points d'appui céderaient à la pression des constructions supérieures, et toutes les précautions que l'on aurait prises pour empêcher le glissement des voussoirs deviendraient complétement inutiles.

Or, pour détruire la poussée au vide, il faut en connaître la direction, et c'est vers ce but que nous allons diriger nos recherches.

828. Pour mieux faire comprendre ce que nous allons dire, nous désignerons sur la figure 20 et sur les figures suivantes la poussée horizontale CF par une flèche tracée en noir, et la force inclinée, parallèle au lit de pose, par une flèche ponctuée CF_1

829. Si nous examinons (*fig.* 11) les effets qui résultent de la pression sur un joint réglé hélicoïdal, que nous supposerons d'abord complet, c'est-à-dire d'une naissance à l'autre, nous voyons que les pressions verticales ou inclinées, qui agissent sur toute l'étendue du lit, pourront être réduites à quatre forces CF CF CF_1 CF_1

Les deux premières, qui tendent à entraîner les voussoirs sur leur lit, seront détruites par la résistance des pierres adjacentes et sont, pour cette raison, exprimées sur la figure par des flèches ponctuées (828), tandis que les forces F_1 F_1 expriment les poussées horizontales qui tendent à faire reculer la masse qui contient le lit de pose dans le sens indiqué par chacune des deux flèches tracées en noir sur la figure.

Il est donc évident qu'il y aura ici un effet de torsion analogue à celui qui est produit par le vent sur les paraboloïdes hyperboliques, inclinées en sens contraire, qui forment les deux ailes opposées d'un moulin.

Ainsi, les deux résultantes principales $F_1 F_1$ des poussées qui agissent sur le joint réglé hélicoïdal, qui est projeté figure 11, produiront un couple M dont l'effet sera de faire tourner la voûte autour de la verticale du point O, dans le sens indiqué par les flèches *m*.

830. Si actuellement nous examinons la figure 2, sur laquelle on a projeté l'une des surfaces réglées parallèles aux joints de tête ou discontinus des voussoirs, on voit que les résultantes $F_2 F_2$ des poussées horizontales, qui agissent sur ces joints, formeront un couple N, qui aura pour effet de faire tourner la voûte autour de la verticale du point O, dans le sens indiqué par les flèches n.

831. Or, si nous supposons actuellement que les deux surfaces projetées sur les figures 11 et 2 soient réunies, comme on le voit figure 10.

Il est évident que les deux couples M et N se composeront en un seul, dont le sens et l'énergie dépendront de l'énergie et du sens des deux couples composants.

Supposons, par exemple, que les poussées qui agissent sur le joint réglé hélicoïdal soient exprimées pour leurs grandeurs et pour leurs directions par les forces $F_1 F_1$ et que les poussées sur le joint transversal soient représentées par les forces $F_2 F_2$ ces quatre forces se composeront en deux résultantes $F_3 F_3$ égales et parallèles, qui formeront un couple R dont l'effet sera de faire tourner dans le sens indiqué par les flèches r.

832. On remarquera que les deux couples composants, étant de sens contraires, se détruiront en partie, ce qui diminue l'énergie de la force qui produit la torsion lorsqu'au moment du décintrement, les mortiers ne sont pas bien pris. Mais on reconnaît en même temps que pour réduire à *zéro* le couple résultant, il faudrait que les deux forces F_3 rencontrassent la droite verticale suivant laquelle se coupent les deux surfaces de joint, ce qui exigerait un concours de circonstances que l'on peut désirer, mais que l'on obtiendra très-rarement. En effet on remarquera :

1° ──── Que dans l'application (*fig.* 18), les joints transversaux sont toujours complets, tandis que les joints longitudinaux (*fig.* 19) ne le sont pas, puisque beaucoup d'entre eux sont tronqués par les plans des têtes.

2° ■■■ Que les joints longitudinaux sont plus longs que les joints transversaux, d'où il résulte qu'ils auront à supporter une plus forte masse de maçonnerie.

3° ■■■ Que cette différence sera en partie compensée par cela, que les plans tangents aux différents points du joint continu ont moins de pente que les plans qui sont tangents aux points situés à la même hauteur sur le joint transversal, comme on peut s'en assurer en comparant les inclinaisons de ces plans sur les figures 15 et 16.

4° ■■■ Qu'enfin tous les voussoirs qui forment l'une des assises hélicoïdales de la voûte pourraient glisser ensemble sur le joint de lit correspondant en entraînant avec eux les assises supérieures, tandis que la liaison des matériaux ne leur permet pas de glisser sur leurs joints de tête.

Il est donc évident que les conditions d'équilibre ne sont pas les mêmes pour les deux sortes de surfaces de joint; que par conséquent, à moins de circonstances exceptionnelles, les deux résultantes F_3, F_3 (*fig.* 10) ne passeront pas par le centre de la voûte, et le couple résultant ne sera pas nul.

833. Mais quand même le couple résultant formé par les deux forces F_3 serait nul, cela n'empêcherait pas les poussées particulières produites par chacun des couples composants, et si au moment du décintrement les mortiers n'ont pas acquis une résistance suffisante, les voussoirs glissant sur leurs lits agiront comme des coins, et l'action des résultantes n'étant plus détruite par la liaison des matériaux, ces forces pousseront les piles et tendront à les renverser.

834. Pour expliquer plus facilement tout ce qui précède, nous avons supposé qu'il n'y avait que deux surfaces de joint, savoir :

1° ▬▬ Le joint réglé hélicoïdal ou lit de pose HH.

2° ▬▬ Le joint transversal TT, mais cela ne se passe pas ainsi dans l'application. Ainsi, par exemple (*fig.* 19), concevons un pont oblique dans lequel il y aurait un joint complet hélicoïdal HH, et six joints incomplets hh, $h'h'$, $h''h''$.

Les résultantes de toutes les poussées seront exprimées par dix forces dont cinq agiront pour renverser la pile A, tandis que les cinq autres pousseront la pile B.

Les cinq forces qui agissent sur la pile A auront une résultante égale et parallèle à celle qui serait produite par les forces qui agissent sur la pile B; de sorte que le tout se réduira encore à un seul couple M tendant à produire un mouvement de rotation autour du centre, dans le sens indiqué par les flèches m.

Il en sera de même de toutes les forces qui agissent sur les joints transversaux projetés sur la figure 18, de sorte que si l'on superpose les deux figures, on aura encore deux couples, M et N, qui se composeront en un seul comme nous l'avons indiqué (*fig.* 10).

Par des motifs qui seront exposés dans le chapitre suivant, nous avons supposé que le joint transversal avait pour arête d'intrados une ellipse parallèle à l'arc de tête. Mais, si cette arête était une hélice perpendiculaire aux arêtes des joints continus, cela ne changerait rien aux considérations générales que nous avons développées.

CHAPITRE III.

JOINTS-PLANS.

835. Joints transversaux. — On sait que pour obtenir les conditions d'équilibre auxquelles doit satisfaire une bonne construction, il faut détruire non-seulement la résultante et le couple résultant qui proviennent de l'ensemble des pressions, mais encore les couples et les résultantes partielles qui agissent sur les parties de l'édifice qui ne seraient pas suffisamment reliées avec la masse principale. Nous n'essayerons pas de déterminer le couple résultant, dont le sens et l'énergie dépendent, comme nous l'avons dit plus haut, de la taille plus ou moins parfaite des voussoirs, de la qualité des mortiers, du soin que l'on aura mis dans la pose, des frottements, de la courbure plus ou moins grande des joints et des surfaces de pose, enfin de l'enchevêtrement et de la liaison des briques, moellons ou pierres taillées qui composent la voûte.

836. Mais s'il est à peu près impossible de déterminer

le couple et les résultantes de toutes les pressions obliques qui agissent sur une voûte biaise, on peut essayer de détruire *séparément* les couples composants, et d'arriver par ce moyen, aux meilleures conditions de stabilité.

Nous avons déjà fait remarquer qu'en réduisant le berceau à la partie qui est au-dessus des horizontales projetantes des points x' et z' (*fig.* 6) on supprimerait tous les voussoirs qui tendent à glisser vers le vide, comme cela est indiqué par la direction des flèches 0, 1, 2 et 3 (*fig.* 7).

Lorsqu'on arrive au point xx' la ligne de pente devient parallèle au plan de la tête, et au-dessus de ce point, les forces étant à peu près parallèles, agissent dans un sens où la masse des piles ou des culées oppose à la poussée une résistance suffisante. Ce sont les considérations précédentes qui ont engagé quelques ingénieurs à élever les piles jusqu'à la hauteur des points x' et z' de la figure 6, ce qui réduit l'arc de tête (*fig.* 14) à la courbe zox, au lieu de la demi-ellipse aoc que l'on aurait obtenue si l'on avait conservé pour section droite la demi-circonférence entière (*fig.* 6).

On remplace quelquefois l'arc d'ellipse zox de la figure 14 par un arc de cercle $z'o'x'$ (*fig.* 21), dont le centre est placé assez bas pour que les points de naissance z' et x' satisfassent aux conditions que nous avons énoncées au n° 816.

837. Il est à peu près inutile de ramener les pressions qui agissent sur les joints de lit, dans des directions parallèles aux têtes, si l'on conserve des surfaces normales pour joints transversaux.

En effet, on remarquera (*fig.* 7 et 19) que les joints continus hélicoïdaux combinés deux à deux sont presque vis-à-vis l'un de l'autre, d'où il résulte que les poussées en sens contraires qui agissent sur ces joints se détruisent en partie, tandis que pour les joints transversaux (*fig.* 18) les forces qui poussent dans un sens ne seront pas détruites par les poussées qui agissent en sens contraire ; et le couple résultant de toutes ces forces aura d'autant plus d'énergie que les plans tangents sont presque verticaux (*fig.* 16), d'où il résulte que la pression exercée par les voussoirs sur leurs joints de tête est analogue à l'action produite sur les faces presque verticales d'un coin très-aigu.

838. Or, cette dernière circonstance porte avec elle son remède. En effet, de ce que les surfaces de joints transversaux sont presque verticales, il s'ensuit que l'on peut les remplacer sans inconvénient par des plans verticaux, ce qui ne diminue pas la solidité de la voûte dont les voussoirs seront suffisamment soutenus sur leurs lits par la pression des assises adjacentes. Ainsi, on détruira *complétement* la torsion produite par le poids des voussoirs sur les joints transversaux en remplaçant chacun de ces joints par un plan parallèle à la tête du pont.

839. On conçoit que l'on pourrait hésiter à prendre ce parti s'il s'agissait d'un berceau en plein cintre, ayant pour section droite une demi-circonférence (*fig.* 6); mais dès que l'on supprime les parties de voûtes situées au dessous du plan horizontal qui contient les points x' et z', les inconvénients ne sont plus les mêmes.

En effet, dans toute la partie conservée du berceau (*fig.* 6), la surface de douelle ZX est presque horizontale, et la section par des plans parallèles aux têtes se fera suivant des angles qui, étant droits à la hauteur du point Q (*fig.* 6), diminuent depuis ce point jusqu'à la hauteur des lignes de naissance Z et X.

840. Il peut être utile de savoir si le plus petit de tous ces angles n'excède pas la limite au delà de laquelle il serait imprudent de se confier, et, pour cela, on cherchera l'angle que le plan de tête, ou tout autre qui lui serait parallèle, fait avec le plan tangent au cylindre d'intrados, suivant l'une des lignes de naissance Z ou X. Or, si nous employons le plan de la figure 6 comme plan vertical de projection, le plan P tangent au cylindre d'intrados, suivant la génératrice horizontale Z, aura sa trace horizontale parallèle à l'axe On' du cylindre et sa trace verticale perpendiculaire au rayon $n'z'$.

Le plan P_1 coïncidant avec l'une des têtes An' du pont, aura sa trace verticale $n'P_1$ perpendiculaire à EF'. Les traces verticales des deux plans tangents P et P_1 se couperont au point V.

Les traces horizontales PG et $P_1 n'$ des mêmes plans se rencontreront au point U; de sorte qu'en faisant GU' égal à GU, la droite $U'V$ sera l'intersection de ces deux plans, rabattue sur la figure 6; la droite ZS, perpendiculaire sur l'intersection rabattue $U'V$, déterminera en S le sommet de l'angle cherché, que l'on rabattra en $ZS'n'$, en le faisant tourner autour de $n'Z$ (*Géom. descriptive*).

841. L'opération précédente sera plus simple encore si l'on prend le plan vertical de projection P_2 (*fig.* 8) parallèle aux têtes du pont.

Dans ce cas, le plan P tangent au cylindre d'intrados, en un point X'' de la ligne de naissance X, aura sa trace horizontale RP parallèle à la direction du berceau.

L'angle cherché aura son sommet en X'' et sera situé dans le plan P_3 perpendiculaire en même temps au plan tangent P et au plan P_2 de la tête; de sorte qu'en faisant tourner le plan P_3 autour de sa trace horizontale MU, on obtiendra MX'''U pour l'angle formé par la douelle et par le plan P_2 de la tête, à la hauteur des génératrices X et Z (*fig.* 6).

Si l'on a bien opéré, l'angle MX'''U, de la figure 8, doit être égal à l'angle ZS'n' de la figure 6.

Ces angles seront moins aigus que ceux qui ont lieu à la naissance de l'arête de tête lorsque l'on emploie une section droite demi-circulaire et que l'on ne fait pas de corne de vache. Dans tous les cas, on pourrait adopter des plans normaux pour les joints discontinus des premières assises et des plans verticaux pour les joints les plus rapprochés de la clef.

Mais je crois que l'avantage d'éviter les mouvements de torsion produits par l'emploi des joints normaux discontinus (*fig.* 18) compense l'inconvénient qui résulte de quelques angles aigus dans le voisinage des naissances, d'autant plus que ces angles, n'étant pas isolés, seront, comme nous l'avons déjà dit (801), à l'abri des causes extérieures de destruction; qu'en outre, ces joints *verticaux* n'auront à supporter aucun poids (*fig.* 4).

Or, il est évident qu'un angle aigu, *qui ne porte rien*, durera plus longtemps qu'un angle droit et même obtus, qui devrait résister à une grande pression.

842. Tout ce que nous avons dit sur l'inconvénient des surfaces normales employées pour joints transversaux s'applique à plus forte raison aux joints postérieurs des voussoirs de tête.

En effet, les voussoirs courants, enclavés dans la masse, sont retenus par les pressions qui agissent sur eux dans tous les sens, et s'ils sont poussés par les pierres qui sont derrière eux, ils sont arrêtés par celles qui les précèdent; mais il n'en est pas de même des claveaux qui forment l'arc de tête.

Nous avons déjà parlé des effets qui résultent de l'inclinaison en sens contraire des surfaces d'extrados (792), et nous avons indiqué les moyens de combattre ces mouvements. Mais la presque verticalité des joints postérieurs sera ici d'autant plus dangereuse que rien ne s'oppose aux pressions qui seraient de nature à chasser les voussoirs dans le vide.

Or, si l'on jette un coup d'œil sur la figure 5, on reconnaîtra facilement que la partie A de la tête sera *poussée* dans le vide par la pression de la maçonnerie M de la voûte sur le joint incliné COE, tandis que la partie B de la tête prendra le même chemin en *glissant* sur le joint DOF de la partie N de la voûte ; c'est pourquoi il faut couper les voussoirs de la tête par un plan vertical parallèle au parement extérieur qui forme cette face.

843. Ainsi, en résumant ce qui précède, nous arrivons aux conclusions suivantes (*fig.* 4) :

1° ▬ On élèvera les piles jusqu'à la hauteur des points Z et X, afin de supprimer les parties de joints hélicoïdaux dont la pente est dirigée vers le vide.

2° ▬ Les joints postérieurs des voussoirs de tête seront formés par des plans parallèles aux têtes, afin d'éviter les glissements vers le vide dont nous venons de parler dans l'article qui précède.

3° ▬ Les joints transversaux seront également formés par des plans parallèles aux têtes pour éviter le mouvement de torsion qui a lieu pendant le décintrement, lorsque les mortiers n'ont pas acquis une résistance suffisante.

Ces dispositions d'appareil sont indiquées sur la figure 4, qui contient les deux projections d'un pont circulaire.

Sur le plan horizontal, les arêtes des joints continus

sont projetées par des courbes que l'on obtiendra en construisant le développement qui n'a pas été conservé sur l'épure, et les arêtes des joints transversaux ont pour projections des droites parallèles au plan P de la tête.

844. **Berceau circulaire. Joints plans.** — Ce qui augmente beaucoup les difficultés que l'on rencontre dans la construction des ponts biais, c'est *l'incompatibilité* qui existe entre les conditions auxquelles on doit chercher à satisfaire pour résoudre convenablement la question proposée.

Ces conditions peuvent être classées de la manière suivante :

1° ━━ *Considérations géométriques.*
2° ━━ *Considérations mécaniques.*
3° ━━ *Considérations pratiques.*

845. Si l'on veut satisfaire aux conditions géométriques, il faut éviter partout les angles aigus; alors on a des arêtes de joints à double courbure, des joints normaux, réglés et gauches, difficiles à bien tailler et dont les inclinaisons en sens contraires produisent des mouvements de rotation et des poussées au vide dangereuses.

846. Si au contraire on veut satisfaire aux meilleures conditions de stabilité, il faut accepter des angles aigus souvent moins à craindre que l'on ne le pense, lorsqu'ils n'ont rien à supporter.

847. Enfin, si l'on veut satisfaire aux conditions pratiques, il faut remplacer les surfaces quelquefois trop compliquées, indiquées par la théorie, par d'autres qui s'en rapprochent autant que possible, mais dont la simplicité

géométrique permet d'obtenir dans la taille et dans la pose une précision qui remplace presque toujours avec un très-grand avantage, une exactitude théorique qu'il serait souvent très-difficile d'obtenir en exécution.

848. Dans le premier chapitre, que l'on peut regarder comme une étude des *joints normaux*, nous avons cherché principalement à satisfaire aux conditions géométriques en évitant les angles aigus.

Ainsi, les hélices perpendiculaires ou à peu près à la corde de la sinussoïde, suivant laquelle se développe l'arc de tête, rencontreront cette courbe suivant des angles qui différeront peu de l'angle droit. Les arêtes des joints transversaux, étant perpendiculaires aux hélices qui forment les arêtes des joints continus, partagent la douelle du berceau en quadrilatères rectangles.

Les surfaces réglées hélicoïdales qui forment les joints continus et transversaux, se coupent à angle droit et sont partout normales au cylindre d'intrados ; enfin, la corne de vache, employée sur la planche 74 fait disparaître les angles aigus qui auraient lieu si la douelle et les joints continus étaient prolongés jusqu'au plan de tête.

Mais on ne peut satisfaire à ces conditions que par des opérations nombreuses et délicates, qui exigent des ouvriers habiles et augmentent la dépense d'une manière sensible.

849. L'usage des beuveaux abrége, il est vrai, la taille des voussoirs, mais c'est presque toujours aux dépens de l'exactitude, et l'on perd alors, par l'imperfection du travail, ce que l'on a voulu gagner en vitesse.

Nous avons vu, dans le chapitre précédent, que l'emploi des surfaces normales donnait lieu à des mouvements de rotation que l'on doit surtout chercher à combattre, et c'est pour atteindre ce but que nous avons remplacé par des plans verticaux les surfaces réglées des joints discontinus.

850. Lorsque la voûte entière sera en pierre de taille, on devra conserver les surfaces réglées hélicoïdales qui forment les joints de lit ; mais, si le pont est en maçonnerie et que l'arc de tête seulement soit en pierres appareillées, on pourra, *sans aucun inconvénient*, employer des plans pour les faces latérales des voussoirs de tête. La simplicité, et par suite l'exactitude que l'on obtiendra dans la taille de ces voussoirs, compenseront avec un très-grand avantage l'irrégularité *insensible* que l'on croirait pouvoir reprocher à cette méthode sous le rapport de la théorie.

851. Or, si l'on remplace les joints réglés hélicoïdaux par des plans, les coupes de joint sur la tête (*fig*. 7, *pl*. 79) seront des lignes droites que l'on fera normales à l'arc de tête. Chaque plan de joint sera déterminé par l'une de ces normales et par la corde de l'arc d'hélice correspondante.

852. Si, comme nous le supposerons dans l'exemple actuel, la section droite du berceau est un arc de cercle rabattu (*fig*. 13), l'arc de tête sera un arc d'ellipse $X'Z'$, et les normales à cette courbe seront tangentes à sa développée GK.

Or, si nous avions conservé les joints réglés hélicoïdaux et si nous avions remplacé les coupes de joint sur la tête par leurs tangentes, il aurait fallu diriger ces lignes (*fig*. 7) vers le foyer O' (633). Mais il suffit de regarder la figure pour reconnaître que les droites qui remplaceraient alors les coupes de joint sur le plan de tête, différeraient très-peu des normales à l'arc d'ellipse X'Z', d'où il résulte, qu'en prenant ces normales pour arêtes de joint, on sera très-près de satisfaire à la *condition géométrique*.

Dans ce cas, le *joint plan* différant très-peu du *joint réglé*, et par conséquent de son plan tangent, l'arc **elliptique**, suivant lequel le cylindre d'intrados sera coupé par le joint, différera très-peu de l'arc d'**hélice** que l'on aurait obtenu si l'on avait conservé les surfaces réglées hélicoïdales (764).

Ce que nous venons dire étant bien compris, nous allons passer à l'étude des opérations graphiques.

853. **Épure.** — La section droite $X''I''$ rabattue (*fig.* 13) est une partie de la circonférence d'un cercle $E_4 I''$ dont le centre est projeté au point C.

Pour satisfaire aux considérations que nous avons développées aux numéros 816 et 836, on a supprimé toute la partie du cylindre qui aurait pour directrice l'arc de la section droite $E''X''$. L'arc conservé $X''I''$ (*fig.* 13) étant partagé en parties égales, on tracera les génératrices correspondantes sur le développement (*fig.* 15) et sur les projections (*fig.* 8 et 7).

On déterminera la direction des hélices développées sur la figure 15 et l'on projettera ces courbes sur les figures 8 et 7, puis on étudiera l'appareil de tête sur ces deux figures.

Les faces postérieures des voussoirs de tête seront projetées sur la figure 8 par des droites parallèles au plan P de la tête.

Ces droites sont par conséquent les projections horizontales des deux ellipses, suivant lesquelles le cylindre circulaire qui forme l'intrados du berceau est coupé par les plans verticaux P_2 et P_3 parallèles aux têtes. Les arcs d'ellipse $M_2 M_2$ et $M_3 M_3$ (*fig.* 7 et 8) seront égaux, parallèles à l'arc de tête $X'Z'$, et se développeront sur la figure 15 suivant les deux sinussoïdes M_2M_2 et M_3M_3 égales et parallèles à la sinussoïde $X'''Z'''$.

Nous avons dit que les joints de coupe sur la tête seraient formés par des normales à l'arc d'ellipse $X'Z'$ et tangentes par conséquent à la développée GK.

854. Pour construire ces normales on peut opérer de plusieurs manières que je crois utiles de rappeler.

Première méthode (*fig.* 17) : On déterminera les foyers F et F', et l'on tracera les deux rayons vecteurs FM et F'M ; ce qui donnera l'angle FMF' dont la bissextrice NMU sera la normale demandée (*Introd.*, 92).

Deuxième méthode (*fig.* 12) : On tracera l'arc de cercle OK de rayon CO et l'ordonnée MP du point par lequel on veut construire la normale.

La droite UD, tangente au cercle, déterminera le point D par lequel on tracera DM tangente à l'ellipse.

Enfin, la ligne NM, perpendiculaire sur DM, sera la normale demandée (*Introd.* 90).

855. **Développée.** — Si l'on construit avec beaucoup de soin un nombre suffisant de normales (*fig.* 5), elles formeront elles-mêmes la développée GDK ; mais on peut déterminer et par conséquent vérifier les différents points de cette ligne, en opérant de la manière suivante :

1° ━━ On construira (*fig.* 3) le rectangle ECBS sur les deux rayons principaux CE et CB de l'ellipse.

2° ━━ On tracera la diagonale EB et la droite SK perpendiculaires sur EB.

On obtiendra de cette manière le point G et le point K ; ce qui déterminera d'un seul coup le plus petit et le plus grand rayon de courbure de l'ellipse. Ainsi GE sera le rayon de courbure au point E, et KB sera le rayon du cercle osculateur au point B.

Pour obtenir les points intermédiaires de la courbe GH, on agira ainsi :

1° ▄▄▄ En un point M de l'ellipse (*fig.* 4) on construira la tangente DH, sur laquelle on portera MD égal au plus petit rayon de courbure GE.

2° ▄▄▄ On fera MN égal à la partie MU de la normale comprise entre l'ellipse et son plus grand diamètre EE.

3° ▄▄▄ On joindra le point D avec N, et l'on tracera successivement NH perpendiculaire sur DN, puis HV perpendiculaire sur NH. Le point V, intersection de HV, avec la normale NU, sera situé sur la développée GK, et la distance VM sera le rayon de courbure au point M de l'ellipse.

(*Exercices et questions diverses*, n° 149).

856. Le foyer O' de la figure 7 ne sert ici qu'à faire comprendre combien les joints plans que nous adoptons diffèrent peu des joints réglés hélicoïdaux indiqués par la théorie.

Pour obtenir ce point, dans le cas actuel, on tracera :

1° ▄▄▄ La droite E*e*, ce qui détermine le point *e* (*fig.* 14).

2° ▄▄▄ La droite *e*O parallèle aux hélices développées de la figure 15 déterminera le point O sur la trace horizontale du plan de section droite CC".

3° ▄▄▄ On portera la distance e^{IV}O de la figure 14, de C' en O' (*fig.* 7).

Cette opération est la conséquence de ce que nous avons dit au n° 636.

857. Pour déterminer le point suivant lequel le plan

tangent au joint réglé hélicoïdal serait perpendiculaire au plan de tête. On emploiera la méthode indiquée au n° 819; ainsi :

1° ▬▬ La droite eO (*fig*. 14) sera considérée comme génératrice du cône auxiliaire dont une partie de la base est rabattue en eU.

2° ▬▬ On tracera la droite OS perpendiculaire au plan P de la tête, et l'on construira SH tangente à l'arc de cercle eU.

3° ▬▬ Le rayon Cx'' de la figure 13, parallèle à la tangente SH de la figure 14, déterminera le point x'' sur l'arc de section droite $X''I''$.

858. Dans l'exemple actuel le point x'' est un peu au-dessus du plan de naissance $X''Z''$ de la voûte; si l'on avait élevé ce plan jusqu'au point x'', cela aurait diminué la distance comprise entre les piles; mais le peu de différence qui existe entre les hauteurs des deux points X'' et x'' (*fig*. 13), rend insignifiante pour la pratique l'erreur théorique que l'on pourrait reprocher à cette disposition.

Le point x'', d'ailleurs, dépend de la direction des hélices et, par conséquent, de la corde $X'''Z'''$ de la sinussoïde développée figure 15.

Or, cette dernière ligne dépend de la hauteur adoptée pour la naissance $X''Z''$ (*fig*. 13); d'où il résulte que l'on ne peut pas placer exactement la ligne de naissance à la hauteur du point x'', puisque l'on ne peut déterminer la hauteur de ce point qu'après avoir choisi le point de naissance X''.

On pourrait bien relever après coup la ligne de naissance lorsque l'on aurait déterminé le point x''; mais cela changerait la direction de la corde $X'''Z'''$ (*fig*. 15), celle des hélices développées, et par suite la hauteur du point x'' lui-même, que l'on ne pourrait par conséquent faire coïncider avec la ligne de naissance, que par une suite d'essais dont l'importance *pratique* n'est pas assez grande pour qu'il soit nécessaire de s'y arrêter.

859. Pour que la maçonnerie du mur soit plus solidement assise, nous extradosserons les voussoirs de l'arc de tête par des plans horizontaux; et, pour éviter la confusion, nous reporterons sur la figure 2 les quadrilatères qui forment les faces supérieures de ces voussoirs; de sorte que la figure 8 est la projection horizontale de la douelle, tandis que la figure 2 est la projection de l'extrados.

Tous les quadrilatères de la figure 2 sont rectilignes et peuvent être facilement déduits de la projection figure 7, qu'il faut d'abord construire.

860. Pour y parvenir, on tracera sur la figure 7 les trois ellipses égales, $X'Z'$, M_1M_1 et M_3M_3 qui proviennent de la section du cylindre d'intrados, par les plans verticaux $P P_1$ et P_3 de la figure 8; puis on relèvera sur ces courbes les points suivants lesquels les trois droites parallèles XZ, M_1M_1 et M_3M_3 de la figure 8 sont coupées par les projections horizontales des hélices qui forment les arêtes des joints continus.

Ainsi les points S et V de la droite M_3M_3 (*fig.* 8) se projetteront sur l'ellipse M_3M_3 de la figure 7 et les points N et E de M_1M_1 (*fig.* 8) se projetteront sur l'ellipse M_1M_1 de la figure 7, etc.

Les droites V*v* et N*n*, parallèles à la normale A*a*, et les droites S*s* et E*e*, parallèles à la normale D*d*, compléteront la projection verticale de la pierre.

En opérant de la même manière, on obtiendra les projections verticales de tous les voussoirs de tête.

861. Lorsque l'on aura complété la projection verticale de la tête, on construira la figure 2, en opérant de la manière suivante :

On reportera sur cette figure les traces horizontales des trois plans verticaux P P$_2$ et P$_3$ de la figure 8, en espaçant ces plans de la même quantité sur les deux figures. Puis les sommets des quadrilatères de la figure 2 seront facilement déterminés par les perpendiculaires abaissées des points correspondants de la figure 7.

Je n'ai conservé les opérations que pour la face supérieur du voussoir VII (*fig.* 8, 7 et 2).

862. Pour obtenir les faces des joints latéraux on peut opérer de deux manières.

Première méthode : Supposons que les deux projections de la pierre VII soient transportées figures 1 et 11 ; et pour éviter la confusion des lettres nous augmenterons les dimensions du voussoir.

Les deux panneaux des joints latéraux pourront être rabattus en vraie grandeur (*fig.* 11) en K' et en H', le premier sur le plan horizontal P$_5$ (*fig.* 1), en tournant autour de l'arête d'extrados *av*, et le second sur le plan P$_6$.

Pour obtenir le premier de ces deux panneaux rabattus (*fig.* 11), on tracera :

1° ▬ La droite VV' perpendiculaire sur l'arête *av*, autour de laquelle se fait le rabattement.

2° ▬ Du point *v*, comme centre, on décrira l'arc de cercle *lq*, avec un rayon égal au côté *v*V du quadrilatère A*av*V (*fig.* 1) ; l'intersection de la ligne VV' (*fig.* 11), par l'arc *lq*, déterminera le point V', que l'on joindra avec le point *v*, et l'on obtiendra par ce moyen le côté *v*V, rabattu en *v*V'.

Avant d'aller plus loin, il est très-essentiel de remarquer que l'angle V'va n'est pas droit, puisque le côté vV' est l'hypoténuse du triangle vmV' rectangle en m.

Les droites aA, nN, uU et vV sont les intersections de la face de joint AavV par les quatre plans parallèles P P$_1$ P$_2$ et P$_3$ de la figure 8.

Il résulte de là que ces quatre droites, parallèles dans l'espace, seront encore parallèles sur le panneau, rabattu en K'.

De plus, ces droites parallèles au plan vertical de projection, seront projetées sur la figure 1, suivant leur véritable grandeur; de sorte qu'après avoir tracé (*fig.* 11) des parallèles au côté vV', par les points u, n, a du côté va, il ne restera plus qu'à porter sur chacune de ces droites la longueur de sa projection verticale (*fig.* 1).

On obtiendra ainsi le côté aA' et la courbe V'U'N'A'.

Si l'on traçait les droites UU', NN' et AA' elles seraient perpendiculaires à la charnière de rabattement ma.

Ces droites n'ont pas été conservées.

On peut encore vérifier le résultat de la manière suivante :

1° —— Si l'on fait tourner le point A (*fig.* 1) autour de l'horizontale projetante du point v, il décrira un arc de cercle AA" parallèle au plan vertical de projection, et lorsqu'il sera parvenu dans le plan horizontal P$_3$ (*fig.* 1), il se projettera en A'" sur la figure 11.

2° —— La droite v-A'" (*fig.* 11) sera la diagonale qui joint les sommets v et A' du panneau K', et l'arc de cercle A'"A', décrit du point v comme centre, avec un rayon égal à vA'", doit passer par le sommet A' du panneau K'.

663. Les trois points V', N' et A' sont suffisants pour déterminer la courbure du côté V'A', et le point U' semble

d'abord inutile ; mais, en regardant la projection (*fig.* 8), on voit que les deux voussoirs adjacents, VII et VI, ont une face en partie commune; c'est-à-dire que le joint AU du voussoir VI n'est qu'une partie du joint AV, dont on aurait retranché toute la partie comprise entre les deux plans verticaux P_2 et P_3.

D'où il résulte que le panneau K' de la figure 10 pourra servir à tailler la pierre VII et celle qui lui est adjacente, suivant la face commune AUua.

C'est pour cela que sur le panneau rabattu K' on a désigné par une teinte la partie commune aux deux voussoirs.

En recommençant les opérations précédentes, on a obtenu le panneau rabattu en H'; mais, pour éviter la confusion qui aurait eu lieu si l'on avait fait tourner ce panneau autour de l'arête horizontale ds, nous supposerons ici qu'avant d'effectuer le rabattement on a fait avancer le plan de joint parallèlement à lui-même jusqu'à ce que la droite ds soit venue se placer en $d's'$, puis on a opéré absolument comme pour le panneau K'.

La construction de la diagonale n'a pas été conservée.

864. Pour tailler la douelle il faut établir sur les côtés courbes des panneaux, les points de repère qui doivent déterminer les diverses positions de la règle génératrice.

La première idée qui se présente alors, c'est de choisir les points suivant lesquels les quatre arêtes courbes qui forment le contour de la douelle sont coupées par les génératrices qui ont servi pour construire le développement (*fig.* 15), et les deux projections (*fig.* 8 et 7).

Mais, pour diminuer le nombre des points à rabattre, il vaut mieux employer les génératrices qui contiennent les points précédemment rabattus.

Ainsi on tracera sur la figure 11 ou 8 les génératrices qui contiennent les points E, N; puis on déterminera le point 8 sur la courbe AD (*fig.* 1 ou 7) et le point 7 sur la courbe VS; de sorte qu'au moment de la taille l'une des génératrices sera déterminée par le point E' du panneau H' rabattu (*fig.* 11), et par le point 8 du panneau de tête (*fig.* 1); tandis que la seconde génératrice sera déterminée par le point N' du panneau rabattu K' (*fig.* 11), et par le point 7, situé sur le côté VS du panneau postérieur (*fig.* 1).

865. *Deuxième méthode* : Au lieu de rabattre les panneaux de joint du voussoir VII sur les plans horizontaux P_5 et P_6 (*fig.* 1), on peut rabattre l'un d'eux en K" sur le plan P de la tête (*fig.* 8), et le second en H" sur le plan P_3 qui contient la face postérieure du voussoir.

Pour obtenir le panneau K", on tracera la droite vv'' perpendiculaire sur le côté aA que l'on prend ici pour charnière de rabattement; puis on tracera l'arc de cercle yz, décrit du point a comme centre avec un rayon égal à la droite va, qui est projetée en vraie grandeur sur la figure 11.

Cette opération déterminera le point v'' et par suite le côté av'', qui n'est autre chose que la droite av rabattue.

Je rappellerai encore que l'angle $v''aA$ n'est pas droit puisque la droite av'' est l'hypoténuse du triangle $v''ax$ rectangle en x.

On prendra sur la figure 11 les distances des points n et u au point v ou au point a, et l'on portera ces distances sur le côté av'' du panneau rabattu K" (*fig.* 1).

On obtiendra ainsi les points n'' et u'', puis on tracera les droites $n''N''$, $u''U''$, $v''V''$ parallèles à l'arête aA.

Les points V", U" et N" de la courbe V"A seront déterminés par les perpendiculaires abaissées des points V, U et N sur la charnière de rabattement ac.

On pourra vérifier le tout en construisant une diagonale comme nous l'avons fait au n° 862.

Le panneau DSsd est rabattu en H″, en tournant autour de l'arête Ss. Quand on aura tracé la droite dd'' perpendiculaire sur sS, le point d'' sera déterminé, en faisant la distance sd'' de la figure 1, égale à l'arête sd de la figure 11. Les points r et e de cette arête étant portés (*fig.* 1) en r'' et e'', on tracera, par les points r'', e'', d'', des parallèles à sS, et les points D″, E″ et R″ seront déterminés sur ces lignes par les droites DD″, EE″ et RR″ perpendiculaires sur sS.

Cette dernière méthode est celle que l'on a employée pour construire les figures 6 et 9, qui contiennent tous les panneaux de joint nécessaires à la construction de la voûte.

La figure 6 contient tous les panneaux depuis le point de naissance X′ jusqu'à la clef (*fig.* 7), et la figure 9 contient les panneaux depuis la clef jusqu'au point de naissance Z′.

Tous ces panneaux sont rabattus sur le plan P_s qui contient les faces postérieures des grands voussoirs de la tête (*fig.* 8).

On suppose ici que chaque panneau s'est avancé, parallèlement à lui-même, jusqu'à la place où le rabattement a pu être effectué sans confusion.

La trace des opérations n'a été conservée que pour le panneau K du voussoir VII (*fig.* 7).

Ce panneau est semblable à celui que nous avons obtenu en K′ (*fig.* 11) et en K″ (*fig.* 1). Il n'en diffère que par le sens du rabattement et par les dimensions qui résultent de la différence d'échelle des deux figures.

866. Taille des voussoirs. — Cette opération ne présentera aucune difficulté.

En effet, après avoir équarri le parallélipipède rectangle qui doit contenir le voussoir projeté (*fig.* 1 et 11), on taillera :

1° ▬ Le plan horizontal P_6 qui doit former la face supérieure *bs* (*fig.* 1).

2° ▬ On appliquera sur cette face le panneau horizontal *avsd* (*fig.* 11) ou *bhsd* (*fig.* 2).

3° ▬ On appliquera le panneau A*abd*D, des figures 1 ou 7, sur le plan de tête, et le panneau V*vhs*S sur la face postérieure du voussoir, en faisant coïncider les points *b*, *d*, *h* et *s* de ces panneaux avec les points correspondants du panneau horizontal *bdhs* (*fig.* 2).

4° ▬ On taillera la face verticale *avhb*, sur laquelle on tracera la droite horizontale *av*.

5° ▬ On taillera les deux plans de joint sur lesquels on appliquera les panneaux K′, H′ ou K″, H″ rabattus (*fig.* 11 et 1).

6° ▬ Enfin, on taillera la douelle comme on le voit (*fig.* 10), en faisant glisser une règle dont la position horizontale sera déterminée par les points de repère N, 7, 8 et E, marqués sur les côtés courbes des panneaux de joint, de tête et postérieur du voussoir (864).

867. Corne de vache. On peut abattre l'angle aigu en opérant comme nous l'avons dit au n° 801. Ainsi (*fig.* 8) :

1° ▬ La droite FL, perpendiculaire au plan P de la tête, exprimera la largeur de la corne de vache.

2° ▬ On fera XQ égal à ZL et l'on tracera la droite TF parallèle au plan P.

3° — On fera $X^{iv}Q^{iv}$ de la figure 7 égal à XQ de la figure 8, et l'on tracera l'ellipse $Q^{iv}R$ semblable à l'ellipse $X'Z'$, ce qui déterminera la quantité Y, dont il faut raccourcir les panneaux de tête.

4° — Enfin, on tracera (*fig.* 15) le développement $T'''F'''$ de l'ellipse TF, et l'espace compris entre les deux sinusoïdes $T'''F'''$ et $X'''Z'''$, exprimera la quantité dont il faut raccourcir les panneaux de douelle.

Cela étant fait, et le voussoir III (*fig.* 7 et 10) étant taillé, en opérant comme nous l'avons dit au n° 866, on appliquera sur la douelle le panneau raccourci III (*fig.* 15), et l'on tracera l'arc *ac* (*fig.* 15 et 16).

On appliquera également sur la tête le panneau raccourci III (*fig.* 7) et l'on tracera l'arc *vu*, puis on taillera la douelle comme on le voit sur la figure 16.

868. **Berceau elliptique.** *Joints plans.* — Jusqu'ici nous n'avons pris que des berceaux circulaires pour sujets de nos études; c'est le cas que l'on préfère dans la pratique, parce que dans un berceau circulaire les surfaces de douelle, les surfaces de joint, les hélices qui forment les arêtes d'intrados et d'extrados ont partout la même courbure; d'où il résulte qu'en décomposant la voûte en voussoirs de même longueur (593), tous les claveaux courants seront identiques, et les panneaux, les cerces, les beuveaux ou les *gabarits* (761) qui auront servi pour tailler l'un d'eux, suffiront pour tracer et tailler tous les autres : ce qui simplifiera considérablement la main-d'œuvre.

Ainsi, *lorsqu'on veut employer pour joints, des surfaces réglées hélicoïdales, il faut toujours construire un berceau circulaire.*

M. Buck, dans son *Traité des ponts biais*, rejette entièrement les voûtes à section droite elliptique, auxquelles il reproche, sans dire pourquoi, de manquer de stabilité et d'être en outre plus difficiles à construire ; ce qui, par conséquent, augmente beaucoup la dépense. Il ne pense pas, d'ailleurs, qu'il *puisse jamais se présenter un concours de circonstances qui puissent forcer un ingénieur à construire une voûte elliptique.*

Je suis de l'avis de M. Buck, quant à la difficulté d'exécution, lorsqu'il s'agit d'une voûte entièrement formée de pierres taillées ; mais je ne crois pas, comme lui, qu'une voûte elliptique en maçonnerie coûte beaucoup plus qu'une voûte circulaire ; et, dans tous les cas, cela ne serait qu'une considération secondaire s'il devait en résulter une plus grande solidité : ce qui a lieu quelquefois.

Il peut d'ailleurs arriver, comme nous le supposerons dans l'exemple qui fait le sujet de la planche 80, que des motifs de décoration architecturale déterminent à employer la courbure circulaire pour les arcs de tête, ce qui conduirait nécessairement à donner à la voûte une section droite elliptique.

Je crois donc utile de donner ici un exemple de ce genre de pont.

869. Les données de la question à résoudre sont, comme toujours, l'écartement des piles, l'angle qui exprime le biais et la hauteur de la clef.

Pour satisfaire aux conditions d'équilibre que nous avons exposées au n° 816, nous adopterons pour la tête un arc de cercle X'Z', au lieu d'une demi-circonférence E'X'Z'E', et pour éviter les angles aigus suivant lesquels les joints continus rencontreraient le plan de tête, nous briserons les joints des voussoirs, de manière qu'une partie de chaque joint soit perpendiculaire au plan de tête; car les voussures que l'on obtient en abattant les angles, après la taille des claveaux, ne sont que des *imitations* de corne de vache qui ne changent rien aux angles aigus produits par l'obliquité des joints continus par rapport au plan de tête. D'ailleurs cette brisure des joints contribue à la solidité en s'opposant au glissement des voussoirs.

Nous adopterons pour la corne de vache la forme que nous avons employée sur la planche 74, parce que cette voussure nous paraît beaucoup plus gracieuse qu'aucune de celles que nous avons eu l'occasion d'examiner.

Ainsi, la largeur CU de la voussure étant choisie à volonté (*fig.* 9), on tracera la droite XZ parallèle au plan de tête, et l'on fera l'angle ZQL égal à XLQ.

De sorte que la projection horizontale de la corne de vache sera le trapèze isocèle LXZQ.

Les droites XZ et LQ seront les projections de deux arcs de cercle concentriques X'Z' et L'Q' (*fig.* 8). Le premier X'O'Z' de ces arcs de cercle est déterminé par les trois points X', O', Z'.

Le point O' est donné par la question et dépend de la hauteur que doit avoir la voûte. Les points de naissance X' et Z' doivent être situés, autant que possible, à peu de distance du point suivant lequel le plan tangent au joint hélicoïdal serait perpendiculaire à la tête.

Nous avons vu au n° 858 pourquoi ce point ne peut pas être déterminé avant l'exécution d'une partie de l'épure; mais on peut se contenter pour la pratique d'une appréciation approximative.

870. Dès que l'on se décide à faire une corne de vache, il faut étudier l'appareil comme si la surface de douelle

était limitée (*fig.* 9) par l'arc de cercle XZ, qui, pour un moment, va remplacer l'arc de tête.

La surface de douelle, dans le cas actuel, est une partie de cylindre elliptique qui a pour directrice circulaire la demi-circonférence E'O'E', dont le centre C' sera facilement déterminé par les trois points X', O' et Z' de la figure 8. La projection horizontale C du centre CC', sera située sur la droite XZ (*fig.* 9).

L'arc de cercle X'Z' étant la courbe directrice du cylindre d'intrados, on prendra sur cette ligne (*fig.* 8) un nombre suffisant de points, que l'on projettera sur la droite XZ de la figure 9.

Chacun de ces points déterminera une génératrice du cylindre de douelle.

Ces lignes n'ont pas été conservées sur la figure 8.

Si l'on coupe le berceau par un plan P_4 perpendiculaire à sa direction, on obtiendra la section droite dont la moitié seulement a été conservée sur l'épure et rabattue en Z"O" (*fig.* 10).

Les hauteurs des points 0, 1, 2, 3, etc., au-dessus de la ligne de naissance Z"V", sont déduites de leurs projections sur le plan de tête (*fig.* 8); de manière, par exemple, que la hauteur m-2 du point 2 (*fig.* 10) soit égale à la hauteur m-2 du point 2 de la figure 8, et ainsi de suite.

871. On peut facilement construire par ses axes l'ellipse à laquelle appartient l'arc Z"O" de la section droite rabattue (*fig.* 10).

Pour cela, on prolongera l'arc de tête X'O'Z' (*fig.* 8) jusqu'à la droite horizontale E'E', qui en contient le centre C'.

Le point E de la demi-circonférence E'O'E' (*fig.* 8) se projettera sur le plan horizontal en E.

Or, si nous supposons que l'arc de section droite $Z''O''$ soit rabattu autour de l'horizontale $Z''V''$, qui contient le point de naissance Z'', le point E viendra se projeter en E'' sur la droite $C''E''$, que l'on obtiendra en faisant $V''C''$ égal à la distance $V'C'$ du centre C' au plan de naissance $X'Z'$ (*fig.* 8).

Enfin, si l'on fait $V''O''$ de la figure 10 égal à $V'O'$ de la figure 8, on aura déterminé le centre C'' et les deux extrémités E'' et O'' des axes de l'ellipse $E''O''E''$. Ce qui suffit pour construire cette courbe.

872. Lorsque la section droite elliptique $Z''O''$ sera construite avec soin, et bien vérifiée, on pourra, si on le préfère, prendre cette courbe pour directrice du cylindre d'intrados.

On partagerait alors (*fig.* 10) l'arc $Z''O''$ en parties égales par des points dont on reporterait les ordonnées sur la figure 8; et, dans ce cas, les distances des points obtenus sur l'arc de cercle $Z'O'$ ne seront plus égales puisque les projections des mêmes points sont également espacées sur la courbe elliptique $Z''O''$ (*fig.* 10).

Nous verrons bientôt pourquoi cette dernière méthode est préférable.

Ces dispositions étant admises, il ne nous restera plus que peu de chose à dire pour expliquer l'épure actuelle, qui ne diffère de la précédente que par la forme elliptique du berceau et par l'addition de la corne de vache.

On portera les parties *égales* de l'ellipse $Z''O''$ (*fig.* 10), sur la trace du plan P_4 ce qui donnera (*fig.* 1) la ligne $Z'''O'''$ pour la section droite rectifiée.

Par chaque point de division de la ligne $Z'''O'''$ ainsi

obtenue on tracera l'une des génératrices du cylindre d'intrados, et ramenant sur chacune de ces lignes le point correspondant de la droite ZX (*fig.* 9), on obtiendra le sinussoïde Z"X" pour développement de l'arc de cercle ZX, Z'X' (*fig.* 9 et 8).

873. On peut rectifier l'arc elliptique Z"O" par la méthode que j'ai donnée au n° 558 ; ainsi :

1° — Quand on aura déterminé et vérifié bien exactement la normale du point Z", on fera (*fig.* 7) un angle OSZ égal et parallèle à l'angle O"SZ" de la figure 10.

2° — On partagera l'angle OSZ de la figure 7 en quatre parties égales par les rayons SB, SH et SD, et si on exprime par α chacun des quatre angles ainsi obtenus, on aura $\alpha = \dfrac{OSZ}{4}$.

3° — Dans le cas actuel, l'angle OSZ, mesuré avec un bon rapporteur, est égal à 46°-30', et par conséquent égal à $\dfrac{93}{2}$. Ce qui donnera

$$\alpha = \frac{93}{2} : 4 = \frac{93}{8} = 11° - 37' - 30'',$$

d'où
$$\frac{\alpha}{2} = 5° - 48' - 45'',$$

et la formule du n° 560 deviendra

$$\frac{\pi \alpha}{360 \sin. \frac{\alpha}{2}} = \frac{\frac{93}{8}\pi}{360 \sin. (5°-48'-45'')} =$$

$$= \frac{93 \pi}{2880 \sin. (5° - 48' - 45'')} = 1,0017.$$

Par conséquent, si l'on construit sur la figure 10 les normales parallèles aux rayons SB, SH et SD de la figure 7, l'arc d'ellipse Z″O″ sera remplacé par quatre arcs de cercle de 11°-37′-30″ chacun.

On fera la somme des quatre cordes, et l'on multipliera cette somme par 1,0017.

On pourrait craindre que la substitution de quatre arcs de cercle aux arcs d'ellipse correspondant Z″B, BH, HD et DO″, ne donnât lieu à une erreur sensible ; mais si l'on remarque que la différence entre la somme des arcs de cercle et la somme de leurs cordes n'est égale qu'à $\frac{17}{10000}$ ou $\frac{1}{588}$ de cette somme, on comprendra combien doit être faible la différence entre les quatre arcs d'ellipse et les arcs de cercle, à très-peu de chose près *osculateurs*, par lesquels on les a remplacés.

874. La différence entre la somme des quatre arcs de cercle et la somme de leurs cordes est si faible que, dans la pratique, on pourra négliger la multiplication par le facteur $\frac{\pi a}{360 \sin. \frac{a}{2}}$, et se contenter de rectifier le contour du polygone formé par les cordes.

En effet, si l'on suppose que la largeur d'un voussoir soit à peu près égale à *trois décimètres*, l'erreur que l'on fera en remplaçant l'arc correspondant de section droite par sa corde sera, pour chaque voussoir, inférieure à $0,3 \times 0,0017 = 0,00051$, ou à peu près *un demi-millimètre*, quantité tout à fait insignifiante si on la compare à l'épaisseur de la couche de mortier qui doit garnir le joint.

Pour décomposer l'arc d'ellipse Z″O″ en quatre arcs

de cercle semblables entre eux, on construira la développée GK, en opérant comme nous l'avons dit au n° 855, puis on tracera les normales parallèles aux rayons SB, SH et SD de la figure 7.

On obtiendra ainsi (*fig*. 10) les trois points B, H, D, que l'on peut d'ailleurs vérifier de la manière suivante : on tracera la corde O″F perpendiculaire au rayon SD de la figure 7, on déterminera le milieu I de la corde O″F, et l'on joindra le point I avec le centre C″ de l'ellipse par un rayon, dont l'extrémité D sera le point demandé.

On opérera de même pour obtenir ou pour vérifier les points H et B.

Quand l'arc de section droite Z‴O‴ sera rectifié (*fig*. 1), on y placera les pieds des génératrices en vérifiant bien exactement sur la figure 10 la longueur de l'arc l'ellipse compris entre chacun de ces points et celui des points Z″, B, D, H et O″ qui en est le plus rapproché.

875. On pourra, si l'on veut, commencer (*fig*. 10) par construire l'ellipse E″O″Z″ au moyen de ses axes; puis on rectifiera l'arc de section droite Z″O″, en opérant comme nous venons de le dire.

On divisera la droite Z‴O‴ (*fig*. 1) en parties égales, ce qui donnera les pieds des génératrices, que l'on reportera successivement sur l'arc d'ellipse Z″O″ (*fig*. 10) sur la droite XZ (*fig*. 9), et de là (*fig*. 8) sur l'arc de tête Z′X′ qui, dans ce cas, sera partagé par ces points en parties inégales.

Si l'on avait établi les pieds des génératrices à des distances égales sur l'arc de tête X′Z′ (*fig*. 8), les projections de ces points seraient inégalement espacées sur la section droite Z″O″ (*fig*. 10) et sur le développement (*fi*. 1).

Or, cette dernière figure étant la plus importante, il vaut mieux que les distances des génératrices soient égales sur la section droite rectifiée $X'''Z'''$ (*fig*. 1), et par conséquent sur l'arc d'ellipse $Z''O''$ (*fig*. 10).

Au surplus, quel que soit l'ordre suivant lequel on croira devoir exécuter ces diverses opérations, il faut vérifier avec beaucoup d'attention les points suivant lesquels les génératrices du cylindre rencontrent l'arc de cercle $X'Z'$ (*fig*. 8), l'arc d'ellipse $Z''O''$ (*fig*. 10), et le développement $Z'''O'''$ de cette dernière courbe (*fig*. 1).

876. Quand on aura établi les génératrices du cylindre sur le développement (*fig*. 1), on divisera la corde $Z''X''$ en autant de parties égales que l'on voudra obtenir de voussoirs sur l'arc de tête.

On déterminera la direction des hélices développées en opérant comme au n° 585, et l'on construira les projections de ces hélices sur les figures 9 et 8 (574 et 595).

877. Je crois devoir rappeler ici que l'on donne le nom d'hélice à la courbe qui, sur un cylindre, coupe toutes les génératrices suivant un angle constant; d'où résulte nécessairement, pour cette courbe, la propriété de se transformer en ligne droite sur le développement du cylindre.

La seule différence, c'est que les courbes développées (*fig*. 1) et projetées sur les figures 9 et 8, sont des hélices à *base elliptique*, tandis que toutes les hélices qui nous ont occupé jusqu'à présent étaient à *base circulaire*.

Quoique les hélices de l'exemple actuel ne soient pas à base circulaire et qu'elles n'aient pas la même courbure dans toute leur étendue, elles n'en sont pas moins identiques; car on pourrait les considérer comme les différentes positions qui seraient successivement occupées par l'une d'elles si on la faisait glisser sur la surface du cylindre d'intrados, de manière que chaque point se meuve toujours sur la même génératrice. C'est pourquoi on pourra construire leurs projections sur les figures 9 et 8, avec des patrons ou pistolets, dont l'un, découpé sur la projection (*fig.* 9), servira pour construire toutes les projections horizontales; tandis qu'un second patron suffira pour tracer toutes les projections verticales (*fig.* 8).

878. Les deux plans verticaux P_2 et P_3 parallèles au plan P de la tête, détermineront les faces postérieures des voussoirs; et les arêtes de ces joints, projetées (*fig.* 8), feront partie des deux arcs de cercle M_2M_2 et M_3M_3 égaux à l'arc X'Z'.

Les centres A_2 et A_3 de ces deux arcs seront déterminés par les points a_2 et a_3 suivant lesquels l'axe de la voûte est coupé par les deux plans verticaux P_2 et P_3.

Les deux arcs de cercle M_2M_2 et M_3M_3 de la figure 8 remplacent les arcs d'ellipse M_2M_2 et M_3M_3 de la planche précédente (*fig.* 7).

Les arcs de cercle M_2M_2 et M_3M_3 (*fig.* 8) coupent les projections verticales des hélices d'intrados, suivant des points S,R et V,U, par chacun desquels on tracera une droite parallèle à la coupe de joint correspondante D*d* ou A*a*, ce qui complétera les projections verticales des joints latéraux.

879. Ces joints ne seront pas continus comme dans l'exemple précédent. Pour éviter les angles aigus avec le plan de tête, on brisera le joint latéral comme nous l'avons fait pour le pont que nous avons étudié sur la planche 74.

C'est-à-dire que pour la partie comprise entre les deux plans LQ et XZ, le joint sera perpendiculaire au plan de tête et sera déterminé par la normale à l'arc X'Z', tandis que, pour la voûte, le joint contiendra cette normale et la corde de l'arc d'hélice correspondante.

L'arête d'intrados sera par conséquent une ligne brisée, formée en partie par la droite génératrice de la voussure qui doit former la corne de vache, et par l'arc *d'ellipse* provenant de la section de la voûte par le plan de joint correspondant.

Ces joints brisés augmentent, il est vrai, les difficultés de la pose; mais, d'un autre côté, ils contribuent à l'enchevêtrement des voussoirs et s'opposent, par conséquent, à leur glissement sur les lits.

C'est un nouvel exemple de ce que j'ai dit tant de fois que, dans une construction oblique, on ne peut presque jamais éviter un inconvénient que par un autre; mais je crois que, dans les circonstances actuelles, les joints brisés sont préférables aux angles aigus qui auraient lieu si les joints latéraux des voussoirs étaient prolongés jusqu'au plan de tête.

880. **Corne de vache.** — Les raisons qui nous ont empêché (719) d'employer une surface conique pour douelle de la corne de vache que nous avons étudiée sur la planche 74, n'existent plus ici, et nous pouvons sans inconvénient, dans le cas actuel, adopter pour cette voussure un cône circulaire dont le sommet sera projeté en C' sur le plan vertical de la figure 8.

Les projections verticales des génératrices du cône se confondront avec les normales formées par le prolongement des rayons de l'arc X'Z'.

Les perpendiculaires abaissées par les points suivant lesquels ces rayons coupent les deux cercles concentriques X'Z' et L'Q' de la figure 8, détermineront les projections horizontales des points correspondants sur les deux droites parallèles XZ et LQ (*fig.* 9), et par suite les projections horizontales des droites génératrices du cône qui forme la douelle de la corne de vache.

Si l'on a bien opéré, toutes ces génératrices du cône doivent concourir vers le sommet, dont la projection horizontale serait située au-dessus du cadre et sur le prolongement de la droite UC, suivant laquelle se projette l'axe de la surface conique.

La droite ZX (*fig.* 9) est située un peu en dehors de la surface du cône dont nous venons de parler. En théorie, cette droite devrait être remplacée par la portion de courbe X-28, qui fait partie de l'hyperbole 29-30-31, suivant laquelle la voussure conique est coupée par le plan horizontal de naissance L'Q'. Mais la différence qui existe entre la courbe X-28 et la droite XZ, est si faible, que l'on peut, sans inconvénient, remplacer la première de ces deux lignes par la seconde, et l'on évitera ainsi de briser la face verticale de la pile, suivant l'angle rentrant M_s-X-28.

La petite partie de surface conique 7-X-28 serait alors remplacée par un cône, qui aurait pour sommet le point X, pour directrice l'arc de cercle 7-L, 7'-L', et qui se raccorderait avec le grand cône de la voussure, puisque ces deux surfaces auraient le même plan tangent dans toute l'étendue de la génératrice commune 7-X.

881. Lorsque toutes les lignes d'appareil de la voûte, de la tête et de la corne de vache seront tracées sur les figures 8 et 9, on construira la figure 2, qui contient les faces supérieures de tous les voussoirs.

Tous les points de cette figure se déduiront de leurs projections sur la figure 8, en opérant comme nous l'avons dit au n° 861.

882. Enfin, on rabattra tous les panneaux de joints comme on le voit sur les figures 6 et 10.

Ces rabattements sur le plan P_3 qui contient les faces postérieures des voussoirs ont été obtenus par la méthode exposée au n° 865.

On n'a pas rabattu les faces de joint de la corne de vache, parce que cela n'est pas nécessaire.

883. Taille des voussoirs. — Supposons qu'il s'agit de la pierre désignée par le n° VII, sur les figures 8, 9, 1, 6 et 10.

On taillera :

1° ▬ Figure 4, le prisme $UsbU's'b'T'$, dont la base $U's'b'T'$ est égale au parallélogramme $UsbT$ qui enveloppe entièrement la projection verticale de la pierre VII (*fig.* 8), et dont la longueur UU' (*fig.* 4) est égale à la distance du plan de tête LQ (*fig.* 9) au plan vertical P_3 qui contient les faces postérieures des voussoirs de tête.

2° ▬ On appliquera le panneau VII de la figure 2 sur la face horizontale $sbb's'$ du prisme (*fig.* 4).

3° ▬ On appliquera le panneau $DdbaA$ de la figure 8 sur le plan vertical $U's'b'T'$ de la figure 4, et le panneau $SshvV$ de la figure 8 sur la face Usb de la figure 4.

4° ▬ Cela étant fait, on taillera les deux plans $M'd'dM$ et $MdsU$, qui forment les deux faces du joint brisé à droite du voussoir.

5° ▬ On abattra tout ce qui est indiqué sur la figure par une teinte de points, de manière à former d'abord les deux plans verticaux $a'c'ca$ et $achv$, sur lesquels on tracera les droites horizontales aa' et av; puis on taillera les deux plans inclinés $a'K'Ka$

et aKv, qui forment les faces du joint inférieur ou lit de pose du voussoir.

6° ▬▬ On tracera l'arc A′D′ du panneau VII, puis les droites D′D et A′A; la première D′D dans le plan d'M′Md, et la seconde A′A sur la face a'K′Ka.

7° ▬▬ En abattant toute la partie de pierre comprise entre les deux figures A′K′M′D′ et AKMD, on découvrira cette dernière face, et la pierre aura la forme qui est indiquée sur la figure 5.

8° ▬▬ On tracera l'arc 13-14 sur le plan de tête (*fig.* 5); puis, en faisant glisser une règle sur cette courbe et sur l'arc AD, on taillera la surface conique A-13-14-D, qui doit former la douelle de la corne de vache (*fig.* 12).

9° ▬▬ Enfin, en détruisant la masse AKMD-VUS, on taillera la douelle ADSV du berceau (*fig.* 13) en faisant mouvoir une règle dont les positions successives seront déterminées par les points de repère marqués sur les côtés courbes des panneaux de tête et de joints (*fig.* 9, 8 et 6).

884. Il n'est pas nécessaire, pour construire un pont biais, en maçonnerie, de déterminer sur l'épure les projections des surfaces normales, qui seront naturellement formées par les faces de têtes et de joints des briques ou moellons rectangulaires qui seront employés dans la construction de la voûte.

Il suffira, comme on le voit figure 3, de tracer sur le cintre les hélices destinées à régler la direction des lits, puis de gauchir un peu, pour chaque moellon, la face qui doit coïncider avec l'intrados de la voûte. Cette opération n'exige pas d'épure et se fait sur place en posant d'abord la pierre, afin de voir ce qu'on doit lui enlever pour que les quatre angles du voussoir coïncident avec la douelle, et dans les grands berceaux on peut souvent négliger cette opération.

La figure 3 est une perspective du pont vu en dessus.

L'une des deux arches A ne contient encore que les voussoirs de tête et une partie M de la voûte, tandis que la voûte de la seconde arche B est entièrement terminée.

Les voussoirs du côté de l'angle obtus H s'élèvent un peu au-dessus de l'extrados, tandis que, du côté de l'angle aigu K, ils sont en partie noyés dans la maçonnerie.

885. J'ai dit dans le chapitre précédent que c'est principalement aux inclinaisons en sens contraire des surfaces normales qu'il faut attribuer la torsion que l'on observe quelquefois au moment du décintrement des ponts biais.

On peut détruire en partie les causes de ce mouvement (838) en prenant pour joints transversaux des plans parallèles aux têtes du pont. Mais, pour une voûte en moellons ou en briques, cela augmenterait considérablement la main-d'œuvre, et par conséquent la dépense.

Or la déformation de la voûte ne pouvant être produite que par le glissement des voussoirs sur leurs joints de pose, il sera très-essentiel d'attendre pour décintrer, que les mortiers aient acquis une consistance suffisante.

CHAPITRE IV.

APPAREIL ORTHOGONAL.

886. Arêtes de joint. — Lorsque l'on étudie l'appareil d'une voûte il y a deux choses essentielles à considérer ; savoir :

1° —— *Les arêtes de joint.*

2° —— *Les surfaces de joint.*

S'il s'agissait d'un berceau droit ordinaire, dont les têtes seraient formées par des plans perpendiculaires à la direction du cylindre qui forme l'intrados de la voûte, il est évident que les arêtes de joint les plus convenables seraient les génératrices du cylindre et les sections droites.

Ces lignes se couperaient partout suivant des angles droits, et la surface de la douelle serait par conséquent décomposée en quadrilatères rectangles. Ensuite, les surfaces normales qui auraient ces lignes pour directrices seraient partout des plans ; c'est-à-dire que les joints continus seraient des plans contenant les génératrices du cylindre d'intrados et les joints transversaux seraient formés par les plans de sections droites de la voûte.

Mais nous avons dit au n° 530, pourquoi ces dernières surfaces ne pouvaient pas être employées comme joints dans la construction des ponts biais.

Dans l'appareil hélicoïdal les arêtes des joints continus sont formées par des hélices, perpendiculaires *à peu près* à la corde de la sinusoïde, suivant laquelle se développe l'arc de tête ; et les hélices qui forment les arêtes des joints transversaux étant perpendiculaires sur les arêtes des joints continus, sont *à peu près parallèles* à la corde de la sinusoïde et, par conséquent, ne sont pas parallèles à l'arc de tête.

Or, par les motifs que nous avons exposés au n° 837, on peut désirer de satisfaire à cette dernière condition, et si l'on veut que les arêtes de joint se rencontrent partout suivant des angles droits, il faut opérer de la manière suivante :

887. Nous supposerons, dans l'étude actuelle (*fig.* 5; *pl.* 81), que l'arc de tête est une demi-circonférence ; ce qui, par conséquent, donnera pour le berceau, une section droite elliptique (*fig.* 7).

Cette condition ne diminuera en rien la solidité de la voûte et facilitera la construction graphique des lignes d'appareil.

888. **Arêtes de joints transversaux.** — Ces lignes, devant être parallèles à l'arc de tête, seront, comme cette courbe, des demi-circonférences égales entre elles, dont les centres seront déterminés sur l'axe du berceau par les plans verticaux parallèles au plan de la tête.

Ce premier système d'arêtes étant adopté pour les

joints transversaux, il s'agit d'obtenir les arêtes de joints continus.

889. Trajectoire. — Concevons l'arc de tête partagé en autant de parties égales que l'on veut avoir de voussoirs, et supposons que tous les points de division se mettent en mouvement sur la surface du cylindre de manière que la courbe décrite par chacun d'eux rencontre partout, à angle droit, les arêtes des joints transversaux. On obtiendra, par ce moyen, un second système de lignes, qui, avec le premier, remplira les conditions les plus favorables pour former les arêtes d'intrados, puisque, comme les lignes de plus grande et de plus petite courbure, elles partageront toute la surface de la voûte en quadrilatères rectangles.

C'est en cela surtout que consiste le système que l'on nomme **appareil orthogonal**.

890. La construction des arêtes des joints continus est fort simple et dépend de ce principe de géométrie descriptive :

Que *la projection d'un angle droit, est un angle droit, lorsque l'un des côtés de cet angle est parallèle au plan de projection.*

Or la courbe cherchée, à laquelle on donne le nom de *trajectoire*, devant couper à angle droit toutes les sections parallèles aux têtes, doit par conséquent être partout perpendiculaire à la tangente au point de rencontre des deux courbes, et si l'on prend (*fig.* 2) un plan de projection parallèle à l'une des arêtes *vu*, des joints transversaux, la projection verticale *ab* de la trajectoire devra être perpendiculaire à la projection *mn* de la tangente, qui passe par le point de rencontre des deux lignes de joints.

Nous pouvons donc adopter la construction suivante :

891. Concevons (*fig.* 1) un cylindre horizontal, incliné comme on voudra par rapport au plan vertical de projection, et supposons que les sections par les plans parallèles aux têtes soient des cercles ou des arcs de cercles qui auraient pour centre les points 0, 1, 2, 3, etc., il s'agit de construire par le point *a*, la courbe qui couperait tous ces cercles à angle droit.

On tracera successivement les rayons *a-o*, *c-1*, *e-2*, *u-3*, et l'on ne conservera de ces rayons que les parties *ac*, *ce*, *eu*, ce qui donnera pour résultat la courbe *aceu*.....*x*.

Il résulte évidemment de cette opération que *ac* sera perpendiculaire sur la circonférence qui a son centre au point *o*; *ce*, sera perpendiculaire à celle qui a son centre au point 1, etc.; de sorte que la courbe composée de toutes ces petites droites, sera sensiblement perpendiculaire à tous les cercles donnés.

892. La construction précédente n'est pas d'une exactitude absolue. En effet, dans toute solution graphique, comme dans le calcul, on admet une certaine limite en deçà de laquelle les erreurs d'approximation sont insignifiantes et peuvent être négligées sans inconvénient; mais il faut éviter, autant que possible, que ces erreurs soient dans le même sens, et surtout qu'elles soient de nature à s'ajouter. Or c'est précisément ce qui a lieu ici.

En effet, la partie *ac* ne doit pas être une droite, mais une portion de courbe qui coupe à angle droit, non-seulement le premier cercle, mais encore le second, d'où il résulte que le point *c* est un peu trop bas. Or l'erreur qui existe dans la position du point *c*, se combinera avec l'erreur dans le même sens qui résulte de ce que *ce* est une droite perpendiculaire seulement au second cercle, au lieu d'être une partie de courbe perpendiculaire en même temps au deuxième et au troisième. Enfin, ces deux erreurs se combineront avec la troisième, et ainsi de suite, de sorte que la position du dernier point dépendra de la combinaison de toutes les erreurs précédentes.

893. Les erreurs dont nous venons de parler peuvent être réduites autant que l'on voudra, de plusieurs manières. En effet, nous venons de voir que les points c, e, u, sont tous un peu trop bas. Or, si l'on traçait successivement a-1, c'-2, e'-3, etc., on obtiendrait une seconde courbe $ac'e'u'\ldots x'$, dans laquelle les points c', e', u', x' seraient un peu trop haut. De sorte qu'une courbe qui partant du point a, passerait par les milieux des petits arcs cc', ee', uu', xx', etc., serait très-près de satisfaire aux conditions demandées.

894. Il est d'ailleurs évident que la courbe cherchée est la limite avec laquelle doivent coïncider les polygones ax, ax', lorsque le nombre de leurs côtés devient infini; d'où il résulte qu'en augmentant le nombre des cercles donnés, on approchera de l'exactitude autant que l'on voudra.

Ainsi, par exemple, les arcs cc', ee', etc., étant toujours plus grands que les erreurs commises dans la position des points de la courbe cherchée, on pourra, en augmentant le nombre des cercles donnés, réduire ces erreurs au-dessous de telle quantité que l'on voudra. Enfin, on peut opérer de la manière suivante : on tracera successivement a'''-6, c''-7, e''-8, etc.; les points 6, 7, 8 étant pris à égale distance des points 0, 1, 2, 3, 4,

895. Si l'on pensait qu'il fût nécessaire de pousser l'exactitude au delà de ce que l'on peut obtenir par une construction graphique exécutée avec soin, il faudrait avoir recours au calcul, et, dans ce cas, je renverrais au mémoire dans lequel M. Lefort a donné l'équation de la trajectoire demandée (*Annales des ponts et chaussées*, mai et juin 1839).

896. La première publication de cette méthode est donc due à cet ingénieur, et voici dans quelles circonstances je fus conduit à m'occuper de la même question :

Quelques-uns des appareilleurs employés à la construction des ponts biais du chemin de fer de Versailles vinrent me trouver, pensant que je pourrais leur donner quelques explications sur le travail dont ils étaient chargés et qu'ils ne comprenaient pas bien.

Je n'avais pas l'honneur de connaître M. Lefort, et j'aurais craint de commettre une indiscrétion en lui demandant une solution qui était sa propriété. Ensuite, quand j'aurais connu alors le mémoire inséré en 1839 dans les *Annales des ponts*, je n'aurais pas pu le faire comprendre à des ouvriers entièrement étrangers au langage algébrique. J'ai donc dû chercher à résoudre la même question par la géométrie descriptive. Je ne crois pas d'ailleurs qu'il soit bien nécessaire d'employer l'algèbre supérieure pour construire une courbe que l'on peut obtenir si facilement avec le compas, et de calculer à moins d'un *millimètre* des ordonnées que, dans la pratique, on est souvent obligé d'augmenter ou de raccourcir de plusieurs *décimètres*, si l'on veut raccorder la courbe avec les joints des voussoirs des têtes. L'exactitude extrême que l'on cherche à obtenir par le calcul est d'ailleurs inutile dans le cas actuel, car la solidité d'une voûte dépend moins du tracé rigoureusement théorique des lignes d'appareil que du choix des surfaces de joint sur lesquelles agissent les pressions, et c'est précisément la partie du problème qui ne me paraît pas encore suffisamment étudiée.

897. Il résulte des opérations par lesquelles nous avons obtenu la trajectoire (*fig.* 1, 5 et 6), que toutes les trajectoires sont identiques. De sorte que l'une d'elles étant obtenue, il suffira de la faire avancer ou reculer pour avoir toutes les autres.

Ainsi, par exemple, quand on aura construit la trajectoire *ax* (*fig.* 5), il suffira de faire avancer chaque point d'une quantité *aa'*, pour obtenir la trajectoire *a'x'*.

898. Si l'on veut obtenir une tangente en un point *e* de la courbe, il suffit de prolonger le rayon *te* de la demi-circonférence qui contient ce point.

899. **Construction des surfaces normales.** — La droite qui touche en *u* le cercle *cao* (*fig.* 5) est parallèle au plan vertical de projection et sera par conséquent parallèle à la trace verticale du plan tangent, d'où il résulte que le rayon *vu* sera la projection verticale de la normale au point *u*.

La projection horizontale *vu* de cette même normale (*fig.* 6) sera perpendiculaire à la droite *hk* qui est évidemment parallèle à la trace horizontale du plan tangent.

Il sera donc facile de construire autant de normales que l'on voudra par tous les points des deux courbes *cao*, *xaz*.

Ces normales étant projetées (*fig.* 7) sur le plan de la section droite, on les prolongera jusqu'à la courbe *psq*, qui est la trace du cylindre formant l'extrados de la voûte.

Ainsi, le point *n''* projeté en *n* (*fig.* 6 et 5) appartient à la courbe *ysg*, suivant laquelle le cylindre d'extrados est rencontré par la surface normale qui a pour directrice le demi-cercle *cao*. On construira de la même manière tous les points de la courbe *msr*, provenant de l'intersection de l'extrados par la surface normale, qui a pour directrice la trajectoire *xaz*.

900. On remarquera que les deux points u, u' (*fig.* 5 et 6) étant à la même hauteur, les normales passant par ces points auront une projection commune sur la figure 7, de sorte que les points n, n' étant aussi à la même hauteur, ils pourront être déterminés par une seule opération, ce qui permettra de construire en même temps les deux courbes *ysg*, *msr*.

901. La projection verticale de la courbe *msr* fait un anneau tandis que la projection de la trajectoire *xaz* doit avoir un point de rebroussement en *a*.

902. La figure 8 contient les développements des deux cylindres d'intrados et d'extrados.

La courbe $a'''z''$ est le développement de la trajectoire. Il sera nécessaire que ce développement soit construit avec exactitude, et pour cela on devra s'assurer que tous les points projetés sur le plan de la section droite (*fig.* 7) sont bien à la même hauteur que les projections des mêmes points sur la figure 5.

903. **Applications.** — Nous n'essayerons pas d'appliquer les principes précédents à la construction d'un pont dont la voûte serait construite entièrement en pierres d'appareil.

En effet, par suite de la forme elliptique du berceau, les courbures de la douelle, des arêtes et des surfaces de joint seraient variables, non-seulement d'une pierre à l'autre, mais encore dans l'étendue d'une même pierre ; ce qui exigerait une épure particulière pour chacune d'elles, sans compter les difficultés que l'on éprouverait pour donner à la taille et à la pose une précision convenable.

C'est pourquoi, pour une voûte en pierres taillées, il vaut mieux, comme nous l'avons dit au n° 868, faire un *berceau circulaire* et employer l'appareil hélicoïdal. Mais, lorsqu'il s'agit d'un pont dont la voûte est en maçonnerie et dont la tête seule est en pierres de taille, l'appareil orthogonal peut quelquefois être employé avec avantage.

Nous allons étudier un exemple de ce genre de pont.

904. **Pont en maçonnerie.** *Appareil orthogonal.*—Pour tailler les voussoirs de tête d'une voûte en maçonnerie (*fig.* 2, *pl.* 82), M. Lefort conseille « d'employer une » équerre à trois branches, formant un angle trièdre, » dans lequel un des côtés en ligne droite répondra à la » direction des génératrices du cylindre; un autre, formé » d'une portion d'arc du cercle de tête, *fera avec le premier un angle égal au biais du pont*, et le troisième sera » perpendiculaire aux deux autres. »

M. Lefort dit bien que *l'on pourra employer* le beuveau ou équerre dont il donne la description; mais il ne dit pas qu'il en ait fait usage.

Or, il est évident qu'il n'aurait pas pu employer un pareil beuveau, parce que l'angle que la génératrice fait avec l'arc de tête n'est pas constant comme cet ingénieur l'a supposé, mais que cet angle n'est égal au biais du pont que pour le point le plus élevé de l'arc de tête et qu'il augmente depuis ce point jusqu'à la naissance, où il devient un angle droit, puisqu'à ce point, la génératrice horizontale du cylindre est perpendiculaire à l'arête verticale de la pile et par conséquent à l'arc de tête.

905. Joints plans. — On peut facilement remarquer, en examinant la figure 2, qu'au point x de l'arc de tête la normale à cette courbe et la tangente à la trajectoire correspondante ont la même projection verticale, d'où il résulte que la partie de surface normale déterminée par le petit arc de trajectoire qui forme l'arête de joint du voussoir, diffère très-peu d'un plan qui serait perpendiculaire à l'arc de tête, et par conséquent au plan qui contient cet arc. On en conclura de suite qu'il est inutile d'employer des surfaces réglées pour les joints des voussoirs de tête et que le peu d'étendue de ces surfaces permettra de les remplacer par des faces planes perpendiculaires au plan de tête, en ajoutant cette condition, que les plans de joints de la tête A (*fig.* 6) contiendront le centre du cercle co, et seront par conséquent perpendiculaires à cette arête, tandis que les joints de la tête A' devront contenir le centre du cercle $c'o'$.

Il est évident que cela revient à considérer les deux têtes comme deux petits berceaux indépendants l'un de l'autre et appareillés suivant le principe du n° 534.

906. L'inclinaison plus sensible des hélices sur l'arc de tête ne permet pas d'employer cette solution dans l'appareil hélicoïdal (844 et 868).

907. **Taille des voussoirs de tête.** — Si l'on taille la face postérieure du voussoir suivant un plan parallèle à la face de tête (842), le reste ne présentera aucune difficulté. En effet,

1° ——— On appliquera le panneau $acvu$ de la figure 2 sur le plan de tête et sur le plan de la face postérieure et l'on taillera la pierre (*fig.* 1) en opérant comme s'il s'agissait d'une voûte droite.

2° ▬▬ On découpera sur la figure 2 le panneau $aczx$, que l'on reportera sur le plan de tête ; ce qui déterminera les deux points z et x, que l'on joindra avec les points u et v par des droites zu et xv, tracées sur les plans de joint taillés précédemment.

3° ▬▬ On taillera la surface cylindrique de la douelle (*fig.* 5) en faisant glisser une règle sur les courbes zx, vu, et sur les droites zu et xv, qui remplacent ici les arcs correspondants de la trajectoire.

On pourrait remplacer les deux droites zu et xv par les arcs d'ellipse suivant lesquels le cylindre de douelle est coupé par les plans de joint ; mais, dans l'étendue d'un voussoir, la courbure de ces lignes est insensible et peut souvent être négligée sans inconvénient.

908. Pour construire la partie du berceau qui est en maçonnerie, on couvrira les couchis du cintre (*fig.* 7) par une aire en plâtre sur laquelle on tracera toutes les trajectoires.

Ces courbes serviront à régler la pose des moellons dont il faudra faire varier l'épaisseur proportionnellement à l'écartement des lignes de joints. Tous ces moellons, taillés d'avance, porteront une lettre indiquant l'assise et un numéro désignant la place de chacun suivant son rang.

909. La différence d'épaisseur entre les deux têtes de chaque moellon étant peu sensible, on pourra leur conserver la forme du parallélipipède rectangle, ce qui diminuera beaucoup la main-d'œuvre.

910. Pour tracer les trajectoires sur le cintre on emploiera les panneaux de développement de la figure 3.

On n'a pas développé toutes les trajectoires, parce que ces courbes étant identiques, il suffit d'en avoir une seule.

Pour obtenir toutes les parties nécessaires au tracé de la voûte, il a fallu développer une trajectoire depuis le point où elle coupe la génératrice la plus élevée du berceau jusqu'à l'extrémité de la ligne de joint, qui approche le plus du plan de naissance.

Ce développement se compose de quatre parties ab, $b'c$, $c'd$, $d'e$, qui, placées à la suite les unes des autres, formeraient la courbe entière.

Pour construire toutes ces parties de la trajectoire, il a suffi, dans l'exemple qui nous occupe, de développer, en partant des naissances, les première, deuxième, cinquième et douzième lignes de joints.

En général, dans la construction de ces développements, il faudra que le point le plus bas de chaque partie de courbe soit à la même hauteur que le point le plus élevé de la courbe précédente; ainsi, par exemple, les points b et b' (fig. 3) doivent être situés sur la même génératrice du berceau. Il en est de même des points c et c', d et d'.

Il est inutile d'ajouter que ces développements serviront pour les deux côtés de la voûte et qu'il suffira de les retourner.

Pour tracer ces courbes sur le cintre, il sera nécessaire d'y établir d'abord les génératrices du cylindre et de numéroter les points de repère sur ces lignes et sur les panneaux de la figure 3; au moyen de cette précaution la courbe ab pourra servir à tracer toutes les portions de trajectoires comprises entre les génératrices aa' et bb'.

Il suffira, pour passer d'une trajectoire à l'autre, de faire glisser le patron horizontalement d'une quantité égale à la distance 1-1, qui représente la portion de génératrice comprise entre deux trajectoires consécutives.

Ainsi, par exemple (*fig.* 3), le même arc 2-3 servira pour tracer tous les arcs 2'-3', 2"-3", etc., compris entre les mêmes génératrices 2-2, 3-3.

La courbe b'-c servira pour tracer toutes les parties de trajectoires comprises entre les génératrices b-b', c-c', et ainsi de suite jusqu'aux naissances.

911. **Berceau circulaire.** — Dans les exemples qui précèdent, les sections de la voûte par des plans parallèles aux têtes, étaient des cercles. Mais dans le cas d'un berceau circulaire, ces courbes seront des ellipses, et la seule différence qui en résultera c'est que la normale mn (*fig.* 1, *pl.* 83), au lieu d'être dirigée vers le centre de chaque section, devra partager en deux parties égales l'angle FaF' formé par les rayons vecteurs.

912. Si le premier système de lignes de joints se composait de courbes non définies, mais cependant parallèles à un même plan, on pourrait obtenir la trajectoire en opérant de la manière suivante.

On admettrait d'abord, que si les points c,o (*fig.* 10) sont situés à égale distance du point a, la droite mn, menée par ce dernier point perpendiculairement à la corde co, pourra sans inconvénient être considérée comme une normale à la courbe cao.

913. D'après cela, étant données (*fig.* 4) les courbes 1,2,3,4, que nous supposons toutes parallèles au plan vertical de projection.

On tracera successivement les droites a-c perpendiculaires sur la corde mn et par conséquent sur la première courbe; c-e perpendiculaire sur la deuxième courbe; e-u

perpendiculaire sur la troisième, et ainsi de suite, ce qui donnera le polygone *aceu* pour la projection verticale de la courbe cherchée.

En effet, les droites *ae,ce,eu*, peuvent être considérées comme les traces verticales d'un plan mobile qui serait successivement perpendiculaire aux courbes 1,2,3,4, sans cesser d'être perpendiculaire au plan vertical de projection; de sorte que chacune des droites *ac, ce, eu*, sera la projection d'une petite partie de la trajectoire.

Il résulte évidemment de la construction précédente que les points *c,e,u*, sont tous un peu trop bas (892); et si l'on veut obtenir plus d'exactitude, on n'admettra la courbe *aeu* que comme une première approximation, et l'on tracera successivement la droite *a-c'* perpendiculaire sur la corde *m'n'* et par conséquent sur la deuxième courbe; *c'-e'* perpendiculaire sur la troisième courbe; *e'-u'* sur la quatrième, ce qui donnera une seconde courbe d'approximation *ac'e'u'*, dans laquelle les points *c'*, *e'*, *u'* seront un peu trop élevés.

Or, les deux polygones *aceu*, *ac'e'u'*, pouvant être considérés comme des limites entre lesquelles la courbe cherchée doit être nécessairement comprise, il est évident que l'on pourra s'approcher de cette ligne autant que l'on voudra :

1° En augmentant le nombre des courbes qui doivent être traversée à l'angle droit par la trajectoire;

2° En prenant pour résultat la courbe qui passerait par les milieux des arcs *cc'*, *ee'*, *uu'*.

914. Appareil orthogonal convergent. — Nous avons supposé jusqu'ici que toutes les lignes de joint du premier système étaient parallèles à un même plan. Mais la nature de la question proposée peut engager à introduire des dispositions différentes. Supposons, en effet, que l'on ait un berceau d'une grande longueur terminé par des têtes biaises. Si on adoptait pour toute la longueur du berceau des joints transversaux parallèles aux têtes, et si l'on faisait, comme dans l'exemple précédent, passer les trajectoires par les points qui diviseraient en parties égales la section faite à égale distance des deux extrémités du berceau, il y aurait trop d'inégalité entre les hauteurs des assises qui seraient voisines des plans de tête.

915. On évitera cet inconvénient en partageant la voûte en trois parties par les deux plans verticaux voc, $v'c'o'$ (fig. 3, 8, 2 et 7).

La partie du milieu serait appareillée comme un berceau ordinaire, et dans les autres parties on prendrait pour arêtes des joints discontinus, les sections de la voûte par les plans qui contiennent les deux verticales projetées en c et c', et qui résultent de l'intersection des plans des têtes par les deux plans verticaux co, $c'o'$.

Les trajectoires, dans ce cas, seront un peu plus difficiles à obtenir, et le travail sera augmenté, surtout par cette circonstance que ces courbes ne sont pas identiques comme celles du n° 897, de sorte que les opérations qui auront été faites pour déterminer l'une d'elles devront être recommencées pour chacune des autres.

916. **Construction des trajectoires.** — Je rappellerai d'abord que si une ellipse $o'a'c'$ (fig. 16) est inclinée par rapport au plan vertical de manière que sa projection sur ce plan soit un cercle cao, la tangente à l'ellipse se projettera par une tangente au cercle, de sorte que si par le point a on construit un plan perpendiculaire à la courbe, la trace horizontale pq sera perpendiculaire sur

la projection $c'o'$ de l'ellipse, tandis que la trace verticale qv sera parallèle au rayon an.

Il est essentiel de remarquer que le point n' de la trace horizontale du plan pqv doit toujours se trouver sur la droite nn', quelles que soient l'inclinaison de l'ellipse $c'o'$ et la position du point aa' sur cette ellipse.

917. Supposons actuellement (*fig.* 13) que les droites c'-1, c''-2, c'''-3, soient les projections horizontales de plusieurs ellipses situées sur la surface d'un cylindre perpendiculaire au plan vertical de projection, et qui aurait pour section droite la demi-circonférence $ca^{iv}o$.

La construction d'une trajectoire revient à faire mouvoir un plan de manière qu'il coupe successivement à angles droits toutes les ellipses dont nous venons de parler; or le plan qui passera par le point a et qui sera perpendiculaire au cercle c-o, aura pour traces les deux droites an, nn, et coupera l'ellipse c'-1 en un point dont les projections seront a', a'.

Si nous concevons par ce point un plan perpendiculaire à la tangente $a't'$, et par conséquent à l'ellipse c'-1, il aura pour trace horizontale la droite $p'q'$, et sa trace verticale sera parallèle au rayon an. Cette trace n'a pas été conservée parce qu'elle n'est pas nécessaire aux opérations suivantes.

L'horizontale menée par le point a' dans le plan $p'q'$ perce le plan vertical c''-2 en un point u'.

De plus le point s', intersection des traces horizontales $p'q'$, c''-2, étant projeté sur la droite co, on tracera $u's'$, qui est l'intersection des deux plans $p'q'$, c''-2; cette opération déterminera le point a'' suivant lequel l'ellipse c''-2 est coupée par le plan $p'q'$ mené par le point a' perpendiculairement à l'ellipse c'-1.

Le plan $p''q''$ mené par a'' perpendiculairement à l'ellipse c''-2 coupera l'ellipse c'''-3 en un point a'''; le plan $p'''q'''$ mené par a''' perpendiculairement à l'ellipse c'''-3 coupera l'ellipse c''-4 en un point a^{iv}; ainsi on tracera :

1° —— La droite $a''n''$ parallèle au plan vertical de projection, ce qui donnera n'' ;

2° —— $p''q''$ trace horizontale du plan passant par le point a'' et perpendiculaire à l'ellipse c''-2 ;

3° —— L'horizontale $a''u''$ passant par le point a'' et située dans le plan $p''q''$;

4° —— Les deux verticales $u''u^v$, $s''s''$.

Enfin, la droite $s''u''$ sera l'intersection des plans c'''-3, $p''q''$. Cette dernière opération déterminera le point a''', suivant lequel l'ellipse c'''-3 est coupée par le plan $p''q''$ perpendiculaire à l'ellipse c''-2.

Et ainsi de suite pour obtenir les points a^{iv}, a^{v}, etc.

918. Au lieu de chercher les deux projections de la trajectoire, il sera plus simple de commencer par construire cette courbe sur le développement du cylindre.

Il suffit d'admettre comme évident que toutes les lignes qui se coupent à angle droit sur la surface du cylindre doivent aussi se couper à angle droit dans le développement.

Ainsi on construira (*fig.* 17) le développement de la partie biaise du berceau, et l'on tracera en même temps, avec beaucoup de soin, le développement des ellipses c'-1, c''-2, c'''-3.

Cela étant fait, si on veut obtenir sur le développement la trajectoire qui contient le point a, on pourra opérer comme nous allons le dire.

La droite aa', perpendiculaire sur co, sera prise pour une première partie de la trajectoire et déterminera le point a', que l'on projettera sur les deux figures 12 et 13.

On tracera ensuite sur la figure 12 la projection verticale de la tangente $a't'$, et l'on construira cette tangente sur le développement (fig. 17), en observant qu'elle doit être l'hypoténuse d'un triangle rectangle $a't'm'$, dans lequel un des côtés $a'm'$ serait égal à la projection verticale de la tangente (fig. 12), tandis que $t'm'$, le second côté de l'angle droit, est égal à $t'm'$, différence des distances des points t' et m' au plan de la section droite co (fig. 13).

La tangente $t'a'$ étant construite sur la figure 17, la droite $a'a''$, perpendiculaire à cette tangente, sera la deuxième partie de la trajectoire, ce qui déterminera le point a'' que l'on projettera sur les figures 12 et 13.

Ensuite on tracera :

1° —— La projection verticale de la tangente $a''t''$ (fig. 12).

2° —— Cette même tangente, dans le développement (fig. 17), en faisant

$$a''m'' \text{ (fig. 17)} = a''t'' \text{ (fig. 12)},$$

et

$$t''m'' \text{ (fig. 17)} = t''m'' \text{ (fig. 13)};$$

3° —— La droite $a''a'''$ perpendiculaire sur $a''t''$ déterminera a''', que l'on reportera sur les figures 12 et 13; ainsi de suite pour tous les autres points.

Je n'ai pas besoin de rappeler qu'on obtiendra plus d'exactitude en augmentant le nombre des courbes qui doivent être traversées à angle droit par la trajectoire; et si dans les figures 13 et 17 on a laissé beaucoup d'espace entre ces lignes, c'était uniquement pour éviter la confusion et rendre plus claire la démonstration du principe.

La position des points t', t'', t''' (*fig.* 12) étant arbitraire, si on les prend de préférence sur la développante du cercle $ca^{iv}o$, il en résultera que dans le développement (*fig.* 17), ces mêmes points seront sur une droite tt''' perpendiculaire à co.

On remarquera encore que les arcs aa'', aa''', aa^{iv} (*fig.* 12) doivent être égaux, dans le développement, aux droites aa'', aa''', aa^{iv} (*fig.* 17).

Enfin, on pourrait encore tracer très-promptement les trajectoires sur le développement du cylindre, en opérant comme nous l'avons dit au n° 913, ce qui donnera en pratique une exactitude suffisante.

919. On a vu (908) que pour construire un berceau en moellons, il n'est pas nécessaire d'avoir la projection de la trajectoire sur le plan des têtes, et qu'il suffit de construire (*fig.* 14 et 15) le développement de ces courbes.

Quant aux têtes du berceau, on les rabattra comme nous l'avons fait (*fig.* 6 et 9).

On pourra aussi les appareiller comme nous l'avons dit au n° 905, et sans avoir égard à la longueur de la voûte.

La figure 5 indique le raccordement d'un berceau annulaire terminé par deux parties de berceau à tête biaise.

920. Si l'on jette un coup d'œil sur la figure 2, planche 82, et sur les figures 2 et 6, planche 83, on remarquera que les trajectoires ne viennent pas aboutir exactement aux angles des voussoirs de tête; de sorte que les joints de ces voussoirs et les joints de la voûte ne formeront pas des surfaces continues.

Cette irrégularité est inévitable dans le système d'appareil que nous venons d'exposer, et l'on conçoit facilement qu'il n'en peut résulter aucune diminution dans la solidité de la voûte.

Les crochets dont nous venons de parler n'existent pas lorsque l'on emploie l'appareil hélicoïdal, parce que, dans ce système, les hélices développées sont parallèles et équidistantes ; ce qui permet de les faire coïncider avec les arêtes de joint des voussoirs de tête.

Dans tous les cas, il est très-probable que parmi les nombreux voyageurs qui parcourent un chemin de fer, il ne s'en trouvera pas un qui remarquera le petit ressaut que l'arête du joint longitudinal fait avec l'arête de douelle du voussoir de tête.

Cependant, pour satisfaire les esprits difficiles, qui s'attachent plus aux détails, souvent insignifiants, qu'aux conditions essentielles, quelques ingénieurs croient devoir modifier les trajectoires, afin de les faire aboutir aux angles des voussoirs de tête. Mais il est évident que ce déplacement de la courbe altère d'une manière très-sensible les ordonnées que l'on compte ordinairement à partir de l'arc de tête, et que, par conséquent, il n'est pas absolument nécessaire, comme je l'ai déjà dit, de calculer ces ordonnées avec un degré d'exactitude que l'on néglige ainsi dans l'application.

921. Parmi les modifications que l'on peut faire subir aux trajectoires, il en est une qui ne peut manquer d'être inspirée par la simple vue de ces courbes sur le développement du cylindre d'intrados (*fig.* 14 ou 17); elle consiste à considérer comme droites les arêtes de douelle des voussoirs de tête et à remplacer les trajectoires qui résultent de la théorie précédente par des courbes tangentes aux droites qui forment ces arêtes.

Ainsi, par exemple, supposons que les courbes AB, A'B' (*fig.* 11), soient les deux sinusoïdes suivant lesquelles se développent les arcs de tête d'un pont biais; il s'agit de remplacer la trajectoire théorique du point C par une ligne CU qui en diffère le moins possible et qui coïncide en U avec l'angle de l'un des voussoirs de la tête A'B'.

On tracera CN et UN perpendiculaires sur les courbes AB et A'B', et la question sera réduite à trouver une courbe tangente aux points C et U des droites CN et NU.

922. On peut obtenir ce résultat par une courbe *à deux centres*, que l'on construira comme nous l'avons dit au n° 483 du Traité actuel, ou par une courbe du *second degré*, dont on déterminera le centre et les axes, en opérant comme au n° 484.

Ainsi, dans le cas actuel, on tracera :

1° —— UO perpendiculaire sur UN ;

2° —— CP perpendiculaire sur UO ;

3° —— NQ perpendiculaire sur CP ;

4° —— QV parallèle à CN ;

5° —— On joindra le point V avec P ;

6° —— Enfin, NO parallèle à VP déterminera le centre O et l'un des axes OU de la courbe du second degré, qui satisfait aux conditions demandées.

Connaissant le centre, l'un des axes OU et un point C de la courbe, il est facile de la construire.

J'ai fait voir, au n° 484, que si on a $CQ < QP$ on obtiendra un arc d'ellipse ;

Lorsque CQ sera plus grand que QP on obtiendra un arc d'hyperbole; et

Lorsque CQ = QP on a un arc de parabole;

Enfin, dans certains cas, on pourra obtenir un arc de cercle.

Sur la figure 17, la trajectoire théorique sera remplacée par une courbe du second degré, tangente aux points a^{IV} et a des droites KH et DH perpendiculaires sur la sinusoïde c^{IV}-4 et sur la section droite co du cylindre; en supposant, bien entendu, que le point a^{IV} est l'angle de l'un des voussoirs de tête, et que le point a appartient à l'arête de joint longitudinal, la plus proche de la trajectoire que l'on veut modifier.

923. M. Graeft, dans le 4ᵉ cahier des *Annales des ponts et chaussées*, 1852, a cru devoir consacrer une très-grande partie de son mémoire à la solution de la difficulté précédente.

Je crois que cet ingénieur s'est beaucoup exagéré l'importance de la question. Les crochets insignifiants, qu'il a voulu éviter, n'offrent aucun inconvénient pour la solidité de l'édifice et ne peuvent tarder à disparaître sous la couche de fumée produite par le passage de nombreuses locomotives; tandis que, si l'on adoptait les solutions proposées par M. Graeft, il faudrait renoncer à l'identité des trajectoires, ce qui est une des garanties les plus essentielles pour l'exactitude de l'épure, de la taille, et de la pose des voussoirs.

Il est d'ailleurs évident que pour faire coïncider ainsi les trajectoires avec les arêtes des voussoirs de la tête, il faudra relever un peu quelques courbes tandis que d'autres seront abaissées; ce qui détruirait la variation progressive de leur écartement; d'où il résulte que l'on n'aura fait que remplacer une irrégularité presque insensible d'appareil par une autre beaucoup plus évidente.

Je n'hésiterai donc pas à conserver les crochets dont nous venons de parler, ce qui, à mon avis, est préférable à l'altération des trajectoires.

924. Séparation de la voûte en zones indépendantes. — En donnant aux pieds-droits une résistance suffisante et supposant une exactitude de taille à laquelle il est impossible d'arriver dans les applications, une voûte pourrait, à la rigueur, être étudiée théoriquement de manière à résister aux forces constantes qui doivent agir sur elle. Mais l'équilibre que l'on serait parvenu à établir dans cette hypothèse serait immédiatement détruit par la force nouvelle, résultant du passage d'une voiture ou d'un train au-dessus de la voûte.

Il faut donc tâcher de combattre toutes les causes de rupture ou de déformation qui pourraient provenir, non-seulement du poids des matériaux qui composent la voûte, mais encore des fardeaux ou des chocs qu'elle est destinée à supporter.

Il faut encore ajouter le poids, quelquefois considérable, des terres dont la voûte est chargée. En effet, on doit distinguer le cas où un tunnel est percé dans un terrain dur et solide, de celui où la voûte est couverte par un remblai très-élevé. Il est certain que, dans cette dernière circonstance, la pression produite par le tassement des terres fraîchement remuées doit s'ajouter au poids des matériaux qui composent la voûte.

On doit encore prévoir les effets en sens contraire produits par le passage des trains s'il s'agit d'un chemin de fer, ou par celui des voitures si la voûte est construite au-dessous d'une route ordinaire.

Ainsi le tassement des terres, le passage des voitures ou la présence des fardeaux qui pourraient momentanément stationner au-dessus d'une voûte, changeront à chaque instant le rapport et la direction des forces qui agissent sur les diverses parties qui la composent, et tandis que quelques-unes de ces parties, pressées dans un sens, tendent à descendre, d'autres parties, repoussées en sens contraire, pourront remonter sur leurs lits.

Il est donc indispensable, lorsqu'une voûte est exposée à des pressions ou à des chocs dont la direction et l'intensité sont très-variables, que toutes ses parties soient liées entre elles assez solidement pour que le changement de direction dans les forces qui agissent sur elles ne puisse jamais faire glisser les pierres sur leurs joints ni les faire tourner autour des arêtes. Il faut enfin que l'on soit en droit de considérer la voûte comme ne formant qu'une seule pièce. Or, ce résultat ne peut être obtenu que par des mortiers ou armatures destinés à lier entre elles toutes les parties, ce qui nous conduit à étudier la question d'équilibre sous un autre point de vue.

925. Si le mortier pouvait acquérir de suite une consistance égale à celle des pierres, le choix de l'appareil deviendrait indifférent; et considérant la voûte comme formée d'un seul morceau, il suffirait de lui donner l'épaisseur convenable pour qu'elle puisse, sans se rompre, résister au maximum des pressions qui doivent agir sur elle.

Mais il n'en est pas ainsi; au moment du décintrement, quelques joints se resserrent par en bas, tandis que d'autres, au contraire, se resserrent par en haut, et la voûte prend une forme un peu différente de celle qui lui était destinée par le tracé de l'épure.

Or, tant que la résultante qui exprime la pression de chaque pierre sur son lit de pose ne sortira pas des limites de ce joint, la pierre ne pourra pas tourner autour de ses arêtes, et la résistance du mortier suffisant pour s'opposer au glissement, il n'y aura pas rupture, mais seulement une déformation du cintre primitif.

Cette compression des mortiers formant en quelque sorte une infinité de petits ressorts, il en résulte une espèce d'élasticité par suite de laquelle on peut comparer la voûte à une lame plus ou moins épaisse de matière flexible à laquelle on aurait donné la forme d'un berceau.

926. Pour reconnaître les effets produits par la compression des mortiers au moment du décintrement, on trace sur les têtes une droite ou une courbe qui se déforme lorsque la voûte est abandonnée à son propre poids, de sorte qu'en comparant les ordonnées de la courbe qui résulte du décintrement avec celles de la droite ou de la courbe qui avait été tracée sur les têtes, on reconnaît de combien chaque point s'est écarté de sa position primitive.

Toutes les expériences ont conduit à des résultats ayant plus ou moins d'analogie avec la courbe *cao* (*fig.* 13, *pl.* 84).

On reconnaît par cette figure, dans laquelle nous avions supposé que le cintre primitif *cua* était un demi-cercle, que les joints du milieu se sont ouverts par en bas, tandis qu'au contraire ceux qui sont plus près des naissances se sont ouverts par en haut, de sorte que la clef et les voussoirs adjacents tendent à descendre, en repoussant au contraire par en haut les points *m,m*, que l'on nomme joints de rupture, parce que c'est à la hauteur de ces points que la voûte se briserait si la pression était assez grande.

Dans une voûte en plein cintre, les joints de rupture sont à peu près à 30° de hauteur.

927. Supposons actuellement (*fig.* 12) une voûte en moellons ou petits matériaux assez bien liés pour que l'on puisse faire abstraction de la forme de l'appareil ou de la direction des joints. Supposons que par le point a, placé au centre de la voûte, on fasse passer un certain nombre de plans verticaux. On obtiendra une suite de sections elliptiques, ayant toutes même hauteur et ne différant que par leur axe horizontal. Or, après le décintrement, la plus grande déformation aura lieu dans le plan vertical pq, qui joint les deux angles aigus du quadrilatère $mnvu$. C'est à ce résultat que M. Lefort a été conduit par *l'analyse algébrique*, dans le mémoire que j'ai cité plus haut.

Il faut ajouter que si le berceau était assez long pour que l'on pût y tracer la section droite, le maximum de contraction aurait lieu suivant cette courbe.

928. Or, dès qu'il fut reconnu que c'est dans le plan pq que se produit le maximum d'effet, on fut naturellement conduit à chercher les moyens de ramener ce plan dans une position parallèle aux têtes.

MM. les ingénieurs du chemin de fer de Versailles ont pensé qu'ils satisferaient à cette condition en remplaçant (*fig.* 11) la partie du berceau qui est au-dessus des joints de rupture par une suite de zones, parallèles aux têtes, et indépendantes les unes des autres, de sorte que dans chaque zone le maximum d'effet aurait lieu dans le plan diagonal co, et, par conséquent, dans un plan qui se rapprocherait de la direction du chemin et qui se confondrait entièrement avec cette direction, si on pouvait partager la voûte en zones infiniment étroites.

929. Si l'on croyait devoir adopter cette combinaison dans un berceau en pierres de taille, on pourrait opérer,

comme on le voit par la figure 14, c'est-à-dire que, jusqu'à la hauteur des joints de rupture, les arêtes d'intrados longitudinales seront continues et les joints montants disposés en liaison, tandis qu'au-dessus des joints de rupture les joints transversaux seront continus et les arêtes longitudinales en liaison. Enfin, on pourrait, au-dessus des joints de rupture, composer la partie supérieure de la voûte avec des arcs parallèles en retraite (*fig.* 4).

930. J'ai dû exposer un principe dont l'application a été faite avec succès par les habiles ingénieurs que j'ai cités plus haut. Cependant, je ne suis nullement convaincu de l'avantage résultant de la séparation de la voûte en zones indépendantes.

En isolant ainsi les zones, on les affaiblit et l'on augmente par conséquent l'intensité de la contraction, surtout pour les zones qui sont au-dessous du passage des voitures. Il serait alors nécessaire de les fortifier par des arcs doubleaux ou par des chaînes en pierre de taille.

Ensuite, lorsque la voûte sera chargée par un remblai très-élevé, la poussée, provenant du tassement des terres, tendra nécessairement à écarter les têtes et à faire fendre la voûte suivant le joint qui sépare deux zones adjacentes.

Il est vrai, qu'après le décintrement, on a rattaché les zones entre elles, en remplissant les vides momentanément laissés pendant la construction; mais alors l'isolement des zones n'aura eu d'autre résultat que de les affaiblir et, par conséquent, d'augmenter la contraction pour chacune d'elles. D'ailleurs, si pendant le tassement produit par la compression des mortiers la contraction n'est pas identiquement la même pour toutes les zones, il en résultera, dans la surface de la douelle, une solution de continuité qui produira l'effet le plus disgracieux; et si, au contraire, comme cela paraît avoir eu lieu au chemin de fer de Versailles, la contraction se fait également, il devient inutile de séparer les zones et de perdre, par leur isolement, la résistance que chacune d'elles oppose à la contraction de celles qui lui sont adjacentes.

Cette opinion, que j'avais énoncée dans la troisième édition de l'ouvrage actuel, paraît avoir été justifiée par l'expérience. M. l'ingénieur Graeft a remarqué que, dans plusieurs ponts, la division de la voûte en zones indépendantes offrait l'inconvénient de faire éclater les voussoirs sur les lignes séparatives de ces zones, et de produire, par l'inégalité du tassement d'une zone à l'autre, des ressauts et jarrets dans les lignes d'assises.

931. Cette méthode de séparation d'une voûte en zones indépendantes, provient d'une erreur émise par M. Lefort : que les mouvements observés pendant et après la construction des ponts biais sont indépendants du système d'appareil adopté.

Cet ingénieur, à la page 286 de son *Mémoire*, dit que « la poussée au vide résulte de la forme même de la voûte » et de l'élasticité des matériaux qui la composent; *elle* » *est indépendante de l'appareil employé.* »

Dans un autre article des *Annales* (juillet et août 1854, p. 88), répondant à une note de M. de la Gournerie, il ajoute que, dans son opinion, « la poussée au vide est une » résultante de forces; il est bien clair dès lors qu'elle est » *indépendante de l'appareil employé*, car, en mécanique, » la force élémentaire, considérée à son point de vue gé- » néral, se réduit à la réaction entre deux molécules » matérielles. Les surfaces géométriques terminales des » corps, quelle que soit leur direction, ne pouvant donner

» naissance à des forces, nous n'avons pas dû tenir compte
» de l'appareil pour montrer la cause de la poussée au
» vide dans les arches biaises. »

932. Mais si la forme des corps ne peut donner naissance à des forces nouvelles, il me semble évident qu'elle peut détourner l'action des forces existantes, et changer, par conséquent, la direction de ces forces. Puis, en supposant, ce que je suis loin d'admettre, que la contraction ne provient que de l'élasticité des matériaux et qu'elle est indépendante de l'appareil, il resterait encore à démontrer comment la séparation en zones indépendantes peut changer le plan qui contient la résultante des contractions.

La réaction mécanique qui agit entre deux molécules dépend de leur position relative, et cette position n'étant pas modifiée par la division en zones, on ne comprend pas comment cette opération peut changer les effets produits par la compression des mortiers.

Pour que la proposition de M. Lefort fût vraie, il faudrait admettre que la voûte est homogène et que la contraction des pierres est absolument la même que la compression des mortiers : ce qui est loin d'être démontré.

La division en zones serait d'ailleurs une disposition d'appareil, et M. Lefort est alors en contradiction avec lui-même lorsqu'il dit que l'appareil est indifférent.

Si l'effet produit par une force ne dépendait pas de la direction des surfaces qui reçoivent son impulsion, l'action d'un boulet sur un mur perpendiculaire à la trajectoire serait la même que sur un mur incliné par rapport à cette ligne ; or j'avoue que, pour mon compte, je n'assisterais pas avec la même sécurité à la seconde expérience si l'angle de réflexion était dirigé de manière à renvoyer le boulet de mon côté.

Si la force pouvait être détruite avant son action sur les corps qui lui opposent de la résistance, je concevrais que l'on dise qu'elle est indépendante de l'inclinaison de la surface de ces corps; mais il n'en est pas ainsi dans l'application, on ne peut pas empêcher la pression des voussoirs d'agir sur leurs lits, et puisque l'on ne peut pas détruire la cause, on doit au moins chercher à en neutraliser les effets.

Enfin, si l'on pouvait ainsi faire abstraction de la forme des corps exposés à l'action des chocs ou des pressions extérieures, je ne vois pas pourquoi on prendrait tant de soins pour façonner les matériaux. Il suffirait de les entasser au hasard, sans tenir aucun compte des lois de la pesanteur et des frottements.

933. J'aurais voulu pouvoir admettre sans réserve toutes les conséquences que M. Lefort a déduit de sa théorie, mais, quelque disposé que je sois à tenir compte et à profiter des idées de cet habile ingénieur, il m'est impossible de les accepter sans discussion.

Ainsi, je lui reprocherai une seconde erreur beaucoup plus grave, et qui n'a pu être répétée que par distraction par M. Graeft, à la page 4 de son *Mémoire*, et par M. l'ingénieur Hachette, aux pages 161 et 175 des *Annales des ponts* (mars et avril 1854).

C'est **qu'une voute biaise, infiniment courte, pouvait être assimilée a une voute droite.**

« Cette proposition, dit M. Lefort, à la page 292 du *Mémoire* déjà cité, serait absolument vraie si l'épaisseur
» des zones était infiniment petite, et alors, en appliquant
» les principes établis, on devrait avoir pour lignes de
» joints, d'une part, des courbes parallèles aux têtes;

» d'autre part, des courbes qui couperaient celles-ci à
» angles droits. »

Mais, il est évident que cette zone infiniment mince ne peut jamais être assimilée à une voûte droite, puisque la génératrice, quoique *infiniment* courte, n'en fait pas moins *un angle oblique* avec le plan de tête, cet angle étant une quantité *constante* et **INDÉPENDANTE** de la longueur du berceau.

Plus loin il ajoute, pour le cas d'une zone infiniment mince :

« *Les surfaces de joints formées par les normales à la*
» *voûte, seraient* **PLANES** *pour l'une des séries*, et de la nature
» de celles dites surfaces gauches pour l'autre; ces der-
» nières seraient encore des surfaces réglées, mais non plus
» des surfaces développables. »

Il y a ici une troisième erreur, car les surfaces normales qui ont pour directrices les sections d'un berceau oblique par des plans parallèles aux têtes, sont toutes **IDENTIQUES**, quelle que soit la position de la section directrice, et ces surfaces ne changeront pas de nature lorsque cette directrice sera l'arête d'une zone *infiniment mince*; elles ne peuvent donc pas être **PLANES**.

CHAPITRE V.

JOINTS CYLINDRIQUES.

934. Joints continus. — A l'exception de M. de la Gournerie, les ingénieurs qui ont écrit sur la construction des ponts biais se sont presque exclusivement occupés de la disposition plus ou moins rectangulaire des arêtes de douelles; mais la nature des lignes de joint n'a ici qu'une importance secondaire; ce qui était beaucoup plus essentiel, c'était de ramener la résultante des pressions dans un plan parallèle aux têtes du berceau, afin d'éviter toute espèce de poussée au vide.

Pour résoudre cette partie de la question, nous allons retourner, pour un instant, à la planche 81, afin de rappeler au lecteur quelques-unes des idées précédentes.

935. Si l'on employait pour surfaces de joints (*fig.* 3) des plans normaux passant par les génératrices du cylindre, les pressions de toutes les parties de la voûte sur ces plans se composeraient (*fig.* 4) suivant deux résul-

tantes F,F, perpendiculaires à la direction du berceau, et qui tendraient évidemment à renverser les angles aigus A et B des pieds-droits; or c'est précisément cette *poussée au vide* qu'il faut tâcher d'éviter.

L'appareil hélicoïdal et les modifications que nous lui avons fait subir dans les chapitres précédents font disparaître une partie de cette poussée, mais la question est encore loin d'être résolue d'une manière complète.

Je rappellerai d'abord (*fig.* 13) que les mouvements de rotation que l'on a souvent remarqués au moment du décintrement, sont dus principalement (*fig.* 14) à l'inclinaison en sens contraire des surfaces réglées normales formées par les joints des moellons, briques ou pierres appareillés qui composent la voûte, et nous avons dû en conclure (838) que cette cause de torsion serait annulée en partie, si l'on prenait pour joints transversaux des plans parallèles aux têtes; de sorte qu'il ne restera plus qu'à détruire le couple de rotation provenant de l'inclinaison en sens contraire des surfaces réglées qui forment les joints continus. Nous allons voir comment on peut atteindre ce but.

936. **Joints cylindriques.** — On remarquera que la projection $v'u'n'$ de la normale sur le plan de la figure 5 se confond avec celle du rayon $m'u'$, tangent à la projection de la trajectoire. En effet, soit (*fig.* 11) cao, $c'o'$, les projections de la section circulaire parallèle aux têtes du berceau; la droite tu, $t'u'$, tangente à cette courbe sera parallèle au plan vertical de projection, et, par conséquent, à la trace verticale du plan tangent en u, d'où il résulte que la projection verticale vn de la normale doit se confondre avec le rayon um du cercle cao.

Ainsi (*fig.* 5) les projections verticales des normales à la voûte se confondront avec celles des tangentes à la trajectoire, d'où il résulte que le cylindre horizontal projetant de cette courbe sera tangent à la surface réglée normale dans toute l'étendue de l'arête de joint.

De plus, ces deux surfaces différant très-peu l'une de l'autre dans les limites déterminées par l'épaisseur de la voûte, *il sera permis de remplacer la surface normale par le cylindre projetant de la trajectoire.*

937. Cette dernière surface, indépendamment de la simplicité de sa génération, satisfait de la manière la plus complète aux conditions de stabilité; car il est évident que les forces provenant de la pression exercée sur les joints par le poids des assises supérieures se composeront, dans le cas actuel, comme si elles agissaient sur des plans tangents au cylindre projetant de la courbe ax (*fig.* 9 et 12), et la résultante de toutes les pressions qui ont lieu sur les joints longitudinaux, sera, par conséquent, ramenée dans un plan parallèle aux têtes.

938. M. de la Gournerie, à la page 111 de son beau *Mémoire*, a démontré qu'en chaque point de la trajectoire le plan tangent à la surface du lit est perpendiculaire au plan de tête, et il ajoute dans une note : « C'est cette » propriété qui forme l'avantage essentiel de l'appareil » orthogonal. *Nous n'osons pas la présenter comme nou-* » *velle, et cependant nous ne l'avons vue explicitement ex-* » *primée nulle part.* »

Or, je rappellerai ici que, dès l'année 1840, lorsque je me suis occupé pour la première fois de ponts biais, dans la deuxième édition de ce *Traité de la coupe des pierres*, j'ai appelé l'attention des ingénieurs sur la propriété précédente, qui permet de détruire *complétement* la poussée au vide, en remplaçant les joints normaux continus par les **CYLINDRES PROJETANTS DES TRAJECTOIRES.**

M. de la Gournerie est donc arrivé, en 1851, par l'analyse algébrique, au point où j'étais parvenu, en 1840, par des considérations plus élémentaires.

Dominé par cette idée, que les joints d'une voûte doivent être *nécessairement* **NORMAUX** à la douelle, il n'a pas cru devoir entrer dans la voie que j'avais indiquée. Ainsi, après avoir reconnu que les plans tangents à la surface normale, suivant les différents points de la trajectoire, sont perpendiculaires aux plans des têtes, il ajoute, page 111 : « Les plans tangents aux autres points » d'un *lit* ne sont pas perpendiculaires aux plans de têtes. » **DANS AUCUN APPAREIL D'ARCHE BIAISE**, cette per- » pendicularité ne peut être établie pour tous les points » de la surface des *lits* : il faudrait pour cela *que les lits* » *pussent être des cylindres perpendiculaires aux têtes, ce* » *qui est impossible.* »

Il conclut de là que, dans une arche biaise, il y a toujours une poussée au vide *très-faible avec l'appareil orthogonal.*

939. Cette dernière remarque devient évidente si l'on jette un coup d'œil sur la figure 5, où l'on peut facilement reconnaître, comme nous l'avons déjà dit, le peu de différence qui existe entre la surface normale comprise entre les deux courbes az et $n'r$ et le cylindre projetant de la première ; d'où il résulte que *la poussée au vide sera* **COMPLÉTEMENT DÉTRUITE** *si l'on remplace la surface normale par le cylindre projetant de la trajectoire.*

940. Il n'est donc pas exact de dire que, *dans une arche biaise, il est* **IMPOSSIBLE** *que les lits soient des cylindres perpendiculaires aux têtes.*

Sans doute cela serait *impossible* si l'on était absolument forcé d'employer la surface normale comme *lit*. Mais cette obligation n'existe pas : M. de la Gournerie sait très-bien qu'il est non-seulement permis, mais très-souvent utile dans la pratique, de remplacer les surfaces normales indiquées par la théorie par d'autres surfaces qui en diffèrent peu, mais dont la génération moins composée permet d'obtenir plus d'exactitude dans la taille, et d'augmenter, par conséquent, la solidité de la construction.

Il est donc évident, que l'impossibilité dont M. de la Gournerie a parlé plus haut doit s'entendre *des surfaces normales, et non des lits* qui, dans les arches biaises, et surtout avec l'appareil orthogonal, peuvent très-bien être des *cylindres perpendiculaires aux têtes*.

941. D'ailleurs le but que l'on se propose principalement dans l'emploi des surfaces normales étant d'éviter les angles aigus formés par la rencontre des joints avec la douelle, il est évident que l'on pourra fort souvent satisfaire à cette condition en remplaçant la surface normale *co* (*fig.* 2), par une autre surface *ab* qui lui serait tangente suivant l'arête d'intrados et lorsque la surface normale est inclinée de manière à diriger la résultante des pressions vers les points où la résistance est insuffisante, il faut nécessairement chercher d'autres moyens de solution.

Or, dans la question actuelle, la condition la plus importante est de détruire la poussée au vide et de ramener toutes les pressions dans la direction du chemin, ce qui aura lieu complétement en adoptant :

1° **Pour lignes de joints** *les sections parallèles aux têtes et les courbes qui les rencontrent partout à angles droits;*

2° **Pour surfaces de joints** *les plans verticaux qui contiennent les premières courbes, et les cylindres horizontaux qui projettent les secondes sur un plan parallèle aux têtes.*

942. Ponceau biais en pierres de taille. — Les principes précédents ont été appliqués (*pl.* 84) à la construction d'un ponceau biais en pierre de taille.

On a fait passer les trajectoires (*fig.* 3 et 5) par les points qui partagent en parties égales la section *cao*, faite au milieu de la voûte par un plan parallèle aux têtes.

La figure 9 est le développement de la douelle et la figure 6 est celui des joints cylindriques.

Les figures 7 et 8 représentent les pierres de la clef.

943. Taille. — Supposons que l'on veuille tailler le voussoir A (*fig.* 3 et 5). On préparera la pierre sur le panneau de projection vertical *mnuvrs*, et l'on taillera d'abord les deux joints cylindriques *nu*, *vr* (*fig.* 1).

On appliquera ensuite le panneau de tête *mnxzrs* donné par la figure 3, et l'on tracera sur les surfaces de joints les deux courbes *xu*, *zv*, en prenant sur la figure 5 les ordonnées de ces courbes ou bien en se servant des panneaux de développement (*fig.* 6).

Enfin, on taillera la surface cylindrique de la douelle (*fig.* 2), en faisant glisser une règle sur les quatre courbes *xu*, *xz*, *uv*, *zv*, après avoir marqué sur ces courbes les points de repère donnés par les projections 3 et 5.

Les lignes tracées en points sur la projection horizontale de la pierre A (*fig.* 5) sont les génératrices des surfaces cylindriques de douelle et de joints.

Les parallèles au berceau sont les génératrices de la

douelle, et les perpendiculaires aux plans de tête sont les génératrices des surfaces de joints.

944. Pose. — Les joints de la clef et des pierres adjacentes sont formés de deux surfaces cylindriques, courbées en sens contraires et qui se touchent suivant l'horizontale projetante qui contient le point le plus élevé de la trajectoire. C'est ce qui produit le point de rebroussement a sur la projection verticale de cette courbe (*fig.* 5, *pl.* 81).

Cette différence de courbure dans les joints s'opposerait à la pose des voussoirs, si l'on ne prenait pas les précautions que nous allons indiquer :

> 1° ━━ On disposera l'appareil de manière à faire passer un joint transversal par chacun des points a', a' qui correspondent au changement de courbure des joints continus.
>
> 2° ━━ On posera les pierres dans l'ordre indiqué par des chiffres sur la projection horizontale (*fig.* 5).

C'est-à-dire qu'après avoir posé toutes les pierres qui ne sont pas numérotées, on posera successivement deux par deux les pierres désignées par les chiffres 1, 2, 3, 4 et 5, en terminant par ces dernières.

Il résulte de ce que nous venons de dire que les pierres 5 devraient être coupées aux points a'' par des joints transversaux; mais comme ces coupes seraient très-près des plans de têtes, on pourra les supprimer, et, dans ce cas, on fera la petite portion de joint $a''w$ verticale, ou bien on prolongera jusqu'aux plans des têtes les joints cylindriques qui ont pour directrices les courbes $a''w'$.

945. Lorsque le berceau aura beaucoup de biais, les

plans de joint parallèles aux têtes rencontreront la douelle suivant des angles qui seront très-aigus vers les naissances.

J'ai conservé cette disposition dans l'exemple qui est donné ici comme étude de coupe de pierres, et dans lequel toutes les irrégularités sont exagérées avec intention, par le peu d'étendue de la voûte et par le petit nombre de voussoirs qui la composent; mais, dans la pratique, les angles aigus qui ont lieu vers les naissances pourront toujours être ramenés dans des limites convenables, en remplaçant le cintre demi-circulaire de l'exemple actuel par un arc de cercle ou d'ellipse dont les extrémités s'appuieraient sur des pieds-droits verticaux, comme on peut le voir sur les figures 14 ou 21 de la planche 78 ; et d'ailleurs, comme je l'ai fait remarquer au n° 841, les joints discontinus étant verticaux et parallèles à l'inclinaison des lits ne sont soumis à aucune pression ; ce qui permet d'employer des angles plus aigus qu'il ne serait permis de le faire dans toute autre circonstance.

946. Quant à la courbure des lignes de joint sur les têtes, elle ne paraît étrange que par défaut d'habitude; car si le berceau de la planche 84 est vu de face et à quelque distance, la symétrie qui existe entre les joints de tête de gauche et les projections des trajectoires de droite, ne produit pas un effet plus désagréable à l'œil que beaucoup d'autres dispositions d'appareils que l'on rencontre à chaque pas dans un grand nombre de voûtes et de voussures des anciens monuments.

Enfin, dans une construction de ce genre les conditions de solidité doivent dominer toute autre considération, et si l'on ne pouvait pas éviter la courbure des lignes de joint sur les têtes, il ne faudrait certainement pas hésiter à sacrifier l'élégance de l'appareil à la sécurité des voyageurs.

947. J'ai fait exécuter avec soin le modèle du ponceau qui fait le sujet de l'étude précédente ; puis, après avoir retiré le cintre, j'ai placé sur l'extrados EE′ une masse de plomb de 3600 *grammes*, ce qui équivaut à plus de quatre fois le poids du modèle entier, et quoique aucune liaison n'ait été introduite entre les trente-deux voussoirs qui composent la voûte, il ne s'est manifesté aucune torsion, aucune poussée au vide, aucun éclat pendant cette épreuve, que j'ai répétée un très-grand nombre de fois.

948. La théorie et l'expérience s'accordent donc pour démentir cette assertion, avancée par quelques ingénieurs, qu'aucun appareil, quels qu'en soient les artifices, ne peut détruire complétement la poussée au vide. Selon M. Graeft, à la page 6 de son *Mémoire*, « la poussée » au vide ne peut être *annulée par aucune espèce d'appa-* » *reil*, elle est dans la nature des choses ; mais un bon » appareil en diminue les effets. »

J'en demande bien pardon à M. Graeft, mais la poussée au vide n'est pas du tout dans la nature des choses ; elle est *tout entière* dans le système d'appareil adopté. Ainsi, la poussée au vide qui serait considérable si l'on appareillait un pont biais comme un berceau droit ordinaire, devient beaucoup plus faible avec l'appareil hélicoïdal ; elle diminue encore si l'on adopte l'appareil orthogonal, et devient **ABSOLUMENT NULLE** avec des joints cylindriques ; en admettant, cela est bien entendu, que les joints transversaux seront des plans parallèles aux têtes (838) ; car il est bien évident que, dans ce cas, toutes les pressions dues à la pesanteur, toutes les résultantes provenant de l'inclinaison des lits, tous les petits ressorts qui résultent de l'élasticité des matériaux, toutes les contractions, enfin, qui proviennent de la compression des mortiers, agiront dans des plans parallèles aux têtes. Je craindrais de faire injure à l'intelligence du lecteur si j'employais le *calcul intégral* pour démontrer une vérité aussi élémentaire.

949. Application des principes précédents. — Le seul reproche sérieux que l'on pourrait adresser à la disposition d'appareil adoptée pour l'épure précédente serait la grande différence qui existe entre les largeurs des voussoirs de tête. On pourra facilement faire disparaître cette irrégularité en divisant l'arc de tête en parties égales, comme on le voit sur le pont qui fait le sujet de la planche 85 ; mais alors on retrouvera les crochets dont nous avons déjà parlé au n° 920. Ces crochets qui, dans un pont en petits matériaux, n'auraient à nos yeux qu'une importance très-secondaire, ne peuvent pas être admis dans une voûte qui serait construite entièrement en pierres de taille.

En effet, si le joint mn (*fig.* 4) était prolongé jusqu'à ce qu'il rencontre en x la face postérieure du voussoir H de la tête, les parties v et u des pierres D et K seraient évidemment trop faibles. Il sera facile d'éviter cet inconvénient en reliant les assises de la voûte avec les voussoirs de tête par des pierres que nous nommerons *crochets de raccordement*, et qui sont indiqués sur la figure 9 par une teinte plus foncée, afin que l'on puisse mieux en comprendre la forme.

Cette irrégularité, peu apparente, ne diminuera en rien la solidité de la voûte.

950. On pourrait bien faire passer les trajectoires qui forment les arêtes des joints continus par les points qui divisent les arcs de tête en parties égales ; mais alors les lignes de joint qui contiennent les points de division de l'une des têtes ne se raccorderaient pas avec celles qui aboutissent aux points de division de la tête opposée.

Dans ce cas, on pourrait, comme l'a proposé M. Graeft, altérer les trajectoires de manière à les raccorder vers le milieu de la voûte ou les faire aboutir à une chaîne de pierre, placée à égale distance, et parallèlement aux arcs de tête.

Ces deux moyens, que j'ai essayés, ne m'ont pas paru produire un bon effet et augmenteraient beaucoup les difficultés de la taille. C'est pourquoi je préfère la disposition que j'ai adoptée et qui, à la grande simplicité d'exécution, réunit l'avantage de ne rien faire perdre à la solidité du monument.

On pourra d'ailleurs, si quelques crochets étaient trop saillants, réunir deux pierres en une seule, comme, par exemple, la pierre F avec D (*fig.* 13). Puis on ferait un faux joint *mns* pour rétablir, autant que possible, la régularité de l'appareil.

Cette solution, qui exigerait quelques pierres d'une grosseur exceptionnelle, serait une augmentation de dépense insignifiante, si on la compare à l'importance du travail dont il s'agit.

Au surplus, les difficultés que nous venons de rappeler et que nous avions déjà rencontrées au n° 920 sont inévitablement la conséquence des inégalités de largeur des assises de l'appareil orthogonal.

951. Les joints cylindriques adoptés dans le cas actuel n'ont pas seulement l'avantage de détruire complétement la poussée au vide; mais leur position dans l'espace et la simplicité de leur génération, ont pour conséquences nécessaires, l'économie de la pierre, celle de la main-d'œuvre, et, par suite, une exactitude dans la taille, que

l'on n'obtiendra jamais avec des joints gauches, quelle que soit du reste la courbe directrice de ces surfaces.

952. **Épure**. — Malgré l'étendue du cadre de cette épure, il ne m'a été possible d'y mettre que la moitié du plan ; mais le lecteur pourra facilement compléter cette projection en employant une feuille plus grande. On pourrait d'ailleurs tailler la voûte entièrement avec les figures qui sont tracées sur la planche actuelle. En effet, si l'on faisait exécuter à la figure 9 une demi-révolution autour de la verticale projetante du point E jusqu'à ce que les deux points M_5 aient changé de place entre eux. On obtiendrait ainsi la seconde moitié du plan, dont l'ensemble se composerait alors de la figure 9 actuelle, et de la même figure telle qu'elle serait après la demi-révolution que nous venons de supposer.

Cela étant admis, il nous restera très-peu de chose à dire pour expliquer cette grande épure dont la construction est très-simple.

953. Les données de la question étant le plan figure 9, et l'arc de tête $M_1 O' M_1$ que nous supposerons circulaire (*fig.* 7), on divisera cet arc en parties égales. Il y a ici trente et un voussoirs.

On coupera la voûte par une suite de plans parallèles aux têtes, et l'on obtiendra, pour sections, un pareil nombre d'arcs de cercles, que l'on projettera sur la figure 7.

Ces arcs de cercles seront égaux entre eux et à l'arc de tête $M_1 O' M_1$.

On n'a conservé sur l'épure que les arcs provenant de la section de la voûte par les cinq plans $P_1 P_2 P_3 P_4 P_5$.

Les centres de ces arcs de cercles sont déterminés par les points $C_1 c_2 c_3 c_4 c_5$ suivant lesquelles la projection horizontale de l'axe C_1E (*fig.* 9) est coupée par les traces des cinq plans parallèles $P_1 P_2 P_3 P_4$ et P_5.

Les projections verticales de ces points de centre sont situées sur la droite ZZ qui contient le centre C' de l'arc de tête $M_1O'M_1$.

954. Quand ces dispositions préliminaires seront adoptées, on construira la projection verticale O'G' d'une trajectoire, en opérant comme nous l'avons dit au n° 891 ; puis, en faisant avancer cette courbe horizontalement, on tracera les projections verticales de toutes les arêtes des joints continus.

On peut, comme nous l'avons déjà dit, décrire toutes ces courbes avec un seul patron découpé sur la première trajectoire obtenue (897).

Pour tracer les arêtes des voussoirs des têtes, on fera passer les trajectoires par les points qui divisent l'arc $M_1O'M_1$ en parties égales, et pour les arêtes des joints longitudinaux de la voûte on fera passer les trajectoires par les points qui divisent en parties égales l'arc $M_sE'M_s$ qui provient de la section du cylindre d'intrados par le plan P_s parallèle, et à égale distance des deux têtes.

955. Les coupes de joint sur le parement de la tête seront formées par les projections verticales des trajectoires, prolongées jusqu'à ce qu'elles rencontrent les lits de moellons, de briques, ou de pierres appareillées qui doivent former la maçonnerie du mur.

A compter du cinquième joint, en partant de la naissance, les trajectoires seront prolongées par leurs tangentes verticales jusqu'au plan horizontal par lequel on veut extradosser les voussoirs correspondants.

956. Lorsque l'appareil de tête sera étudié sur la pro-

jection verticale (*fig.* 7), on déterminera (*fig.* 9) les projections horizontales des trajectoires, en abaissant des perpendiculaires par les points suivant lesquels ces courbes rencontrent les arcs de cercle $M_1 M_2 M_3$ etc., provenant de la section du cylindre d'intrados par les plans parallèles $P_1 P_2 P_3$ etc.

Les projections horizontales des trajectoires étant identiques, on pourra les tracer avec un seul patron, que l'on ferait glisser parallèlement à la direction du berceau.

Le même patron peut servir pour tracer les joints de la voûte et ceux des voussoirs de tête ; il suffit de le faire glisser d'une quantité convenable.

Lorsque toutes les trajectoires seront tracées sur les projections verticale et horizontale (*fig.* 7 et 9), on étudiera la meilleure disposition des coupes transversales, pour les voussoirs de tête, pour les claveaux courants, et pour les pierres que nous avons désignées sous le nom de crochets de raccordement.

957. Cette étude pourrait se faire sur le développement du cylindre d'intrados; mais je n'ai pas cru devoir construire cette figure, qui n'a pas ici la même importance que dans l'appareil hélicoïdal.

On peut se contenter de développer une seule trajectoire OG'', sur laquelle on découpera un patron, suffisant, comme nous l'avons déjà dit, pour tracer sur le cintre toutes les trajectoires qui doivent régler la pose des claveaux.

Enfin, l'épure sera complète lorsqu'on aura développé (*fig.* 5, 6, 15 et 16) tous les patrons des joints cylindriques.

958. Ces panneaux ou patrons de développement sont

au nombre de soixante-six, savoir : trente-quatre pour les joints de la voûte et trente-deux pour ceux des voussoirs de tête.

Les développements des joints de la voûte sont échelonnés sur les figures 5 et 15, de manière à éviter la confusion, et les joints des voussoirs de tête sont développés sur les figures 6 et 16.

Tous ces patrons sont numérotés en allant de gauche à droite comme sur les figures 7 et 9.

Sur la figure 7, les numéros d'ordre des trente-quatre joints de la voûte sont placés sur l'arc de cercle $M_5E'M_5$ et les trente-deux joints de la tête sont numérotés sur l'arc de tête $M_1O'M_1$.

Sur la figure 9, les numéros d'ordre des joints de la voûte sont placés à droite et à gauche sur les lignes de naissance et sur la trace horizontale du plan P_5 tandis que les numéros d'ordre des joints de la tête sont inscrits sur la trace du plan P_1.

959. Les développements des figures 5, 15, 6 et 16 sont très-faciles à obtenir.

Supposons, par exemple, que l'on veut développer le joint cylindrique désigné par le n° 24 sur la figure 5 et sur l'arc $M_5E'M_5$ de la figure 7.

On remarquera d'abord que, par hasard, ce joint 24 de la voûte coïncide avec le joint 29 de la tête; de sorte que, dans le cas actuel et par exception, les deux surfaces de joint se développeront en une seule, figure 5.

Pour obtenir ce développement, on devra opérer de la manière suivante :

1° ———— On tracera (*fig.* 6) une droite K parallèle au plan P_1 de la tête.

Cette ligne K sera la section droite du joint cylindrique 29-24 (*fig.* 7).

2° ▬▬ Sur la droite K (*fig.* 6) on portera les parties successives de la courbe 29-24 que l'on veut rectifier, et l'on obtiendra ainsi les points $m_1 m_2 m_3 m_4$ et m_5 suivant lesquels le joint cylindrique correspondant coupe les cercles $M_1 M_2 M_3$ etc., qui résultent de la section du berceau par les plans $P_1 P_2 P_3$ etc.

3° ▬▬ Pour chacun des points $m_1 m_2 m_3$ etc., de la droite K, on élèvera une perpendiculaire à cette ligne, et les points suivant lesquels ces perpendiculaires rencontreront les plans verticaux $P_1 P_2 P_3$ etc., détermineront les points correspondants de l'arête m_1-m_5 du joint 24, développé figure 5.

960. Pour obtenir la courbe d'extrados n_1-n_5 on agira de la même manière. Mais il faudra d'abord établir sur la projection verticale (*fig.* 7) les arcs de cercle $N_1 N_2 N_3 N_4$ et N_5 suivant lesquels l'extrados du berceau serait coupé par les cinq plans verticaux $P_1 P_2 P_3 P_4$ et P_5.

Le premier de ces arcs de cercle est le seul qui soit tracé entièrement, et l'on n'a conservé des quatre autres que les amorces et les intersections avec le joint cylindrique 29-24, que nous voulons développer. Ainsi,

1° ▬▬ On tracera (*fig.* 6) la droite H, sur laquelle on portera les parties de la courbe 29-24, comprises entre les points $n_1 n_2 n_3 n_4$ et n_5 des cercles d'extrados $N_1 N_2 N_3 N_4$ et N_5 (*fig.* 7).

2° ▬▬ Par chacun des points ainsi obtenus sur la droite H, on élèvera une perpendiculaire qui déterminera le point correspondant sur la trace horizontale de l'un des plans $P_1 P_2 P_3$ etc.

La courbe $n_1 n_2 n_3 n_4 n_5$ sera l'intersection de l'extrados du berceau par le joint cylindrique 24-29.

961. On remarquera que les cylindres de douelle et d'extrados ne sont pas concentriques; si l'on avait introduit cette condition, la voûte aurait été plus épaisse à la clef que vers les naissances, car le berceau étant oblique, la section droite rabattue (*fig.* 10) aurait été limitée par deux ellipses *semblables*, et, par conséquent, plus écartée l'une de l'autre à l'extrémité O" du grand axe qu'à l'extrémité L" du petit.

Pour éviter cela et pour alléger la voûte dans sa partie supérieure, on a pris le point X pour centre de l'arc $N_1 S'N_1$, suivant lequel le cylindre d'extrados pénétrerait, s'il était prolongé, dans le plan P_1 de la tête.

Il résulte de là, comme on peut le voir par le développement du joint cylindrique 24 et par le rabattement de la section droite (*fig.* 10), que la largeur est à peu près la même dans toute l'étendue de la surface de joint d'un voussoir, et comme on ne taille pas ordinairement les extrados, on en conclura que, dans la pratique, on peut se dispenser de développer les arêtes d'extrados que nous n'avons tracées ici que comme exercice graphique.

962. Nous n'avons conservé, sur la figure 5, que la partie de la surface de joint qui appartient à la voûte, parce que le prolongement $m_1 n_1 zx$ formerait le joint 29, que l'on retrouvera (*fig.* 16) parmi les développements de tous les joints de tête.

Le moyen qui vient d'être indiqué pour développer le joint 24 de la voûte servira pour construire tous les développements des deux figures 5 et 15.

La trace des opérations n'a été conservée que pour les joints 4, 24 et 30.

On opérera de même (*fig.* 6 et 16) pour construire les développements des joints de tête, qui ne diffèrent des précédents que par la droite horizontale qui forme l'arête d'extrados.

La trace des opérations n'a été conservée que pour le trente-deuxième et dernier joint de la tête (*fig.* 16 et 7).

963. Je ferai remarquer encore que les figures 5 et 15 ne contiennent que le développement de la partie de joint comprise entre le plan P_5 et la face postérieure des voussoirs de tête. Mais si l'on plaçait, en lui faisant faire une demi-révolution, le joint 20 (*fig.* 9 et 5) à la suite du joint 19, on aurait ce joint complet pour toute la longueur de la voûte.

Il en serait de même, si l'on réunissait le joint 21 avec 18, ou le joint 22 avec 17, et ainsi de suite.

964. Lorsque l'arête du joint continu coupe la génératrice OE de la voûte (*fig.* 9), il y a une inflexion dans la surface, c'est-à-dire qu'en deçà et au delà de la verticale qui contient le point d'intersection dont nous venons de parler, la courbure du joint est en sens contraire: ce qui est indiqué sur le développement (*fig.* 5).

Ainsi, les patrons $19'''$ et 19^{iv} (*fig.* 5) formeront la surface du joint qui coupe la génératrice CE au point $19'$ de la figure 9.

Les deux patrons $18'''$ et 18^{iv} forment le développement du joint 18, et les patrons $17'''$ et 17^{iv} forment le développement du joint 17, etc.

Il y a également un changement de courbure dans les joints 17, 18 et 19 de la tête (*fig.* 9).

Quant aux joints des pierres que nous avons désignés sous le nom de crochets de raccordement, ils font implicitement partie des développements précédents.

Ainsi, par exemple, le joint 13′-13″ de la pierre K (*fig.* 9) est égal à la partie laissée en blanc sur le développement du joint de tête 13 (*fig.* 6), et le joint 8′-8″ de la même pierre (*fig.* 9) sera compris sur le développement 8 (*fig.* 5), entre le plan vertical P_8 et le plan P_7 qui contient les faces postérieures des voussoirs de tête.

965. J'ai cru, dans ce dernier exemple, devoir employer un arc de cercle pour arête de tête, malgré l'opinion de quelques ingénieurs, qui reprochent à cette combinaison de pousser plus que le plein cintre. Cela est parfaitement vrai, mais nous avons fait voir (836) que dans l'appareil hélicoïdal la suppression des assises inférieures tendait à ramener la poussée dans un plan parallèle aux têtes, et, par conséquent, s'il y a plus de poussée sur les piles, il y a *moins de poussée au vide;* ce qui est la condition essentielle pour un pont biais.

Il suffira donc, dans ce cas, d'augmenter suffisamment la force des piles.

D'ailleurs, lorsque l'on emploie des joints cylindriques, la poussée au vide n'existe pas plus avec un arc de cercle que dans le plein cintre, et si j'ai préféré l'arc de cercle, c'était surtout pour diminuer les angles aigus que les joints plans verticaux feraient avec la douelle à la hauteur des naissances.

J'ai déjà fait remarquer (841) que ces angles sont garantis par les voussoirs adjacents et que la pression oblique, qui tendrait à briser les arêtes, disparaît lorsque l'on remplace par des plans verticaux les surfaces normales employées dans d'autres systèmes.

L'emploi des plans verticaux pour joints discontinus est d'ailleurs justifié par l'expérience. Ainsi,

Dans un pont construit sur l'Orb, par M. l'ingénieur Simon (*Annales*, 1854), les joints discontinus sont des plans parallèles aux têtes. Or, l'appareil étant hélicoïdal, les angles à la naissance sont, dans ce cas, beaucoup plus aigus que ceux qui résultent de l'appareil orthogonal. Enfin, si l'on trouvait que les angles vers les naissances de la voûte sont trop aigus, on pourrait faire des joints normaux pour les premières assises et n'employer les joints verticaux que dans le voisinage de la clef; mais alors on ferait renaître les poussées au vide, et c'est précisément ce qu'il faut éviter.

966. Pour l'angle formé par la douelle et la face de tête, du côté de l'angle aigu, son isolement et son acuité ne permettront pas de le conserver, et l'on pourra le faire disparaître par une voussure semblable à celle que nous avons indiquée au numéro 802.

Je n'ai projeté sur la figure 7 qu'une partie de cette voussure, dont la projection horizontale est indiquée (*fig.* 9) par une teinte de points.

967. **Taille des voussoirs.** — Cette opération ne présentera aucune difficulté et se fera comme l'avons dit au n° 943. Ainsi, par exemple :

Voussoir de tête, désigné par la lettre T, sur les figures 1, 7 et 9.

1° —— On taillera le parallélipipède qui a pour base le rectangle $acvu$, circonscrit à la projection verticale z-x-9^{iv}-8^{iv} du voussoir.

La longueur de ce parallélipipède sera déterminée par la projection horizontale de la pierre T (*fig.* 9).

2° —— On taillera les parties planes z-$8'$ et x-$9'$, et les joints cylindriques $8'$-8^{iv} et $9'$-9^{iv} (*fig.* 7 et 1).

3° ■■■ Quand ces joints seront taillés, on y appliquera les deux patrons de développement 8 et 9 de la figure 5, ce qui déterminera le contour de la douelle, que l'on taillera comme à l'ordinaire.

4° ■■■ On tracera ensuite sur la douelle, l'arc de cercle 8^v-9^v de la figure 9 et sur le plan de tête, l'arc de cercle $8''$-$9''$ de la figure 7 : puis on taillera la corne de vache en opérant comme nous l'avons dit au n° 805.

Claveau courant, désigné par la lettre V, sur les figures 7 et 9.

1° ■■■ On tracera les deux arcs de cercle N_3-N_3 et N_4-N_4, suivant lesquels le cylindre d'extrados est coupé par les plans P_3 et P_4 qui contiennent les faces verticales $8'$-$9'$ et $8''$-$9''$ du voussoir (*fig.* 9). Les centres x_3 et x_4 de ces deux arcs seront situés sur l'axe C_1E du cylindre et projetés sur le bord inférieur du cadre.

2° ■■■ Cela étant fait, on préparera le voussoir sur la projection verticale $8'$-$9'$-8^{iv}-9^{iv} (*fig.* 7); puis on appliquera le panneau $8''$-$9''$-8^{iv}-9^{iv} sur la face verticale $8''$-$9''$ (*fig.* 9 et 1), et le panneau $8'$-$9'$-$8'''$-$9'''$ sur la face $8'$-$9'$ (*fig.* 9).

3° ■■■ On taillera les deux joints cylindriques sur lesquels on appliquera les patrons de développement 8 et 9 de la figure 5, et toutes les coupes seront tracées.

Si l'on veut éviter l'angle aigu du point 9^{iv} (*fig.* 7), on conservera la partie de pierre 8^{iv}-e-$9'''$, qui sera noyée dans les matériaux de remplissage par lesquels la voûte doit être couverte.

Crochet de raccordement. — Prenons pour exemple le

voussoir désigné par la lettre R sur les projections verticale et horizontale (*fig.* 7 et 9).

1° ——— On tracera (*fig.* 7) les trois arcs de cercles $5'''$-$6'''$, 1^{iv}-6^{iv} et $1'''$-$2'''$, suivant lesquels le cylindre d'extrados est coupé par les plans verticaux $P_6 P_7$ et P_8 qui contiennent les arêtes d'intrados $5'$-$6'$, $1''$-$6''$ et 1-$2'$ (*fig.* 9).

Les centres $c_6 c_7 c_8$ et $x_6 x_7$ et x_8 de tous ces arcs seront déterminés sur l'axe $C_1 E$ du cylindre, par les plans $P_6 P_7$ et P_8.

L'opération précédente déterminera sur la figure 7 le contour de la projection verticale du voussoir, et, par suite, les dimensions du plus petit parallélipipède-enveloppe.

2° ——— Lorsque la pierre sera équarrie, on appliquera le panneau $5'$-$6'$-$5'''$-$6'''$ de la figure 7, sur le plan qui contient la face $5'$-$6'$, figure 9, et le panneau $1'$-$2'$-$1'''$-$2'''$ de la figure 7, sur le plan de la face 1-$2'$ (*fig.* 9).

3° ——— On taillera les quatre joints cylindriques $1'$-1^{iv}, $5''$-$5'''$, $2'$-2^{iv} et $6''$-$6'''$ (*fig.* 7), puis on y appliquera les parties correspondantes des figures 5 et 6, ce qui déterminera tout le contour de la douelle.

Voussoirs de la clef. — Nous désignerons ainsi toutes les pierres dont les arêtes de joints longitudinaux sont coupées par la génératrice qui contient le point O' de la voûte. Nous avons fait remarquer, au n° 964, que ces joints ont une inflexion ou changement de courbure, suivant la verticale qui contient le point le plus élevé de la trajectoire.

Pour tailler l'une de ces pierres, que nous désignerons par la lettre I sur les figures 7 et 9 :

1° ——— On construira sur la figure 7 les projections

verticales des deux arcs de cercle 18-19 et 18″-19″, suivant lesquels le cylindre d'intrados est coupé (*fig.* 9) par les deux plans P_4 et P_8 qui contiennent les joints transversaux du voussoir. Les projections de ces deux arcs se confondent presque sur la figure 7; c'est pourquoi, afin de mieux faire comprendre ce qui nous reste à dire, nous transporterons cette projection (*fig.* 11), en augmentant les dimensions et en exagérant un peu les courbures.

2° ▬▬ Le rectangle circonscrit à la projection (*fig.* 7), déterminera les dimensions du bloc nécessaire pour tailler le claveau.

3° ▬▬ Après avoir appliqué les deux panneaux 18‴-18″-19″-19‴ et 18‴-18-19-19‴ figure 7 et 11, sur les faces opposées et verticales du parallélipipède-enveloppe, on taillera les quatre surfaces cylindriques déterminées par leurs traces 18′-18″, 18′-18, 19′-19″ et 19′-19 (*fig.* 11), et lorsque la pierre aura la forme qui est indiquée sur la figure 12, on appliquera les développements 18 et 19 de la figure 5 sur les surfaces cylindriques que l'on aura taillées, c'est-à-dire le patron 19‴ de la figure 5 sur le cylindre qui a pour trace 19′-19 (*fig.* 11), le patron 19ⁱᵛ (*fig.* 5) sur 19′-19″ (*fig.* 11); le patron 18‴ sur 18′-18 et 18ⁱᵛ sur 18′-18″.

On obtiendra ainsi le contour 19-19′-19″-18″-18 de la douelle, et le reste n'offrira plus aucune difficulté.

Coussinets. — Par suite de la grande largeur des joints à la naissance de la voûte, il pourra être convenable de faire deux assises pour les coussinets.

La figure 14 contient la perspective d'une partie A de la première assise et d'une pierre B de la seconde.

La forme de ces pierres est déterminée sur la figure 7

par la disposition d'appareil adoptée pour le parement de tête de la pile. Ainsi, les pierres désignées par la lettre A sur les figures 7, 9 et 14 appartiennent à la première assise des coussinets, et la pierre B fait partie de la deuxième assise.

La disposition des lettres sur les pierres A et B de la figure 7, fera facilement reconnaître les points correspondants sur la projection horizontale (*fig.* 9) et sur la perspective des mêmes pierres (*fig.* 14).

Pour tailler la pierre qui est désignée par la lettre A, sur la figure 9, et qui forme deux coussinets, on prendra :

1° —— Un parallélipipède capable de contenir la projection horizontale k-h-$2'$-3 de la pierre, puis on taillera les quatre plans verticaux k-a, a-3, h-a et a-$2'$.

2° —— On construira (*fig.* 7) le panneau $cusv M_1$ que l'on appliquera sur les plans verticaux a-3 et a-$2'$ (*fig.* 9), en faisant coïncider le côté us du panneau (*fig.* 7) avec la verticale du point u (*fig.* 9).

Cette opération permettra de tracer la projection verticale cM_1 de la trajectoire (*fig.* 7) sur les deux plans verticaux a-3 et a-$2'$ (*fig.* 9).

La trajectoire tracée dans le plan vertical a-3 sera la directrice du joint cylindrique 3-$3'$-c-c, et la trajectoire tracée dans le plan vertical a-$2'$ sera la directrice du joint 2-$2'$-c-c.

3° —— On taillera ces deux cylindres perpendiculairement aux plans a-3 et a-$2'$ qui contiennent leurs directrices, et on les terminera tous les deux par le plan vertical r-$3'$ qui formera (*fig.* 14) la face D du joint transversal situé dans le plan r-$3'$ (*fig.* 9).

4° —— Quand les deux joints cylindriques 3-$3'$-c-c et 2-$2'$-c-c seront taillés, on y appliquera les patrons de développement 3 et 2 de la figure 5, ce qui permettra de tracer les parties 3-3' et 2-2' des trajectoires correspondantes (*fig.* 14).

5° ▬ On tracera les arcs 1-2' et 2-3' dans les plans verticaux 3'-a et 2'-a, avec une cerce découpée suivant la courbure cM_1 de l'arc de tête (*fig.* 7).

6° ▬ On fera la petite face verticale qui contient la ligne de naissance 1-3, que l'on tracera ; puis on taillera la douelle avec une règle que l'on fera glisser sur les deux courbes 1-2' et 2-3' parallèlement à la ligne 1-3.

Il est très-essentiel de remarquer que les deux points 2' et 3' (*fig.* 9 et 14), ne sont pas à la même hauteur ; ce qui provient de ce que les trajectoires ne coupent pas la ligne de naissance en parties égales, comme cela a lieu lorsque l'on emploie l'appareil hélicoïdal.

7° ▬ Lorsque l'on aura taillé la douelle et les joints cylindriques, on fera le plan incliné cu et le plan horizontal uv (*fig.* 7 et 14).

Les trajectoires étant moins espacées du côté de l'angle aigu, il pourra quelquefois être convenable de faire trois coussinets avec une seule pierre A'. Dans ce cas, on taillera, comme précédemment, les plans verticaux qui doivent former les joints discontinus, sur lesquels on tracera la courbe cM_1 du panneau $cusvM_1$ (*fig.* 7). On aura ainsi les directrices des trois joints cylindriques, que l'on taillera comme précédemment et sur lesquels on appliquera les patrons 30, 31 et 32 de la figure 15.

Si l'on craignait que l'angle qui a son sommet au point 3 de la pierre A ne soit trop faible, on couperait cette pierre par un plan vertical a-o, et la partie triangulaire a-3-o ferait partie de la pierre suivante ; mais cette disposition, que je ne crois pas nécessaire, augmenterait sensiblement les difficultés de la taille.

La pierre de seconde assise, désignée par la lettre B sur les figures 7, 9 et 14, sera encore plus facile à tailler que la précédente. Il ne sera donc pas nécessaire de nous y arrêter.

968. Si l'on a étudié avec soin tous les détails de cette grande épure, on sera sans doute convaincu qu'elle satisfait, autant que possible, aux conditions du problème proposé.

En effet,

1° ⸺ Le travail graphique en est très-simple et, par suite, très-exact.

2° ⸺ Les deux projections 7 et 9 déterminent immédiatement les dimensions des plus petits blocs nécessaires, et, par conséquent, la plus petite dépense en matériaux.

3° ⸺ Les surfaces à tailler ne sont que des plans et des cylindres, c'est-à-dire les plus simples de toutes les surfaces; d'où résultent, non-seulement une grande économie de main-d'œuvre, mais encore, et cela est beaucoup plus essentiel, une exécution plus parfaite et, par suite, une plus grande solidité pour le monument.

4° ⸺ Enfin, il y a **SUPPRESSION COMPLÈTE DE LA POUSSÉE AU VIDE,** ce qui était la partie essentielle du problème à résoudre.

Quant aux crochets de raccordement, la différence de teinte qui existe sur l'épure entre ces pierres et celles de la voûte, rend ici l'irrégularité beaucoup plus apparente que cela n'aurait lieu en exécution.

969. **Pont biais circulaire.** — *Joints cylindriques.* —

Tout ce que nous venons de dire sur l'emploi des joints cylindriques s'appliquerait également à un pont circulaire, et même à un pont dont la section droite serait une courbe quelconque.

La seule différence consisterait dans le tracé des trajectoires.

Si l'arc de tête est une ellipse, on pourra opérer comme nous l'avons dit aux n°⁹ 911 et 912; mais il sera plus simple d'agir de la manière suivante :

1° On coupera la voûte par une suite de plans parallèles aux têtes, ce qui donnera pour sections les ellipses égales, désignées sur la figure 8 par les lettres e, e', e'', e''', etc.

2° On construira la développée zx de l'une de ces ellipses en opérant comme nous l'avons dit aux n°⁹ 855.

3° On découpera très-exactement un patron de cette développée, et faisant mouvoir ce patron horizontalement, on tracera la développée de chacune des autres ellipses.

4° Cela étant fait, supposons que l'on veut tracer la trajectoire qui aboutit au point a de la première ellipse, on tracera successivement la droite a-0 tangente à la développée zx; cette droite coupera la seconde ellipse en un point a', par lequel on mènera a'-1 tangente à la développée z'-x', ce qui déterminera le point a'' sur la troisième ellipse.

Puis on tracera successivement :

a''-2 tangente à la développée $z''x''$,

a'''-3 tangente à la développée $z'''x'''$,

a^{iv}-4 tangente à $z^{\text{iv}}x^{\text{iv}}$,

et ainsi de suite.

Si l'on veut obtenir plus d'exactitude, on opérera comme nous l'avons dit aux n° 893 et 894.

5° —— Lorsque la développée sera tracée, tout le reste se fera comme pour un pont dont l'arc de tête serait circulaire.

CHAPITRE VI.

ARCS DROITS DISPOSÉS EN RETRAITE.

970. Arcs droits. — J'ai fait remarquer au numéro 844, et l'on a pu voir par tout ce qui précède, combien il est difficile, dans la construction d'un pont biais, de satisfaire en même temps aux conditions mécaniques et aux conditions géométriques déterminées par la question. Ainsi, avec l'appareil d'un berceau droit ordinaire, on éviterait les angles aigus, mais on aurait alors une poussée au vide considérable; et si l'on veut, au contraire, détruire la poussée au vide, il faut, jusqu'à un certain point, accepter les angles aigus.

Or il y a une limite de biais au delà de laquelle aucun des appareils précédents ne pourrait être employé sans produire une trop grande poussée au vide, ou des angles trop aigus, et l'on ne pourra éviter, en même temps ces deux inconvénients, qu'en adoptant pour appareil une suite d'arcs droits, disposés en retraite, comme les fermes d'un pont en charpente ou en fer.

Cette solution n'est pas nouvelle; en effet, la ville d'Amiens a fait démolir, en 1845, un pont biais à 52 *degrés* qui était construit depuis plusieurs siècles, au moyen d'*arcs parallèles accolés, formant ainsi redans les uns sur les autres*. Cet ouvrage, exécuté en grès piqué de petit appareil, était dans un parfait état de conservation.

Cet exemple, cité par M. l'ingénieur Boucher, à la page 243 d'un Mémoire inséré dans les Annales des ponts (*mars et avril* 1848), m'était entièrement inconnu, lorsque j'ai indiqué la même solution (*pl.* 84, *fig.* 4) dans la deuxième édition de l'ouvrage actuel.

Ce principe a été appliqué depuis à la construction en *maçonnerie* d'un tunnel dépendant de la gare du chemin de fer de Versailles, rive droite.

Enfin, M. Boucher, dans le Mémoire que je viens de citer, rend compte de la construction en *pierres de taille* d'un pont biais qu'il a fait exécuter dans la ville de Chartres.

Les figures 5 et 7, empruntées aux *Annales des ponts*, donneront une idée du caractère architectural de cette construction.

Le pont dont il s'agit est composé de six arcs droits, disposés en retraite, comme cela est indiqué par la figure 7, qui est une section horizontale à la hauteur des naissances.

Ces arcs sont espacés suivant l'écartement des rails qui forment les voies d'un chemin de fer.

Les arcs extrêmes forment les têtes, et les quatre arcs intermédiaires sont placés chacun au-dessous d'une ligne de rail (930).

L'écartement du milieu, déterminé par la largeur de l'entre-voie, est un peu plus grand que les espaces compris entre les autres arcs.

Chacun des arceaux a $0^m,80$ d'épaisseur; et les espaces

intermédiaires sont de 0^m, 70, à l'exception de celui du milieu qui est de 1^m, 06.

L'ouverture est de 16^m, 20 mesurée dans le plan de tête, et de 9 *mètres* dans le plan de section droite.

La hauteur de la clef au-dessus du plan de naissance est égale à 5 *mètres*.

Enfin, l'angle que l'axe du pont fait avec le plan de la tête est égal à 36 *degrés*.

971. Les nombres que nous venons de citer suffisent pour donner une idée de l'ensemble du monument; mais, pour faire comprendre certains détails, j'ai dû en augmenter les dimensions. J'ai changé aussi quelques-unes des données qui ne se prêtaient pas convenablement à la disposition d'épure que j'ai cru devoir adopter.

Ainsi, j'ai supposé (*fig.* 9 et 12) que le pont se composait de trois arches au lieu d'une, afin d'avoir l'occasion de projeter, figures 4 et 6, les voussoirs destinés à établir la liaison des arcs.

J'ai ensuite remplacé par une demi-ellipse la courbe à 5 centres qui forme l'arc de tête du pont construit par M. Boucher, parce que cette dernière courbe n'est pas aussi gracieuse qu'un arc elliptique dont la développée $Z''X''$ permet en outre d'obtenir une plus grande régularité dans les inclinaisons des normales qui doivent former les coupes de joint sur le plan de tête.

972. Ainsi, les projections dessinées sur les figures 12, 9 et 2, ne représentent pas d'une manière rigoureuse le pont construit par M. Boucher : c'est une application à un autre exemple, d'une méthode dont cependant il faut attribuer l'initiave à cet habile ingénieur.

Épure. — La figure 9 est une partie du plan qui est

projeté entièrement sur la figure 12 ; ces deux figures sont entre elles dans le rapport de 1 à 3.

La figure 2 est une projection complète sur le plan de tête, et la figure 13 est la perspective d'une partie des trois premiers arcs.

Tous ces arcs seront construits comme des arceaux ordinaires, et la taille des voussoirs qui les composent ne peut offrir aucune difficulté.

973. **Liaison des arcs.** — La partie la plus importante du problème à résoudre consistait dans le choix des moyens à employer pour relier solidement entre eux les six arcs droits qui composent l'édifice.

M. Boucher y est parvenu (*fig.* 13) en plaçant, entre les deux arcs qu'il s'agissait de relier, des voussoirs L un peu plus longs que l'espace qui les séparait.

Pour ne pas trop affaiblir les arcs principaux, on n'a fait pénétrer ces voussoirs dans l'épaisseur des arcs que de 4 ou 5 centimètres, ce qui suffisait pour les maintenir pendant la construction ; puis, de distance en distance, on a placé des voussoirs plus longs L' (*fig.* 1 et 3), qui, pénétrant de 15 ou 20 centimètres dans la maçonnerie, ont relié ces arcs entre eux d'une manière plus intime.

Ces derniers voussoirs remplissent évidemment ici les mêmes fonctions que les pièces auxquelles les charpentiers ont donné le nom de *liernes*, et qui ont pour but de relier entr'elles les différentes fermes d'un comble.

Dans son projet primitif, M. Boucher ne voulait placer ces pierres de liaison que de cinq en cinq voussoirs, et remplir les espaces intermédiaires par de la maçonnerie ordinaire ; ce qui aurait nécessité la construction d'un cintre pour chacune de ces voûtes ; mais les carrières lui ayant fourni des libages d'une longueur suffisante, il a préféré faire chaque assise d'un seul voussoir, ce qui a épargné la dépense des cintres pour les voûtes intermédiaires.

En effet, pendant la construction, les cintres soutenaient les arcs saillants qui eux-mêmes servaient de cintres pour les voûtes formées par les voussoirs de liaison: mais lorsque ces dernières voûtes ont été fermées, elles n'ont plus pesé sur les premières que l'on a pu alors décintrer sans craindre aucun accident.

974. Si les arceaux qu'il s'agissait de relier entre eux avaient eu le même axe, et par conséquent le même extrados, la question n'aurait présenté aucune difficulté.

Il aurait suffi, dans ce cas, de placer immédiatement les voussoirs de liaisons sur les extrados des deux arcs qu'il s'agissait de relier; mais la position en retraite de chacun de ces arcs, par rapport à celui qui le suit ou qui le précède, rendait la question plus difficile à résoudre.

Supposons, par exemple (*fig.* 2), qu'il s'agit de relier l'arc de tête A avec le second arc B. On tracera, les courbes *aoc*, *vou*, qui se coupent au point *o*.

On projettera la droite *am* de la figure 9, ce qui donnera le point *m* sur la figure 2, et l'on fera *am* = *un*.

On portera *am* sur chacune des normales de l'arc *ao*, ce qui donnera la courbe *mx* parallèle à l'arc *ao*.

On portera également *am* = *un* sur chacune des normales de l'arc *uo*. Ce qui donnera la courbe *nz* parallèle à *uo*.

On pourrait raccorder les deux courbes *mx*, *nz*, par une droite horizontale *xz*, et la ligne *mxzn*, que l'on obtiendrait alors, serait la section droite de la surface cylindrique formée par les douelles des voussoirs qui relient l'arc de tête A avec l'arc B. Mais, pour éviter la platebande, M. Boucher remplace la droite horizontale *xz* par une courbe *rse*, tangente aux deux courbes *mx*, *nz*, de sorte que la voûte cylindrique comprise entre les deux arcs A et B de la figure 9 aurait pour section droite, figure 2, la courbe *mrsen*.

Après avoir choisi à volonté les deux points de raccordement *r* et *e*, on peut décrire un arc de cercle *rse*, en prenant pour centre le point U suivant lequel se rencontrent les deux normales *r*U et *e*U.

La précaution précédente a pour but de donner plus d'inclinaison aux coupes de joint des voussoirs compris entre les points *r* et *e*, afin qu'ils n'agissent pas par leur poids sur les clefs des deux arcs dans l'épaisseur desquels ils sont encastrés.

Pour faire mieux comprendre la position de ces voussoirs, j'ai indiqué par une teinte de points la section que l'on obtiendrait, si la petite voûte C, figure 9, était coupée par le plan P parallèle aux têtes du pont.

Les projections figures 4 et 6, et les perspectives figures 1, 3 et 12, feront comprendre tous les détails de cette construction.

Ainsi, le voussoir de liaison L, figure 6 et 12, est encastré dans l'épaisseur de l'arc de tête A, et s'appuie sur la maçonnerie *m*, qui forme l'extrados de l'arc B; et le voussoir L' encastré dans l'arc B-*m* s'appuie sur la maçonnerie *m'* qui forme l'extrados de l'arc D; et ainsi de suite.

La figure 1 est la perspective d'une partie de l'arc de tête A et de quelques-uns des voussoirs encastrés dans l'arc suivant, dont le pied B est indiqué seulement par une teinte de points, et la figure 3 est une perspective d'une partie de l'un des autres arcs.

Quand les arceaux saillants et les voûtes intermédiaires seront fermés, on remplira tous les rentrants extérieurs par de la maçonnerie ordinaire, afin de régulariser la surface d'extrados destinée à recevoir la chape qui doit protéger la voûte contre les infiltrations.

975. On remarquera sans doute, que ce dernier exem-

ple de pont biais ne contient pas un seul angle aigu ; que toutes les poussées, toutes les contractions de mortiers sont évidemment parallèles aux plans des têtes; d'où il faut conclure que *c'est la seule solution qui satisfasse en même temps aux conditions mécaniques et géométriques* (844).

M. Boucher ne reproche à cette méthode que la dépense assez forte qui en résulterait pour un grand pont, par suite du prix élevé de la pierre de taille, et de l'étendue des surfaces à tailler, pour les parements plans et cylindriques des arcs.

Mais une assez grande partie de cette dépense serait évidemment compensée par la diminution de main-d'œuvre résultant de la simplicité géométrique des surfaces qui forment les parements des voussoirs, par une plus grande exactitude dans le travail graphique et dans la taille, par l'absence complète des angles aigus, puis enfin par l'augmentation de solidité qui sera la conséquence nécessaire de toutes ces conditions réunies.

976. **stabilité.** — Il n'est sans doute pas nécessaire de démontrer qu'il n'y a aucune poussée au vide dans le système d'appareil que nous venons d'étudier.

Or si l'on regarde la figure 2 en la plaçant à une certaine distance de l'œil, on sera frappé de l'analogie qui existe entre le système général des lignes formées par les coupes de joint sur les faces planes des arcs et le système des trajectoires orthogonales étudiées dans le chapitre précédent et pour rendre cette analogie encore plus sensible, j'ai tracé d'une manière très-apparente l'une des trajectoires TG obtenue par le moyen que nous avons indiqué au numéro 969.

La remarque que nous venons de faire s'explique facilement par l'identité qui existe entre la méthode par laquelle on obtient la trajectoire et la construction des coupes de joint, qui doivent être normales aux arêtes elliptiques des arcs, et tangentes, par conséquent, aux développées de ces courbes.

Or, si l'on augmentait le nombre des arcs jusqu'à l'infini, il est évident que le polygone formé par les coupes de joint consécutives deviendrait une trajectoire; les plans de joint correspondants pourraient être considérés comme les diverses positions d'un plan mobile qui, dans son mouvement, resterait constamment perpendiculaire au plan de tête, et la surface enveloppe engendrée dans ce cas, ne serait autre chose que le cylindre projetant de la trajectoire.

Cela explique pourquoi l'emploi des *joints cylindriques* ou la réunion d'*arcs droits en retraite* sont les seuls systèmes d'appareils qui, dans un pont biais, **PUISSENT DÉTRUIRE COMPLÉTEMENT LA POUSSÉE AU VIDE**.

977. Remarque. — On pourrait réduire la quantité de parement à tailler, en disposant les arcs comme je l'ai indiqué sur les figures 8 et 11.

La figure 8 est la section par le plan de naissance, et la figure 11 est la perspective de la première assise. On voit que les pierres seront disposées en liaison, non-seulement dans le sens horizontal, mais encore suivant les plans des joints transversaux.

Cette disposition d'appareil ne pourrait pas être continuée dans toute la hauteur de la voûte, parce que les deux arcs *ao* et *vo* fig. 2 se rapprochant dans le voisinage de la clef. Il vient un moment où les voussoirs n'auraient plus assez d'épaisseur pour que l'on puisse, comme on le voit sur la figure 11, placer le voussoir B sur l'extrados du voussoir A.

Dans ce cas, on disposera ces voussoirs l'un devant

l'autre en les accouplant, comme on le voit sur la figure 10, de manière, par exemple, que le voussoir C d'un arc et le voussoir D de l'arc suivant ne feront qu'une seule pierre CD, tandis que la pierre D' du second arc et le voussoir C' du premier feront également une seule pierre C'D' qui s'ajustera parfaitement avec la première lorsque ces deux pierres seront rapprochées.

Il est d'ailleurs évident qu'il suffira de disposer ainsi quelques pierres jumelles de distance en distance, et pour le reste on se contentera d'encastrer les voussoirs simples d'un arc dans l'épaisseur de l'arc qui le précède.

Dans ce cas, il faudrait commencer par construire l'arc qui correspond à l'angle aigu du pont.

978. **Conclusion.** — En comparant les différents systèmes d'appareils que nous avons successivement étudiés, nous reconnaîtrons :

1° —— Que le système des joints cylindriques et celui des arcs droits disposés en retraite sont *les seuls qui détruisent complètement la poussée au vide.*

2° —— Que l'on ne pourra diminuer cette poussée qu'en se rapprochant le plus possible de l'un ou de l'autre de ces deux systèmes.

3° —— Que l'appareil orthogonal est celui qui s'en approche le plus en théorie, et qui, par cette raison, paraît le mieux atteindre le but; mais que la variation d'épaisseur des moellons d'une même assise augmente considérablement la dépense et les difficultés d'une bonne exécution, d'où résulte, par conséquent, moins de solidité dans la voûte.

4° —— Enfin, que l'appareil hélicoïdal, quoique moins convenable sous le rapport de la stabilité en ce que la poussée au vide est plus grande que par l'appareil orthogonal, convient cependant mieux dans la pratique; d'abord, parce qu'il coûte moins cher, mais surtout parce que l'égalité des moellons ou briques employés pour la construction des assises permet de mieux lier et enchevêtrer toutes les parties de la voûte, qui alors peut être considérée comme ne formant qu'une seule pièce.

979. Par conséquent, si j'avais à construire un pont biais dont la voûte serait en maçonnerie, j'adopterais l'appareil hélicoïdal avec des joints plans pour les voussoirs de la tête, comme je l'ai indiqué sur les planches 79 et 80.

Si je construisais un pont en maçonnerie, avec l'appareil orthogonal, je ferais les joints des voussoirs de tête perpendiculaires au parement extérieur 905.

S'il s'agissait d'un pont dont la voûte serait tout entière en pierres de taille, je n'hésiterais pas à employer les *joints cylindriques* et la disposition d'appareil que nous avons étudié sur la planche 85.

Enfin, si le biais était considérable, j'emploierais des arcs droits disposés en retraite, comme on le voit sur la planche 86.

FIN.

TABLE DES MATIÈRES.

INTRODUCTION.

GÉOMÉTRIE DESCRIPTIVE.

		Pages
Chap. Ier.	Le point, la ligne droite et le plan.	1
II.	Surfaces des corps et courbes de section.	29
III.	Courbes planes.	37
IV.	Courbes à double courbure.	50
V.	Dispositions des épures.	63
VI.	Pénétrations des surfaces.	73

LIVRE PREMIER.

SURFACES PLANES.

Chap. Ier.	Murs.	89
II.	Plates-bandes, voûtes plates.	98

LIVRE DEUXIÈME.

SURFACES CYLINDRIQUES.

Chap. Ier.	Murs et berceaux.	105
II.	Portes diverses.	113
III.	Voûtes d'arêtes.	124
IV.	Lunettes.	140
V.	Descentes.	147
VI.	Questions diverses.	175
VII.	Trompes cylindriques.	178
VIII.	Considérations générales.	184

LIVRE TROISIÈME.

SURFACES CONIQUES.

		Pages
Chap. Ier.	Murs et voûtes.	195
II.	Portes dans un mur conique.	201
III.	Portes et lunettes coniques.	205
IV.	Trompes coniques.	216
V.	Arrière-voussures.	234

LIVRE QUATRIÈME.

SURFACES SPHÉRIQUES.

Chap. Ier.	Voûtes sphériques.	241
II.	Pendentifs.	252
III.	Pénétrations dans la sphère.	257

LIVRE CINQUIÈME.

SURFACES DE RÉVOLUTION.

Chap. Ier.	Voûte dont l'intrados est une surface de révolution.	265
II.	Descente.	268
III.	Voûte elliptique.	277

LIVRE SIXIÈME.

SURFACES RÉGLÉES.

Chap. Ier.	Joints de la voûte elliptique.	283
II.	Conoïdes.	289
III.	Escaliers.	300
IV.	Limons.	315
V.	Voûtes d'escalier.	326

LIVRE SEPTIÈME.

Chap. Ier.	Questions diverses.	349
II.	Lignes de courbure.	364

LIVRE HUITIÈME.

PONTS BIAIS.

	Pages
Chapitre Ier. — **Appareil hélicoïdal**.	401
Définitions.	ib.
Poussée au vide.	404
Hélice.	408
Développement de l'hélice.	409
Projection de l'hélice.	ib.
Hélice à base elliptique.	412
Rectification de la section droite.	ib.
Rectification de l'ellipse.	420
Section oblique du cylindre.	421
Surfaces normales.	423
Surfaces gauches.	ib.
Surface normale helicoïdale.	424
Surface normale elliptique.	ib.
Epure, appareil.	427
Joints continus helicoïdaux.	ib.
Joints transversaux discontinus.	429
Coussinets.	430
Projections des lignes d'appareil.	431
Appareil des têtes.	432
Coupes des joints par le plan de tête.	433
Étude théorique des surfaces de joint.	435
Section plane de la surface normale.	438
Point de concours des coupes de joint.	446
Taille des voussoirs.	454
Première méthode.	458
Deuxième méthode.	462
Troisième méthode.	466
Quatrième méthode.	472
Taille des coussinets.	482
Taille des claveaux courants.	ib.
Joints plans.	488
Construction complète d'un pont biais.	490
Joints normaux.	ib.
Corne de vache.	493
Taille des voussoirs.	507
Taille par Beuveau.	528
Première méthode.	530

TABLE DES MATIÈRES

	Pages
Deuxième méthode.	543
Troisième méthode.	546
Taille des voussoirs de tête.	551
Beuveaux.	552
ib.	558
Liaisons des voussoirs de tête avec le mur.	564
Corne de vache.	571

Chapitre II. — Conditions d'équilibre. 574

Inclinaisons des joints continus.	579
Inclinaisons des joints transversaux.	587
Couples de rotation.	591
Couple résultant.	592

Chapitre III. — Joints plans. 595

Joints transversaux.	ib.
Berceau circulaire, joints plans.	601
Taille des voussoirs.	614
Berceau elliptique, joints plans.	615
Taille des voussoirs.	627

Chapitre IV. — Appareil orthogonal. 630

Arêtes des joints transversaux.	631
Trajectoire.	632
Surfaces normales.	636
Pont en maçonnerie.	638
Joints plans.	639
Taille des voussoirs de tête.	ib.
Berceau circulaire.	642
Appareil orthogonal convergent.	643
Séparation de la voûte en zones indépendantes.	652

Chapitre V. — Joints cylindriques. 661

Joints continus.	ib.
Cylindre projetant de la trajectoire.	663
Destruction complète de la poussée au vide.	664
Ponceau biais avec joints cylindriques.	666
Grand pont biais avec joints cylindriques.	670
Taille des voussoirs.	680
Pont circulaire.	686

	Pages
Chapitre VI. — Arcs droits disposés en retraite.	689
Pont construit à Chartres par M. Boucher.	*ib.*
Liaisons des arcs.	692
Stabilité.	695
Autre disposition d'appareil.	696
Conclusion.	697

FIN DE LA TABLE DES MATIÈRES.

Paris. — Imprimé par E. Thunot et Cᵉ, rue Racine, 26.

COURS
DE MATHÉMATIQUES
À L'USAGE
DE L'INGÉNIEUR CIVIL,
PAR J. ADHÉMAR.

EN VENTE :

Arithmétique et Algèbre. 3ᵉ ÉDITION, 1 vol. in-8° . . 8 fr.
Géométrie. Texte et planches, 3 vol. in-8°. 12
Géométrie descriptive. 3ᵉ ÉDITION, 1 vol. in-8° et
   atlas in-fol. de 80 planches. 20
**Ombres; théorie des teintes et des points brillants;
perspectives cavalière et isométrique. 2ᵉ ÉDITION**,
   1 vol. in-8° et atlas in-folio de 41 pl. 20
Perspective linéaire. 2ᵉ ÉDITION, 1 vol. in-8° et
   atlas in-folio de 66 pl. 25
Coupe des pierres 5ᵉ ÉDITION contenant la Théorie
complète des ponts biais. 1 vol. in-8° et atlas in-fol.
   de 86 planches 32
Charpente. 2ᵉ ÉDITION, 1 vol. in-8° et atlas grand
   in-fol. de 60 planches. 40
Exercices et Questions diverses. 2 vol. in-8° avec
   atlas in-folio. 20
Ponts biais. 1 vol. in-8° et atlas in-fol. de 19 planches. 20

**Révolutions de la Mer, Formation géologique
des couches supérieures du Globe**, 1 vol. in-8°
   avec pl. 8

Chaque Traité se vend séparément.

PARIS.
VICTOR DALMONT, Libraire, quai des Augustins, 49.
MALLET-BACHELIER, quai des Augustins, 55.
HACHETTE, rue Pierre-Sarrazin, 14.

1856.